21世纪数学精编教材
数学基础课系列

高等代数

（下册）

丘维声　编著

北京大学出版社
PEKING UNIVERSITY PRESS

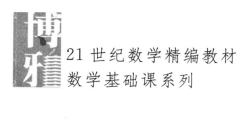

图书在版编目(CIP)数据

高等代数. 下册/丘维声编著. 一北京：北京大学出版社，2019. 11

21 世纪数学精编教材. 数学基础课系列

ISBN 978-7-301-30834-9

Ⅰ. ①高… Ⅱ. ①丘… Ⅲ. ①高等代数—高等学校—教材 Ⅳ. ①O15

中国版本图书馆 CIP 数据核字(2019)第 219288 号

书　　名	高等代数（下册） GAODENG DAISHU（XIACE）
著作责任者	丘维声　编著
责任编辑	曾琬婷
标准书号	ISBN 978-7-301-30834-9
出版发行	北京大学出版社
地　　址	北京市海淀区成府路 205 号　100871
网　　址	http://www.pup.cn　　新浪微博：@ 北京大学出版社
电子邮箱	编辑部 lk1@ pup.cn　总编室 zpup@ pup.cn
电　　话	邮购部 010-62752015　发行部 010-62750672　编辑部 010-62767347
印 刷 者	北京市科星印刷有限责任公司
经 销 者	新华书店
	787 毫米 × 980 毫米　16 开本　18.5 印张　392 千字 2019 年 11 月第 1 版　2024 年 9 月第 4 次印刷
定　　价	54.00 元

作者简介

丘维声 1966年毕业于北京大学数学力学系;北京大学数学科学学院教授、博士生导师,教育部第一届高等学校国家级教学名师,美国数学会 *Mathematical Reviews* 评论员,中国数学会组合数学与图论专业委员会首届常务理事,《数学通报》副主编,原国家教委第一届和第二届高等学校数学与力学教学指导委员会委员.

出版著作48部,发表教学研究论文23篇,编写的具有代表性的优秀教材有:《高等代数(上、下册)》(清华大学出版社,2010年,"十二五"普通高等教育本科国家级规划教材,北京市高等教育精品教材立项项目),《高等代数(第一、二、三版)(上、下册)》(高等教育出版社,1996年,2002年,2003年,2015年,普通高等教育"九五"教育部重点教材,普通高等教育"十五"国家级规划教材),《高等代数》(科学出版社,2013年),《解析几何(第一、二、三版)》(北京大学出版社,1988年,1996年,2015年),《解析几何》(北京大学出版社,2017年),《抽象代数基础》(高等教育出版社,2003年),《近世代数》(北京大学出版社,2015年),《群表示论》(高等教育出版社,2011年),《数学的思维方式和创新》(北京大学出版社,2011年),《简明线性代数》(北京大学出版社,2002年,普通高等教育"十一五"国家级规划教材,北京高等教育精品教材),《有限群和紧群的表示论》(北京大学出版社,1997年),等等.

从事代数组合论、群表示论、密码学的研究,在国内外学术刊物上发表科学研究论文46篇;承担国家自然科学基金重点项目2项,主持国家自然科学基金面上项目3项.

2003年获教育部第一届高等学校国家级教学名师奖,先后获北京市高等学校教学成果一等奖、宝钢教育奖优秀教师特等奖、北京大学杨芙清王阳元院士教学科研特等奖,3次获北京大学教学优秀奖等,3次被评为北京大学最受学生爱戴的十佳教师,并获"北京市科学技术先进工作者""全国电视大学优秀主讲教师"等称号.

内容简介

本书是教育部第一届高等学校国家级教学名师为普通高等院校本科生编写的“高等代数”课程教材.它是作者根据自己积累了40年的教学经验和科研心得,用自己独到的科学见解精心编写而成的,具有以下鲜明的特色:以研究线性空间及其线性映射为主线;是用数学的思维方式编写出的教材;精选了讲授的内容,每节均有“内容精华”“典型例题”“习题”三个栏目.全书共九章,分上、下两册出版,上册内容包括:线性方程组,行列式,n维向量空间K^n,矩阵的运算,多项式;下册内容包括:线性空间,线性映射,双线性函数和二次型,具有度量的线性空间.作者还为本书配备了相应的《高等代数习题解析》,以便于学生学习和参考.

本书适合作为全国普通高等院校本科生“高等代数”课程的教材,也可供其他学习“高等代数”的广大读者作为自学教材或参考书.

前　言

本书是作者运用自己独到的科学见解为全国普通高等院校本科生编写的"高等代数"课程教材，它具有以下鲜明特色：

1. 以研究线性空间及其线性映射为主线，科学地安排内容的讲授体系.

线性空间为研究自然界和社会上的线性问题提供了广阔的平台，线性映射是为解决各种线性问题在这广阔的平台上驰骋的"一匹匹骏马". 我们抓住这条主线安排内容的讲授体系：第一章线性方程组，第二章行列式，第三章 n 维向量空间 K^n，第四章矩阵的运算，第五章多项式，第六章线性空间，第七章线性映射，第八章双线性函数和二次型，第九章具有度量的线性空间.

2. 用数学的思维方式编写教材，使同学们既比较容易地学到高等代数的基础知识和基本方法，又受到数学思维方式的熏陶和训练，终身受益.

数学的思维方式是一个揭示事物内在规律的全过程：观察客观现象，抓住主要特征，抽象出概念，提出要研究的问题；运用解剖"麻雀"、直觉、联想、归纳、类比、逻辑推理等进行探索；猜测可能有的规律；经过深入分析，运用公理、定义和已经证明的定理进行逻辑推理、严密论证，揭示事物的内在规律，从而使纷繁复杂的现象变得井然有序.

我们经常先让同学们观察几何中的例子，抽象出高等代数的概念；然后通过解剖几何中的"麻雀"，猜测高等代数中可能有的规律；最后进行严密论证，在论证中突出讲想法.

3. 居高临下，精选讲授的内容；编写体例新颖，每节均有"内容精华""典型例题""习题"三个栏目.

"内容精华"栏目讲述本节要研究的问题，引导同学们去探索未知的领域，猜测高等代数中可能有的命题，讲清楚想法，进行严密论证. "内容精华"栏目中讲授的内容是根据时代的需要、数学和其他学科的需要，考虑到全国普通高等院校本科生的数学基础等方面精选出的高等代数的核心知识.

"典型例题"栏目提供了为掌握本节"内容精华"栏目中的理论和方法所需的最基本、最有意义的题目，并且对每一道例题给出的解答体现了如何在理论的指导下去做题，这是非常重要的. 这个栏目中的一些例题供在大课中讲解，另一些例题供同学们课后复习时阅读，还有一些例题可作为习题课的题目.

"习题"栏目中的习题是精心挑选出来的，都是很有意义的题目. 它们是留给同学们的课外作业.

4. 用作者自己独到的科学见解写出的教材.

解线性方程组时,在通过初等行变换把线性方程组的增广矩阵化成阶梯形矩阵后,若有解,进一步化成简化行阶梯形矩阵,这样可以立即写出线性方程组的唯一解或一般解公式;并且,由此我们给出了"若有解,则阶梯形矩阵的非零行数等于未知量个数时方程组有唯一解,小于未知量个数时方程组有无穷多个解"这一重要结论.这为线性方程组有解时利用系数矩阵的秩判断方程组是有唯一解还是有无穷多个解打下了基础.通过初等行变换把矩阵化成简化行阶梯形矩阵还为求逆矩阵的初等变换法提供了简洁的证明途径.

为了判断线性方程组是否有解以及研究解集的结构,通过解剖二元一次方程组这个"麻雀",引出了 n 阶矩阵的行列式(即 n 阶行列式)的概念,并且从探索矩阵的初等行变换是否使行列式发生变化的角度研究行列式的性质,从而证明了数域 K 上含 n 个方程的 n 元线性方程组有唯一解的充要条件是它的系数行列式不等于 0. 克拉默(Cramer)法则只给出了充分条件,没有指出这也是必要条件.为了判断数域 K 上含 s 个方程的 n 元线性方程组是否有解以及研究解集的结构,对数域 K 上的 n 元有序数组组成的集合 K^n 规定了加法和数量乘法运算,它们满足 8 条运算法则.这时把 K^n 称为数域 K 上的 n 维向量空间.通过研究 K^n 及其子空间的结构,引出了矩阵的秩的概念,彻底解决了线性方程组是否有解的判定以及解集的结构问题.区间 (a,b) 上的所有函数组成的集合对于函数的加法和数量乘法运算也满足 8 条运算法则.我们抓住它们的共同特征:集合、加法和数量乘法运算、8 条运算法则,抽象出数域 K 上的线性空间的概念.通过解剖几何空间(看成向量组成的集合)这个"麻雀",从线性空间的定义出发研究线性空间的结构(基、维数)、子空间的交与和、子空间的直和、线性空间的同构.

平面上绕定点 O、转角为 α 的旋转 σ 保持向量的加法和数量乘法运算;求导数 $\mathscr{D}$ 是区间 (a,b) 上的可微函数组成的实数域上的线性空间 V 到区间 (a,b) 上的所有函数组成的实数域上的线性空间 U 的一个映射,它保持函数的加法和数量乘法运算.我们通过观察旋转 σ 和求导数 $\mathscr{D}$,抓住旋转 σ 和求导数 $\mathscr{D}$ 的共同特征,抽象出数域 K 上线性空间 V 到 U 的线性映射的概念.由于线性空间有加法和数量乘法运算,因此很容易规定线性映射的加法和数量乘法运算.由于映射有乘法运算,因此 V 到 U 的线性映射 $\mathscr{A}$ 与 U 到 W 的线性映射 $\mathscr{B}$ 有乘法运算 $\mathscr{B}\mathscr{A}$. 在 n 维线性空间 V 和 s 维线性空间 U 中分别取一个基,V 到 U 的线性映射 $\mathscr{A}$ 在 V 和 U 的这一对基下有唯一的矩阵 $\mathbf{A}$. 把线性映射 $\mathscr{A}$ 对应到矩阵 $\mathbf{A}$ 是 V 到 U 的所有线性映射组成的集合到数域 K 上所有 $s\times n$ 矩阵组成的集合的一个双射,并且保持加法和数量乘法运算.这样我们可以利用矩阵的理论来研究线性映射,又可以利用线性映射的理论研究矩阵.几何空间中沿经过点 O 的直线 l 在过点 O 的平面 π 上的投影 $\mathscr{P}$ 把直线 l 上的向量映成零向量.由此受到启发,引入了 V 到 U 的线性映射 $\mathscr{A}$ 的核的概念,记作 $\mathrm{Ker}\mathscr{A}$. 线性空间 V 到自身的线性映射称为 V 上的线性变换.线性空间 V 上的线性变换 $\mathscr{A}$ 在 V 的不同基下的矩阵是相似的.我们自然希望在 V 中找一个好的基,使得 $\mathscr{A}$ 在此基下的矩阵具有最简单的形式.解决这个问题需要有线性变换的特征值和特征向量、特征子空间、特征多项式、最小多项式、不变子空间等概念.如果 V 中能够找到一个基,使得 $\mathscr{A}$ 在此基下的矩阵是对角矩阵,那么称 $\mathscr{A}$ 为可对角化的.$\mathscr{A}$ 可对角化的充要条件是 V 能够分解成 $\mathscr{A}$ 的属于不同特征值的特征子空间的直和.$\mathscr{A}$ 可对角化的另一个充要条件是 $\mathscr{A}$ 的最小多项式在数域 K 上的一元多项式环 $K[x]$ 中能够分解成不同的一次因式的乘积.对于不可对角化的线性变换 $\mathscr{A}$,寻找它的最简单形式的矩阵表示的途径是:把 V 分解成 $\mathscr{A}$ 的非平凡不变子空间的直和,然后在每个不变子空间 W_j 中找一个好的基,使得 $\mathscr{A}$ 在 W_j 中的限制在此基下的矩阵 $\boldsymbol{A}_j$ 具有最简单的形式;把这些不变子空间的基合起来,得到 V 的一个基,$\mathscr{A}$ 在此基下的矩阵是由 $\boldsymbol{A}_1,\boldsymbol{A}_2,\cdots,\boldsymbol{A}_s$ 组成的分块对角矩阵,这就是最简单形式的矩阵表示.为了把 V 分解成 $\mathscr{A}$ 的非平凡不变子空间的直和,我们先证明了一个重要结论:设 $\mathscr{A}$ 是线性空间 V 上的线性变换,在数域 K 上的一元多项式环 $K[x]$ 中 $f(x)=f_1(x)f_2(x)\cdots f_s(x)$,且 $f_1(x),f_2(x),\cdots,f_s(x)$ 两两互素,则

$$\mathrm{Ker}f(\mathscr{A}) = \mathrm{Ker}f_1(\mathscr{A}) \oplus \mathrm{Ker}f_2(\mathscr{A}) \oplus \cdots \oplus \mathrm{Ker}f_s(\mathscr{A}).$$

如果 $\mathscr{A}$ 的最小多项式 $m(\lambda)$ 在 $K[\lambda]$ 中的标准分解式为

$$m(\lambda) = (\lambda-\lambda_1)^{r_1}\cdots(\lambda-\lambda_s)^{r_s},$$

那么运用上述结论得

$$V = \mathrm{Ker}\mathscr{O} = \mathrm{Ker}m(\mathscr{A}) = \mathrm{Ker}(\mathscr{A}-\lambda_1\mathscr{I})^{r_1} \oplus \cdots \oplus \mathrm{Ker}(\mathscr{A}-\lambda_s\mathscr{I})^{r_s}.$$

由于 $\mathscr{A}$ 的多项式与 $\mathscr{A}$ 可交换,因此 $\mathscr{A}$ 的多项式的核 $\mathrm{Ker}(\mathscr{A}-\lambda_j\mathscr{I})^{r_j}$ 是 $\mathscr{A}$ 的不变子空间,记作 W_j.$\mathscr{A}$ 在 W_j 中的限制记作 $\mathscr{A}|W_j$.我们证明了:$\mathscr{A}|W_j=\lambda_j\mathscr{I}+\mathscr{B}_j$,其中 $\mathscr{B}_j$ 是 W_j 上的幂零变换.我们还证明了:对于 W 上的幂零变换 $\mathscr{B}$,在 W 中能够找到一个基,使得 $\mathscr{B}$ 在此基下的矩阵是由主对角元为 0 的约当(Jordan)块组成的分块对角矩阵.因此,在 W_j 中能够找到一个基,使得 $\mathscr{B}_j$ 在此基下的矩阵是由主对角元为 0 的约当块组成的分块对角矩阵.由于 $\mathscr{A}|W_j=\mathscr{B}_j+\lambda_j\mathscr{I}$,因此 $W_j(j=1,2,\cdots,s)$ 的基合起来成为 V 的一个基,$\mathscr{A}$ 在此基下的矩阵是由主对角元为 $\lambda_j(j=1,2,\cdots,s)$ 的约当块组成的分块对角矩阵 $\boldsymbol{A}$.称 $\boldsymbol{A}$ 为 $\mathscr{A}$ 的约当标准形.在不考虑约当块的排列次序下,$\mathscr{A}$ 的约当标准形是唯一的.我们还证明了:如果 $\mathscr{A}$ 有约当标准形,那么 $\mathscr{A}$ 的最小多项式 $m(\lambda)$ 在 $K[\lambda]$ 中一定能够分解成一次因式的乘积.我们给出了求 $\mathscr{A}$ 的约当标准形的非常简洁的方法.对于 $\mathscr{A}$ 的最小多项式 $m(\lambda)$ 在 $K[\lambda]$ 中的标准分解式有次数大于 1 的不可约因式的情形,我们证明了:$\mathscr{A}$ 有有理标准形.

从上述寻找线性变换的最简单形式矩阵表示的途径看到,需要研究数域 K 上的一元多项式的因式分解,还有在证明上述重要结论时关键是"若 $K[x]$ 中 $f_1(x)$ 与 $f_2(x)$ 互素,则存在 $u(x),v(x)\in K[x]$,使得 $u(x)f_1(x)+v(x)f_2(x)=1$;然后 x 用线性变换 $\mathscr{A}$ 代入,得 $u(\mathscr{A})f_1(\mathscr{A})+v(\mathscr{A})f_2(\mathscr{A})=\mathscr{I}$,其中 $\mathscr{I}$ 是 V 上的恒等变换".这种从一元多项式环 $K[x]$ 中有关加法和乘法运算的等式,通过 x 用线性变换 $\mathscr{A}$ 代入(或者 x 用矩阵 $\boldsymbol{A}$ 代入)就得到线性变

换$\mathscr{A}$(或者矩阵$\boldsymbol{A}$)相应的有关加法和乘法运算的等式,是一元多项式环$K[x]$的非常重要的性质,称为一元多项式环$K[x]$的通用性质.由此看出,从解一元高次方程提出的要研究数域K上的一元多项式的因式分解,在寻找线性变换的最简单形式的矩阵表示中也发挥了重要作用;而且要介绍一元多项式环的通用性质.这就是我们为什么把一元多项式环$K[x]$安排在第五章的原因.

从几何空间中有了向量的内积就可以解决有关长度、角度、垂直、距离等度量问题受到启发,为了在实数域上的线性空间V中引进度量概念,首先需要研究V上的双线性函数.数域K上n维线性空间V上的双线性函数f在V的不同基下的度量矩阵是合同的;反之,合同的矩阵可以看成同一个双线性函数f在V的不同基下的度量矩阵.双线性函数f是对称的当且仅当f在V的一个基下的度量矩阵是对称的.设f是数域K上n维线性空间V上的对称双线性函数,则V中存在一个基,使得f在此基下的度量矩阵是对角矩阵.于是,数域K上的n阶对称矩阵一定合同于对角矩阵.由此立即得出,数域K上的n元二次型一定等价于只含平方项的二次型(称为标准形).因此,我们把二次型与双线性函数安排在同一章(第八章).

从几何空间中向量的内积具有对称性、线性性、正定性受到启发,我们把实数域上线性空间V上的一个正定对称双线性函数称为V上的一个内积,指定了一个内积的实数域上的线性空间V称为一个实内积空间,有限维的实内积空间称为欧几里得空间.在复数域上的线性空间V中如何定义内积呢?为了能够通过内积来计算向量的长度,就需要内积具有正定性,而这首先要求(α,α)是实数,其中$\alpha\in V$.为此,我们要求复数域上的线性空间V上的内积满足:(α,β)等于(β,α)的共轭复数.这称为埃尔米特(Hermite)性.为了使内积与向量的加法和数量乘法相容,要求内积对第一个变量是线性的.因此,复数域上线性空间V上的内积是V上的一个二元函数,它具有埃尔米特性、正定性,且对第一个变量是线性的.从内积的埃尔米特性和对第一个变量是线性的得出,内积对第二个变量是共轭线性的.称指定了一个内积的复数域上的线性空间V为一个复内积空间或酉空间.在实内积空间(或复内积空间)V中,由于指定了一个内积,因此就可以定义向量的长度、两个非零向量的夹角(先要证明:对于V中任意两个向量α,β,有$|(\alpha,\beta)|\leqslant|\alpha||\beta|$,等号成立当且仅当$\alpha,\beta$线性相关)、向量的正交、向量的距离等度量概念.在$n$维欧几里得空间(或酉空间)$V$中取一个标准正交基$\delta_1,\delta_2,\cdots,\delta_n$,则两个向量$\alpha,\beta$的内积的计算很简单,而且向量$\alpha$的坐标的第$i$个分量等于$(\alpha,\delta_i)$.设$(\beta_1,\beta_2,\cdots,\beta_n)=(\delta_1,\delta_2,\cdots,\delta_n)\boldsymbol{P}$,则向量组$\beta_1,\beta_2,\cdots,\beta_n$是$V$的标准正交基当且仅当$\boldsymbol{P}$是正交矩阵(或酉矩阵),即$\boldsymbol{P}$满足$\boldsymbol{P}^*\boldsymbol{P}=\boldsymbol{I}$.设$U$是实内积空间(或复内积空间)$V$的一个有限维子空间,则$V=U\oplus U^{\perp}$,从而有$V$在$U$上的正交投影,进而$V$中任一向量$\alpha$都有在$U$上的最佳逼近元(它就是$\alpha$在$U$上的正交投影).设$V$和$W$都是实内积空间(或复内积空间).如果有$V$到$W$的一个满射$\sigma$,且$\sigma$保持向量的内积不变,即对于$V$中任意两个向量$\alpha,\beta$,有

$(\sigma(\alpha),\sigma(\beta))=(\alpha,\beta)$，那么称 σ 是 V 到 W 的一个保距同构(映射)，此时称 V 与 W 是保距同构的. 我们证明了：V 到 W 的一个保距同构 σ 保持向量的长度不变，σ 是 V 到 W 的一个线性映射，且 σ 是单射，从而 σ 是双射. 因此，V 到 W 的一个保距同构 σ 一定是线性空间 V 到 W 的一个同构映射(称为线性同构). 当 V 和 W 都是 n 维内积空间时，如果 V 到 W 的映射 σ 保持向量的内积不变，那么 σ 就是 V 到 W 的一个保距同构. 从平面上的旋转保持向量的内积不变受到启发，如果实内积空间(或复内积空间)V 到自身的满射 $\mathscr{A}$ 保持向量的内积不变，那么称 $\mathscr{A}$ 是 V 上的一个正交变换(或酉变换). 从定义立即得到，$\mathscr{A}$ 是实内积空间(或复内积空间)V 上的一个正交变换(或酉变换)当且仅当 $\mathscr{A}$ 是 V 到自身的一个保距同构. 于是，正交变换(或酉变换)$\mathscr{A}$ 保持向量的长度不变，$\mathscr{A}$ 是 V 上的一个线性变换，且 $\mathscr{A}$ 是单射，从而 $\mathscr{A}$ 是双射，故 $\mathscr{A}$ 可逆. 正交变换(或酉变换)$\mathscr{A}$ 还保持任意两个非零向量的夹角不变，保持向量的正交性不变，保持向量的距离不变. 我们还证明了：n 维欧几里得空间(或酉空间)V 上的一个线性变换 $\mathscr{A}$ 是正交变换(或酉变换)当且仅当 $\mathscr{A}$ 把 V 的标准正交基映成标准正交基，当且仅当 $\mathscr{A}$ 在 V 的标准正交基下的矩阵 $\boldsymbol{A}$ 是正交矩阵(或酉矩阵). 从几何空间在过点 O 的平面 π 上的正交投影 $\mathscr{P}$ 具有性质 $(\mathscr{P}(\alpha),\beta)=(\alpha,\mathscr{P}(\beta))$ 受到启发，如果实内积空间(或复内积空间)V 上的变换 $\mathscr{A}$ 满足：对于 V 中任意两个向量 α,β，都有 $(\mathscr{A}(\alpha),\beta)=(\alpha,\mathscr{A}(\beta))$，那么称 $\mathscr{A}$ 是 V 上的一个对称变换(或埃尔米特变换). 我们证明了：实内积空间(或复内积空间)V 上的对称变换(或埃尔米特变换)$\mathscr{A}$ 是线性变换；n 维欧几里得空间(或酉空间)V 上的线性变换 $\mathscr{A}$ 是对称变换(或埃尔米特变换)当且仅当 $\mathscr{A}$ 在 V 的标准正交基下的矩阵 $\boldsymbol{A}$ 是对称矩阵(或埃尔米特矩阵)，即 $\boldsymbol{A}$ 满足 $\boldsymbol{A}^*=\boldsymbol{A}$；实对称矩阵 $\boldsymbol{A}$ 的特征多项式的复根都是实数，从而它们都是 $\boldsymbol{A}$ 的特征值；酉空间 V 上的埃尔米特变换 $\mathscr{A}$ 如果有特征值，那么它的特征值是实数. 我们还证明了重要的结论：设 $\mathscr{A}$ 是 n 维欧几里得空间(或酉空间)V 上的对称变换(或埃尔米特变换)，则 V 中存在一个标准正交基，使得 $\mathscr{A}$ 在此基下的矩阵 $\boldsymbol{A}$ 是对角矩阵，且主对角元都是实数. 所以，实对称矩阵 $\boldsymbol{A}$ 一定正交相似于一个对角矩阵(即存在正交矩阵 $\boldsymbol{T}$，使得 $\boldsymbol{T}^{-1}\boldsymbol{AT}$ 为对角矩阵)；埃尔米特矩阵一定酉相似于一个实对角矩阵. 由于正交矩阵 $\boldsymbol{T}$ 的逆等于它的转置，因此 n 阶实对称矩阵 $\boldsymbol{A}$ 有一个合同标准形为 $\mathrm{diag}\{\lambda_1,\lambda_2,\cdots,\lambda_n\}$，其中 $\lambda_1,\lambda_2,\cdots,\lambda_n$ 是 $\boldsymbol{A}$ 的全部特征值. 于是，n 元实二次型 $\boldsymbol{x}^{\mathrm{T}}\boldsymbol{Ax}$ 有一个标准形为 $\lambda_1x_1^2+\lambda_2x_2^2+\cdots+\lambda_nx_n^2$，其中 $\lambda_1,\lambda_2,\cdots,\lambda_n$ 是 $\boldsymbol{A}$ 的全部特征值；n 阶实对称矩阵 $\boldsymbol{A}$ 是正定的当且仅当 $\boldsymbol{A}$ 的特征值全大于 0.

5. 本书配有相应的《高等代数习题解析》，其中给出了每道习题的详细解答.

希望同学们先自己思考，做习题，做完后看习题解答，学习习题解答中是如何在理论的指导下去解题，如何严密地、规范地写解题过程的. 在做完作业后看习题解答是学习的一个重要环节.

本书适合作为全国普通高等院校本科生“高等代数”课程的教材，分两个学期使用，总共 160 学时，具体安排如下：引言 2 学时，第一章 4 学时，第二章 9 学时，第三章 13 学时，第四章 14 学时,第五章 19 学时,第六章 13 学时,第七章 26 学时,第八章 10 学时,第九章 14 学时,习题课 32 学时,复习课 4 学时.

作者感谢责任编辑曾琬婷,她为本书的出版付出了辛勤的劳动.

真诚欢迎广大读者对本书提出宝贵意见!

丘维声
北京大学数学科学学院
2019 年 3 月

目　　录

第六章 线性空间

几何空间可以看成由以定点 O 为起点的所有向量组成的集合，该集合有向量的加法和数量乘法运算；向量的加法满足交换律、结合律，有零向量，每个向量有负向量；向量的数量乘法满足 $1\vec{a}=\vec{a}$，$(kl)\vec{a}=k(l\vec{a})$，$(k+l)\vec{a}=k\vec{a}+l\vec{a}$，$k(\vec{a}+\vec{b})=k\vec{a}+k\vec{b}$，其中 $\vec{a}$，$\vec{b}$ 是几何空间中的任意向量，k，l 是任意实数.

数域 K 上所有 n 元有序数组组成的集合 K^n 有数组的加法和数量乘法运算，并且满足类似于几何空间中的 8 条运算法则.

数域 K 上所有 $s\times n$ 矩阵组成的集合 $M_{s\times n}(K)$ 有矩阵的加法和数量乘法运算，并且满足类似于 K^n 中的 8 条运算法则.

数域 K 上所有一元多项式组成的集合 $K[x]$ 有多项式的加法运算，又从多项式的乘法运算可以诱导出数量乘法运算 $k\sum_{i=0}^{n}a_ix^i=\sum_{i=0}^{n}(ka_i)x^i$，并且加法和数量乘法满足类似于 K^n 中的 8 条运算法则.

区间 (a,b) 上的可微函数组成的集合记作 $C^{(1)}(a,b)$. 设 $f,g\in C^{(1)}(a,b)$，由于 $(f(x)+g(x))'=f'(x)+g'(x)$，因此 $f+g\in C^{(1)}(a,b)$，从而函数的加法是 $C^{(1)}(a,b)$ 上的加法. 由于 $(kf(x))'=kf'(x)$，因此 $kf\in C^{(1)}(a,b)$，从而函数的数量乘法是 $C^{(1)}(a,b)$ 上的数量乘法. 容易验证 $C^{(1)}(a,b)$ 上的加法和数量乘法满足类似于 K^n 中的 8 条运算法则.

上述例子的共同特点是：有一个非空集合，在这个集合上定义了加法运算以及数域 K 中的数与这个集合的元素的数量乘法运算，并且加法和数量乘法满足类似于 K^n 中的 8 条运算法则. 由此我们抽象出线性空间的概念. 当我们把线性空间的结构搞清楚以后，线性空间就为数学的各分支以及自然科学、经济学、信息科学、社会科学等的研究提供了广阔的天地. 线性空间是高等代数的主要研究对象之一.

§6.1 线性空间的结构

6.1.1 内容精华

一、线性空间的定义和性质

为了抽象出线性空间的概念，首先要抽象出什么是非空集合 S 上的一个运算. 在整数集 $\mathbf{Z}$ 中，$2+3=5$. 这是一对有序整数 $(2,3)$ 对应到一个整数 5. 由此受到启发，我们要考虑非空集合 S 的有序元素对组成的集合

$$\{(a,b)\mid a,b\in S\}.$$

把这个集合记作 $S\times S$，称它为 S 与自身的**笛卡儿(Descartes)积**. 更一般地，对于任意两个非空集合 S,M，令

$$S\times M=\{(a,b)\mid a\in S,b\in M\},$$

称 $S\times M$ 是集合 S 与 M 的**笛卡儿积**.

整数集 $\mathbf{Z}$ 上的加法运算是 $\mathbf{Z}\times\mathbf{Z}$ 到 $\mathbf{Z}$ 的一个映射. 由此受到启发，我们引入如下概念：

设 S 是一个非空集合，$S\times S$ 到 S 的一个映射称为 S 上的一个**二元代数运算**，简称 S 上的一个**运算**.

现在我们来抽象出线性空间的概念.

定义 1 设 V 是一个非空集合，K 是一个数域. 在 V 上定义了一个运算，称为**加法**，即 $(\alpha,\beta)\longrightarrow\gamma$，记作 $\alpha+\beta=\gamma$，并把 γ 称为 α 与 β 的**和**；在 K 与 V 之间定义了一个运算，称为 V 上的**数量乘法**，即 $(k,\alpha)\longrightarrow\delta$，记作 $k\alpha=\delta$，并把 δ 称为 k 与 α 的**数量乘积**. 如果 V 上定义的加法和数量乘法满足下述 8 条运算法则：对于任意 $\alpha,\beta,\gamma\in V,k,l\in K$，有

(1) $\alpha+\beta=\beta+\alpha$ （加法交换律）；

(2) $(\alpha+\beta)+\gamma=\alpha+(\beta+\gamma)$ （加法结合律）；

(3) V 中有一个元素，记作 0，它具有性质

$$\alpha+0=\alpha,\quad \forall\alpha\in V$$

（把具有这个性质的元素 0 称为 V 的**零元**）；

(4) 对于 $\alpha\in V$，存在 $\beta\in V$，使得

$$\alpha+\beta=0$$

（把具有这个性质的元素 β 称为 α 的**负元**）；

(5) $1\alpha=\alpha$；

(6) $(kl)\alpha=k(l\alpha)$；

(7) $(k+l)\alpha=k\alpha+l\alpha$；

(8) $k(\alpha+\beta)=k\alpha+k\beta$,

那么称 V 是数域 K 上的一个**线性空间**.

借用几何语言,把线性空间 V 的元素称为**向量**,线性空间又可称为**向量空间**.

几何空间是实数域 $\mathbf{R}$ 上的一个线性空间,K^n 是数域 K 上的一个线性空间,$M_{s\times n}(K)$是数域 K 上的一个线性空间,$K[x]$是数域 K 上的一个线性空间,$C^{(1)}(a,b)$是实数域 $\mathbf{R}$ 上的一个线性空间.

数域 K 上所有次数小于 n 的一元多项式组成的集合,对于多项式的加法(两个次数小于 n 的多项式之和仍然是次数小于 n 的多项式)及数量乘法(任一数乘以任一次数小于 n 的多项式所得结果仍是次数小于 n 的多项式),构成数域 K 上的一个线性空间,记作 $K[x]_n$.

复数域 $\mathbf{C}$ 可以看成实数域 $\mathbf{R}$ 上的一个线性空间,其加法是复数的加法,数量乘法是实数 a 与复数 z 相乘.

数域 K 可以看成自身上的一个线性空间,其加法就是 K 中的加法,数量乘法就是 K 中的乘法.

设 X 为任一非空集合,K 是一个数域,定义域为 X 的所有 K 值函数(即 X 到 K 的映射)组成的集合记作 K^X,它对于函数的加法[即$(f+g)(x)=f(x)+g(x)$]和数量乘法[即$(kf)(x)=kf(x)$],构成数域 K 上的一个线性空间.它的零元是零函数,记作 0,即

$$0(x)=0,\quad \forall x\in X.$$

上述例子表明,线性空间这一数学模型适用性很广.我们研究抽象的线性空间的结构,只能从线性空间的定义(有加法和数量乘法两种运算,并且满足 8 条运算法则)出发,进行逻辑推理,深入揭示线性空间的性质和结构.在探索时,要善于从熟悉的具体例子(例如几何空间或数域 K 上的 n 维向量空间 K^n)的性质和结构受到启发,做出猜测,但这不能代替证明.如果 K^n 的性质和结构的证明只用到加法和数量乘法及其满足的 8 条运算法则,没有用到 n 元有序数组的具体性质,那么这些证明可以照搬到抽象的线性空间中;否则,就要重新证明.

从数域 K 上线性空间 V 满足的 8 条运算法则可以推导出线性空间 V 的一些简单性质.

性质 1 V 中零元是唯一的.

证明 假设 $0_1,0_2$ 是 V 中两个零元,则

$$0_1+0_2=0_1,\quad 0_1+0_2=0_2+0_1=0_2,$$

因此 $0_1=0_2$. □

性质 2 V 中每个元素 α 的负元是唯一的.

证明 假设 β_1,β_2 都是 α 的负元,则

$$(\beta_1+\alpha)+\beta_2=(\alpha+\beta_1)+\beta_2=0+\beta_2=\beta_2+0=\beta_2,$$
$$(\beta_1+\alpha)+\beta_2=\beta_1+(\alpha+\beta_2)=\beta_1+0=\beta_1,$$

因此 $\beta_2=\beta_1$. □

今后把 V 中元素 α 唯一的负元记作 $-\alpha$. 利用负元,可以在 V 中定义**减法**如下:

$$\alpha-\beta=\alpha+(-\beta).$$

性质 3 $0\alpha=0,\forall\alpha\in V$.

证明 我们有

$$0\alpha+0\alpha=(0+0)\alpha=0\alpha.$$

上式两边加上 -0α,得

$$(0\alpha+0\alpha)+(-0\alpha)=0\alpha+(-0\alpha).$$

利用结合律和运算法则(4),(3),得

$$0\alpha=0.$$ □

性质 4 $k0=0,\forall k\in K$.

证明 我们有

$$k0+k0=k(0+0)=k0.$$

上式两边加上 $-k0$,可得

$$k0=0.$$ □

性质 5 如果 $k\alpha=0$,那么 $k=0$ 或 $\alpha=0$.

证明 假设 $k\neq0$,则

$$\alpha=1\alpha=(k^{-1}k)\alpha=k^{-1}(k\alpha)=k^{-1}0=0.$$ □

性质 6 $(-1)\alpha=-\alpha,\forall\alpha\in V$.

证明 由于 $\alpha+(-1)\alpha=1\alpha+(-1)\alpha=[1+(-1)]\alpha=0\alpha=0$,因此 $(-1)\alpha=-\alpha$. □

二、向量集的线性相关与线性无关,向量组的秩

为了研究数域 K 上线性空间 V 的结构,自然是从 V 有加法和数量乘法两种运算出发. 对于 V 中的一组向量 $\alpha_1,\alpha_2,\cdots,\alpha_s$,数域 K 中的一组元素 $k_1,k_2,\cdots,k_s$,做数量乘法和加法便得到

$$k_1\alpha_1+k_2\alpha_2+\cdots+k_s\alpha_s.$$

根据 V 中加法和数量乘法的定义,$k_1\alpha_1+k_2\alpha_2+\cdots+k_s\alpha_s$ 仍然是 V 中的一个向量,称这个向量是 $\alpha_1,\alpha_2,\cdots,\alpha_s$ 的一个**线性组合**.

像 $\alpha_1,\alpha_2,\cdots,\alpha_s$ 这样按照一定顺序写出的有限多个向量(其中允许有相同的向量)称为 V 的一个**向量组**.

如果 V 中的一个向量 β 能够表示成向量组 $\alpha_1,\alpha_2,\cdots,\alpha_s$ 的一个线性组合,那么称 β 可以由向量组 $\alpha_1,\alpha_2,\cdots,\alpha_s$ **线性表出**.

在数域 K 上的 n 维向量空间 K^n 中,设 $\alpha_1,\alpha_2,\cdots,\alpha_n$ 是 n 个线性无关的向量,则 K^n 中任

一向量 β 都可以由向量组 $\alpha_1,\alpha_2,\cdots,\alpha_n$ 唯一地线性表出. 由此受到启发，自然要问：在数域 K 上的线性空间 V 中，能否找到一组向量，使得 V 中任一向量都可以由这组向量唯一地线性表出？从上述 K^n 中的结论的推导过程受到启发，首先需要引入向量组线性相关和向量组线性无关的概念. 为了使线性相关和线性无关的概念有更广泛的适用范围，我们还给出 V 的子集(有限子集或无限子集)线性相关或线性无关的概念.

定义 2 设 V 是数域 K 上的线性空间，则如下定义 V 中的向量组及 V 的子集的线性相关性和线性无关性：

研究的对象	线性相关	线性无关
V 中的向量组 $\alpha_1,\alpha_2,\cdots,\alpha_s$ $(s\geqslant1)$	K 中有不全为 0 的数 $k_1,k_2,\cdots,k_s$，使得 $k_1\alpha_1+k_2\alpha_2+\cdots+k_s\alpha_s=0$	从 $k_1\alpha_1+k_2\alpha_2+\cdots+k_s\alpha_s=0$ 可以推出 $k_1=k_2=\cdots=k_s=0$
V 的非空有限子集	给这个子集的元素一种编号，所得的向量组线性相关	给这个子集的元素一种编号，所得的向量组线性无关
V 的无限子集 W	W 有一个有限子集线性相关	W 的任一有限子集都线性无关

空集(作为 V 的子集)定义为线性无关的.

单个向量 α 组成的子集 $\{\alpha\}$ 何时线性相关？何时线性无关？对此，我们有

$$\{\alpha\}\text{线性相关} \Longleftrightarrow K\text{ 中有非零数 }k\text{，使得 }k\alpha=0 \Longleftrightarrow \alpha=0,$$

其中第二个“$\Longleftrightarrow$”是根据线性空间 V 的性质 5 和定义 1 的运算法则(5)得出的. 于是

$$\{\alpha\}\text{线性无关} \Longleftrightarrow \alpha\neq0.$$

从向量组线性相关的定义容易得出如下命题(证明和§3.2 中线性相关的向量组与线性无关的向量组的本质区别第(3)点相应结论的证明一样)：

命题 1 在数域 K 上的线性空间 V 中，如果向量组的一个部分组线性相关，那么这个向量组线性相关. □

从 V 中向量集线性相关的定义和命题 1 立即得到下面的命题：

命题 2 在数域 K 上的线性空间 V 中，包含零向量的向量集是线性相关的. □

从线性相关的定义立即得到下述命题(证明和§3.2 中线性相关的向量组与线性无关的向量组的本质区别第(2)点相应结论的证明一样)：

命题 3 在数域 K 上的线性空间 V 中，元素个数大于 1 的向量集 W 线性相关当且仅当 W 中至少有一个向量可以由其余向量中的有限多个线性表出，从而 W 线性无关当且仅当 W 中每个向量都不能由其余向量中的有限多个线性表出. □

为什么要有向量集线性无关的概念？这从下述命题可以看出：

命题 4 在数域 K 上的线性空间 V 中，设向量 β 可以由向量集 W 中有限多个向量线性

表出,则表出方式唯一的充要条件是向量集 W 线性无关.

证明 *充分性* 设向量集 W 线性无关.由已知条件,β 可以由向量集 W 中有限多个向量线性表出.假如有两种表出方式:

$$\beta = k_1\alpha_1 + \cdots + k_r\alpha_r + k_{r+1}u_1 + \cdots + k_{r+s}u_s, \tag{1}$$

$$\beta = l_1\alpha_1 + \cdots + l_r\alpha_r + l_{r+1}v_1 + \cdots + l_{r+t}v_t, \tag{2}$$

其中 $\alpha_1,\cdots,\alpha_r,u_1,\cdots,u_s,v_1,\cdots,v_t\in W, r\geqslant 0, s\geqslant 0, t\geqslant 0$.(1)式减去(2)式,得

$$0 = (k_1 - l_1)\alpha_1 + \cdots + (k_r - l_r)\alpha_r + k_{r+1}u_1 + \cdots + k_{r+s}u_s - l_{r+1}v_1 - \cdots - l_{r+t}v_t.$$

由于向量集 W 线性无关,因此向量组 $\alpha_1,\cdots,\alpha_r,u_1,\cdots,u_s,v_1,\cdots,v_t$ 线性无关,从而由上式得

$$k_1 - l_1 = 0, \quad \cdots, \quad k_r - l_r = 0, \quad k_{r+1} = \cdots = k_{r+s} = l_{r+1} = \cdots = l_{r+t} = 0.$$

于是,$\beta=k_1\alpha_1+\cdots+k_r\alpha_r$ 是 β 由向量集 W 中有限多个向量线性表出的唯一方式.

必要性 设 β 由向量集 W 中有限多个向量线性表出的方式唯一.假如向量集 W 线性相关,则 W 有一个有限子集 $\{\alpha_1,\cdots,\alpha_s\}$ 线性相关.于是,在 K 中有不全为 0 的数 $k_1,\cdots,k_s$,使得

$$k_1\alpha_1 + \cdots + k_s\alpha_s = 0. \tag{3}$$

由于 β 可以由 W 中有限多个向量线性表出,因此

$$\beta = l_1\alpha_1 + \cdots + l_s\alpha_s + l_{s+1}v_1 + \cdots + l_{s+t}v_t, \tag{4}$$

其中 $l_i(i=1,\cdots,s)$ 可能等于 0.把(3)式和(4)式相加,得

$$\beta = (k_1 + l_1)\alpha_1 + \cdots + (k_s + l_s)\alpha_s + l_{s+1}v_1 + \cdots + l_{s+t}v_t, \tag{5}$$

由于 $k_1,\cdots,k_s$ 不全为 0,因此有序数组

$$(l_1,\cdots,l_s,l_{s+1},\cdots,l_{s+t}) \neq (k_1 + l_1,\cdots,k_s + l_s,l_{s+1},\cdots,l_{s+t}).$$

于是,β 由向量集 W 中有限多个向量线性表出的方式不唯一,与已知条件矛盾.故向量集 W 线性无关. □

从命题 4 可以看出,引进向量集线性无关的概念是为了使能由这样的向量集中有限多个向量线性表出的向量,其表出方式唯一.后面我们将集中精力讨论一个向量由一个向量组线性表出的问题.

首先讨论一个向量可以由一个线性无关的向量组线性表出的条件.

命题 5 在数域 K 上的线性空间 V 中,设向量组 $\alpha_1,\alpha_2,\cdots,\alpha_s$ 线性无关,则向量 β 可以由向量组 $\alpha_1,\alpha_2,\cdots,\alpha_s$ 线性表出的充要条件是 $\alpha_1,\alpha_2,\cdots,\alpha_s,\beta$ 线性相关.

证明 *必要性* 由命题 3 立即得到.

充分性 由于 $\alpha_1,\alpha_2,\cdots,\alpha_s,\beta$ 线性相关,因此在 K 中有不全为 0 的数 $k_1,k_2,\cdots,k_s,l$,使得

$$k_1\alpha_1 + k_2\alpha_2 + \cdots + k_s\alpha_s + l\beta = 0. \tag{6}$$

假如 $l=0$,则由(6)式得

$$k_1\alpha_1 + k_2\alpha_2 + \cdots + k_s\alpha_s = 0. \tag{7}$$

由于 $\alpha_1,\alpha_2,\cdots,\alpha_s$ 线性无关,因此从(7)式得

$$k_1=k_2=\cdots=k_s=0.$$

这与 $k_1,k_2,\cdots,k_s,l$ 不全为 0 矛盾. 因此 $l\neq 0$,从而

$$\beta=\frac{k_1}{l}\alpha_1-\frac{k_2}{l}\alpha_2-\cdots-\frac{k_s}{l}\alpha_s.$$

这表明,β 可以由 $\alpha_1,\alpha_2,\cdots,\alpha_s$ 线性表出. □

其次,设向量 β 可以由向量组 $\alpha_1,\alpha_2,\cdots,\alpha_s$ 线性表出,如果 $\alpha_1,\alpha_2,\cdots,\alpha_s$ 线性无关,那么 β 由 $\alpha_1,\alpha_2,\cdots,\alpha_s$ 线性表出的方式是唯一的. 如果 $\alpha_1,\alpha_2,\cdots,\alpha_s$ 线性相关,自然的想法是在向量组 $\alpha_1,\alpha_2,\cdots,\alpha_s$ 中取出一个线性无关的部分组,并且使得从其余向量中任取一个添进去得到的新部分组线性相关,从而 β 可以由这个线性无关的部分组线性表出,并且表出方式唯一. 自然而然把这个部分组叫作向量组的极大线性无关组.

定义 3 在数域 K 上的线性空间 V 中,向量组 $\alpha_1,\alpha_2,\cdots,\alpha_s$ 的一个部分组称为这个向量组的一个**极大线性无关组**,如果这个部分组本身是线性无关的,但是从这个向量组的其余向量(如果还有的话)中任取一个添加进去,得到的新部分组都线性相关.

为了研究一个向量组的任意两个极大线性无关组的关系,我们引入两个向量组等价的概念:

定义 4 如果向量组 $\alpha_1,\alpha_2,\cdots,\alpha_s$ 的每个向量都可以由向量组 $\beta_1,\beta_2,\cdots,\beta_r$ 线性表出,那么称向量组 $\alpha_1,\alpha_2,\cdots,\alpha_s$ 可以由向量组 $\beta_1,\beta_2,\cdots,\beta_r$ **线性表出**. 如果向量组 $\alpha_1,\alpha_2,\cdots,\alpha_s$ 与向量组 $\beta_1,\beta_2,\cdots,\beta_r$ 可以互相线性表出,那么称这两个向量组**等价**,记作

$$\{\alpha_1,\alpha_2,\cdots,\alpha_s\}\cong\{\beta_1,\beta_2,\cdots,\beta_r\}.$$

每个向量组与自身等价,即向量组的等价具有反身性. 从向量组等价的定义立即可以看出,它具有对称性. 容易证明:若向量组 $\alpha_1,\alpha_2,\cdots,\alpha_s$ 可以由向量组 $\beta_1,\beta_2,\cdots,\beta_r$ 线性表出,且向量组 $\beta_1,\beta_2,\cdots,\beta_r$ 可以由向量组 $\gamma_1,\gamma_2,\cdots,\gamma_t$ 线性表出,则向量组 $\alpha_1,\alpha_2,\cdots,\alpha_s$ 可以由向量组 $\gamma_1,\gamma_2,\cdots,\gamma_t$ 线性表出(证明与§3.3 中向量组线性表出的传递性的证明一样),即向量组的线性表出具有传递性,从而向量组的等价也具有传递性. 因此,向量组的等价是 V 中向量组之间的一个等价关系.

命题 6 向量组与它的极大线性无关组等价.

证明 与§3.3 中命题 1 的证明一样. □

从向量组等价的对称性和传递性可以得出,一个向量组的任意两个极大线性无关组等价.

进一步想问:一个向量组的任意两个极大线性无关组所含向量的个数是否相等? 为了解决这个问题,先放宽条件,一般地考虑:如果一个向量组可以由另一个向量组线性表出,那么它们所含向量的个数之间有什么关系? 与§3.3 中引理 1 的证明一样,可以证明下述结论:

引理 1 在数域 K 上的线性空间 V 中,设向量组 $\beta_1,\beta_2,\cdots,\beta_r$ 可以由向量组 $\alpha_1,\alpha_2,\cdots,\alpha_s$ 线性表出. 如果 $r>s$,那么向量组 $\beta_1,\beta_2,\cdots,\beta_r$ 线性相关. □

引理 1 的逆否命题自然也成立,即有下面的结论:

推论 1 在数域 K 上的线性空间 V 中,设向量组 $\beta_1,\beta_2,\cdots,\beta_r$ 可以由向量组 $\alpha_1,\alpha_2,\cdots,\alpha_s$ 线性表出. 如果 $\beta_1,\beta_2,\cdots,\beta_r$ 线性无关,那么 $r\leqslant s$. □

从推论 1 立即得到下面的结论(证明与 § 3.3 中推论 4 的证明一样):

推论 2 等价的线性无关向量组所含向量的个数相等. □

从推论 2 以及一个向量组的任意两个极大线性无关组等价立即得到下述结论:

推论 3 一个向量组的任意两个极大线性无关组所含向量的个数相等. □

从推论 3 受到启发,引入下述重要概念:

定义 5 向量组的极大线性无关组所含向量的个数称为这个**向量组的秩**. 把向量组 α_1, $\alpha_2,\cdots,\alpha_s$ 的秩记作 $\operatorname{rank}\{\alpha_1,\alpha_2,\cdots,\alpha_s\}$.

全由零向量组成的向量组的秩规定为 0.

向量组的秩是一个非常深刻、重要的概念. 例如,用向量组的秩可以刻画向量组是否线性无关,即从向量组的秩的定义可以推出下述命题:

命题 7 在数域 K 上的线性空间 V 中,向量组 $\alpha_1,\alpha_2,\cdots,\alpha_s$ 线性无关的充要条件是它的秩等于它所含向量的个数. □

下述命题给出了比较两个向量组的秩的大小的常用方法:

命题 8 如果向量组 $\alpha_1,\alpha_2,\cdots,\alpha_s$ 可以由向量组 $\beta_1,\beta_2,\cdots,\beta_r$ 线性表出,那么

$$\operatorname{rank}\{\alpha_1,\alpha_2,\cdots,\alpha_s\}\leqslant\operatorname{rank}\{\beta_1,\beta_2,\cdots,\beta_r\}.$$

证明 与 § 3.3 中命题 3 的证明一样. □

从命题 8 立即得出如下命题:

命题 9 等价的向量组有相等的秩. □

三、基与维数

从几何空间的结构、数域 K 上 n 维向量空间 K^n 的结构等受到启发,研究数域 K 上线性空间 V 的结构同样需要有基的概念.

定义 6 设 V 是数域 K 上的线性空间. 如果 V 中的向量集 S 满足下述两个条件:

(1) 向量集 S 是线性无关的;

(2) V 中每个向量可以由向量集 S 中有限多个向量线性表出,

那么称 S 是 V 的一个**基**. 当 S 是有限集时,把 S 的元素排序得到一个向量组,此时称这个向量组是 V 的一个**有序基**,简称**基**.

只含有零向量的线性空间的基规定为空集.

任一数域上的任一线性空间都存在基吗?回答是肯定的.证明参见文献[2]§8.1中定理1的证明.

既然任一数域上的任一线性空间都有基,我们就引入下述概念:

定义7 设V是数域K上的线性空间.如果V有一个基是由有限多个向量组成的,那么称V是**有限维的**;如果V有一个基含有无穷多个向量,那么称V是**无限维的**.

例如,数域K上的n维向量空间K^n是有限维的;$K[x]$是无限维的,因为根据一元多项式的定义和基的定义可得出它有一个基

$$\{1,x,x^2,\cdots,x^n,\cdots\}.$$

定理1 如果数域K上的线性空间V是有限维的,那么V的任意两个基所含向量的个数相等.

证明 根据定义7,V有一个基,设为$\alpha_1,\alpha_2,\cdots,\alpha_n$.设向量集$S$是$V$的另一个基,假如$S$所含的向量个数多于$n$个,则$S$中可取出$n+1$个向量:$\beta_1,\beta_2,\cdots,\beta_{n+1}$,它们可以由$\alpha_1,\alpha_2,\cdots,\alpha_n$线性表出.根据引理1,$\beta_1,\beta_2,\cdots,\beta_{n+1}$线性相关.这与$S$线性无关矛盾.因此$|S|\leqslant n$.设$S=\{\beta_1,\beta_2,\cdots,\beta_m\}$.根据基的定义和推论2,得$m=n$. □

推论4 如果数域K上的线性空间V是无限维的,那么V的任一基都含有无穷多个向量.

证明 假如V有一个基为$\alpha_1,\alpha_2,\cdots,\alpha_n$,那么从定理1的证明中看出,$V$的任一基都含有$n$个向量.这与$V$是无限维的线性空间相矛盾.因此,$V$的任一基都含有无穷多个向量. □

从定理1和推论4可以给出下述重要概念:

定义8 设V是数域K上的线性空间.如果V是有限维的,那么把V的一个基所含向量的个数称为V的**维数**,记作$\dim_K V$,简记作$\dim V$;如果V是无限维的,那么记$\dim V=\infty$.

由定义8知道,只含零向量的线性空间的维数为0.

从基的定义可以看出,对于线性空间V,只要知道它的一个基,那么V的结构就完全清楚了.对于有限维的线性空间V,其维数对研究V的结构有着重要的作用.基和维数是研究线性空间结构的第一条途径.

命题10 设V是数域K上的n维线性空间,则V中任意$n+1$个向量都线性相关.

证明 从定理1的证明过程可以看出. □

命题11 设V是数域K上的n维线性空间,则V中任意n个线性无关的向量都是V的一个基.

证明 在V中任取n个线性无关的向量$\alpha_1,\alpha_2,\cdots,\alpha_n$.对于任意$\beta\in V$,根据命题10,向量组$\alpha_1,\alpha_2,\cdots,\alpha_n,\beta$线性相关.于是,根据命题5,$\beta$可以由$\alpha_1,\alpha_2,\cdots,\alpha_n$线性表出.因此,$\alpha_1,\alpha_2,\cdots,\alpha_n$是$V$的一个基. □

命题12 设V是数域K上的n维线性空间.如果V中每个向量都可以由向量组$\alpha_1,$

$\alpha_2,\cdots,\alpha_n$ 线性表出,那么 $\alpha_1,\alpha_2,\cdots,\alpha_n$ 是 V 的一个基.

证明 从 V 中取一个基 $\delta_1,\delta_2,\cdots,\delta_n$. 由已知条件知,向量组 $\delta_1,\delta_2,\cdots,\delta_n$ 可以由向量组 $\alpha_1,\alpha_2,\cdots,\alpha_n$ 线性表出,因此

$$n=\operatorname{rank}\{\delta_1,\delta_2,\cdots,\delta_n\}\leqslant\operatorname{rank}\{\alpha_1,\alpha_2,\cdots,\alpha_n\}\leqslant n.$$

由此得出 $\operatorname{rank}\{\alpha_1,\alpha_2,\cdots,\alpha_n\}=n$,于是向量组 $\alpha_1,\alpha_2,\cdots,\alpha_n$ 线性无关. 因此,$\alpha_1,\alpha_2,\cdots,\alpha_n$ 是 V 的一个基. □

命题 13 设 V 是数域 K 上的 n 维线性空间,则 V 中任一线性无关的向量组都可以扩充成 V 的一个基.

证明 任取 V 的一个线性无关的向量组 $\alpha_1,\alpha_2,\cdots,\alpha_r$. 若 $r=n$,则 $\alpha_1,\alpha_2,\cdots,\alpha_n$ 是 V 的一个基. 下设 $r<n$,则 V 中必有一个向量 β_1 不能由 $\alpha_1,\alpha_2,\cdots,\alpha_r$ 线性表出,从而向量组 $\alpha_1,\alpha_2,\cdots,\alpha_r,\beta_1$ 线性无关(根据命题 5). 若 $r+1=n$,则向量组 $\alpha_1,\alpha_2,\cdots,\alpha_r,\beta_1$ 是 V 的一个基. 若 $r+1<n$,则 V 中有一个向量 β_2 不能由 $\alpha_1,\alpha_2,\cdots,\alpha_r,\beta_1$ 线性表出,从而 $\alpha_1,\alpha_2,\cdots,\alpha_r,\beta_1,\beta_2$ 线性无关. 如此下去,可得到线性无关的向量组

$$\alpha_1,\ \alpha_2,\ \cdots,\ \alpha_r,\ \beta_1,\ \beta_2,\ \cdots,\ \beta_s,$$

其中 $r+s=n$,从而把 $\alpha_1,\alpha_2,\cdots,\alpha_r$ 扩充成了 V 的一个基. □

设 V 是数域 K 上的 n 维线性空间,$\alpha_1,\alpha_2,\cdots,\alpha_n$ 是 V 的一个基. 根据命题 4,V 中任一向量 α 由基 $\alpha_1,\alpha_2,\cdots,\alpha_n$ 线性表出的方式唯一:

$$\alpha=a_1\alpha_1+a_2\alpha_2+\cdots+a_n\alpha_n.$$

我们把系数组成的 n 元有序数组(写成列向量的形式)$(a_1,a_2,\cdots,a_n)^{\mathrm{T}}$ 称为 α 在基 $\alpha_1,\alpha_2,\cdots,\alpha_n$ 下的**坐标**.

四、基变换和坐标变换

设 V 是数域 K 上的 n 维线性空间,给定 V 的两个基:

$$\alpha_1,\ \alpha_2,\ \cdots,\ \alpha_n;\quad \beta_1,\ \beta_2,\ \cdots,\ \beta_n.$$

设 V 中的向量 α 在这两个基下的坐标分别为

$$\boldsymbol{x}=(x_1,x_2,\cdots,x_n)^{\mathrm{T}},\quad \boldsymbol{y}=(y_1,y_2,\cdots,y_n)^{\mathrm{T}}.$$

试问:$\boldsymbol{x}$ 与 $\boldsymbol{y}$ 之间有什么关系?

首先需要把上述两个基之间的关系搞清楚. 由于 $\alpha_1,\alpha_2,\cdots,\alpha_n$ 是 V 的一个基,因此有

$$\begin{cases}\beta_1=a_{11}\alpha_1+a_{21}\alpha_2+\cdots+a_{n1}\alpha_n,\\ \beta_2=a_{12}\alpha_1+a_{22}\alpha_2+\cdots+a_{n2}\alpha_n,\\ \cdots\cdots\\ \beta_n=a_{1n}\alpha_1+a_{2n}\alpha_2+\cdots+a_{nn}\alpha_n.\end{cases}\tag{8}$$

为了使推导过程简洁,我们模仿矩阵乘法的定义引入如下形式的写法:

$$x_1\alpha_1+x_2\alpha_2+\cdots+x_n\alpha_n=(\alpha_1,\alpha_2,\cdots,\alpha_n)\begin{pmatrix}x_1\\x_2\\\vdots\\x_n\end{pmatrix},\tag{9}$$

并且规定 V 中的两个向量组$(\alpha_1,\alpha_2,\cdots,\alpha_n)$与$(\gamma_1,\gamma_2,\cdots,\gamma_n)$相等当且仅当 $\alpha_i=\gamma_i(i=1,\cdots,n)$. 进而模仿矩阵乘法的定义,把(8)式写成

$$(\beta_1,\beta_2,\cdots,\beta_n)=(\alpha_1,\alpha_2,\cdots,\alpha_n)\begin{pmatrix}a_{11}&a_{12}&\cdots&a_{1n}\\a_{21}&a_{22}&\cdots&a_{2n}\\\vdots&\vdots&&\vdots\\a_{n1}&a_{n2}&\cdots&a_{nn}\end{pmatrix}.\tag{10}$$

我们把(10)式右端的矩阵记作 $\boldsymbol{A}$,称它是基 $\alpha_1,\alpha_2,\cdots,\alpha_n$ 到基 $\beta_1,\beta_2,\cdots,\beta_n$ 的**过渡矩阵**. 于是(10)式可以写成

$$(\beta_1,\beta_2,\cdots,\beta_n)=(\alpha_1,\alpha_2,\cdots,\alpha_n)\boldsymbol{A}.\tag{11}$$

引入 V 中向量组与矩阵的乘法的好处不仅在于表达方式简洁,而且由于这种乘法是模仿矩阵乘法定义的,因此矩阵乘法所满足的运算法则对于向量组与矩阵的乘法可以类似地证明其成立. 还可以定义 V 中向量组的加法和数量乘法如下:

$$(\alpha_1,\alpha_2,\cdots,\alpha_n)+(\beta_1,\beta_2,\cdots,\beta_n)=(\alpha_1+\beta_1,\alpha_2+\beta_2,\cdots,\alpha_n+\beta_n),\tag{12}$$

$$k(\alpha_1,\alpha_2,\cdots,\alpha_n)=(k\alpha_1,k\alpha_2,\cdots,k\alpha_n).\tag{13}$$

它们分别类似于 n 元有序数组的加法和数量乘法. 因此,向量组与矩阵的乘法满足下列运算法则:

$$((\alpha_1,\alpha_2,\cdots,\alpha_n)\boldsymbol{A})\boldsymbol{B}=(\alpha_1,\alpha_2,\cdots,\alpha_n)(\boldsymbol{AB}),\tag{14}$$

$$(\alpha_1,\alpha_2,\cdots,\alpha_n)\boldsymbol{A}+(\alpha_1,\alpha_2,\cdots,\alpha_n)\boldsymbol{B}=(\alpha_1,\alpha_2,\cdots,\alpha_n)(\boldsymbol{A}+\boldsymbol{B}),\tag{15}$$

$$(\alpha_1,\alpha_2,\cdots,\alpha_n)\boldsymbol{A}+(\beta_1,\beta_2,\cdots,\beta_n)\boldsymbol{A}=(\alpha_1+\beta_1,\alpha_2+\beta_2,\cdots,\alpha_n+\beta_n)\boldsymbol{A},\tag{16}$$

$$(k(\alpha_1,\alpha_2,\cdots,\alpha_n))\boldsymbol{A}=(\alpha_1,\alpha_2,\cdots,\alpha_n)(k\boldsymbol{A})=k((\alpha_1,\alpha_2,\cdots,\alpha_n)\boldsymbol{A}).\tag{17}$$

利用向量组与矩阵的乘法满足的运算法则,可证明下述命题:

命题 14 设 $\alpha_1,\alpha_2,\cdots,\alpha_n$ 是 V 的一个基,且向量组 $\beta_1,\beta_2,\cdots,\beta_n$ 满足

$$(\beta_1,\beta_2,\cdots,\beta_n)=(\alpha_1,\alpha_2,\cdots,\alpha_n)\boldsymbol{A},\tag{18}$$

则 $\beta_1,\beta_2,\cdots,\beta_n$ 是 V 的一个基当且仅当 $\boldsymbol{A}$ 是可逆矩阵.

证明 $\beta_1,\beta_2,\cdots,\beta_n$ 是 V 的一个基

$\Longleftrightarrow$ $\beta_1,\beta_2,\cdots,\beta_n$ 线性无关

$\Longleftrightarrow$ 从 $k_1\beta_1+k_2\beta_2+\cdots+k_n\beta_n=0$ 可推出 $k_1=k_2=\cdots=k_n=0$

$\Longleftrightarrow$ 从$(\beta_1,\beta_2,\cdots,\beta_n)\begin{pmatrix}k_1\\k_2\\\vdots\\k_n\end{pmatrix}=0$ 可推出 $\begin{pmatrix}k_1\\k_2\\\vdots\\k_n\end{pmatrix}=\boldsymbol{0}$

$$\Longleftrightarrow \text{从}(\alpha_1,\alpha_2,\cdots,\alpha_n)\boldsymbol{A}\begin{pmatrix}k_1\\k_2\\\vdots\\k_n\end{pmatrix}=0\ \text{可推出}\begin{pmatrix}k_1\\k_2\\\vdots\\k_n\end{pmatrix}=\boldsymbol{0}$$

$$\Longleftrightarrow \text{从}\ \boldsymbol{A}\begin{pmatrix}k_1\\k_2\\\vdots\\k_n\end{pmatrix}=\boldsymbol{0}\ \text{可推出}\begin{pmatrix}k_1\\k_2\\\vdots\\k_n\end{pmatrix}=\boldsymbol{0}$$

$\Longleftrightarrow$ 齐次线性方程组 $\boldsymbol{Az}=\boldsymbol{0}$ 只有零解

$\Longleftrightarrow$ $|\boldsymbol{A}|\neq 0$

$\Longleftrightarrow$ $\boldsymbol{A}$ 是可逆矩阵.

上述证明过程中的第五个"$\Longleftrightarrow$"用到了 $\alpha_1,\alpha_2,\cdots,\alpha_n$ 线性无关的条件. □

现在来回答 α 在不同基下的坐标之间的关系是什么的问题. 由于

$$\alpha=(\alpha_1,\alpha_2,\cdots,\alpha_n)\boldsymbol{x},\quad \alpha=(\beta_1,\beta_2,\cdots,\beta_n)\boldsymbol{y},$$
$$(\beta_1,\beta_2,\cdots,\beta_n)=(\alpha_1,\alpha_2,\cdots,\alpha_n)\boldsymbol{A},$$

因此

$$(\alpha_1,\alpha_2,\cdots,\alpha_n)\boldsymbol{x}=(\beta_1,\beta_2,\cdots,\beta_n)\boldsymbol{y}=(\alpha_1,\alpha_2,\cdots,\alpha_n)\boldsymbol{Ay}.$$

由此得出

$$\boldsymbol{x}=\boldsymbol{Ay}.\tag{19}$$

从(19)式得出

$$\boldsymbol{y}=\boldsymbol{A}^{-1}\boldsymbol{x}.\tag{20}$$

6.1.2 典型例题

例 1 检验下述集合对于所指的加法和数量乘法是否构成实数域 $\mathbf{R}$ 上的一个线性空间: 所有正实数组成的集合 $\mathbf{R}^+$,加法与数量乘法的定义为

$$a\oplus b=ab,\quad \forall\, a,b\in\mathbf{R}^+,\tag{21}$$

$$k\odot a=a^k,\quad \forall\, a\in\mathbf{R}^+,k\in\mathbf{R}.\tag{22}$$

解 由于对于任意 $a,b\in\mathbf{R}^+,k\in\mathbf{R}$,有 $ab\in\mathbf{R}^+,a^k\in\mathbf{R}^+$,因此(21)式和(22)式所定义的加法和数量乘法的确是 $\mathbf{R}^+$ 上的运算. 对于任意 $a,b,c\in\mathbf{R}^+$,有

$$a\oplus b=ab=ba=b\oplus a,$$
$$(a\oplus b)\oplus c=(ab)c=a(bc)=a\oplus(b\oplus c).$$

由于对于任意 $a\in\mathbf{R}^+$,有

$$a\oplus 1=a1=a,$$

因此 1 是 $\mathbf{R}^+$ 中对于(21)式所定义的加法的零元. 又由于

$$a \oplus \frac{1}{a} = a\frac{1}{a} = 1,$$

因此 $\mathbf{R}^+$ 中每个元素 a 都有对于(21)式所定义的加法的负元 $\frac{1}{a}$.

对于任意 $a,b\in\mathbf{R}^+,k,l\in\mathbf{R}$,有

$$1\odot a = a^1 = a,$$
$$(kl)\odot a = a^{kl} = (a^l)^k = (l\odot a)^k = k\odot(l\odot a),$$
$$(k+l)\odot a = a^{k+l} = a^k a^l = (k\odot a)\oplus(l\odot a),$$
$$k\odot(a\oplus b) = k\odot(ab) = (ab)^k = a^k b^k = (k\odot a)\oplus(k\odot b).$$

因此,$\mathbf{R}^+$ 对于(21)和(22)式所定义的加法与数量乘法构成 $\mathbf{R}$ 上的一个线性空间.

点评 在例 1 中,1 是 $\mathbf{R}^+$ 中对于(21)式所定义的加法的零元,$\frac{1}{a}$ 是 a 对于此加法的负元. 由此看出,线性空间中的“零元”和元素的“负元”是由该空间上定义的加法来决定的.

在例 1 中,$\mathbf{R}^+$ 是实数域 $\mathbf{R}$ 上的线性空间,因此在做数量乘法 $k\odot a$ 时,k 是实数,而 a 是正实数. 这一点需要加以注意. 也就是说,若 V 是数域 K 上的线性空间,则做数量乘法时,是把数域 K 中的元素与 V 中的元素相乘. 因此,对于线性空间,一定要明确它是哪个数域上的线性空间.

例 2 设 V 是复数域 $\mathbf{C}$ 上的一个线性空间. 如果加法保持不变,而数量乘法改成

$$k\cdot\alpha = \bar{k}\alpha,\quad \forall\, k\in\mathbf{C},\alpha\in V, \tag{23}$$

其中 $\bar{k}$ 是 k 的共轭复数,试问: 集合 V 对于原来的加法和(23)式所定义的数量乘法是否构成复数域 $\mathbf{C}$ 上的一个线性空间?

解 V 对于原来的加法当然满足 4 条运算法则. 又由于

$$1\cdot\alpha = \bar{1}\alpha = 1\alpha = \alpha,$$
$$(kl)\cdot\alpha = \overline{kl}\alpha = \bar{k}\bar{l}\alpha = \bar{k}(l\cdot\alpha) = k\cdot(l\cdot\alpha),$$
$$(k+l)\cdot\alpha = \overline{k+l}\,\alpha = (\bar{k}+\bar{l})\alpha = \bar{k}\alpha+\bar{l}\alpha = k\cdot\alpha+l\cdot\alpha,$$
$$k\cdot(\alpha+\beta) = \bar{k}(\alpha+\beta) = \bar{k}\alpha+\bar{k}\beta = k\cdot\alpha+k\cdot\beta,$$

其中 $\alpha,\beta\in V,k,l\in\mathbf{C}$,因此 V 对于原来的加法和(23)式所定义的数量乘法构成复数域 $\mathbf{C}$ 上的一个线性空间.

点评 从例 2 的解法可以看出,关键是复数的共轭具有保持加法和乘法运算的性质: $\overline{k+l}=\bar{k}+\bar{l},\overline{kl}=\bar{k}\bar{l}$. 因此,复数域 $\mathbf{C}$ 上的线性空间 V 对于原来的加法和(23)式所定义的数量乘法也构成复数域 $\mathbf{C}$ 上的一个线性空间. 虽然这两个线性空间作为集合是同一个集合,而且它们是对于同一个数域而言的,但是其中的数量乘法却不一样,因此它们是复数域 $\mathbf{C}$ 上不

同的线性空间.

例 3 实数集 $\mathbf{R}$ 的下列子集对于实数的加法以及有理数与实数的乘法是否构成有理数域 $\mathbf{Q}$ 上的一个线性空间?

(1) $\mathbf{R}^+$; (2) $\mathbf{Q}(\sqrt{2})=\{a+b\sqrt{2}\mid a,b\in\mathbf{Q}\}$.

解 (1) 由于 $(-1)\sqrt{3}=-\sqrt{3}\notin\mathbf{R}^+$,因此有理数与实数的乘法不是 $\mathbf{R}^+$ 上的数量乘法,从而 $\mathbf{R}^+$ 对于实数的加法以及有理数与实数的乘法不是 $\mathbf{Q}$ 上的线性空间.

(2) 在 §1.3 中已经证明 $\mathbf{Q}(\sqrt{2})$ 是一个数域,因此 $\mathbf{Q}(\sqrt{2})$ 对于实数的加法以及有理数与实数的乘法封闭,并且满足线性空间定义中的 8 条运算法则,从而 $\mathbf{Q}(\sqrt{2})$ 是 $\mathbf{Q}$ 上的一个线性空间.

点评 从例 3 的第(2)小题可以看出,一般地,若数域 E 包含数域 K,则 E 对于数域 E 的加法以及 K 中元素与 E 中元素的乘法构成数域 K 上的一个线性空间.

例 4 用 K^∞ 表示数域 K 上所有无限序列组成的集合,即

$$K^\infty=\{(a_1,a_2,\cdots)\mid a_i\in K,i=1,2,\cdots\}. \tag{24}$$

在 K^∞ 中定义加法与数量乘法如下:

$$(a_1,a_2,\cdots)+(b_1,b_2,\cdots)=(a_1+b_1,a_2+b_2,\cdots), \tag{25}$$

$$k(a_1,a_2,\cdots)=(ka_1,ka_2,\cdots). \tag{26}$$

试问:K^∞ 是否为数域 K 上的一个线性空间?

解 容易验证 K^∞ 中由(25)式定义的加法满足交换律和结合律,$(0,0,\cdots)$ 是零元,$(-a_1,-a_2,\cdots)$ 是 $(a_1,a_2,\cdots)$ 的负元,也容易验证关于数量乘法的 4 条运算法则,因此 K^∞ 为数域 K 上的一个线性空间.

***例 5** 在 $\mathbf{R}^\infty$ 中,称序列 $(a_1,a_2,\cdots)$ 满足**柯西条件**,如果任给 $\varepsilon>0$,都存在正整数 N,使得只要 $m,n>N$,就有 $|a_m-a_n|<\varepsilon$. 试问:$\mathbf{R}^\infty$ 中所有满足柯西条件的序列组成的子集 W 对于(25)式和(26)式所定义的加法和数量乘法,是否构成实数域 $\mathbf{R}$ 上的一个线性空间?

解 设 $(a_1,a_2,\cdots)$ 与 $(b_1,b_2,\cdots)$ 都满足柯西条件,则任给 $\varepsilon>0$,都存在正整数 N_1,N_2,使得只要 $m,n>N_1$,$m,n>N_2$,就有

$$|a_m-a_n|<\frac{\varepsilon}{2},\quad |b_m-b_n|<\frac{\varepsilon}{2}.$$

取 $N=\max\{N_1,N_2\}$,则只要 $m,n>N$,就有

$$|(a_m+b_m)-(a_n+b_n)|\leqslant|a_m-a_n|+|b_m-b_n|<\varepsilon.$$

因此 $(a_1+b_1,a_2+b_2,\cdots)$ 也满足柯西条件,即 W 对于加法封闭.

设 $(a_1,a_2,\cdots)$ 满足柯西条件,则对于 $k\in\mathbf{R}^*$,任给 $\varepsilon>0$,都存在正整数 N,使得只要 $m,n>N$,就有

$$|a_m - a_n| < \frac{\varepsilon}{|k|},$$

从而

$$|ka_m - ka_n| = |k||a_m - a_n| < \varepsilon.$$

于是$(ka_1, ka_2, \cdots)$也满足柯西条件. 又 $0(a_1, a_2, \cdots) = (0, 0, \cdots) \in W$. 因此,$W$ 对于数量乘法封闭.

由于 $\mathbf{R}^\infty$ 是 $\mathbf{R}$ 上的一个线性空间,因此 $\mathbf{R}^\infty$ 的子集 W 也满足加法的交换律、结合律,以及有关数量乘法的 4 条运算法则. $(0, 0, \cdots)$是 W 中的零元. 若$(a_1, a_2, \cdots)$满足柯西条件,则$(-a_1, -a_2, \cdots)$也满足柯西条件. 因此,W 满足线性空间定义中的 8 条运算法则,从而 W 是 $\mathbf{R}$ 上的一个线性空间.

例 6 在定义域为实数集 $\mathbf{R}$ 的所有实值函数构成的 $\mathbf{R}$ 上的线性空间 $\mathbf{R}^{\mathbf{R}}$ 中,$\sin x, \cos x$, $e^x \sin x$ 是否线性无关?

解 设

$$k_1 \sin x + k_2 \cos x + k_3 e^x \sin x = 0. \tag{27}$$

让 x 分别取 $0, \frac{\pi}{2}, -\frac{\pi}{2}$,从(27)式得

$$\begin{cases} k_2 = 0. \\ k_1 + k_3 e^{\frac{\pi}{2}} = 0, \\ -k_1 - k_3 e^{-\frac{\pi}{2}} = 0, \end{cases} \tag{28}$$

解得

$$k_2 = 0, \quad k_3 = 0, \quad k_1 = 0.$$

因此,$\sin x, \cos x, e^x \sin x$ 线性无关.

点评 在线性空间 V 中,判断向量组 $\alpha_1, \alpha_2, \cdots, \alpha_s$ 是否线性无关的基本方法是根据定义来判断:设

$$k_1\alpha_1 + k_2\alpha_2 + \cdots + k_s\alpha_s = 0,$$

如果能推出 $k_1 = k_2 = \cdots = k_s = 0$,那么 $\alpha_1, \alpha_2, \cdots, \alpha_s$ 线性无关. 在例 6 中,(27)式右端的 0 是零函数. 为了从(27)式解出 k_1, k_2, k_3,需要列出三个方程,因此需要让自变量 x 分别取三个值,代入(27)式. 要注意如果让 x 分别取 $0, \frac{\pi}{2}, \pi$,那么所得到的三元一次方程组有非零解,但不能由此推断 $\sin x, \cos x, e^x \sin x$ 线性相关. 事实上,所得到的非零解只是在 x 取 $0, \frac{\pi}{2}, \pi$ 时能使 $k_1 \sin x + k_2 \cos x + k_3 e^x \sin x = 0$,却无法在 x 取任意实数值时都使 $k_1 \sin x + k_2 \cos x + k_3 e^x \sin x = 0$,因此所得到的非零解不能使(27)式成立,从而推不出 $\sin x, \cos x, e^x \sin x$ 线性相关的结论.

例 7 设 $f_1(x), f_2(x), \cdots, f_n(x)$是$[a, b]$上的 $n-1$ 次可微函数. 令

$$W(x)=\begin{vmatrix} f_1(x) & f_2(x) & \cdots & f_n(x) \\ f_1'(x) & f_2'(x) & \cdots & f_n'(x) \\ \vdots & \vdots & & \vdots \\ f_1^{(n-1)}(x) & f_2^{(n-1)}(x) & \cdots & f_n^{(n-1)}(x) \end{vmatrix}, \tag{29}$$

称 $W(x)$ 是 $f_1(x),f_2(x),\cdots,f_n(x)$ 的**朗斯基(Wronsky)行列式**. 证明：如果存在 $x_0\in[a,b]$，使得 $W(x_0)\neq 0$，那么 $f_1(x),f_2(x),\cdots,f_n(x)$ 线性无关.

证明 设

$$k_1f_1(x)+k_2f_2(x)+\cdots+k_nf_n(x)=0. \tag{30}$$

在(30)式两边分别求 $1,2,\cdots,n-1$ 阶导数，得

$$\begin{cases} k_1f_1'(x)+k_2f_2'(x)+\cdots+k_nf_n'(x)=0, \\ k_1f_1''(x)+k_2f_2''(x)+\cdots+k_nf_n''(x)=0, \\ \cdots\cdots \\ k_1f_1^{(n-1)}(x)+k_2f_2^{(n-1)}(x)+\cdots+k_nf_n^{(n-1)}(x)=0. \end{cases} \tag{31}$$

让 x 取 x_0，从(30)式和(31)式得到

$$\begin{cases} k_1f_1(x_0)+k_2f_2(x_0)+\cdots+k_nf_n(x_0)=0, \\ k_1f_1'(x_0)+k_2f_2'(x_0)+\cdots+k_nf_n'(x_0)=0, \\ k_1f_1''(x_0)+k_2f_2''(x_0)+\cdots+k_nf_n''(x_0)=0, \\ \cdots\cdots \\ k_1f_1^{(n-1)}(x_0)+k_2f_2^{(n-1)}(x_0)+\cdots+k_nf_n^{(n-1)}(x_0)=0. \end{cases} \tag{32}$$

n 元齐次线性方程组(32)的系数行列式正好是 $W(x_0)$. 由已知条件，$W(x_0)\neq 0$，从而方程组(32)只有零解，即

$$k_1=k_2=\cdots=k_n=0,$$

因此 $f_1(x),f_2(x),\cdots,f_n(x)$ 线性无关. □

点评 例 7 给出了 $[a,b]$ 上 n 个 $n-1$ 次可微函数 $f_1(x),f_2(x),\cdots,f_n(x)$ 线性无关的一个充分条件：存在 $x_0\in[a,b]$，使得 $W(x_0)\neq 0$. 注意，这个条件不是必要条件，即从 $f_1(x)$，$f_2(x),\cdots,f_n(x)$ 线性无关推不出"存在 $x_0\in[a,b]$，使得 $W(x_0)\neq 0$". 换句话说，从"对于任意 $x\in[a,b]$，都有 $W(x)=0$"推不出 $f_1(x),f_2(x),\cdots,f_n(x)$ 线性相关的结论. 更详细的可参看下面的例 8. 其原因是，虽然对于任意 $x\in[a,b]$，有 $W(x)=0$，从而相应的齐次线性方程组有非零解，但是这个非零解是依赖于 x 的，即对于 $x_1,x_2\in[a,b]$，且 $x_1\neq x_2$，相应的齐次线性方程组的非零解可能不成比例. 因此，无法找到公共的一个非零解 $(k_1,k_2,\cdots,k_n)$，使得对于任意 $x\in[a,b]$，有 $k_1f_1(x)+k_2f_2(x)+\cdots+k_nf_n(x)=0$，从而无法判断 $f_1(x)$，$f_2(x),\cdots,f_n(x)$ 线性相关. 在"对于任意 $x\in[a,b]$，有 $W(x)=0$"的情形下，需要用定义来判断 $f_1(x),f_2(x),\cdots,f_n(x)$ 是线性相关，还是线性无关. 此外，如果 $f_1(x),f_2(x),\cdots,f_n(x)$

的朗斯基行列式 $W(x)$ 不容易计算,那么可以用定义来判断.

例 8 在实数域 $\mathbf{R}$ 上的线性空间 $\mathbf{R}^{\mathbf{R}}$ 中,$x^2, x|x|$ 是否线性无关?

解 设

$$k_1x^2+k_2x|x|=0. \tag{33}$$

让 x 分别取 $1,-1$,从(33)式得

$$\begin{cases} k_1+k_2=0, \\ k_1-k_2=0, \end{cases}$$

解得 $k_1=0, k_2=0$,因此 $x^2, x|x|$ 线性无关.

点评 例 8 中的函数 $f_1(x)=x^2, f_2(x)=x|x|$ 在 $(-\infty,+\infty)$ 内有一阶导数,因此 x^2,$x|x|$ 有朗斯基行列式

$$W(x)=\begin{vmatrix} x^2 & x|x| \\ 2x & 2|x| \end{vmatrix}=0, \quad \forall x\in(-\infty,+\infty).$$

由此看到,虽然 $x^2, x|x|$ 的朗斯基行列式 $W(x)=0, \forall x\in\mathbf{R}$,但是 $x^2, x|x|$ 线性无关.

例 9 在实数域 $\mathbf{R}$ 上的线性空间 $\mathbf{R}^{\mathbf{R}}$ 中,$\sin x, \cos x, \sin^2 x, \cos^2 x$ 是否线性无关?

解 $\sin x, \cos x, \sin^2 x, \cos^2 x$ 的朗斯基行列式为

$$W(x)=\begin{vmatrix} \sin x & \cos x & \sin^2 x & \cos^2 x \\ \cos x & -\sin x & 2\sin x\cos x & -2\cos x\sin x \\ -\sin x & -\cos x & 2\cos 2x & -2\cos 2x \\ -\cos x & \sin x & -4\sin 2x & 4\sin 2x \end{vmatrix}.$$

让 x 取 $\frac{\pi}{6}$,得

$$W\left(\frac{\pi}{6}\right)=\begin{vmatrix} \frac{1}{2} & \frac{\sqrt{3}}{2} & \frac{1}{4} & \frac{3}{4} \\ \frac{\sqrt{3}}{2} & -\frac{1}{2} & \frac{\sqrt{3}}{2} & -\frac{\sqrt{3}}{2} \\ -\frac{1}{2} & -\frac{\sqrt{3}}{2} & 1 & -1 \\ -\frac{\sqrt{3}}{2} & \frac{1}{2} & -2\sqrt{3} & 2\sqrt{3} \end{vmatrix}=-\frac{3\sqrt{3}}{2}\neq 0,$$

因此 $\sin x, \cos x, \sin^2 x, \cos^2 x$ 线性无关.

例 10 证明:在实数域 $\mathbf{R}$ 上的线性空间 $\mathbf{R}^{\mathbf{R}}$ 中,对于任意自然数 n,有 $1, \cos x, \cos 2x, \cdots$, $\cos nx$ 线性无关.

证明 对 n 做数学归纳法.

当 $n=0$ 时,1 线性无关.所以,当 $n=0$ 时,命题为真.

假设 $n-1$ 时命题为真. 现在来看 n 的情形. 设

$$k_0 1+k_1\cos x+k_2\cos 2x+\cdots+k_n\cos nx=0. \tag{34}$$

在(34)式两边求一阶导数和二阶导数,得

$$-k_1\sin x-2k_2\sin 2x-\cdots-nk_n\sin nx=0, \tag{35}$$

$$-k_1\cos x-4k_2\cos 2x-\cdots-n^2k_n\cos nx=0. \tag{36}$$

(34)式两边乘以 n^2,与(36)式相加,得

$$n^2k_0 1+(n^2-1)k_1\cos x+(n^2-4)k_2\cos 2x+\cdots+[n^2-(n-1)^2]k_{n-1}\cos(n-1)x=0.$$

根据归纳假设,得

$$n^2k_0=0,\quad (n^2-1)k_1=0,\quad (n^2-4)k_2=0,\quad \cdots,\quad [n^2-(n-1)^2]k_{n-1}=0,$$

从而 $k_0=k_1=k_2=\cdots=k_{n-1}=0$. 代入(34)式,得

$$k_n\cos nx=0. \tag{37}$$

由于 $\cos nx$ 不是零函数,因此 $k_n=0$. 所以,$1,\cos x,\cos 2x,\cdots,\cos(n-1)x,\cos nx$ 线性无关.

根据数学归纳法原理,对于一切自然数 n,命题为真. □

例 11 证明:在实数域 $\mathbf{R}$ 上的线性空间 $\mathbf{R}^{\mathbf{R}}$ 中,对于任意自然数 n,有 $1,\sin x,\sin^2 x,\cdots,\sin^n x$ 线性无关.

证明 设

$$k_0 1+k_1\sin x+k_2\sin^2 x+\cdots+k_n\sin^n x=0. \tag{38}$$

让 x 分别取 $\frac{1}{n+1}\frac{\pi}{2},\frac{2}{n+1}\frac{\pi}{2},\cdots,\frac{n+1}{n+1}\frac{\pi}{2}$,从(38)式得

$$\begin{cases} k_0 1+k_1\sin\left(\frac{1}{n+1}\frac{\pi}{2}\right)+k_2\sin^2\left(\frac{1}{n+1}\frac{\pi}{2}\right)+\cdots+k_n\sin^n\left(\frac{1}{n+1}\frac{\pi}{2}\right)=0, \\ k_0 1+k_1\sin\left(\frac{2}{n+1}\frac{\pi}{2}\right)+k_2\sin^2\left(\frac{2}{n+1}\frac{\pi}{2}\right)+\cdots+k_n\sin^n\left(\frac{2}{n+1}\frac{\pi}{2}\right)=0, \\ \cdots\cdots \\ k_0 1+k_1\sin\left(\frac{n+1}{n+1}\frac{\pi}{2}\right)+k_2\sin^2\left(\frac{n+1}{n+1}\frac{\pi}{2}\right)+\cdots+k_n\sin^n\left(\frac{n+1}{n+1}\frac{\pi}{2}\right)=0. \end{cases} \tag{39}$$

$n+1$ 元齐次线性方程组(39)的系数行列式为

$$\begin{vmatrix} 1 & \sin\left(\frac{1}{n+1}\frac{\pi}{2}\right) & \sin^2\left(\frac{1}{n+1}\frac{\pi}{2}\right) & \cdots & \sin^n\left(\frac{1}{n+1}\frac{\pi}{2}\right) \\ 1 & \sin\left(\frac{2}{n+1}\frac{\pi}{2}\right) & \sin^2\left(\frac{2}{n+1}\frac{\pi}{2}\right) & \cdots & \sin^n\left(\frac{2}{n+1}\frac{\pi}{2}\right) \\ \vdots & \vdots & \vdots & & \vdots \\ 1 & \sin\left(\frac{n+1}{n+1}\frac{\pi}{2}\right) & \sin^2\left(\frac{n+1}{n+1}\frac{\pi}{2}\right) & \cdots & \sin^n\left(\frac{n+1}{n+1}\frac{\pi}{2}\right) \end{vmatrix}. \tag{40}$$

(40)式是 $n+1$ 阶范德蒙德行列式的转置. 由于 $\sin x$ 在 $\left[0,\frac{\pi}{2}\right]$上是增函数,因此 $\sin\left(\frac{1}{n+1}\frac{\pi}{2}\right),\sin\left(\frac{2}{n+1}\frac{\pi}{2}\right),\cdots,\sin\left(\frac{n+1}{n+1}\frac{\pi}{2}\right)$两两不等,从而这个范德蒙德行列式的值不为0. 于是,方程组(39)只有零解,即 $k_0=k_1=k_2=\cdots=k_n=0$. 因此,$1,\sin x,\sin^2 x,\cdots,\sin^n x$ 线性无关. □

例 12 把实数域 **R** 看成有理数域 **Q** 上的线性空间,证明:对于任意大于 1 的正整数 n,有 $1,\sqrt[n]{3},\sqrt[n]{3^2},\cdots,\sqrt[n]{3^{n-1}}$ 线性无关.

证明 假如 $1,\sqrt[n]{3},\sqrt[n]{3^2},\cdots,\sqrt[n]{3^{n-1}}$ 线性相关,则有不全为 0 的有理数 $a_0,a_1,\cdots,a_{n-1}$,使得

$$a_0+a_1\sqrt[n]{3}+a_2\sqrt[n]{3^2}+\cdots+a_{n-1}\sqrt[n]{3^{n-1}}=0, \tag{41}$$

从而 $\sqrt[n]{3}$ 是有理系数多项式 $f(x)=a_0+a_1x+a_2x^2+\cdots+a_{n-1}x^{n-1}$的一个实根. 又 $\sqrt[n]{3}$ 是有理系数多项式 $g(x)=x^n-3$ 的一个实根,因此把 $f(x),g(x)$看成实系数多项式时,它们有公共的一次因式 $x-\sqrt[n]{3}$,从而它们不互素. 由于互素性不随数域的扩大而改变,因此在 $\mathbf{Q}[x]$中,$f(x)$与 $g(x)$也不互素. 根据艾森斯坦判别法,$g(x)=x^n-3$ 是 **Q** 上的不可约多项式. 于是,在 $\mathbf{Q}[x]$中 $g(x)\mid f(x)$,从而 $\deg g(x)\leqslant\deg f(x)$. 由此得出 $n\leqslant n-1$,矛盾. 因此,$1,\sqrt[n]{3},\sqrt[n]{3^2},\cdots,\sqrt[n]{3^{n-1}}$ 线性无关. □

点评 例 12 证明的关键是从(41)式联想到 $\sqrt[n]{3}$ 是多项式 $f(x)=a_0+a_1x+\cdots+a_{n-1}x^{n-1}$ 的一个实根,并且联想到 $\sqrt[n]{3}$ 是 $g(x)=x^n-3$ 的一个实根,从而在 $\mathbf{R}[x]$中 $f(x)$与 $g(x)$不互素,然后利用互素性不随数域的扩大而改变,以及不可约多项式与任一多项式的关系只有两种可能,推出矛盾,完成了反证法. 由此体会到,掌握理论和善于联想是解题的关键所在.

例 13 证明:实数域 **R** 作为有理数域 **Q** 上的线性空间是无限维的.

证明 假如 **R** 作为 **Q** 上的线性空间是有限维的,维数为 n,则 **R** 中任意 $n+1$ 个数都线性相关. 但是,根据例 12 的结论,$1,\sqrt[n+1]{3},\sqrt[n+1]{3^2},\cdots,\sqrt[n+1]{3^n}$ 线性无关,矛盾. 因此,**R** 作为 **Q** 上的线性空间是无限维的. □

例 14 设 $\boldsymbol{C}$ 是数域 K 上的 n 阶循环移位矩阵,即 $\boldsymbol{C}=(\boldsymbol{\varepsilon}_n,\boldsymbol{\varepsilon}_1,\boldsymbol{\varepsilon}_2,\cdots,\boldsymbol{\varepsilon}_{n-1})$,证明:在数域 K 上的线性空间 $M_n(K)$中,$\boldsymbol{I},\boldsymbol{C},\boldsymbol{C}^2,\cdots,\boldsymbol{C}^{n-1}$线性无关.

证明 根据 4.2.2 小节中例 10 的结论(或直接计算)得

$$a_1\boldsymbol{I}+a_2\boldsymbol{C}+a_3\boldsymbol{C}^2+\cdots+a_n\boldsymbol{C}^{n-1}=\begin{pmatrix} a_1 & a_2 & a_3 & \cdots & a_n \\ a_n & a_1 & a_2 & \cdots & a_{n-1} \\ \vdots & \vdots & \vdots & & \vdots \\ a_2 & a_3 & a_4 & \cdots & a_1 \end{pmatrix},$$

从而由 $a_1\boldsymbol{I}+a_2\boldsymbol{C}+a_3\boldsymbol{C}^2+\cdots+a_n\boldsymbol{C}^{n-1}=\boldsymbol{0}$ 可以推出

$$a_1=a_2=\cdots=a_n=0,$$

因此 $\boldsymbol{I},\boldsymbol{C},\boldsymbol{C}^2,\cdots,\boldsymbol{C}^{n-1}$ 线性无关. □

例 15 求下列数域 K 上线性空间的一个基和维数:

(1) 数域 K 上所有 $s\times n$ 矩阵组成的线性空间 $M_{s\times n}(K)$;

(2) 数域 K 上所有 n 阶对称矩阵组成的线性空间 V_1.

解 (1) 任取 $\boldsymbol{A}=(a_{ij})\in M_{s\times n}(K)$,有

$$\boldsymbol{A}=\sum_{i=1}^{s}\sum_{j=1}^{n}a_{ij}\boldsymbol{E}_{ij}, \tag{42}$$

其中 $\boldsymbol{E}_{ij}$ 是只有 (i,j) 元为 1,其余元素都为 0 的 $s\times n$ 矩阵(称为**基本矩阵**). 假设

$$\sum_{i=1}^{s}\sum_{j=1}^{n}k_{ij}\boldsymbol{E}_{ij}=\boldsymbol{0}, \tag{43}$$

由于(43)式左端等于 (i,j) 元为 k_{ij} 的 $s\times n$ 矩阵,因此从(43)式得 $k_{ij}=0(i=1,2,\cdots,s;j=1,2,\cdots,n)$,从而

$$\boldsymbol{E}_{11},\ \boldsymbol{E}_{12},\ \cdots,\ \boldsymbol{E}_{1n},\ \boldsymbol{E}_{21},\ \cdots,\ \boldsymbol{E}_{2n},\ \cdots,\ \boldsymbol{E}_{s1},\ \cdots,\ \boldsymbol{E}_{sn} \tag{44}$$

线性无关. 结合(42)式知,(44)式给出的 sn 个基本矩阵是线性空间 $M_{s\times n}(K)$ 的一个基,从而

$$\dim M_{s\times n}(K)=sn. \tag{45}$$

(2) 根据习题 6.1 中的第 3 题,V_1 是 K 上的线性空间. K 上任一 n 阶对称矩阵 $\boldsymbol{A}$ 具有如下形式:

$$\boldsymbol{A}=\begin{pmatrix} a_{11} & a_{12} & a_{13} & \cdots & a_{1n} \\ a_{12} & a_{22} & a_{23} & \cdots & a_{2n} \\ a_{13} & a_{23} & a_{33} & \cdots & a_{3n} \\ \vdots & \vdots & \vdots & & \vdots \\ a_{1n} & a_{2n} & a_{3n} & \cdots & a_{nn} \end{pmatrix}, \tag{46}$$

从而

$$\begin{aligned}\boldsymbol{A}=&a_{11}\boldsymbol{E}_{11}+a_{12}(\boldsymbol{E}_{12}+\boldsymbol{E}_{21})+a_{13}(\boldsymbol{E}_{13}+\boldsymbol{E}_{31})+\cdots+a_{1n}(\boldsymbol{E}_{1n}+\boldsymbol{E}_{n1})\\&+a_{22}\boldsymbol{E}_{22}+a_{23}(\boldsymbol{E}_{23}+\boldsymbol{E}_{32})+\cdots+a_{2n}(\boldsymbol{E}_{2n}+\boldsymbol{E}_{n2})+\cdots+a_{nn}\boldsymbol{E}_{nn}.\end{aligned}$$

假设

$$\begin{aligned}&k_{11}\boldsymbol{E}_{11}+k_{12}(\boldsymbol{E}_{12}+\boldsymbol{E}_{21})+k_{13}(\boldsymbol{E}_{13}+\boldsymbol{E}_{31})+\cdots+k_{1n}(\boldsymbol{E}_{1n}+\boldsymbol{E}_{n1})\\&+k_{22}\boldsymbol{E}_{22}+k_{23}(\boldsymbol{E}_{23}+\boldsymbol{E}_{32})+\cdots+k_{2n}(\boldsymbol{E}_{2n}+\boldsymbol{E}_{n2})+\cdots+k_{nn}\boldsymbol{E}_{nn}=\boldsymbol{0}.\end{aligned} \tag{47}$$

由于 $\{\boldsymbol{E}_{ij}\mid i=1,2,\cdots,n;j=1,2,\cdots,n\}$ 是 $M_n(K)$ 的一个基,因此从(47)式得

$$k_{11}=k_{12}=k_{13}=\cdots=k_{1n}=k_{22}=k_{23}=\cdots=k_{2n}=\cdots=k_{nn}=0,$$

从而

$$\boldsymbol{E}_{11},\ \boldsymbol{E}_{12}+\boldsymbol{E}_{21},\ \boldsymbol{E}_{13}+\boldsymbol{E}_{31},\ \cdots,\ \boldsymbol{E}_{1n}+\boldsymbol{E}_{n1},\ \boldsymbol{E}_{22},\ \boldsymbol{E}_{23}+\boldsymbol{E}_{32},\ \cdots,\ \boldsymbol{E}_{2n}+\boldsymbol{E}_{n2},\ \cdots,\ \boldsymbol{E}_{nn} \tag{48}$$

线性无关,又它们都是 n 阶对称矩阵,因此它们是 V_1 的一个基. 于是

$$\dim V_1 = n+(n-1)+\cdots+2+1=\frac{n(n+1)}{2}. \tag{49}$$

例 16 求例 1 中实数域 $\mathbf{R}$ 上的线性空间 $\mathbf{R}^+$ 的一个基和维数.

解 任取一个正实数 a,有

$$a=\mathrm{e}^{\ln a}=\ln a\odot \mathrm{e}.$$

这表明 a 可以由 e 线性表出.

由于 $\mathbf{R}^+$ 的零元是 1,而 $\mathrm{e}\neq 1$,因此 e 线性无关,从而 e 是线性空间 $\mathbf{R}^+$ 的一个基. 于是

$$\dim\mathbf{R}^+=1.$$

点评 从例 15 和例 16 看到,在求线性空间 V 的一个基和维数时,通常是先把 V 中任一向量 α 表示成某个向量组 $\alpha_1,\alpha_2,\cdots,\alpha_n$ 的线性组合,然后去证明 $\alpha_1,\alpha_2,\cdots,\alpha_n$ 线性无关,于是 $\alpha_1,\alpha_2,\cdots,\alpha_n$ 是 V 的一个基,从而 $\dim V=n$.

例 17 求数域 K 上线性空间 $K[x]_n$ 的一个基和维数.

解 $K[x]_n$ 中的任一多项式 $f(x)$ 可以表示成

$$f(x)=a_0+a_1x+a_2x^2+\cdots+a_{n-1}x^{n-1}.$$

假设

$$k_0 1+k_1x+k_2x^2+\cdots+k_{n-1}x^{n-1}=0,$$

则由一元多项式的定义得

$$k_0=k_1=k_2=\cdots=k_{n-1}=0.$$

因此,$1,x,x^2,\cdots,x^{n-1}$线性无关,于是这就是 $K[x]_n$ 的一个基,从而

$$\dim K[x]_n=n.$$

例 18 求数域 K 上线性空间 $K[x]_n$ 的三个基.

解 例 17 已求出了 $K[x]_n$ 的一个基.

从数学分析中的泰勒公式受到启发,考虑

$$1,\ x-a,\ (x-a)^2,\ \cdots,\ (x-a)^{n-1},$$

其中 a 是 K 中任一非零数. 假设

$$k_0 1+k_1(x-a)+k_2(x-a)^2+\cdots+k_{n-1}(x-a)^{n-1}=0.$$

不定元 x 用 $x+a$ 代入,从上式得

$$k_0 1+k_1x+k_2x^2+\cdots+k_{n-1}x^{n-1}=0.$$

由此得出

$$k_0=k_1=k_2=\cdots=k_{n-1}=0,$$

因此 $1,x-a,(x-a)^2,\cdots,(x-a)^{n-1}$ 线性无关. 又由于 $\dim K[x]_n=n$,因此根据命题 11,这就是 $K[x]_n$ 的一个基.

根据 §5.6 的阅读材料中给出的拉格朗日插值公式,任给 K 中 n 个不同的数 $c_1,c_2,\cdots,c_n$,对于$K[x]$中任一多项式 $f(x)$,有

$$f(x)=\sum_{i=1}^{n}f(c_i)\frac{(x-c_1)\cdots(x-c_{i-1})(x-c_{i+1})\cdots(x-c_n)}{(c_i-c_1)\cdots(c_i-c_{i-1})(c_i-c_{i+1})\cdots(c_i-c_n)}. \tag{50}$$

记 $g_i(x)=\prod\limits_{j\neq i}(x-c_j)(c_i-c_j)^{-1}(i=1,2,\cdots,n)$,则

$$f(x)=\sum_{i=1}^{n}f(c_i)g_i(x). \tag{51}$$

又由于 $\dim K[x]_n=n$,因此根据命题 12,$g_1(x),g_2(x),\cdots,g_n(x)$ 是 $K[x]_n$ 的一个基.

点评 从例 18 可以看出,联想在解题思路中起着关键的作用. 联想到泰勒公式,然后去探讨 $1,x-a,(x-a)^2,\cdots,(x-a)^{n-1}$ 是否为 $K[x]_n$ 的一个基;联想到拉格朗日插值公式,找出了 $g_1(x),g_2(x),\cdots,g_n(x)$,其中 $g_i(x)=\prod\limits_{j\neq i}(x-c_j)(c_i-c_j)^{-1}(i=1,2,\cdots,n)$,然后去说明这就是 $K[x]_n$ 的一个基. 从例 18 还可以看出,当知道了线性空间 V 的维数为 n 时,就可以运用命题 11 或命题 12 来求 V 的一个基,这简便得多.

例 19 分别求实数域 $\mathbf{R}$ 上线性空间 $\mathbf{R}[x]_n$ 的元素 $f(x)=a_0+a_1x+\cdots+a_{n-1}x^{n-1}$ 在例 18 中三个基下的坐标.

解 $f(x)=a_0+a_1x+\cdots+a_{n-1}x^{n-1}$ 在基 $1,x,\cdots,x^{n-1}$ 下的坐标为

$$(a_0,a_1,\cdots,a_{n-1})^{\mathrm{T}}.$$

根据泰勒公式(注意 $f^{(n)}(x)=0$),得

$$f(x)=f(a)+f'(a)(x-a)+\frac{f''(a)}{2!}(x-a)^2+\cdots+\frac{f^{(n-1)}(a)}{(n-1)!}(x-a)^{n-1},$$

因此 $f(x)$ 在基 $1,x-a,(x-a)^2,\cdots,(x-a)^{n-1}$ 下的坐标为

$$\left(f(a),f'(a),\frac{f''(a)}{2!},\cdots,\frac{f^{(n-1)}(a)}{(n-1)!}\right)^{\mathrm{T}}.$$

从例 18 解题过程中的(51)式知道,$f(x)$ 在基 $g_1(x),g_2(x),\cdots,g_n(x)$ 下的坐标为

$$(f(c_1),f(c_2),\cdots,f(c_n))^{\mathrm{T}}.$$

例 20 把数域 K 看成自身上的线性空间,求它的一个基和维数.

解 任取 $a\in K$,都有

$$a=a1.$$

由于 $1\neq 0$,因此 1 线性无关. 所以,1 是数域 K 上线性空间 K 的一个基. 于是

$$\dim_K K=1.$$

***例 21** 求 $K[x_1,x_2,\cdots,x_n]$中 m 次齐次多项式组成的线性空间 W 的一个基和维数.

解 $K[x_1,x_2,\cdots,x_n]$中的任一 m 次齐次多项式形如

$$\sum_{i_1+i_2+\cdots+i_n=m} a_{i_1 i_2\cdots i_n} x_1^{i_1} x_2^{i_2}\cdots x_n^{i_n}.$$

根据 n 元多项式的定义可得,集合

$$\{x_1^{i_1} x_2^{i_2}\cdots x_n^{i_n} \mid i_1+i_2+\cdots+i_n=m\} \tag{52}$$

线性无关,因此这就是 W 的一个基.

为了计算(52)式给出的集合的元素个数,把这个集合的每个元素对应于由 m 个小球和 n 根小棍排成的一行:

$$\underbrace{\bigcirc\cdots\bigcirc}_{i_1}\ \underset{x_1}{|}\ \underbrace{\bigcirc\cdots\bigcirc}_{i_2}\ \underset{x_2}{|}\ \cdots\ \underset{x_{n-1}}{|}\ \underbrace{\bigcirc\cdots\bigcirc}_{i_n}\ \underset{x_n}{|}, \tag{53}$$

其中最后一根小棍的位置是固定的. 显然,集合(52)中不同的元素对应于(53)中不同的排法;(53)中每一种排法对应于集合(52)中一个元素. 因此,集合(52)的元素的个数等于形如(53)的排法的总数,而后者等于 C_{m+n-1}^{n-1}(或 C_{m+n-1}^{m}),从而

$$\dim W = C_{m+n-1}^{n-1}.$$

例 22 设

$$V=\left\{\begin{pmatrix} x_1 & x_2+\mathrm{i}x_3 \\ x_2-\mathrm{i}x_3 & -x_1 \end{pmatrix} \middle| x_1,x_2,x_3\in\mathbf{R}\right\}.$$

(1) 证明:V 对于矩阵的加法和数量乘法构成实数域 $\mathbf{R}$ 上的一个线性空间;

(2) 求 V 的一个基和维数;

(3) 求 V 的元素

$$\begin{pmatrix} x_1 & x_2+\mathrm{i}x_3 \\ x_2-\mathrm{i}x_3 & -x_1 \end{pmatrix}$$

在第(2)小题求出的基下的坐标.

解 (1) 直接计算知,V 中两个矩阵的和仍属于 V,任一实数与 V 中矩阵的乘积仍属于 V,且满足线性空间定义中的 8 条运算法则,因此 V 是实数域 $\mathbf{R}$ 上的一个线性空间. □

(2) V 中的任一矩阵可表示成

$$\begin{pmatrix} x_1 & x_2+\mathrm{i}x_3 \\ x_2-\mathrm{i}x_3 & -x_1 \end{pmatrix} = x_1\begin{pmatrix} 1 & 0 \\ 0 & -1 \end{pmatrix} + x_2\begin{pmatrix} 0 & 1 \\ 1 & 0 \end{pmatrix} + x_3\begin{pmatrix} 0 & \mathrm{i} \\ -\mathrm{i} & 0 \end{pmatrix}, \tag{54}$$

其中等号右端的三个矩阵都属于 V. 假设

$$k_1\begin{pmatrix} 1 & 0 \\ 0 & -1 \end{pmatrix} + k_2\begin{pmatrix} 0 & 1 \\ 1 & 0 \end{pmatrix} + k_3\begin{pmatrix} 0 & \mathrm{i} \\ -\mathrm{i} & 0 \end{pmatrix} = \begin{pmatrix} 0 & 0 \\ 0 & 0 \end{pmatrix},$$

则

$$\begin{pmatrix} k_1 & k_2+\mathrm{i}k_3 \\ k_2-\mathrm{i}k_3 & -k_1 \end{pmatrix} = \begin{pmatrix} 0 & 0 \\ 0 & 0 \end{pmatrix}.$$

由此推出 $k_1=0,k_2=0,k_3=0$,因此

$$\begin{pmatrix}1 & 0\\ 0 & -1\end{pmatrix},\quad \begin{pmatrix}0 & 1\\ 1 & 0\end{pmatrix},\quad \begin{pmatrix}0 & \mathrm{i}\\ -\mathrm{i} & 0\end{pmatrix}$$

线性无关,从而这就是 V 的一个基. 于是

$$\dim V = 3.$$

(3) 从(54)式得出,所给的矩阵在第(2)小题求出的 V 的基下的坐标为$(x_1,x_2,x_3)^{\mathrm{T}}$.

例 23 设 K 是一个数域. 在 K^3 中,设 $\boldsymbol{\alpha}=(2,5,3)^{\mathrm{T}}$ 及

$$\boldsymbol{\alpha}_1=(1,0,-1)^{\mathrm{T}},\quad \boldsymbol{\alpha}_2=(2,1,1)^{\mathrm{T}},\quad \boldsymbol{\alpha}_3=(1,1,1)^{\mathrm{T}},$$
$$\boldsymbol{\beta}_1=(0,1,1)^{\mathrm{T}},\quad \boldsymbol{\beta}_2=(-1,1,0)^{\mathrm{T}},\quad \boldsymbol{\beta}_3=(1,2,1)^{\mathrm{T}}.$$

易知 $\boldsymbol{\alpha}_1,\boldsymbol{\alpha}_2,\boldsymbol{\alpha}_3$ 和 $\boldsymbol{\beta}_1,\boldsymbol{\beta}_2,\boldsymbol{\beta}_3$ 是 K^3 的两个基. 求基 $\boldsymbol{\alpha}_1,\boldsymbol{\alpha}_2,\boldsymbol{\alpha}_3$ 到基 $\boldsymbol{\beta}_1,\boldsymbol{\beta}_2,\boldsymbol{\beta}_3$ 的过渡矩阵 $\boldsymbol{T}$,并且求 $\boldsymbol{\alpha}$ 在这两个基下的坐标.

解 设 $\boldsymbol{A}=(\boldsymbol{\alpha}_1,\boldsymbol{\alpha}_2,\boldsymbol{\alpha}_3)$,$\boldsymbol{B}=(\boldsymbol{\beta}_1,\boldsymbol{\beta}_2,\boldsymbol{\beta}_3)$. 由已知条件得

$$(\boldsymbol{\beta}_1,\boldsymbol{\beta}_2,\boldsymbol{\beta}_3)=(\boldsymbol{\alpha}_1,\boldsymbol{\alpha}_2,\boldsymbol{\alpha}_3)\boldsymbol{T},$$

即

$$\boldsymbol{B}=\boldsymbol{A}\boldsymbol{T}. \tag{55}$$

为了解矩阵方程(55),我们对$(\boldsymbol{A},\boldsymbol{B})$做初等行变换,当左半边为单位矩阵时,右半边就是 $\boldsymbol{A}^{-1}\boldsymbol{B}=\boldsymbol{T}$:

$$\begin{pmatrix}1 & 2 & 1 & 0 & -1 & 1\\ 0 & 1 & 1 & 1 & 1 & 2\\ -1 & 1 & 1 & 1 & 0 & 1\end{pmatrix}\xrightarrow{\text{初等行变换}}\begin{pmatrix}1 & 0 & 0 & 0 & 1 & 1\\ 0 & 1 & 0 & -1 & -3 & -2\\ 0 & 0 & 1 & 2 & 4 & 4\end{pmatrix}.$$

所以

$$\boldsymbol{T}=\begin{pmatrix}0 & 1 & 1\\ -1 & -3 & -2\\ 2 & 4 & 4\end{pmatrix}.$$

先求 $\boldsymbol{\alpha}$ 在基 $\boldsymbol{\beta}_1,\boldsymbol{\beta}_2,\boldsymbol{\beta}_3$ 下的坐标$(y_1,y_2,y_3)^{\mathrm{T}}$. 从

$$\boldsymbol{\alpha}=(\boldsymbol{\beta}_1,\boldsymbol{\beta}_2,\boldsymbol{\beta}_3)\begin{pmatrix}y_1\\ y_2\\ y_3\end{pmatrix}$$

得

$$\boldsymbol{B}\begin{pmatrix}y_1\\ y_2\\ y_3\end{pmatrix}=\begin{pmatrix}2\\ 5\\ 3\end{pmatrix}. \tag{56}$$

下面解线性方程组(56). 由于

$$\begin{pmatrix} 0 & -1 & 1 & 2 \\ 1 & 1 & 2 & 5 \\ 1 & 0 & 1 & 3 \end{pmatrix} \xrightarrow{\text{初等行变换}} \begin{pmatrix} 1 & 0 & 0 & 1 \\ 0 & 1 & 0 & 0 \\ 0 & 0 & 1 & 2 \end{pmatrix},$$

因此

$$(y_1, y_2, y_3)^{\mathrm{T}} = (1,0,2)^{\mathrm{T}}.$$

$\boldsymbol{\alpha}$ 在基 $\boldsymbol{\alpha}_1, \boldsymbol{\alpha}_2, \boldsymbol{\alpha}_3$ 下的坐标为

$$\begin{pmatrix} x_1 \\ x_2 \\ x_3 \end{pmatrix} = \boldsymbol{T} \begin{pmatrix} y_1 \\ y_2 \\ y_3 \end{pmatrix} = \begin{pmatrix} 0 & 1 & 1 \\ -1 & -3 & -2 \\ 2 & 4 & 4 \end{pmatrix} \begin{pmatrix} 1 \\ 0 \\ 2 \end{pmatrix} = \begin{pmatrix} 2 \\ -5 \\ 10 \end{pmatrix}.$$

习 题 6.1

1. 回答下列问题,并说明理由:

(1) $K[x]$中所有 n 次多项式组成的集合 Ω,对于多项式的加法和数量乘法是否构成 K 上的一个线性空间?

(2) $K[x_1, x_2, \cdots, x_n]$($n \geqslant 2$)中所有对称多项式组成的集合 W,对于多项式的加法和数量乘法是否构成 K 上的一个线性空间?

(3) $[a,b]$上所有连续函数组成的集合 $C[a,b]$,对于函数的加法和数量乘法是否构成实数域 $\mathbf{R}$ 上的一个线性空间?

(4) 所有负实数组成的集合 $\mathbf{R}^-$,对于实数的加法以及有理数与实数的乘法是否构成有理数域 $\mathbf{Q}$ 上的一个线性空间?

(5) 集合 $\mathbf{Q}(\pi) := \{a + b\pi \mid a, b \in \mathbf{Q}\}$,对于实数的加法以及有理数与实数的乘法是否构成有理数域 $\mathbf{Q}$ 上的一个线性空间?

2. 设 K 是一个数域,m 是一个正整数,$K[x_1, x_2, \cdots, x_n]$中所有 m 次齐次多项式组成的集合记作 U. 对于 n 元多项式的加法以及数域 K 中的数与 n 元多项式的数量乘法,U 是否构成数域 K 上的一个线性空间?

3. 下列 $M_n(K)$的子集对于矩阵的加法与数量乘法是否构成数域 K 上的线性空间?

(1) 数域 K 上所有 n 阶对称矩阵组成的集合 V_1;

(2) 数域 K 上所有 n 阶斜对称矩阵组成的集合 V_2;

(3) 数域 K 上所有 n 阶上三角矩阵组成的集合 V_3.

4. $\mathbf{R} \times \mathbf{R}$ 对于下面定义的加法和数量乘法是否构成实数域 $\mathbf{R}$ 上的一个线性空间?

$$(a_1, b_1) \oplus (a_2, b_2) = (a_1 + a_2, b_1 + b_2 + a_1 a_2),$$

$$k \circ (a,b) = \left(ka, kb + \frac{k(k-1)}{2}a^2\right).$$

5. 在定义域为正实数集 $\mathbf{R}^+$ 的所有实值函数构成的 $\mathbf{R}$ 上的线性空间 $\mathbf{R}^{\mathbf{R}^+}$ 中,函数组 $x^{t_1},x^{t_2},\cdots,x^{t_n}$(其中 $t_1,t_2,\cdots,t_n$ 是两两不相等的实数)是否线性无关?

6. 在实数域 $\mathbf{R}$ 上的线性空间 $\mathbf{R}^{\mathbf{R}}$ 中,函数组 $\mathrm{e}^{ax}\sin bx,\mathrm{e}^{ax}\cos bx$(其中 $b\neq 0$)是否线性无关?

7. 在实数域 $\mathbf{R}$ 上的线性空间 $\mathbf{R}^{\mathbf{R}}$ 中,函数组 $\mathrm{e}^{\lambda_1 x},\mathrm{e}^{\lambda_2 x},\cdots,\mathrm{e}^{\lambda_n x}$(其中 $\lambda_1,\lambda_2,\cdots,\lambda_n$ 是两两不相等的实数)是否线性无关?

8. 判断下列实数域 $\mathbf{R}$ 上线性空间 $\mathbf{R}^{\mathbf{R}}$ 中的函数组是否线性无关:

(1) $1,\cos^2 x,\cos 2x$;　　(2) $1,\cos x,\cos 2x,\cos 3x$;

(3) $1,\sin x,\sin 2x,\cdots,\sin nx$;

(4) $1,\cos x,\sin x,\cos 2x,\sin 2x,\cdots,\cos nx,\sin nx$;

(5) $1,\cos x,\cos^2 x,\cdots,\cos^n x$;

(6) $1,\sin x,\cos x,\sin^2 x,\cos^2 x,\cdots,\sin^n x,\cos^n x$.

9. 在数域 K 上的线性空间 V 中,设向量组 $\alpha_1,\alpha_2,\cdots,\alpha_s$ 线性无关,且

$$\beta=b_1\alpha_1+b_2\alpha_2+\cdots+b_s\alpha_s,$$

证明:如果对于某个 $i(1\leqslant i\leqslant s)$,有 $b_i\neq 0$,那么用 β 替换 α_i 以后得到的向量组 $\alpha_1,\cdots,\alpha_{i-1},\beta,\alpha_{i+1},\cdots,\alpha_s$ 也线性无关.

10. 设 $b=pq^2$,其中 p,q 是不同的素数,又设 n 是大于 1 的正整数. 把实数域 $\mathbf{R}$ 看成有理数域 $\mathbf{Q}$ 上的线性空间. 判断 $1,\sqrt[n]{b},\sqrt[n]{b^2},\cdots,\sqrt[n]{b^{n-1}}$ 是否线性无关.

11. 求下列数域 K 上线性空间的一个基和维数:

(1) 数域 K 上所有 n 阶斜对称矩阵组成的线性空间 V_2;

(2) 数域 K 上所有 n 阶上三角矩阵组成的线性空间 V_3.

12. 把复数域 $\mathbf{C}$ 看成实数域 $\mathbf{R}$ 上的线性空间,求它的一个基和维数,并求复数 $z=a+b\mathrm{i}$ 在此基下的坐标.

13. 求有理数域 $\mathbf{Q}$ 上线性空间 $\mathbf{Q}(\sqrt{2})$ 的一个基和维数,并求 $a+b\sqrt{2}$ 在此基下的坐标.

14. 求 $K[x,y]$ 中 m 次齐次多项式组成的线性空间 U 的一个基和维数.

15. 在 K^4 中,设 $\boldsymbol{\alpha}_1=(1,1,1,1)^{\mathrm{T}},\boldsymbol{\alpha}_2=(1,1,1,0)^{\mathrm{T}},\boldsymbol{\alpha}_3=(1,1,0,0)^{\mathrm{T}},\boldsymbol{\alpha}_4=(1,0,0,0)^{\mathrm{T}}$, $\boldsymbol{\alpha}=(2,-1,3,4)^{\mathrm{T}}$. 易知 $\boldsymbol{\alpha}_1,\boldsymbol{\alpha}_2,\boldsymbol{\alpha}_3,\boldsymbol{\alpha}_4$ 是 K^4 的一个基. 求 $\boldsymbol{\alpha}$ 在基 $\boldsymbol{\alpha}_1,\boldsymbol{\alpha}_2,\boldsymbol{\alpha}_3,\boldsymbol{\alpha}_4$ 下的坐标.

16. 令

$$V=\left\{\left.\begin{pmatrix} a+b\mathrm{i} & c+d\mathrm{i} \\ -c+d\mathrm{i} & a-b\mathrm{i}\end{pmatrix}\right| a,b,c,d\in\mathbf{R}\right\}.$$

(1) 证明:V 对于矩阵的加法以及实数与矩阵的数量乘法构成实数域 $\mathbf{R}$ 上的一个线性空间;

(2) 求 V 的一个基和维数,并求 V 中的矩阵在这个基下的坐标.

17. 在 K^4 中,求由基 $\boldsymbol{\alpha}_1,\boldsymbol{\alpha}_2,\boldsymbol{\alpha}_3,\boldsymbol{\alpha}_4$ 到基 $\boldsymbol{\beta}_1,\boldsymbol{\beta}_2,\boldsymbol{\beta}_3,\boldsymbol{\beta}_4$ 的过渡矩阵,并求 $\boldsymbol{\alpha}$ 在所指定的基下的坐标:

(1) $\boldsymbol{\alpha}_1=(1,0,0,0)^{\mathrm{T}}$, $\boldsymbol{\alpha}_2=(0,1,0,0)^{\mathrm{T}}$, $\boldsymbol{\alpha}_3=(0,0,1,0)^{\mathrm{T}}$, $\boldsymbol{\alpha}_4=(0,0,0,1)^{\mathrm{T}}$;

$\boldsymbol{\beta}_1=(1,1,-1,1)^{\mathrm{T}}$, $\boldsymbol{\beta}_2=(2,3,1,1)^{\mathrm{T}}$, $\boldsymbol{\beta}_3=(3,1,-2,0)^{\mathrm{T}}$, $\boldsymbol{\beta}_4=(0,1,-1,2)^{\mathrm{T}}$;

$\boldsymbol{\alpha}=(x_1,x_2,x_3,x_4)^{\mathrm{T}}$ 在基 $\boldsymbol{\beta}_1,\boldsymbol{\beta}_2,\boldsymbol{\beta}_3,\boldsymbol{\beta}_4$ 下的坐标.

(2) $\boldsymbol{\alpha}_1=(1,0,0,0)^{\mathrm{T}}$, $\boldsymbol{\alpha}_2=(4,1,0,0)^{\mathrm{T}}$, $\boldsymbol{\alpha}_3=(-3,2,1,0)^{\mathrm{T}}$, $\boldsymbol{\alpha}_4=(2,-3,2,1)^{\mathrm{T}}$;

$\boldsymbol{\beta}_1=(1,1,8,3)^{\mathrm{T}}$, $\boldsymbol{\beta}_2=(0,3,7,2)^{\mathrm{T}}$, $\boldsymbol{\beta}_3=(1,1,6,2)^{\mathrm{T}}$, $\boldsymbol{\beta}_4=(-1,4,-1,-1)^{\mathrm{T}}$;

$\boldsymbol{\alpha}=(1,4,2,3)^{\mathrm{T}}$ 在基 $\boldsymbol{\alpha}_1,\boldsymbol{\alpha}_2,\boldsymbol{\alpha}_3,\boldsymbol{\alpha}_4$ 下的坐标.

(3) $\boldsymbol{\alpha}_1=(1,1,1,1)^{\mathrm{T}}$, $\boldsymbol{\alpha}_2=(1,1,-1,-1)^{\mathrm{T}}$, $\boldsymbol{\alpha}_3=(1,-1,1,-1)^{\mathrm{T}}$, $\boldsymbol{\alpha}_4=(1,-1,-1,1)^{\mathrm{T}}$;

$\boldsymbol{\beta}_1=(1,1,0,1)^{\mathrm{T}}$, $\boldsymbol{\beta}_2=(2,1,3,1)^{\mathrm{T}}$, $\boldsymbol{\beta}_3=(1,1,0,0)^{\mathrm{T}}$, $\boldsymbol{\beta}_4=(0,1,-1,-1)^{\mathrm{T}}$;

$\boldsymbol{\alpha}=(1,0,0,-1)^{\mathrm{T}}$ 在基 $\boldsymbol{\beta}_1,\boldsymbol{\beta}_2,\boldsymbol{\beta}_3,\boldsymbol{\beta}_4$ 下的坐标.

18. 在第 17 题的第(1)小题中,求一个非零向量 $\boldsymbol{\alpha}$,使它在基 $\boldsymbol{\alpha}_1,\boldsymbol{\alpha}_2,\boldsymbol{\alpha}_3,\boldsymbol{\alpha}_4$ 与基 $\boldsymbol{\beta}_1,\boldsymbol{\beta}_2,\boldsymbol{\beta}_3,\boldsymbol{\beta}_4$ 下有相同的坐标.

19. 在数域 K 上的线性空间 $K[x]_n$ 中,求基 $1,x,x^2,\cdots,x^{n-1}$ 到基 $1,x-a,(x-a)^2,\cdots,(x-a)^{n-1}$ 的过渡矩阵,其中 a 是 K 中的任一非零数.

§6.2 子空间及其交与和,子空间的直和

6.2.1 内容精华

几何空间中过定点 O 的平面是几何空间的一个子空间;数域 K 上 n 元齐次线性方程组的解集是 K^n 的一个子空间. 由此受到启发,对任一线性空间 V 也引进子空间的概念. 这是研究线性空间 V 的结构的第二条途径. 我们通过引进 V 的子空间之间的运算来研究 V 能否由它的若干个子空间构筑.

一、线性子空间

定义 1 设 V 是数域 K 上的线性空间. 如果 V 的一个非空子集 U 对于 V 的加法和数量乘法也构成数域 K 上的线性空间,那么称 U 是 V 的一个**线性子空间**,简称**子空间**.

设 V 是数域 K 上的一个线性空间. 如果 U 是 V 的一个子空间,那么由于 V 上的加法和数量乘法限制在 U 上后,分别是 U 上的加法与数量乘法,因此有

$\alpha,\beta\in U \Longrightarrow \alpha+\beta\in U$(即 U 对于 V 上的加法封闭);

$\alpha\in U, k\in K \Longrightarrow k\alpha\in U$(即 U 对于 V 上的数量乘法封闭).

反之,若 V 的非空子集 U 对于 V 上的加法和数量乘法都封闭,U 是否为 V 的一个子空间?此时,V 上的加法和数量乘法限制在 U 上后,分别是 U 上的加法和数量乘法. 显然,在 U 中,加法的交换律、结合律以及数量乘法的 4 条运算法则都成立. 现在来看 U 中是否有零元,U 中每个元素 α 在 U 中是否有负元. 凭直觉猜测 V 中的零元 $0\in U$. 论证如下:由于 U 不是空集,因此有 $\gamma\in U$. 由于 U 对于数量乘法封闭,因此 $0\gamma\in U$,从而 $0\in U$. 于是 U 中有零元 0. 任给 $\alpha\in U$,乘积 $(-1)\alpha\in U$,于是 $-\alpha\in U$. 由于 $\alpha+(-\alpha)=0$,且 V 上的加法限制在 U 上是 U 上的加法,因此 $-\alpha$ 是 α 在 U 中的负元. 综上所述,U 是数域 K 上的一个线性空间. 因此,U 是 V 的一个子空间. 这样我们证明了下述定理:

定理 1 设 U 是数域 K 上线性空间 V 的一个非空子集,则 U 为 V 的一个子空间的充要条件是,U 对于 V 上的加法和数量乘法都封闭,即

$$\alpha,\beta\in U\Rightarrow\alpha+\beta\in U,\quad \alpha\in U,k\in K\Rightarrow k\alpha\in U. \qquad \square$$

根据定理 1,判断 V 的一个子集 U 是 V 的一个子空间,需要验证三条:U 非空集,U 对于加法封闭,U 对于数量乘法封闭.

显然,$\{0\}$,V 都是 V 的子空间,称它们是 V 的**平凡子空间**,其中 $\{0\}$ 也称为**零子空间**,可记作 0.

设 V 是有限维线性空间,试问:V 的子空间的基和维数与 V 的基和维数之间有什么关系?

设 U 是 V 的任一子空间. 根据 §6.1 中的命题 13,U 的一个基可以扩充成 V 的一个基,从而

$$\dim U\leqslant \dim V. \tag{1}$$

(1)式中等号成立当且仅当 $U=V$(充分性是显然的. 必要性:当 $\dim U=\dim V$ 时,U 的一个基已经是 V 的一个基,因此 V 的任一向量可由 U 的这个基线性表出,从而 $V\subseteq U$. 于是 $V=U$).

设 V 是数域 K 上的一个线性空间. 给出 V 的一个向量组 $\alpha_1,\alpha_2,\cdots,\alpha_s$,如何构造一个包含 $\alpha_1,\alpha_2,\cdots,\alpha_s$ 的最小的子空间?由于子空间对于 V 上的加法和数量乘法封闭,因此包含 $\alpha_1,\alpha_2,\cdots,\alpha_s$ 的子空间一定是包含 $\alpha_1,\alpha_2,\cdots,\alpha_s$ 的所有线性组合组成的集合:

$$\{k_1\alpha_1+k_2\alpha_2+\cdots+k_s\alpha_s\,|\,k_i\in K,i=1,2,\cdots,s\}. \tag{2}$$

把这个集合记作 W. 显然 W 非空集,且 W 对于 V 上的加法和数量乘法都封闭,因此 W 是 V 的一个子空间. 从上述论述知道,W 就是包含 $\alpha_1,\alpha_2,\cdots,\alpha_s$ 的最小的子空间. 把 W 称为由 $\alpha_1,\alpha_2,\cdots,\alpha_s$ **生成(或张成)的线性子空间**,记作 $\langle\alpha_1,\alpha_2,\cdots,\alpha_s\rangle$ 或 $L(\alpha_1,\alpha_2,\cdots,\alpha_s)$,即

$$\langle\alpha_1,\alpha_2,\cdots,\alpha_s\rangle=\{k_1\alpha_1+k_2\alpha_2+\cdots+k_s\alpha_s\,|\,k_i\in K,i=1,2,\cdots,s\}. \tag{3}$$

在有限维线性空间 V 中,任一线性子空间 U 都可以用上述方法得到. 这是因为只要取 U 的一个基 $\alpha_1,\alpha_2,\cdots,\alpha_m$,则 $U=\langle\alpha_1,\alpha_2,\cdots,\alpha_m\rangle$.

对于 V 中向量组 $\alpha_1,\alpha_2,\cdots,\alpha_s$ 生成的线性子空间 $\langle\alpha_1,\alpha_2,\cdots,\alpha_s\rangle$,从(3)式可以看出(根据线性空间的基的定义),向量组 $\alpha_1,\alpha_2,\cdots,\alpha_s$ 的一个极大线性无关组就是 $\langle\alpha_1,\alpha_2,\cdots,\alpha_s\rangle$ 的一个基,从而

$$\dim\langle\alpha_1,\alpha_2,\cdots,\alpha_s\rangle=\operatorname{rank}\{\alpha_1,\alpha_2,\cdots,\alpha_s\}. \tag{4}$$

从(3)式还可得出,对于 V 中的两个向量组 $\alpha_1,\alpha_2,\cdots,\alpha_s$ 和 $\beta_1,\beta_2,\cdots,\beta_t$,有

$$\langle\alpha_1,\alpha_2,\cdots,\alpha_s\rangle=\langle\beta_1,\beta_2,\cdots,\beta_t\rangle\Longleftrightarrow\{\alpha_1,\alpha_2,\cdots,\alpha_s\}\cong\{\beta_1,\beta_2,\cdots,\beta_t\}. \tag{5}$$

二、子空间的交与和

为了利用线性空间 V 的若干个子空间来构筑整个空间 V,需要引进子空间的运算.

设 V 是数域 K 上的线性空间,V_1 和 V_2 都是 V 的子空间. V_1 和 V_2 作为 V 的子集可以求交集 $V_1\cap V_2$. 自然会问:交集 $V_1\cap V_2$ 是否为 V 的一个子空间?

由于 $0\in V_1\cap V_2$,因此 $V_1\cap V_2$ 非空集. 任取 $\alpha,\beta\in V_1\cap V_2$,则 $\alpha,\beta\in V_1$,且 $\alpha,\beta\in V_2$. 由于 V_1 和 V_2 都对于 V 上的加法封闭,因此 $\alpha+\beta\in V_1$,且 $\alpha+\beta\in V_2$,从而 $\alpha+\beta\in V_1\cap V_2$. 任取 $k\in K$. 由于 V_1 和 V_2 都对于 V 上的数量乘法封闭,因此 $k\alpha\in V_1$,且 $k\alpha\in V_2$,从而 $k\alpha\in V_1\cap V_2$. 根据定理 1,$V_1\cap V_2$ 是 V 的一个子空间. 于是证明了下述定理:

定理 2 设 V_1,V_2 都是数域 K 上线性空间 V 的子空间,则 $V_1\cap V_2$ 是 V 的子空间. □

由集合的交的定义可以得出,子空间的交满足下列运算法则:

(1) 交换律:$V_1\cap V_2=V_2\cap V_1$;

(2) 结合律:$(V_1\cap V_2)\cap V_3=V_1\cap(V_2\cap V_3)$.

由结合律可以定义多个子空间的交:

$$V_1\cap V_2\cap\cdots\cap V_s,$$

记作 $\bigcap\limits_{i=1}^{s}V_i$. 用数学归纳法易证 $\bigcap\limits_{i=1}^{s}V_i$ 也是 V 的一个子空间.

类似地可以证明:设 I 是一个指标集,若对于每个 $i\in I$,V_i 都是 V 的一个子空间,则 $\bigcap\limits_{i\in I}V_i$ 也是 V 的一个子空间,其中

$$\bigcap_{i\in I}V_i:=\{\alpha\mid\alpha\in V_i,\forall\, i\in I\}.$$

自然还会问:V_1 与 V_2 的并集 $V_1\cup V_2$ 是否为 V 的一个子空间? 不是. 例如,设 V 是几何空间(即以定点 O 为起点的所有向量组成的实数域 $\mathbf{R}$ 上三维线性空间),V_1,V_2 是过点 O 的两个不同的平面,从而它们都是 V 的子空间. 在 $V_1\cup V_2$ 中取两个向量 $\vec{a}_1,\vec{a}_2$,其中 $\vec{a}_1\in V_1,\vec{a}_1\notin V_2,\vec{a}_2\in V_2,\vec{a}_2\notin V_1$,则 $\vec{a}_1+\vec{a}_2\notin V_1\cup V_2$,如图 6.1 所示. 因此,$V_1\cup V_2$ 不是 V 的一个子空间.

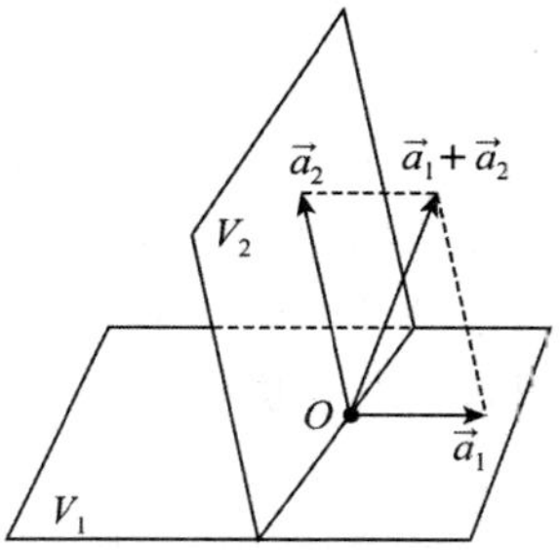

图 6.1

如果我们想构造包含 $V_1\cup V_2$ 的一个子空间,那么这个子空间应当包含集合

$$\{\alpha_1+\alpha_2\mid\alpha_1\in V_1,\alpha_2\in V_2\}.$$

把这个集合记作 V_1+V_2. 这个集合是否为 V 的一个子空间呢? 显然 $0=0+0\in V_1+V_2$,因此 V_1+V_2 非空集. 在 V_1+V_2 中任取两个向量 α,β,则

$$\alpha=\alpha_1+\alpha_2,\quad \beta=\beta_1+\beta_2,\quad \alpha_1,\beta_1\in V_1,\ \alpha_2,\beta_2\in V_2.$$

于是 $\alpha_1+\beta_1\in V_1,\alpha_2+\beta_2\in V_2$,从而

$$\alpha+\beta=(\alpha_1+\beta_1)+(\alpha_1+\beta_2)\in V_1+V_2.$$

任取 $k\in K$,由于 $k\alpha_1\in V_1,k\alpha_2\in V_2$,因此

$$k\alpha=k\alpha_1+k\alpha_2\in V_1+V_2.$$

所以,V_1+V_2 是 V 的一个子空间. 称 V_1+V_2 是 V_1 与 V_2 的**和**,其中

$$V_1+V_2:=\{\alpha_1+\alpha_2\mid\alpha_1\in V_1,\alpha_2\in V_2\}. \tag{6}$$

这样,证明了下述定理:

定理 3 设 V_1,V_2 都是数域 K 上线性空间 V 的子空间,则 V_1+V_2 是 V 的子空间. □

从以上论述知道,V_1+V_2 是包含 $V_1\cup V_2$ 的最小子空间.

从(6)式容易看出,子空间的和满足下列运算法则:

(1) 交换律:$V_1+V_2=V_2+V_1$;

(2) 结合律:$(V_1+V_2)+V_3=V_1+(V_2+V_3)$.

由结合律可以定义多个子空间的和:

$$V_1+V_2+\cdots+V_s,$$

记作 $\sum\limits_{i=1}^{s}V_i$. 用数学归纳法易证 $\sum\limits_{i=1}^{s}V_i$ 仍是 V 的一个子空间,并且

$$\sum_{i=1}^{s}V_i=\{\alpha_1+\alpha_2+\cdots+\alpha_s\mid\alpha_i\in V_i,i=1,2,\cdots,s\}. \tag{7}$$

根据向量组生成的子空间及子空间的和的定义,立即得到下述命题:

命题 1 设 $\alpha_1,\cdots,\alpha_s$ 和 $\beta_1,\cdots,\beta_t$ 是数域 K 上线性空间 V 的两个向量组,则

$$\langle\alpha_1,\cdots,\alpha_s\rangle+\langle\beta_1,\cdots,\beta_t\rangle=\langle\alpha_1,\cdots,\alpha_s,\beta_1,\cdots,\beta_t\rangle.$$ □

设 V_1 和 V_2 都是数域 K 上线性空间 V 的有限维子空间,则 $V_1\cap V_2,V_1+V_2$ 也都是 V 的子空间. 试问:$V_1,V_2,V_1\cap V_2,V_1+V_2$ 的维数之间有什么联系?

在几何空间中,设 V_1,V_2 是过定点 O 的两个不重合的平面,则 $V_1\cap V_2$ 是过点 O 的一条直线,V_1+V_2 是整个几何空间. 于是 $\dim V_1=\dim V_2=2,\dim(V_1\cap V_2)=1,\dim(V_1+V_2)=3$; $2+2=3+1$. 由此受到启发,猜想有下述定理:

定理 4(子空间的维数公式) 设 V_1,V_2 都是数域 K 上线性空间 V 的有限维子空间,则 $V_1\cap V_2,V_1+V_2$ 也都是有限维的,并且

$$\dim V_1 + \dim V_2 = \dim(V_1 + V_2) + \dim(V_1 \cap V_2). \tag{8}$$

证明 设 $V_1, V_2, V_1 \cap V_2$ 的维数分别是 n_1, n_2, m. 取 $V_1 \cap V_2$ 的一个基 $\alpha_1, \cdots, \alpha_m$,把它分别扩充成 V_1 和 V_2 的一个基:$\alpha_1, \cdots, \alpha_m, \beta_1, \cdots, \beta_{n_1-m}$ 和 $\alpha_1, \cdots, \alpha_m, \gamma_1, \cdots, \gamma_{n_2-m}$. 根据命题 1,得

$$V_1 + V_2 = \langle \alpha_1, \cdots, \alpha_m, \beta_1, \cdots, \beta_{n_1-m}, \gamma_1, \cdots, \gamma_{n_2-m} \rangle,$$

因此 $V_1 + V_2$ 是有限维的. 如果能证明

$$\alpha_1, \cdots, \alpha_m, \beta_1, \cdots, \beta_{n_1-m}, \gamma_1, \cdots, \gamma_{n_2-m}$$

线性无关,那么它就是 $V_1 + V_2$ 的一个基. 由此得出

$$\begin{aligned}\dim(V_1+V_2) &= m + (n_1 - m) + (n_2 - m) = n_1 + n_2 - m \\ &= \dim V_1 + \dim V_2 - \dim(V_1 \cap V_2).\end{aligned}$$

假设

$$k_1\alpha_1 + \cdots + k_m\alpha_m + p_1\beta_1 + \cdots + p_{n_1-m}\beta_{n_1-m} + q_1\gamma_1 + \cdots + q_{n_2-m}\gamma_{n_2-m} = 0, \tag{9}$$

则

$$q_1\gamma_1 + \cdots + q_{n_2-m}\gamma_{n_2-m} = -k_1\alpha_1 - \cdots - k_m\alpha_m - p_1\beta_1 - \cdots - p_{n_1-m}\beta_{n_1-m}. \tag{10}$$

(10)式左边的向量属于 V_2,右边的向量属于 V_1,从而它属于 $V_1 \cap V_2$,因此有

$$q_1\gamma_1 + \cdots + q_{n_2-m}\gamma_{n_2-m} = l_1\alpha_1 + \cdots + l_m\alpha_m. \tag{11}$$

由(11)式得出 $q_1 = \cdots = q_{n_2-m} = l_1 = \cdots = l_m = 0$. 代入(9)式,可得出

$$k_1 = \cdots = k_m = p_1 = \cdots = p_{n_1-m} = 0.$$

因此,$\alpha_1, \cdots, \alpha_m, \beta_1, \cdots, \beta_{n_1-m}, \gamma_1, \cdots, \gamma_{n_2-m}$ 线性无关. □

推论 1 设 V_1, V_2 都是数域 K 上线性空间 V 的有限维子空间,则

$$\dim(V_1+V_2) = \dim V_1 + \dim V_2 \Longleftrightarrow V_1 \cap V_2 = 0.$$ □

三、子空间的直和

设 V_1 是几何空间中过定点 O 的一个平面,V_2 是与 V_1 交于点 O 的一条直线. 容易看出,几何空间中任一向量 $\vec{a}$ 可以唯一地表示成 $\vec{a} = \vec{a}_1 + \vec{a}_2$,其中 $\vec{a}_1 \in V_1$,$\vec{a}_2 \in V_2$(图 6.2). 由此受到启发,我们讨论子空间之间一种特殊的和,即子空间的直和.

定义 2 设 V_1, V_2 都是数域 K 上线性空间 V 的子空间. 如果 $V_1 + V_2$ 中每个向量 α 都能唯一地表示成

$$\alpha = \alpha_1 + \alpha_2, \quad \alpha_1 \in V_1, \alpha_2 \in V_2,$$

那么称和 $V_1 + V_2$ 为**直和**,记作 $V_1 \oplus V_2$.

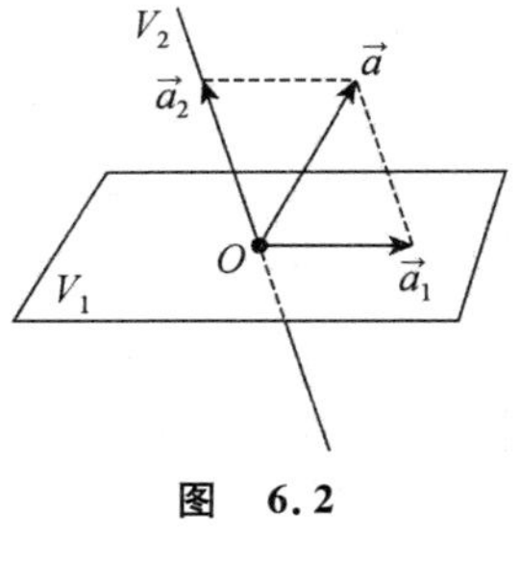

图 6.2

从图 6.2 以看到,$V_1 \cap V_2 = 0$,$V_1 + V_2$ 是直和. 这两者之间有必然联系吗?

定理 5 设 V_1, V_2 都是数域 K 上线性空间 V 的子空间,则下列

命题等价：

(1) 和 V_1+V_2 是直和；

(2) 和 V_1+V_2 中零向量的表示方式唯一；

(3) $V_1\cap V_2=0$.

证明 (1)$\Longrightarrow$(2)：由定义 2 立即得到.

(2)$\Longrightarrow$(3)：任取 $\alpha\in V_1\cap V_2$，于是零向量可表示成

$$0=\alpha+(-\alpha),\quad \alpha\in V_1,\ -\alpha\in V_2.$$

由于零向量又可以表示成 $0=0+0$，因此根据已知条件，得 $\alpha=0$，从而 $V_1\cap V_2=0$.

(3)$\Longrightarrow$(1)：设 $V_1\cap V_2=0$. 任取 $\alpha\in V_1+V_2$，假设

$$\alpha=\alpha_1+\alpha_2,\quad \alpha_1\in V_1,\alpha_2\in V_2,$$
$$\alpha=\beta_1+\beta_2,\quad \beta_1\in V_1,\beta_2\in V_2,$$

则 $\alpha_1+\alpha_2=\beta_1+\beta_2$，从而 $\alpha_1-\beta_1=\beta_2-\alpha_2\in V_1\cap V_2$. 由已知条件 $V_1\cap V_1=0$ 得 $\alpha_1-\beta_1=0$，$\beta_2-\alpha_2=0$，即 $\alpha_1=\beta_1,\alpha_2=\beta_2$. 所以，$V_1+V_2$ 是直和. □

对于 V 的有限维子空间 V_1,V_2 来说，$V_1\cap V_2=0$ 当且仅当 $\dim(V_1+V_2)=\dim V_1+\dim V_2$. 由此可得到下述定理：

定理 6 设 V_1,V_2 都是数域 K 上线性空间 V 的有限维子空间，则下列命题等价：

(1) 和 V_1+V_2 是直和；

(2) $\dim(V_1+V_2)=\dim V_1+\dim V_2$；

(3) V_1 的一个基与 V_2 的一个基合起来是 V_1+V_2 的一个基.

证明 (1)$\Longleftrightarrow$(2)：根据定理 5，V_1+V_2 是直和 $\Longleftrightarrow V_1\cap V_2=0$. 根据推论 1，$V_1\cap V_2=0$ $\Longleftrightarrow$(2). 因此(1)$\Longleftrightarrow$(2).

(2)$\Longrightarrow$(3)：设 $\dim(V_1+V_2)=\dim V_1+\dim V_2$. 在 V_1 和 V_2 中分别取一个基 $\alpha_1,\cdots,\alpha_s$ 和 $\beta_1,\cdots,\beta_t$，则

$$V_1+V_2=\langle\alpha_1,\cdots,\alpha_s\rangle+\langle\beta_1,\cdots,\beta_t\rangle=\langle\alpha_1,\cdots,\alpha_s,\beta_1,\cdots,\beta_t\rangle.$$

由已知条件得 $\dim(V_1+V_2)=s+t$，又由于 V_1+V_2 中每个向量都可以由 $\alpha_1,\cdots,\alpha_s,\beta_1,\cdots,\beta_t$ 线性表出，因此 $\alpha_1,\cdots,\alpha_s,\beta_1,\cdots,\beta_t$ 是 V_1+V_2 的一个基.

(3)$\Longrightarrow$(2)：由维数的定义立即得到. □

设 V_1,V_2 都是数域 K 上线性空间 V 的子空间. 如果满足：

(1) $V_1+V_2=V$；

(2) V_1+V_2 是直和，

那么称 V 是 V_1 与 V_2 的**直和**，记作 $V=V_1\oplus V_2$. 此时称 V_2 是 V_1 的一个**补空间**，也称 V_1 是 V_2 的一个补空间.

命题 2 设 V 是数域 K 上的 n 维线性空间，则 V 的每个子空间 U 都有补空间.

证明 在U中取一个基$\alpha_1,\cdots,\alpha_m$,把它扩充成V的一个基$\alpha_1,\cdots,\alpha_m,\beta_1,\cdots,\beta_{n-m}$,则

$$V=\langle \alpha_1,\cdots,\alpha_m,\beta_1,\cdots,\beta_{n-m}\rangle=\langle \alpha_1,\cdots,\alpha_m\rangle+\langle \beta_1,\cdots,\beta_{n-m}\rangle=U+W,$$

其中$W=\langle \beta_1,\cdots,\beta_{n-m}\rangle$. 由于$U$的一个基与$W$的一个基合起来是$V$的一个基,因此$U+W$是直和,从而$V=U\oplus W$. 于是,$W$是$U$的一个补空间. □

由于把U的一个基扩充成V的一个基可以有不同的方式,因此U的补空间不唯一. 例如,在图6.2中,V_2是V_1的一个补空间,过点O且不在V_1上的任一直线都是V_1的补空间.

子空间的直和的概念可以推广到多个子空间的情形.

定义3 设$V_1,V_2,\cdots,V_s$都是数域K上线性空间V的子空间. 如果和$V_1+V_2+\cdots+V_s$中每个向量α都能唯一地表示成

$$\alpha=\alpha_1+\alpha_2+\cdots+\alpha_s \quad (\alpha_i\in V_i,i=1,2,\cdots,s),$$

那么称和$V_1+V_2+\cdots+V_s$为**直和**,记作$V_1\oplus V_2\oplus\cdots\oplus V_s$或$\bigoplus_{i=1}^{s}V_i$.

定理7 设$V_1,V_2,\cdots,V_s$都是数域K上线性空间V的子空间,则下列命题等价:

(1) 和$V_1+V_2+\cdots+V_s$是直和;

(2) 和$\sum_{i=1}^{s}V_i$中零向量的表示方式唯一;

(3) $V_i\cap\left(\sum_{j\neq i}V_j\right)=0\ (i=1,2,\cdots,s)$.

证明 (1)$\Longrightarrow$(2): 由定义3立即得到.

(2)$\Longrightarrow$(3): 任取$\alpha\in V_i\cap\left(\sum_{j\neq i}V_j\right)$,则$-\alpha\in V_i$,且$\alpha\in\sum_{j\neq i}V_j$,于是$\alpha=\sum_{j\neq i}\alpha_j(\alpha_j\in V_j,j=1,\cdots,i-1,i+1,\cdots,s)$. 因此,在和$\sum_{i=1}^{s}V_i$中零向量可以表示成

$$0=(-\alpha)+\alpha=(-\alpha)+\sum_{j\neq i}\alpha_j.$$

又$0=0+0+\cdots+0$,根据已知条件,得$-\alpha=0$,于是$\alpha=0$. 因此

$$V_i\cap\left(\sum_{j\neq i}V_j\right)=0.$$

(3)$\Longrightarrow$(1): 任取$\alpha\in\sum_{i=1}^{s}V_i$,假设$\alpha$有两种表示方式:

$$\alpha=\alpha_1+\alpha_2+\cdots+\alpha_s \quad (\alpha_i\in V_i,i=1,2,\cdots,s);$$
$$\alpha=\beta_1+\beta_2+\cdots+\beta_s \quad (\beta_i\in V_i,i=1,2,\cdots,s).$$

任取$i\in\{1,2,\cdots,s\}$,从上两式可得出

$$\beta_i-\alpha_i=\sum_{j\neq i}(\alpha_j-\beta_j)\in V_i\cap\left(\sum_{j\neq i}V_j\right).$$

由已知条件得 $\beta_i-\alpha_i=0$,即 $\beta_i=\alpha_i(i=1,2,\cdots,s)$. 所以,和 $V_1+V_2+\cdots+V_s$ 是直和. □

定理 8 设 $V_1,V_2,\cdots,V_s$ 都是数域 K 上线性空间 V 的有限维子空间,则下列命题等价:

(1) 和 $V_1+V_2+\cdots+V_s$ 是直和;

(2) $\dim(V_1+V_2+\cdots+V_s)=\dim V_1+\dim V_2+\cdots+\dim V_s$;

(3) V_1 的一个基,V_2 的一个基……V_s 的一个基,它们合起来是 $V_1+V_2+\cdots+V_s$ 的一个基.

证明 (1)⟹(2):由于 $V_1+V_2+\cdots+V_s$ 是直和,因此 $V_i\cap\left(\sum\limits_{j\neq i}V_j\right)=0(i=1,2,\cdots,s)$. 于是

$$\dim\left(\sum_{i=1}^{s}V_i\right)=\dim\left(V_1+\sum_{i=2}^{s}V_i\right)=\dim V_1+\dim\left(\sum_{i=2}^{s}V_i\right).$$

注意到 $V_2\cap(V_3+\cdots+V_s)\subseteq V_2\cap(V_1+V_3+\cdots+V_s)=0$,因此对 s 做数学归纳法. 根据归纳假设可得

$$\dim\left(\sum_{i=2}^{s}V_i\right)=\sum_{i=2}^{s}\dim V_i,$$

从而得到

$$\dim\left(\sum_{i=1}^{s}V_i\right)=\dim V_1+\sum_{i=2}^{s}\dim V_i=\sum_{i=1}^{s}\dim V_i.$$

根据数学归纳法原理,对于一切正整数 s,命题为真.

(2)⟹(3):设 $\dim\left(\sum\limits_{i=1}^{s}V_i\right)=\sum\limits_{i=1}^{s}\dim V_i$. 在 V_i 中取一个基 $\alpha_{i1},\cdots,\alpha_{im_i}$ $(i=1,2,\cdots,s)$,则

$$\begin{aligned}\sum_{i=1}^{s}V_i&=\langle\alpha_{11},\cdots,\alpha_{1m_1}\rangle+\langle\alpha_{21},\cdots,\alpha_{2m_2}\rangle+\cdots+\langle\alpha_{s1},\cdots,\alpha_{sm_s}\rangle\\&=\langle\alpha_{11},\cdots,\alpha_{1m_1},\alpha_{21},\cdots,\alpha_{2m_2},\cdots,\alpha_{s1},\cdots,\alpha_{sm_s}\rangle.\end{aligned}$$

由已知条件得

$$\dim\left(\sum_{i=1}^{s}V_i\right)=\sum_{i=1}^{s}\dim V_i=m_1+m_2+\cdots+m_s,$$

因此 $\alpha_{11},\cdots,\alpha_{1m_1},\alpha_{21},\cdots,\alpha_{2m_2},\cdots,\alpha_{s1},\cdots,\alpha_{sm_s}$ 是 $\sum\limits_{i=1}^{s}V_i$ 的一个基.

(3)⟹(1):在 V_i 中取一个基 $\alpha_{i1},\cdots,\alpha_{im_i}(i=1,2,\cdots,s)$,则由已知条件得 $\alpha_{11},\cdots,\alpha_{1m_1},\cdots,\alpha_{s1},\cdots,\alpha_{sm_s}$ 是 $\sum\limits_{i=1}^{s}V_i$ 的一个基. 在 $\sum\limits_{i=1}^{s}V_i$ 中,设 $0=\alpha_1+\alpha_2+\cdots+\alpha_s(\alpha_i\in V_i,i=1,2,\cdots,s)$,又

设 $\alpha_i=k_{i1}\alpha_{i1}+\cdots+k_{im_i}\alpha_{im_i}(i=1,2,\cdots,s)$,则

$$0=k_{11}\alpha_{11}+\cdots+k_{1m_1}\alpha_{1m_1}+\cdots+k_{s1}\alpha_{s1}+\cdots+k_{sm_s}\alpha_{sn_s}.$$

由此推出

$$k_{11}=\cdots=k_{1m_1}=\cdots=k_{s1}=\cdots=k_{sm_s}=0,$$

因此有 $\alpha_i=0(i=1,2,\cdots,s)$. 这证明了在 $\sum\limits_{i=1}^{s}V_i$ 中零向量的表示方式唯一,从而和 $\sum\limits_{i=1}^{s}V_i$ 是直和. □

点评 定理 8 揭示了可利用子空间的运算来研究线性空间 V 的结构: V 等于它的若干个子空间的直和,即 $V=V_1\oplus V_2\oplus\cdots\oplus V_s$ 当且仅当 V_1 的一个基,V_2 的一个基……V_s 的一个基合起来是 V 的一个基(必要性从定理 8 立即得到. 充分性: 由已知条件得 $V=V_1+V_2+\cdots+V_s$,结合定理 8 得 $V_1+V_2+\cdots+V_s$ 是直和,从而 $V=V_1\oplus V_2\oplus\cdots\oplus V_s$). 这个结论非常重要,很有用.

6.2.2 典型例题

例 1 判断下列数域 K 上 n 元方程的解集是否为 K^n 的子空间:

(1) $\sum\limits_{i=1}^{n}a_ix_i=0$; (2) $\sum\limits_{i=1}^{n}a_ix_i=1$;

(3) $\sum\limits_{i=1}^{n}x_i^2=0$; (4) $x_1^2-\sum\limits_{i=2}^{n}x_i^2=0$.

解 (1) 若 $a_1,a_2,\cdots,a_n$ 不全为 0,则 $\sum\limits_{i=1}^{n}a_ix_i=0$ 是 n 元齐次线性方程,其解集是 K^n 的一个子空间.

若 $a_1=a_2=\cdots=a_n=0$,则 $\sum\limits_{i=1}^{n}a_ix_i=0$ 的解集是 K^n,它也是 K^n 的一个子空间.

(2) 若 $a_1,a_2,\cdots,a_n$ 不全为 0,则 $\sum\limits_{i=1}^{n}a_ix_i=1$ 是 n 元非齐次线性方程,其解集不是 K^n 的子空间.

若 $a_1=a_2=\cdots=a_n=0$,则 $\sum\limits_{i=1}^{n}a_ix_i=1$ 的解集是空集,它不是 K^n 的子空间.

(3) 当 $K\subseteq\mathbf{R}$ 时,$\sum\limits_{i=1}^{n}x_i^2=0$ 的解集是 $\{(0,0,\cdots,0)^{\mathrm{T}}\}$,它是 K^n 的一个子空间,即零子空间.

当 $K\supsetneqq\mathbf{R}$ 时,K 中含有虚数 $a+b\mathrm{i}(b\neq0)$,从而 $\mathrm{i}=b^{-1}[(a+b\mathrm{i})-a]\in K$. 当 $n\geqslant2$ 时,$\boldsymbol{\alpha}=(1,\mathrm{i},0,\cdots,0)^{\mathrm{T}}$ 和 $\boldsymbol{\beta}=(\mathrm{i},1,0,\cdots,0)^{\mathrm{T}}$ 都是 $\sum\limits_{i=1}^{n}x_i^2=0$ 的解. 而 $\boldsymbol{\alpha}+\boldsymbol{\beta}=(1+\mathrm{i},1+\mathrm{i},0,\cdots,0)^{\mathrm{T}}$.

由于$(1+\mathrm{i})^2+(1+\mathrm{i})^2=4\mathrm{i}\neq 0$,因此$\boldsymbol{\alpha}+\boldsymbol{\beta}$不是$\sum_{i=1}^{n}x_i^2=0$的解,从而$\sum_{i=1}^{n}x_i^2=0$的解集不是$K^n$的子空间. 当$n=1$时,$x_1^2=0$的解集是$\{0\}$,它是$K$的一个子空间,即零子空间.

(4) $\boldsymbol{\alpha}=(1,1,0,\cdots,0)^{\mathrm{T}}$与$\boldsymbol{\beta}=(1,-1,0,\cdots,0)^{\mathrm{T}}$都是方程$x_1^2-\sum_{i=2}^{n}x_i^2=0$的解. 而$\boldsymbol{\alpha}+\boldsymbol{\beta}=(2,0,0,\cdots,0)^{\mathrm{T}}$. 由于$2^2-(0^2+0^2+\cdots+0^2)=4\neq 0$,因此$\boldsymbol{\alpha}+\boldsymbol{\beta}$不是方程$x_1^2-\sum_{i=2}^{n}x_i^2=0$的解,从而这个方程的解集不是$K^n$的子空间.

例 2 设$\boldsymbol{A}$是数域K上的n阶矩阵,证明:数域K上所有与$\boldsymbol{A}$可交换的矩阵组成的集合是$M_n(K)$的一个子空间,把它记作$C(\boldsymbol{A})$.

证明 由于$\boldsymbol{I}$与$\boldsymbol{A}$可交换,因此$C(\boldsymbol{A})$非空集. 设$\boldsymbol{B}_1,\boldsymbol{B}_2\in C(\boldsymbol{A})$,则

$$\boldsymbol{B}_1\boldsymbol{A}=\boldsymbol{A}\boldsymbol{B}_1,\quad \boldsymbol{B}_2\boldsymbol{A}=\boldsymbol{A}\boldsymbol{B}_2,$$

从而

$$(\boldsymbol{B}_1+\boldsymbol{B}_2)\boldsymbol{A}=\boldsymbol{B}_1\boldsymbol{A}+\boldsymbol{B}_2\boldsymbol{A}=\boldsymbol{A}\boldsymbol{B}_1+\boldsymbol{A}\boldsymbol{B}_2=\boldsymbol{A}(\boldsymbol{B}_1+\boldsymbol{B}_2),$$
$$(k\boldsymbol{B}_1)\boldsymbol{A}=k(\boldsymbol{B}_1\boldsymbol{A})=k(\boldsymbol{A}\boldsymbol{B}_1)=\boldsymbol{A}(k\boldsymbol{B}_1),\quad \forall k\in K.$$

因此,$C(\boldsymbol{A})$对于矩阵的加法和数量乘法封闭. 于是$C(\boldsymbol{A})$是$M_n(K)$的一个子空间. □

例 3 设$\boldsymbol{A}=\mathrm{diag}\{a_1,a_2,\cdots,a_n\}$,其中$a_1,a_2,\cdots,a_n$是数域$K$中两两不相等的数,求$C(\boldsymbol{A})$的一个基和维数.

解 由于与主对角元两两不相等的对角矩阵可交换的矩阵一定是对角矩阵(参看§4.2中的例1),且反之亦然,因此$C(\boldsymbol{A})$是由数域K上所有n阶对角矩阵组成的集合. 由于K上任一n阶对角矩阵$\mathrm{diag}\{b_1,b_2,\cdots,b_n\}$可以表示成

$$b_1\boldsymbol{E}_{11}+b_2\boldsymbol{E}_{22}+\cdots+b_n\boldsymbol{E}_{nn},$$

且$\boldsymbol{E}_{11},\boldsymbol{E}_{22},\cdots,\boldsymbol{E}_{nn}$线性无关,因此$\boldsymbol{E}_{11},\boldsymbol{E}_{22},\cdots,\boldsymbol{E}_{nn}$是$C(\boldsymbol{A})$的一个基,从而$\dim C(\boldsymbol{A})=n$.

例 4 设数域K上的三阶矩阵

$$\boldsymbol{A}=\begin{pmatrix}0&0&1\\1&0&0\\4&-2&1\end{pmatrix},$$

求$C(\boldsymbol{A})$的一个基和维数.

解 $\boldsymbol{X}=(x_{ij})_{3\times 3}$与$\boldsymbol{A}$可交换当且仅当

$$\begin{pmatrix}0&0&1\\1&0&0\\4&-2&1\end{pmatrix}\begin{pmatrix}x_{11}&x_{12}&x_{13}\\x_{21}&x_{22}&x_{23}\\x_{31}&x_{32}&x_{33}\end{pmatrix}=\begin{pmatrix}x_{11}&x_{12}&x_{13}\\x_{21}&x_{22}&x_{23}\\x_{31}&x_{32}&x_{33}\end{pmatrix}\begin{pmatrix}0&0&1\\1&0&0\\4&-2&1\end{pmatrix},$$

即

$$\begin{pmatrix} x_{31} & x_{32} & x_{33} \\ x_{11} & x_{12} & x_{13} \\ 4x_{11}-2x_{21}+x_{31} & 4x_{12}-2x_{22}+x_{32} & 4x_{13}-2x_{23}+x_{33} \end{pmatrix}$$
$$=\begin{pmatrix} x_{12}+4x_{13} & -2x_{13} & x_{11}+x_{13} \\ x_{22}+4x_{23} & -2x_{23} & x_{21}+x_{23} \\ x_{32}+4x_{33} & -2x_{33} & x_{31}+x_{33} \end{pmatrix}.$$

由此得出

$$\begin{aligned} &x_{31}=x_{12}+4x_{13}, \quad x_{32}=-2x_{13}, \quad x_{33}=x_{11}+x_{13}, \\ &x_{11}=x_{22}+4x_{23}, \quad x_{12}=-2x_{23}, \quad x_{13}=x_{21}+x_{23}, \\ &4x_{11}-2x_{21}+x_{31}=x_{32}+4x_{33}, \quad 4x_{12}-2x_{22}+x_{32}=-2x_{33}, \\ &4x_{13}-2x_{23}+x_{33}=x_{31}+x_{33}. \end{aligned}$$

把前 6 个式子代入最后 3 个式子,得

$$\begin{aligned} &4(x_{22}+4x_{23})-2x_{21}+[-2x_{23}+4(x_{21}+x_{23})] \\ &\quad =-2(x_{21}+x_{23})+4[(x_{22}+4x_{23})+(x_{21}+x_{23})], \\ &4(-2x_{23})-2x_{22}+[-2(x_{21}+x_{23})]=-2[(x_{22}+4x_{23})+(x_{21}+x_{23})], \\ &4(x_{21}+x_{23})-2x_{23}+[(x_{22}+4x_{23})+(x_{21}+x_{23})] \\ &\quad =[(-2x_{23})+4(x_{21}+x_{23})]+[(x_{22}+4x_{23})+(x_{21}+x_{23})], \end{aligned}$$

整理得 0=0,0=0,0=0. 这说明 x_{21},x_{22},x_{23} 可以取数域 K 中任意数,即 x_{21},x_{22},x_{23} 是自由未知量. 由上述前 6 个式子得

$$\begin{aligned} &x_{11}=x_{22}+4x_{23}, \quad x_{12}=-2x_{23}, \quad x_{13}=x_{21}+x_{23}, \\ &x_{31}=4x_{21}+2x_{23}, \quad x_{32}=-2x_{21}-2x_{23}, \quad x_{33}=x_{21}+x_{22}+5x_{23}, \end{aligned}$$

因此 $\boldsymbol{X}=(x_{ij})_{3\times 3}$ 与 $\boldsymbol{A}$ 可交换当且仅当

$$\boldsymbol{X}=\begin{pmatrix} x_{22}+4x_{23} & -2x_{23} & x_{21}+x_{23} \\ x_{21} & x_{22} & x_{23} \\ 4x_{21}+2x_{23} & -2x_{21}-2x_{23} & x_{21}+x_{22}+5x_{23} \end{pmatrix}$$
$$=x_{21}\begin{pmatrix} 0 & 0 & 1 \\ 1 & 0 & 0 \\ 4 & -2 & 1 \end{pmatrix}+x_{22}\begin{pmatrix} 1 & 0 & 0 \\ 0 & 1 & 0 \\ 0 & 0 & 1 \end{pmatrix}+x_{23}\begin{pmatrix} 4 & -2 & 1 \\ 0 & 0 & 1 \\ 2 & -2 & 5 \end{pmatrix}$$
$$=x_{21}\boldsymbol{A}+x_{22}\boldsymbol{I}+x_{23}\boldsymbol{B},$$

其中

$$\boldsymbol{B}=\begin{pmatrix} 4 & -2 & 1 \\ 0 & 0 & 1 \\ 2 & -2 & 5 \end{pmatrix}.$$

于是，$C(\boldsymbol{A})$中每个矩阵$\boldsymbol{X}$可由$\boldsymbol{A},\boldsymbol{I},\boldsymbol{B}$线性表出. 由于$\boldsymbol{A},\boldsymbol{I},\boldsymbol{B}$可看成向量组$(1,0,0)$，$(0,1,0)$，$(0,0,1)$的延伸组，因此$\boldsymbol{A},\boldsymbol{I},\boldsymbol{B}$线性无关，从而$\boldsymbol{A},\boldsymbol{I},\boldsymbol{B}$是$C(\boldsymbol{A})$的一个基. 于是$\dim C(\boldsymbol{A})=3$. 直接计算得$\boldsymbol{B}=\boldsymbol{A}^2$.

例 5 在实数域$\mathbf{R}$上的线性空间$\mathbf{R}^{\mathbf{R}}$中，求由函数组$1,\sin x,\cos x,\sin^2 x,\cos^2 x$生成的子空间的一个基和维数.

解 在习题 6.1 第 8 题的第(6)小题中已证$1,\sin x,\cos x,\sin^2 x,\cos^2 x$线性相关；$1,\sin x,\cos x$线性无关. 现在考虑$1,\sin x,\cos x,\sin^2 x$是否线性无关. 设

$$k_1+k_2\sin x+k_3\cos x+k_4\sin^2 x=0. \tag{12}$$

让x分别取值$0,\frac{\pi}{2},\pi,-\frac{\pi}{2}$，从(12)式得

$$\begin{cases} k_1 \quad +k_3 \quad =0, \\ k_1+k_2 \quad +k_4=0, \\ k_1 \quad -k_3 \quad =0, \\ k_1-k_2 \quad +k_4=0, \end{cases}$$

解得
$$k_1=0,k_3=0,k_2=0,k_4=0.$$

所以$1,\sin x,\cos x,\sin^2 x$线性无关，从而它是函数组$1,\sin x,\cos x,\sin^2 x,\cos^2 x$的一个极大线性无关组. 因此，$1,\sin x,\cos x,\sin^2 x$是$\langle 1,\sin x,\cos x,\sin^2 x,\cos^2 x\rangle$的一个基，从而

$$\dim\langle 1,\sin x,\cos x,\sin^2 x,\cos^2 x\rangle=4.$$

例 6 设V_1,V_2是数域K上线性空间V的两个真子空间(即$V_i\neq V,i=1,2$)，证明：

$$V_1\cup V_2\neq V.$$

证明 由于$V_1\neq V$，因此V中存在$\alpha\notin V_1$. 若$\alpha\notin V_2$，则$\alpha\notin V_1\cup V_2$. 接下来设$\alpha\in V_2$. 由于$V_2\neq V$，因此V中存在$\beta\notin V_2$. 若$\beta\notin V_1$，则$\beta\notin V_1\cup V_2$. 接下来设$\beta\in V_1$，则我们断言$\alpha+\beta\notin V_1\cup V_2$. 这是因为假如$\alpha+\beta\in V_1\cup V_2$，当$\alpha+\beta\in V_1$时，有$(\alpha+\beta)-\beta\in V_1$，即$\alpha\in V_1$，矛盾；当$\alpha+\beta\in V_2$时，有$(\alpha+\beta)-\alpha\in V_2$，即$\beta\in V_2$，矛盾. 所以$\alpha+\beta\notin V_1\cup V_2$. 于是

$$V_1\cup V_2\neq V.$$ □

例 7 设$V_1,V_2,\cdots,V_s$都是数域K上线性空间V的真子空间，证明：

$$V_1\cup V_2\cup\cdots\cup V_s\neq V.$$

证明 对真子空间的个数s做数学归纳法.

当$s=1$时，由于V_1是V的真子空间，因此$V_1\neq V$. 所以，当$s=1$时，命题为真.

假设对于$s-1$的情形，命题为真. 现在来看s的情形. 根据归纳假设，得

$$V_1\cup V_2\cup\cdots\cup V_{s-1}\neq V,$$

因此V中存在$\alpha\notin V_1\cup V_2\cup\cdots\cup V_{s-1}$. 若$\alpha\notin V_s$，则

$$\alpha\notin V_1\cup V_2\cup\cdots\cup V_{s-1}\cup V_s.$$

接下来设 $\alpha \in V_s$. 由于 $V_s \neq V$,因此 V 中存在 $\beta \notin V_s$. 若 $\beta \notin V_1 \cup V_2 \cup \cdots \cup V_{s-1}$,则

$$\beta \notin V_1 \cup V_2 \cup \cdots \cup V_{s-1} \cup V_s.$$

下面设 $\beta \in V_1 \cup V_2 \cup \cdots \cup V_{s-1}$. 由于 $V_1 \cup V_2 \cup \cdots \cup V_{s-1}$ 不是 V 的子空间,因此不能像例 6 的证明那样推出 $\alpha+\beta$ 不属于 $V_1 \cup V_2 \cup \cdots \cup V_{s-1} \cup V_s$. 放宽条件,考虑 V 的如下子集:

$$W=\{k\alpha+\beta \mid k \in K\}.$$

我们断言对于任意 $k \in K$,有 $k\alpha+\beta \notin V_s$. 这是因为假如有某个 $k \in K$,使得 $k\alpha+\beta \in V_s$,则由于 $\alpha \in V_s$,且 V_s 是 V 的一个子空间,因此 $(k\alpha+\beta)-k\alpha \in V_s$,即 $\beta \in V_s$,矛盾. 下面我们想说明,存在 $k_0 \in K$,使得 $k_0\alpha+\beta \notin V_1 \cup V_2 \cup \cdots \cup V_{s-1}$. 论证的途径是看每个 $V_i\ (i=1,2,\cdots,s-1)$ 中含有多少个形如 $k\alpha+\beta$ 的向量. 假如 $k_1\alpha+\beta, k_2\alpha+\beta \in V_i\ (i \in \{1,2,\cdots,s-1\})$,且 $k_1 \neq k_2$,则 $(k_1\alpha+\beta)-(k_2\alpha+\beta) \in V_i$,即 $(k_1-k_2)\alpha \in V_i$. 由于 $k_1-k_2 \neq 0$,因此

$$\alpha=(k_1-k_2)^{-1}(k_1-k_2)\alpha \in V_i,$$

从而 $\alpha \in V_1 \cup V_2 \cup \cdots \cup V_{s-1}$,矛盾. 所以,$V_i\ (i=1,2,\cdots,s-1)$ 中至多含有 W 中一个向量,从而 $V_1 \cup V_2 \cup \cdots \cup V_{s-1}$ 中至多含有 W 中 $s-1$ 个向量. 由于 $k_1\alpha+\beta=k_2\alpha+\beta$ 当且仅当 $(k_1-k_2)\alpha=0$,又 $\alpha \neq 0$,因此 $(k_1-k_2)\alpha=0$ 当且仅当 $k_1=k_2$. 由于数域 K 含有无穷多个数,因此 W 中含有无穷多个向量,从而 W 中存在一个向量 $k_0\alpha+\beta \notin V_1 \cup V_2 \cup \cdots \cup V_{s-1}$. 又由于 $k_0\alpha+\beta \notin V_s$,因此

$$k_0\alpha+\beta \notin V_1 \cup V_2 \cup \cdots \cup V_{s-1} \cup V_s.$$

于是

$$V_1 \cup V_2 \cup \cdots \cup V_{s-1} \cup V_s \neq V.$$

根据数学归纳法原理,对于一切正整数 s,命题为真. □

例 8 在数域 K 上的线性空间 K^4 中,设 $V_1=\langle \boldsymbol{\alpha}_1,\boldsymbol{\alpha}_2,\boldsymbol{\alpha}_3 \rangle$,$V_2=\langle \boldsymbol{\beta}_1,\boldsymbol{\beta}_2 \rangle$,其中

$$\boldsymbol{\alpha}_1=\begin{pmatrix}1\\2\\1\\0\end{pmatrix},\quad \boldsymbol{\alpha}_2=\begin{pmatrix}-1\\1\\1\\1\end{pmatrix},\quad \boldsymbol{\alpha}_3=\begin{pmatrix}0\\3\\2\\1\end{pmatrix},\quad \boldsymbol{\beta}_1=\begin{pmatrix}2\\-1\\0\\1\end{pmatrix},\quad \boldsymbol{\beta}_2=\begin{pmatrix}1\\-1\\3\\7\end{pmatrix},$$

分别求 V_1+V_2,$V_1 \cap V_2$ 的一个基和维数.

解 因为

$$V_1+V_2=\langle \boldsymbol{\alpha}_1,\boldsymbol{\alpha}_2,\boldsymbol{\alpha}_3 \rangle+\langle \boldsymbol{\beta}_1,\boldsymbol{\beta}_2 \rangle=\langle \boldsymbol{\alpha}_1,\boldsymbol{\alpha}_2,\boldsymbol{\alpha}_3,\boldsymbol{\beta}_1,\boldsymbol{\beta}_2 \rangle,$$

所以向量组 $\boldsymbol{\alpha}_1,\boldsymbol{\alpha}_2,\boldsymbol{\alpha}_3,\boldsymbol{\beta}_1,\boldsymbol{\beta}_2$ 的一个极大线性无关组就是 V_1+V_2 的一个基,这个向量组的秩就是 V_1+V_2 的维数. 为此,令 $\boldsymbol{A}=(\boldsymbol{\alpha}_1,\boldsymbol{\alpha}_2,\boldsymbol{\alpha}_3,\boldsymbol{\beta}_1,\boldsymbol{\beta}_2)$,对 $\boldsymbol{A}$ 做一系列初等行变换,将其化成简化行阶梯形矩阵:

$$\boldsymbol{A}=\begin{pmatrix}1&-1&0&2&1\\2&1&3&-1&-1\\1&1&2&0&3\\0&1&1&1&7\end{pmatrix}\longrightarrow\begin{pmatrix}1&0&1&0&-1\\0&1&1&0&4\\0&0&0&1&3\\0&0&0&0&0\end{pmatrix}. \tag{13}$$

由此得出 $\boldsymbol{\alpha}_1,\boldsymbol{\alpha}_2,\boldsymbol{\beta}_1$ 是 $\boldsymbol{\alpha}_1,\boldsymbol{\alpha}_2,\boldsymbol{\alpha}_3,\boldsymbol{\beta}_1,\boldsymbol{\beta}_2$ 的一个极大线性无关组,从而 $\boldsymbol{\alpha}_1,\boldsymbol{\alpha}_2,\boldsymbol{\beta}_1$ 是 V_1+V_2 的一个基,因此

$$\dim(V_1+V_2)=3.$$

从(13)式中的简化行阶梯形矩阵的前 3 列可以看出,$\boldsymbol{\alpha}_1,\boldsymbol{\alpha}_2$ 是 $\boldsymbol{\alpha}_1,\boldsymbol{\alpha}_2,\boldsymbol{\alpha}_3$ 的一个极大线性无关组;从后 2 列看出,其第 2,3 行组成的二阶子式不为 0,从而 $\boldsymbol{\beta}_1,\boldsymbol{\beta}_2$ 线性无关. 因此 $\dim V_1=2,\dim V_2=2$,从而

$$\dim(V_1\cap V_2)=\dim V_1+\dim V_2-\dim(V_1+V_2)=2+2-3=1.$$

为了求 $V_1\cap V_2$ 的一个基,只需求出 $V_1\cap V_2$ 的一个非零向量. 由于 $\boldsymbol{\alpha}_1,\boldsymbol{\alpha}_2,\boldsymbol{\beta}_1$ 是 V_1+V_2 的一个基,因此 $\boldsymbol{\beta}_2$ 可以由 $\boldsymbol{\alpha}_1,\boldsymbol{\alpha}_2,\boldsymbol{\beta}_1$ 线性表出,其系数就是线性方程组

$$x_1\boldsymbol{\alpha}_1+x_2\boldsymbol{\alpha}_2+x_3\boldsymbol{\beta}_1=\boldsymbol{\beta}_2$$

的解. 从(13)式中的简化行阶梯形矩阵的第 1,2,4,5 列可以看出,这个线性方程组的解是 $(-1,4,3)^{\mathrm{T}}$. 因此

$$-\boldsymbol{\alpha}_1+4\boldsymbol{\alpha}_2+3\boldsymbol{\beta}_1=\boldsymbol{\beta}_2.$$

由此得出

$$-\boldsymbol{\alpha}_1+4\boldsymbol{\alpha}_2=-3\boldsymbol{\beta}_1+\boldsymbol{\beta}_2\in V_1\cap V_2.$$

计算得 $-\boldsymbol{\alpha}_1+4\boldsymbol{\alpha}_2=(-5,2,3,4)^{\mathrm{T}}$,因此 $V_1\cap V_2$ 的一个基是 $(-5,2,3,4)^{\mathrm{T}}$.

点评 从例 8 的解题过程看到,在 K^n 中,分别求子空间 $V_1=\langle\boldsymbol{\alpha}_1,\boldsymbol{\alpha}_2,\cdots,\boldsymbol{\alpha}_s\rangle$ 与 $V_2=\langle\boldsymbol{\beta}_1,\boldsymbol{\beta}_2,\cdots,\boldsymbol{\beta}_t\rangle$ 的和与交的一个基和维数时,先令 $\boldsymbol{A}=(\boldsymbol{\alpha}_1,\boldsymbol{\alpha}_2,\cdots,\boldsymbol{\alpha}_s,\boldsymbol{\beta}_1,\boldsymbol{\beta}_2,\cdots,\boldsymbol{\beta}_t)$,对 $\boldsymbol{A}$ 做一系列的初等行变换,将其化成简化行阶梯形矩阵 $\boldsymbol{G}$,再从 $\boldsymbol{G}$ 的主元所在列的序号找出 V_1+V_2 的一个基,从而得到 V_1+V_2 的维数. 还可从 $\boldsymbol{G}$ 的前 s 列找出 V_1 的一个基,从 $\boldsymbol{G}$ 的后 t 列(找出最高阶不为 0 的子式)找出 V_2 的一个基. 于是,通过子空间的维数公式可以求出 $V_1\cap V_2$ 的维数. 利用已经求出的 V_1+V_2 的一个基,可以把 V_2 中不是这个基中的向量表示成这个基的线性组合,其系数从 $\boldsymbol{G}$ 中给出的相应列可以找到. 再由线性组合的表达式可以求出 $V_1\cap V_2$ 的向量. 当找到 $\dim(V_1\cap V_2)$ 个线性无关的向量时,便求出了 $V_1\cap V_2$ 的一个基.

例 9 在数域 K 上的线性空间 K^4 中,设 $V_1=\langle\boldsymbol{\alpha}_1,\boldsymbol{\alpha}_2,\boldsymbol{\alpha}_3\rangle,V_2=\langle\boldsymbol{\beta}_1,\boldsymbol{\beta}_2,\boldsymbol{\beta}_3\rangle$,其中

$$\boldsymbol{\alpha}_1=\begin{pmatrix}1\\1\\0\\2\end{pmatrix},\quad\boldsymbol{\alpha}_2=\begin{pmatrix}1\\1\\-1\\3\end{pmatrix},\quad\boldsymbol{\alpha}_3=\begin{pmatrix}1\\2\\1\\-2\end{pmatrix},$$

$$\boldsymbol{\beta}_1=\begin{pmatrix}1\\2\\0\\-6\end{pmatrix},\quad \boldsymbol{\beta}_2=\begin{pmatrix}1\\-2\\2\\4\end{pmatrix},\quad \boldsymbol{\beta}_3=\begin{pmatrix}2\\3\\1\\-5\end{pmatrix},$$

分别求 V_1+V_2,$V_1\cap V_2$ 的一个基和维数.

解 $V_1+V_2=\langle\boldsymbol{\alpha}_1,\boldsymbol{\alpha}_2,\boldsymbol{\alpha}_3,\boldsymbol{\beta}_1,\boldsymbol{\beta}_2,\boldsymbol{\beta}_3\rangle$. 令 $\boldsymbol{A}=(\boldsymbol{\alpha}_1,\boldsymbol{\alpha}_2,\boldsymbol{\alpha}_3,\boldsymbol{\beta}_1,\boldsymbol{\beta}_2,\boldsymbol{\beta}_3)$,对 $\boldsymbol{A}$ 做一系列初等行变换,将其化成简化行阶梯形矩阵:

$$\boldsymbol{A}=\begin{pmatrix}1&1&1&1&1&2\\1&1&2&2&-2&3\\0&-1&1&0&2&1\\2&3&-2&-6&4&-5\end{pmatrix}\longrightarrow\begin{pmatrix}1&0&0&0&10&2\\0&1&0&0&-6&-1\\0&0&1&0&-4&0\\0&0&0&1&1&1\end{pmatrix}. \tag{14}$$

从(14)式中的简化行阶梯形矩阵可以看出,$\boldsymbol{\alpha}_1,\boldsymbol{\alpha}_2,\boldsymbol{\alpha}_3,\boldsymbol{\beta}_1$ 是 V_1+V_2 的一个基,从而

$$\dim(V_1+V_2)=4.$$

从(14)式中的简化行阶梯形矩阵的前 3 列可以看出,$\boldsymbol{\alpha}_1,\boldsymbol{\alpha}_2,\boldsymbol{\alpha}_3$ 是 V_1 的一个基,从而 $\dim V_1=3$;从后 3 列可以看出,其第 2,3,4 行组成的三阶子式不为 0,因此 $\boldsymbol{\beta}_1,\boldsymbol{\beta}_2,\boldsymbol{\beta}_3$ 线性无关,从而 $\dim V_2=3$. 于是

$$\dim(V_1\cap V_2)=\dim V_1+\dim V_2-\dim(V_1+V_2)=3+3-4=2.$$

从(14)式中的简化行阶梯形矩阵的第 1,2,3,4,5 列与第 1,2,3,4,6 列可以分别看出

$$\boldsymbol{\beta}_2=10\boldsymbol{\alpha}_1-6\boldsymbol{\alpha}_2-4\boldsymbol{\alpha}_3+\boldsymbol{\beta}_1,\quad \boldsymbol{\beta}_3=2\boldsymbol{\alpha}_1-\boldsymbol{\alpha}_2+\boldsymbol{\beta}_1,$$

于是

$$10\boldsymbol{\alpha}_1-6\boldsymbol{\alpha}_2-4\boldsymbol{\alpha}_3=-\boldsymbol{\beta}_1+\boldsymbol{\beta}_2\in V_1\cap V_2,\quad 2\boldsymbol{\alpha}_1-\boldsymbol{\alpha}_2=-\boldsymbol{\beta}_1+\boldsymbol{\beta}_3\in V_1\cap V_2.$$

计算得

$$-\boldsymbol{\beta}_1+\boldsymbol{\beta}_2=(0,-4,2,10)^{\mathrm{T}},\quad -\boldsymbol{\beta}_1+\boldsymbol{\beta}_3=(1,1,1,1)^{\mathrm{T}}.$$

容易看出$(0,-4,2,10)^{\mathrm{T}}$,$(1,1,1,1)^{\mathrm{T}}$ 线性无关,因此它就是 $V_1\cap V_2$ 的一个基.

例 10 设 $V=M_n(K)$,V_1,V_2 分别表示数域 K 上所有 n 阶对称矩阵、斜对称矩阵组成的子空间,证明:$V=V_1\oplus V_2$.

证明 第一步,证明 $V=V_1+V_2$. 显然 $V_1+V_2\subseteq V$. 下面要证 $V\subseteq V_1+V_2$. 任取 $\boldsymbol{A}\in V=M_n(K)$,有

$$(\boldsymbol{A}+\boldsymbol{A}^{\mathrm{T}})^{\mathrm{T}}=\boldsymbol{A}^{\mathrm{T}}+\boldsymbol{A},\quad (\boldsymbol{A}-\boldsymbol{A}^{\mathrm{T}})^{\mathrm{T}}=\boldsymbol{A}^{\mathrm{T}}-\boldsymbol{A}=-(\boldsymbol{A}-\boldsymbol{A}^{\mathrm{T}}),$$

因此 $\boldsymbol{A}+\boldsymbol{A}^{\mathrm{T}}\in V_1$,$\boldsymbol{A}-\boldsymbol{A}^{\mathrm{T}}\in V_2$. 由于

$$\boldsymbol{A}=\frac{\boldsymbol{A}+\boldsymbol{A}^{\mathrm{T}}}{2}+\frac{\boldsymbol{A}-\boldsymbol{A}^{\mathrm{T}}}{2},$$

因此 $\boldsymbol{A}\in V_1+V_2$,从而 $V\subseteq V_1+V_2$. 所以 $V=V_1+V_2$.

第二步,证明和 V_1+V_2 是直和.为此,只要证 $V_1\cap V_2=0$.任取 $\boldsymbol{B}\in V_1\cap V_2$,则 $\boldsymbol{B}^{\mathrm{T}}=\boldsymbol{B}$,且 $\boldsymbol{B}^{\mathrm{T}}=-\boldsymbol{B}$.于是 $\boldsymbol{B}=-\boldsymbol{B}$,即 $2\boldsymbol{B}=\boldsymbol{0}$,从而 $\boldsymbol{B}=\boldsymbol{0}$.因此 $V_1\cap V_2=0$.

综上所述,$V=V_1\oplus V_2$. □

例 11 用 U,W 分别表示数域 K 上所有 n 阶上三角矩阵、下三角矩阵组成的集合,它们都是数域 K 上线性空间 $M_n(K)$ 的子空间.试问:是否有 $M_n(K)=U+W$?和 $U+W$ 是否为直和?是否有 $M_n(K)=U\oplus W$?

解 任给 $\boldsymbol{A}=(a_{ij})\in M_n(F)$,有

$$\boldsymbol{A}=\begin{pmatrix} a_{11} & a_{12} & \cdots & a_{1n} \\ 0 & a_{22} & \cdots & a_{2n} \\ \vdots & \vdots & & \vdots \\ 0 & 0 & \cdots & a_{nn} \end{pmatrix}+\begin{pmatrix} 0 & 0 & \cdots & 0 \\ a_{21} & 0 & \cdots & 0 \\ \vdots & \vdots & & \vdots \\ a_{n1} & a_{n2} & \cdots & 0 \end{pmatrix}. \tag{15}$$

(15)式右边第 1 个矩阵是上三角矩阵,第 2 个矩阵是下三角矩阵,因此 $\boldsymbol{A}\in U+W$,从而 $M_n(K)\subseteq U+W$.于是有 $M_n(K)=U+W$.

由于 $\boldsymbol{I}\in U\cap W$,因此 $U\cap W\neq 0$,从而和 $U+W$ 不是直和.

由于和 $U+W$ 不是直和,因此 $M_n(K)\neq U\oplus W$.

例 12 设 $V_1,V_2,\cdots,V_s$ 都是数域 K 上线性空间 V 的子空间,证明:和 $\sum\limits_{i=1}^{s}V_i$ 是直和的充要条件是 V 中有一个向量 α 可以唯一地表示成

$$\alpha=\alpha_1+\alpha_2+\cdots+\alpha_s\quad(\alpha_i\in V_i,i=1,2,\cdots,s). \tag{16}$$

证明 *必要性* 设和 $\sum\limits_{i=1}^{s}V_i$ 是直和,则和 $\sum\limits_{i=1}^{s}V_i$ 中每个向量 α 都能唯一地表示成(16)式的形式,因此必要性成立.

充分性 设 V 中有一个向量 α 可以唯一地表示成(16)式.假如零向量在和 $\sum\limits_{i=1}^{s}V_i$ 中的表示方式不唯一,则它还有一种表示方式:

$$0=\delta_1+\delta_2+\cdots+\delta_s\quad(\delta_i\in V_i,i=1,2,\cdots,s),$$

其中至少有一个 $\delta_j\neq 0$.由于

$$\alpha=\alpha+0=(\alpha_1+\delta_1)+(\alpha_2+\delta_2)+\cdots+(\alpha_s+\delta_s),$$

且 $\alpha_j+\delta_j\neq\alpha_j$,因此 α 表示成 $\sum\limits_{i=1}^{s}V_i$ 中向量的方式不唯一,与已知条件矛盾.所以,零向量在和 $\sum\limits_{i=1}^{s}V_i$ 中的表示方式唯一,从而和 $\sum\limits_{i=1}^{s}V_i$ 是直和. □

例 13 设 $V_1,V_2,\cdots,V_s$ 都是数域 K 上线性空间 V 的子空间,证明:和 $\sum\limits_{i=1}^{s}V_i$ 为直和

的充要条件是

$$V_i \cap \left(\sum_{j=i+1}^{s} V_j\right) = 0 \quad (i = 1,2,\cdots,s-1). \tag{17}$$

证明 *必要性* 设和 $\sum_{i=1}^{s} V_i$ 是直和,则

$$V_i \cap \left(\sum_{j\neq i} V_j\right) = 0 \quad (i = 1,2,\cdots,s).$$

由于

$$V_i \cap \left(\sum_{j=i+1}^{s} V_j\right) \subseteq V_i \cap \left(\sum_{j\neq i} V_j\right) \quad (i = 1,2,\cdots,s-1),$$

因此

$$V_i \cap \left(\sum_{j=i+1}^{s} V_j\right) = 0 \quad (i = 1,2,\cdots,s-1).$$

充分性 设(17)式成立. 在和 $\sum_{i=1}^{s} V_i$ 中,设

$$0 = \delta_1 + \delta_2 + \cdots + \delta_s \quad (\delta_i \in V_i, i = 1,2,\cdots,s),$$

则 $\delta_1 = -\sum_{j=2}^{s}\delta_j \in V_1 \cap \left(\sum_{j=2}^{s} V_j\right)$. 由(17)式得 $\delta_1 = 0$,且 $\sum_{j=2}^{s}\delta_j = 0$,于是 $\delta_2 = -\sum_{j=3}^{s}\delta_j \in V_2 \cap \left(\sum_{j=3}^{s} V_j\right)$;仍由(17)式得 $\delta_2 = 0$,且 $\sum_{j=3}^{s}\delta_j = 0$;依次下去,利用(17)式可推出 $\delta_3 = 0,\cdots,\delta_{s-1} = 0, \delta_s = 0$. 因此,在和 $\sum_{i=1}^{s} V_i$ 中,零向量的表示方式唯一,从而和 $\sum_{i=1}^{s} V_i$ 是直和. □

点评 在例 13 中,把(17)式改成

$$V_i \cap \left(\sum_{j=1}^{i-1} V_j\right) = 0 \quad (i = 2,3,\cdots,s), \tag{18}$$

则类似可证明:和 $\sum_{i=1}^{s} V_i$ 是直和的充要条件为(18)式成立.

例 14 设 $\boldsymbol{A}$ 是数域 K 上的 n 阶可逆矩阵,把 $\boldsymbol{A}$ 分块:

$$\boldsymbol{A} = \begin{pmatrix} \boldsymbol{A}_1 \\ \boldsymbol{A}_2 \end{pmatrix} \begin{matrix} r\text{ 行} \\ n-r\text{ 行} \end{matrix}.$$

用 W_1, W_2 分别表示齐次线性方程组 $\boldsymbol{A}_1\boldsymbol{x}=\boldsymbol{0}, \boldsymbol{A}_2\boldsymbol{x}=\boldsymbol{0}$ 的解空间. 探索是否有 $K^n = W_1 \oplus W_2$.

解 先看和 $W_1 + W_2$ 是否为直和. 任取 $\boldsymbol{\eta} \in W_1 \cap W_2$,则 $\boldsymbol{A}_1\boldsymbol{\eta}=\boldsymbol{0}, \boldsymbol{A}_2\boldsymbol{\eta}=\boldsymbol{0}$,从而

$$\boldsymbol{A}\boldsymbol{\eta} = \begin{pmatrix} \boldsymbol{A}_1 \\ \boldsymbol{A}_2 \end{pmatrix} \boldsymbol{\eta} = \begin{pmatrix} \boldsymbol{A}_1\boldsymbol{\eta} \\ \boldsymbol{A}_2\boldsymbol{\eta} \end{pmatrix} = \boldsymbol{0}. \tag{19}$$

由于 $\boldsymbol{A}$ 可逆,在(19)式两边左乘 $\boldsymbol{A}^{-1}$,得 $\boldsymbol{\eta}=\boldsymbol{0}$. 所以 $W_1 \cap W_2 = 0$,从而和 $W_1 + W_2$ 是直和.

再看 K^n 是否等于 W_1+W_2. 由于 $\boldsymbol{A}$ 可逆,因此 $\boldsymbol{A}_1,\boldsymbol{A}_2$ 的行向量组都线性无关,从而 $\operatorname{rank}(\boldsymbol{A}_1)=r,\operatorname{rank}(\boldsymbol{A}_2)=n-r$. 于是

$$\dim W_1 = n-\operatorname{rank}(\boldsymbol{A}_1)=n-r,\quad \dim W_2 = n-\operatorname{rank}(\boldsymbol{A}_2)=r.$$

由此得出

$$\dim W_1+\dim W_2 = n-r+r=n.$$

又由于和 W_1+W_2 是直和,因此

$$\dim(W_1+W_2)=\dim W_1+\dim W_2=n,$$

从而

$$W_1+W_2=K^n.$$

综上所述,$K^n=W_1\oplus W_2$.

例 15 设 V 是数域 K 上的线性空间,V_1,V_2 都是 V 的子空间,V_{11},V_{12} 都是 V_1 的子空间(从而它们也都是 V 的子空间),证明:如果 $V=V_1\oplus V_2$,且 $V_1=V_{11}\oplus V_{12}$,那么

$$V=V_{11}\oplus V_{12}\oplus V_2.$$

证明 任取 $\alpha\in V$,由已知条件得 $\alpha=\alpha_1+\alpha_2$,其中 $\alpha_1\in V_1,\alpha_2\in V_2$. 由于 $V_1=V_{11}\oplus V_{12}$,因此 $\alpha_1=\alpha_{11}+\alpha_{12}$,其中 $\alpha_{11}\in V_{11},\alpha_{12}\in V_{12}$. 于是 $\alpha=\alpha_{11}+\alpha_{12}+\alpha_2\in V_{11}+V_{12}+V_2$,从而 $V\subseteq V_{11}+V_{12}+V_2$. 因此 $V=V_{11}+V_{12}+V_2$.

由于和 $V_{11}+V_{12}$ 是直和,因此 $V_{11}\cap V_{12}=0$. 由于和 V_1+V_2 是直和,因此 $V_1\cap V_2=0$,从而 $(V_{11}+V_{12})\cap V_2=0$. 根据例 13 后面点评中的结论,和 $V_{11}+V_{12}+V_2$ 是直和.

综上所述,$V=V_{11}\oplus V_{12}\oplus V_2$. □

例 16 设 V_1,V_2,W 都是数域 K 上线性空间 V 的子空间,并且 $W\subseteq V_1+V_2$,试问:$W=(W\cap V_1)+(W\cap V_2)$ 是否总是成立?如果 $V_1\subseteq W$,那么上式是否一定成立?

解 由于 $W\subseteq V_1+V_2$,因此 $W=W\cap(V_1+V_2)$. 在 $(W\cap V_1)+(W\cap V_2)$ 中任取一个向量 $\alpha_1+\alpha_2$,其中 $\alpha_i\in W\cap V_i\,(i=1,2)$,则 $\alpha_i\in W$,且 $\alpha_i\in V_i\,(i=1,2)$. 于是 $\alpha_1+\alpha_2\in W$,且 $\alpha_1+\alpha_2\in V_1+V_2$,从而 $\alpha_1+\alpha_2\in W\cap(V_1+V_2)$. 因此

$$W=W\cap(V_1+V_2)\supseteq(W\cap V_1)+(W\cap V_2),$$

并且的确有上式两端不相等的例子. 例如,在几何空间 V 中,设 V_1,V_2,W 是过定点 O 的三个平面,且它们相交于同一条直线 l,如图 6.3 所示. 由于 $V_1+V_2=V$,因此 $W\subseteq V_1+V_2$. 由于 W,V_1,V_2 相交于同一条直线 l,因此 $(W\cap V_1)+(W\cap V_2)=l$,而 $W\supsetneqq l$.

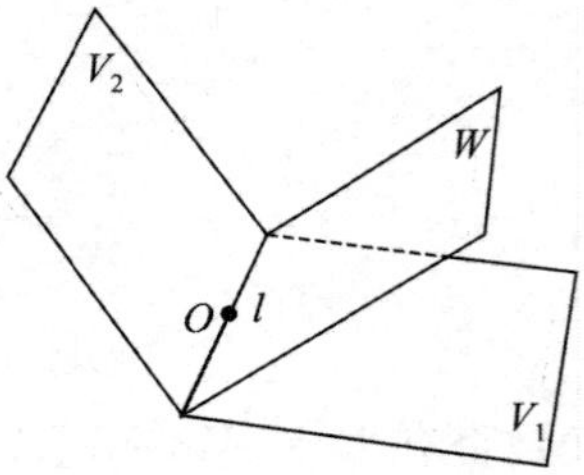

图 6.3

如果 $V_1\subseteq W$,那么有

$$W=(W\cap V_1)+(W\cap V_2).$$

理由如下:任取 $\alpha\in W$. 由于 $W\subseteq V_1+V_2$,因此 $\alpha\in V_1+V_2$,从而

$$\alpha=\alpha_1+\alpha_2,\quad \alpha_1\in V_1,\alpha_2\in V_2.$$

由于 $V_1\subseteq W$,因此 $\alpha_1\in W$,从而 $\alpha_2=\alpha-\alpha_1\in W$. 于是 $\alpha_2\in W\cap V_2$. 由此得出 $\alpha=\alpha_1+\alpha_2\in$

$(W\cap V_1)+(W\cap V_2)$,因此 $W\subseteq(W\cap V_1)+(W\cap V_2)$. 又由于 $W\supseteq(W\cap V_1)+(W\cap V_2)$,所以 $W=(W\cap V_1)+(W\cap V_2)$.

例 17 设 V_1,W 都是数域 K 上线性空间 V 的子空间,且 $V_1\subseteq W$,又设 V_2 是 V_1 在 V 中的一个补空间,证明:

$$W=V_1\oplus(V_2\cap W).$$

证明 由于 V_2 是 V_1 在 V 中的一个补空间,因此 $V=V_1\oplus V_2$. 于是 $W\subseteq V_1+V_2$. 又已知 $V_1\subseteq W$,根据例 16 后半部分的结论,得

$$W=(W\cap V_1)+(W\cap V_2)=V_1+(V_2\cap W).$$

由于和 V_1+V_2 是直和,因此 $V_1\cap V_2=0$,从而

$$V_1\cap(V_2\cap W)=(V_1\cap V_2)\cap W=0\cap W=0.$$

综上所述,$W=V_1\oplus(V_2\cap W)$. □

***例 18** 设 V_1,V_2,V_3 都是数域 K 上线性空间 V 的有限维子空间,证明:

$$\begin{aligned}\dim V_1+\dim V_2+\dim V_3\geqslant&\dim(V_1+V_2+V_3)+\dim(V_1\cap V_2)+\dim(V_1\cap V_3)\\&+\dim(V_2\cap V_3)-\dim(V_1\cap V_2\cap V_3),\end{aligned}\tag{20}$$

证明 我们有

$$\begin{aligned}\dim(V_1+V_2+V_3)&=\dim V_1+\dim(V_2+V_3)-\dim(V_1\cap(V_2+V_3))\\&=\dim V_1+\dim V_2+\dim V_3-\dim(V_2\cap V_3)\\&\quad-\dim(V_1\cap(V_2+V_3))\\&\leqslant\dim V_1+\dim V_2+\dim V_3-\dim(V_2\cap V_3)\\&\quad-\dim((V_1\cap V_2)+(V_1\cap V_3))\\&=\dim V_1+\dim V_2+\dim V_3-\dim(V_2\cap V_3)-\dim(V_1\cap V_2)\\&\quad-\dim(V_1\cap V_3)+\dim((V_1\cap V_2)\cap(V_1\cap V_3)).\end{aligned}$$

由此得出(20)式成立. □

点评 例 18 证明过程中的第三步利用了例 16 解题过程中的结论:

$$V_1\cap(V_2+V_3)\supseteq(V_1\cap V_2)+(V_1\cap V_3).$$

习 题 6.2

1. 判断下列数域 K 上 n 元方程的解集是否为 K^n 的子空间:

(1) $x_1^2+x_2^2+\cdots+x_{n-1}^2-x_n^2=0$; (2) $x_3=2x_4\,(n\geqslant4)$.

2. 设 V_1,V_2 都是数域 K 上线性空间 V 的有限维子空间,且 $V_1\subseteq V_2$,证明:

(1) $\dim V_1\leqslant\dim V_2$; (2) 如果 $\dim V_1=\dim V_2$,那么 $V_1=V_2$.

3. 在数域 K 上的线性空间 V 中,设 $k_1\alpha+k_2\beta+k_3\gamma=0$,且 $k_1k_2\neq0$,证明:

$$\langle\alpha,\gamma\rangle=\langle\beta,\gamma\rangle.$$

4. 在数域 K 上的线性空间 K^4 中,求由向量组 $\boldsymbol{\alpha}_1,\boldsymbol{\alpha}_2,\boldsymbol{\alpha}_3,\boldsymbol{\alpha}_4$ 生成的子空间的维数和一个基,其中

$$\boldsymbol{\alpha}_1=(1,-3,2,-1)^{\mathrm{T}},\quad \boldsymbol{\alpha}_2=(-2,1,5,3)^{\mathrm{T}},$$
$$\boldsymbol{\alpha}_3=(4,-3,7,1)^{\mathrm{T}},\quad \boldsymbol{\alpha}_4=(-1,-11,8,-3)^{\mathrm{T}}.$$

5. 在实数域 $\mathbf{R}$ 上的线性空间 $\mathbf{R}^{\mathbf{R}}$ 中,求由函数组

$$\sin x,\ \cos x,\ \sin^2 x,\ \cos^2 x,\ \sin^3 x,\ \cos^3 x$$

生成的子空间的一个基和维数.

6. 在数域 K 上的线性空间 K^4 中,设 $V_1=\langle\boldsymbol{\alpha}_1,\boldsymbol{\alpha}_2\rangle,V_2=\langle\boldsymbol{\beta}_1,\boldsymbol{\beta}_2\rangle$,其中

$$\boldsymbol{\alpha}_1=(1,-1,0,1)^{\mathrm{T}},\quad \boldsymbol{\alpha}_2=(-2,3,1,-3)^{\mathrm{T}},$$
$$\boldsymbol{\beta}_1=(1,2,0,-2)^{\mathrm{T}},\quad \boldsymbol{\beta}_2=(1,3,1,-3)^{\mathrm{T}},$$

分别求 $V_1+V_2,V_1\cap V_2$ 的一个基和维数.

7. 在数域 K 上的线性空间 K^4 中,设 $V_1=\langle\boldsymbol{\alpha}_1,\boldsymbol{\alpha}_2,\boldsymbol{\alpha}_3\rangle,V_2=\langle\boldsymbol{\beta}_1,\boldsymbol{\beta}_2\rangle$,其中

$$\boldsymbol{\alpha}_1=(1,1,-1,2)^{\mathrm{T}},\quad \boldsymbol{\alpha}_2=(2,-1,3,0)^{\mathrm{T}},\quad \boldsymbol{\alpha}_3=(0,-3,5,-4)^{\mathrm{T}},$$
$$\boldsymbol{\beta}_1=(1,2,2,1)^{\mathrm{T}},\quad \boldsymbol{\beta}_2=(4,-3,3,1)^{\mathrm{T}},$$

分别求 $V_1+V_2,V_1\cap V_2$ 的一个基和维数.

8. 在数域 K 上的线性空间 K^4 中,设 $V_1=\langle\boldsymbol{\alpha}_1,\boldsymbol{\alpha}_2,\boldsymbol{\alpha}_3\rangle,V_2=\langle\boldsymbol{\beta}_1,\boldsymbol{\beta}_2,\boldsymbol{\beta}_3\rangle$,其中

$$\boldsymbol{\alpha}_1=(1,0,-1,0)^{\mathrm{T}},\quad \boldsymbol{\alpha}_2=(0,0,1,-1)^{\mathrm{T}},\quad \boldsymbol{\alpha}_3=(1,-1,0,0)^{\mathrm{T}},$$
$$\boldsymbol{\beta}_1=(1,2,-1,2)^{\mathrm{T}},\quad \boldsymbol{\beta}_2=(0,1,-1,0)^{\mathrm{T}},\quad \boldsymbol{\beta}_3=(0,2,1,-1)^{\mathrm{T}},$$

分别求 $V_1+V_2,V_1\cap V_2$ 的一个基和维数.

9. 在数域 K 上的线性空间 K^n 中,设 W_1 与 W_2 分别是齐次线性方程组

$$x_1+x_2+\cdots+x_n=0,$$
$$x_1=x_2=\cdots=x_n$$

的解空间,证明: $K^n=W_1\oplus W_2$.

10. 证明:数域 K 上的任一 n 维线性空间 V 可以表示成 n 个 1 维子空间的直和.

11. 在实数域 $\mathbf{R}$ 上的线性空间 $\mathbf{R}^{\mathbf{R}}$ 中,用 V_1,V_2 分别表示所有 $\mathbf{R}$ 上的偶函数和奇函数组成的集合,证明:

(1) V_1,V_2 都是 $\mathbf{R}^{\mathbf{R}}$ 的子空间; (2) $\mathbf{R}^{\mathbf{R}}=V_1\oplus V_2$.

12. 设 $V_1,V_2,\cdots,V_s$ 都是数域 K 上 n 维线性空间 V 的真子空间,证明:可以找到 V 的一个基,使得其中每个向量都不在 $V_1,V_2,\cdots,V_s$ 中.

13. 设 U,W_1,W_2 都是数域 K 上线性空间 V 的子空间,证明:

$$(U+W_1)\cap(U+W_2)\supseteq U+(W_1\cap W_2).$$

14. 设 $\boldsymbol{A},\boldsymbol{B}$ 都是数域 K 上的 n 阶矩阵,用 W_1,W_2 分别表示 n 元齐次线性方程组 $\boldsymbol{Ax}=\boldsymbol{0},\boldsymbol{Bx}=\boldsymbol{0}$ 的解空间,它们的维数分别为 n_1,n_2,证明:如果 $\boldsymbol{Ax}=\boldsymbol{0}$ 和 $\boldsymbol{Bx}=\boldsymbol{0}$ 没有公共的

非零解向量,且 $n_1+n_2=n$,那么 $K^n=W_1\oplus W_2$.

15. 设 V 是数域 K 上的一个 n 维线性空间,$\alpha_1,\alpha_2,\cdots,\alpha_n$ 是 V 的一个基. 令

$$V_1=\langle\alpha_1+\alpha_2+\cdots+\alpha_n\rangle,$$

$$V_2=\left\{\sum_{i=1}^{n}k_i\alpha_i \,\middle|\, \sum_{i=1}^{n}k_i=0,k_i\in K,i=1,2,\cdots,n\right\},$$

证明:

(1) V_2 是 V 的一个子空间;　　(2) $V=V_1\oplus V_2$.

§6.3 线性空间的同构

6.3.1 内容精华

数域 K 上的线性空间有很多,它们中哪些在本质上是一样的呢? 所谓本质上一样,粗略地说就是:尽管这些线性空间的元素不同,加法与数量乘法的定义也可能不同,但是它们的元素之间存在一一对应,使得对应的元素关于加法和数量乘法的性质完全一样. 也就是说,从代数运算的观点来看,它们的结构完全相同. 我们用"同构"这一术语来表达这些线性空间之间的关系. 这样就可以在彼此同构的线性空间中,取一个最熟悉的具体线性空间来研究. 这是研究线性空间结构的第三条途径.

定义 1　设 V 与 V' 都是数域 K 上的线性空间. 如果存在 V 到 V' 的一个双射 σ,并且 σ 保持加法与数量乘法运算,即对于任意 $\alpha,\beta\in V,k\in K$,有

$$\sigma(\alpha+\beta)=\sigma(\alpha)+\sigma(\beta),\quad \sigma(k\alpha)=k\sigma(\alpha),$$

那么称 σ 是 V 到 V' 的一个**同构映射**(简称**同构**),此时称 V 与 V' 是**同构**的,记作 $V\cong V'$.

从定义 1 可以看出,如果数域 K 上的两个线性空间 V 与 V' 是同构的,那么 V 与 V' 的元素之间存在一一对应: $\alpha\longmapsto\sigma(\alpha)$,并且这个映射 σ 保持加法与数量乘法运算. 由此可推导出 σ 具有下列性质:

性质 1　$\sigma(0)$ 是 V' 的零元 $0'$.

证明　由于 $0\alpha=0$,因此

$$\sigma(0)=\sigma(0\alpha)=0\sigma(\alpha)=0'.$$ □

性质 2　对于任意 $\alpha\in V$,有 $\sigma(-\alpha)=-\sigma(\alpha)$.

证明　$\sigma(-\alpha)=\sigma((-1)\alpha)=(-1)\sigma(\alpha)=-\sigma(\alpha)$. □

性质 3　对于 V 中任一向量组 $\alpha_1,\alpha_2,\cdots,\alpha_s$,$K$ 中任意一组数 $k_1,k_2,\cdots,k_s$,有

$$\sigma(k_1\alpha_1+k_2\alpha_2+\cdots+k_s\alpha_s)=k_1\sigma(\alpha_1)+k_2\sigma(\alpha_2)+\cdots+k_s\sigma(\alpha_s).$$

证明　由定义 1 立即得到. □

性质 4 V 中的向量组 $\alpha_1,\alpha_2,\cdots,\alpha_s$ 线性相关当且仅当 $\sigma(\alpha_1),\sigma(\alpha_2),\cdots,\sigma(\alpha_s)$ 是 V' 中线性相关的向量组.

证明 因为 σ 是 V 到 V' 的一个单射,所以若 $\sigma(\alpha)=\sigma(\beta)$,则 $\alpha=\beta$. 于是有

$$\begin{aligned}k_1\alpha_1+k_2\alpha_2+\cdots+k_s\alpha_s=0 &\Longleftrightarrow \sigma(k_1\alpha_1+k_2\alpha_2+\cdots+k_s\alpha_s)=\sigma(0)\\&\Longleftrightarrow k_1\sigma(\alpha_1)+k_2\sigma(\alpha_2)+\cdots+k_s\sigma(\alpha_s)=0',\end{aligned}$$

从而 $\alpha_1,\alpha_2,\cdots,\alpha_s$ 线性相关当且仅当 $\sigma(\alpha_1),\sigma(\alpha_2),\cdots,\sigma(\alpha_s)$ 线性相关. □

从性质 4 立即得到,V 中向量组 $\alpha_1,\alpha_2,\cdots,\alpha_s$ 线性无关当且仅当 $\sigma(\alpha_1),\sigma(\alpha_2),\cdots,\sigma(\alpha_s)$ 是 V' 中线性无关的向量组.

性质 5 如果 $\alpha_1,\alpha_2,\cdots,\alpha_n$ 是 V 的一个基,那么 $\sigma(\alpha_1),\sigma(\alpha_2),\cdots,\sigma(\alpha_n)$ 是 V' 的一个基.

证明 根据性质 4,$\sigma(\alpha_1),\sigma(\alpha_2),\cdots,\sigma(\alpha_n)$ 是 V' 中线性无关的向量组. 任取 $\beta\in V'$. 由于 σ 是 V 到 V' 的一个满射,因此存在 $\alpha\in V$,使得 $\sigma(\alpha)=\beta$. 由于 $\alpha_1,\alpha_2,\cdots,\alpha_n$ 是 V 的一个基,因此 α 可以表示为

$$\alpha=a_1\alpha_1+a_2\alpha_2+\cdots+a_n\alpha_n \quad (a_i\in K,i=1,2,\cdots,n),$$

从而

$$\beta=\sigma(\alpha)=a_1\sigma(\alpha_1)+a_2\sigma(\alpha_2)+\cdots+a_n\sigma(\alpha_n).$$

所以,$\sigma(\alpha_1),\sigma(\alpha_2),\cdots,\sigma(\alpha_n)$ 是 V' 的一个基. □

从性质 5 立即得到,若 $\dim V=n$,且 $V\cong V'$,则 $\dim V'=n=\dim V$. 反之是否成立? 回答是肯定的.

定理 1 数域 K 上两个有限维线性空间同构的充要条件是它们的维数相等.

证明 上面已证必要性,现在来证充分性.

设 V 和 V' 都是数域 K 上的 n 维线性空间. 在 V 和 V' 中各取一个基: $\alpha_1,\alpha_2,\cdots,\alpha_n$; $\gamma_1,\gamma_2,\cdots,\gamma_n$. 令

$$\sigma:\ V\longrightarrow V',$$

$$\alpha=\sum_{i=1}^n a_i\alpha_i\longmapsto\sum_{i=1}^n a_i\gamma_i.$$

由于 α 用基向量 $\alpha_1,\alpha_2,\cdots,\alpha_n$ 线性表出的方式唯一,因此 σ 是 V 到 V' 的一个映射. 由于 $\gamma_1,\gamma_2,\cdots,\gamma_n$ 是 V' 的一个基,任给 $\gamma\in V'$,有 $\gamma=\sum\limits_{i=1}^n c_i\gamma_i(c_i\in K,i=1,2,\cdots,n)$,从而 $\sigma\left(\sum\limits_{i=1}^n c_i\alpha_i\right)=\sum\limits_{i=1}^n c_i\gamma_i=\gamma$,因此 σ 是满射. 设 $\beta=\sum\limits_{i=1}^n b_i\alpha_i$. 若 $\sigma(\alpha)=\sigma(\beta)$,则 $\sum\limits_{i=1}^n a_i\gamma_i=\sum\limits_{i=1}^n b_i\gamma_i$. 由此得出 $a_i=b_i(i=1,2,\cdots,n)$,从而 $\alpha=\beta$,因此 σ 是单射. 所以,σ 是双射. 利用性质 3 容易验证 σ 保持加法与数量乘法运算,因此 σ 是 V 到 V' 的一个同构映射,从而 $V\cong V'$. □

从定理 1 立即得出,数域 K 上的任一 n 维线性空间 V 都与 K^n 同构,并且可以如下建立

V 到 K^n 的一个同构映射. 取 V 的一个基 $\alpha_1,\alpha_2,\cdots,\alpha_n$，并取 K^n 的标准基 $\boldsymbol{\varepsilon}_1,\boldsymbol{\varepsilon}_2,\cdots,\boldsymbol{\varepsilon}_n$. 令

$$\sigma: \alpha = \sum_{i=1}^{n} a_i\alpha_i \longmapsto \sum_{i=1}^{n} a_i\boldsymbol{\varepsilon}_i = (a_1,a_2,\cdots,a_n)^{\mathrm{T}},$$

即把 V 中每个向量 α 对应到它在 V 的一个基下的坐标，这就是 V 到 K^n 的一个同构映射. 由于数域 K 上的任一 n 维线性空间 V 都与 K^n 同构，因此可以利用 K^n 的性质来研究 V 的性质. 这是研究数域 K 上有限维线性空间的重要途径.

从定理 1 的证明过程可以看出，若 σ 是 V 到 V' 的一个同构映射，则 V 中向量 α 在基 $\alpha_1,\alpha_2,\cdots,\alpha_n$ 下的坐标 $(a_1,a_2,\cdots,a_n)^{\mathrm{T}}$ 也就是 V' 中向量 $\sigma(\alpha)$ 在基 $\sigma(\alpha_1),\sigma(\alpha_2),\cdots,\sigma(\alpha_n)$ 下的坐标. 这个结论今后可以使用.

数域 K 上线性空间 V 的子空间 U 是 V 的非空子集，且 U 对于 V 上的加法和数量乘法也构成数域 K 上的线性空间. 如果 V 到数域 K 上的线性空间 V' 有一个同构映射 σ，那么容易凭直觉猜测 U 在 σ 下的像(记作 $\sigma(U)$)是 V' 的一个子空间，并且 $\dim\sigma(U)=\dim U$. 可以证明这个猜测是真的.

命题 1 设 σ 是数域 K 上线性空间 V 到 V' 的一个同构映射. 如果 U 是 V 的一个子空间，那么 $\sigma(U):=\{\sigma(\alpha)\mid\alpha\in U\}$ 是 V' 的一个子空间；如果 U 是有限维的，那么 $\sigma(U)$ 也是有限维的，并且 $\dim\sigma(U)=\dim U$.

证明 由于 $\sigma(0)=0'$，因此 $0'\in\sigma(U)$. 任取 $\gamma,\delta\in\sigma(U)$，则存在 $\sigma,\beta\in U$，使得 $\sigma(\alpha)=\gamma$，$\sigma(\beta)=\delta$，从而

$$\gamma+\delta=\sigma(\alpha)+\sigma(\beta)=\sigma(\alpha+\beta)\in\sigma(U),$$
$$k\gamma=k\sigma(\alpha)=\sigma(k\alpha)\in\sigma(U),\quad k\in K.$$

因此，$\sigma(U)$ 是 V' 的一个子空间. 把 σ 限制在 U 上，则 σ 是 U 到 $\sigma(U)$ 的一个单射，且是满射，从而是双射，并且保持加法与数量乘法运算. 因此，σ 在 U 上的限制是 U 到 $\sigma(U)$ 的一个同构映射. 于是，根据性质 5，若 U 是有限维的，则 $\sigma(U)$ 也是有限维的，且 $\dim U=\dim\sigma(U)$. □

上述结论很有用，特别是由于数域 K 上的 n 维线性空间 V 到 K^n 有一个同构映射 σ(把 V 中的向量 α 映成它的坐标)，因此 σ 把 V 的子空间 U 映射到 K^n 的子空间 $\sigma(U)$，并且有 $\dim U=\dim\sigma(U)$. 今后我们会经常用到这个结论.

同构是数域 K 上线性空间之间的一个关系，它具有反身性(因为 V 上的恒等映射是 V 到 V 的一个同构映射)、对称性和传递性(因为容易证明：数域 K 上线性空间 V 到 V' 的一个同构映射的逆映射是 V' 到 V 的一个同构映射，V 到 V' 的同构映射 σ 与 V' 到 V'' 的同构映射 τ 的乘积 $\tau\sigma$ 是 V 到 V'' 的一个同构映射，证明见例 1 和例 2)，因此同构关系是数域 K 上所有线性空间组成的集合的一个等价关系，其等价类称为**同构类**.

定理 1 表明，对于数域 K 上所有有限维线性空间组成的集合 S 来说，维数为 0 的线性空间(即 $\{0\}$)恰好组成一个同构类，所有一维线性空间恰好组成一个同构类，所有二维线性空

间恰好组成一个同构类……即维数完全决定了同构类. 于是,数域 K 上有限维线性空间的同构类与非负整数之间有一个一一对应关系. 从这个意义上讲,有限维线性空间的结构是如此简单!

6.3.2 典型例题

例 1 设 σ 是数域 K 上线性空间 V 到 V' 的一个同构映射,证明: σ^{-1} 是 V' 到 V 的一个同构映射.

证明 由于 σ 是 V 到 V' 的双射,因此 σ 是 V 到 V' 的可逆映射,从而 σ^{-1} 是 V' 到 V 的一个映射,且 σ^{-1} 也是可逆映射. 于是,σ^{-1} 是 V' 到 V 的双射.

任给 $\alpha',\beta'\in V'$,则 $\sigma^{-1}(\alpha')=\alpha,\sigma^{-1}(\beta')=\beta$,其中 $\alpha,\beta\in V$,且 $\sigma(\alpha)=\alpha',\sigma(\beta)=\beta'$. 于是

$$\begin{aligned}\sigma^{-1}(\alpha'+\beta') &= \sigma^{-1}(\sigma(\alpha)+\sigma(\beta)) = \sigma^{-1}(\sigma(\alpha+\beta)) = (\sigma^{-1}\sigma)(\alpha+\beta) \\ &= 1_V(\alpha+\beta) = \alpha+\beta = \sigma^{-1}(\alpha')+\sigma^{-1}(\beta'),\end{aligned}$$

$$\begin{aligned}\sigma^{-1}(k\alpha') &= \sigma^{-1}(k\sigma(\alpha)) = \sigma^{-1}(\sigma(k\alpha)) = (\sigma^{-1}\sigma)(k\alpha) = 1_V(k\alpha) \\ &= k\alpha = k\sigma^{-1}(\alpha'), \quad \forall k\in K.\end{aligned}$$

所以,σ^{-1} 是 V' 到 V 的一个同构映射. □

例 2 设 σ 和 τ 分别是数域 K 上线性空间 V 到 V' 和 V' 到 V'' 的一个同构映射,证明: $\tau\sigma$ 是 V 到 V'' 的一个同构映射.

证明 由于 σ 和 τ 分别是 V 到 V' 和 V' 到 V'' 的双射,因此 $\tau\sigma$ 是 V 到 V'' 的双射. 任取 $\alpha,\beta\in V$,有

$$\begin{aligned}(\tau\sigma)(\alpha+\beta) &= \tau(\sigma(\alpha+\beta)) = \tau(\sigma(\alpha)+\sigma(\beta)) = \tau(\sigma(\alpha))+\tau(\sigma(\beta)) \\ &= (\tau\sigma)(\alpha)+(\tau\sigma)(\beta),\end{aligned}$$

$$(\tau\sigma)(k\alpha) = \tau(\sigma(k\alpha)) = \tau(k\sigma(\alpha)) = k\tau(\sigma(\alpha)) = k(\tau\sigma)(\alpha), \quad \forall k\in K,$$

所以 $\tau\sigma$ 是 V 到 V'' 的一个同构映射. □

例 3 证明: 实数域 $\mathbf{R}$ 作为自身上的线性空间与 § 6.1 例 1 中的线性空间 $\mathbf{R}^+$ 同构; 并且写出 $\mathbf{R}$ 到 $\mathbf{R}^+$ 的一个同构映射.

解 考虑 $\mathbf{R}$ 到 $\mathbf{R}^+$ 的一个映射 σ: $x\longmapsto \mathrm{e}^x$. 由于指数函数 $y=\mathrm{e}^x$ 在 $(-\infty,+\infty)$ 上是增函数,因此 σ 是单射. 由于 $y=\mathrm{e}^x$ 的值域是 $\mathbf{R}^+$,因此 σ 是满射,从而 σ 是双射. 对于任意 $a,b\in\mathbf{R}$, $k\in\mathbf{R}$,有

$$\sigma(a+b) = \mathrm{e}^{a+b} = \mathrm{e}^a\mathrm{e}^b = \sigma(a)\sigma(b) = \sigma(a)\oplus\sigma(b),$$

$$\sigma(ka) = \mathrm{e}^{ka} = (\mathrm{e}^a)^k = (\sigma(a))^k = k\odot\sigma(a),$$

因此 σ 是 $\mathbf{R}$ 到 $\mathbf{R}^+$ 的一个同构映射,从而 $\mathbf{R}\cong\mathbf{R}^+$.

点评 例 3 还可以如下求解: 根据 § 6.1 中的例 16 知道,$\dim\mathbf{R}^+=1$,e 是 $\mathbf{R}^+$ 的一个基. 由于正实数 $a=\mathrm{e}^{\ln a}=\ln a\odot\mathrm{e}$,因此 a 在基 e 下的坐标为 $\ln a$. 于是 $\mathbf{R}^+\cong\mathbf{R}$,且 τ: $a\longmapsto\ln a$ 是

$\mathbf{R}^+$ 到 $\mathbf{R}$ 的一个同构映射,从而 $\tau^{-1}: b \longmapsto \mathrm{e}^b$ 是 $\mathbf{R}$ 到 $\mathbf{R}^+$ 的一个同构映射.

例 4 设 $\alpha_1,\alpha_2,\cdots,\alpha_n$ 是数域 K 上 n 维线性空间 V 的一个基,$\beta_1,\beta_2,\cdots,\beta_s$ 是 V 中的一个向量组,并且

$$(\beta_1,\beta_2,\cdots,\beta_s)=(\alpha_1,\alpha_2,\cdots,\alpha_n)\boldsymbol{A}, \tag{1}$$

证明:

$$\dim\langle\beta_1,\beta_2,\cdots,\beta_s\rangle=\operatorname{rank}(\boldsymbol{A}).$$

证明 由于 $\dim V=n$,因此 $V\cong K^n$. 映射

$$\sigma: \alpha=\sum_{i=1}^{n}a_i\alpha_i \longmapsto (a_1,a_2,\cdots,a_n)^{\mathrm{T}}$$

是 V 到 K^n 的一个同构映射. 从(1)式得出,β_j 在基 $\alpha_1,\alpha_2,\cdots,\alpha_n$ 下的坐标是矩阵 $\boldsymbol{A}$ 的第 j 列 $\boldsymbol{\delta}_j$. 因此 $\sigma(\beta_j)=\boldsymbol{\delta}_j\,(j=1,2,\cdots,s)$,从而 $\sigma(\langle\beta_1,\beta_2,\cdots,\beta_s\rangle)=\langle\boldsymbol{\delta}_1,\boldsymbol{\delta}_2,\cdots,\boldsymbol{\delta}_s\rangle$. 于是

$$\dim\langle\beta_1,\beta_2,\cdots,\beta_s\rangle=\dim\sigma(\langle\beta_1,\beta_2,\cdots,\beta_s\rangle)=\dim\langle\boldsymbol{\delta}_1,\boldsymbol{\delta}_2,\cdots,\boldsymbol{\delta}_s\rangle=\operatorname{rank}(\boldsymbol{A}). \qquad \square$$

点评 利用 V 到 K^n 的一个同构映射 σ 简捷地证明了例 4 的结论,这说明多掌握一些深刻的理论就能站得更高,看得更透彻,从而解题可以更简捷.

例 5 设集合 $X=\{x_1,x_2,\cdots,x_n\}$,X 到数域 K 的所有映射组成的集合记作 K^X,它是数域 K 上的一个线性空间,求 K^X 的一个基和维数;又设 $f\in K^X$,求 f 在这个基下的坐标.

解 任取 $f\in K^X$,f 完全被 n 元有序组

$$(f(x_1),f(x_2),\cdots,f(x_n))$$

确定,于是 $\sigma: f\longmapsto(f(x_1),f(x_2),\cdots,f(x_n))^{\mathrm{T}}$ 是 K^X 到 K^n 的一个映射. 容易验证 σ 是满射,且 σ 是单射,因此 σ 是双射. 由于 $(f+g)(x_i)=f(x_i)+g(x_i)$,$(kf)(x_i)=kf(x_i)\,(i=1,2,\cdots,n)$,因此直接计算得 σ 保持加法和数量乘法运算,从而 σ 是 K^X 到 K^n 的一个同构映射. 于是 $K^X\cong K^n$,因此 $\dim K^X=\dim K^n=n$.

由于 σ^{-1} 是 K^n 到 K^X 的一个同构映射,且 $\boldsymbol{\varepsilon}_1,\boldsymbol{\varepsilon}_2,\cdots,\boldsymbol{\varepsilon}_n$ 是 K^n 的一个基,因此 $\sigma^{-1}(\boldsymbol{\varepsilon}_1)$,$\sigma^{-1}(\boldsymbol{\varepsilon}_2),\cdots,\sigma^{-1}(\boldsymbol{\varepsilon}_n)$ 是 K^X 的一个基. 记 $\sigma^{-1}(\boldsymbol{\varepsilon}_i)=f_i\,(i=1,2,\cdots,n)$,则 $\sigma(f_i)=\boldsymbol{\varepsilon}_i$,即

$$(f_i(x_1),f_i(x_2),\cdots,f_i(x_n))^{\mathrm{T}}=(0,\cdots,0,\underset{\text{第 } i \text{ 个}}{1},0,\cdots,0)^{\mathrm{T}},$$

也就是

$$f_i(x_j)=\delta_{ij}\quad(i,j=1,2,\cdots,n). \tag{2}$$

于是,$f_1,f_2,\cdots,f_n$ 是 K^X 的一个基.

由于 $(f(x_1),f(x_2),\cdots,f(x_n))^{\mathrm{T}}$ 在基 $\boldsymbol{\varepsilon}_1,\boldsymbol{\varepsilon}_2,\cdots,\boldsymbol{\varepsilon}_n$ 下的坐标为它自身,因此 f 在基 f_1,$f_2,\cdots,f_n$ 下的坐标为

$$(f(x_1),f(x_2),\cdots,f(x_n))^{\mathrm{T}}.$$

点评 由于运用了线性空间同构的观点,因此自然而然地求出了 K^X 的一个基.

习 题 6.3

1. 证明：数域 K 上的线性空间 $M_{s\times n}(K)$ 与 K^{sn} 同构；并且写出 $M_{s\times n}(K)$ 到 K^{sn} 的一个同构映射.

2. 令

$$L=\left\{\begin{pmatrix} a & b \\ -b & a \end{pmatrix} \middle| a,b\in\mathbf{R}\right\}.$$

(1) 证明：L 是实数域 $\mathbf{R}$ 上线性空间 $M_2(\mathbf{R})$ 的一个子空间；并且求 L 的一个基和维数；

(2) 证明：复数域 $\mathbf{C}$ 作为实数域 $\mathbf{R}$ 上的线性空间与 L 同构；并且写出 $\mathbf{C}$ 到 L 的一个同构映射.

3. 证明：数域 K 上次数小于 n 的一元多项式组成的线性空间 $K[x]_n$ 与 K^n 同构；并且写出 $K[x]_n$ 到 K^n 的一个同构映射.

4. 证明：习题 6.1 第 16 题中实数域 $\mathbf{R}$ 上的线性空间 V 与 $\mathbf{R}^4$ 同构；并且写出 V 到 $\mathbf{R}^4$ 的一个同构映射.

5. 对于正整数 n，令

$$\mathbf{Q}(\sqrt[n]{3})=\{a_0+a_1\sqrt[n]{3}+\cdots+a_{n-1}\sqrt[n]{3^{n-1}} \mid a_i\in\mathbf{Q},i=0,1,\cdots,n-1\}.$$

设 n 与 m 是不同的正整数，试问：$\mathbf{Q}$ 上的线性空间 $\mathbf{Q}(\sqrt[n]{3})$ 与 $\mathbf{Q}(\sqrt[m]{3})$ 是否同构？

6. 令 $\mathbf{Q}(\mathrm{i})=\{a+b\mathrm{i}\mid a,b\in\mathbf{Q}\}$，它是 $\mathbf{Q}$ 上的一个线性空间，试问：$\mathbf{Q}(\mathrm{i})$ 与 $\mathbf{Q}(\sqrt{2})$ 是否同构？如果同构，写出 $\mathbf{Q}(\mathrm{i})$ 到 $\mathbf{Q}(\sqrt{2})$ 的一个同构映射.

*§6.4 商 空 间

6.4.1 内容精华

在几何空间中，一族平行平面的并集等于几何空间，其中每两个不相等的平行平面的交集是空集，于是这族平行平面组成的集合是几何空间的一个划分，也称为几何空间的一个**商集**. 利用这个商集可以研究几何空间的结构. 由此受到启发，把线性空间 V 做一个划分，得到 V 的商集，利用这个商集来研究 V 的结构. 这是研究线性空间 V 的结构的第四条途径.

为了给出线性空间 V 的一个划分，只要在 V 上建立一个二元关系，且使它是等价关系，等价类组成的集合就是 V 的一个划分. 如何建立 V 上的一个二元关系，使它是一个等价关系呢？让我们先看几何空间(以定点 O 为起点的所有向量组成的实数域 $\mathbf{R}$ 上的线性空间). 设 π_0 是过定点 O 的一个平面，则与 π_0 平行的所有平面以及 π_0 给出了几何空间的一个划分，如图 6.4 所示. 设 π 是平行于 π_0 的一个平面, $\vec{b}_1$ 与 $\vec{b}_2$ 的终点都属于 π 当且仅当 $\vec{b}_2-\vec{b}_1=\vec{a}$ 的终点属于 π_0. 由此受到启发, 为了在数域 K 上的线性空间 V 上建立一个二元关系, 且使它是一个等价关系, 可以先取 V 的一个子空间 W, 然后规定:

$$\beta\sim\alpha \Longleftrightarrow \beta-\alpha\in W. \tag{1}$$

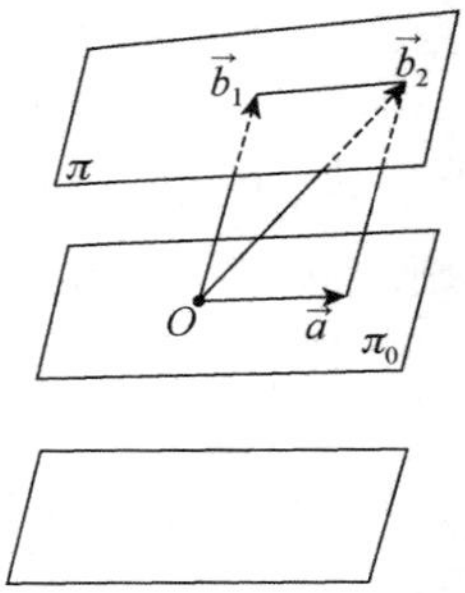

图 6.4

这样就在 V 上建立了一个二元关系 $\sim$. 由于 $\alpha-\alpha=0\in W$, 因此 $\alpha\sim\alpha$, $\forall\alpha\in W$, 即 $\sim$ 具有反身性. 若 $\beta\sim\alpha$, 则 $\beta-\alpha\in W$, 从而

$$\alpha-\beta=-(\beta-\alpha)\in W.$$

于是 $\alpha\sim\beta$, 即 $\sim$ 具有对称性. 若 $\alpha\sim\beta$, 且 $\beta\sim\gamma$, 则 $\alpha-\beta\in W$, 且 $\beta-\gamma\in W$, 从而

$$\alpha-\gamma=(\alpha-\beta)+(\beta-\gamma)\in W.$$

于是 $\alpha\sim\gamma$, 即 $\sim$ 具有传递性. 所以, 由(1)式定义的二元关系 $\sim$ 是 V 上的一个等价关系. 对于 $\alpha\in V$, α 的等价类 $\bar{\alpha}$ 为

$$\begin{aligned}\bar{\alpha}&=\{\beta\in V\mid\beta\sim\alpha\}=\{\beta\in V\mid\beta-\alpha\in W\}\\&=\{\beta\in V\mid\beta=\alpha+\gamma,\gamma\in W\}=\{\alpha+\gamma\mid\gamma\in W\}.\end{aligned} \tag{2}$$

把(2)式最后一个集合记作 $\alpha+W$, 称它为 W 的一个**陪集**, 其中 α 称为这个陪集的一个代表. 于是 $\bar{\alpha}=\alpha+W$, 从而

$$\beta\in\alpha+W\Longleftrightarrow\beta\sim\alpha\Longleftrightarrow\beta-\alpha\in W. \tag{3}$$

根据等价类的性质 $\bar{\alpha}=\bar{\beta}\Longleftrightarrow\alpha\sim\beta$, 得

$$\alpha+W=\beta+W\Longleftrightarrow\alpha\sim\beta\Longleftrightarrow\alpha-\beta\in W. \tag{4}$$

由(4)式可以看出, 陪集 $\alpha+W$ 的代表不唯一. 如果 $\alpha-\beta\in W$, 那么 β 也可以作为这个陪集的一个代表.

由于 $W=0+W$, 因此子空间 W 本身也是 W 的一个陪集. 从(4)式得

$$\gamma+W=W\Longleftrightarrow\gamma+W=0+W\Longleftrightarrow\gamma-0\in W\Longleftrightarrow\gamma\in W.$$

对于上述等价关系 $\sim$, 所有等价类组成的集合是 V 的一个商集, 记成 V/W, 称它是 **V 对于子空间 W 的商集**, 即

$$V/W=\{\alpha+W\mid\alpha\in V\}. \tag{5}$$

如何在商集 V/W 中规定加法与数量乘法运算呢? 容易想到尝试如下规定:

$$(\alpha+W)+(\beta+W)=(\alpha+\beta)+W, \tag{6}$$

$$k(\alpha+W)=k\alpha+W. \tag{7}$$

这样规定是否合理? 需要证明它们与陪集代表的选择无关. 设 $\alpha_1+W=\alpha+W$, $\beta_1+W=\beta+W$, 则 $\alpha_1-\alpha\in W$, $\beta_1-\beta\in W$, 从而

$$(\alpha_1+\beta_1)-(\alpha+\beta)=(\alpha_1-\alpha)+(\beta_1-\beta)\in W,$$

$$k\alpha_1-k\alpha=k(\alpha_1-\alpha)\in W.$$

因此$(\alpha_1+\beta_1)+W=(\alpha+\beta)+W$,$k\alpha_1+W=k\alpha+W$. 这证明了上述规定与陪集代表的选取无关,从而是合理的. 容易验证:上述加法满足交换律和结合律,$0+W$(即 W)是 V/W 的零元,$(-\alpha)+W$ 是 $\alpha+W$ 的负元;上述数量乘法满足线性空间定义中关于数量乘法的 4 条运算法则. 所以,V/W 构成数域 K 上的一个线性空间,称它是 V 对于 W 的**商空间**.

注意 商空间 V/W 的元素是 V 的一个等价类,而不是 V 的一个向量.

例如,在上面几何空间 V 的例子中,商空间 V/π_0 的一个元素是平行于 π_0 的一个平面或 π_0 自身,而不是几何空间 V 中的向量. 过点 O 作一条直线 l,使得 l 不在平面 π_0 内. 由于对于直线 l 上任一点 P,过点 P 有且只有一个平面与 π_0 平行或重合,因此这族平行平面与直线 l 上的点之间存在一个一一对应,即商空间 V/π_0 与直线 l 之间有一个双射. 于是,容易直观地猜测商空间 V/π_0 是一维的,即 $\dim(V/\pi_0)=\dim V-\dim(\pi_0)$. 可以证明这个猜测是真的,而且这个结论可以推广到数域 K 上任一有限维线性空间 V 对于子空间 W 的商空间V/W 中.

定理 1 设 V 是数域 K 上的一个有限维线性空间,W 是 V 的一个子空间,则

$$\dim(V/W)=\dim V-\dim W. \tag{8}$$

证明 在 W 中取一个基 $\alpha_1,\cdots,\alpha_s$,把它扩充成 V 的一个基 $\alpha_1,\cdots,\alpha_s,\alpha_{s+1},\cdots,\alpha_n$,于是

$$\dim V-\dim W=n-s.$$

下面来找商空间 V/W 的一个基. 任取 $\beta+W\in V/W$,设

$$\beta=b_1\alpha_1+\cdots+b_s\alpha_s+b_{s+1}\alpha_{s+1}+\cdots+b_n\alpha_n,$$

则

$$\begin{aligned}\beta+W&=(b_1\alpha_1+W)+\cdots+(b_s\alpha_s+W)+(b_{s+1}\alpha_{s+1}+W)+\cdots+(b_n\alpha_n+W)\\&=W+\cdots+W+b_{s+1}(\alpha_{s+1}+W)+\cdots+b_n(\alpha_n+W)\\&=b_{s+1}(\alpha_{s+1}+W)+\cdots+b_n(\alpha_n+W).\end{aligned}$$

假设 $k_1(\alpha_{s+1}+W)+\cdots+k_{n-s}(\alpha_n+W)=W$,则

$$(k_1\alpha_{s+1}+\cdots+k_{n-s}\alpha_n)+W=W,$$

从而 $k_1\alpha_{s+1}+\cdots+k_{n-s}\alpha_n\in W$. 于是,存在 $l_1,\cdots,l_s\in K$,使得

$$k_1\alpha_{s+1}+\cdots+k_{n-s}\alpha_n=l_1\alpha_1+\cdots+l_s\alpha_s,$$

即

$$l_1\alpha_1+\cdots+l_s\alpha_s-k_1\alpha_{s+1}-\cdots-k_{n-s}\alpha_n=0.$$

因此 $l_1=\cdots=l_s=k_1=\cdots=k_{n-s}=0$. 这表明,$\alpha_{s+1}+W,\cdots,\alpha_n+W$ 是 V/W 中线性无关的向量组,从而它们是 V/W 的一个基. 因此

$$\dim(V/W)=n-s=\dim V-\dim W.$$ □

从定理 1 可以看出,当 W 是 V 的非零子空间时,商空间 V/W 的维数比原来的线性空间 V 的维数小. 如果线性空间的某些性质是被商空间继承的,那么就可以对维数做数学归纳法证明有关这些性质的结论. 这就是可以利用商空间的结构来研究线性空间的结构的道理之一.

定理 2 设 V 是数域 K 上的一个线性空间,W 是 V 的一个子空间. 如果商空间 V/W 的一个基为 $\beta_1+W,\beta_2+W,\cdots,\beta_t+W$,令 $U=\langle\beta_1,\beta_2,\cdots,\beta_t\rangle$,那么 $V=W\oplus U$,且 $\beta_1,\beta_2,\cdots,\beta_t$ 是 U 的一个基.

证明 任取 $\alpha\in V$,则

$$\begin{aligned}\alpha+W&=k_1(\beta_1+W)+k_2(\beta_2+W)+\cdots+k_t(\beta_t+W)\\&=(k_1\beta_1+k_2\beta_2+\cdots+k_t\beta_t)+W.\end{aligned}$$

于是 $\alpha-(k_1\beta_1+k_2\beta_2+\cdots+k_t\beta_t)\in W$. 设 $\beta=k_1\beta_1+k_2\beta_2+\cdots+k_t\beta_t$,则 $\beta\in U$,且 $\alpha-\beta\in W$. 记 $\alpha-\beta=\delta$,则 $\alpha=\delta+\beta\in W+U$. 于是 $V\subseteq W+U$,从而 $V=W+U$.

任取 $\gamma\in W\cap U$,则 $\gamma\in W$,且 $\gamma\in U$. 于是 $\gamma=l_1\beta_1+l_2\beta_2+\cdots+l_t\beta_t$,且

$$\begin{aligned}W=\gamma+W&=(l_1\beta_1+l_2\beta_2+\cdots+l_t\beta_t)+W\\&=l_1(\beta_1+W)+l_2(\beta_2+W)+\cdots+l_t(\beta_t+W).\end{aligned}$$

由于 $\beta_1+W,\beta_2+W,\cdots,\beta_t+W$ 线性无关,因此从上式得

$$l_1=l_2=\cdots=l_t=0.$$

于是 $\gamma=0$,从而 $W\cap U=0$. 因此,$W+U$ 是直和.

综上所述,得

$$V=W\oplus U.$$

设 $a_1\beta_1+a_2\beta_2+\cdots+a_t\beta_t=0$,则 $(a_1\beta_1+a_2\beta_2+\cdots+a_t\beta_t)+W=0+W=W$. 从上面一段的论证得 $a_1=a_2=\cdots=a_t=0$,因此 $\beta_1,\beta_2,\cdots,\beta_t$ 线性无关,从而 $\beta_1,\beta_2,\cdots,\beta_t$ 是 U 的一个基. □

定理 2 表明,如果线性空间 V 对于子空间 W 的商空间 V/W 是有限维的,且知道了商空间 V/W 的一个基,那么 V 就有一个直和分解式. 这是可以利用商空间的结构来研究线性空间的结构的道理之二.

定义 1 设 W 是数域 K 上线性空间 V 的一个子空间. 如果 V 对于 W 的商空间 V/W 是有限维的,那么称 $\dim(V/W)$ 为子空间 W 在 V 中的**余维数**,记作 $\mathrm{codim}_V W$ 或 $\mathrm{codim}W$.

6.4.2 典型例题

例 1 设 V 是数域 K 上的一个线性空间,U 和 W 都是 V 的子空间,证明:如果 $V=U\oplus W$,那么

$$U\cong V/W.$$

证明 令

$$\begin{aligned}\sigma:\ U&\longrightarrow V/W,\\\gamma&\longmapsto\gamma+W.\end{aligned}$$

设 $\eta\in U$,使得 $\gamma+W=\eta+W$,则 $\gamma-\eta\in W$. 又有 $\gamma-\eta\in U$,从而 $\gamma-\eta\in W\cap U$. 由于 $U+W$ 是

直和,因此 $W\cap U=0$. 于是 $\gamma-\eta=0$,即 $\gamma=\eta$,从而 σ 是单射. 任给 $\alpha+W\in V/W$. 由于 $V=U+W$,因此 $\alpha=\gamma+\delta$,其中 $\gamma\in U,\delta\in W$. 于是

$$\begin{aligned}\sigma(\gamma)&=\gamma+W=(\alpha-\delta)+W=(\alpha+W)-(\delta+W)\\&=(\alpha+W)-W=\alpha+W.\end{aligned}$$

这证明了 σ 是满射,从而 σ 是双射.

设 $\gamma,\eta\in U$,则

$$\sigma(\gamma+\eta)=(\gamma+\eta)+W=(\gamma+W)+(\eta+W)=\sigma(\gamma)+\sigma(\eta),$$

$$\sigma(k\gamma)=k\gamma+W=k(\gamma+W)=k\sigma(\gamma),\quad \forall k\in K,$$

即 σ 保持加法和数量乘法运算. 所以,σ 是 U 到 V/W 的一个同构映射,从而 $U\cong V/W$. □

例 2 设 V 是几何空间,l 是过定点 O 的一条直线,则商空间 V/l 由哪些元素组成呢? 求 V/l 的一个基和维数.

解 商空间 V/l 的任一元素为

$$\vec{a}+l=\{\vec{a}+\vec{b}\mid\vec{b}\in l\}.$$

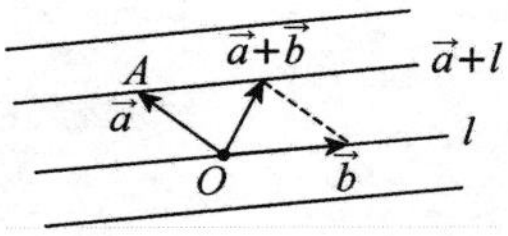

图 6.5

当 $\vec{a}\notin l$ 时,由向量加法的平行四边形法则知道,$\vec{a}+\vec{b}$ 的终点在过 $\vec{a}$ 的终点 A 且与 l 平行的直线上;反之,终点在这条直线上的向量可以表示成 $\vec{a}+\vec{b}$ 的形式,其中 $\vec{b}\in l$. 因此,$\vec{a}+l$ 是平行于 l 的一条直线,从而商空间 V/l 由平行于 l 的所有直线以及 l 本身组成,如图 6.5 所示.

商空间 V/l 的维数是

$$\dim(V/l)=\dim V-\dim l=3-1=2.$$

在 l 中取一个基 $\vec{b}_1$,把它扩充成 V 的一个基: $\vec{b}_1,\vec{c}_1,\vec{c}_2$. 根据定理 1 的证明,$\vec{c}_1+l,\vec{c}_2+l$ 是商空间 V/l 的一个基.

习 题 6.4

1. 设 $\mathbf{A}$ 是数域 K 上的一个 2×3 矩阵:

$$\mathbf{A}=\begin{pmatrix}1&-1&2\\1&0&-1\end{pmatrix}.$$

(1) 求三元齐次线性方程组 $\mathbf{Ax}=\mathbf{0}$ 的解空间 W 的一个基;

(2) 求商空间 K^3/W 的一个基和维数.

2. 设 $V=\mathbf{R}[x]$. 令

$$W=\{(x^2+1)h(x)\mid h(x)\in\mathbf{R}[x]\}.$$

(1) 证明: W 是 V 的一个子空间;

(2) 商空间 V/W 的元素是什么? 求 V/W 的一个基和维数.

补充题六

1. 由数域 K 上所有 $m\times n$ 矩阵组成的集合 $M_{m\times n}(K)$ 是数域 K 上的一个线性空间. 令

$$V_i=\{\boldsymbol{A}\boldsymbol{E}_{ii}\mid\boldsymbol{A}\in M_{m\times n}(K)\}\quad(i=1,2,\cdots,n),\tag{1}$$

其中 $\boldsymbol{E}_{ii}(i=1,2,\cdots,n)$ 表示 (i,i) 元为 1,其余元素为 0 的 n 阶矩阵,证明:

(1) $V_i(i=1,2,\cdots,n)$ 是 $M_{m\times n}(K)$ 的子空间;

(2) $M_{m\times n}(K)=V_1\oplus V_2\oplus\cdots\oplus V_n$.

2. $K[x]_n$ 在 $K[x]$ 中是否有补空间? 如果有,试找出来.

第七章 线性映射

平面上绕直角坐标系 Oxy 的原点 O 转角为 θ 的旋转 σ 的表达式为

$$\begin{cases} x'=x\cos\theta-y\sin\theta, \\ y'=x\sin\theta+y\cos\theta, \end{cases} \tag{1}$$

其中 $\begin{pmatrix} x \\ y \end{pmatrix}$ 是点 P 的坐标，$\begin{pmatrix} x' \\ y' \end{pmatrix}$ 是点 P 在 σ 下的像点 P' 的坐标.(1)式可以写成

$$\begin{pmatrix} x' \\ y' \end{pmatrix}=\begin{pmatrix} \cos\theta & -\sin\theta \\ \sin\theta & \cos\theta \end{pmatrix}\begin{pmatrix} x \\ y \end{pmatrix}. \tag{2}$$

把(2)式右端的二阶矩阵记作 $\boldsymbol{T}$，则

$$\sigma:\begin{pmatrix} x \\ y \end{pmatrix}\longrightarrow\boldsymbol{T}\begin{pmatrix} x \\ y \end{pmatrix}. \tag{3}$$

于是，σ 是实数域 $\mathbf{R}$ 上线性空间 $\mathbf{R}^2$ 到自身的一个映射，并且

$$\begin{aligned} \sigma\left[\begin{pmatrix} x_1 \\ y_1 \end{pmatrix}+\begin{pmatrix} x_2 \\ y_2 \end{pmatrix}\right] &= \boldsymbol{T}\left[\begin{pmatrix} x_1 \\ y_1 \end{pmatrix}+\begin{pmatrix} x_2 \\ y_2 \end{pmatrix}\right] = \boldsymbol{T}\begin{pmatrix} x_1 \\ y_1 \end{pmatrix}+\boldsymbol{T}\begin{pmatrix} x_2 \\ y_2 \end{pmatrix} \\ &= \sigma\begin{pmatrix} x_1 \\ y_1 \end{pmatrix}+\sigma\begin{pmatrix} x_2 \\ y_2 \end{pmatrix}, \end{aligned}$$

$$\sigma\left[k\begin{pmatrix} x \\ y \end{pmatrix}\right] = \boldsymbol{T}\left[k\begin{pmatrix} x \\ y \end{pmatrix}\right] = k\left[\boldsymbol{T}\begin{pmatrix} x \\ y \end{pmatrix}\right] = k\left[\sigma\begin{pmatrix} x \\ y \end{pmatrix}\right],$$

即 σ 保持加法和数量乘法运算.

用 $C^{(1)}(a,b)$ 表示区间 (a,b) 上所有一次可微函数组成的集合，它对于函数的加法与数量乘法运算构成实数域 $\mathbf{R}$ 上的一个线性空间. 求导数 $\mathscr{D}$ 是 $C^{(1)}(a,b)$ 到 $\mathbf{R}^{(a,b)}$ 的一个映射：

$$\mathscr{D}(f(x))=f'(x). \tag{4}$$

根据求导数的法则,得

$$\mathscr{D}(f(x)+g(x))=f'(x)+g'(x)=\mathscr{D}(f(x))+\mathscr{D}(g(x)),$$

$$\mathscr{D}(kf(x))=kf'(x)=k(\mathscr{D}(f(x))),$$

即 $\mathscr{D}$ 保持加法与数量乘法运算.

由上述例子受到启发,抽象出线性映射的数学模型:它是数域 K 上线性空间 V 到 V' 的保持加法与数量乘法运算的映射.

线性映射是"高等代数"课程研究的第二个主要对象.线性映射好比是在线性空间的广阔天地里驰骋的"一匹匹骏马",有着众多的重要应用.

本章将从以下几个方面来研究线性映射(包括线性变换和线性函数):

(1) 研究线性映射的运算以及线性映射的整体结构;

(2) 研究线性映射的核与像;

(3) 研究线性映射和线性变换的矩阵表示,着重研究线性变换的最简单形式的矩阵表示;

(4) 研究线性空间上的线性函数以及 n 维线性空间 V 上所有线性函数组成的线性空间 V^*(称 V^* 是 V 的**对偶空间**).

§7.1 线性映射的定义和性质

7.1.1 内容精华

定义 1 设 V 与 V' 是数域 K 上的两个线性空间.如果 V 到 V' 的一个映射 $\mathscr{A}$ 保持加法与数量乘法运算,即

$$\mathscr{A}(\alpha+\beta)=\mathscr{A}(\alpha)+\mathscr{A}(\beta),\quad \forall\,\alpha,\beta\in V,$$

$$\mathscr{A}(k\alpha)=k(\mathscr{A}(\alpha)),\quad \forall\,\alpha\in V,\forall\,k\in K,$$

那么称 $\mathscr{A}$ 是 V 到 V' 的一个**线性映射**.

线性空间 V 到自身的线性映射称为 V 上的**线性变换**.

设 V 是数域 K 上的线性空间.任给 $k\in K$,令

$$\mathscr{K}(\alpha)=k\alpha,\quad \forall\,\alpha\in V.$$

由于

$$\mathscr{K}(\alpha+\beta)=k(\alpha+\beta)=k\alpha+k\beta=\mathscr{K}(\alpha)+\mathscr{K}(\beta),$$

$$\mathscr{K}(l\alpha)=k(l\alpha)=(kl)\alpha=l(k\alpha)=l(\mathscr{K}(\alpha)),$$

因此 $\mathscr{K}$ 是 V 上的一个线性变换.称 $\mathscr{K}$ 为**数乘变换**.当 $k=1$ 时,就得到 V 上的恒等变换 $\mathscr{I}$;当

$k=0$ 时,就得到 V 上的零变换 $\mathscr{O}$(它把 V 中每个向量都映成零向量).

设 $\boldsymbol{A}$ 是数域 K 上的一个 $s\times n$ 矩阵,令

$$\mathscr{A}: K^n \longrightarrow K^s,$$
$$\boldsymbol{\alpha} \longmapsto \boldsymbol{A\alpha}.$$

由于

$$\mathscr{A}(\boldsymbol{\alpha}+\boldsymbol{\beta})=\boldsymbol{A}(\boldsymbol{\alpha}+\boldsymbol{\beta})=\boldsymbol{A\alpha}+\boldsymbol{A\beta}=\mathscr{A}(\boldsymbol{\alpha})+\mathscr{A}(\boldsymbol{\beta}),$$
$$\mathscr{A}(k\boldsymbol{\alpha})=\boldsymbol{A}(k\boldsymbol{\alpha})=k\boldsymbol{A\alpha}=k(\mathscr{A}(\boldsymbol{\alpha})),$$

因此 $\mathscr{A}$ 是 K^n 到 K^s 的一个线性映射.

命题 1 数域 K 上线性空间 V 到 V' 的映射 σ 是同构映射当且仅当 σ 是可逆的线性映射.

证明 由同构映射的定义以及 σ 是可逆映射的充要条件为 σ 是双射立即得到. □

由于线性映射只比同构映射少了“双射”这个条件,因此有关同构映射的性质只要在其证明中没有用到单射或满射的条件,那么对于线性映射也成立.

数域 K 上线性空间 V 到 V' 的线性映射 $\mathscr{A}$ 具有下列性质:

(1) $\mathscr{A}(0)=0'$,其中 $0'$ 是 V' 中的零向量;

(2) $\mathscr{A}(-\alpha)=-\mathscr{A}(\alpha)$, $\forall\,\alpha\in V$;

(3) $\mathscr{A}(k_1\alpha_1+k_2\alpha_2+\cdots+k_s\alpha_s)=k_1\mathscr{A}(\alpha_1)+k_2\mathscr{A}(\alpha_2)+\cdots+k_s\mathscr{A}(\alpha_s)$;

(4) $\mathscr{A}$ 把 V 中线性相关的向量组 $\alpha_1,\alpha_2,\cdots,\alpha_s$ 映成 V' 中线性相关的向量组 $\mathscr{A}(\alpha_1)$, $\mathscr{A}(\alpha_2),\cdots,\mathscr{A}(\alpha_s)$(注意:$\mathscr{A}$ 有可能把 V 中线性无关的向量组映成 V' 中线性相关的向量组);

(5) 设 $\dim V=n$,且 $\alpha_1,\alpha_2,\cdots,\alpha_n$ 是 V 的一个基,则对于 V 中的任一向量 $\alpha=a_1\alpha_1+a_2\alpha_2+\cdots+a_n\alpha_n$,有

$$\mathscr{A}(\alpha)=a_1\mathscr{A}(\alpha_1)+a_2\mathscr{A}(\alpha_2)+\cdots+a_n\mathscr{A}(\alpha_n). \tag{1}$$

性质(5)表明,只要知道 V 的一个基 $\alpha_1,\alpha_2,\cdots,\alpha_n$ 在 $\mathscr{A}$ 下的像,那么 V 中任一向量 α 在 $\mathscr{A}$ 下的像就都确定了. 于是,如果对于 V 到 V' 的两个线性映射 $\mathscr{A}$ 和 $\mathscr{B}$ 有

$$\mathscr{A}(\alpha_i)=\mathscr{B}(\alpha_i)\quad(i=1,2,\cdots,n), \tag{2}$$

那么 $\mathscr{A}=\mathscr{B}$.

性质(5)使我们想到如下构造线性映射的方法:

定理 1 设 V 和 V' 都是数域 K 上的线性空间,并且 $\dim V=n$. 在 V 中任取一个基 α_1, $\alpha_2,\cdots,\alpha_n$;在 V' 中任取 n 个向量 $\gamma_1,\gamma_2,\cdots,\gamma_n$(它们中可以有相同的). 令

$$\mathscr{A}: V\longrightarrow V',$$
$$\alpha=\sum_{i=1}^{n}a_i\alpha_i\longmapsto\sum_{i=1}^{n}a_i\gamma_i, \tag{3}$$

则 $\mathscr{A}$ 是 V 到 V' 的一个线性映射,满足 $\mathscr{A}(\alpha_i)=\gamma_i\,(i=1,2,\cdots,n)$,并且 V 到 V' 的满足把 α_i 映

成 $\gamma_i(i=1,2,\cdots,n)$ 的线性映射是唯一的.

证明 由于 $\alpha\in V$ 表示成基向量 $\alpha_1,\alpha_2,\cdots,\alpha_n$ 的线性组合的方式唯一,因此由(3)式给出的对应法则 $\mathscr{A}$ 是 V 到 V' 的一个映射. 设 $\beta=\sum\limits_{i=1}^{n}b_i\alpha_i$,则 $\alpha+\beta=\sum\limits_{i=1}^{n}(a_i+b_i)\alpha_i$,从而

$$\mathscr{A}(\alpha+\beta)=\sum_{i=1}^{n}(a_i+b_i)\gamma_i=\sum_{i=1}^{n}a_i\gamma_i+\sum_{i=1}^{n}b_i\gamma_i=\mathscr{A}(\alpha)+\mathscr{A}(\beta),$$

$$\mathscr{A}(k\alpha)=\sum_{i=1}^{n}(ka_i)\gamma_i=k\sum_{i=1}^{n}a_i\gamma_i=k\mathscr{A}(\alpha),\quad\forall k\in K.$$

因此,$\mathscr{A}$ 是 V 到 V' 的一个线性映射. 由(3)式得

$$\mathscr{A}(\alpha_i)=\gamma_i\quad(i=1,2,\cdots,n).$$

若 V 到 V' 的一个线性映射 $\mathscr{B}$ 也满足 $\mathscr{B}(\alpha_i)=\gamma_i(i=1,2,\cdots,n)$,则

$$\mathscr{A}(\alpha_i)=\mathscr{B}(\alpha_i)\quad(i=1,2,\cdots,n).$$

根据性质(5)之后的说明,得 $\mathscr{A}=\mathscr{B}$. □

定理 1 在线性映射的理论中起着基本的重要作用.

7.1.2 典型例题

例 1 判断下面所定义的 $\mathbf{R}^3$ 上的变换是否为线性变换:

$$\mathscr{A}\begin{pmatrix}x_1\\x_2\\x_3\end{pmatrix}=\begin{pmatrix}3x_1-x_2+x_3\\x_1+4x_2-5x_3\\-2x_1+3x_2+7x_3\end{pmatrix}.$$

解 由于

$$\mathscr{A}\begin{pmatrix}x_1\\x_2\\x_3\end{pmatrix}=\begin{pmatrix}3&-1&1\\1&4&-5\\-2&3&7\end{pmatrix}\begin{pmatrix}x_1\\x_2\\x_3\end{pmatrix},$$

根据 7.1.1 小节中利用矩阵 $\mathbf{A}$ 可以定义线性映射 $\mathscr{A}(\boldsymbol{\alpha})=\mathbf{A}\boldsymbol{\alpha}$ 知,$\mathscr{A}$ 是 $\mathbf{R}^3$ 上的线性变换.

例 2 在 $K[x]$ 中,对于给定的 $a\in K$,令 $\mathscr{T}_a$: $f(x)\longmapsto f(x+a)$,证明:$\mathscr{T}_a$ 是 $K[x]$ 上的一个线性变换(称它为由 a 确定的**平移**).

证明 设 $f(x)+g(x)=h(x)$,则 $f(x+a)+g(x+a)=h(x+a)$,从而

$$\begin{aligned}\mathscr{T}_a(f(x)+g(x))&=\mathscr{T}_a(h(x))=h(x+a)=f(x+a)+g(x+a)\\&=\mathscr{T}_a(f(x))+\mathscr{T}_a(g(x)),\end{aligned}$$

$$\mathscr{T}_a(kf(x))=kf(x+a)=k\mathscr{T}_a(f(x)),\quad\forall k\in K.$$

因此,$\mathscr{T}_a$ 是 $K[x]$ 上的一个线性变换. □

例 3 设 V 是数域 K 上的 n 维线性空间,$\alpha_1,\alpha_2,\cdots,\alpha_n$ 是 V 的一个基,$\mathscr{A}$ 是 V 上的一个

线性变换,证明：$\mathscr{A}$ 可逆当且仅当 $\mathscr{A}(\alpha_1),\mathscr{A}(\alpha_2),\cdots,\mathscr{A}(\alpha_n)$ 是 V 的一个基.

证明 必要性 设 V 上的线性变换 $\mathscr{A}$ 可逆,则 $\mathscr{A}$ 是 V 到自身的一个同构映射. 于是,$\mathscr{A}$ 把 V 的一个基 $\alpha_1,\alpha_2,\cdots,\alpha_n$ 映成 V 的一个基 $\mathscr{A}(\alpha_1),\mathscr{A}(\alpha_2),\cdots,\mathscr{A}(\alpha_n)$.

充分性 设 V 上的线性变换 $\mathscr{A}$ 把 V 的一个基 $\alpha_1,\alpha_2,\cdots,\alpha_n$ 映成 V 的一个基 $\mathscr{A}(\alpha_1)$, $\mathscr{A}(\alpha_2),\cdots,\mathscr{A}(\alpha_n)$. 令

$$\sigma:V\longrightarrow V,$$

$$\alpha=\sum_{i=1}^{n}a_i\alpha_i\longmapsto\sum_{i=1}^{n}a_i\mathscr{A}(\alpha_i),$$

则根据§6.3中定理1的证明,σ 是 V 到自身的一个同构映射. 由于 $\sigma(\alpha_i)=\mathscr{A}(\alpha_i)(i=1,2,\cdots,n)$,因此 $\sigma=\mathscr{A}$,从而 $\mathscr{A}$ 是 V 到自身的一个同构映射. 于是 $\mathscr{A}$ 可逆. □

习 题 7.1

1. 判断下面所定义的 $\mathbf{R}^3$ 上的变换是否为线性变换：

(1) $\mathscr{A}\begin{pmatrix}x_1\\x_2\\x_3\end{pmatrix}=\begin{pmatrix}x_1-x_2+x_3\\2x_1+x_2-5x_3\\-x_1+3x_2+2x_3\end{pmatrix}$； (2) $\mathscr{B}\begin{pmatrix}x_1\\x_2\\x_3\end{pmatrix}=\begin{pmatrix}x_1+x_2\\x_1-x_2\\x_3^2\end{pmatrix}$.

2. 设 V 是数域 K 上的线性空间. 给定 $a\in K,\delta\in V$,令 $\mathscr{A}(\alpha)=a\alpha+\delta,\forall\alpha\in V$,试问：$\mathscr{A}$ 是否为 V 上的线性变换?

3. 把复数域 $\mathbf{C}$ 分别看作实数域 $\mathbf{R}$ 和复数域 $\mathbf{C}$ 上的线性空间. 令 $\mathscr{A}(z)=\bar{z},\forall z\in\mathbf{C}$,试问：$\mathscr{A}$ 是否为 $\mathbf{C}$ 上的线性变换?

4. 设 $\mathbf{R}^+$ 是6.1.2小节例1中给出的实数域 $\mathbf{R}$ 上的一个线性空间. $\mathbf{R}$ 可以看成实数域 $\mathbf{R}$ 上的一个线性空间. 判别 $\mathbf{R}^+$ 到 $\mathbf{R}$ 的下述映射是否为线性映射：设 $a>0$,且 $a\neq1$,令

$$\log_a:\mathbf{R}^+\longrightarrow\mathbf{R},$$

$$x\longmapsto\log_a x.$$

5. 设 X 是任一集合,$x_0\in X$. 数域 K 上的线性空间 K^X 到 K(K 看成自身上的线性空间)的映射 $\mathscr{A}(f):=f(x_0)(\forall f\in K^X)$ 是否为线性映射?

6. 设 V 是 $K[x,y]$ 中所有 m 次齐次多项式组成的集合,它是数域 K 上的一个线性空间. 给定数域 K 上的一个二阶矩阵 $\mathbf{A}=(a_{ij})$,定义 V 到 $K[x,y]$ 的一个映射 $\mathscr{A}$ 如下：

$$\mathscr{A}(f(x,y))=f(a_{11}x+a_{21}y,a_{12}x+a_{22}y).$$

判断 $\mathscr{A}$ 是否为 V 上的一个线性变换.

7. 在 $\mathbf{R}^3$ 中取三个向量：

$$\boldsymbol{\gamma}_1=(1,0,1)^{\mathrm{T}},\quad\boldsymbol{\gamma}_2=(2,0,2)^{\mathrm{T}},\quad\boldsymbol{\gamma}_3=(1,1,0)^{\mathrm{T}}.$$

设 $\mathscr{A}$ 是满足 $\mathscr{A}(\boldsymbol{\varepsilon}_i)=\boldsymbol{\gamma}_i(i=1,2,3)$ 的线性变换. 对于 $\boldsymbol{\alpha}=(1,-1,2)^{\mathrm{T}}$,求 $\mathscr{A}(\boldsymbol{\alpha})$.

8. 设 V 是数域 K 上的 n 维线性空间，α,β 是 V 中任给的两个非零向量，证明：存在 V 上的一个线性变换 $\mathscr{A}$，使得 $\mathscr{A}(\alpha)=\beta$.

9. 证明：求定积分 $\mathscr{J}(f(x))=\int_a^b f(x)\mathrm{d}x$ 是 $C[a,b]$ 到 $\mathbf{R}$（作为自身上的线性空间）的一个线性映射.

§7.2 线性映射的运算

7.2.1 内容精华

一、线性映射的运算和线性映射的整体结构

设 V 和 V' 都是数域 K 上的线性空间. 我们把 V 到 V' 的所有线性映射组成的集合记作 $\mathrm{Hom}(V,V')$，把 V 上所有线性变换组成的集合记作 $\mathrm{Hom}(V,V)$. 本节讨论线性映射可以做哪些运算，进而讨论 $\mathrm{Hom}(V,V')$ 和 $\mathrm{Hom}(V,V)$ 的结构.

设 $\mathscr{A},\mathscr{B}\in\mathrm{Hom}(V,V')$，$k\in K$. 我们把 $\mathscr{A}(\alpha)$，$\mathscr{B}(\alpha)$ 分别简记作 $\mathscr{A}\alpha$，$\mathscr{B}\alpha$. 由于 V' 上有加法和数量乘法，因此可以规定：

$$(\mathscr{A}+\mathscr{B})\alpha=\mathscr{A}\alpha+\mathscr{B}\alpha,\quad \forall\,\alpha\in V,\tag{1}$$

$$(k\mathscr{A})\alpha=k(\mathscr{A}\alpha),\quad \forall\,\alpha\in V.\tag{2}$$

于是 $\mathscr{A}+\mathscr{B}$，$k\mathscr{A}$ 都是 V 到 V' 的映射. 对于任意 $\alpha,\beta\in V$，$l\in K$，有

$$\begin{aligned}(\mathscr{A}+\mathscr{B})(\alpha+\beta)&=\mathscr{A}(\alpha+\beta)+\mathscr{B}(\alpha+\beta)=\mathscr{A}\alpha+\mathscr{A}\beta+\mathscr{B}\alpha+\mathscr{B}\beta\\&=(\mathscr{A}+\mathscr{B})\alpha+(\mathscr{A}+\mathscr{B})\beta,\\(\mathscr{A}+\mathscr{B})(l\alpha)&=\mathscr{A}(l\alpha)+\mathscr{B}(l\alpha)=l\mathscr{A}\alpha+l\mathscr{B}\alpha=l(\mathscr{A}\alpha+\mathscr{B}\alpha)=l(\mathscr{A}+\mathscr{B})\alpha,\end{aligned}$$

因此 $\mathscr{A}+\mathscr{B}\in\mathrm{Hom}(V,V')$，从而(1)式定义了 $\mathrm{Hom}(V,V')$ 上的加法运算. 又由于

$$\begin{aligned}(k\mathscr{A})(\alpha+\beta)&=k(\mathscr{A}(\alpha+\beta))=k(\mathscr{A}\alpha+\mathscr{A}\beta)=k(\mathscr{A}\alpha)+k(\mathscr{A}\beta)=(k\mathscr{A})\alpha+(k\mathscr{A})\beta,\\(k\mathscr{A})(l\alpha)&=k(\mathscr{A}(l\alpha))=k(l(\mathscr{A}\alpha))=(kl)(\mathscr{A}\alpha)=l(k(\mathscr{A}\alpha))=l((k\mathscr{A})\alpha),\end{aligned}$$

因此 $k\mathscr{A}\in\mathrm{Hom}(V,V')$，从而(2)式定义了 $\mathrm{Hom}(V,V')$ 上的数量乘法运算.

容易验证 $\mathrm{Hom}(V,V')$ 上的加法满足交换律和结合律（这是因为 V' 上的加法有交换律和结合律）. V 到 V' 的零映射 $\mathscr{O}$（它把 V 中每个向量都映成 V' 的零向量）是 $\mathrm{Hom}(V,V')$ 的零元. 任给 $\mathscr{A}\in\mathrm{Hom}(V,V')$，令 $(-\mathscr{A})\alpha=-(\mathscr{A}\alpha)$，$\forall\,\alpha\in V$. 容易验证 $-\mathscr{A}\in\mathrm{Hom}(V,V')$，并且有 $\mathscr{A}+(-\mathscr{A})=(-\mathscr{A})+\mathscr{A}=\mathscr{O}$，从而 $-\mathscr{A}$ 是 $\mathscr{A}$ 的负元. $\mathrm{Hom}(V,V')$ 上的数量乘法满足线性空间定义中的 4 条运算法则（这是因为 V' 上的数量乘法满足这 4 条运算法则）.

综上所述，$\mathrm{Hom}(V,V')$ 构成数域 K 上的一个线性空间，从而 $\mathrm{Hom}(V,V)$ 也构成数域 K 上的一个线性空间.

在 Hom(V,V')上定义减法如下：$\mathscr{A}-\mathscr{B}=\mathscr{A}+(-\mathscr{B})$.

设 V,U,W 都是数域 K 上的线性空间，$\mathscr{A}\in \mathrm{Hom}(V,U)$，$\mathscr{B}\in \mathrm{Hom}(U,W)$. 由于映射有乘法运算，因此 $\mathscr{B}\mathscr{A}$ 是 V 到 W 的一个映射. 由于对于任意 $\alpha,\beta\in V,k\in K$，有

$$(\mathscr{B}\mathscr{A})(\alpha+\beta)=\mathscr{B}(\mathscr{A}(\alpha+\beta))=\mathscr{B}(\mathscr{A}\alpha+\mathscr{A}\beta)=\mathscr{B}(\mathscr{A}\alpha)+\mathscr{B}(\mathscr{A}\beta)=(\mathscr{B}\mathscr{A})\alpha+(\mathscr{B}\mathscr{A})\beta,$$
$$(\mathscr{B}\mathscr{A})(k\alpha)=\mathscr{B}(\mathscr{A}(k\alpha))=\mathscr{B}(k(\mathscr{A}\alpha))=k(\mathscr{B}(\mathscr{A}\alpha))=k((\mathscr{B}\mathscr{A})\alpha),$$

因此 $\mathscr{B}\mathscr{A}\in \mathrm{Hom}(V,W)$. 由于映射的乘法满足结合律，不满足交换律，因此线性映射的乘法满足结合律，不满足交换律.

设 $\mathscr{A}\in \mathrm{Hom}(V,V')$. 若 $\mathscr{A}$ 可逆，则 $\mathscr{A}$ 是 V 到 V' 的一个同构映射，从而 $\mathscr{A}^{-1}$ 是 V' 到 V 的一个同构映射. 于是 $\mathscr{A}^{-1}\in \mathrm{Hom}(V',V)$，且 $\mathscr{A}^{-1}$ 可逆.

设 $\mathscr{A},\mathscr{B}\in \mathrm{Hom}(V,V)$，则 $\mathscr{B}\mathscr{A}\in \mathrm{Hom}(V,V)$，$\mathscr{A}\mathscr{B}\in \mathrm{Hom}(V,V)$. 于是，Hom$(V,V)$上有乘法运算. 上面已指出，Hom$(V,V)$上的乘法满足结合律，不满足交换律. V 上的恒等变换 $\mathscr{I}$ 是 Hom(V,V)的单位元(即对于任意 $\mathscr{A}\in \mathrm{Hom}(V,V)$，有 $\mathscr{I}\mathscr{A}=\mathscr{A}\mathscr{I}=\mathscr{A}$). 设 $\mathscr{C}\in \mathrm{Hom}(V,V)$，对于任意 $\alpha\in V$，有

$$((\mathscr{A}+\mathscr{B})\mathscr{C})\alpha=(\mathscr{A}+\mathscr{B})(\mathscr{C}\alpha)=\mathscr{A}(\mathscr{C}\alpha)+\mathscr{B}(\mathscr{C}\alpha)=(\mathscr{A}\mathscr{C})\alpha+(\mathscr{B}\mathscr{C})\alpha=(\mathscr{A}\mathscr{C}+\mathscr{B}\mathscr{C})\alpha,$$

因此$(\mathscr{A}+\mathscr{B})\mathscr{C}=\mathscr{A}\mathscr{C}+\mathscr{B}\mathscr{C}$. 同理可证 $\mathscr{C}(\mathscr{A}+\mathscr{B})=\mathscr{C}\mathscr{A}+\mathscr{C}\mathscr{B}$. 因此，Hom$(V,V)$上的乘法满足对于加法的右、左分配律. 对于任意 $\alpha\in V$，有

$$(k(\mathscr{A}\mathscr{B}))\alpha=k((\mathscr{A}\mathscr{B})\alpha)=k(\mathscr{A}(\mathscr{B}\alpha)),$$
$$((k\mathscr{A})\mathscr{B})\alpha=(k\mathscr{A})(\mathscr{B}\alpha)=k(\mathscr{A}(\mathscr{B}\alpha)),$$
$$(\mathscr{A}(k\mathscr{B}))\alpha=\mathscr{A}((k\mathscr{B})\alpha)=\mathscr{A}(k(\mathscr{B}\alpha))=k(\mathscr{A}(\mathscr{B}\alpha)),$$

因此

$$k(\mathscr{A}\mathscr{B})=(k\mathscr{A})\mathscr{B}=\mathscr{A}(k\mathscr{B}). \tag{3}$$

在 Hom(V,V)中可以定义 $\mathscr{A}$ 的正整数指数幂：

$$\mathscr{A}^m=\underbrace{\mathscr{A}\mathscr{A}\cdots\mathscr{A}}_{m\text{个}},\quad m\in \mathbf{N}^*;$$

还可以定义 $\mathscr{A}$ 的零次幂：$\mathscr{A}^0=\mathscr{I}$. 当 $\mathscr{A}$ 可逆时，可以定义

$$\mathscr{A}^{-m}=(\mathscr{A}^{-1})^m,\quad m\in \mathbf{N}^*.$$

容易验证：

$$\mathscr{A}^m\mathscr{A}^n=\mathscr{A}^{m+n},\quad (\mathscr{A}^m)^n=\mathscr{A}^{mn},\quad m,n\in\mathbf{N}. \tag{4}$$

设 $\mathscr{A}\in \mathrm{Hom}(V,V)$，任给 $m\in\mathbf{N}$，称表达式

$$b_m\mathscr{A}^m+b_{m-1}\mathscr{A}^{m-1}+\cdots+b_1\mathscr{A}+b_0\mathscr{I} \tag{5}$$

为 $\mathscr{A}$ **的多项式**，其中 $b_i\in K(i=0,1,2,\cdots,m)$. $\mathscr{A}$ 的多项式可以简记成 $f(\mathscr{A}),g(\mathscr{A}),\cdots$. $\mathscr{A}$ 的所有多项式组成的集合记作 $K[\mathscr{A}]$.

设 $f(\mathscr{A})=\sum\limits_{i=0}^{m}b_i\mathscr{A}^i$，$g(\mathscr{A})=\sum\limits_{i=0}^{l}c_i\mathscr{A}^i$，不妨设 $m\geqslant l$，则

$$f(\mathscr{A})+g(\mathscr{A})=\sum_{i=0}^{m}b_i\mathscr{A}^i+\sum_{i=0}^{l}c_i\mathscr{A}^i=\sum_{i=0}^{m}(b_i\mathscr{A}^i+c_i\mathscr{A}^i)=\sum_{i=0}^{m}(b_i+c_i)\mathscr{A}^i\in K[\mathscr{A}],$$

$$kf(\mathscr{A})=k\sum_{i=0}^{m}b_i\mathscr{A}^i=\sum_{i=0}^{m}k(b_i\mathscr{A}^i)=\sum_{i=0}^{m}(kb_i)\mathscr{A}^i\in K[\mathscr{A}],$$

其中 $c_i=0(i=l+1,l+2,\cdots,m)$. 因此,$K[\mathscr{A}]$是 $\mathrm{Hom}(V,V)$的一个子空间. 还有

$$f(\mathscr{A})g(\mathscr{A})=\left(\sum_{i=0}^{m}b_i\mathscr{A}^i\right)\left(\sum_{j=0}^{l}c_j\mathscr{A}^j\right)=\sum_{i=0}^{m}\sum_{j=0}^{l}(b_i\mathscr{A}^i)(c_j\mathscr{A}^j)=\sum_{i=0}^{m}\sum_{j=0}^{l}b_ic_j\mathscr{A}^{i+j}$$

$$=\sum_{s=0}^{m+l}\left(\sum_{i+j=s}b_ic_j\right)\mathscr{A}^s\in K[\mathscr{A}],$$

因此 $K[\mathscr{A}]$对乘法封闭. 易看出 $f(\mathscr{A})g(\mathscr{A})=g(\mathscr{A})f(\mathscr{A})$.

类似于在数域 K 上的一元多项式环 $K[x]$中,x 可以用任一 n 阶矩阵 $\boldsymbol{A}$ 的多项式代入,从 $K[x]$的有关加法和乘法的等式得到 $K[\boldsymbol{A}]$中有关加法和乘法的相应等式,现在 x 也可以用任一线性变换 $\mathscr{A}$ 的多项式代入,从 $K[x]$的有关加法和乘法的等式得到 $K[\mathscr{A}]$中有关加法和乘法的相应等式. 这一点非常有用.

二、利用线性变换的运算研究特殊类型的线性变换

利用线性变换的运算,可以研究一些特殊类型线性变换的性质,刻画一些线性变换之间的关系.

在§6.2 中,我们指出了几何空间 V 等于过定点 O 的平面 π 与过点 O 且不在 π 内的直线 l 的直和:

$$V=\pi\oplus l.$$

于是,任给 $\vec{a}\in V$,$\vec{a}$ 能唯一地分解成

$$\vec{a}=\vec{a}_1+\vec{a}_2,\quad \vec{a}_1\in\pi,\vec{a}_2\in l.$$

称把 $\vec{a}$ 对应到 $\vec{a}_1$ 的映射为**平行于 l 在 π 上的投影**,记作 $\mathscr{P}_\pi$,即 $\mathscr{P}_\pi(\vec{a})=\vec{a}_1$,如图 7.1 所示.

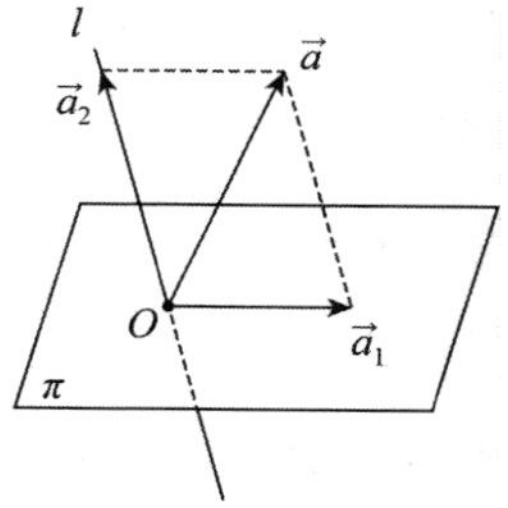

图 7.1

从几何空间的上述平行投影的例子受到启发,我们引入下述概念:

定义 1 设 U 和 W 是数域 K 上线性空间 V 的两个子空间,且 $V=U\oplus W$,则任给 $\alpha\in V$,α 能唯一地分解成

$$\alpha=\alpha_1+\alpha_2,\quad \alpha_1\in U,\alpha_2\in W.$$

称把 α 对应到 α_1 的映射为**平行于 W 在 U 上的投影**,记作 $\mathscr{P}_U$,即 $\mathscr{P}_U(\alpha)=\alpha_1$;称把 α 对应到 α_2 的映射为**平行于 U 在 W 上的投影**,记作 $\mathscr{P}_W$,即 $\mathscr{P}_W(\alpha)=\alpha_2$.

$\mathscr{P}_U$ 具有下列性质:

性质 1 $\mathscr{P}_U$ 是 V 上的一个线性变换.

证明 任给 $\alpha,\beta\in V$,α,β 分别有唯一的分解式:

$$\alpha=\alpha_1+\alpha_2,\quad \alpha_1\in U,\alpha_2\in W;\quad \beta=\beta_1+\beta_2,\quad \beta_1\in U,\beta_2\in W.$$

于是 $\alpha+\beta=(\alpha_1+\alpha_2)+(\beta_1+\beta_2)=(\alpha_1+\beta_1)+(\alpha_2+\beta_2),\quad \alpha_1+\beta_1\in U,\alpha_2+\beta_2\in W,$

从而
$$\mathscr{P}_U(\alpha+\beta)=\alpha_1+\beta_1=\mathscr{P}_U(\alpha)+\mathscr{P}_U(\beta).$$

由于对于任意 $k\in K$,有 $k\alpha=k(\alpha_1+\alpha_2)=k\alpha_1+k\alpha_2$,且 $k\alpha_1\in U,k\alpha_2\in W$,因此

$$\mathscr{P}_U(k\alpha)=k\alpha_1=k\mathscr{P}_U(\alpha).$$

综上所述,$\mathscr{P}_U$ 是 V 上的一个线性变换. □

点评 同理可证 $\mathscr{P}_W$ 也是 V 上的一个线性变换.

性质 2 $\mathscr{P}_U(\alpha)$具有如下表达式:

$$\mathscr{P}_U(\alpha)=\begin{cases}\alpha, & \alpha\in U,\\ 0, & \alpha\in W;\end{cases}$$

并且如果 V 上的一个线性变换 $\mathscr{A}$ 满足

$$\mathscr{A}(\alpha)=\begin{cases}\alpha, & \alpha\in U,\\ 0, & \alpha\in W,\end{cases}$$

那么 $\mathscr{A}=\mathscr{P}_U$.

证明 当 $\alpha\in U$ 时,$\alpha=\alpha+0$,从而 $\mathscr{P}_U(\alpha)=\alpha$;

当 $\alpha\in W$ 时,$\alpha=0+\alpha$,从而 $\mathscr{P}_U(\alpha)=0$.

任给 $\alpha\in V$,α 能唯一地分解成 $\alpha=\alpha_1+\alpha_2$,$\alpha_1\in U,\alpha_2\in W$,于是

$$\mathscr{A}(\alpha)=\mathscr{A}(\alpha_1+\alpha_2)=\mathscr{A}\alpha_1+\mathscr{A}\alpha_2=\alpha_1+0=\alpha_1=\mathscr{P}_U(\alpha).$$

因此 $\mathscr{A}=\mathscr{P}_U$. □

点评 同理可证 $\mathscr{P}_W(\alpha)=\begin{cases}0, & \alpha\in U,\\ \alpha, & \alpha\in W.\end{cases}$

性质 3 $\mathscr{P}_U^2=\mathscr{P}_U$.

证明 任给 $\alpha\in U$. 由于 $\mathscr{P}_U(\alpha)\in U$,因此根据性质 2,得

$$\mathscr{P}_U^2(\alpha)=\mathscr{P}_U(\mathscr{P}_U(\alpha))=\mathscr{P}_U(\alpha),$$ □

从而 $\mathscr{P}_U^2=\mathscr{P}_U$.

点评 同理可证 $\mathscr{P}_W^2=\mathscr{P}_W$.

性质 4 $\mathscr{P}_U\mathscr{P}_W=\mathscr{P}_W\mathscr{P}_U=\mathscr{O}$.

证明 任给 $\alpha\in V$. 设 $\alpha=\alpha_1+\alpha_2$,$\alpha_1\in U,\alpha_2\in W$,则

$$(\mathscr{P}_U\mathscr{P}_W)(\alpha)=\mathscr{P}_U(\mathscr{P}_W(\alpha))=\mathscr{P}_U(\alpha_2)=0,\quad (\mathscr{P}_W\mathscr{P}_U)(\alpha)=\mathscr{P}_W(\mathscr{P}_U(\alpha))=\mathscr{P}_W(\alpha_1)=0.$$

因此
$$\mathscr{P}_U\mathscr{P}_W=\mathscr{O},\quad \mathscr{P}_W\mathscr{P}_U=\mathscr{O}.$$ □

性质 5 $\mathscr{P}_U+\mathscr{P}_W=\mathscr{I}$.

证明 任给 $\alpha\in V$,设 $\alpha=\alpha_1+\alpha_2$,$\alpha_1\in U$,$\alpha_2\in W$,则

$$(\mathscr{P}_U+\mathscr{P}_W)(\alpha)=\mathscr{P}_U(\alpha)+\mathscr{P}_W(\alpha)=\alpha_1+\alpha_2=\alpha.$$

因此
$$\mathscr{P}_U+\mathscr{P}_W=\mathscr{I}.$$
□

从 $\mathscr{P}_U$ 的性质 3 和性质 4 受到启发,我们引入下述概念:

定义 2 如果数域 K 上线性空间 V 上的线性变换 $\mathscr{A}$ 满足 $\mathscr{A}^2=\mathscr{A}$,那么称 $\mathscr{A}$ 为**幂等变换**.

定义 3 如果数域 K 上线性空间 V 上的线性变换 $\mathscr{A},\mathscr{B}$ 满足 $\mathscr{A}\mathscr{B}=\mathscr{B}\mathscr{A}=\mathscr{O}$,那么称 $\mathscr{A}$ 与 $\mathscr{B}$ 是**正交**的.

$\mathscr{P}_U$ 的性质 3 及其点评以及性质 4 表明,$\mathscr{P}_U$ 与 $\mathscr{P}_W$ 是正交的幂等变换.

利用线性变换的运算可以刻画几何空间 V 中关于过定点 O 的平面 π 的反射(称为**镜面反射**)$\mathscr{R}_\pi$. 如图 7.2 所示,任给 $\vec{a}\in V$,则

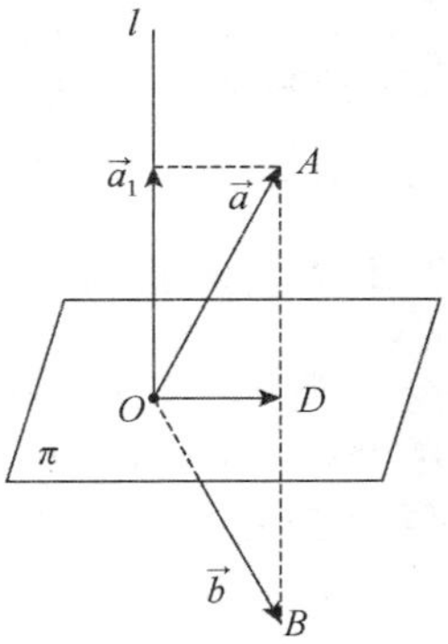

图 7.2

$$\mathscr{R}_\pi(\vec{a})=\vec{b},$$

其中 $\vec{a}$ 的终点 A 与 $\vec{b}$ 的终点 B 的连线 AB 与平面 π 垂直,垂足为 D,且 $AD=DB$. 设 l 是过点 O 与平面 π 垂直的直线,则 $V=l\oplus\pi$,从而有平行于 π 在 l 上的投影 $\mathscr{P}_l$. 设 $\mathscr{P}_l(\vec{a})=\vec{a}_1$,则

$$\mathscr{R}_\pi(\vec{a})=\vec{b}=\vec{a}+\overrightarrow{AB}=\vec{a}-2\vec{a}_1=\mathscr{I}(\vec{a})-2\mathscr{P}_l(\vec{a})=(\mathscr{I}-2\mathscr{P}_l)(\vec{a}).$$

因此
$$\mathscr{R}_\pi=\mathscr{I}-2\mathscr{P}_l. \tag{6}$$

由于 $\mathscr{R}_\pi^2(\vec{a})=\mathscr{R}_\pi(\mathscr{R}_\pi(\vec{a}))=\mathscr{R}_\pi(\vec{b})=\vec{a}$,因此 $\mathscr{R}_\pi^2=\mathscr{I}$. 由此受到启发,我们引入下述概念:

定义 4 如果数域 K 上线性空间 V 上的线性变换 $\mathscr{A}$ 满足 $\mathscr{A}^2=\mathscr{I}$,那么称 $\mathscr{A}$ 为**对合变换**.

几何空间 V 中关于过定点 O 的平面 π 的镜面反射是对合变换.

求导数 $\mathscr{D}$ 是 $\mathbf{R}[x]_n$ 上的一个线性变换. 根据 §7.1 中的例 2,平移 $\mathscr{T}_a$: $f(x)\longmapsto f(x+a)$ 是 $\mathbf{R}[x]_n$ 上的一个线性变换. 平移 $\mathscr{T}_a$ 与求导数 $\mathscr{D}$ 有什么关系呢? 根据泰勒展开式,有

$$\begin{aligned}f(x+a)&=f(x)+af'(x)+\frac{a^2}{2!}f''(x)+\cdots+\frac{a^{n-1}}{(n-1)!}f^{(n-1)}(x)\\&=\mathscr{I}(f(x))+a\mathscr{D}(f(x))+\frac{a^2}{2!}\mathscr{D}^2(f(x))+\cdots+\frac{a^{n-1}}{(n-1)!}\mathscr{D}^{n-1}(f(x))\\&=\left[\mathscr{I}+a\mathscr{D}+\frac{a^2}{2!}\mathscr{D}^2+\cdots+\frac{a^{n-1}}{(n-1)!}\mathscr{D}^{(n-1)}\right]f(x),\end{aligned}$$

因此
$$\mathscr{T}_a=\mathscr{I}+a\mathscr{D}+\frac{a^2}{2!}\mathscr{D}^2+\cdots+\frac{a^{n-1}}{(n-1)!}\mathscr{D}^{n-1}. \tag{7}$$

(7)式表明,平移 $\mathscr{T}_a$ 是求导数 $\mathscr{D}$ 的一个多项式.

$\mathbf{R}[x]_n$ 上的求导数 $\mathscr{D}$ 具有下述性质:

对于任意 $f(x)\in\mathbf{R}[x]_n$,有 $\mathscr{D}^n(f(x))=0$,从而 $\mathscr{D}^n=\mathscr{O}$. 由于

$$\mathscr{D}^{n-1}(x^{n-1})=\mathscr{D}^{n-2}((n-1)x^{n-2})=\mathscr{D}^{n-3}((n-1)(n-2)x^{n-3})=\cdots=(n-1)!,$$
因此 $\mathscr{D}^{n-1}\neq\mathscr{O}$. 于是,当 $1\leqslant k<n$ 时,$\mathscr{D}^k\neq\mathscr{O}$.

由这个例子受到启发,我们引入下述概念:

定义 5 设 $\mathscr{B}$ 是数域 K 上线性空间 V 上的一个线性变换. 如果存在正整数 l,使得 $\mathscr{B}^l=\mathscr{O}$,那么称 $\mathscr{B}$ 为**幂零变换**. 称使 $\mathscr{B}^l=\mathscr{O}$ 成立的最小正整数 l 为 $\mathscr{B}$ 的**幂零指数**.

$\mathbf{R}[x]_n$ 上的求导数 $\mathscr{D}$ 是幂零指数为 n 的幂零变换.

7.2.2 典型例题

例 1 设 $\mathscr{A}$ 是数域 K 上线性空间 V 上的一个线性变换,证明:如果存在 $\alpha\in V$,使得 $\mathscr{A}^{m-1}\alpha\neq 0$,$\mathscr{A}^m\alpha=0(m\in\mathbf{N}^*)$,那么向量组 $\alpha,\mathscr{A}\alpha,\cdots,\mathscr{A}^{m-1}\alpha$ 线性无关.

证明 设
$$k_0\alpha+k_1\mathscr{A}\alpha+\cdots+k_{m-1}\mathscr{A}^{m-1}\alpha=0. \tag{8}$$
考虑(8)式两边的向量在 $\mathscr{A}^{m-1}$ 下的像. 由于 $\mathscr{A}^m\alpha=0$,因此当 $s\geqslant m$ 时,$\mathscr{A}^s\alpha=0$,从而 $k_0\mathscr{A}^{m-1}\alpha=0$. 由于 $\mathscr{A}^{m-1}\alpha\neq 0$,因此 $k_0=0$. 于是,从(8)式得
$$k_1\mathscr{A}\alpha+k_2\mathscr{A}^2\alpha+\cdots+k_{m-1}\mathscr{A}^{m-1}\alpha=0. \tag{9}$$
考虑(9)式两边的向量在 $\mathscr{A}^{m-2}$ 下的像,可得 $k_1\mathscr{A}^{m-1}\alpha=0$,从而 $k_1=0$. 依次下去,可推出 $k_2=0,\cdots,k_{m-1}=0$. 因此,向量组 $\alpha_1,\mathscr{A}\alpha,\cdots,\mathscr{A}^{m-1}\alpha$ 线性无关. □

例 2 设 $\mathscr{B}$ 是数域 K 上 n 维线性空间 V 上的幂零变换,l 是 $\mathscr{B}$ 的幂零指数,证明:
$$l\leqslant \dim V.$$

证明 由于 $\mathscr{B}^l=\mathscr{O}$,且 $\mathscr{B}^{l-1}\neq\mathscr{O}$,因此存在 $\gamma\in V$,且 $\gamma\neq 0$,使得 $\mathscr{B}^{l-1}\gamma\neq 0$,$\mathscr{B}^l\gamma=0$. 根据例 1,向量组 $\gamma,\mathscr{B}\gamma,\cdots,\mathscr{B}^{l-1}\gamma$ 线性无关,从而 $l\leqslant\dim V$. □

例 3 设 V 是数域 K 上的线性空间,证明:如果 $\mathscr{A}_1,\mathscr{A}_2,\cdots,\mathscr{A}_s$ 是 V 上两两正交的幂等变换,那么 $\mathscr{A}_1+\mathscr{A}_2+\cdots+\mathscr{A}_s$ 也是幂等变换.

证明 由于 $\mathscr{A}_1,\mathscr{A}_2,\cdots,\mathscr{A}_s$ 是两两正交的幂等变换,因此有
$$(\mathscr{A}_1+\mathscr{A}_2+\cdots+\mathscr{A}_s)^2=\mathscr{A}_1^2+\mathscr{A}_2^2+\cdots+\mathscr{A}_s^2+\sum_{i\neq j}\mathscr{A}_i\mathscr{A}_j=\mathscr{A}_1+\mathscr{A}_2+\cdots+\mathscr{A}_s,$$
从而 $\mathscr{A}_1+\mathscr{A}_2+\cdots+\mathscr{A}_s$ 是幂等变换. □

习 题 7.2

1. 设 $\vec{d}$ 是几何空间 V 中的一个非零向量,过定点 O 且方向向量为 $\vec{d}$ 的直线记作 l. 任取 $\overrightarrow{OA}\in V$,从点 A 作直线 l 的垂线,垂足为 B. 令 $\mathscr{P}_{\vec{d}}(\overrightarrow{OA})=\overrightarrow{OB}$,称 $\mathscr{P}_{\vec{d}}$ 是在直线 l 上的**正投影**,并把 $\overrightarrow{OB}$ 称为 $\overrightarrow{OA}$ 在方向 $\vec{d}$ 上的**内射影**. 证明:

(1) $\mathscr{P}_{\vec{d}}$ 是 V 上的一个线性变换; (2) $\mathscr{P}_{\vec{d}}(\overrightarrow{OA})=\dfrac{\overrightarrow{OA}\cdot\vec{d}}{\vec{d}\cdot\vec{d}}\vec{d}$;

(3) 设 $\vec{b}\in V$,且 $\vec{b}\neq\vec{0}$,则 $\vec{d}\perp\vec{b}$ 当且仅当 $\mathscr{P}_{\vec{b}}\mathscr{P}_{\vec{d}}=\mathscr{P}_{\vec{d}}\mathscr{P}_{\vec{b}}=\mathscr{O}$.

2. 在几何空间 V 中,取右手直角坐标系 $Oxyz$. 用 $\mathscr{A}$ 表示绕 x 轴右旋(按右手螺旋方向旋转)90°的变换,用 $\mathscr{B}$ 表示绕 y 轴右旋 90°的变换,用 $\mathscr{C}$ 表示绕 z 轴右旋 90°的变换. 证明:

$$\mathscr{A}^4=\mathscr{B}^4=\mathscr{C}^4=\mathscr{I},\quad \mathscr{A}\mathscr{B}\neq\mathscr{B}\mathscr{A},\quad \mathscr{A}^2\mathscr{B}^2=\mathscr{B}^2\mathscr{A}^2;$$

并且检验 $(\mathscr{A}\mathscr{B})^2=\mathscr{A}^2\mathscr{B}^2$ 是否成立.

3. 在 $K[x]$中,令 $\mathscr{A}(f(x))=xf(x)$, $\forall f(x)\in K[x]$,证明:

(1) $\mathscr{A}$ 是 $K[x]$上的一个线性变换; (2) $\mathscr{D}\mathscr{A}-\mathscr{A}\mathscr{D}=\mathscr{I}$,其中 $\mathscr{D}$ 是求导数.

4. 设 $\mathscr{A},\mathscr{B}$ 是数域 K 上线性空间 V 上的线性变换,证明:如果 $\mathscr{A}\mathscr{B}-\mathscr{B}\mathscr{A}=\mathscr{I}$,那么

$$\mathscr{A}^k\mathscr{B}-\mathscr{B}\mathscr{A}^k=k\mathscr{A}^{k-1},\quad k\in\mathbf{N}^*.$$

5. 设 $\mathscr{A},\mathscr{B}$ 是数域 K 上线性空间 V 上的幂等变换,证明:

(1) $\mathscr{A}+\mathscr{B}$ 是幂等变换当且仅当 $\mathscr{A}\mathscr{B}=\mathscr{B}\mathscr{A}=\mathscr{O}$;

(2) 如果 $\mathscr{A}\mathscr{B}=\mathscr{B}\mathscr{A}$,那么 $\mathscr{A}+\mathscr{B}-\mathscr{A}\mathscr{B}$ 也是幂等变换.

6. 设 $V_1,V_2,\cdots,V_s$ 都是数域K 上线性空间 V 上的子空间,$V=V_1\oplus V_2\oplus\cdots\oplus V_s$,且 $\mathscr{P}_i$ $(i=1,2,\cdots,s)$表示平行于 $\sum\limits_{j\neq i}V_j$ 在 V_i 上的投影,证明:$\mathscr{P}_1,\mathscr{P}_2,\cdots,\mathscr{P}_s$ 是两两正交的幂等变换,且

$$\mathscr{P}_1+\mathscr{P}_2+\cdots+\mathscr{P}_s=\mathscr{I}.$$

§7.3 线性映射的核与像

7.3.1 内容精华

在几何空间 V 中,过定点 O 的平面 π 与过点 O 且不在平面 π 内的直线 l 的直和等于 V. 平行于 l 在 π 上的投影 $\mathscr{P}_\pi$ 具有性质:若 $\vec{a}\in l$,则 $\mathscr{P}_\pi(\vec{a})=\vec{0}$;若 $\vec{a}\notin l$,则 $\vec{a}=\vec{a}_1+\vec{a}_2$, $\vec{a}_1\in\pi$, $\vec{a}_2\in l$,且 $\vec{a}_1\neq 0$. 于是 $\mathscr{P}_\pi(\vec{a})=\vec{a}_1\neq\vec{0}$. 因此

$$l=\{\vec{a}\in V\mid \mathscr{P}_\pi(\vec{a})=\vec{0}\}.$$

由这个例子受到启发,我们引入下述概念:

定义 1 设 $\mathscr{A}$ 是数域 K 上线性空间 V 到 V' 的线性映射,称 V 的子集

$$\{\alpha\in V\mid \mathscr{A}\alpha=0'\}$$

为 $\mathscr{A}$ 的**核**,记作 $\mathrm{Ker}\mathscr{A}$.

对于上述几何空间 V 中的例子,有 $\mathrm{Ker}\mathscr{P}_\pi=l$.

命题 1 设 $\mathscr{A}\in\mathrm{Hom}(V,V')$,则 $\mathrm{Ker}\mathscr{A}$ 是 V 的一个子空间.

证明 由于 $\mathscr{A}(0)=0'$,因此 $0\in\mathrm{Ker}\mathscr{A}$. 任取 $\alpha,\beta\in\mathrm{Ker}\mathscr{A}$, $k\in K$,有

$$\mathscr{A}(\alpha+\beta)=\mathscr{A}\alpha+\mathscr{A}\beta=0'+0'=0',\quad \mathscr{A}(k\alpha)=k\mathscr{A}\alpha=k0'=0',$$

因此 $\alpha+\beta, k\alpha\in \mathrm{Ker}\mathscr{A}$,从而 $\mathrm{Ker}\mathscr{A}$ 是 V 的一个子空间. □

命题 2 设 $\mathscr{A}\in \mathrm{Hom}(V,V')$,则 $\mathscr{A}$ 是单射当且仅当 $\mathrm{Ker}\mathscr{A}=0$.

证明 *必要性* 设 $\mathscr{A}$ 是单射. 任取 $\alpha\in \mathrm{Ker}\mathscr{A}$,则

$$\mathscr{A}(\alpha) = 0' = \mathscr{A}(0).$$

于是 $\alpha=0$,从而 $\mathrm{Ker}\mathscr{A}=0$.

充分性 设 $\mathrm{Ker}\mathscr{A}=0$. 对于 $\alpha_1,\alpha_2\in V$,且 $\mathscr{A}\alpha_1=\mathscr{A}\alpha_2$,有

$$\mathscr{A}(\alpha_1-\alpha_2) = \mathscr{A}\alpha_1 - \mathscr{A}\alpha_2 = 0',$$

从而 $\alpha_1-\alpha_2\in \mathrm{Ker}\mathscr{A}$,于是 $\alpha_1-\alpha_2=0$. 因此 $\alpha_1=\alpha_2$,从而 $\mathscr{A}$ 是单射. □

命题 2 给出了判断线性映射 $\mathscr{A}$ 是否为单射的简单方法.

命题 3 设 $\mathscr{A}\in \mathrm{Hom}(V,V')$,则 $\mathrm{Im}\mathscr{A}$ 是 V' 的一个子空间,且 $\mathscr{A}$ 是满射当且仅当 $\mathrm{Im}\mathscr{A}=V'$.

证明 $0'=\mathscr{A}(0)\in \mathrm{Im}\mathscr{A}$. 直接验证 $\mathrm{Im}\mathscr{A}$ 对加法和数量乘法封闭,因此 $\mathrm{Im}\mathscr{A}$ 是 V' 的一个子空间.

从满射的定义知,$\mathscr{A}$ 是满射当且仅当 $\mathrm{Im}\mathscr{A}=V'$. □

线性映射的核与像的维数之间有什么关系呢? 先解剖一个"麻雀":在几何空间 V 中,对于平行于直线 l 在平面 π 上的投影 $\mathscr{P}_\pi$,有 $\mathrm{Ker}\mathscr{P}_\pi=l$,$\mathrm{Im}\mathscr{P}_\pi=\pi$,于是有

$$\dim(\mathrm{Ker}\mathscr{P}_\pi) + \dim(\mathrm{Im}\mathscr{P}_\pi) = 1+2 = 3 = \dim V.$$

由此受到启发,我们猜测并且来证明下述定理:

定理 1 设 V 和 V' 都是数域 K 上的线性空间,且 $\dim V=n$,又设 $\mathscr{A}\in \mathrm{Hom}(V,V')$,则

$$\dim(\mathrm{Ker}\mathscr{A}) + \dim(\mathrm{Im}\mathscr{A}) = \dim V. \tag{1}$$

证明 在 $\mathrm{Ker}\mathscr{A}$ 中取一个基 $\alpha_1,\cdots,\alpha_m$,把它扩充成 V 的一个基 $\alpha_1,\cdots,\alpha_m,\alpha_{m+1},\cdots,\alpha_n$. 在 $\mathrm{Im}\mathscr{A}$ 中任取一个向量 $\mathscr{A}\alpha$,其中 $\alpha\in V$. 设 $\alpha=\sum\limits_{i=1}^{n} a_i\alpha_i$,则

$$\mathscr{A}\alpha = \sum_{i=1}^{n} a_i\mathscr{A}\alpha_i = a_{m+1}\mathscr{A}\alpha_{m+1} + \cdots + a_n\mathscr{A}\alpha_n. \tag{2}$$

因此

$$\mathrm{Im}\mathscr{A}=\langle \mathscr{A}\alpha_{m+1},\cdots,\mathscr{A}\alpha_n\rangle, \tag{3}$$

从而 $\mathrm{Im}\mathscr{A}$ 是有限维的. 我们来证明 $\mathscr{A}\alpha_{m+1},\cdots,\mathscr{A}\alpha_m$ 线性无关. 设

$$k_{m+1}\mathscr{A}\alpha_{m+1}+\cdots+k_n\mathscr{A}\alpha_n=0,$$

则

$$\mathscr{A}(k_{m+1}\alpha_{m+1}+\cdots+k_n\alpha_n)=0,$$

从而 $k_{m+1}\alpha_{m+1}+\cdots+k_n\alpha_n\in \mathrm{Ker}\mathscr{A}$. 于是

$$k_{m+1}\alpha_{m+1}+\cdots+k_n\alpha_n=l_1\alpha_1+\cdots+l_m\alpha_m,$$

即

$$-l_1\alpha_1-\cdots-l_m\alpha_m+k_{m+1}\alpha_{m+1}+\cdots+k_n\alpha_n=0.$$

由此得出

$$l_1=\cdots=l_m=k_{m+1}=\cdots=k_n=0,$$

因此 $\mathscr{A}\alpha_{m+1},\cdots,\mathscr{A}\alpha_n$ 线性无关,从而它们构成 $\mathrm{Im}\mathscr{A}$ 的一个基. 于是

$$\dim(\mathrm{Im}\mathscr{A}) = n - m = \dim V - \dim(\mathrm{Ker}\mathscr{A}).$$ □

公式(1)称为**线性映射的核与像的维数公式**.

从(2)式看到,若 $\alpha_1,\cdots,\alpha_n$ 是 V 的一个基,则 $\mathrm{Im}\mathscr{A}=\langle \mathscr{A}\alpha_1,\cdots,\mathscr{A}\alpha_n\rangle$. 从(3)式和定理 1 的证明看到,若 $\alpha_1,\cdots,\alpha_m$ 是 $\mathrm{Ker}\mathscr{A}$ 的一个基,把它扩充成 V 的一个基 $\alpha_1,\cdots,\alpha_m,\alpha_{m+1},\cdots,\alpha_n$,则 $\mathscr{A}\alpha_{m+1},\cdots,\mathscr{A}\alpha_n$ 是 $\mathrm{Im}\mathscr{A}$ 的一个基.

当 V 是有限维线性空间时,V 到 V' 的线性映射 $\mathscr{A}$ 的像的维数称为 $\mathscr{A}$ 的**秩**,记作 $\mathrm{rank}(\mathscr{A})$;$\mathscr{A}$ 的核的维数称为 $\mathscr{A}$ 的**零度**.

如果 $\dim V=\dim V'=n$,那么利用定理 1 中的维数公式可以进一步研究线性映射的性质.

定理 2 设 V 和 V' 都是数域 K 上的 n 维线性空间,且 $\mathscr{A}\in \mathrm{Hom}(V,V')$,则 $\mathscr{A}$ 是单射当且仅当 $\mathscr{A}$ 是满射.

证明 $\mathscr{A}$ 是单射 $\Longleftrightarrow \mathrm{Ker}\mathscr{A}=0 \Longleftrightarrow \dim(\mathrm{Im}\mathscr{A})=\dim V=\dim V'$

$\Longleftrightarrow \mathrm{Im}\mathscr{A}=V' \Longleftrightarrow$ $\mathscr{A}$ 是满射. □

推论 1 设 $\mathscr{A}$ 是数域 K 上有限维线性空间 V 上的线性变换,则 $\mathscr{A}$ 是单射当且仅当 $\mathscr{A}$ 是满射. □

注意 对于 n 维线性空间 V 上的线性变换 $\mathscr{A}$,虽然 $\mathrm{Ker}\mathscr{A}$,$\mathrm{Im}\mathscr{A}$ 都是 V 的子空间,且有 $\dim(\mathrm{Ker}\mathscr{A})+\dim(\mathrm{Im}\mathscr{A})=\dim V$,但是不一定有 $V=\mathrm{Ker}\mathscr{A}+\mathrm{Im}\mathscr{A}$,且 $\mathrm{Ker}\mathscr{A}+\mathrm{Im}\mathscr{A}$ 不一定是直和. 例如,在 $K[x]_n$ 中,求导数 $\mathscr{D}$ 的像为 $\mathrm{Im}\mathscr{D}=K[x]_{n-1}$,$\mathscr{D}$ 的核为 $\mathrm{Ker}\mathscr{D}=K$,$K[x]_n\neq K+K[x]_{n-1}$,$K\cap K[x]_{n-1}=K\neq 0$,从而 $K+K[x]_{n-1}$ 不是直和.

命题 4 设 $\mathscr{A}$ 是数域 K 上 n 维线性空间 V 上的线性变换. 如果 $\mathrm{Ker}\mathscr{A}\cap\mathrm{Im}\mathscr{A}=0$,那么

$$V=\mathrm{Ker}\mathscr{A}\oplus\mathrm{Im}\mathscr{A}.$$

证明 由于 $\mathrm{Ker}\mathscr{A}\cap\mathrm{Im}\mathscr{A}=0$,因此 $\mathrm{Ker}\mathscr{A}+\mathrm{Im}\mathscr{A}$ 是直和,从而

$$\dim(\mathrm{Ker}\mathscr{A}+\mathrm{Im}\mathscr{A}) = \dim(\mathrm{Ker}\mathscr{A}) + \dim(\mathrm{Im}\mathscr{A}) = \dim V.$$

于是 $\mathrm{Ker}\mathscr{A}+\mathrm{Im}\mathscr{A}=V$. 所以 $V=\mathrm{Ker}\mathscr{A}\oplus\mathrm{Im}\mathscr{A}$. □

可以利用线性空间 V 上的幂等变换来研究 V 的结构.

定理 3 设 $\mathscr{A}$ 是数域 K 上线性空间 V 上的幂等变换,则

$$V = \mathrm{Ker}\mathscr{A}\oplus\mathrm{Im}\mathscr{A}, \tag{4}$$

并且 $\mathscr{A}$ 是平行于 $\mathrm{Ker}\mathscr{A}$ 在 $\mathrm{Im}\mathscr{A}$ 上的投影.

证明 任取 $\alpha\in V$,则 $\mathscr{A}\alpha\in\mathrm{Im}\mathscr{A}$. 由于 $\mathscr{A}$ 是幂等变换,因此有

$$\mathscr{A}(\alpha-\mathscr{A}\alpha) = \mathscr{A}\alpha-\mathscr{A}^2\alpha = \mathscr{A}\alpha-\mathscr{A}\alpha = 0,$$

从而 $\alpha-\mathscr{A}\alpha\in\mathrm{Ker}\mathscr{A}$. 由于 $\alpha=(\alpha-\mathscr{A}\alpha)+\mathscr{A}\alpha$,因此 $V=\mathrm{Ker}\mathscr{A}+\mathrm{Im}\mathscr{A}$.

任取 $\beta\in\mathrm{Ker}\mathscr{A}\cap\mathrm{Im}\mathscr{A}$. 由于 $\beta\in\mathrm{Im}\mathscr{A}$,因此存在 $\gamma\in V$,使得 $\beta=\mathscr{A}\gamma$. 由于 $\beta\in\mathrm{Ker}\mathscr{A}$,因此

$\mathscr{A}\beta=0$,从而由 $\mathscr{A}$ 是幂等变换得

$$0=\mathscr{A}\beta=\mathscr{A}(\mathscr{A}\gamma)=\mathscr{A}^2\gamma=\mathscr{A}\gamma=\beta.$$

于是

$$\mathrm{Ker}\mathscr{A}\cap\mathrm{Im}\mathscr{A}=0.$$

综上所述,得

$$V=\mathrm{Ker}\mathscr{A}\oplus\mathrm{Im}\mathscr{A}.$$

由于对于任意 $\alpha\in V$,有 $\alpha=(\alpha-\mathscr{A}\alpha)+\mathscr{A}\alpha$,因此平行于 $\mathrm{Ker}\mathscr{A}$ 在 $\mathrm{Im}\mathscr{A}$ 上的投影 $\mathscr{P}$ 使得 $\mathscr{P}(\alpha)=\mathscr{A}\alpha$,从而 $\mathscr{P}=\mathscr{A}$. □

定理 3 证明了幂等变换是投影,§7.2 中的性质 3 证明了投影是幂等变换. 由此体会到数学是一个统一的整体.

7.3.2 典型例题

例 1 利用线性映射的核与像的维数公式给出数域 K 上 n 元齐次线性方程组 $\boldsymbol{Ax}=\boldsymbol{0}$ 的解空间 W 的维数公式的另一证法.

证明 设 $\boldsymbol{A}$ 是 $s\times n$ 矩阵,$\boldsymbol{A}$ 的列向量组为 $\boldsymbol{\alpha}_1,\boldsymbol{\alpha}_2,\cdots,\boldsymbol{\alpha}_n$. 考虑 K^n 到 K^s 的一个线性映射 $\mathscr{A}(\boldsymbol{\alpha})=\boldsymbol{A\alpha}$. 设 $\boldsymbol{\alpha}=(a_1,a_2,\cdots,a_n)^{\mathrm{T}}\in K^n$. 我们有

$$\mathrm{Ker}\mathscr{A}=\{\boldsymbol{\alpha}\in K^n\mid\mathscr{A}(\boldsymbol{\alpha})=\boldsymbol{0}\}=\{\boldsymbol{\alpha}\in K^n\mid\boldsymbol{A\alpha}=\boldsymbol{0}\}=W, \tag{5}$$

$$\begin{aligned}\mathrm{Im}\mathscr{A}&=\{\mathscr{A}(\boldsymbol{\alpha})\mid\boldsymbol{\alpha}\in K^n\}=\{\boldsymbol{A\alpha}\mid\boldsymbol{\alpha}\in K^n\}\\&=\{a_1\boldsymbol{\alpha}_1+a_2\boldsymbol{\alpha}_2+\cdots+a_n\boldsymbol{\alpha}_n\mid a_i\in K,i=1,2,\cdots,n\}\\&=\langle\boldsymbol{\alpha}_1,\boldsymbol{\alpha}_2,\cdots,\boldsymbol{\alpha}_n\rangle.\end{aligned} \tag{6}$$

这表明,$\mathrm{Ker}\mathscr{A}$ 等于 $\boldsymbol{Ax}=\boldsymbol{0}$ 的解空间 W,$\mathrm{Im}\mathscr{A}$ 等于矩阵 $\boldsymbol{A}$ 的列空间. 根据定理 1,得

$$\dim W=\dim(\mathrm{Ker}\mathscr{A})=\dim K^n-\dim(\mathrm{Im}\mathscr{A})=n-\mathrm{rank}(\mathscr{A}).$$ □

例 2 设 V,U,W 都是数域 K 上的线性空间,且 V 是有限维的,又设 $\mathscr{A}\in\mathrm{Hom}(V,U)$,$\mathscr{B}\in\mathrm{Hom}(U,W)$,证明:

$$\dim(\mathrm{Ker}\mathscr{B}\mathscr{A})\leqslant\dim(\mathrm{Ker}\mathscr{A})+\dim(\mathrm{Ker}\mathscr{B}). \tag{7}$$

证明 $\mathscr{B}\mathscr{A}\in\mathrm{Hom}(V,W)$,$(\mathscr{B}\mathscr{A})V=\mathscr{B}(\mathscr{A}V)=\mathrm{Im}(\mathscr{B}|\mathscr{A}V)$,其中 $\mathscr{B}|\mathscr{A}V$ 表示 $\mathscr{B}$ 在 $\mathscr{A}V$ 上的限制,即 $\mathscr{B}|\mathscr{A}V\in\mathrm{Hom}(\mathscr{A}V,W)$,并且对于 $\alpha\in\mathscr{A}V$,有 $(\mathscr{B}|\mathscr{A}V)\alpha=\mathscr{B}\alpha$,于是 $\mathrm{Ker}(\mathscr{B}|\mathscr{A}V)\subseteq\mathrm{Ker}\mathscr{B}$. 根据定理 1,得

$$\begin{aligned}\dim(\mathrm{Ker}\mathscr{B}\mathscr{A})&=\dim V-\dim((\mathscr{B}\mathscr{A})V)=\dim V-\dim(\mathrm{Im}(\mathscr{B}|\mathscr{A}V))\\&=\dim V-(\dim(\mathscr{A}V)-\dim(\mathrm{Ker}(\mathscr{B}|\mathscr{A}V)))\\&\leqslant\dim V-\dim(\mathscr{A}V)+\dim(\mathrm{Ker}\mathscr{B})\\&=\dim(\mathrm{Ker}\mathscr{A})+\dim(\mathrm{Ker}\mathscr{B}).\end{aligned}$$ □

例 3 设 V,U,W 都是数域 K 上的线性空间,$\dim V=n$,$\dim U=m$,$\mathscr{A}\in\mathrm{Hom}(V,U)$,$\mathscr{B}\in\mathrm{Hom}(U,W)$,证明:

$$\operatorname{rank}(\mathscr{B}\mathscr{A}) \geqslant \operatorname{rank}(\mathscr{A}) + \operatorname{rank}(\mathscr{B}) - m. \tag{8}$$

证明 根据定理 1 和例 2,得

$$\begin{aligned}\operatorname{rank}(\mathscr{B}\mathscr{A}) &= \dim(\operatorname{Im}(\mathscr{B}\mathscr{A})) = \dim V - \dim(\operatorname{Ker}\mathscr{B}\mathscr{A})\\ &\geqslant n - (\dim(\operatorname{Ker}\mathscr{A}) + \dim(\operatorname{Ker}\mathscr{B}))\\ &= \dim(\operatorname{Im}\mathscr{A}) - (\dim U - \dim(\operatorname{Im}\mathscr{B}))\\ &= \operatorname{rank}(\mathscr{A}) + \operatorname{rank}(\mathscr{B}) - m.\end{aligned}$$ □

例 4 设 $\mathscr{A}_1, \mathscr{A}_2, \cdots, \mathscr{A}_s$ 都是数域 K 上 n 维线性空间 V 上的线性变换,令 $\mathscr{A} = \mathscr{A}_1 + \mathscr{A}_2 + \cdots + \mathscr{A}_s$,证明:如果

$$\operatorname{rank}(\mathscr{A}) = \operatorname{rank}(\mathscr{A}_1) + \operatorname{rank}(\mathscr{A}_2) + \cdots + \operatorname{rank}(\mathscr{A}_s), \tag{9}$$

那么

$$\operatorname{Im}\mathscr{A} = \operatorname{Im}\mathscr{A}_1 \oplus \operatorname{Im}\mathscr{A}_2 \oplus \cdots \oplus \operatorname{Im}\mathscr{A}_s. \tag{10}$$

证明 任取 $\beta \in \operatorname{Im}\mathscr{A}$,则存在 $\alpha \in V$,使得

$$\beta = \mathscr{A}\alpha = (\mathscr{A}_1 + \mathscr{A}_2 \cdots + \mathscr{A}_s)\alpha = \mathscr{A}_1\alpha + \mathscr{A}_2\alpha + \cdots + \mathscr{A}_s\alpha \in \operatorname{Im}\mathscr{A}_1 + \operatorname{Im}\mathscr{A}_2 + \cdots + \operatorname{Im}\mathscr{A}_s.$$

因此

$$\operatorname{Im}\mathscr{A} \subseteq \operatorname{Im}\mathscr{A}_1 + \operatorname{Im}\mathscr{A}_2 + \cdots + \operatorname{Im}\mathscr{A}_s. \tag{11}$$

根据§6.2 中的定理 4 以及已知条件(9)式,得

$$\begin{aligned}\dim(\operatorname{Im}\mathscr{A}) &\leqslant \dim(\operatorname{Im}\mathscr{A}_1 + \operatorname{Im}\mathscr{A}_2 + \cdots + \operatorname{Im}\mathscr{A}_s)\\ &\leqslant \dim(\operatorname{Im}\mathscr{A}_1) + \dim(\operatorname{Im}\mathscr{A}_2) + \cdots + \dim(\operatorname{Im}\mathscr{A}_s)\\ &= \operatorname{rank}(\mathscr{A}_1) + \operatorname{rank}(\mathscr{A}_2) + \cdots + \operatorname{rank}(\mathscr{A}_s)\\ &= \operatorname{rank}(\mathscr{A}) = \dim(\operatorname{Im}\mathscr{A}).\end{aligned} \tag{12}$$

由(11)式和(12)式以及§6.2 中的定理 8 得

$$\operatorname{Im}\mathscr{A} = \operatorname{Im}\mathscr{A}_1 \oplus \operatorname{Im}\mathscr{A}_2 \oplus \cdots \oplus \operatorname{Im}\mathscr{A}_s.$$ □

例 5 设 $\mathscr{A}_1, \mathscr{A}_2, \cdots, \mathscr{A}_s$ 都是数域 K 上 n 维线性空间 V 上的线性变换. 令 $\mathscr{A} = \mathscr{A}_1 + \mathscr{A}_2 + \cdots + \mathscr{A}_s$,证明:如果 $\mathscr{A}$ 是幂等变换,且 $\operatorname{rank}(\mathscr{A}) = \operatorname{rank}(\mathscr{A}_1) + \operatorname{rank}(\mathscr{A}_2) + \cdots + \operatorname{rank}(\mathscr{A}_s)$,那么 $\mathscr{A}_1, \mathscr{A}_2, \cdots, \mathscr{A}_s$ 是两两正交的幂等变换.

证明 由于

$$\operatorname{rank}(\mathscr{A}) = \operatorname{rank}(\mathscr{A}_1) + \operatorname{rank}(\mathscr{A}_2) + \cdots + \operatorname{rank}(\mathscr{A}_s),$$

因此根据例 4,得

$$\operatorname{Im}\mathscr{A} = \operatorname{Im}\mathscr{A}_1 \oplus \operatorname{Im}\mathscr{A}_2 \oplus \cdots \oplus \operatorname{Im}\mathscr{A}_s.$$

任取 $\alpha \in V$. 对于 $i \in \{1, 2, \cdots, s\}$,由于 $\mathscr{A}_i\alpha \in \operatorname{Im}\mathscr{A}_i \subseteq \operatorname{Im}\mathscr{A}$,因此存在 $\beta_i \in V$,使得 $\mathscr{A}_i\alpha = \mathscr{A}\beta_i$. 由于 $\mathscr{A}$ 是幂等变换,因此

$$\begin{aligned}\mathscr{A}_i\alpha &= \mathscr{A}\beta_i = \mathscr{A}^2\beta_i = \mathscr{A}(\mathscr{A}\beta_i) = \mathscr{A}(\mathscr{A}_i\alpha) = (\mathscr{A}_1 + \mathscr{A}_2 + \cdots + \mathscr{A}_s)(\mathscr{A}_i\alpha)\\ &= \mathscr{A}_1\mathscr{A}_i\alpha + \mathscr{A}_2\mathscr{A}_i\alpha + \cdots + \mathscr{A}_{i-1}\mathscr{A}_i\alpha + \mathscr{A}_i^2\alpha + \mathscr{A}_{i+1}\mathscr{A}_i\alpha + \cdots + \mathscr{A}_s\mathscr{A}_i\alpha.\end{aligned}$$

又有 $$\mathscr{A}_i\alpha=0+0+\cdots+0+\mathscr{A}_i\alpha+0+\cdots+0.$$
由于 $\mathscr{A}_i\alpha\in\mathrm{Im}\mathscr{A}_i$, $\mathscr{A}_1\mathscr{A}_i\alpha\in\mathrm{Im}\mathscr{A}_1$, $\mathscr{A}_2\mathscr{A}_i\alpha\in\mathrm{Im}\mathscr{A}_2$, $\cdots$, $\mathscr{A}_{i-1}\mathscr{A}_i\alpha\in\mathrm{Im}\mathscr{A}_{i-1}$, $\mathscr{A}_i^2\alpha\in\mathrm{Im}\mathscr{A}_i$, $\mathscr{A}_{i+1}\mathscr{A}_i\alpha\in\mathrm{Im}\mathscr{A}_{i+1}$, $\cdots$, $\mathscr{A}_s\mathscr{A}_i\alpha\in\mathrm{Im}\mathscr{A}_s$,因此从 $\mathrm{Im}\mathscr{A}$ 的直和分解式中向量 $\mathscr{A}_i\alpha$ 的表示方式唯一得
$$\mathscr{A}_1\mathscr{A}_i\alpha=0,\ \mathscr{A}_2\mathscr{A}_i\alpha=0,\ \cdots,\ \mathscr{A}_{i-1}\mathscr{A}_i\alpha=0,\ \mathscr{A}_i^2\alpha=\mathscr{A}_i\alpha,\ \mathscr{A}_{i+1}\mathscr{A}_i\alpha=0,\ \cdots,\ \mathscr{A}_s\mathscr{A}_i\alpha=0,$$
从而 $\mathscr{A}_j\mathscr{A}_i=\mathscr{O}\ (j\neq i)$, $\mathscr{A}_i^2=\mathscr{A}_i$. 又由于 $i\in\{1,2,\cdots,s\}$,因此 $\mathscr{A}_1,\mathscr{A}_2,\cdots,\mathscr{A}_s$ 是两两正交的幂等变换. □

习 题 7.3

1. 对于下面定义的 K^4 到 K^3 的线性映射 $\mathscr{A}$,求 $\mathrm{Ker}\mathscr{A}$, $\mathrm{Im}\mathscr{A}$:
$$\mathscr{A}\begin{pmatrix}x_1\\x_2\\x_3\\x_4\end{pmatrix}=\begin{pmatrix}x_1-3x_2+x_3-2x_4\\-x_1-11x_2+2x_3-5x_4\\3x_1+5x_2+x_4\end{pmatrix}.$$

2. 设 $\mathscr{A}$ 是数域 K 上线性空间 V 到 V' 的线性映射,W 是 V 的一个子空间,令 $\mathscr{A}W:=\{\mathscr{A}\beta\,|\,\beta\in W\}$,证明:

(1) $\mathscr{A}W$ 是 V' 的一个子空间;

(2) 若 V 是有限维的,则 $\dim(\mathscr{A}W)+\dim((\mathrm{Ker}\mathscr{A})\cap W)=\dim W$.

3. 设 V,U,W,M 都是数域 K 上的线性空间,且 V,U 都是有限维的,又设 $\mathscr{A}\in\mathrm{Hom}(V,U)$, $\mathscr{B}\in\mathrm{Hom}(U,W)$, $\mathscr{C}\in\mathrm{Hom}(W,M)$,证明:
$$\mathrm{rank}(\mathscr{C}\mathscr{B}\mathscr{A})\geqslant\mathrm{rank}(\mathscr{C}\mathscr{B})+\mathrm{rank}(\mathscr{B}\mathscr{A})-\mathrm{rank}(\mathscr{B}).$$

4. 对于 $K[x]$中的平移 $\mathscr{T}_a$: $f(x)\longmapsto f(x+a)$,求 $\mathrm{Ker}\mathscr{T}_a$, $\mathrm{Im}\mathscr{T}_a$.

5. 把数域 K 看成自身上的线性空间,证明:线性空间 K 上的非零线性变换 $\mathscr{A}$ 是 K 到自身的一个同构映射.

6. 设 V 和 V'都是数域 K 上的有限维线性空间,$\mathscr{A}\in\mathrm{Hom}(V,V')$,证明:存在直和分解:
$$V=\mathrm{Ker}\mathscr{A}\oplus W,\quad V'=M\oplus N,\quad W\cong M.$$

7. 设 $\mathscr{A}_1,\mathscr{A}_2,\cdots,\mathscr{A}_s$ 都是数域 K 上线性空间 V 上的线性变换,证明:如果 $\mathscr{A}_1,\mathscr{A}_2,\cdots,\mathscr{A}_s$ 两两不相等,那么 V 中至少有一个向量 α,使得 $\mathscr{A}_1\alpha,\mathscr{A}_2\alpha,\cdots,\mathscr{A}_s\alpha$ 两两不相等.

8. 设 U,W 都是数域 K 上线性空间 V 的子空间,且 $V=U\oplus W$,证明:
$$\mathrm{Ker}\mathscr{P}_U=W,\quad \mathrm{Im}\mathscr{P}_U=U.$$

9. 设 $\mathscr{A},\mathscr{B}$ 都是数域 K 上线性空间 V 上的幂等变换,证明:

(1) $\mathrm{Im}\mathscr{A}=\mathrm{Im}\mathscr{B}$ 当且仅当 $\mathscr{A}\mathscr{B}=\mathscr{B}$, $\mathscr{B}\mathscr{A}=\mathscr{A}$;

(2) $\mathrm{Ker}\mathscr{A}=\mathrm{Ker}\mathscr{B}$ 当且仅当 $\mathscr{A}\mathscr{B}=\mathscr{A}$, $\mathscr{B}\mathscr{A}=\mathscr{B}$.

10. 设 $\mathscr{A},\mathscr{B}$ 都是数域 K 上 n 维线性空间 V 上的线性变换,证明:若 $\mathrm{rank}(\mathscr{A}\mathscr{B})=\mathrm{rank}(\mathscr{B})$,

则对于 V 上的任意线性变换 $\mathscr{C}$,都有

$$\operatorname{rank}(\mathscr{A}\mathscr{B}\mathscr{C})=\operatorname{rank}(\mathscr{B}\mathscr{C}).$$

11. 设 $\mathscr{A}$ 是数域 K 上 n 维线性空间 V 上的线性变换,证明:存在一个正整数 m,使得

$$\mathscr{A}^m V=\mathscr{A}^{m+k}V \quad (k=1,2,\cdots).$$

§7.4 线性映射和线性变换的矩阵

7.4.1 内容精华

一、线性映射和线性变换的矩阵表示

研究线性映射的方法有两种:一种是把它作为具有特殊性质(保持加法和数量乘法运算)的映射直接进行研究,例如§7.2中讨论线性映射的运算,§7.3中讨论线性映射的核与像;另一种是当线性空间 V 和 V' 都是有限维时,V 到 V' 的线性映射有矩阵表示,于是可以利用矩阵来研究线性映射.同时,也可以利用线性映射来研究矩阵.因此,线性映射的矩阵表示既是研究线性映射的强有力的工具,又是研究矩阵的强有力的工具.

设 V 和 V' 都是数域 K 上的线性空间,$\dim V=n$,$\dim V'=s$,又设 $\mathscr{A}$ 是 V 到 V' 的一个线性映射.根据§7.1中的性质(5),$\mathscr{A}$ 被它在 V 的一个基上的作用所决定.于是,取 V 的一个基 $\alpha_1,\alpha_2,\cdots,\alpha_n$,$\mathscr{A}$ 完全被 $\mathscr{A}\alpha_1,\mathscr{A}\alpha_2,\cdots,\mathscr{A}\alpha_n$ 决定.由于 $\mathscr{A}\alpha_i\in V'(i=1,2,\cdots,n)$,因此在 V' 中取一个基 $\eta_1,\eta_2,\cdots,\eta_s$,则有

$$\begin{aligned}
&\mathscr{A}\alpha_1=a_{11}\eta_1+a_{21}\eta_2+\cdots+a_{s1}\eta_s,\\
&\mathscr{A}\alpha_2=a_{12}\eta_1+a_{22}\eta_2+\cdots+a_{s2}\eta_s,\\
&\cdots\cdots\\
&\mathscr{A}\alpha_n=a_{1n}\eta_1+a_{2n}\eta_2+\cdots+a_{sn}\eta_s.
\end{aligned} \tag{1}$$

(1)式可以写成

$$(\mathscr{A}\alpha_1,\mathscr{A}\alpha_2,\cdots,\mathscr{A}\alpha_n)=(\eta_1,\eta_2,\cdots,\eta_s)\begin{pmatrix} a_{11} & a_{12} & \cdots & a_{1n}\\ a_{21} & a_{22} & \cdots & a_{2n}\\ \vdots & \vdots & & \vdots\\ a_{s1} & a_{s2} & \cdots & a_{sn}\end{pmatrix}. \tag{2}$$

把(2)式右端的 $s\times n$ 矩阵记作 $\boldsymbol{A}$,它的第 j 列是 $\mathscr{A}\alpha_j(j=1,2,\cdots,n)$ 在 V' 的基 $\eta_1,\eta_2,\cdots,\eta_s$ 下的坐标.把 $\boldsymbol{A}$ 称为**线性映射 $\mathscr{A}$ 在 V 的基 $\alpha_1,\alpha_2,\cdots,\alpha_n$ 和 V' 的基 $\eta_1,\eta_2,\cdots,\eta_s$ 下的矩阵**,它完全被线性映射 $\mathscr{A}$ 和 V 的基 $\alpha_1,\alpha_2,\cdots,\alpha_n$ 与 V' 的基 $\eta_1,\eta_2,\cdots,\eta_s$ 所决定.

通常把 $(\mathscr{A}\alpha_1,\mathscr{A}\alpha_2,\cdots,\mathscr{A}\alpha_n)$ 记成 $\mathscr{A}(\alpha_1,\alpha_2,\cdots,\alpha_n)$,于是(2)式可写成

$$\mathscr{A}(\alpha_1,\alpha_2,\cdots,\alpha_n)=(\eta_1,\eta_2,\cdots,\eta_s)\boldsymbol{A},\tag{3}$$

其中 $\boldsymbol{A}$ 是 $\mathscr{A}$ 在 V 的基 $\alpha_1,\alpha_2,\cdots,\alpha_n$ 和 V' 的基 $\eta_1,\eta_2,\cdots,\eta_s$ 下的矩阵.

对于 V 上的线性变换 $\mathscr{A}$,取 V 中的一个基 $\alpha_1,\alpha_2,\cdots,\alpha_n$,由于 $\mathscr{A}\alpha_i(i=1,2,\cdots,n)$ 可以由 $\alpha_1,\alpha_2,\cdots,\alpha_n$ 线性表出,因此有

$$\mathscr{A}(\alpha_1,\alpha_2,\cdots,\alpha_n)=(\alpha_1,\alpha_2,\cdots,\alpha_n)\boldsymbol{A},\tag{4}$$

其中 $\boldsymbol{A}$ 的第 j 列是 $\mathscr{A}\alpha_j(j=1,2,\cdots,n)$ 在 V 的基 $\alpha_1,\alpha_2,\cdots,\alpha_n$ 下的坐标. 把 $\boldsymbol{A}$ 称为**线性变换 $\mathscr{A}$ 在 V 的基 $\alpha_1,\alpha_2,\cdots,\alpha_n$ 下的矩阵**,它由 $\mathscr{A}$ 和 V 的基 $\alpha_1,\alpha_2,\cdots,\alpha_n$ 所决定.

二、Hom(V,V')与 $M_{s\times n}(K)$的关系,Hom(V,V)与 $M_n(K)$的关系

定理 1 设 V,V' 分别是数域 K 上的 n 维、s 维线性空间,取 V 中的一个基 $\alpha_1,\alpha_2,\cdots,\alpha_n$ 和 V' 中的一个基 $\eta_1,\eta_2,\cdots,\eta_s$,则把 V 到 V' 的线性映射 $\mathscr{A}$ 对应到它在 V 的基 $\alpha_1,\alpha_2,\cdots,\alpha_n$ 和 V' 的基 $\eta_1,\eta_2,\cdots,\eta_s$ 下的矩阵 $\boldsymbol{A}$ 这个对应 σ 是线性空间 Hom(V,V') 到 $M_{s\times n}(K)$ 的一个同构映射,从而 Hom$(V,V')\cong M_{s\times n}(K)$,于是

$$\dim(\mathrm{Hom}(V,V'))=\dim V\cdot\dim V'.\tag{5}$$

证明 由于 $\boldsymbol{A}$ 被 $\mathscr{A}$ 以及 V 的基 $\alpha_1,\alpha_2,\cdots,\alpha_n$ 与 V' 的基 $\eta_1,\eta_2,\cdots,\eta_s$ 所决定,因此 σ 是 Hom(V,V') 到 $M_{s\times n}(K)$ 的一个映射. 任给 $\boldsymbol{C}\in M_{s\times n}(K)$,设 $\boldsymbol{C}$ 的列向量组是 $\boldsymbol{C}_1,\boldsymbol{C}_2,\cdots,\boldsymbol{C}_n$,并设 V' 中的向量 $\gamma_j(j=1,2,\cdots,n)$ 在基 $\eta_1,\eta_2,\cdots,\eta_s$ 下的坐标为 $\boldsymbol{C}_j$. 根据 §7.1 中的定理 1,存在 V 到 V' 的唯一的线性映射 $\mathscr{C}$,使得 $\mathscr{C}(\alpha_i)=\gamma_i(i=1,2,\cdots,n)$,从而

$$\mathscr{C}(\alpha_1,\alpha_2,\cdots,\alpha_n)=(\gamma_1,\gamma_2,\cdots,\gamma_n)=(\eta_1,\eta_2,\cdots,\eta_s)\boldsymbol{C}.\tag{6}$$

因此 $\sigma(\mathscr{C})=\boldsymbol{C}$,从而 σ 是满射,且 σ 是单射. 于是 σ 是双射. 下面证明 σ 保持加法和数量乘法运算. 设 $\mathscr{A},\mathscr{B}\in\mathrm{Hom}(V,V')$,且

$$\mathscr{A}(\alpha_1,\alpha_2,\cdots,\alpha_n)=(\eta_1,\eta_2,\cdots,\eta_s)\boldsymbol{A},\quad \mathscr{B}(\alpha_1,\alpha_2,\cdots,\alpha_n)=(\eta_1,\eta_2,\cdots,\eta_s)\boldsymbol{B},$$

则

$$\begin{aligned}(\mathscr{A}+\mathscr{B})(\alpha_1,\alpha_2,\cdots,\alpha_n)&=((\mathscr{A}+\mathscr{B})\alpha_1,(\mathscr{A}+\mathscr{B})\alpha_2,\cdots,(\mathscr{A}+\mathscr{B})\alpha_n)\\&=(\mathscr{A}\alpha_1+\mathscr{B}\alpha_1,\mathscr{A}\alpha_2+\mathscr{B}\alpha_2,\cdots,\mathscr{A}\alpha_n+\mathscr{B}\alpha_n)\\&=(\mathscr{A}\alpha_1,\mathscr{A}\alpha_2,\cdots,\mathscr{A}\alpha_n)+(\mathscr{B}\alpha_1,\mathscr{B}\alpha_2,\cdots,\mathscr{B}\alpha_n)\\&=(\eta_1,\eta_2,\cdots,\eta_s)\boldsymbol{A}+(\eta_1,\eta_2,\cdots,\eta_s)\boldsymbol{B}\\&=(\eta_1,\eta_2,\cdots,\eta_s)(\boldsymbol{A}+\boldsymbol{B}).\end{aligned}\tag{7}$$

因此 $\mathscr{A}+\mathscr{B}$ 在 V 的基 $\alpha_1,\alpha_2,\cdots,\alpha_n$ 和 V' 的基 $\eta_1,\eta_2,\cdots,\eta_s$ 下的矩阵是 $\boldsymbol{A}+\boldsymbol{B}$,从而

$$\sigma(\mathscr{A}+\mathscr{B})=\boldsymbol{A}+\boldsymbol{B}=\sigma(\mathscr{A})+\sigma(\mathscr{B}),$$

$$\begin{aligned}(k\mathscr{A})(\alpha_1,\alpha_2,\cdots,\alpha_n)&=((k\mathscr{A})\alpha_1,(k\mathscr{A})\alpha_2,\cdots,(k\mathscr{A})\alpha_n)=(k\mathscr{A}\alpha_1,k\mathscr{A}\alpha_2,\cdots,k\mathscr{A}\alpha_n)\\&=k(\mathscr{A}\alpha_1,\mathscr{A}\alpha_2,\cdots,\mathscr{A}\alpha_n)=k((\eta_1,\eta_2,\cdots,\eta_s)\boldsymbol{A})\\&=(\eta_1,\eta_2,\cdots,\eta_s)(k\boldsymbol{A}),\end{aligned}\tag{8}$$

因此 $k\mathscr{A}$ 在 V 的基 $\alpha_1,\alpha_2,\cdots,\alpha_n$ 和 V' 的基 $\eta_1,\eta_2,\cdots,\eta_s$ 下的矩阵是 $k\boldsymbol{A}$，从而

$$\sigma(k\mathscr{A}) = k\boldsymbol{A} = k\sigma(\mathscr{A}).$$

综上所述，σ 是线性空间 $\mathrm{Hom}(V,V')$ 到 $M_{s\times n}(K)$ 的一个同构映射，从而 $\mathrm{Hom}(V,V')\cong M_{s\times n}(K)$，于是 $\dim(\mathrm{Hom}(V,V'))=sn$. □

推论 1 设 V 是数域 K 上的 n 维线性空间，取 V 的一个基 $\alpha_1,\alpha_2,\cdots,\alpha_n$，则把 V 上的线性变换 $\mathscr{A}$ 对应到它在 V 的基 $\alpha_1,\alpha_2,\cdots,\alpha_n$ 下的矩阵 $\boldsymbol{A}$ 这个映射是线性空间 $\mathrm{Hom}(V,V)$ 到 $M_n(K)$ 的一个同构映射，从而 $\mathrm{Hom}(V,V)\cong M_n(K)$，于是

$$\dim(\mathrm{Hom}(V,V)) = (\dim V)^2. \tag{9}$$

□

点评 从定理 1 的证明过程可以看出，任给 $\boldsymbol{C}\in M_n(K)$，设 V 是数域 K 上的 n 维线性空间，取 V 的一个基 $\alpha_1,\alpha_2,\cdots,\alpha_n$，则存在 V 上唯一的线性变换 $\mathscr{C}$，使得 $\mathscr{C}$ 在 V 的基 $\alpha_1,\alpha_2,\cdots,\alpha_n$ 下的矩阵是 $\boldsymbol{C}$. 类似地，任给 $\boldsymbol{C}\in M_{s\times n}(K)$，设 V,V' 分别是数域 K 上的 n 维、s 维线性空间，分别取 V 和 V' 的一个基 $\alpha_1,\alpha_2,\cdots,\alpha_n$ 和 $\eta_1,\eta_2,\cdots,\eta_s$，则存在 V 到 V' 的唯一的线性映射 $\mathscr{C}$，使得 $\mathscr{C}$ 在 V 的基 $\alpha_1,\alpha_2,\cdots,\alpha_n$ 和 V' 的基 $\eta_1,\eta_2,\cdots,\eta_s$ 下的矩阵是 $\boldsymbol{C}$. 这使得我们可以利用线性变换和线性映射的理论来研究矩阵问题.

$\mathrm{Hom}(V,V)$ 与 $M_n(K)$ 上都还有乘法运算，试问：把 V 上的每个线性变换对应到它在 V 的一个基下的矩阵这个映射 σ 是否还保持乘法运算？回答是肯定的，证明如下：

设 $\mathscr{A},\mathscr{B}\in \mathrm{Hom}(V,V)$，取 V 的一个基 $\alpha_1,\alpha_2,\cdots,\alpha_n$，并设

$$\mathscr{A}(\alpha_1,\alpha_2,\cdots,\alpha_n) = (\alpha_1,\alpha_2,\cdots,\alpha_n)\boldsymbol{A},\quad \mathscr{B}(\alpha_1,\alpha_2,\cdots,\alpha_n) = (\alpha_1,\alpha_2,\cdots,\alpha_n)\boldsymbol{B},\quad \boldsymbol{B} = (b_{ij}),$$

则

$$\begin{aligned}
(\mathscr{A}\mathscr{B})(\alpha_1,\alpha_2,\cdots,\alpha_n) &= \mathscr{A}(\mathscr{B}\alpha_1,\mathscr{B}\alpha_2,\cdots,\mathscr{B}\alpha_n) \\
&= \mathscr{A}((\alpha_1,\alpha_2,\cdots,\alpha_n)\boldsymbol{B}) \qquad (10)\\
&= \mathscr{A}(b_{11}\alpha_1 + b_{21}\alpha_2 + \cdots + b_{n1}\alpha_n,\cdots,b_{1n}\alpha_1 + b_{2n}\alpha_2 + \cdots + b_{nn}\alpha_n) \\
&= (b_{11}\mathscr{A}\alpha_1 + b_{21}\mathscr{A}\alpha_2 + \cdots + b_{n1}\mathscr{A}\alpha_n,\cdots,b_{1n}\mathscr{A}\alpha_1 + b_{2n}\mathscr{A}\alpha_2 + \cdots + b_{nn}\mathscr{A}\alpha_n) \\
&= (\mathscr{A}\alpha_1,\mathscr{A}\alpha_2,\cdots,\mathscr{A}\alpha_n)\boldsymbol{B} \qquad (11)\\
&= ((\alpha_1,\alpha_2,\cdots,\alpha_n)\boldsymbol{A})\boldsymbol{B} \\
&= (\alpha_1,\alpha_2,\cdots,\alpha_n)(\boldsymbol{AB}). \qquad (12)
\end{aligned}$$

因此，$\mathscr{A}\mathscr{B}$ 在 V 的基 $\alpha_1,\alpha_2,\cdots,\alpha_n$ 下的矩阵是 $\boldsymbol{AB}$，从而

$$\sigma(\mathscr{A}\mathscr{B}) = \boldsymbol{AB} = \sigma(\mathscr{A})\sigma(\mathscr{B}).$$

于是，σ 保持乘法运算.

从上述推导过程中的(10)式和(11)式得出

$$\mathscr{A}((\alpha_1,\alpha_2,\cdots,\alpha_n)\boldsymbol{B}) = (\mathscr{A}\alpha_1,\mathscr{A}\alpha_2,\cdots,\mathscr{A}\alpha_n)\boldsymbol{B} = (\mathscr{A}(\alpha_1,\alpha_2,\cdots,\alpha_n))\boldsymbol{B}. \tag{13}$$

当 $\boldsymbol{B}$ 是 $n\times m$ 矩阵时，(13)式也成立.

由于 V 上的恒等变换 $\mathscr{I}$ 在 V 的一个基下的矩阵是单位矩阵 $\boldsymbol{I}$,因此 $\sigma(\mathscr{I})=\boldsymbol{I}$. 设 V 上的线性变换 $\mathscr{A},\mathscr{B}$ 在 V 的一个基 $\alpha_1,\alpha_2,\cdots,\alpha_n$ 下的矩阵分别是 $\boldsymbol{A},\boldsymbol{B}$. 由于 σ 保持乘法运算,因此有

(1) $\mathscr{A}$ 可逆 $\Longleftrightarrow$ 存在 $\mathscr{B}\in \mathrm{Hom}(V,V)$,使得 $\mathscr{A}\mathscr{B}=\mathscr{B}\mathscr{A}=\mathscr{I}$

$\Longleftrightarrow$ 存在 $\boldsymbol{B}\in M_n(K)$,使得 $\boldsymbol{AB}=\boldsymbol{BA}=\boldsymbol{I}$

$\Longleftrightarrow$ $\boldsymbol{A}$ 是可逆矩阵;

并且当 $\mathscr{A}$ 可逆时,$\mathscr{A}^{-1}=\mathscr{B}$ 当且仅当 $\boldsymbol{A}^{-1}=\boldsymbol{B}$,故 $\mathscr{A}^{-1}$ 在 V 的基 $\alpha_1,\alpha_2,\cdots,\alpha_n$ 下的矩阵是 $\boldsymbol{A}^{-1}$.

(2) $\mathscr{A}$ 是幂等变换 $\Longleftrightarrow \mathscr{A}^2=\mathscr{A} \Longleftrightarrow \boldsymbol{A}^2=\boldsymbol{A} \Longleftrightarrow \boldsymbol{A}$ 是幂等矩阵.

(3) $\mathscr{A}$ 是幂零指数为 l 的幂零变换 $\Longleftrightarrow \mathscr{A}^l=\mathscr{O}$,而当 $1\leqslant k<l$ 时,$\mathscr{A}^k\neq\mathscr{O}$

$\Longleftrightarrow \boldsymbol{A}^l=\boldsymbol{0}$,而当 $1\leqslant k<l$ 时,$\boldsymbol{A}^k\neq\boldsymbol{0}$

$\Longleftrightarrow \boldsymbol{A}$ 是幂零指数为 l 的幂零矩阵.

(4) $\mathscr{A}$ 是对合变换 $\Longleftrightarrow \mathscr{A}^2=\mathscr{I} \Longleftrightarrow \boldsymbol{A}^2=\boldsymbol{I} \Longleftrightarrow \boldsymbol{A}$ 是对合矩阵.

三、向量在线性变换或线性映射下的坐标

在数域 K 上的 n 维线性空间 V 中取一个基 $\alpha_1,\alpha_2,\cdots,\alpha_n$,设 V 上的线性变换 $\mathscr{A}$ 在此基下的矩阵为 $\boldsymbol{A}$,V 中的向量 α 在此基下的坐标为 $\boldsymbol{\alpha}$,则根据(13)式,得

$$\mathscr{A}\alpha = \mathscr{A}((\alpha_1,\alpha_2,\cdots,\alpha_n)\boldsymbol{\alpha}) = (\mathscr{A}(\alpha_1,\alpha_2,\cdots,\alpha_n))\boldsymbol{\alpha} = (\alpha_1,\alpha_2,\cdots,\alpha_n)(\boldsymbol{A\alpha}).$$

因此,$\mathscr{A}\alpha$ 在 V 的基 $\alpha_1,\alpha_2,\cdots,\alpha_n$ 下的坐标为 $\boldsymbol{A\alpha}$.

由于 V 中两个向量相等当且仅当它们在 V 的一个基下的坐标相等,因此如果 V 中的向量 γ 在基 $\alpha_1,\alpha_2,\cdots,\alpha_n$ 下的坐标为 $\boldsymbol{\gamma}$,则

$$\mathscr{A}\alpha = \gamma \Longleftrightarrow \boldsymbol{A\alpha} = \boldsymbol{\gamma}. \tag{14}$$

设 V,V' 分别是数域 K 上的 n 维、s 维线性空间,V 到 V' 的一个线性映射 $\mathscr{A}$ 在 V 的基 $\alpha_1,\alpha_2,\cdots,\alpha_n$ 和 V' 的基 $\eta_1,\eta_2,\cdots,\eta_s$ 下的矩阵是 $\boldsymbol{A}$,V 中的向量 α 在 V 的基 $\alpha_1,\alpha_2,\cdots,\alpha_n$ 下的坐标为 $\boldsymbol{\alpha}$,则

$$\mathscr{A}\alpha = \mathscr{A}((\alpha_1,\alpha_2,\cdots,\alpha_n)\boldsymbol{\alpha}) = (\mathscr{A}(\alpha_1,\alpha_2,\cdots,\alpha_n))\boldsymbol{\alpha} = (\eta_1,\eta_2,\cdots,\eta_s)(\boldsymbol{A\alpha}).$$

因此,$\mathscr{A}\alpha$ 在 V' 的基 $\eta_1,\eta_2,\cdots,\eta_s$ 下的坐标为 $\boldsymbol{A\alpha}$.

四、线性映射(线性变换)的秩与它的矩阵的秩之间的关系

定理 2 设 $\mathscr{A}$ 是数域 K 上 n 维线性空间 V 到 s 维线性空间 V' 的一个线性映射,它在 V 的基 $\alpha_1,\alpha_2,\cdots,\alpha_n$ 和 V' 的基 $\eta_1,\eta_2,\cdots,\eta_s$ 下的矩阵是 $\boldsymbol{A}$,则

$$\mathrm{rank}(\mathscr{A}) = \mathrm{rank}(\boldsymbol{A}). \tag{15}$$

证明 把 V' 中的每个向量对应到它在 V' 的基 $\eta_1,\eta_2,\cdots,\eta_s$ 下的坐标这个映射 σ 是 V' 到 K^s 的一个同构映射. 由于 $\mathscr{A}\alpha_j$ 在 V' 的基 $\eta_1,\eta_2,\cdots,\eta_s$ 下的坐标是矩阵 $\boldsymbol{A}$ 的第 j 列 $\boldsymbol{\delta}_j$,因此

$\sigma(\mathscr{A}\alpha_j)=\boldsymbol{\delta}_j\ (j=1,2,\cdots,n)$,从而 $\sigma(\langle\mathscr{A}\alpha_1,\mathscr{A}\alpha_2,\cdots,\mathscr{A}\alpha_n\rangle)=\langle\boldsymbol{\delta}_1,\boldsymbol{\delta}_2,\cdots,\boldsymbol{\delta}_n\rangle$. 于是

$$\dim(\mathrm{Im}\mathscr{A})=\dim\langle\mathscr{A}\alpha_1,\mathscr{A}\alpha_2,\cdots,\mathscr{A}\alpha_n\rangle=\dim\langle\boldsymbol{\delta}_1,\boldsymbol{\delta}_2,\cdots,\boldsymbol{\delta}_n\rangle=\mathrm{rank}(\boldsymbol{A}),$$

从而

$$\mathrm{rank}(\mathscr{A})=\mathrm{rank}(\boldsymbol{A}).$$ □

推论 2 设 $\mathscr{A}$ 是数域 K 上 n 维线性空间 V 上的一个线性变换,它在 V 的一个基 $\alpha_1,\alpha_2,\cdots,\alpha_n$ 下的矩阵为 $\boldsymbol{A}$,则

$$\mathrm{rank}(\mathscr{A})=\mathrm{rank}(\boldsymbol{A}).$$ □

7.4.2 典型例题

例 1 设 $\mathscr{A}$ 是 K^3 上的一个线性变换:

$$\mathscr{A}\begin{pmatrix}x_1\\x_2\\x_3\end{pmatrix}=\begin{pmatrix}2x_1-x_2+x_3\\x_1+5x_2-2x_3\\-x_1+3x_2+2x_3\end{pmatrix},$$

求 $\mathscr{A}$ 在 K^3 的标准基 $\boldsymbol{\varepsilon}_1,\boldsymbol{\varepsilon}_2,\boldsymbol{\varepsilon}_3$ 下的矩阵.

解法一 由于

$$\mathscr{A}\boldsymbol{\varepsilon}_1=\mathscr{A}\begin{pmatrix}1\\0\\0\end{pmatrix}=\begin{pmatrix}2\\1\\-1\end{pmatrix}=2\boldsymbol{\varepsilon}_1+\boldsymbol{\varepsilon}_2-\boldsymbol{\varepsilon}_3,$$

$$\mathscr{A}\boldsymbol{\varepsilon}_2=\mathscr{A}\begin{pmatrix}0\\1\\0\end{pmatrix}=\begin{pmatrix}-1\\5\\3\end{pmatrix}=-\boldsymbol{\varepsilon}_1+5\boldsymbol{\varepsilon}_2+3\boldsymbol{\varepsilon}_3,$$

$$\mathscr{A}\boldsymbol{\varepsilon}_3=\mathscr{A}\begin{pmatrix}0\\0\\1\end{pmatrix}=\begin{pmatrix}1\\-2\\2\end{pmatrix}=\boldsymbol{\varepsilon}_1-2\boldsymbol{\varepsilon}_2+2\boldsymbol{\varepsilon}_3,$$

因此 $\mathscr{A}$ 在 K^3 的标准基 $\boldsymbol{\varepsilon}_1,\boldsymbol{\varepsilon}_2,\boldsymbol{\varepsilon}_3$ 下的矩阵为

$$\boldsymbol{A}=\begin{pmatrix}2&-1&1\\1&5&-2\\-1&3&2\end{pmatrix}.$$

解法二 我们有

$$\mathscr{A}\begin{pmatrix}x_1\\x_2\\x_3\end{pmatrix}=\begin{pmatrix}2&-1&1\\1&5&-2\\-1&3&2\end{pmatrix}\begin{pmatrix}x_1\\x_2\\x_3\end{pmatrix}.$$

把上式右端的三阶矩阵记作 $\boldsymbol{A}$,则 $\mathscr{A}\boldsymbol{\alpha}=\boldsymbol{A}\boldsymbol{\alpha}$, $\forall\,\boldsymbol{\alpha}\in K^3$. 把 $\boldsymbol{A}$ 的列向量组记作 $\boldsymbol{\alpha}_1,\boldsymbol{\alpha}_2,\boldsymbol{\alpha}_3$,则 $\boldsymbol{A}\boldsymbol{\varepsilon}_1=\boldsymbol{\alpha}_1,\boldsymbol{A}\boldsymbol{\varepsilon}_2=\boldsymbol{\alpha}_2,\boldsymbol{A}\boldsymbol{\varepsilon}_3=\boldsymbol{\alpha}_3$,从而

$$\mathscr{A}(\boldsymbol{\varepsilon}_1,\boldsymbol{\varepsilon}_2,\boldsymbol{\varepsilon}_3)=(\boldsymbol{A}\boldsymbol{\varepsilon}_1,\boldsymbol{A}\boldsymbol{\varepsilon}_2,\boldsymbol{A}\boldsymbol{\varepsilon}_3)=(\boldsymbol{\alpha}_1,\boldsymbol{\alpha}_2,\boldsymbol{\alpha}_3)=\boldsymbol{A}=\boldsymbol{I}\boldsymbol{A}=(\boldsymbol{\varepsilon}_1,\boldsymbol{\varepsilon}_2,\boldsymbol{\varepsilon}_3)\boldsymbol{A}.$$

因此,$\mathscr{A}$ 在 K^3 的标准基 $\boldsymbol{\varepsilon}_1,\boldsymbol{\varepsilon}_2,\boldsymbol{\varepsilon}_3$ 下的矩阵是 $\boldsymbol{A}$.

例 2 在实数域 $\mathbf{R}$ 上的线性空间 $\mathbf{R}^{\mathbf{R}}$ 中,令

$$V=\langle 1,\sin x,\cos x\rangle.$$

试问:$1,\sin x,\cos x$ 是不是 V 的一个基? 求导数 $\mathscr{D}$ 是不是 V 上的一个线性变换? 如果是,求 $\mathscr{D}$ 在 V 的基 $1,\sin x,\cos x$ 下的矩阵 $\boldsymbol{D}$.

解 已证 $1,\sin x,\cos x$ 线性无关,因此它是 V 的一个基. 由于

$$\mathscr{D}(1)=0,\quad \mathscr{D}(\sin x)=\cos x,\quad \mathscr{D}(\cos x)=-\sin x,$$

因此 $\mathscr{D}$ 是 V 上的一个线性变换,且 $\mathscr{D}$ 在基 $1,\sin x,\cos x$ 下的矩阵为

$$\boldsymbol{D}=\begin{pmatrix}0&0&0\\0&0&-1\\0&1&0\end{pmatrix}.$$

注意 $\mathscr{D}(\sin x)=\cos x=0\cdot 1+0\cdot\sin x+1\cdot\cos x$,因此 $\boldsymbol{D}$ 的第 2 列是 $(0,0,1)^{\mathrm{T}}$; $\mathscr{D}(\cos x)=-\sin x=0\cdot 1+(-1)\sin x+0\cdot\cos x$,因此 $\boldsymbol{D}$ 的第 3 列是 $(0,-1,0)^{\mathrm{T}}$.

例 3 在数域 K 上的线性空间 $K[x]_n$ 中,求 $\mathscr{D}$ 在基

$$1,\ x-a,\ \frac{1}{2!}(x-a)^2,\ \cdots,\ \frac{1}{(n-1)!}(x-a)^{n-1}$$

下的矩阵 $\boldsymbol{D}$,其中 a 是给定的实数.

解 由于

$$\mathscr{D}(1)=0,\quad \mathscr{D}(x-a)=1,\quad \mathscr{D}\left(\frac{1}{2!}(x-a)^2\right)=x-a,\quad \cdots,$$

$$\mathscr{D}\left(\frac{1}{(n-1)!}(x-a)^{n-1}\right)=\frac{1}{(n-2)!}(x-a)^{n-2},$$

因此

$$\boldsymbol{D}=\begin{pmatrix}0&1&0&\cdots&0\\0&0&1&\cdots&0\\0&0&0&\cdots&0\\\vdots&\vdots&\vdots&&\vdots\\0&0&0&\cdots&0\\0&0&0&\cdots&1\\0&0&0&\cdots&0\end{pmatrix}.\tag{16}$$

例 4 在 $M_2(K)$ 中定义如下变换:

$$\mathscr{A}(\boldsymbol{X})=\begin{pmatrix}a&b\\c&d\end{pmatrix}\boldsymbol{X},\quad \forall\,\boldsymbol{X}\in M_2(K).$$

试问：$\mathscr{A}$是否为 $M_2(K)$上的一个线性变换？如果是，求 $\mathscr{A}$在基 $\boldsymbol{E}_{11},\boldsymbol{E}_{12},\boldsymbol{E}_{21},\boldsymbol{E}_{22}$下的矩阵 $\boldsymbol{A}$.

解 直接验证得，$\mathscr{A}$是 $M_2(K)$上的一个线性变换. 由于

$$\mathscr{A}(\boldsymbol{E}_{11})=\begin{pmatrix}a&0\\c&0\end{pmatrix}=a\boldsymbol{E}_{11}+c\boldsymbol{E}_{21},\quad \mathscr{A}(\boldsymbol{E}_{12})=\begin{pmatrix}0&a\\0&c\end{pmatrix}=a\boldsymbol{E}_{12}+c\boldsymbol{E}_{22},$$

$$\mathscr{A}(\boldsymbol{E}_{21})=\begin{pmatrix}b&0\\d&0\end{pmatrix}=b\boldsymbol{E}_{11}+d\boldsymbol{E}_{21},\quad \mathscr{A}(\boldsymbol{E}_{22})=\begin{pmatrix}0&b\\0&d\end{pmatrix}=b\boldsymbol{E}_{12}+d\boldsymbol{E}_{22},$$

因此

$$\boldsymbol{A}=\begin{pmatrix}a&0&b&0\\0&a&0&b\\c&0&d&0\\0&c&0&d\end{pmatrix}.$$

例 5 设 $\mathscr{A}$是数域 K 上 n 维线性空间 V 上的线性变换，证明：如果存在 $\alpha\in V$，使得 $\mathscr{A}^{n-1}\alpha\neq 0$，$\mathscr{A}^n\alpha=0$，那么 $\mathscr{A}^{n-1}\alpha,\mathscr{A}^{n-2}\alpha,\cdots,\mathscr{A}\alpha,\alpha$ 是 V 的一个基，并且 $\mathscr{A}$在此基下的矩阵为

$$\boldsymbol{A}=\begin{pmatrix}0&1&0&\cdots&0&0\\0&0&1&\cdots&0&0\\0&0&0&\cdots&0&0\\\vdots&\vdots&\vdots&&\vdots&\vdots\\0&0&0&\cdots&0&0\\0&0&0&\cdots&1&0\\0&0&0&\cdots&0&1\\0&0&0&\cdots&0&0\end{pmatrix}. \tag{17}$$

证明 根据§7.2 中的例 1，$\mathscr{A}^{n-1}\alpha,\mathscr{A}^{n-2}\alpha,\cdots,\mathscr{A}\alpha,\alpha$ 线性无关. 又由于 $\dim V=n$，因此 $\mathscr{A}^{n-1}\alpha,\mathscr{A}^{n-2}\alpha,\cdots,\mathscr{A}\alpha,\alpha$ 是 V 的一个基. 由于

$$\mathscr{A}(\mathscr{A}^{n-1}\alpha)=\mathscr{A}^n\alpha=0,\quad \mathscr{A}(\mathscr{A}^{n-2}\alpha)=\mathscr{A}^{n-1}\alpha,\quad \cdots,\quad \mathscr{A}(\mathscr{A}\alpha)=\mathscr{A}^2\alpha,\quad \mathscr{A}(\alpha)=\mathscr{A}\alpha,$$

因此 $\mathscr{A}$在 V 的基 $\mathscr{A}^{n-1}\alpha,\mathscr{A}^{n-2}\alpha,\cdots,\mathscr{A}\alpha,\alpha$ 下的矩阵 $\boldsymbol{A}$ 如(17)式所示. □

例 6 设 K^4 到 K^3 的一个线性映射 $\mathscr{A}$如习题 7.3 中的第 1 题所定义. 在 K^4 中取一个基 $\boldsymbol{\alpha}_1=\boldsymbol{\varepsilon}_1,\boldsymbol{\alpha}_2=\boldsymbol{\varepsilon}_1+\boldsymbol{\varepsilon}_2,\boldsymbol{\alpha}_3=\boldsymbol{\varepsilon}_1+\boldsymbol{\varepsilon}_2+\boldsymbol{\varepsilon}_3,\boldsymbol{\alpha}_4=\boldsymbol{\varepsilon}_1+\boldsymbol{\varepsilon}_2+\boldsymbol{\varepsilon}_3+\boldsymbol{\varepsilon}_4$；在 K^3 中取一个基 $\boldsymbol{\eta}_1=(1,0,-2)^{\mathrm{T}}$，$\boldsymbol{\eta}_2=(1,-1,0)^{\mathrm{T}}$，$\boldsymbol{\eta}_3=(0,0,1)^{\mathrm{T}}$. 求 $\mathscr{A}$在 K^4 的基 $\boldsymbol{\alpha}_1,\boldsymbol{\alpha}_2,\boldsymbol{\alpha}_3,\boldsymbol{\alpha}_4$ 和 K^3 的基 $\boldsymbol{\eta}_1,\boldsymbol{\eta}_2,\boldsymbol{\eta}_3$ 下的矩阵 $\boldsymbol{A}$.

解 从$\mathscr{A}$的表达式经过计算得

$$\mathscr{A}\boldsymbol{\alpha}_1=(1,-1,3)^{\mathrm{T}},\qquad \mathscr{A}\boldsymbol{\alpha}_2=(-2,-12,8)^{\mathrm{T}},$$
$$\mathscr{A}\boldsymbol{\alpha}_3=(-1,-10,8)^{\mathrm{T}},\quad \mathscr{A}\boldsymbol{\alpha}_4=(-3,-15,9)^{\mathrm{T}}.$$

由于$\mathscr{A}(\boldsymbol{\alpha}_1,\boldsymbol{\alpha}_2,\boldsymbol{\alpha}_3,\boldsymbol{\alpha}_4)=(\boldsymbol{\eta}_1,\boldsymbol{\eta}_2,\boldsymbol{\eta}_3)\boldsymbol{A}$,因此

$$\boldsymbol{A}=\begin{pmatrix}1&1&0\\0&-1&0\\-2&0&1\end{pmatrix}^{-1}\begin{pmatrix}1&-2&-1&-3\\-1&-12&-10&-15\\3&8&8&9\end{pmatrix}=\begin{pmatrix}0&-14&-11&-18\\1&12&10&15\\3&-20&-14&-27\end{pmatrix}.$$

例 7 设V,V',V''分别是数域K上的n维、s维、m维线性空间,$\mathscr{A}\in\mathrm{Hom}(V,V')$,$\mathscr{B}\in\mathrm{Hom}(V',V'')$;$\mathscr{A}$在$V$的基$\alpha_1,\alpha_2,\cdots,\alpha_n$和$V'$的基$\eta_1,\eta_2,\cdots,\eta_s$下的矩阵为$\boldsymbol{A}$,$\mathscr{B}$在$V'$的基$\eta_1,\eta_2,\cdots,\eta_s$和$V''$的基$\delta_1,\delta_2,\cdots,\delta_m$下的矩阵为$\boldsymbol{B}$.证明:$\mathscr{B}\mathscr{A}$在$V$的基$\alpha_1,\alpha_2,\cdots,\alpha_n$和$V''$的基$\delta_1,\delta_2,\cdots,\delta_m$下的矩阵为$\boldsymbol{BA}$.

证明 由于

$$\begin{aligned}(\mathscr{B}\mathscr{A})(\alpha_1,\alpha_2,\cdots,\alpha_n)&=\mathscr{B}(\mathscr{A}(\alpha_1,\alpha_2,\cdots,\alpha_n))=\mathscr{B}((\eta_1,\eta_2,\cdots,\eta_s)\boldsymbol{A})=(\mathscr{B}(\eta_1,\eta_2,\cdots,\eta_s))\boldsymbol{A}\\&=((\delta_1,\delta_2,\cdots,\delta_m)\boldsymbol{B})\boldsymbol{A}=(\delta_1,\delta_2,\cdots,\delta_m)(\boldsymbol{BA}),\end{aligned}$$

因此$\mathscr{B}\mathscr{A}$在V的基$\alpha_1,\alpha_2,\cdots,\alpha_n$和$V''$的基$\delta_1,\delta_2,\cdots,\delta_m$下的矩阵为$\boldsymbol{BA}$. □

例 8 设V,V'分别是数域K上的n维、s维线性空间,证明:V到V'的每个秩为r的线性映射$\mathscr{A}$能表示成r个秩为1的线性映射的和.

证明 设$\mathscr{A}$在V的基$\alpha_1,\alpha_2,\cdots,\alpha_n$和$V'$的基$\eta_1,\eta_2,\cdots,\eta_s$下的矩阵为$\boldsymbol{A}$,则$\mathrm{rank}(\boldsymbol{A})=\mathrm{rank}(\mathscr{A})=r$.根据§4.7中的推论1可证得

$$\boldsymbol{A}=\boldsymbol{A}_1+\boldsymbol{A}_2+\cdots+\boldsymbol{A}_r,\quad 其中\quad \mathrm{rank}(\boldsymbol{A}_i)=1,\ i=1,2,\cdots,r.$$

根据本节推论1的点评,存在V到V'的唯一的线性映射$\mathscr{A}_i$,使得$\mathscr{A}_i$在V的基$\alpha_1,\alpha_2,\cdots,\alpha_n$和$V'$的基$\eta_1,\eta_2,\cdots,\eta_s$下的矩阵为$\boldsymbol{A}_i(i=1,2,\cdots,r)$.于是

$$\mathscr{A}=\mathscr{A}_1+\mathscr{A}_2+\cdots+\mathscr{A}_r,\quad 且\quad \mathrm{rank}(\mathscr{A}_i)=\mathrm{rank}(\boldsymbol{A}_i)=1,\ i=1,2,\cdots,r.$$ □

习 题 7.4

1. 设$\mathscr{A}$是K^3上的一个线性变换:

$$\mathscr{A}\begin{pmatrix}x_1\\x_2\\x_3\end{pmatrix}=\begin{pmatrix}x_1+2x_2\\-x_2+x_3\\x_2-x_3\end{pmatrix},$$

求$\mathscr{A}$在K^3的标准基$\boldsymbol{\varepsilon}_1,\boldsymbol{\varepsilon}_2,\boldsymbol{\varepsilon}_3$下的矩阵$\boldsymbol{A}$.

2. 在$\mathbf{R}^{\mathbf{R}}$中,令$V=\langle f_1,f_2\rangle$,其中

$$f_1=\mathrm{e}^{ax}\cos bx,\quad f_2=\mathrm{e}^{ax}\sin bx,\quad b\neq 0,$$

证明：f_1,f_2 是 V 的一个基，求导数 $\mathscr{D}$ 是 V 上的一个线性变换；并且求 $\mathscr{D}$ 在 V 的基 f_1,f_2 下的矩阵 $\boldsymbol{D}$.

3. 给定 $a\in\mathbf{R}$，令 $\mathscr{A}(f(x))=f(x+a)-f(x)$，$\forall f(x)\in\mathbf{R}[x]_n$，证明：$\mathscr{A}$ 是 $\mathbf{R}[x]_n$ 上的一个线性变换；并且求 $\mathscr{A}$ 在 $\mathbf{R}[x]_n$ 的一个基 $1,x-a,\frac{1}{2!}(x-a)^2,\cdots,\frac{1}{(n-1)!}(x-a)^{n-1}$ 下的矩阵 $\boldsymbol{A}$.

4. 在 $M_2(K)$ 中定义如下变换：

$$\mathscr{B}(\boldsymbol{X})=\boldsymbol{X}\begin{pmatrix}a&b\\c&d\end{pmatrix},\quad \mathscr{C}(\boldsymbol{X})=\begin{pmatrix}a&b\\c&d\end{pmatrix}\boldsymbol{X}\begin{pmatrix}a&b\\c&d\end{pmatrix},\quad \forall\boldsymbol{X}\in M_2(K).$$

说明 $\mathscr{B},\mathscr{C}$ 都是 $M_2(K)$ 上的线性变换，并分别求 $\mathscr{B},\mathscr{C}$ 在 $M_2(K)$ 的基 $\boldsymbol{E}_{11},\boldsymbol{E}_{12},\boldsymbol{E}_{21},\boldsymbol{E}_{22}$ 下的矩阵 $\boldsymbol{B},\boldsymbol{C}$.

5. 设 V 是数域 K 上的 n 维线性空间，证明：如果 V 上的线性变换 $\mathscr{A}$ 与 V 上所有的线性变换都可交换，那么 $\mathscr{A}$ 是数乘变换.

6. 设 V,V' 分别是数域 K 上的 n 维、s 维线性空间，$\mathscr{A}$ 是 V 到 V' 的一个线性映射，证明：存在 V 的一个基和 V' 的一个基，使得 $\mathscr{A}$ 在这一对基下的矩阵为

$$\boldsymbol{A}=\begin{pmatrix}\boldsymbol{I}_r&\boldsymbol{0}\\\boldsymbol{0}&\boldsymbol{0}\end{pmatrix},$$

其中 $r=\operatorname{rank}(\mathscr{A})$.

7. 在 K^3 中取一个基 $\boldsymbol{\alpha}_1=(1,1,1)^{\mathrm{T}},\boldsymbol{\alpha}_2=(1,1,0)^{\mathrm{T}},\boldsymbol{\alpha}_3=(1,0,0)^{\mathrm{T}}$，在 K^2 中取三个向量 $\boldsymbol{\gamma}_1=(1,-1)^{\mathrm{T}},\boldsymbol{\gamma}_2=(0,1)^{\mathrm{T}},\boldsymbol{\gamma}_3=(2,-1)^{\mathrm{T}}$，则存在 K^3 到 K^2 的唯一的线性映射 $\mathscr{A}$，使得 $\mathscr{A}\boldsymbol{\alpha}_i=\boldsymbol{\gamma}_i(i=1,2,3)$. 在 K^2 中取一个基 $\boldsymbol{\eta}_1=(1,0)^{\mathrm{T}},\boldsymbol{\eta}_2=(1,1)^{\mathrm{T}}$，求 $\mathscr{A}$ 在 K^3 的基 $\boldsymbol{\alpha}_1,\boldsymbol{\alpha}_2,\boldsymbol{\alpha}_3$ 和 K^2 的基 $\boldsymbol{\eta}_1,\boldsymbol{\eta}_2$ 下的矩阵 $\boldsymbol{A}$.

8. 给出西勒维斯特秩不等式的第二种证法：设 $\boldsymbol{A},\boldsymbol{B}$ 分别是数域 K 上的 $s\times n,n\times m$ 矩阵，证明：

$$\operatorname{rank}(\boldsymbol{AB})\geqslant\operatorname{rank}(\boldsymbol{A})+\operatorname{rank}(\boldsymbol{B})-n.$$

9. 给出弗罗贝尼乌斯秩不等式的第二种证法：设 $\boldsymbol{A},\boldsymbol{B},\boldsymbol{C}$ 分别是数域 K 上的 $s\times n$，$n\times m,m\times t$ 矩阵，证明：

$$\operatorname{rank}(\boldsymbol{ABC})\geqslant\operatorname{rank}(\boldsymbol{AB})+\operatorname{rank}(\boldsymbol{BC})-\operatorname{rank}(\boldsymbol{B}).$$

10. 设 $\boldsymbol{A},\boldsymbol{B}$ 都是数域 K 上的 $s\times n$ 矩阵，证明：n 元齐次线性方程组 $\boldsymbol{Ax}=\boldsymbol{0}$ 和 $\boldsymbol{Bx}=\boldsymbol{0}$ 同解当且仅当存在数域 K 上的 s 阶可逆矩阵 $\boldsymbol{C}$，使得 $\boldsymbol{B}=\boldsymbol{CA}$.

11. 设 $\boldsymbol{A},\boldsymbol{B}$ 都是数域 K 上的 $s\times n$ 矩阵，证明：$\boldsymbol{A}$ 的行向量组与 $\boldsymbol{B}$ 的行向量组等价当且仅当存在数域 K 上的 s 阶可逆矩阵 $\boldsymbol{C}$，使得 $\boldsymbol{B}=\boldsymbol{CA}$.

§7.5 线性变换在不同基下的矩阵之间的关系,相似矩阵

7.5.1 内容精华

一、线性变换在不同基下的矩阵之间的关系

设 $\mathscr{A}$ 是数域 K 上 n 维线性空间 V 上的线性变换,我们希望在 V 中找到一个基,使得 $\mathscr{A}$ 在此基下的矩阵具有最简单的形式. 为此,我们首先来研究 $\mathscr{A}$ 在 V 的不同基下的矩阵之间有什么关系.

定理 1 设 $\mathscr{A}$ 是数域 K 上 n 维线性空间 V 上的线性变换,$\mathscr{A}$ 在 V 的基 $\alpha_1,\alpha_2,\cdots,\alpha_n$ 下的矩阵为 $\boldsymbol{A}$,$\mathscr{A}$ 在 V 的基 $\eta_1,\eta_2,\cdots,\eta_n$ 下的矩阵为 $\boldsymbol{B}$,基 $\alpha_1,\alpha_2,\cdots,\alpha_n$ 到基 $\eta_1,\eta_2,\cdots,\eta_n$ 的过渡矩阵为 $\boldsymbol{P}$,则

$$\boldsymbol{B}=\boldsymbol{P}^{-1}\boldsymbol{A}\boldsymbol{P}. \tag{1}$$

证明 由已知条件,有

$$\mathscr{A}(\alpha_1,\alpha_2,\cdots,\alpha_n)=(\alpha_1,\alpha_2,\cdots,\alpha_n)\boldsymbol{A}, \tag{2}$$

$$\mathscr{A}(\eta_1,\eta_2,\cdots,\eta_n)=(\eta_1,\eta_2,\cdots,\eta_n)\boldsymbol{B}, \tag{3}$$

$$(\eta_1,\eta_2,\cdots,\eta_n)=(\alpha_1,\alpha_2,\cdots,\alpha_n)\boldsymbol{P}. \tag{4}$$

由于 $\boldsymbol{P}$ 可逆,因此从(4)式得

$$(\eta_1,\eta_2,\cdots,\eta_n)\boldsymbol{P}^{-1}=((\alpha_1,\alpha_2,\cdots,\alpha_n)\boldsymbol{P})\boldsymbol{P}^{-1}=(\alpha_1,\alpha_2,\cdots,\alpha_n). \tag{5}$$

从(4)式、(2)式和(5)式得

$$\begin{aligned}\mathscr{A}(\eta_1,\eta_2,\cdots,\eta_n)&=\mathscr{A}((\alpha_1,\alpha_2,\cdots,\alpha_n)\boldsymbol{P})=(\mathscr{A}(\alpha_1,\alpha_2,\cdots,\alpha_n))\boldsymbol{P}\\&=((\alpha_1,\alpha_2,\cdots,\alpha_n)\boldsymbol{A})\boldsymbol{P}=(\alpha_1,\alpha_2,\cdots,\alpha_n)(\boldsymbol{A}\boldsymbol{P})\\&=((\eta_1,\eta_2,\cdots,\eta_n)\boldsymbol{P}^{-1})(\boldsymbol{A}\boldsymbol{P})=(\eta_1,\eta_2,\cdots,\eta_n)(\boldsymbol{P}^{-1}\boldsymbol{A}\boldsymbol{P}).\end{aligned} \tag{6}$$

从(3)式和(6)式得

$$\boldsymbol{B}=\boldsymbol{P}^{-1}\boldsymbol{A}\boldsymbol{P}.$$ □

定义 1 设 $\boldsymbol{A},\boldsymbol{B}$ 都是数域 K 上的 n 阶矩阵. 如果存在数域 K 上的 n 阶可逆矩阵 $\boldsymbol{P}$,使得 $\boldsymbol{B}=\boldsymbol{P}^{-1}\boldsymbol{A}\boldsymbol{P}$,那么称 $\boldsymbol{A}$ 与 $\boldsymbol{B}$ 是**相似**的,记作 $\boldsymbol{A}\sim\boldsymbol{B}$.

定理 1 表明,线性变换 $\mathscr{A}$ 在 V 的不同基下的矩阵是相似的.

命题 1 如果数域 K 上的 n 阶矩阵 $\boldsymbol{A}$ 与 $\boldsymbol{B}$ 相似,那么 $\boldsymbol{A}$ 与 $\boldsymbol{B}$ 可以看成数域 K 上 n 维线性空间 V 上的一个线性变换 $\mathscr{A}$ 在 V 的不同基下的矩阵.

证明 取 V 的一个基 $\alpha_1,\alpha_2,\cdots,\alpha_n$,则存在 V 上唯一的线性变换 $\mathscr{A}$,使得 $\mathscr{A}$ 在此基下的矩阵是 $\boldsymbol{A}$.

由于 $\boldsymbol{A}$ 与 $\boldsymbol{B}$ 相似,因此存在数域 K 上的 n 阶可逆矩阵 $\boldsymbol{P}$,使得 $\boldsymbol{B}=\boldsymbol{P}^{-1}\boldsymbol{A}\boldsymbol{P}$. 令

$$(\eta_1,\eta_2,\cdots,\eta_n)=(\alpha_1,\alpha_2,\cdots,\alpha_n)\boldsymbol{P}.$$

由于 $\boldsymbol{P}$ 可逆,因此 $\eta_1,\eta_2,\cdots,\eta_n$ 是 V 的一个基. 根据定理 1 证明中的(6)式,$\mathscr{A}$ 在基 $\eta_1,\eta_2,\cdots,\eta_n$ 下的矩阵是 $\boldsymbol{P}^{-1}\boldsymbol{AP}$. 由于 $\boldsymbol{B}=\boldsymbol{P}^{-1}\boldsymbol{AP}$,因此 $\mathscr{A}$ 在基 $\eta_1,\eta_2,\cdots,\eta_n$ 下的矩阵是 $\boldsymbol{B}$. □

二、相似矩阵的共同性质

相似是集合 $M_n(K)$上的一个二元关系. 任给 $\boldsymbol{A}\in M_n(K)$. 由于 $\boldsymbol{A}=\boldsymbol{I}^{-1}\boldsymbol{AI}$,因此 $\boldsymbol{A}\sim\boldsymbol{A}$,从而相似关系具有反身性. 对于 $\boldsymbol{A},\boldsymbol{B}\in M_n(K)$,若 $\boldsymbol{A}\sim\boldsymbol{B}$,则存在 n 阶可逆矩阵 $\boldsymbol{P}$,使得 $\boldsymbol{B}=\boldsymbol{P}^{-1}\boldsymbol{AP}$,从而

$$\boldsymbol{A}=\boldsymbol{PBP}^{-1}=(\boldsymbol{P}^{-1})^{-1}\boldsymbol{B}(\boldsymbol{P}^{-1}).$$

于是 $\boldsymbol{B}\sim\boldsymbol{A}$. 因此,相似关系具有对称性. 对于 $\boldsymbol{A},\boldsymbol{B},\boldsymbol{C}\in M_n(K)$,若 $\boldsymbol{A}\sim\boldsymbol{B},\boldsymbol{B}\sim\boldsymbol{C}$,则存在 n 阶可逆矩阵 $\boldsymbol{P},\boldsymbol{Q}$,使得 $\boldsymbol{B}=\boldsymbol{P}^{-1}\boldsymbol{AP},\boldsymbol{C}=\boldsymbol{Q}^{-1}\boldsymbol{BQ}$,从而

$$\boldsymbol{C}=\boldsymbol{Q}^{-1}(\boldsymbol{P}^{-1}\boldsymbol{AP})\boldsymbol{Q}=(\boldsymbol{PQ})^{-1}\boldsymbol{A}(\boldsymbol{PQ}).$$

于是 $\boldsymbol{A}\sim\boldsymbol{C}$. 因此,相似关系具有传递性. 综上所述,相似是 $M_n(K)$上的一个等价关系.

n 阶矩阵 $\boldsymbol{A}$ 在相似关系下的等价类称为 $\boldsymbol{A}$ 的**相似类**.

n 阶矩阵 $\boldsymbol{A}$ 的相似类中具有最简单形式的矩阵称为 $\boldsymbol{A}$ 的**相似标准形**.

定理 1 和命题 1 表明,对于数域 K 上 n 维线性空间 V 上的线性变换 $\mathscr{A}$,找 V 的一个基,使得 $\mathscr{A}$ 在此基下的矩阵具有最简单的形式,这个问题等价于对于 $\mathscr{A}$ 在 V 的一个基下的矩阵 $\boldsymbol{A}$,找出 $\boldsymbol{A}$ 的相似标准形.

我们先来探索相似矩阵的一些共同性质.

性质 1 若 $\boldsymbol{B}_1=\boldsymbol{P}^{-1}\boldsymbol{A}_1\boldsymbol{P},\boldsymbol{B}_2=\boldsymbol{P}^{-1}\boldsymbol{A}_2\boldsymbol{P}$,则

$$\boldsymbol{B}_1+\boldsymbol{B}_2=\boldsymbol{P}^{-1}(\boldsymbol{A}_1+\boldsymbol{A}_2)\boldsymbol{P},\quad \boldsymbol{B}_1\boldsymbol{B}_2=\boldsymbol{P}^{-1}\boldsymbol{A}_1\boldsymbol{A}_2\boldsymbol{P},\quad \boldsymbol{B}_1^m=\boldsymbol{P}^{-1}\boldsymbol{A}_1^m\boldsymbol{P},\quad m\in\mathbf{N}^*.$$

证明 $\boldsymbol{B}_1+\boldsymbol{B}_2=\boldsymbol{P}^{-1}\boldsymbol{A}_1\boldsymbol{P}+\boldsymbol{P}^{-1}\boldsymbol{A}_2\boldsymbol{P}=\boldsymbol{P}^{-1}(\boldsymbol{A}_1+\boldsymbol{A}_2)\boldsymbol{P}$,

$\boldsymbol{B}_1\boldsymbol{B}_2=(\boldsymbol{P}^{-1}\boldsymbol{A}_1\boldsymbol{P})(\boldsymbol{P}^{-1}\boldsymbol{A}_2\boldsymbol{P})=\boldsymbol{P}^{-1}\boldsymbol{A}_1(\boldsymbol{PP}^{-1})\boldsymbol{A}_2\boldsymbol{P}=\boldsymbol{P}^{-1}\boldsymbol{A}_1\boldsymbol{A}_2\boldsymbol{P}$,

$\boldsymbol{B}_1^m=(\boldsymbol{P}^{-1}\boldsymbol{A}_1\boldsymbol{P})^m=(\boldsymbol{P}^{-1}\boldsymbol{A}_1\boldsymbol{P})(\boldsymbol{P}^{-1}\boldsymbol{A}_1\boldsymbol{P})\cdots(\boldsymbol{P}^{-1}\boldsymbol{A}_1\boldsymbol{P})(\boldsymbol{P}^{-1}\boldsymbol{A}_1\boldsymbol{P})=\boldsymbol{P}^{-1}\boldsymbol{A}_1^m\boldsymbol{P}$. □

性质 2 若 $\boldsymbol{A}\sim\boldsymbol{B}$,则

(1) $|\boldsymbol{A}|=|\boldsymbol{B}|$;

(2) $\operatorname{rank}(\boldsymbol{A})=\operatorname{rank}(\boldsymbol{B})$;

(3) $\boldsymbol{A}$ 可逆当且仅当 $\boldsymbol{B}$ 可逆,并且当 $\boldsymbol{A}$ 可逆时,$\boldsymbol{A}^{-1}\sim\boldsymbol{B}^{-1}$.

证明 若 $\boldsymbol{A}\sim\boldsymbol{B}$,则存在可逆矩阵 $\boldsymbol{P}$,使得 $\boldsymbol{B}=\boldsymbol{P}^{-1}\boldsymbol{AP}$.

(1) $|\boldsymbol{B}|=|\boldsymbol{P}^{-1}\boldsymbol{AP}|=|\boldsymbol{P}^{-1}||\boldsymbol{A}||\boldsymbol{P}|=|\boldsymbol{P}|^{-1}|\boldsymbol{A}||\boldsymbol{P}|=|\boldsymbol{A}|$.

(2) $\operatorname{rank}(\boldsymbol{B})=\operatorname{rank}(\boldsymbol{P}^{-1}\boldsymbol{AP})=\operatorname{rank}(\boldsymbol{A})$.

(3) $\boldsymbol{A}$ 可逆 $\Longleftrightarrow|\boldsymbol{A}|\neq0\Longleftrightarrow|\boldsymbol{B}|\neq0\Longleftrightarrow\boldsymbol{B}$ 可逆. 当 $\boldsymbol{A}$ 可逆时,$\boldsymbol{B}$ 也可逆,且 $\boldsymbol{B}^{-1}=(\boldsymbol{P}^{-1}\boldsymbol{AP})^{-1}=\boldsymbol{P}^{-1}\boldsymbol{A}^{-1}\boldsymbol{P}$,因此 $\boldsymbol{A}^{-1}\sim\boldsymbol{B}^{-1}$. □

一个 n 阶矩阵 $\boldsymbol{A}$ 有 n^2 个元素,信息量大,如何从中提取很有价值而且涉及的元素又较少的信息呢?

定义 2 数域 K 上 n 阶矩阵 $\boldsymbol{A}=(a_{ij})$ 的主对角线上 n 个元素的和称为 $\boldsymbol{A}$ 的**迹**,记作 $\mathrm{tr}(\boldsymbol{A})$,即

$$\mathrm{tr}(\boldsymbol{A}) = a_{11} + a_{22} + \cdots + a_{nn}.$$

命题 2 设 $\boldsymbol{A},\boldsymbol{B}\in M_n(K)$,$k\in K$,则

$$\mathrm{tr}(\boldsymbol{A}+\boldsymbol{B}) = \mathrm{tr}(\boldsymbol{A}) + \mathrm{tr}(\boldsymbol{B}),\quad \mathrm{tr}(k\boldsymbol{A}) = k\,\mathrm{tr}(\boldsymbol{A}),\quad \mathrm{tr}(\boldsymbol{AB}) = \mathrm{tr}(\boldsymbol{BA}).$$

证明 设 $\boldsymbol{A}=(a_{ij})$,$\boldsymbol{B}=(b_{ij})$,则

$$\mathrm{tr}(\boldsymbol{A}+\boldsymbol{B}) = \sum_{i=1}^{n}(a_{ii}+b_{ii}) = \sum_{i=1}^{n}a_{ii} + \sum_{i=1}^{n}b_{ii} = \mathrm{tr}(\boldsymbol{A}) + \mathrm{tr}(\boldsymbol{B}),$$

$$\mathrm{tr}(k\boldsymbol{A}) = \sum_{i=1}^{n}ka_{ii} = k\sum_{i=1}^{n}a_{ii} = k\,\mathrm{tr}(\boldsymbol{A}),$$

$$\mathrm{tr}(\boldsymbol{AB}) = \sum_{i=1}^{n}(\boldsymbol{AB})(i;i) = \sum_{i=1}^{n}\sum_{j=1}^{n}a_{ij}b_{ji},$$

$$\mathrm{tr}(\boldsymbol{BA}) = \sum_{j=1}^{n}(\boldsymbol{BA})(j;j) = \sum_{j=1}^{n}\sum_{i=1}^{n}b_{ji}a_{ij} = \sum_{i=1}^{n}\sum_{j=1}^{n}a_{ij}b_{ji} = \mathrm{tr}(\boldsymbol{AB}). \qquad \square$$

性质 3 相似的矩阵具有相等的迹.

证明 设 $\boldsymbol{A}\sim\boldsymbol{B}$,则存在可逆矩阵 $\boldsymbol{P}$,使得 $\boldsymbol{B}=\boldsymbol{P}^{-1}\boldsymbol{AP}$,从而

$$\mathrm{tr}(\boldsymbol{B}) = \mathrm{tr}(\boldsymbol{P}^{-1}\boldsymbol{AP}) = \mathrm{tr}((\boldsymbol{AP})\boldsymbol{P}^{-1}) = \mathrm{tr}(\boldsymbol{A}(\boldsymbol{PP}^{-1})) = \mathrm{tr}(\boldsymbol{AI}) = \mathrm{tr}(\boldsymbol{A}). \qquad \square$$

性质 2 和性质 3 表明,n 阶矩阵的行列式、秩、可逆性和迹都是相似关系下的不变量,简称**相似不变量**.

由于数域 K 上 n 维线性空间 V 上的线性变换 $\mathscr{A}$ 在 V 的不同基下的矩阵是相似的,因此我们可以把 $\mathscr{A}$ 在 V 的一个基下的矩阵 $\boldsymbol{A}$ 的行列式、秩、迹分别称为 $\mathscr{A}$ 的**行列式**、**秩**、**迹**,依次记作 $\det(\mathscr{A})$,$\mathrm{rank}(\mathscr{A})$,$\mathrm{tr}(\mathscr{A})$. 在 §7.3 中,我们把 $\mathrm{Im}\mathscr{A}$ 的维数称为 $\mathscr{A}$ 的秩. 由于我们已证 $\mathrm{rank}(\mathscr{A})=\mathrm{rank}(\boldsymbol{A})$,因此可以把 $\mathrm{rank}(\boldsymbol{A})$ 叫作 $\mathscr{A}$ 的秩.

7.5.2 典型例题

例 1 对于 §7.4 例 1 中的线性变换 $\mathscr{A}$,求 $\mathscr{A}$ 在 K^3 的一个基 $\boldsymbol{\alpha}_1=\boldsymbol{\varepsilon}_1+\boldsymbol{\varepsilon}_3$,$\boldsymbol{\alpha}_2=\boldsymbol{\varepsilon}_2-\boldsymbol{\varepsilon}_3$,$\boldsymbol{\alpha}_3=-\boldsymbol{\varepsilon}_1+2\boldsymbol{\varepsilon}_2$ 下的矩阵.

解 §7.4 的例 1 已求出了 $\mathscr{A}$ 在 K^3 的标准基 $\boldsymbol{\varepsilon}_1,\boldsymbol{\varepsilon}_2,\boldsymbol{\varepsilon}_3$ 下的矩阵为

$$\boldsymbol{A} = \begin{pmatrix} 2 & -1 & 1 \\ 1 & 5 & -2 \\ -1 & 3 & 2 \end{pmatrix}.$$

我们有

$$(\boldsymbol{\alpha}_1,\boldsymbol{\alpha}_2,\boldsymbol{\alpha}_3)=(\boldsymbol{\varepsilon}_1,\boldsymbol{\varepsilon}_2,\boldsymbol{\varepsilon}_3)\begin{pmatrix}1&0&-1\\0&1&2\\1&-1&0\end{pmatrix}.$$

把上式右端的三阶矩阵记作 $\boldsymbol{P}$,用初等变换法求得

$$\boldsymbol{P}^{-1}=\begin{pmatrix}\frac{2}{3}&\frac{1}{3}&\frac{1}{3}\\\frac{2}{3}&\frac{1}{3}&-\frac{2}{3}\\-\frac{1}{3}&\frac{1}{3}&\frac{1}{3}\end{pmatrix},$$

于是 $\mathscr{A}$ 在 K^3 的基 $\boldsymbol{\alpha}_1,\boldsymbol{\alpha}_2,\boldsymbol{\alpha}_3$ 下的矩阵为

$$\boldsymbol{B}=\boldsymbol{P}^{-1}\boldsymbol{A}\boldsymbol{P}=\begin{pmatrix}2&\frac{4}{3}&\frac{8}{3}\\1&\frac{1}{3}&-\frac{13}{3}\\-1&\frac{10}{3}&\frac{20}{3}\end{pmatrix}.$$

例 2 已知 K^3 上的线性变换 $\mathscr{A}$ 在基

$$\boldsymbol{\alpha}_1=(8,-6,7)^{\mathrm{T}},\quad \boldsymbol{\alpha}_2=(-16,7,-13)^{\mathrm{T}},\quad \boldsymbol{\alpha}_3=(9,-3,7)^{\mathrm{T}}$$

下的矩阵为

$$\boldsymbol{A}=\begin{pmatrix}1&-18&15\\-1&-22&20\\1&-25&22\end{pmatrix},$$

求 $\mathscr{A}$ 在基 $\boldsymbol{\eta}_1=(1,-2,1)^{\mathrm{T}},\boldsymbol{\eta}_2=(3,-1,2)^{\mathrm{T}},\boldsymbol{\eta}_3=(2,1,2)^{\mathrm{T}}$ 下的矩阵 $\boldsymbol{B}$.

解 设 $(\boldsymbol{\eta}_1,\boldsymbol{\eta}_2,\boldsymbol{\eta}_3)=(\boldsymbol{\alpha}_1,\boldsymbol{\alpha}_2,\boldsymbol{\alpha}_3)\boldsymbol{P}$,记

$$\boldsymbol{C}=(\boldsymbol{\alpha}_1,\boldsymbol{\alpha}_2,\boldsymbol{\alpha}_3),\quad \boldsymbol{H}=(\boldsymbol{\eta}_1,\boldsymbol{\eta}_2,\boldsymbol{\eta}_3),$$

则 $\boldsymbol{H}=\boldsymbol{C}\boldsymbol{P}$. 于是

$$\boldsymbol{B}=\boldsymbol{P}^{-1}\boldsymbol{A}\boldsymbol{P}=(\boldsymbol{C}^{-1}\boldsymbol{H})^{-1}\boldsymbol{A}(\boldsymbol{C}^{-1}\boldsymbol{H})=\boldsymbol{H}^{-1}\boldsymbol{C}\boldsymbol{A}\boldsymbol{C}^{-1}\boldsymbol{H}.$$

计算得

$$\boldsymbol{H}^{-1}=\begin{pmatrix}-\frac{4}{5}&-\frac{2}{5}&1\\1&0&-1\\-\frac{3}{5}&\frac{1}{5}&1\end{pmatrix},\quad \boldsymbol{H}^{-1}\boldsymbol{C}=\begin{pmatrix}3&-3&1\\1&-3&2\\1&-2&1\end{pmatrix},$$

$$C^{-1}H=(H^{-1}C)^{-1}=\begin{pmatrix}1&1&-3\\1&2&-5\\1&3&-6\end{pmatrix},\quad B=(H^{-1}C)A(C^{-1}H)=\begin{pmatrix}1&2&2\\3&-1&-2\\2&-3&1\end{pmatrix}.$$

例 3 设 $A,B\in M_n(K)$，$f(x)=c_mx^m+\cdots+c_1x+c_0\in K[x]$，证明：如果 $A\sim B$，那么

$$f(A)\sim f(B).$$

证明 由于 $A\sim B$，因此存在 n 阶可逆矩阵 P，使得 $B=P^{-1}AP$，从而

$$\begin{aligned}f(B)&=c_mB^m+\cdots+c_1B+c_0I=c_m(P^{-1}AP)^m+\cdots+c_1(P^{-1}AP)+c_0(P^{-1}IP)\\&=P^{-1}(c_mA^m+\cdots+c_1A+c_0I)P=P^{-1}f(A)P.\end{aligned}$$

所以

$$f(A)\sim f(B).$$ □

例 4 证明：数域 K 上 n 阶矩阵 A 的相似类中只有一个元素当且仅当 A 是数量矩阵.

证明 *充分性* 对于数量矩阵 kI，任取 n 阶可逆矩阵 P，有

$$P^{-1}(kI)P=(kI)P^{-1}P=(kI)I=kI,$$

因此 kI 的相似类中只有一个元素 kI.

必要性 设 A 的相似类中只有一个元素. 由于 $A\sim A$，因此 A 的相似类中只一个元素 A. 于是，对于任意 n 阶可逆矩阵 P，有 $P^{-1}AP=A$，从而 $AP=PA$. 根据补充题四中的第 3 题，与一切可逆矩阵可交换的矩阵是数量矩阵，因此 A 是数量矩阵. □

例 5 证明：与幂零矩阵相似的矩阵仍是幂零矩阵，且它们的幂零指数相等.

证明 设 A 是幂零指数为 l 的 n 阶幂零矩阵. 任取一个与 A 相似的矩阵 B. 根据命题 1，A 与 B 可看成 n 维线性空间 V 上的一个线性变换 $\mathscr{A}$ 在 V 的不同基下的矩阵. 由于 A 是幂零指数为 l 的幂零矩阵，因此 $\mathscr{A}$ 是幂零指数为 l 的幂零变换，从而 B 是幂零指数为 l 的幂零矩阵. □

例 6 证明：如果数域 K 上的 n 阶矩阵 A,B 满足 $AB-BA=A$，那么 A 不可逆.

证明 假如 A 可逆，则在 $AB-BA=A$ 的两边左乘 A^{-1}，得 $B-A^{-1}BA=I$. 于是

$$\mathrm{tr}(B-A^{-1}BA)=\mathrm{tr}(I)=n.$$

又有

$$\mathrm{tr}(B-A^{-1}BA)=\mathrm{tr}(B)-\mathrm{tr}(A^{-1}BA)=\mathrm{tr}(B)-\mathrm{tr}(B)=0,$$

矛盾，因此 A 不可逆. □

例 7 证明：如果实数域上的 n 阶矩阵 A 与 B 不相似，那么把它们看成复数域上的矩阵时它们仍不相似.

证明 假如把 A 与 B 看成复数域上的矩阵时它们相似，则存在复数域上的 n 阶可逆矩阵 U，使得 $B=U^{-1}AU$. 设 $U=P+\mathrm{i}Q$，其中 P,Q 都是实数域上的矩阵. 想构造一个实数域上的 n 阶可逆矩阵，为此考虑 $|P+\lambda Q|$，它是 λ 的至多 n 次的多项式. 由于实数域上的 n 次多项式至多有 n 个实根(重根按重数计算)，因此存在实数 c，使得 $|P+cQ|\neq 0$. 令 $S=P+cQ$，则 S

是实数域上的 n 阶可逆矩阵.

由于 $\boldsymbol{B}=\boldsymbol{U}^{-1}\boldsymbol{A}\boldsymbol{U}$,因此 $\boldsymbol{U}\boldsymbol{B}=\boldsymbol{A}\boldsymbol{U}$,从而 $(\boldsymbol{P}+\mathrm{i}\boldsymbol{Q})\boldsymbol{B}=\boldsymbol{A}(\boldsymbol{P}+\mathrm{i}\boldsymbol{Q})$. 由此得出 $\boldsymbol{P}\boldsymbol{B}=\boldsymbol{A}\boldsymbol{P}$,$\boldsymbol{Q}\boldsymbol{B}=\boldsymbol{A}\boldsymbol{Q}$,因此

$$\boldsymbol{S}\boldsymbol{B}=(\boldsymbol{P}+c\boldsymbol{Q})\boldsymbol{B}=\boldsymbol{P}\boldsymbol{B}+c\boldsymbol{Q}\boldsymbol{B}=\boldsymbol{A}\boldsymbol{P}+c\boldsymbol{A}\boldsymbol{Q}=\boldsymbol{A}(\boldsymbol{P}+c\boldsymbol{Q})=\boldsymbol{A}\boldsymbol{S}.$$

于是 $\boldsymbol{B}=\boldsymbol{S}^{-1}\boldsymbol{A}\boldsymbol{S}$,从而实数域上的矩阵 $\boldsymbol{A}$ 与 $\boldsymbol{B}$ 相似,矛盾. 因此,把 $\boldsymbol{A},\boldsymbol{B}$ 看成复数域上的矩阵时它们仍不相似. □

习　题　7.5

1. 已知 K^3 上的线性变换 $\mathscr{A}$ 在标准基 $\boldsymbol{\varepsilon}_1,\boldsymbol{\varepsilon}_2,\boldsymbol{\varepsilon}_3$ 下的矩阵为

$$\boldsymbol{A}=\begin{pmatrix}15&-11&5\\20&-15&8\\8&-7&6\end{pmatrix},$$

求 $\mathscr{A}$ 在基 $\boldsymbol{\eta}_1=(2,3,1)^{\mathrm{T}}$,$\boldsymbol{\eta}_2=(3,4,1)^{\mathrm{T}}$,$\boldsymbol{\eta}_3=(1,2,2)^{\mathrm{T}}$ 下的矩阵 $\boldsymbol{B}$.

2. 设数域 K 上三维线性空间 V 上的线性变换 $\mathscr{A}$ 在基 $\alpha_1,\alpha_2,\alpha_3$ 下的矩阵为 $\boldsymbol{A}=(a_{ij})$.

(1) 求 $\mathscr{A}$ 在基 $\alpha_2,\alpha_3,\alpha_1$ 下的矩阵 $\boldsymbol{B}$;

(2) 求 $\mathscr{A}$ 在基 $k\alpha_1,\alpha_2,\alpha_3$ 下的矩阵 $\boldsymbol{C}$,其中 $k\in K^*$;

(3) 求 $\mathscr{A}$ 在基 $\alpha_1,\alpha_1+\alpha_2,\alpha_3$ 下的矩阵 $\boldsymbol{D}$.

3. 设数域 K 上四维线性空间 V 上的线性变换 $\mathscr{A}$ 在基 $\alpha_1,\alpha_2,\alpha_3,\alpha_4$ 下的矩阵为

$$\boldsymbol{A}=\begin{pmatrix}1&0&2&1\\-1&2&1&3\\1&2&5&5\\2&-2&1&-2\end{pmatrix}.$$

(1) 求 $\mathscr{A}$ 在基 $\eta_1=\alpha_1-2\alpha_2+\alpha_4$,$\eta_2=3\alpha_2-\alpha_3-\alpha_4$,$\eta_3=\alpha_3+\alpha_4$,$\eta_4=2\alpha_4$ 下的矩阵 $\boldsymbol{B}$;

(2) 求 $\mathscr{A}$ 的核与值域;

(3) 在 $\mathrm{Ker}\mathscr{A}$ 中选一个基,把它扩充成 V 的一个基,并且求 $\mathscr{A}$ 在这个基下的矩阵 $\boldsymbol{C}$;

(4) 在 $\mathrm{Im}\mathscr{A}$ 中选一个基,把它扩充成 V 的一个基,并且求 $\mathscr{A}$ 在这个基下的矩阵 $\boldsymbol{D}$.

4. 证明:

(1) 与幂等矩阵相似的矩阵仍是幂等矩阵;

(2) 与对合矩阵相似的矩阵仍是对合矩阵.

5. 设 $\mathscr{A}$ 是数域 K 上 n 维线性空间 V 上的线性变换. 如果存在正整数 m,使得 $\mathscr{A}^m=\mathscr{I}$,那么称 $\mathscr{A}$ 是**周期变换**. 使 $\mathscr{A}^m=\mathscr{I}$ 成立的最小正整数 m 称为 $\mathscr{A}$ 的**周期**. 设 $\boldsymbol{A}$ 是数域 K 上的 n 阶矩阵. 如果存在正整数 m,使 $\boldsymbol{A}^m=\boldsymbol{I}$,那么称 $\boldsymbol{A}$ 是**周期矩阵**. 使 $\boldsymbol{A}^m=\boldsymbol{I}$ 成立的最小正整数 m 称为 $\boldsymbol{A}$ 的**周期**. 设 n 维线性空间 V 上的线性变换 $\mathscr{A}$ 在 V 的一个基下的矩阵为 $\boldsymbol{A}$,证明:

(1) $\mathscr{A}$ 是周期为 m 的周期变换当且仅当 $\boldsymbol{A}$ 是周期为 m 的周期矩阵；

(2) 与周期矩阵相似的矩阵仍是周期矩阵，并且它们的周期相等.

6. 证明：如果 $\boldsymbol{A}\sim\boldsymbol{B}$，那么 $\boldsymbol{A}^{\mathrm{T}}\sim\boldsymbol{B}^{\mathrm{T}}$.

7. 证明：如果 $\boldsymbol{A}$ 可逆，那么 $\boldsymbol{AB}\sim\boldsymbol{BA}$.

8. 证明：如果 $\boldsymbol{A}_1\sim\boldsymbol{B}_1$，$\boldsymbol{A}_2\sim\boldsymbol{B}_2$，那么 $\begin{pmatrix}\boldsymbol{A}_1 & \boldsymbol{0}\\ \boldsymbol{0} & \boldsymbol{A}_2\end{pmatrix}\sim\begin{pmatrix}\boldsymbol{B}_1 & \boldsymbol{0}\\ \boldsymbol{0} & \boldsymbol{B}_2\end{pmatrix}$.

9. 证明：如果 $\boldsymbol{A}\sim\boldsymbol{B}$，那么使 $\boldsymbol{B}=\boldsymbol{P}^{-1}\boldsymbol{AP}$ 成立的所有可逆矩阵 $\boldsymbol{P}$ 组成的集合 Ω_1 可以用下述方法得到：将与 $\boldsymbol{A}$ 可交换的所有可逆矩阵组成的集合 Ω_2 中的矩阵，右乘 Ω_1 中一个矩阵 $\boldsymbol{P}_0$，即取定一个 $\boldsymbol{P}_0\in\Omega_1$，则 $\Omega_1=\{\boldsymbol{PP}_0\mid\boldsymbol{P}\in\Omega_2\}$.

10. 证明：如果数域 K 上 n 维线性空间 V 上的线性变换 $\mathscr{A}$ 在 V 的各基下的矩阵都相等，那么 $\mathscr{A}$ 是数乘变换.

11. 证明：如果数域 K 上的二阶矩阵 $\boldsymbol{A}$ 满足 $\boldsymbol{AB}-\boldsymbol{BA}=\boldsymbol{A}$，那么 $\boldsymbol{A}^2=\boldsymbol{0}$.

12. 设 $\boldsymbol{A},\boldsymbol{B}\in M_n(K)$，证明：如果 $\boldsymbol{AB}-\boldsymbol{BA}=\boldsymbol{A}$，那么对于一切正整数 k，有 $\mathrm{tr}(\boldsymbol{A}^k)=0$.

13. 设 $\boldsymbol{A},\boldsymbol{B},\boldsymbol{C}\in M_n(K)$，证明：如果 $\boldsymbol{AB}-\boldsymbol{BA}=\boldsymbol{C}$，且 $\boldsymbol{AC}=\boldsymbol{CA}$，那么

$$\mathrm{tr}(\boldsymbol{C}^k)=0,\quad \forall k\in\mathbf{N}^*.$$

14. 设 $\boldsymbol{A}=(a_{ij})$ 是实数域上的 n 阶矩阵，证明：如果 $\mathrm{tr}(\boldsymbol{AA}^{\mathrm{T}})=0$，那么 $\boldsymbol{A}=\boldsymbol{0}$.

15. 用 $M_n^0(K)$ 表示数域 K 上所有迹为 0 的矩阵组成的集合，它是 $M_n(K)$ 的一个子空间. 证明：$M_n(K)=\langle\boldsymbol{I}\rangle\oplus M_n^0(K)$.

16. 求 $M_n^0(K)$ 的一个基.

17. 任给一个整数 n，设 $\boldsymbol{A}=\begin{pmatrix}1 & n\\ 0 & 1\end{pmatrix}$，$\boldsymbol{B}=\begin{pmatrix}1 & 2n\\ 0 & 1\end{pmatrix}$，试问：$\boldsymbol{A}$ 与 $\boldsymbol{B}$ 在有理数域上是否相似？如果相似，找一个有理数域上的可逆矩阵 $\boldsymbol{P}$，使得 $\boldsymbol{P}^{-1}\boldsymbol{AP}=\boldsymbol{B}$.

18. 设 V,V' 分别是数域 K 上的 n 维、s 维线性空间，$\mathscr{A}\in\mathrm{Hom}(V,V')$，又设 $\mathscr{A}$ 在 V 的基 $\alpha_1,\alpha_2,\cdots,\alpha_n$ 和 V' 的基 $\eta_1,\eta_2,\cdots,\eta_s$ 下的矩阵为 $\boldsymbol{A}$，$\mathscr{A}$ 在 V 的基 $\beta_1,\beta_2,\cdots,\beta_n$ 和 V' 的基 $\delta_1,\delta_2,\cdots,\delta_s$ 下的矩阵为 $\boldsymbol{B}$，证明：如果 V 的基 $\alpha_1,\alpha_2,\cdots,\alpha_n$ 到基 $\beta_1,\beta_2,\cdots,\beta_n$ 的过渡矩阵为 $\boldsymbol{P}$，V' 的基 $\eta_1,\eta_2,\cdots,\eta_s$ 到基 $\delta_1,\delta_2,\cdots,\delta_s$ 的过渡矩阵为 $\boldsymbol{Q}$，那么 $\boldsymbol{B}=\boldsymbol{Q}^{-1}\boldsymbol{AP}$.

§7.6 线性变换与矩阵的特征值和特征向量

7.6.1 内容精华

一、线性变换的特征值和特征向量

在几何空间 V 中，设 π 是过定点 O 的一个平面，l 是过点 O 的一条直线，且 l 不在平面 π

上，如图 7.1 所示，则平行于 l 在平面 π 上的投影 $\mathscr{P}_\pi$ 具有如下性质：

$$\mathscr{P}_\pi(\vec{a})=\vec{a}=1\vec{a},\ \forall\,\vec{a}\in\pi;\quad \mathscr{P}_\pi(\vec{b})=\vec{0}=0\vec{b},\ \forall\,\vec{b}\in l.$$

由此受到启发，我们引入下述概念：

定义 1 设 $\mathscr{A}$ 是数域 K 上线性空间 V 上的一个线性变换. 如果存在 $\lambda_0\in K$，$\alpha\in V$，且 $\alpha\neq 0$，使得

$$\mathscr{A}\alpha=\lambda_0\alpha,\tag{1}$$

那么称 λ_0 是 $\mathscr{A}$ 的一个**特征值**，称 α 是 $\mathscr{A}$ 的属于特征值 λ_0 的一个**特征向量**.

在上述例子中，平行于 l 在平面 π 上的投影 $\mathscr{P}_\pi$ 有特征值 1 和 0；平面 π 上所有非零向量都是 $\mathscr{P}_\pi$ 的属于特征值 1 的特征向量，直线 l 上所有非零向量都是 $\mathscr{P}_\pi$ 的属于特征值 0 的特征向量. 平面 π 和直线 l 都是几何空间 V 的子空间. 由此受到启发，猜测并且可以证明下述命题为真：

命题 1 设 $\mathscr{A}$ 是数域 K 上线性空间 V 上的一个线性变换. 如果 λ_0 是 $\mathscr{A}$ 的一个特征值，那么 V 的子集

$$V_{\lambda_0}:=\{\alpha\in V\mid \mathscr{A}\alpha=\lambda_0\alpha\}\tag{2}$$

是 V 的一个子空间. 称 V_{λ_0} 是 $\mathscr{A}$ 的属于特征值 λ_0 的**特征子空间**.

证明 由于 $\mathscr{A}0=0=\lambda_0 0$，因此 $0\in V_{\lambda_0}$.

任给 $\alpha,\beta\in V_{\lambda_0}$，$k\in K$，有

$$\mathscr{A}(\alpha+\beta)=\mathscr{A}\alpha+\mathscr{A}\beta=\lambda_0\alpha+\lambda_0\beta=\lambda_0(\alpha+\beta),$$
$$\mathscr{A}(k\alpha)=k(\mathscr{A}\alpha)=k(\lambda_0\alpha)=(k\lambda_0)\alpha=\lambda_0(k\alpha),$$

因此 $\alpha+\beta\in V_{\lambda_0}$，$k\alpha\in V_{\lambda_0}$，从而 V_{λ_0} 是 V 的一个子空间. □

对于 $\mathscr{A}$ 的特征子空间 V_{λ_0}，还有一种刻画：

命题 2 设 $\mathscr{A}$ 是数域 K 上线性空间 V 上的一个线性变换. 如果 λ_0 是 $\mathscr{A}$ 的一个特征值，那么

$$V_{\lambda_0}=\operatorname{Ker}(\mathscr{A}-\lambda_0\mathscr{I}).\tag{3}$$

证明 由于

$$\alpha\in V_{\lambda_0}\Longleftrightarrow \mathscr{A}\alpha=\lambda_0\alpha\Longleftrightarrow 0=\mathscr{A}\alpha-\lambda_0\alpha=(\mathscr{A}-\lambda_0\mathscr{I})\alpha\Longleftrightarrow \alpha\in\operatorname{Ker}(\mathscr{A}-\lambda_0\mathscr{I}),$$

因此

$$V_{\lambda_0}=\operatorname{Ker}(\mathscr{A}-\lambda_0\mathscr{I}).$$

□

线性变换 $\mathscr{A}$ 的属于不同特征值的特征向量有下述重要性质：

定理 1 设 $\mathscr{A}$ 是数域 K 上线性空间 V 上的线性变换. 如果 $\mathscr{A}$ 有两个不同的特征值 λ_1，λ_2，并且 V_{λ_1} 中的向量组 $\alpha_1,\cdots,\alpha_s$ 线性无关，V_{λ_2} 中的向量组 $\beta_1,\cdots,\beta_r$ 线性无关，那么向量组 $\alpha_1,\cdots,\alpha_s,\beta_1,\cdots,\beta_r$ 线性无关.

证明 设

$$k_1\alpha_1+\cdots+k_s\alpha_s+l_1\beta_1+\cdots+l_r\beta_r=0.\tag{4}$$

考虑(4)式两边的向量在 $\mathscr{A}$ 下的像,得

$$k_1(\mathscr{A}\alpha_1)+\cdots+k_s(\mathscr{A}\alpha_s)+l_1(\mathscr{A}\beta_1)+\cdots+l_r(\mathscr{A}\beta_r)=0,$$

即

$$k_1\lambda_1\alpha_1+\cdots+k_s\lambda_1\alpha_s+l_1\lambda_2\beta_1+\cdots+l_r\lambda_2\beta_r=0. \tag{5}$$

由于 $\lambda_1\neq\lambda_2$,因此 λ_1,λ_2 不全为 0. 不妨设 $\lambda_1\neq 0$. (4)式两边乘以 λ_1,得

$$\lambda_1k_1\alpha_1+\cdots+\lambda_1k_s\alpha_s+\lambda_1l_1\beta_1+\cdots+\lambda_1l_r\beta_r=0. \tag{6}$$

(5)式减去(6)式,得

$$l_1(\lambda_2-\lambda_1)\beta_1+\cdots+l_r(\lambda_2-\lambda_1)\beta_r=0. \tag{7}$$

由于 $\beta_1,\cdots,\beta_r$ 线性无关,因此从(7)式得

$$l_1(\lambda_2-\lambda_1)=0,\quad\cdots,\quad l_r(\lambda_2-\lambda_1)=0.$$

由于 $\lambda_1\neq\lambda_2$,因此从上式得 $l_1=0,\cdots,l_r=0$. 代入(4)式,得

$$k_1\alpha_1+\cdots+k_s\alpha_s=0. \tag{8}$$

由于 $\alpha_1,\cdots,\alpha_s$ 线性无关,因此从(8)式得 $k_1=\cdots=k_s=0$. 所以,$\alpha_1,\cdots,\alpha_s,\beta_1,\cdots,\beta_r$ 线性无关. □

运用数学归纳法,从定理 1 可以得到下述定理:

定理 2 设 $\mathscr{A}$ 是数域 K 上线性空间 V 上的线性变换. 如果 $\lambda_1,\cdots,\lambda_s$ 是 $\mathscr{A}$ 的不同的特征值,并且 $V_{\lambda_i}(i=1,\cdots,s)$ 中的向量组 $\alpha_{i1},\cdots,\alpha_{ir_i}$ 线性无关,那么向量组

$$\alpha_{11},\ \cdots,\ \alpha_{1r_1},\ \cdots,\ \alpha_{s1},\ \cdots,\ \alpha_{sr_s}$$

线性无关. □

二、矩阵的特征值和特征向量,特征多项式

设 V 是数域 K 上的 n 维线性空间,$\mathscr{A}$ 是 V 上的线性变换,$\mathscr{A}$ 在 V 的基 $\beta_1,\beta_2,\cdots,\beta_n$ 下的矩阵是 $\boldsymbol{A}$,V 中的向量 α 在基 $\beta_1,\beta_2,\cdots,\beta_n$ 下的坐标为 $\boldsymbol{\alpha}$,则

λ_0 是 $\mathscr{A}$ 的特征值,α 是 $\mathscr{A}$ 的属于 λ_0 的特征向量 $\Longleftrightarrow$ $\mathscr{A}\alpha=\lambda_0\alpha,\lambda_0\in K,\alpha\in V$,且 $\alpha\neq 0$

$\Longleftrightarrow$ $\boldsymbol{A\alpha}=\lambda_0\boldsymbol{\alpha},\lambda_0\in K,\boldsymbol{\alpha}\in K^n$,且 $\boldsymbol{\alpha}\neq\boldsymbol{0}$.

于是,我们自然而然地引入下述概念:

定义 2 设 $\boldsymbol{A}$ 是数域 K 上的 n 阶矩阵. 如果存在 $\lambda_0\in K,\boldsymbol{\alpha}\in K^n$,且 $\boldsymbol{\alpha}\neq\boldsymbol{0}$,使得

$$\boldsymbol{A\alpha}=\lambda_0\boldsymbol{\alpha}, \tag{9}$$

那么称 λ_0 是矩阵 $\boldsymbol{A}$ 的一个**特征值**,称 $\boldsymbol{\alpha}$ 是 $\boldsymbol{A}$ 的属于特征值 λ_0 的一个**特征向量**.

从定义 2 和它上面的一段议论立即得到下述命题:

命题 3 设 $\mathscr{A}$ 是数域 K 上 n 维线性空间 V 上的线性变换,$\mathscr{A}$ 在 V 的基 $\beta_1,\beta_2,\cdots,\beta_n$ 下的矩阵是 $\boldsymbol{A}$,V 中的向量 α 在基 $\beta_1,\beta_2,\cdots,\beta_n$ 下的坐标是 $\boldsymbol{\alpha}$,则

λ_0 是 $\mathscr{A}$ 的特征值,α 是 $\mathscr{A}$ 的属于 λ_0 的特征向量

$\Longleftrightarrow$ λ_0 是 $\boldsymbol{A}$ 的特征值,$\boldsymbol{\alpha}$ 是 $\boldsymbol{A}$ 的属于 λ_0 的特征向量. □

从命题 3 可以看出,求 n 维线性空间 V 上线性变换的特征值和特征向量的问题,等价于

求 n 阶矩阵的特征值和特征向量的问题.

数域 K 上的 n 阶矩阵 $\boldsymbol{A}$ 是否有特征值？如果有，如何求 $\boldsymbol{A}$ 的全部特征值和特征向量？下面我们来探索这个问题.

由数域 K 上一元多项式环 $K[\lambda]$ 中的 n^2 个一元多项式排成的 n 行、n 列的一张表称为一个 n 阶 **λ-矩阵**. 用 $\boldsymbol{A}(\lambda)$，$\boldsymbol{B}(\lambda)$，…表示 λ-矩阵. 两个 λ-矩阵 $\boldsymbol{A}(\lambda)$ 与 $\boldsymbol{B}(\lambda)$，如果它们的对应元素都相等，那么称 $\boldsymbol{A}(\lambda)$ 与 $\boldsymbol{B}(\lambda)$ 相等. 类似于数域 K 上矩阵的加法、数量乘法、乘法的定义，我们可以定义 n 阶 λ-矩阵的加法、数量乘法(用 λ 的多项式乘以 λ-矩阵)、乘法，而且这些运算满足与数域 K 上的矩阵一样的运算法则. 由于数域 K 上 n 阶矩阵 $\boldsymbol{A}$ 的行列式的定义只需要用到数的加法和乘法运算，因此可以类似地定义 n 阶 λ-矩阵 $\boldsymbol{A}(\lambda)$ 的行列式，而且同样有行列式的 7 条性质、按一行(列)展开的定理以及如下结论：

$$\boldsymbol{A}(\lambda)\boldsymbol{A}^*(\lambda)=\boldsymbol{A}^*(\lambda)\boldsymbol{A}(\lambda)=|\boldsymbol{A}(\lambda)|\boldsymbol{I},$$

其中 $\boldsymbol{A}^*(\lambda)$ 是 $\boldsymbol{A}(\lambda)$ 的伴随矩阵.

设 $\boldsymbol{A}=(a_{ij})$ 是数域 K 上的 n 阶矩阵，称 λ-矩阵

$$\begin{pmatrix} \lambda-a_{11} & -a_{12} & \cdots & -a_{1n} \\ -a_{21} & \lambda-a_{22} & \cdots & -a_{2n} \\ \vdots & \vdots & & \vdots \\ -a_{n1} & -a_{n2} & \cdots & \lambda-a_{nn} \end{pmatrix} \tag{10}$$

为 $\boldsymbol{A}$ 的**特征矩阵**. 根据 λ-矩阵的加法和数量乘法运算，可以把 $\boldsymbol{A}$ 的特征矩阵写成

$$\begin{aligned} &\begin{pmatrix} \lambda & 0 & \cdots & 0 \\ 0 & \lambda & \cdots & 0 \\ \vdots & \vdots & & \vdots \\ 0 & 0 & \cdots & \lambda \end{pmatrix}+\begin{pmatrix} -a_{11} & -a_{12} & \cdots & -a_{1n} \\ -a_{21} & -a_{22} & \cdots & -a_{2n} \\ \vdots & \vdots & & \vdots \\ -a_{n1} & -a_{n2} & \cdots & -a_{nn} \end{pmatrix} \\ =&\lambda\begin{pmatrix} 1 & 0 & \cdots & 0 \\ 0 & 1 & \cdots & 0 \\ \vdots & \vdots & & \vdots \\ 0 & 0 & \cdots & 1 \end{pmatrix}-\begin{pmatrix} a_{11} & a_{12} & \cdots & a_{1n} \\ a_{21} & a_{22} & \cdots & a_{2n} \\ \vdots & \vdots & & \vdots \\ a_{n1} & a_{n2} & \cdots & a_{nn} \end{pmatrix} \\ =&\lambda\boldsymbol{I}-\boldsymbol{A}. \end{aligned}$$

$\boldsymbol{A}$ 的特征矩阵的行列式 $|\lambda\boldsymbol{I}-\boldsymbol{A}|$ 称为 $\boldsymbol{A}$ 的**特征多项式**. 按照 λ-矩阵的行列式的定义，$|\lambda\boldsymbol{I}-\boldsymbol{A}|$ 是 λ 的 n 次多项式，λ^n 的系数为 1. λ_0 是多项式 $|\lambda\boldsymbol{I}-\boldsymbol{A}|$ 在 K 中的一个根当且仅当

$$|\lambda_0\boldsymbol{I}-\boldsymbol{A}|=0,\quad \lambda_0\in K.$$

利用定义 2 和矩阵 $\boldsymbol{A}$ 的特征多项式 $|\lambda\boldsymbol{I}-\boldsymbol{A}|$，以及齐次线性方程组有非零解的充要条件，我们可以证明下述定理：

定理 3 设 $\boldsymbol{A}$ 是数域 K 上的 n 阶矩阵，则

(1) λ_0是$\boldsymbol{A}$的特征值当且仅当λ_0是$\boldsymbol{A}$的特征多项式$|\lambda\boldsymbol{I}-\boldsymbol{A}|$在$K$中的根;

(2) $\boldsymbol{\alpha}$是$\boldsymbol{A}$的属于特征值λ_0的特征向量当且仅当$\boldsymbol{\alpha}$是齐次线性方程组$(\lambda_0\boldsymbol{I}-\boldsymbol{A})\boldsymbol{x}=\boldsymbol{0}$的非零解.

证明 λ_0是$\boldsymbol{A}$的特征值,$\boldsymbol{\alpha}$是$\boldsymbol{A}$的属于λ_0的特征向量

$\Longleftrightarrow$ $\boldsymbol{A\alpha}=\lambda_0\boldsymbol{\alpha}$,$\lambda_0\in K$,$\boldsymbol{\alpha}\in K^n$,且$\boldsymbol{\alpha}\neq\boldsymbol{0}$

$\Longleftrightarrow$ $(\lambda_0\boldsymbol{I}-\boldsymbol{A})\boldsymbol{\alpha}=\boldsymbol{0}$,$\lambda_0\in K$,$\boldsymbol{\alpha}\in K^n$,且$\boldsymbol{\alpha}\neq\boldsymbol{0}$

$\Longleftrightarrow$ $\boldsymbol{\alpha}$是齐次线性方程组$(\lambda_0\boldsymbol{I}-\boldsymbol{A})\boldsymbol{x}=\boldsymbol{0}$的非零解,$\lambda_0\in K$.

$\Longleftrightarrow$ $|\lambda_0\boldsymbol{I}-\boldsymbol{A}|=0$,$\lambda_0\in K$,$\boldsymbol{\alpha}$是齐次线性方程组$(\lambda_0\boldsymbol{I}-\boldsymbol{A})\boldsymbol{x}=\boldsymbol{0}$的非零解

$\Longleftrightarrow$ λ_0是$\boldsymbol{A}$的特征多项式$|\lambda\boldsymbol{I}-\boldsymbol{A}|$在$K$中的根,$\boldsymbol{\alpha}$是齐次线性方程组$(\lambda_0\boldsymbol{I}-\boldsymbol{A})\boldsymbol{x}=\boldsymbol{0}$的非零解. □

点评 (1) 根据定理3,$\boldsymbol{A}$的特征多项式$|\lambda\boldsymbol{I}-\boldsymbol{A}|$在$K$中的全部根就是$\boldsymbol{A}$的全部特征值;$\boldsymbol{A}$的属于特征值$\lambda_0$的全部特征向量就是齐次线性方程组$(\lambda_0\boldsymbol{I}-\boldsymbol{A})\boldsymbol{x}=\boldsymbol{0}$的解空间$W_{\lambda_0}$中的全部非零向量.

(2) 由于$|\lambda\boldsymbol{I}-\boldsymbol{A}|$是$n$次多项式,它在$K$中至多有$n$个根(重根按重数计算),因此$\boldsymbol{A}$的特征值至多有$n$个(重根按重数计算).

(3) 数域K上n阶上三角矩阵$\boldsymbol{A}=(a_{ij})$的全部主对角元$a_{11},a_{22},\cdots,a_{nn}$就是$\boldsymbol{A}$的全部特征值.

设λ_j是矩阵$\boldsymbol{A}$的一个特征值,我们把齐次线性方程组$(\lambda_j\boldsymbol{I}-\boldsymbol{A})\boldsymbol{x}=\boldsymbol{0}$的解空间$W_{\lambda_j}$称为$\boldsymbol{A}$的属于特征值$\lambda_j$的**特征子空间**.

命题4 设$\mathscr{A}$是数域K上n维线性空间V上的线性变换,$\mathscr{A}$在V的基$\beta_1,\beta_2,\cdots,\beta_n$下的矩阵是$\boldsymbol{A}$. V中的每个向量α对应到α在基$\beta_1,\beta_2,\cdots,\beta_n$下的坐标$\boldsymbol{\alpha}$的映射$\sigma$是$V$到$K^n$的一个同构映射. 如果$\lambda_j$是$\mathscr{A}$的一个特征值,那么$\sigma(V_{\lambda_j})=W_{\lambda_j}$,从而

$$\dim V_{\lambda_j}=\dim W_{\lambda_j}.$$

证明 根据命题3,$\alpha\in V_{\lambda_j}$当且仅当α在基$\beta_1,\beta_2,\cdots,\beta_n$下的坐标$\boldsymbol{\alpha}\in W_{\lambda_j}$,从而$\sigma(V_{\lambda_j})=W_{\lambda_j}$,于是

$$\dim V_{\lambda_j}=\dim W_{\lambda_j}.$$ □

利用命题3和上述求矩阵$\boldsymbol{A}$的特征值和特征向量的方法,可以求数域K上n维线性空间V上的线性变换$\mathscr{A}$的特征值和特征向量. 设$\mathscr{A}$在V的基$\beta_1,\beta_2,\cdots,\beta_n$下的矩阵是$\boldsymbol{A}$,则求$\mathscr{A}$的全部特征值和特征向量的方法如下:

第一步,计算$|\lambda\boldsymbol{I}-\boldsymbol{A}|$,它在$K$中的全部根就是$\mathscr{A}$的全部特征值;

第二步,对于$\mathscr{A}$的每个特征值λ_j,解齐次线性方程组$(\lambda_j\boldsymbol{I}-\boldsymbol{A})\boldsymbol{x}=\boldsymbol{0}$,求出它的一个基础解系$\boldsymbol{\eta}_{j1},\boldsymbol{\eta}_{j2},\cdots,\boldsymbol{\eta}_{jr_j}$,将$V$中以$\boldsymbol{\eta}_{jt}(t=1,2,\cdots,r_j)$为坐标的向量记作$\eta_{jt}$,则$\mathscr{A}$的属于特征值$\lambda_j$的全部特征向量是

$$\{k_1\eta_{j1}+k_2\eta_{j2}+\cdots+k_{r_j}\eta_{jr_j}\mid k_1,k_2,\cdots,k_{r_j}\in K,\text{且它们不全为 }0\}.$$

类似于定理 2,对于 n 阶矩阵 $\boldsymbol{A}$ 的属于不同特征值的特征向量,有下述重要性质:

定理 4 设 $\boldsymbol{A}$ 是数域 K 上的 n 阶矩阵. 如果 $\lambda_1,\cdots,\lambda_s$ 是 $\boldsymbol{A}$ 的不同的特征值,并且 $W_{\lambda_i}(i=1,\cdots,s)$ 中的向量组 $\boldsymbol{\alpha}_{i1},\cdots,\boldsymbol{\alpha}_{ir_i}$ 线性无关,那么向量组

$$\boldsymbol{\alpha}_{11},\ \cdots,\ \boldsymbol{\alpha}_{1r_1},\ \cdots,\ \boldsymbol{\alpha}_{s1},\ \cdots,\ \boldsymbol{\alpha}_{sr_s}$$

线性无关.

证明 设 V 是数域 K 上的 n 维线性空间. 取 V 的一个基 $\beta_1,\cdots,\beta_n$. 根据§7.4 中推论 1 下面的点评,存在 V 上唯一的线性变换 $\mathscr{A}$,使得 $\mathscr{A}$ 在基 $\beta_1,\cdots,\beta_n$ 下的矩阵为 $\boldsymbol{A}$. V 中的每个向量 α 对应到它在基 $\beta_1,\cdots,\beta_n$ 下的坐标 $\boldsymbol{\alpha}$ 的映射 σ 是 V 到 K^n 的一个同构映射,从而 σ^{-1} 是 K^n 到 V 的一个同构映射. 由于 $\sigma(V_{\lambda_i})=W_{\lambda_i}$,因此 $V_{\lambda_i}=\sigma^{-1}(W_{\lambda_i})$. 由于同构映射把线性无关的向量组映成线性无关的向量组,因此 $V_{\lambda_i}(i=1,\cdots,s)$ 中以 $\boldsymbol{\alpha}_{i1},\cdots,\boldsymbol{\alpha}_{ir_i}$ 为坐标的向量组 $\alpha_{i1},\cdots,\alpha_{ir_i}$ 线性无关. 根据定理 2,向量组

$$\alpha_{11},\ \cdots,\ \alpha_{1r_1},\ \cdots,\ \alpha_{s1},\ \cdots,\ \alpha_{sr_s}$$

线性无关,因此它们在同构映射 σ 下的像

$$\boldsymbol{\alpha}_{11},\ \cdots,\ \boldsymbol{\alpha}_{1r_1},\ \cdots,\ \boldsymbol{\alpha}_{s1},\ \cdots,\ \boldsymbol{\alpha}_{sr_s}$$

线性无关. □

命题 5 相似的矩阵具有相等的特征多项式,从而相似的矩阵具有相同的特征值(包括重数相同).

证明 设 $\boldsymbol{A},\boldsymbol{B}$ 都是数域 K 上的 n 阶矩阵,且 $\boldsymbol{A}\sim\boldsymbol{B}$,则存在数域 K 上的 n 阶可逆矩阵 $\boldsymbol{P}$,使得 $\boldsymbol{B}=\boldsymbol{P}^{-1}\boldsymbol{AP}$. 于是

$$\begin{aligned}|\lambda\boldsymbol{I}-\boldsymbol{B}|&=|\boldsymbol{P}^{-1}(\lambda\boldsymbol{I})\boldsymbol{P}-\boldsymbol{P}^{-1}\boldsymbol{AP}|=|\boldsymbol{P}^{-1}(\lambda\boldsymbol{I}-\boldsymbol{A})\boldsymbol{P}|=|\boldsymbol{P}^{-1}|\,|\lambda\boldsymbol{I}-\boldsymbol{A}|\,|\boldsymbol{P}|\\&=|\boldsymbol{P}|^{-1}\,|\lambda\boldsymbol{I}-\boldsymbol{A}|\,|\boldsymbol{P}|=|\lambda\boldsymbol{I}-\boldsymbol{A}|.\end{aligned}$$ □

命题 5 表明,特征多项式和特征值(包括重数)也是相似不变量.

定义 3 数域 K 上 n 维线性空间 V 上的线性变换 $\mathscr{A}$ 在 V 的一个基下的矩阵的特征多项式称为线性变换 $\mathscr{A}$ 的**特征多项式**.

定义 4 设 $\mathscr{A}$ 是数域 K 上 n 维线性空间 V 上的线性变换,λ_j 是 $\mathscr{A}$ 的一个特征值. V_{λ_j} 的维数称为 λ_j 的**几何重数**;λ_j 作为 $\mathscr{A}$ 的特征多项式的根时的重数称为 λ_j 的**代数重数**.

定义 5 设 $\boldsymbol{A}$ 是数域 K 上的 n 阶矩阵,λ_j 是 $\boldsymbol{A}$ 的一个特征值. W_{λ_j} 的维数称为 λ_j 的**几何重数**;λ_j 作为 $\boldsymbol{A}$ 的特征多项式的根时的重数称为 λ_j 的**代数重数**.

命题 6 设 $\mathscr{A}$ 是数域 K 上 n 维线性空间 V 上的线性变换,$\mathscr{A}$ 在 V 的一个基下的矩阵是 $\boldsymbol{A}$. 若 λ_j 是 $\mathscr{A}$ 的一个特征值,则 $\mathscr{A}$ 的特征值 λ_j 的几何重数等于 $\boldsymbol{A}$ 的特征值 λ_j 的几何重数,$\mathscr{A}$ 的特征值 λ_j 的代数重数等于 $\boldsymbol{A}$ 的特征值 λ_j 的代数重数.

证明 由于 $\dim V_{\lambda_j}=\dim W_{\lambda_j}$,因此 $\mathscr{A}$ 的特征值 λ_j 的几何重数等于 $\boldsymbol{A}$ 的特征值 λ_j 的几

何重数.

由于 $\mathscr{A}$ 的特征多项式就是 $\boldsymbol{A}$ 的特征多项式,因此 $\mathscr{A}$ 的特征值 λ_j 的代数重数等于 $\boldsymbol{A}$ 的特征值 λ_j 的代数重数. □

命题 7 设 $\mathscr{A}$ 是数域 K 上 n 维线性空间 V 上的线性变换,λ_j 是 $\mathscr{A}$ 的一个特征值,则 λ_j 的几何重数小于或等于 λ_j 的代数重数.

证明 取 V_{λ_j} 的一个基 $\alpha_1,\cdots,\alpha_r$,并把它扩充成 V 的一个基 $\alpha_1,\cdots,\alpha_r,\beta_1,\cdots,\beta_{n-r}$,则

$$\mathscr{A}(\alpha_1,\cdots,\alpha_r,\beta_1,\cdots,\beta_{n-r})=(\alpha_1,\cdots,\alpha_r,\beta_1,\cdots,\beta_{n-r})\begin{pmatrix}\lambda_j & \cdots & 0 & b_{11} & \cdots & b_{1,n-r}\\ 0 & \cdots & 0 & b_{21} & \cdots & b_{2,n-r}\\ \vdots & & \vdots & \vdots & & \vdots\\ 0 & \cdots & \lambda_j & b_{r1} & \cdots & b_{r,n-r}\\ 0 & \cdots & 0 & b_{r+1,1} & \cdots & b_{r+1,n-r}\\ \vdots & & \vdots & \vdots & & \vdots\\ 0 & \cdots & 0 & b_{n1} & \cdots & b_{n,n-r}\end{pmatrix},$$

从而 $\mathscr{A}$ 在基 $\alpha_1,\cdots,\alpha_r,\beta_1,\cdots,\beta_{n-r}$ 下的矩阵为

$$\boldsymbol{A}=\begin{pmatrix}\lambda_j\boldsymbol{I}_r & \boldsymbol{B}_1\\ \boldsymbol{0} & \boldsymbol{B}_2\end{pmatrix},\quad 其中\quad \boldsymbol{B}_1=\begin{pmatrix}b_{11} & \cdots & b_{1,n-r}\\ \vdots & & \vdots\\ b_{r1} & \cdots & b_{r,n-r}\end{pmatrix}\quad \boldsymbol{B}_2=\begin{pmatrix}b_{r+1,1} & \cdots & b_{r+1,n-r}\\ \vdots & & \vdots\\ b_{n,1} & \cdots & b_{n,n-r}\end{pmatrix}.$$

于是,$\mathscr{A}$ 的特征多项式为

$$\begin{aligned}|\lambda\boldsymbol{I}-\boldsymbol{A}|&=\left|\begin{pmatrix}\lambda\boldsymbol{I}_r & \boldsymbol{0}\\ \boldsymbol{0} & \lambda\boldsymbol{I}_{n-r}\end{pmatrix}-\begin{pmatrix}\lambda_j\boldsymbol{I}_r & \boldsymbol{B}_1\\ \boldsymbol{0} & \boldsymbol{B}_2\end{pmatrix}\right|=\begin{vmatrix}\lambda\boldsymbol{I}_r-\lambda_j\boldsymbol{I}_r & -\boldsymbol{B}_1\\ \boldsymbol{0} & \lambda\boldsymbol{I}_{n-r}-\boldsymbol{B}_2\end{vmatrix}\\ &=|(\lambda-\lambda_j)\boldsymbol{I}_r|\,|\lambda\boldsymbol{I}_{n-r}-\boldsymbol{B}_2|=(\lambda-\lambda_j)^r|\lambda\boldsymbol{I}_{n-r}-\boldsymbol{B}_2|,\end{aligned}$$

从而 λ_j 的代数重数大于或等于 r,而 r 是 λ_j 的几何重数. □

推论 1 设 $\boldsymbol{A}$ 是数域 K 上的 n 阶矩阵,λ_j 是 $\boldsymbol{A}$ 的一个特征值,则 λ_j 的几何重数小于或等于它的代数重数.

证明 由命题 6 和命题 7 立即得到. □

定理 5 设 $\boldsymbol{A}$ 是数域 K 上的 n 阶矩阵,则 $\boldsymbol{A}$ 的特征多项式 $|\lambda\boldsymbol{I}-\boldsymbol{A}|$ 是 n 次多项式,λ^n 的系数是 1,λ^{n-1} 的系数等于 $-\mathrm{tr}(\boldsymbol{A})$,$\lambda^{n-k}(k=2,\cdots,n-1)$ 的系数等于 $(-1)^k$ 乘以 $\boldsymbol{A}$ 的所有 k 阶主子式的和,常数项为 $(-1)^n|\boldsymbol{A}|$.

证明 设 $\boldsymbol{A}=(a_{ij})$ 的列向量组是 $\boldsymbol{\alpha}_1,\boldsymbol{\alpha}_2,\cdots,\boldsymbol{\alpha}_n$. $\boldsymbol{A}$ 的特征多项式为

$$|\lambda\boldsymbol{I}-\boldsymbol{A}|=\begin{vmatrix}\lambda-a_{11} & 0-a_{12} & \cdots & 0-a_{1n}\\ 0-a_{21} & \lambda-a_{22} & \cdots & 0-a_{2n}\\ \vdots & \vdots & & \vdots\\ 0-a_{n1} & 0-a_{n2} & \cdots & \lambda-a_{nn}\end{vmatrix}. \tag{11}$$

由于(11)式的每一列都是两组数的和,因此根据行列式的性质 3 和性质 2,(11)式等于 2^n 个行列式的和,其中 2 个为

$$\begin{vmatrix} \lambda & 0 & \cdots & 0 \\ 0 & \lambda & \cdots & 0 \\ \vdots & \vdots & & \vdots \\ 0 & 0 & \cdots & \lambda \end{vmatrix} = \lambda^n, \quad \begin{vmatrix} -a_{11} & -a_{12} & \cdots & -a_{1n} \\ -a_{21} & -a_{22} & \cdots & -a_{2n} \\ \vdots & \vdots & & \vdots \\ -a_{n1} & -a_{n2} & \cdots & -a_{nn} \end{vmatrix} = (-1)^n |\boldsymbol{A}|;$$

其余行列式是下述类型的行列式:第 $j_1, j_2, \cdots, j_{n-k}$ $(1 \leqslant k < n)$ 列是含有 λ 的列,其余列是不含 λ 的列(它们是 $-\boldsymbol{A}$ 的列),于是这种类型的行列式为

$$|(-\boldsymbol{\alpha}_1, \cdots, -\boldsymbol{\alpha}_{j_1-1}, \lambda\boldsymbol{\varepsilon}_{j_1}, -\boldsymbol{\alpha}_{j_1+1}, \cdots, \lambda\boldsymbol{\varepsilon}_{j_2}, \cdots, \lambda\boldsymbol{\varepsilon}_{j_{n-k}}, \cdots, -\boldsymbol{\alpha}_n)|. \tag{12}$$

把行列式(12)按第 $j_1, j_2, \cdots, j_{n-k}$ 列展开,这 $n-k$ 列元素组成的 $n-k$ 阶子式只有一个不为 0:

$$\begin{vmatrix} \lambda & 0 & \cdots & 0 \\ 0 & \lambda & \cdots & 0 \\ \vdots & \vdots & & \vdots \\ 0 & 0 & \cdots & \lambda \end{vmatrix} = \lambda^{n-k},$$

其余 $n-k$ 阶子式全为 0. 这个不等于 0 的 $n-k$ 阶子式的代数余子式为

$$(-1)^{(j_1+j_2+\cdots+j_{n-k})+(j_1+j_2+\cdots+j_{n-k})}(-\boldsymbol{A})\begin{pmatrix} j'_1, j'_2, \cdots, j'_k \\ j'_1, j'_2, \cdots, j'_k \end{pmatrix} = (-1)^k \boldsymbol{A}\begin{pmatrix} j'_1, j'_2, \cdots, j'_k \\ j'_1, j'_2, \cdots, j'_k \end{pmatrix},$$

其中 $\{j'_1, j'_2, \cdots, j'_k\} = \{1, 2, \cdots, n\} \setminus \{j_1, j_2, \cdots, j_{n-k}\}$,并且 $j'_1 < j'_2 < \cdots < j'_k$. 因此,行列式(12)的值为

$$\lambda^{n-k}(-1)^k \boldsymbol{A}\begin{pmatrix} j'_1, j'_2, \cdots, j'_k \\ j'_1, j'_2, \cdots, j'_k \end{pmatrix}.$$

由于 $1 \leqslant j'_1 < j'_2 < \cdots < j'_k \leqslant n$,因此 $|\lambda\boldsymbol{I} - \boldsymbol{A}|$ 中 λ^{n-k} 的系数为

$$(-1)^k \sum_{1 \leqslant j'_1 < j'_2 < \cdots < j'_k \leqslant n} \boldsymbol{A}\begin{pmatrix} j'_1, j'_2, \cdots, j'_k \\ j'_1, j'_2, \cdots, j'_k \end{pmatrix}, \tag{13}$$

即 $|\lambda\boldsymbol{I} - \boldsymbol{A}|$ 中 λ^{n-k} 的系数等于 $(-1)^k$ 乘以 $\boldsymbol{A}$ 的所有 k 阶主子式的和,其中 $k = 1, 2, \cdots, n-1$. 特别地,λ^{n-1} 的系数为

$$-\sum_{1 \leqslant j'_1 \leqslant n} \boldsymbol{A}\begin{pmatrix} j'_1 \\ j'_1 \end{pmatrix} = -(a_{11} + a_{22} + \cdots + a_{nn}) = -\operatorname{tr}(\boldsymbol{A}). \tag{14}$$

$|\lambda\boldsymbol{I} - \boldsymbol{A}|$ 的常数项为 $(-1)^n |\boldsymbol{A}|$. □

利用定理 5 和韦达公式立即得到下述推论:

推论 2 设 $\boldsymbol{A}$ 是数域 K 上的 n 阶矩阵,则 $\boldsymbol{A}$ 的特征多项式 $|\lambda\boldsymbol{I} - \boldsymbol{A}|$ 的 n 个复根的和等于 $\operatorname{tr}(\boldsymbol{A})$,$n$ 个复根的积等于 $|\boldsymbol{A}|$.

证明 设 $\boldsymbol{A}$ 的特征多项式 $|\lambda \boldsymbol{I}-\boldsymbol{A}|$ 的 n 个复根为 $c_1, c_2, \cdots, c_n$. 根据韦达公式，λ^{n-1} 的系数等于 $-(c_1+c_2+\cdots+c_n)$，从而根据定理 5，得

$$-(c_1+c_2+\cdots+c_n)=-\operatorname{tr}(\boldsymbol{A}),$$

于是

$$c_1+c_2+\cdots+c_n=\operatorname{tr}(\boldsymbol{A}).$$

根据韦达公式，$|\lambda \boldsymbol{I}-\boldsymbol{A}|$ 的常数项等于 $(-1)^n c_1 c_2 \cdots c_n$，从而根据定理 5，得

$$(-1)^n c_1 c_2 \cdots c_n=(-1)^n|\boldsymbol{A}|,$$

于是

$$c_1 c_2 \cdots c_n=|\boldsymbol{A}|.$$

□

*三、线性变换与矩阵的特征值和特征向量的应用

我们将在下一节以及以后几节看到，线性变换的特征值和特征向量在研究线性变换的最简单形式的矩阵表示时起了重要作用. 矩阵的特征值和特征向量在研究平面上二次曲线的类型及其最简方程和位置中起了重要作用. 对此，可以参看《解析几何(第三版)》(丘维声编著，北京大学出版社)的第五章.

其实，线性变换与矩阵的特征值和特征向量在许多领域都有应用. 下面举两个例子.

美国 1940 年建造了塔科马(Tacoma)海峡桥. 一开始这座桥有小的振动，大约 4 个月后，振动变得更大. 最后这座桥坠落到水中. 对于这座桥倒塌的解释是：由于风的频率太接近这座桥的固有频率而引起振动. 而这座桥的固有频率是桥的建模系统的绝对值最小的特征值，因此特征值对于工程师分析建筑物的结构时非常重要.

在量子力学中，测量一个量子体系的力学量(例如动能、动量等)时，一般可能出现各种不同的结果，各有一定的概率. 如果量子体系处于一种特殊的状态下，则测量这个力学量所得结果是唯一确定的. 称这种状态为这个力学量的本征态. 这个本征态就是该力学量相应算符的属于特征值(测量这个力学量所得结果的平均值)的一个特征向量，当量子体系处于力学量相应算符的本征态时，测得的结果是相应的特征值. 这可以参看《高等代数学习指导书(第二版)(下册)》(丘维声编著，清华大学出版社)第 10 章中的应用小天地：酉空间在量子力学中的应用.

7.6.2 典型例题

例 1 设 $\mathscr{A}$ 是数域 K 上三维线性空间 V 上的线性变换，$\mathscr{A}$ 在 V 的基 $\beta_1, \beta_2, \beta_3$ 下的矩阵为

$$\boldsymbol{A}=\begin{pmatrix}2 & -2 & 2\\ -2 & -1 & 4\\ 2 & 4 & -1\end{pmatrix},$$

求 $\mathscr{A}$ 的全部特征值和特征向量.

解 $\mathscr{A}$的特征多项式为

$$|\lambda \boldsymbol{I}-\boldsymbol{A}|=\begin{vmatrix}\lambda-2 & 2 & -2\\ 2 & \lambda+1 & -4\\ -2 & -4 & \lambda+1\end{vmatrix}\xlongequal{③+②\cdot 1}\begin{vmatrix}\lambda-2 & 2 & -2\\ 2 & \lambda+1 & -4\\ 0 & \lambda-3 & \lambda-3\end{vmatrix}$$

$$\xlongequal[②+③\cdot(-1)]{}\begin{vmatrix}\lambda-2 & 4 & -2\\ 2 & \lambda+5 & -4\\ 0 & 0 & \lambda-3\end{vmatrix}=(\lambda-3)\begin{vmatrix}\lambda-2 & 4\\ 2 & \lambda+5\end{vmatrix}$$

$$=(\lambda-3)(\lambda^2+3\lambda-18)=(\lambda-3)^2(\lambda+6),$$

于是$\mathscr{A}$的全部特征值是 3(2 重),-6.

对于$\mathscr{A}$的特征值 3,解齐次线性方程组$(3\boldsymbol{I}-\boldsymbol{A})\boldsymbol{x}=\boldsymbol{0}$:

$$\begin{pmatrix}1 & 2 & -2\\ 2 & 4 & -4\\ -2 & -4 & 4\end{pmatrix}\xrightarrow[③+①\cdot 2]{②+①\cdot(-2)}\begin{pmatrix}1 & 2 & -2\\ 0 & 0 & 0\\ 0 & 0 & 0\end{pmatrix},$$

于是一般解为

$$x_1=-2x_2+2x_3,$$

其中 x_2,x_3 是自由未知量,从而一个基础解系为

$$(2,-1,0)^{\mathrm{T}},\quad (2,0,1)^{\mathrm{T}}.$$

因此,$\mathscr{A}$的属于特征值 3 的全部特征向量是

$$\{k_1(2\beta_1-\beta_2)+k_2(2\beta_1+\beta_3)\mid k_1,k_2\in K,\text{且 } k_1,k_2 \text{ 不全为 } 0\}.$$

对于$\mathscr{A}$的特征值-6,解齐次线性方程组$(-6\boldsymbol{I}-\boldsymbol{A})\boldsymbol{x}=\boldsymbol{0}$:

$$\begin{pmatrix}-8 & 2 & -2\\ 2 & -5 & -4\\ -2 & -4 & -5\end{pmatrix}\xrightarrow{(①,②)}\begin{pmatrix}2 & -5 & -4\\ -8 & 2 & -2\\ -2 & -4 & -5\end{pmatrix}\xrightarrow[③+①\cdot 1]{②+①\cdot 4}\begin{pmatrix}2 & -5 & -4\\ 0 & -18 & -18\\ 0 & -9 & -9\end{pmatrix}$$

$$\xrightarrow[③+②\cdot 9]{②\cdot\left(-\frac{1}{18}\right)}\begin{pmatrix}2 & -5 & -4\\ 0 & 1 & 1\\ 0 & 0 & 0\end{pmatrix}\xrightarrow[①\cdot\frac{1}{2}]{①+②\cdot 5}\begin{pmatrix}1 & 0 & \frac{1}{2}\\ 0 & 1 & 1\\ 0 & 0 & 0\end{pmatrix},$$

于是一般解为

$$\begin{cases}x_1=-\dfrac{1}{2}x_3,\\ x_2=-x_3,\end{cases}$$

其中 x_3 是自由未知量,从而一个基础解系为

$$(1,2,-2)^{\mathrm{T}}.$$

因此，$\mathscr{A}$ 的属于特征值 -6 的全部特征向量是

$$\{k(\beta_1+2\beta_2-2\beta_3)\mid k\in K,\text{且 } k\neq 0\}.$$

例 2 求复数域上矩阵 $\boldsymbol{A}$ 的全部特征值和特征向量：

$$\boldsymbol{A}=\begin{pmatrix}4 & 7 & -3\\ -2 & -4 & 2\\ -4 & -10 & 4\end{pmatrix}.$$

解 由于

$$|\lambda\boldsymbol{I}-\boldsymbol{A}|=\begin{vmatrix}\lambda-4 & -7 & 3\\ 2 & \lambda+4 & -2\\ 4 & 10 & \lambda-4\end{vmatrix}\xlongequal{③+②\cdot(-2)}\begin{vmatrix}\lambda-4 & -7 & 3\\ 2 & \lambda+4 & -2\\ 0 & -2\lambda+2 & \lambda\end{vmatrix}$$

$$\xlongequal[②+③\cdot 2]{}\begin{vmatrix}\lambda-4 & -1 & 3\\ 2 & \lambda & -2\\ 0 & 2 & \lambda\end{vmatrix}\xlongequal[③+②\cdot\left(-\frac{\lambda}{2}\right)]{}\begin{vmatrix}\lambda-4 & -1 & \frac{\lambda}{2}+3\\ 2 & \lambda & -\frac{\lambda^2}{2}-2\\ 0 & 2 & 0\end{vmatrix}$$

$$=-2\begin{vmatrix}\lambda-4 & \frac{\lambda}{2}+3\\ 2 & -\frac{\lambda^2}{2}-2\end{vmatrix}=-2\left(-\frac{1}{2}\lambda^3+2\lambda^2-3\lambda+2\right)$$

$$=\lambda^3-4\lambda^2+6\lambda-4=\lambda^3-2\lambda^2+2\lambda-2\lambda^2+4\lambda-4$$

$$=\lambda(\lambda^2-2\lambda+2)-2(\lambda^2-2\lambda+2)=(\lambda-2)(\lambda^2-2\lambda+2)$$

$$=(\lambda-2)[\lambda-(1+\mathrm{i})][\lambda-(1-\mathrm{i})],$$

因此 $\boldsymbol{A}$ 的全部特征值是 $2,1+\mathrm{i},1-\mathrm{i}$.

对于 $\boldsymbol{A}$ 的特征值 2，解齐次线性方程组 $(2\boldsymbol{I}-\boldsymbol{A})\boldsymbol{x}=\boldsymbol{0}$：

$$\begin{pmatrix}-2 & -7 & 3\\ 2 & 6 & -2\\ 4 & 10 & -2\end{pmatrix}\xrightarrow[③+①\cdot 2]{②+①\cdot 1}\begin{pmatrix}-2 & -7 & 3\\ 0 & -1 & 1\\ 0 & -4 & 4\end{pmatrix}\xrightarrow[③+②\cdot(-4)]{①+②\cdot(-7)}\begin{pmatrix}-2 & 0 & -4\\ 0 & 1 & -1\\ 0 & 0 & 0\end{pmatrix}$$

$$\xrightarrow{①\cdot\left(-\frac{1}{2}\right)}\begin{pmatrix}1 & 0 & 2\\ 0 & 1 & -1\\ 0 & 0 & 0\end{pmatrix}.$$

于是一般解为

$$\begin{cases}x_1=-2x_3,\\ x_2=x_3,\end{cases}$$

其中 x_3 是自由未知量，从而一个基础解系为

$$\boldsymbol{\alpha}_1 = (2, -1, -1)^{\mathrm{T}}.$$

因此，$\boldsymbol{A}$ 的属于特征值 2 的全部特征向量是

$$\{k_1\boldsymbol{\alpha}_1 \mid k_1 \in \mathbf{C}, \text{且 } k_1 \neq 0\}.$$

对于 $\boldsymbol{A}$ 的特征值 $1+\mathrm{i}$，解齐次线性方程组 $[(1+\mathrm{i})\boldsymbol{I}-\boldsymbol{A}]\boldsymbol{x}=\boldsymbol{0}$：

$$\begin{pmatrix} (1+\mathrm{i})-4 & -7 & 3 \\ 2 & (1+\mathrm{i})+4 & -2 \\ 4 & 10 & (1+\mathrm{i})-4 \end{pmatrix} \xrightarrow{(①,②)} \begin{pmatrix} 2 & 5+\mathrm{i} & -2 \\ -3+\mathrm{i} & -7 & 3 \\ 4 & 10 & -3+\mathrm{i} \end{pmatrix}$$

$$\xrightarrow[③+①\cdot(-2)]{②+①\cdot\left(-\frac{-3+\mathrm{i}}{2}\right)} \begin{pmatrix} 2 & 5+\mathrm{i} & -2 \\ 0 & 1-\mathrm{i} & \mathrm{i} \\ 0 & -2\mathrm{i} & 1+\mathrm{i} \end{pmatrix} \xrightarrow{\substack{①\cdot\frac{1}{2} \\ ②\cdot\frac{1}{1-\mathrm{i}} \\ ③\cdot\left(\frac{1}{2\mathrm{i}}\right)}} \begin{pmatrix} 1 & \frac{5}{2}+\frac{1}{2}\mathrm{i} & -1 \\ 0 & 1 & -\frac{1}{2}+\frac{1}{2}\mathrm{i} \\ 0 & -1 & \frac{1}{2}-\frac{1}{2}\mathrm{i} \end{pmatrix}$$

$$\xrightarrow[③+②\cdot 1]{①+②\cdot\left(-\frac{5+\mathrm{i}}{2}\right)} \begin{pmatrix} 1 & 0 & \frac{1}{2}-\mathrm{i} \\ 0 & 1 & -\frac{1}{2}+\frac{1}{2}\mathrm{i} \\ 0 & 0 & 0 \end{pmatrix},$$

于是一般解为

$$\begin{cases} x_1 = \left(-\dfrac{1}{2}+\mathrm{i}\right)x_3, \\ x_2 = \left(\dfrac{1}{2}-\dfrac{1}{2}\mathrm{i}\right)x_3, \end{cases}$$

其中 x_3 是自由未知量，从而一个基础解系为

$$\boldsymbol{\alpha}_2 = (1-2\mathrm{i}, -1+\mathrm{i}, -2)^{\mathrm{T}}.$$

因此，$\boldsymbol{A}$ 的属于特征值 $1+\mathrm{i}$ 的全部特征向量是

$$\{k_2\boldsymbol{\alpha}_2 \mid k_2 \in \mathbf{C}, \text{且 } k_2 \neq 0\}.$$

根据下面例 3 的结论得到，$\boldsymbol{A}$ 的属于特征值 $1-\mathrm{i}$ 的全部特征向量是

$$\{k_3\bar{\boldsymbol{\alpha}}_2 \mid k_3 \in \mathbf{C}, \text{且 } k_3 \neq 0\}.$$

例 3 设 $\boldsymbol{A}$ 是复数域上的 n 阶矩阵，并且 $\boldsymbol{A}$ 的元素都是实数，证明：如果虚数 λ_0 是 $\boldsymbol{A}$ 的一个特征值，$\boldsymbol{\alpha}$ 是 $\boldsymbol{A}$ 的属于 λ_0 的一个特征向量，那么 $\bar{\lambda}_0$ 也是 $\boldsymbol{A}$ 的一个特征值，且 $\bar{\boldsymbol{\alpha}}$ 是 $\boldsymbol{A}$ 的属于 $\bar{\lambda}_0$ 的一个特征向量，其中 $\bar{\boldsymbol{\alpha}}$ 是把 $\boldsymbol{\alpha}$ 的每个元素取共轭复数得到的列向量.

证明 由已知条件得 $\boldsymbol{A}\boldsymbol{\alpha}=\lambda_0\boldsymbol{\alpha}$. 在此式两边取共轭复数，得 $\bar{\boldsymbol{A}}\bar{\boldsymbol{\alpha}}=\bar{\lambda}_0\bar{\boldsymbol{\alpha}}$. 由于 $\boldsymbol{A}$ 的元素是实数，因此 $\bar{\boldsymbol{A}}=\boldsymbol{A}$，从而 $\boldsymbol{A}\bar{\boldsymbol{\alpha}}=\bar{\lambda}_0\bar{\boldsymbol{\alpha}}$. 由于 $\boldsymbol{\alpha}\neq\boldsymbol{0}$，因此 $\bar{\boldsymbol{\alpha}}\neq\boldsymbol{0}$. 于是，$\bar{\lambda}_0$ 是 $\boldsymbol{A}$ 的一个特征值，$\bar{\boldsymbol{\alpha}}$ 是 $\boldsymbol{A}$

的属于$\bar{\lambda}_0$的一个特征向量. □

例 4 证明：数域 K 上线性空间 V 上的幂等变换 $\mathscr{A}$ 一定有特征值，并且若 $\mathscr{A}=\mathscr{O}$，则 $\mathscr{A}$ 的特征值有且只有 0；若 $\mathscr{A}=\mathscr{I}$，则 $\mathscr{A}$ 的特征值有且只有 1；若 $\mathscr{A}\neq\mathscr{O},\mathscr{I}$，则 $\mathscr{A}$ 的特征值有且只有 1 和 0.

证明 设 $\mathscr{A}$ 是 V 上的幂等变换，则根据 §7.3 中的定理 3，得

$$V = \mathrm{Im}\mathscr{A} \oplus \mathrm{Ker}\mathscr{A},$$

并且 $\mathscr{A}$ 是平行于 $\mathrm{Ker}\mathscr{A}$ 在 $\mathrm{Im}\mathscr{A}$ 上的投影. 根据 §7.2 中投影的性质 2，得到：

对于任意 $\alpha\in\mathrm{Im}\mathscr{A}$，有 $\mathscr{A}\alpha=\alpha=1\alpha$，因此当 $\mathrm{Im}\mathscr{A}\neq0$ 时，$\mathscr{A}$ 有特征值 1，

对于任意 $\delta\in\mathrm{Ker}\mathscr{A}$，有 $\mathscr{A}\delta=0=0\delta$，因此当 $\mathrm{Ker}\mathscr{A}\neq0$ 时，$\mathscr{A}$ 有特征值 0.

若 $\mathscr{A}=\mathscr{O}$，则 $\mathrm{Ker}\mathscr{A}=V$，从而 $\mathscr{A}$ 的特征值有且只有 0. 若 $\mathscr{A}=\mathscr{I}$，则 $\mathrm{Im}\mathscr{A}=V$，从而 $\mathscr{A}$ 的特征值有且只有 1. 若 $\mathscr{A}\neq\mathscr{O},\mathscr{I}$，则 $\mathrm{Im}\mathscr{A}$ 与 $\mathrm{Ker}\mathscr{A}$ 都不等于 0，从而 $\mathscr{A}$ 有特征值 1 和 0.

设 λ_0 是幂等变换 $\mathscr{A}$ 的任一特征值，则存在 $\alpha\in V$，且 $\alpha\neq0$，使得 $\mathscr{A}\alpha=\lambda_0\alpha$，从而

$$\mathscr{A}^2\alpha = \mathscr{A}(\lambda_0\alpha) = \lambda_0(\mathscr{A}\alpha) = \lambda_0^2\alpha.$$

由于 $\mathscr{A}^2=\mathscr{A}$，因此 $\mathscr{A}\alpha=\lambda_0^2\alpha$，从而 $\lambda_0\alpha=\lambda_0^2\alpha$. 由于 $\alpha\neq0$，因此 $\lambda_0^2-\lambda_0=0$. 于是

$$\lambda_0=1 \quad 或 \quad \lambda_0=0.$$

□

点评 由例 4 可推出，数域 K 上 n 阶幂等矩阵 $\boldsymbol{A}$ 一定有特征值，并且若 $\boldsymbol{A}=\boldsymbol{0}$，则 $\boldsymbol{A}$ 的特征值有且只有 0；若 $\boldsymbol{A}=\boldsymbol{I}$，则 $\boldsymbol{A}$ 的特征值有且只有 1；若 $\boldsymbol{A}\neq\boldsymbol{0},\boldsymbol{I}$，则 $\boldsymbol{A}$ 的特征值有且只有 1 和 0. 理由如下：设 V 是数域 K 上的 n 维线性空间，取 V 的一个基 $\beta_1,\beta_2,\cdots,\beta_n$，则存在 V 上唯一的线性变换 $\mathscr{A}$，使得 $\mathscr{A}$ 在 V 的基 $\beta_1,\beta_2,\cdots,\beta_n$ 下的矩阵为 $\boldsymbol{A}$. 由于 $\boldsymbol{A}$ 是幂等矩阵，因此 $\mathscr{A}$ 是幂等变换. 根据例 4 即得结论.

例 5 设 V 和 V' 都是数域 K 上的线性空间，$\mathscr{A}$ 是 V 到 V' 的一个线性映射，$\mathscr{B}$ 是 V' 到 V 的一个线性映射，证明：

(1) $\mathscr{A}\mathscr{B}$ 与 $\mathscr{B}\mathscr{A}$ 有相同的非零特征值；

(2) 如果 α 是 $\mathscr{A}\mathscr{B}$ 的属于非零特征值 λ_0 的一个特征向量，那么 $\mathscr{B}\alpha$ 是 $\mathscr{B}\mathscr{A}$ 的属于特征值 λ_0 的一个特征向量；

(3) 若 V 和 V' 都是有限维的，则 $\mathscr{A}\mathscr{B}$ 与 $\mathscr{B}\mathscr{A}$ 的相同非零特征值 λ_0 的重数相同.

证明 (1) 设 λ_0 是 $\mathscr{A}\mathscr{B}$ 的一个非零特征值，则在 V' 中存在 $\alpha\neq0'$，使得 $(\mathscr{A}\mathscr{B})\alpha=\lambda_0\alpha$，从而 $\mathscr{B}(\mathscr{A}\mathscr{B})\alpha=\mathscr{B}(\lambda_0\alpha)$，即 $(\mathscr{B}\mathscr{A})(\mathscr{B}\alpha)=\lambda_0(\mathscr{B}\alpha)$. 假如 $\mathscr{B}\alpha=0$，则 $\lambda_0\alpha=\mathscr{A}(\mathscr{B}\alpha)=\mathscr{A}(0)=0'$. 由于 $\alpha\neq0'$，因此 $\lambda_0=0$，矛盾. 所以 $\mathscr{B}\alpha\neq0$. 于是，λ_0 是 $\mathscr{B}\mathscr{A}$ 的一个特征值，$\mathscr{B}\alpha$ 是 $\mathscr{B}\mathscr{A}$ 的属于 λ_0 的一个特征向量.

由于 $\mathscr{A}$ 与 $\mathscr{B}$ 的地位对称，因此 $\mathscr{B}\mathscr{A}$ 的每个非零特征值也是 $\mathscr{A}\mathscr{B}$ 的特征值.

(2) 由第(1)小题的证明过程立即得到.

(3) 设 $\dim V=n$，$\dim V'=s$，$\mathscr{A}$ 在 V 的基 $\alpha_1,\alpha_2,\cdots,\alpha_n$ 和 V' 的基 $\eta_1,\eta_2,\cdots,\eta_s$ 下的矩阵为

$\boldsymbol{A}$,$\mathscr{B}$ 在 V' 的基 $\eta_1,\eta_2,\cdots,\eta_s$ 和 V 的基 $\alpha_1,\alpha_2,\cdots,\alpha_n$ 下的矩阵为 $\boldsymbol{B}$,则 $\mathscr{AB}$ 在 V' 的基 $\eta_1,\eta_2,\cdots,\eta_s$ 下的矩阵为 $\boldsymbol{AB}$,$\mathscr{BA}$ 在 V 的基 $\alpha_1,\alpha_2,\cdots,\alpha_n$ 下的矩阵为 $\boldsymbol{BA}$. 设 λ_0 是 $\mathscr{AB}$ 的 l 重非零特征值.

利用§4.5 中的命题 2,得

$$\begin{aligned}\lambda^n|\lambda\boldsymbol{I}_s-\boldsymbol{AB}|&=\lambda^n\left|\lambda\left(\boldsymbol{I}_s-\frac{1}{\lambda}\boldsymbol{AB}\right)\right|=\lambda^n\lambda^s\left|\boldsymbol{I}_s-\left(\frac{1}{\lambda}\boldsymbol{A}\right)\boldsymbol{B}\right|\\&=\lambda^s\lambda^n\left|\boldsymbol{I}_n-\boldsymbol{B}\left(\frac{1}{\lambda}\boldsymbol{A}\right)\right|=\lambda^s|\lambda\boldsymbol{I}_n-\boldsymbol{BA}|.\end{aligned}\tag{15}$$

由此得出,$\lambda-\lambda_0$ 是 $|\lambda\boldsymbol{I}_n-\boldsymbol{BA}|$ 的 l 重因式,从而 λ_0 是 $\boldsymbol{BA}$ 的特征多项式 $|\lambda\boldsymbol{I}_n-\boldsymbol{BA}|$ 的 l 重根,因此 λ_0 是 $\mathscr{BA}$ 的 l 重特征值. □

点评 从例 5 立即得到:设 $\boldsymbol{A},\boldsymbol{B}$ 分别是数域 K 上的 $s\times n,n\times s$ 矩阵,则 $\boldsymbol{AB}$ 与 $\boldsymbol{BA}$ 具有相同的非零特征值,且重数也相同.

注意 例 5 中(15)式是考虑元素为分式的矩阵,它也有加法、数量乘法、乘法运算,以及方阵的行列式的概念和性质,从而对于这种矩阵,§4.5 中命题 2 的结论仍然成立.

例 6 用 $\boldsymbol{J}$ 表示有理数域上元素全为 1 的 n 阶矩阵,求 $\boldsymbol{J}$ 的全部特征值和特征向量.

解 $\boldsymbol{J}=\boldsymbol{1}_n\boldsymbol{1}_n^{\mathrm{T}}$,其中 $\boldsymbol{1}_n$ 表示元素全为 1 的列向量. 根据例 5 的点评,$\boldsymbol{J}$ 与 $\boldsymbol{1}_n^{\mathrm{T}}\boldsymbol{1}_n=(n)$ 有相同的非零特征值,且重数也相同. 一阶矩阵 (n) 的特征多项式为 $|\lambda\boldsymbol{I}_1-(n)|=\lambda-n$,从而 (n) 有且只有一个特征值 n,且它的重数为 1. 由于 $(n)(1)=(n)=n(1)$,因此 (1) 是 (n) 的属于特征值 n 的一个特征向量. 根据例 5 及其点评,$\boldsymbol{J}$ 的非零特征值有且只有一个:n,且它的重数为 1. 由于 $\boldsymbol{J}$ 的特征值 n 的几何重数小于或等于它的代数重数,因此 $\boldsymbol{J}$ 的特征值 n 的几何重数等于 1. 根据例 5 的第(2)小题,$\boldsymbol{1}_n(1)=\boldsymbol{1}_n$ 是 $\boldsymbol{J}$ 的属于特征值 n 的一个特征向量,从而 $\boldsymbol{J}$ 的属于特征值 n 的全部特征向量是 $\{k\boldsymbol{1}_n\mid k\in\mathbf{Q},且\ k\neq 0\}$.

由于 $|\boldsymbol{J}|=0$,因此 $|0\boldsymbol{I}-\boldsymbol{J}|=|-\boldsymbol{J}|=(-1)^n|\boldsymbol{J}|=0$,从而 0 是 $\boldsymbol{J}$ 的一个特征值. 解齐次线性方程组 $(0\boldsymbol{I}-\boldsymbol{J})\boldsymbol{x}=\boldsymbol{0}$:

$$0\boldsymbol{I}-\boldsymbol{J}=\begin{pmatrix}-1&-1&\cdots&-1\\-1&-1&\cdots&-1\\\vdots&\vdots&&\vdots\\-1&-1&\cdots&-1\end{pmatrix}\longrightarrow\begin{pmatrix}1&1&\cdots&1\\0&0&\cdots&0\\\vdots&\vdots&&\vdots\\0&0&\cdots&0\end{pmatrix},$$

于是一般解为 $x_1=-x_2-\cdots-x_n$,其中 $x_2,\cdots,x_n$ 是自由未知量,从而一个基础解系为

$$\boldsymbol{\eta}_1=\begin{pmatrix}1\\-1\\0\\\vdots\\0\end{pmatrix},\quad\boldsymbol{\eta}_2=\begin{pmatrix}1\\0\\-1\\0\\\vdots\\0\end{pmatrix},\quad\cdots,\quad\boldsymbol{\eta}_{n-1}=\begin{pmatrix}1\\0\\\vdots\\0\\-1\end{pmatrix}.$$

因此，$\boldsymbol{J}$ 的属于特征值 0 的全部特征向量是

$$\{k_1\boldsymbol{\eta}_1+k_2\boldsymbol{\eta}_2+\cdots+k_{n-1}\boldsymbol{\eta}_{n-1}\mid k_1,k_2,\cdots,k_{n-1}\in\mathbf{Q},\text{且 } k_1,k_2,\cdots,k_{n-1}\text{不全为 }0\}.$$

例 7 设 $f(x)=a_mx^m+\cdots+a_1x+a_0$ 是数域 K 上的一个一元多项式，$\mathscr{A}$ 是数域 K 上 n 维线性空间 V 上的一个线性变换，证明：如果 λ_0 是 $\mathscr{A}$ 的一个特征值，α 是 $\mathscr{A}$ 的属于 λ_0 的一个特征向量，那么 $f(\lambda_0)$ 是 $f(\mathscr{A})$ 的一个特征值，α 是 $f(\mathscr{A})$ 的属于 $f(\lambda_0)$ 的一个特征向量. 所以，若 $\lambda_0,\lambda_1,\cdots,\lambda_{n-1}$ 是 $\mathscr{A}$ 的全部特征值，则 $f(\lambda_0),f(\lambda_1),\cdots,f(\lambda_{n-1})$ 是 $f(\mathscr{A})$ 的全部特征值. 于是，若 λ_0 是 $\mathscr{A}$ 是 l 重特征值，则 λ_0 是 $f(\mathscr{A})$ 的至少 l 重特征值.

证明 由已知条件得 $\mathscr{A}\alpha=\lambda_0\alpha$，于是

$$\begin{aligned}f(\mathscr{A})\alpha&=(a_m\mathscr{A}^m+\cdots+a_1\mathscr{A}+a_0\mathscr{I})\alpha=a_m\mathscr{A}^m\alpha+\cdots+a_1\mathscr{A}\alpha+a_0\alpha\\&=a_m\lambda_0^m\alpha+\cdots+a_1\lambda_0\alpha+a_0\alpha=(a_m\lambda_0^m+\cdots+a_1\lambda_0+a_0)\alpha\\&=f(\lambda_0)\alpha.\end{aligned}$$

因此，$f(\lambda_0)$ 是 $f(\mathscr{A})$ 的一个特征值，α 是 $f(\mathscr{A})$ 的属于 λ_0 的一个特征向量.

n 维线性空间 V 上的线性变换的特征值至多有 n 个(重根按重数计算)，由此即得结论的后半部分. □

点评 从例 7 立即得到结论：设 $f(x)=a_mx^m+\cdots+a_1x+a_0\in K[x]$，$\boldsymbol{A}$ 是数域 K 上的 n 阶矩阵，如果 λ_0 是 $\boldsymbol{A}$ 的一个特征值，$\boldsymbol{\alpha}$ 是 $\boldsymbol{A}$ 的属于 λ_0 的一个特征向量，那么 $f(\lambda_0)$ 是 $f(\boldsymbol{A})$ 的一个特征值，$\boldsymbol{\alpha}$ 是 $f(\boldsymbol{A})$ 的属于 $f(\lambda_0)$ 的一个特征向量. 所以，若 $\lambda_0,\lambda_1,\cdots,\lambda_{n-1}$ 是 $\boldsymbol{A}$ 的全部特征值，则 $f(\lambda_0),f(\lambda_1),\cdots,f(\lambda_{n-1})$ 是 $f(\boldsymbol{A})$ 的全部特征值. 于是，若 λ_0 是 $\boldsymbol{A}$ 的 l 重特征值，则 $f(\lambda_0)$ 是 $f(\boldsymbol{A})$ 的至少 l 重特征值.

例 8 设 $\boldsymbol{A}$ 是数域 K 上的 n 阶矩阵，证明：若 $\operatorname{rank}(\boldsymbol{A})=r(r>0)$，则 $\boldsymbol{A}$ 的特征多项式为

$$|\lambda\boldsymbol{I}-\boldsymbol{A}|=\lambda^n+b_{n-1}\lambda^{n-1}+\cdots+b_{n-r}\lambda^{n-r},$$

其中 $b_{n-k}(k=1,2,\cdots,r)$ 等于 $(-1)^k$ 乘以 $\boldsymbol{A}$ 的所有 k 阶主子式的和.

证明 $\operatorname{rank}(\boldsymbol{A})=r\Longrightarrow\boldsymbol{A}$ 的所有 $m(m>r)$ 阶子式都为 0

$\Longrightarrow\boldsymbol{A}$ 的所有 $m(m>r)$ 阶主子式之和都等于 0

$\Longrightarrow|\lambda\boldsymbol{I}-\boldsymbol{A}|$ 中 $\lambda^{n-m}(m>r)$ 的系数都为 0

$\Longrightarrow|\lambda\boldsymbol{I}-\boldsymbol{A}|=\lambda^n+b_{n-1}\lambda^{n-1}+\cdots+b_{n-r}\lambda^{n-r}$. □

例 9 设 $\boldsymbol{A}$ 是数域 K 上的 $n(n\geqslant 2)$ 阶矩阵，证明：如果 $\operatorname{rank}(\boldsymbol{A})=1$，且 $\boldsymbol{A}^2\neq\boldsymbol{0}$，那么 $\operatorname{tr}(\boldsymbol{A})$ 是 $\boldsymbol{A}$ 的一个非零特征值，其重数为 1，并且 0 是 $\boldsymbol{A}$ 的 $n-1$ 重特征值.

证明 由于 $\operatorname{rank}(\boldsymbol{A})=1$，因此根据例 8，得

$$|\lambda\boldsymbol{I}-\boldsymbol{A}|=\lambda^n-\operatorname{tr}(\boldsymbol{A})\lambda^{n-1}=\lambda^{n-1}(\lambda-\operatorname{tr}(\boldsymbol{A})),$$

从而 $\operatorname{tr}(\boldsymbol{A})$ 是 $\boldsymbol{A}$ 的一个特征值，0 是 $\boldsymbol{A}$ 的至少 $n-1$ 重特征值. 由于 $\operatorname{rank}(\boldsymbol{A})=1$，因此根据 4.3.2 小节中的例 3，存在数域 K 上的 n 维列向量 $\boldsymbol{\alpha},\boldsymbol{\beta}$，使得 $\boldsymbol{A}=\boldsymbol{\alpha}\boldsymbol{\beta}^{\mathrm{T}}$. 于是

$$\boldsymbol{A}^2=(\boldsymbol{\alpha}\boldsymbol{\beta}^{\mathrm{T}})(\boldsymbol{\alpha}\boldsymbol{\beta}^{\mathrm{T}})=\boldsymbol{\alpha}(\boldsymbol{\beta}^{\mathrm{T}}\boldsymbol{\alpha})\boldsymbol{\beta}^{\mathrm{T}}=(\boldsymbol{\beta}^{\mathrm{T}}\boldsymbol{\alpha})\boldsymbol{A}.$$

由已知条件 $\boldsymbol{A}^2\neq\boldsymbol{0}$,因此 $\boldsymbol{\beta}^{\mathrm{T}}\boldsymbol{\alpha}\neq 0$,从而

$$\mathrm{tr}(\boldsymbol{A})=\mathrm{tr}(\boldsymbol{\alpha}\boldsymbol{\beta}^{\mathrm{T}})=\mathrm{tr}(\boldsymbol{\beta}^{\mathrm{T}}\boldsymbol{\alpha})\neq 0.$$

于是,$\mathrm{tr}(\boldsymbol{A})$是 $\boldsymbol{A}$ 的一个非零特征值,其重数为 1,并且 0 是 $\boldsymbol{A}$ 的 $n-1$ 重特征值. □

习　题　7.6

1. 设 $\mathscr{A}$ 是数域 K 上三维线性空间 V 上的线性变换,$\mathscr{A}$ 在 V 的基 β_1,β_2,β_3 下的矩阵为 $\boldsymbol{A}$,求 $\mathscr{A}$ 的全部特征值和特征向量:

(1) $\boldsymbol{A}=\begin{pmatrix}2&2&-2\\2&5&-4\\-2&-4&5\end{pmatrix}$;　(2) $\boldsymbol{A}=\begin{pmatrix}2&3&2\\1&8&2\\-2&-14&-3\end{pmatrix}$;　(3) $\boldsymbol{A}=\begin{pmatrix}6&2&4\\2&3&2\\4&2&6\end{pmatrix}$;

(4) $\boldsymbol{A}=\begin{pmatrix}2&-1&2\\5&-3&3\\-1&0&-2\end{pmatrix}$;　(5) $\boldsymbol{A}=\begin{pmatrix}0&\frac{1}{2}&\frac{1}{2}\\1&-\frac{1}{2}&\frac{1}{2}\\1&-\frac{1}{2}&\frac{1}{2}\end{pmatrix}$.

2. 求下列复数域上矩阵 $\boldsymbol{A}$ 的全部特征值和特征向量. 如果把 $\boldsymbol{A}$ 看成实数域上的矩阵,它有没有特征值,有多少个特征值?

(1) $\boldsymbol{A}=\begin{pmatrix}1&-\sqrt{3}\\\sqrt{3}&1\end{pmatrix}$;　(2) $\boldsymbol{A}=\begin{pmatrix}0&a\\-a&0\end{pmatrix}$,$a\in\mathbf{R}^+$;　(3) $\boldsymbol{A}=\begin{pmatrix}3&7&-3\\-2&-5&2\\-4&-10&3\end{pmatrix}$.

3. 设 $\mathscr{A}$ 是数域 K 上线性空间 V 上的可逆线性变换,证明:

(1) 0 不是 $\mathscr{A}$ 的特征值;

(2) 如果 λ_0 是 $\mathscr{A}$ 的一个特征值,那么 λ_0^{-1} 是 $\mathscr{A}^{-1}$ 的一个特征值.

4. 证明:数域 K 上线性空间 V 上的幂零变换一定有特征值,且它的特征值一定是 0.

5. 证明:复数域上 n 维线性空间 V 上的周期为 m 的周期变换 $\mathscr{A}$ 的特征值都是 m 次单位根.

6. 求复数域上 n 阶循环移位矩阵 $\boldsymbol{C}=(\boldsymbol{\varepsilon}_n,\boldsymbol{\varepsilon}_1,\cdots,\boldsymbol{\varepsilon}_{n-1})$的全部特征值和特征向量.

7. 求复数域上 n 阶循环矩阵

$$\boldsymbol{A}=\begin{pmatrix}a_1&a_2&a_3&\cdots&a_n\\a_n&a_1&a_2&\cdots&a_{n-1}\\\vdots&\vdots&\vdots&&\vdots\\a_2&a_3&a_4&\cdots&a_1\end{pmatrix}$$

的全部特征值和特征向量.

8. 对于第 7 题中的 n 阶循环矩阵 $\mathbf{A}$,求 $|\mathbf{A}|$.

9. 证明:数域 K 上的 n 阶矩阵 $\mathbf{A}$ 有特征值 0 当且仅当 $|\mathbf{A}|=0$.

10. 证明:数域 K 上的 n 阶矩阵 $\mathbf{A}$ 与 $\mathbf{A}^{\mathrm{T}}$ 具有相同的特征多项式,从而 $\mathbf{A}$ 与 $\mathbf{A}^{\mathrm{T}}$ 具有相同的特征值,并且重数相同.

11. 设有理数域上的 n 阶矩阵 $\mathbf{A}=b_0\boldsymbol{I}+b_1\boldsymbol{J}$,其中 $\boldsymbol{J}$ 是元素全为 1 的矩阵,$b_0b_1\neq 0$,求 $\mathbf{A}$ 的全部特征值和特征向量.

12. 设 $\boldsymbol{\alpha}=(a_1,a_2,\cdots,a_n)^{\mathrm{T}}\in\mathbf{R}^n$,且 $\boldsymbol{\alpha}\neq\mathbf{0}$,$n>1$. 令 $\mathbf{A}=\boldsymbol{\alpha}\boldsymbol{\alpha}^{\mathrm{T}}$,求 $\mathbf{A}$ 的全部特征值和特征向量.

13. 设 $\mathbf{A}$ 是复数域上的 $n(n\geqslant 2)$ 阶矩阵,$\lambda_1,\lambda_2,\cdots,\lambda_n$ 是 $\mathbf{A}$ 的全部特征值,求 $\mathbf{A}$ 的伴随矩阵 $\mathbf{A}^*$ 的全部特征值.

14. 设 $\mathscr{A}$ 是数域 K 上线性空间 V 上的线性变换,λ_1,λ_2 是 $\mathscr{A}$ 的两个不同的特征值,$\alpha_i(i=1,2)$ 是 $\mathscr{A}$ 的属于 λ_i 的一个特征向量,证明:$\alpha_1+\alpha_2$ 不是 $\mathscr{A}$ 的特征向量.

15. 设 $\mathscr{A}$ 是数域 K 上线性空间 V 上的线性变换,证明:如果 V 中的每个非零向量都是 $\mathscr{A}$ 的特征向量,那么 $\mathscr{A}$ 是数乘变换.

16. 设 $\mathbf{A}$ 是复数域上的 n 阶可逆矩阵,证明:如果 $\mathbf{A}\sim\mathbf{A}^k$,其中 k 是某个大于 1 的正整数,那么 $\mathbf{A}$ 的特征值都是单位根.

17. 求下列线性变换的全部特征值和特征向量:

(1) 实数域上线性空间 $M_n(\mathbf{R})$ 上的线性变换 $\mathscr{A}$: $\boldsymbol{X}\longmapsto\boldsymbol{X}^{\mathrm{T}}$;

(2) 实数域上线性空间 $\mathbf{R}[x]_n$ 上的线性变换 $\mathscr{B}$: $f(x)\longmapsto xf'(x)$;

(3) 实数域上线性空间 $\mathbf{R}[x]_n$ 上的线性变换 $\mathscr{C}$: $f(x)\longmapsto \dfrac{1}{x}\displaystyle\int_0^x f(t)\,\mathrm{d}t$.

§7.7 线性变换与矩阵可对角化的条件

7.7.1 内容精华

一、线性变换可对角化的充要条件

从本节开始我们要研究线性变换的最简单形式的矩阵表示.

定义 1 设 $\mathscr{A}$ 是数域 K 上 n 维线性空间 V 上的线性变换. 如果 V 中存在一个基,使得 $\mathscr{A}$ 在此基下的矩阵为对角矩阵,那么称 $\mathscr{A}$ **可对角化**,并把这个对角矩阵称为 $\mathscr{A}$ 的**对角标准形**.

定理 1 设 $\mathscr{A}$ 是数域 K 上 n 维线性空间 V 上的线性变换,则

$\mathscr{A}$可对角化

$\Longleftrightarrow$(1) $\mathscr{A}$具有 n 个线性无关的特征向量

$\Longleftrightarrow$(2) V 中存在由 $\mathscr{A}$ 的特征向量组成的一个基，$\mathscr{A}$ 在此基下的矩阵是对角矩阵，其主对角元是 $\mathscr{A}$ 的全部特征值(从而在不考虑主对角元的排列次序下，$\mathscr{A}$ 的对角标准形是唯一的)

$\Longleftrightarrow$(3) $V=V_{\lambda_1}\oplus V_{\lambda_2}\oplus\cdots\oplus V_{\lambda_s}$，其中 $\lambda_1,\lambda_2,\cdots,\lambda_s$ 是 $\mathscr{A}$ 的所有不同的特征值

$\Longleftrightarrow$(4) $\mathscr{A}$ 的属于不同特征值的特征子空间的维数之和等于 n

$\Longleftrightarrow$(5) $\mathscr{A}$ 的特征多项式在 $K[\lambda]$中能分解成一次因式的乘积，并且 $\mathscr{A}$ 的每个特征值的几何重数等于它的代数重数.

证明 $\mathscr{A}$可对角化

$\Longleftrightarrow$ V 中存在一个基 $\alpha_1,\alpha_2,\cdots,\alpha_n$，使得

$$\mathscr{A}(\alpha_1,\alpha_2,\cdots,\alpha_n)=(\alpha_1,\alpha_2,\cdots,\alpha_n)\begin{pmatrix}\lambda_1 & & & \\ & \lambda_2 & & \\ & & \ddots & \\ & & & \lambda_n\end{pmatrix},$$

即 $\mathscr{A}\alpha_1=\lambda_1\alpha_1,\mathscr{A}\alpha_2=\lambda_2\alpha_2,\cdots,\mathscr{A}\alpha_n=\lambda_n\alpha_n$

$\Longleftrightarrow$ $\alpha_1,\alpha_2,\cdots,\alpha_n$ 是 $\mathscr{A}$ 的线性无关的特征向量

$\Longleftrightarrow$(1) $\mathscr{A}$具有 n 个线性无关的特征向量

$\Longleftrightarrow$(2) V 中存在由 $\mathscr{A}$ 的特征向量组成的一个基，$\mathscr{A}$ 在此基下的矩阵是对角矩阵，其主对角元是 $\mathscr{A}$ 的全部特征值.

(2)$\Longrightarrow$(3)：设 V 中存在由 $\mathscr{A}$ 的特征向量组成的一个基：

$$\alpha_{11},\ \cdots,\ \alpha_{1r_1},\ \alpha_{21},\ \cdots,\ \alpha_{2r_2},\ \cdots,\ \alpha_{s1},\ \cdots,\ \alpha_{sr_s},$$

其中 $\alpha_{i1},\cdots,\alpha_{ir_i}\in V_{\lambda_i}(i=1,2,\cdots,s)$. 根据§7.6 中的定理 2 可得出，$\lambda_1,\lambda_2,\cdots,\lambda_s$ 是 $\mathscr{A}$ 的所有不同的特征值.

假如有某个 $j\in\{1,2,\cdots,s\}$，使得 $\langle\alpha_{j1},\cdots,\alpha_{jr_j}\rangle\subsetneqq V_{\lambda_j}$，则存在 $\gamma_j\in V_{\lambda_j}$，使得 γ_j 不能由 $\alpha_{j1},\cdots,\alpha_{jr_j}$ 线性表出，从而向量组 $\alpha_{j1},\cdots,\alpha_{jr_j},\gamma_j$ 线性无关. 根据§7.6 的定理 2，向量组

$$\alpha_{11},\ \cdots,\ \alpha_{1r_1},\ \cdots,\ \alpha_{j1},\ \cdots,\ \alpha_{jr_j},\ \gamma_j,\ \cdots,\ \alpha_{s1},\ \cdots,\ \alpha_{sr_s}$$

线性无关. 这个向量组有 $r_1+\cdots+(r_j+1)+\cdots+r_s=n+1$ 个向量，与 $\dim V=n$ 矛盾，因此 $\langle\alpha_{j1},\cdots,\alpha_{jr_j}\rangle=V_{\lambda_j}(j=1,2,\cdots,s)$. 由于 V_{λ_1} 的一个基、V_{λ_2} 的一个基……V_{λ_s} 的一个基合起来是 V 的一个基，因此 $V=V_{\lambda_1}\oplus V_{\lambda_2}\oplus\cdots\oplus V_{\lambda_s}$.

(3)$\Longrightarrow$(4)：设 $V=V_{\lambda_1}\oplus V_{\lambda_2}\oplus\cdots\oplus V_{\lambda_s}$，其中 $\lambda_1,\lambda_2,\cdots,\lambda_s$ 是 $\mathscr{A}$ 的所有不同的特征值，则

$$n=\dim V=\dim V_{\lambda_1}+\dim V_{\lambda_2}+\cdots+\dim V_{\lambda_s}.$$

(4)$\Longrightarrow$(2)：设 $\lambda_1,\lambda_2,\cdots,\lambda_s$ 是 $\mathscr{A}$ 的所有不同的特征值，且

$$\dim V_{\lambda_1}+\dim V_{\lambda_2}+\cdots+\dim V_{\lambda_s}=n.$$

在 V_{λ_i} 中取一个基 $\alpha_{i1},\cdots,\alpha_{ir_i}(i=1,2,\cdots,s)$,则

$$r_1+r_2+\cdots+r_s=\dim V_{\lambda_1}+\dim V_{\lambda_2}+\cdots+\dim V_{\lambda_s}=n.$$

根据 §7.6 中的定理 2,向量组 $\alpha_{11},\cdots,\alpha_{1r_1},\cdots,\alpha_{s1},\cdots,\alpha_{sr_s}$ 线性无关,因此它是 V 的一个基.于是,V 中存在由 $\mathscr{A}$ 的特征向量组成的一个基.

(3)⟹(5):设 $V=V_{\lambda_1}\oplus V_{\lambda_2}\oplus\cdots\oplus V_{\lambda_s}$,其中 $\lambda_1,\lambda_2,\cdots,\lambda_s$ 是 $\mathscr{A}$ 的所有不同的特征值.在 V_{λ_i} 中取一个基 $\alpha_{i1},\cdots,\alpha_{ir_i}(i=1,2,\cdots,s)$,则 $\alpha_{11},\cdots,\alpha_{1r_1},\cdots,\alpha_{s1},\cdots,\alpha_{sr_s}$ 是 V 的一个基.由于 $\mathscr{A}\alpha_{it}=\lambda_i\alpha_{it}(1\leqslant t\leqslant r_i,i=1,2,\cdots,s)$,因此 $\mathscr{A}$ 在基 $\alpha_{11},\cdots,\alpha_{1r_1},\cdots,\alpha_{s1},\cdots,\alpha_{sr_s}$ 下的矩阵为

$$\boldsymbol{D}=\operatorname{diag}\{\underbrace{\lambda_1,\cdots,\lambda_1}_{r_1个},\underbrace{\lambda_2,\cdots,\lambda_2}_{r_2个},\cdots,\underbrace{\lambda_s,\cdots,\lambda_s}_{r_s个}\},$$

从而 $\mathscr{A}$ 的特征多项式为

$$|\lambda\boldsymbol{I}-\boldsymbol{D}|=(\lambda-\lambda_1)^{r_1}(\lambda-\lambda_2)^{r_2}\cdots(\lambda-\lambda_s)^{r_s}.$$

于是,$\mathscr{A}$ 的特征值 $\lambda_i(i=1,2,\cdots,s)$ 的代数重数等于 r_i,而 r_i 是 λ_i 的几何重数.

(5)⟹(4):设 $\mathscr{A}$ 的特征多项式 $f(\lambda)$ 在 $K[\lambda]$ 中的标准分解式为

$$f(\lambda)=(\lambda-\lambda_1)^{l_1}(\lambda-\lambda_2)^{l_2}\cdots(\lambda-\lambda_s)^{l_s},$$

则 $\mathscr{A}$ 的所有不同的特征值是 $\lambda_1,\lambda_2,\cdots,\lambda_s$.由已知条件,$\mathscr{A}$ 的特征值 $\lambda_i(i=1,2,\cdots,s)$ 的几何重数 r_i 等于它的代数重数 l_i,因此

$$\dim V_{\lambda_1}+\dim V_{\lambda_2}+\cdots+\dim V_{\lambda_s}=r_1+r_2+\cdots+r_s=l_1+l_2+\cdots+l_s=n.$$

综上所述,我们得出了 $\mathscr{A}$ 可对角化的五个充要条件:(1),(2),(3),(4),(5). □

推论 1 设 $\mathscr{A}$ 是数域 K 上 n 维线性空间 V 上的线性变换.如果 $\mathscr{A}$ 具有 n 个不同的特征值,那么 $\mathscr{A}$ 可对角化.

证明 设 $\mathscr{A}$ 具有 n 个不同的特征值 $\lambda_1,\lambda_2,\cdots,\lambda_n$,$\alpha_i(i=1,2,\cdots,n)$ 是 $\mathscr{A}$ 的属于特征值 λ_i 的一个特征向量,则根据 §7.6 中的定理 2,$\alpha_1,\alpha_2,\cdots,\alpha_n$ 线性无关,从而根据定理 1(1),$\mathscr{A}$ 可对角化. □

二、矩阵可对角化的充要条件

定义 2 如果数域 K 上的 n 阶矩阵 $\boldsymbol{A}$ 能相似于一个对角矩阵,那么称矩阵 $\boldsymbol{A}$ **可对角化**.

命题 1 设 $\mathscr{A}$ 是数域 K 上 n 维线性空间 V 上的线性变换,$\mathscr{A}$ 在 V 的一个基下的矩阵为 $\boldsymbol{A}$,则

$$\mathscr{A}\ 可对角化 \Longleftrightarrow \boldsymbol{A}\ 可对角化.$$

证明 根据 §7.5 中的定理 1 和命题 1 立即得到. □

定理 2 设 $\boldsymbol{A}$ 是数域 K 上的 n 阶矩阵,则下列命题等价:

(1) $\boldsymbol{A}$ 可对角化.

(2) $\boldsymbol{A}$ 具有 n 个线性无关的特征向量 $\boldsymbol{\alpha}_1,\boldsymbol{\alpha}_2,\cdots,\boldsymbol{\alpha}_n$.这时令 $\boldsymbol{P}=(\boldsymbol{\alpha}_1,\boldsymbol{\alpha}_2,\cdots,\boldsymbol{\alpha}_n)$,则

$$\boldsymbol{P}^{-1}\boldsymbol{A}\boldsymbol{P}=\operatorname{diag}\{\lambda_1,\lambda_2,\cdots,\lambda_n\},$$

其中 $\boldsymbol{A}\boldsymbol{\alpha}_i=\lambda_i\boldsymbol{\alpha}_i,i=1,2,\cdots,n.$

(3) $K^n=W_{\lambda_1}\oplus W_{\lambda_2}\oplus\cdots\oplus W_{\lambda_s}$，其中 $\lambda_1,\lambda_2,\cdots,\lambda_s$ 是 $\boldsymbol{A}$ 的所有不同的特征值.

(4) $\boldsymbol{A}$ 的属于不同特征值的特征子空间的维数之和等于 n.

(5) $\boldsymbol{A}$ 的特征多项式在 $K[\lambda]$ 中能分解成一次因式的乘积，并且 $\boldsymbol{A}$ 的每个特征值的几何重数等于它的代数重数.

证明 设 V 是数域 K 上的 n 维线性空间，取 V 的一个基 $\beta_1,\beta_2,\cdots,\beta_n$. 对于矩阵 $\boldsymbol{A}$，根据§7.4 中推论 1 的点评，存在 V 上唯一的线性变换 $\mathscr{A}$，使得 $\mathscr{A}$ 在基 $\beta_1,\beta_2,\cdots,\beta_n$ 下的矩阵为 $\boldsymbol{A}$. V 中每个向量 α 对应到它在基 $\beta_1,\beta_2,\cdots,\beta_n$ 下的坐标 $\boldsymbol{\alpha}$ 的映射 σ 是 V 到 K^n 的一个同构映射. 线性变换 $\mathscr{A}$ 的每个特征值 λ_j 是矩阵 $\boldsymbol{A}$ 的特征值. 根据§7.6 中的命题 4，得 $\sigma(V_{\lambda_j})=W_{\lambda_j}$，从而 $\dim V_{\lambda_j}=\dim W_{\lambda_j}$，$V_{\lambda_j}$ 的一个基 $\alpha_{j1},\cdots,\alpha_{jr_j}$ 在 σ 下的像 $\boldsymbol{\alpha}_{j1},\cdots,\boldsymbol{\alpha}_{jr_j}$ 是 W_{λ_j} 的一个基.

(1)$\Longleftrightarrow$(2)：

$\boldsymbol{A}$ 可对角化 $\Longleftrightarrow$ $\mathscr{A}$ 可对角化

$\Longleftrightarrow$ $\mathscr{A}$ 具有 n 个线性无关的特征向量 $\alpha_1,\alpha_2,\cdots,\alpha_n$，其中 $\mathscr{A}\alpha_i=\lambda_i\alpha_i\,(i=1,2,\cdots,n)$

$\Longleftrightarrow$ $\boldsymbol{A}$ 具有 n 个线性无关的特征向量 $\boldsymbol{\alpha}_1,\boldsymbol{\alpha}_2,\cdots,\boldsymbol{\alpha}_n$，其中 $\boldsymbol{\alpha}_i\,(i=1,2,\cdots,n)$ 是 α_i 在基 $\beta_1,\beta_2,\cdots,\beta_n$ 下的坐标，并且 $\boldsymbol{A}\boldsymbol{\alpha}_1=\lambda_1\boldsymbol{\alpha}_1,\boldsymbol{A}\boldsymbol{\alpha}_2=\lambda_2\boldsymbol{\alpha}_2,\cdots,\boldsymbol{A}\boldsymbol{\alpha}_n=\lambda_n\boldsymbol{\alpha}_n$，即

$$\begin{aligned}\boldsymbol{A}(\boldsymbol{\alpha}_1,\boldsymbol{\alpha}_2,\cdots,\boldsymbol{\alpha}_n)&=(\boldsymbol{A}\boldsymbol{\alpha}_1,\boldsymbol{A}\boldsymbol{\alpha}_2,\cdots,\boldsymbol{A}\boldsymbol{\alpha}_n)\\&=(\boldsymbol{\alpha}_1,\boldsymbol{\alpha}_2,\cdots,\boldsymbol{\alpha}_n)\begin{pmatrix}\lambda_1&&&\\&\lambda_2&&\\&&\ddots&\\&&&\lambda_n\end{pmatrix}.\end{aligned}$$

令 $\boldsymbol{P}=(\boldsymbol{\alpha}_1,\boldsymbol{\alpha}_2,\cdots,\boldsymbol{\alpha}_n)$，则 $\boldsymbol{P}$ 可逆，且从上式得

$$\boldsymbol{A}\boldsymbol{P}=\boldsymbol{P}\operatorname{diag}\{\lambda_1,\lambda_2,\cdots,\lambda_n\},\quad 即\quad \boldsymbol{P}^{-1}\boldsymbol{A}\boldsymbol{P}=\operatorname{diag}\{\lambda_1,\lambda_2,\cdots,\lambda_n\}.$$

(1)$\Longleftrightarrow$(3)：

$\boldsymbol{A}$ 可对角化 $\Longleftrightarrow$ $\mathscr{A}$ 可对角化

$\Longleftrightarrow$ $V=V_{\lambda_1}\oplus V_{\lambda_2}\oplus\cdots\oplus V_{\lambda_s}$，其中 $\lambda_1,\lambda_2,\cdots,\lambda_s$ 是 $\mathscr{A}$ 的所有不同的特征值

$\Longleftrightarrow$ $K^n=W_{\lambda_1}\oplus W_{\lambda_2}\oplus\cdots\oplus W_{\lambda_s}$，其中 $\lambda_1,\lambda_2,\cdots,\lambda_s$ 是 $\boldsymbol{A}$ 的所有不同的特征值.

在最后一步中利用了 V 到 K^n 的上述同构映射 σ，以及§7.6 中的命题 4 和§6.2 中定理 8 的点评.

(1)$\Longleftrightarrow$(4)：

$\boldsymbol{A}$ 可对角化 $\Longleftrightarrow$ $\mathscr{A}$ 可对角化

$\Longleftrightarrow \mathscr{A}$ 的属于不同特征值的特征子空间的维数之和等于 n

$\Longleftrightarrow \boldsymbol{A}$ 的属于不同特征值的特征子空间的维数之和等于 n.

(1)$\Longleftrightarrow$(5):

$\boldsymbol{A}$ 可对角化 $\Longleftrightarrow \mathscr{A}$ 可对角化

$\Longleftrightarrow \mathscr{A}$ 的特征多项式(即 $\boldsymbol{A}$ 的特征多项式)在 $K[\lambda]$ 中能分解成一次因式的乘积,并且 $\mathscr{A}$ 的每个特征值(即 $\boldsymbol{A}$ 的每个特征值)的几何重数等于它的代数重数(这里用到了§7.6中的命题6). □

推论 2 设 $\boldsymbol{A}$ 是数域 K 上的 n 阶矩阵.如果 $\boldsymbol{A}$ 有 n 个不同的特征值,那么 $\boldsymbol{A}$ 可对角化.

证明 根据推论1和命题1立即得到. □

7.7.2 典型例题

例 1 7.6.2小节中例1的线性变换 $\mathscr{A}$ 是否可对角化? 如果 $\mathscr{A}$ 可对角化,求 $\mathscr{A}$ 的对角标准形,并且指出 $\mathscr{A}$ 在 V 的哪个基下的矩阵是这个标准形.

解 从7.6.2小节中的例1知道,$\mathscr{A}$ 的属于特征值 $\lambda_1=3$ 的特征子空间为

$$V_{\lambda_1}=\langle 2\beta_1-\beta_2,2\beta_1+\beta_3\rangle,$$

$\mathscr{A}$ 的属于特征值 $\lambda_2=-6$ 的特征子空间为

$$V_{\lambda_2}=\langle \beta_1+2\beta_2-2\beta_3\rangle.$$

于是 $\dim V_{\lambda_1}+\dim V_{\lambda_2}=3$,从而 $\mathscr{A}$ 可对角化.$\mathscr{A}$ 在 V 的基 $2\beta_1-\beta_2,2\beta_1+\beta_3,\beta_1+2\beta_2-2\beta_3$ 下的矩阵为 $\mathrm{diag}\{3,3,-6\}$,它是 $\mathscr{A}$ 的对角标准形.

例 2 7.6.2小节中例2的矩阵 $\boldsymbol{A}$ 是否可对角化? 如果 $\boldsymbol{A}$ 可对角化,求出一个可逆矩阵 $\boldsymbol{P}$,使得 $\boldsymbol{P}^{-1}\boldsymbol{AP}$ 为对角矩阵,并且写出这个对角矩阵.

解 由7.6.2小节中的例2已知 $\boldsymbol{A}$ 有3个不同的特征值:$2,1+\mathrm{i},1-\mathrm{i}$.根据推论2,$\boldsymbol{A}$ 可对角化.$\boldsymbol{A}$ 的属于特征值2的一个特征向量为 $\boldsymbol{\alpha}_1=(2,-1,-1)^{\mathrm{T}}$,$\boldsymbol{A}$ 的属于特征值 $1+\mathrm{i}$ 的一个特征向量为 $\boldsymbol{\alpha}_2=(1-2\mathrm{i},-1+\mathrm{i},-2)^{\mathrm{T}}$,$\boldsymbol{A}$ 的属于特征值 $1-\mathrm{i}$ 的一个特征向量为 $\boldsymbol{\alpha}_3=\bar{\boldsymbol{\alpha}}_2=(1+2\mathrm{i},-1-\mathrm{i},-2)^{\mathrm{T}}$.令

$$\boldsymbol{P}=(\boldsymbol{\alpha}_1,\boldsymbol{\alpha}_2,\boldsymbol{\alpha}_3)=\begin{pmatrix}2 & 1-2\mathrm{i} & 1+2\mathrm{i}\\ -1 & -1+\mathrm{i} & -1-\mathrm{i}\\ -1 & -2 & -2\end{pmatrix},$$

则

$$\boldsymbol{P}^{-1}\boldsymbol{AP}=\mathrm{diag}\{2,1+\mathrm{i},1-\mathrm{i}\}.$$

例 3 有理数域上元素全为1的 n 阶矩阵 $\boldsymbol{J}$ 是否可对角化? 如果 $\boldsymbol{J}$ 可对角化,求出有理数域上的 n 阶可逆矩阵 $\boldsymbol{P}$,使得 $\boldsymbol{P}^{-1}\boldsymbol{JP}$ 为对角矩阵,并且写出这个对角矩阵.

解 7.6.2小节中的例6已求出,$\boldsymbol{J}$ 的属于特征值 n 的一个特征向量是 $\boldsymbol{1}_n$,$\boldsymbol{J}$ 的属于特征值0的特征子空间 W_0 的一个基为 $\boldsymbol{\eta}_1,\boldsymbol{\eta}_2,\cdots,\boldsymbol{\eta}_{n-1}$.由于 $\boldsymbol{J}$ 有 n 个线性无关的特征向量

$\mathbf{1}_n,\boldsymbol{\eta}_1,\boldsymbol{\eta}_2,\cdots,\boldsymbol{\eta}_{n-1}$,因此 $\boldsymbol{J}$ 可对角化. 令

$$\boldsymbol{P}=(\mathbf{1}_n,\boldsymbol{\eta}_1,\boldsymbol{\eta}_2,\cdots,\boldsymbol{\eta}_{n-1})=\begin{pmatrix}1&1&\cdots&1\\1&-1&\cdots&0\\1&0&\cdots&0\\\vdots&\vdots&&\vdots\\1&0&\cdots&0\\1&0&\cdots&-1\end{pmatrix},$$

则
$$\boldsymbol{P}^{-1}\boldsymbol{J}\boldsymbol{P}=\mathrm{diag}\{n,0,\cdots,0\}.$$

例 4 斐波那契数列是

$$0,\ 1,\ 1,\ 2,\ 3,\ 5,\ 8,\ 13,\ \cdots,$$

它满足递推公式

$$a_{n+2}=a_{n+1}+a_n\quad(n=0,1,2,\cdots),$$

以及初始条件 $a_0=0,a_1=1$. 求斐波那契数列的通项公式,并且求 $\lim\limits_{n\to\infty}\dfrac{a_n}{a_{n+1}}$.

解 令

$$\boldsymbol{\alpha}_n=\begin{pmatrix}a_{n+1}\\a_n\end{pmatrix}\quad(n=0,1,2,\cdots),\tag{1}$$

则

$$\boldsymbol{\alpha}_{n+1}=\begin{pmatrix}a_{n+2}\\a_{n+1}\end{pmatrix}=\begin{pmatrix}1&1\\1&0\end{pmatrix}\begin{pmatrix}a_{n+1}\\a_n\end{pmatrix}=\boldsymbol{A}\boldsymbol{\alpha}_n,\tag{2}$$

其中 $\boldsymbol{A}$ 是(2)式中的二阶矩阵. 从(2)式得 $\boldsymbol{\alpha}_n=\boldsymbol{A}^n\boldsymbol{\alpha}_0(n=0,1,2,\cdots)$.

可利用 $\boldsymbol{A}$ 的相似标准形来简化 $\boldsymbol{A}^n$ 的计算. 把 $\boldsymbol{A}$ 看成实数域上的矩阵. 由于

$$|\lambda\boldsymbol{I}-\boldsymbol{A}|=\lambda^2-\lambda-1=\left(\lambda-\frac{1+\sqrt{5}}{2}\right)\left(\lambda-\frac{1-\sqrt{5}}{2}\right),$$

因此 $\boldsymbol{A}$ 有两个不同的特征值：$\lambda_1=\dfrac{1+\sqrt{5}}{2},\lambda_2=\dfrac{1-\sqrt{5}}{2}$,从而 $\boldsymbol{A}$ 可对角化.

对于 $\boldsymbol{A}$ 的特征值 λ_1,解齐次线性方程组 $(\lambda_1\boldsymbol{I}-\boldsymbol{A})\boldsymbol{x}=\mathbf{0}$,求出一个基础解系：$\boldsymbol{\eta}_1=(\lambda_1,1)^{\mathrm{T}}$.

对于 $\boldsymbol{A}$ 的特征值 λ_2,解齐次线性方程组 $(\lambda_2\boldsymbol{I}-\boldsymbol{A})\boldsymbol{x}=\mathbf{0}$,求出一个基础解系：$\boldsymbol{\eta}_2=(\lambda_2,1)^{\mathrm{T}}$.

令

$$\boldsymbol{P}=(\boldsymbol{\eta}_1,\boldsymbol{\eta}_2)=\begin{pmatrix}\lambda_1&\lambda_2\\1&1\end{pmatrix},$$

则
$$\boldsymbol{P}^{-1}\boldsymbol{A}\boldsymbol{P}=\begin{pmatrix}\lambda_1&0\\0&\lambda_2\end{pmatrix},$$

从而

$$\boldsymbol{A}^n=\boldsymbol{P}\begin{pmatrix}\lambda_1 & 0\\ 0 & \lambda_2\end{pmatrix}^n\boldsymbol{P}^{-1}=\begin{pmatrix}\lambda_1 & \lambda_2\\ 1 & 1\end{pmatrix}\begin{pmatrix}\lambda_1^n & 0\\ 0 & \lambda_2^n\end{pmatrix}\frac{\sqrt{5}}{5}\begin{pmatrix}1 & -\lambda_2\\ -1 & \lambda_1\end{pmatrix}$$

$$=\frac{\sqrt{5}}{5}\begin{pmatrix}\lambda_1^{n+1} & \lambda_2^{n+1}\\ \lambda_1^n & \lambda_2^n\end{pmatrix}\begin{pmatrix}1 & -\lambda_2\\ -1 & \lambda_1\end{pmatrix}. \tag{3}$$

由于 $\boldsymbol{\alpha}_n=\boldsymbol{A}^n\boldsymbol{\alpha}_0$,因此

$$\begin{pmatrix}a_{n+1}\\ a_n\end{pmatrix}=\boldsymbol{A}^n\begin{pmatrix}1\\ 0\end{pmatrix}. \tag{4}$$

比较(4)式两边的第二个分量得

$$a_n=\frac{\sqrt{5}}{5}(\lambda_1^n-\lambda_2^n)=\frac{\sqrt{5}}{5}\left[\left(\frac{1+\sqrt{5}}{2}\right)^n-\left(\frac{1-\sqrt{5}}{2}\right)^n\right]. \tag{5}$$

(5)式就是斐波那契数列的通项公式. 于是

$$\lim_{n\to\infty}\frac{a_n}{a_{n+1}}=\lim_{n\to\infty}\frac{\lambda_1^n-\lambda_2^n}{\lambda_1^{n+1}-\lambda_2^{n+1}}=\lim_{n\to\infty}\frac{1-\left(\frac{\lambda_2}{\lambda_1}\right)^n}{\lambda_1-\lambda_2\left(\frac{\lambda_2}{\lambda_1}\right)^n}=\frac{1}{\lambda_1}=\frac{\sqrt{5}-1}{2}. \tag{6}$$

点评 斐波那契数列的第 n 项 a_n 与第 $n+1$ 项 a_{n+1} 的比值,当 $n\to\infty$ 时的极限等于 $\frac{\sqrt{5}-1}{2}\approx 0.618$,它在最优化方法中有重要应用.

习 题 7.7

1. 习题 7.6 中第 1 题各个小题的线性变换 $\mathscr{A}$ 是否可对角化? 如果 $\mathscr{A}$ 可对角化,求 $\mathscr{A}$ 的对角标准形,并且指出 $\mathscr{A}$ 在 V 的哪个基下的矩阵是这个标准形.

2. 习题 7.6 中第 2 题各个小题的复数域上的矩阵 $\boldsymbol{A}$ 是否可对角化? 如果 $\boldsymbol{A}$ 可对角化,求可逆矩阵 $\boldsymbol{P}$,使得 $\boldsymbol{P}^{-1}\boldsymbol{A}\boldsymbol{P}$ 为对角矩阵,并且写出这个对角矩阵.

3. 设 $\mathscr{A}$ 是数域 K 上四维线性空间 V 上的线性变换,它在 V 的基 $\beta_1,\beta_2,\beta_3,\beta_4$ 下的矩阵为

$$\boldsymbol{A}=\begin{pmatrix}1 & 0 & 0 & 0\\ 0 & 0 & 0 & 0\\ 1 & 0 & 0 & 0\\ 0 & 0 & 0 & 1\end{pmatrix},$$

试问: $\mathscr{A}$ 是否可对角化? 如果 $\mathscr{A}$ 可对角化,求 $\mathscr{A}$ 的对角标准形,并且指出 $\mathscr{A}$ 在 V 的哪个基下的矩阵是这个标准形.

4. 复数域上的 n 阶循环移位矩阵 $\boldsymbol{C}=(\boldsymbol{\varepsilon}_n,\boldsymbol{\varepsilon}_1,\cdots,\boldsymbol{\varepsilon}_{n-1})$ 是否可对角化？如果 $\boldsymbol{C}$ 可对角化,求一个可逆矩阵 $\boldsymbol{P}$,使得 $\boldsymbol{P}^{-1}\boldsymbol{CP}$ 为对角矩阵,并且写出这个对角矩阵.

5. 证明：复数域上的所有 n 阶循环矩阵都可对角化,并且能找到同一个可逆矩阵 $\boldsymbol{P}$,使得它们同时对角化.

6. 习题 7.6 中第 17 题第(2),(3)小题的线性变换 $\mathscr{B},\mathscr{C}$ 是否可对角化？如果可对角化,求出它们的对角标准形,并且指出它们在 $\mathbf{R}[x]_n$ 的哪个基下的矩阵是这个标准形.

7. 设 $\boldsymbol{A}=(a_{ij})$ 是数域 K 上的 n 阶上三角矩阵,证明：

(1) 若 $a_{11},a_{22},\cdots,a_{nn}$ 两两不相等,则 $\boldsymbol{A}$ 可对角化；

(2) 若 $a_{11}=a_{22}=\cdots=a_{nn}$,且至少存在一个 $a_{kl}\neq0(k<l)$,则 $\boldsymbol{A}$ 不可对角化.

8. 设 $\boldsymbol{A}$ 是数域 K 上的 n 阶可逆矩阵,证明：如果 $\boldsymbol{A}$ 可对角化,那么 $\boldsymbol{A}^{-1},\boldsymbol{A}^*$ 都可对角化.

9. 设 $\boldsymbol{\alpha}=(a_1,a_2,\cdots,a_n)^{\mathrm{T}},\boldsymbol{\beta}=(b_1,b_2,\cdots,b_n)^{\mathrm{T}}\in\mathbf{R}^n$,且 $\boldsymbol{\alpha}\neq\mathbf{0},\boldsymbol{\beta}\neq\mathbf{0},n>1$. 令 $\boldsymbol{A}=\boldsymbol{\beta}\boldsymbol{\alpha}^{\mathrm{T}}$. 试问：$\boldsymbol{A}$ 是否可对角化？如果 $\boldsymbol{A}$ 可对角化,求出一个可逆矩阵 $\boldsymbol{P}$,使得 $\boldsymbol{P}^{-1}\boldsymbol{AP}$ 为对角矩阵,并且写出这个对角矩阵.

10. 设实数数列 $\{a_i\}$ 满足递推公式

$$a_{k+2}=\frac{1}{2}(a_{k+1}+a_k)\quad(k=0,1,2,\cdots),$$

以及初始条件 $a_0=0,a_1=\frac{1}{2}$,求这个数列的通项公式,并且求出 $\lim\limits_{k\to\infty}a_k$.

11. 设 $\boldsymbol{A}$ 是实数域上的二阶矩阵,证明：如果 $|\boldsymbol{A}|<0$,那么 $\boldsymbol{A}$ 可对角化.

12. 对下面给出的矩阵 $\boldsymbol{A}$,求 $\boldsymbol{A}^m$,其中 m 是任一正整数：

(1) $\boldsymbol{A}=\begin{pmatrix}1&2\\-1&4\end{pmatrix}$； (2) $\boldsymbol{A}=\begin{pmatrix}0&2\\1&1\end{pmatrix}$.

§7.8 线性变换的不变子空间,哈密顿-凯莱定理

7.8.1 内容精华

一、线性变换的不变子空间

我们在§7.7 中讨论了线性变换可对角化的条件. V 上的线性变换 $\mathscr{A}$ 可对角化当且仅当 V 可以分解成 $\mathscr{A}$ 的属于不同特征值的特征子空间的直和：$V=V_{\lambda_1}\oplus V_{\lambda_2}\oplus\cdots\oplus V_{\lambda_s}$. 这表明,若 V 不等于 $\mathscr{A}$ 的属于不同特征值的特征子空间的和,则 $\mathscr{A}$ 不可对角化. 对于不可对角化的线性变换,它的最简单形式的矩阵表示是什么样子的呢？解决这个问题的思路是什么？

注意到,若 $\alpha\in V_{\lambda_i}$,则 $\mathscr{A}\alpha=\lambda_i\alpha\in V_{\lambda_i}$. 这启发我们,可以从研究 V 的具有性质"对于任意 $\alpha\in W$,有 $\mathscr{A}\alpha\in W$"的子空间 W 入手.

定义 1 设 $\mathscr{A}$ 是数域 K 上线性空间 V 上的线性变换. 如果 V 的一个子空间 W 具有性质"对于任意 $\alpha\in W$,有 $\mathscr{A}\alpha\in W$",那么称 W 是 $\mathscr{A}$ 的一个**不变子空间**,简称 **$\mathscr{A}$-子空间**.

V 的零子空间 0 和 V 自身是任一线性变换 $\mathscr{A}$ 的不变子空间,称它们为 $\mathscr{A}$ 的**平凡的不变子空间**.

命题 1 $\mathrm{Ker}\mathscr{A},\mathrm{Im}\mathscr{A}$,$\mathscr{A}$ 的任一特征子空间 V_{λ_i} 都是 $\mathscr{A}$ 的不变子空间.

证明 若 $\alpha\in\mathrm{Ker}\mathscr{A}$,则 $\mathscr{A}\alpha=0\in\mathrm{Ker}\mathscr{A}$. 因此,$\mathrm{Ker}\mathscr{A}$ 是 $\mathscr{A}$ 的不变子空间.

若 $\beta\in\mathrm{Im}\mathscr{A}$,则 $\mathscr{A}\beta\in\mathrm{Im}\mathscr{A}$. 因此,$\mathrm{Im}\mathscr{A}$ 是 $\mathscr{A}$ 的不变子空间.

若 $\gamma\in V_{\lambda_i}$,则 $\mathscr{A}\gamma=\lambda_i\gamma\in V_{\lambda_i}$. 因此,$V_{\lambda_i}$ 是 $\mathscr{A}$ 的不变子空间. □

命题 2 设 $\mathscr{A},\mathscr{B}$ 都是数域 K 上线性空间 V 上的线性变换. 如果 $\mathscr{A}\mathscr{B}=\mathscr{B}\mathscr{A}$,那么 $\mathrm{Ker}\mathscr{B}$,$\mathrm{Im}\mathscr{B}$,$\mathscr{B}$ 的任一特征子空间 V_{μ_i} 都是 $\mathscr{A}$ 的不变子空间.

证明 任取 $\beta\in\mathrm{Ker}\mathscr{B}$,则 $\mathscr{B}\beta=0$. 由于 $\mathscr{A}\mathscr{B}=\mathscr{B}\mathscr{A}$,因此

$$\mathscr{B}(\mathscr{A}\beta)=(\mathscr{B}\mathscr{A})\beta=(\mathscr{A}\mathscr{B})\beta=\mathscr{A}(\mathscr{B}\beta)=\mathscr{A}(0)=0,$$

从而 $\mathscr{A}\beta\in\mathrm{Ker}\mathscr{B}$. 于是,$\mathrm{Ker}\mathscr{B}$ 是 $\mathscr{A}$ 的不变子空间.

任取 $\gamma\in\mathrm{Im}\mathscr{B}$,则存在 $\alpha\in V$,使得 $\gamma=\mathscr{B}\alpha$. 由于 $\mathscr{A}\mathscr{B}=\mathscr{B}\mathscr{A}$,因此

$$\mathscr{A}\gamma=\mathscr{A}(\mathscr{B}\alpha)=(\mathscr{A}\mathscr{B})\alpha=(\mathscr{B}\mathscr{A})\alpha=\mathscr{B}(\mathscr{A}\alpha)\in\mathrm{Im}\mathscr{B},$$

从而 $\mathrm{Im}\mathscr{B}$ 是 $\mathscr{A}$ 的不变子空间.

任取 $\eta\in V_{\mu_i}$,则 $\mathscr{B}\eta=\mu_i\eta$. 由于 $\mathscr{A}\mathscr{B}=\mathscr{B}\mathscr{A}$,因此

$$\mathscr{B}(\mathscr{A}\eta)=(\mathscr{B}\mathscr{A})\eta=(\mathscr{A}\mathscr{B})\eta=\mathscr{A}(\mathscr{B}\eta)=\mathscr{A}(\mu_i\eta)=\mu_i(\mathscr{A}\eta),$$

从而 $\mathscr{A}\eta\in V_{\mu_i}$. 于是,$V_{\mu_i}$ 是 $\mathscr{A}$ 的不变子空间. □

命题 3 V 的子空间 $W=\langle\alpha_1,\alpha_2,\cdots,\alpha_s\rangle$ 是 $\mathscr{A}$ 的不变子空间当且仅当 $\mathscr{A}\alpha_i\in W(i=1,2,\cdots,s)$.

证明 *必要性* 从定义 1 立即得到.

充分性 在 W 中任取一个向量 $k_1\alpha_1+k_2\alpha_2+\cdots+k_s\alpha_s$,有

$$\mathscr{A}(k_1\alpha_1+k_2\alpha_2+\cdots+k_s\alpha_s)=k_1(\mathscr{A}\alpha_1)+k_2(\mathscr{A}\alpha_2)+\cdots+k_s(\mathscr{A}\alpha_s)\in W,$$

因此 W 是 $\mathscr{A}$ 的不变子空间. □

命题 4 V 的非零子空间 $\langle\alpha\rangle$ 是 $\mathscr{A}$ 的不变子空间当且仅当 α 是 $\mathscr{A}$ 的一个特征向量.

证明 根据命题 3,得

V 的非零子空间 $\langle\alpha\rangle$ 是 $\mathscr{A}$ 的不变子空间 $\Longleftrightarrow\mathscr{A}\alpha\in\langle\alpha\rangle$

$\Longleftrightarrow\mathscr{A}\alpha=k\alpha$,对某个 $k\in K$

$\Longleftrightarrow\alpha$ 是 $\mathscr{A}$ 的属于特征值 k 的特征向量. □

命题 5 设 V 的子空间 V_1,V_2 都是 $\mathscr{A}$ 的不变子空间,则 $V_1\cap V_2,V_1+V_2$ 都是 $\mathscr{A}$ 的不变

子空间.

证明 任取 $\alpha\in V_1\cap V_2$,则 $\mathscr{A}\alpha\in V_1$,且 $\mathscr{A}\alpha\in V_2$. 于是 $\mathscr{A}\alpha\in V_1\cap V_2$. 因此,$V_1\cap V_2$ 是 $\mathscr{A}$ 的不变子空间.

任取 V_1+V_2 中的一个向量 $\alpha_1+\alpha_2$,其中 $\alpha_1\in V_1,\alpha_2\in V_2$,则有 $\mathscr{A}(\alpha_1+\alpha_2)=\mathscr{A}\alpha_1+\mathscr{A}\alpha_2\in V_1+V_2$. 因此,$V_1+V_2$ 是 $\mathscr{A}$ 的不变子空间. □

命题 6 设 W 是 V 上线性变换 $\mathscr{A}$ 的非平凡不变子空间,则 $\mathscr{A}$ 在 W 上的限制(即把 $\mathscr{A}$ 的定义域限制到 W 上)$\mathscr{A}|W$ 是 W 上的线性变换,且对于任意 $\delta\in W$,有$(\mathscr{A}|W)\delta=\mathscr{A}\delta$.

证明 $\mathscr{A}|W$ 是 W 到 V 的线性映射. 由于 W 是 $\mathscr{A}$ 的不变子空间,因此对于任意 $\delta\in W$,有 $\mathscr{A}\delta\in W$,从而 $\mathscr{A}|W$ 是 W 上的线性变换,且$(\mathscr{A}|W)\delta=\mathscr{A}\delta$. □

设 $\mathscr{A}$ 是数域 K 上 n 维线性空间 V 上的线性变换. 如果 V 有一个 $\mathscr{A}$ 的非平凡的不变子空间 W,那么 V 中是否存在一个基,使得 $\mathscr{A}$ 在此基下的矩阵具有比较简单的形式? 这个简单形式的矩阵是什么样子的?

定理 1 设 $\mathscr{A}$ 是数域 K 上 n 维线性空间 V 上的线性变换,则

V 有 $\mathscr{A}$ 的非平凡不变子空间 $W=\langle\alpha_1,\cdots,\alpha_r\rangle$,其中 $\alpha_1,\cdots,\alpha_r$ 是 W 的一个基

$\Longleftrightarrow$ $\mathscr{A}$ 在 V 的一个基 $\alpha_1,\cdots,\alpha_r,\alpha_{r+1},\cdots,\alpha_n$ 下的矩阵为

$$\boldsymbol{A}=\begin{pmatrix} a_{11} & \cdots & a_{1r} & a_{1,r+1} & \cdots & a_{1n}\\ \vdots & & \vdots & \vdots & & \vdots\\ a_{r1} & \cdots & a_{rr} & a_{r,r+1} & \cdots & a_{rn}\\ 0 & \cdots & 0 & a_{r+1,r+1} & \cdots & a_{r+1,n}\\ \vdots & & \vdots & \vdots & & \vdots\\ 0 & \cdots & 0 & a_{n,r+1} & \cdots & a_{nn}\end{pmatrix}=\begin{pmatrix}\boldsymbol{A}_1 & \boldsymbol{A}_3\\ \boldsymbol{0} & \boldsymbol{A}_2\end{pmatrix},$$

其中 $\boldsymbol{A}_1$ 是 $\mathscr{A}|W$ 在 W 的基 $\alpha_1,\cdots,\alpha_r$ 下的矩阵.

证明 根据命题 3 和线性变换的矩阵的定义得到. □

我们进一步希望在 V 中找到一个基,使得线性变换 $\mathscr{A}$ 在此基下的矩阵是分块对角矩阵,这样比较简单. 那么这需要什么条件?

定理 2 设 $\mathscr{A}$ 是数域 K 上 n 维线性空间 V 上的线性变换,则

$\mathscr{A}$ 在 V 的一个基 $\alpha_{11},\cdots,\alpha_{1r_1},\cdots,\alpha_{s1},\cdots,\alpha_{sr_s}$ 下的矩阵是分块对角矩阵

$$\boldsymbol{A}=\mathrm{diag}\{\boldsymbol{A}_1,\boldsymbol{A}_2,\cdots,\boldsymbol{A}_s\}$$

$\Longleftrightarrow$ $W_j=\langle\alpha_{j1},\cdots,\alpha_{jr_j}\rangle(j=1,2,\cdots,s)$是 $\mathscr{A}$ 的非平凡不变子空间,并且

$$V=W_1\oplus W_2\oplus\cdots\oplus W_s,$$

其中 $\boldsymbol{A}_j(j=1,2,\cdots,s)$是 $\mathscr{A}|W_j$ 在 W_j 的基 $\alpha_{j1},\cdots,\alpha_{jr_j}$ 下的矩阵.

证明 根据命题 3 及 §6.2 中定理 8 的点评立即得到. □

定理 2 给我们指出了寻找线性变换 $\mathscr{A}$ 的最简单形式的矩阵表示的方向:

第一步,寻找 $\mathscr{A}$ 的非平凡不变子空间,使得它们的和是直和,且这个直和等于 V,此时在每个非平凡不变子空间中取一个基,它们合起来是 V 的一个基,$\mathscr{A}$ 在此基下的矩阵 $\mathbf{A}$ 是分块对角矩阵;

第二步,在 $\mathscr{A}$ 的每个非平凡不变子空间 W_j 中找一个好的基,使得 $\mathscr{A}|W_j$ 在 W_j 的这个基下的矩阵具有最简单的形式,从而 $\mathscr{A}$ 在由它们合起来得到的 V 的基下的矩阵就具有最简单的形式.

如何去寻找 $\mathscr{A}$ 的非平凡不变子空间呢? 根据命题 2,$\mathscr{A}$ 的任何一个多项式 $f(\mathscr{A})$ 的核都是 $\mathscr{A}$ 的不变子空间. 为了使 $\mathscr{A}$ 的这些不变子空间的和是直和,那么相应的一元多项式之间应该满足某些条件. 我们经过探索,猜测并且来证明下述引理:

引理 1 设 $\mathscr{A}$ 是数域 K 上线性空间 V 上的线性变换,在 $K[x]$ 中 $f(x)=f_1(x)f_2(x)$,其中 $f_1(x)$ 与 $f_2(x)$ 互素,则

$$\mathrm{Ker}f(\mathscr{A}) = \mathrm{Ker}f_1(\mathscr{A}) \oplus \mathrm{Ker}f_2(\mathscr{A}).$$

证明 第一步,证明 $\mathrm{Ker}f(\mathscr{A})=\mathrm{Ker}f_1(\mathscr{A})+\mathrm{Ker}f_2(\mathscr{A})$.

任给 $\alpha_1\in\mathrm{Ker}f_1(\mathscr{A})$,则 $f_1(\mathscr{A})\alpha_1=0$. 由于 $f(x)=f_1(x)f_2(x)$,因此

$$f(\mathscr{A})=f_1(\mathscr{A})f_2(\mathscr{A}),$$

从而

$$f(\mathscr{A})\alpha_1=f_1(\mathscr{A})f_2(\mathscr{A})\alpha_1=f_2(\mathscr{A})f_1(\mathscr{A})\alpha_1=f_2(\mathscr{A})0=0.$$

于是 $\alpha_1\in\mathrm{Ker}f(\mathscr{A})$,从而 $\mathrm{Ker}f_1(\mathscr{A})\subseteq\mathrm{Ker}f(\mathscr{A})$.

同理可证 $\mathrm{Ker}f_2(\mathscr{A})\subseteq\mathrm{Ker}f(\mathscr{A})$. 于是

$$\mathrm{Ker}f_1(\mathscr{A}) + \mathrm{Ker}f_2(\mathscr{A}) \subseteq \mathrm{Ker}f(\mathscr{A}). \tag{1}$$

任给 $\alpha\in\mathrm{Ker}f(\mathscr{A})$,则 $f(\mathscr{A})\alpha=0$. 由于 $f_1(x)$ 与 $f_2(x)$ 互素,因此存在 $u(x),v(x)\in K[x]$,使得

$$u(x)f_1(x) + v(x)f_2(x) = 1. \tag{2}$$

x 用 $\mathscr{A}$ 代入,从(2)式得

$$u(\mathscr{A})f_1(\mathscr{A}) + v(\mathscr{A})f_2(\mathscr{A}) = \mathscr{I}, \tag{3}$$

于是

$$\alpha = \mathscr{I}\alpha = u(\mathscr{A})f_1(\mathscr{A})\alpha + v(\mathscr{A})f_2(\mathscr{A})\alpha.$$

记 $\alpha_1=v(\mathscr{A})f_2(\mathscr{A})\alpha$,$\alpha_2=u(\mathscr{A})f_1(\mathscr{A})\alpha$,则

$$\begin{aligned}f_1(\mathscr{A})\alpha_1 &= f_1(\mathscr{A})v(\mathscr{A})f_2(\mathscr{A})\alpha = v(\mathscr{A})f_1(\mathscr{A})f_2(\mathscr{A})\alpha\\ &= v(\mathscr{A})f(\mathscr{A})\alpha = v(\mathscr{A})0 = 0,\end{aligned}$$

从而 $\alpha_1\in\mathrm{Ker}f_1(\mathscr{A})$. 同理可证 $\alpha_2\in\mathrm{Ker}f_2(\mathscr{A})$. 因此 $\alpha=\alpha_1+\alpha_2\in\mathrm{Ker}f_1(\mathscr{A})+\mathrm{Ker}f_2(\mathscr{A})$,从而

$$\mathrm{Ker}f(\mathscr{A}) \subseteq \mathrm{Ker}f_1(\mathscr{A}) + \mathrm{Ker}f_2(\mathscr{A}). \tag{4}$$

从(1)式和(4)式得

$$\mathrm{Ker}f(\mathscr{A})=\mathrm{Ker}f_1(\mathscr{A})+\mathrm{Ker}f_2(\mathscr{A}).$$

第二步,证明 $\mathrm{Ker}f_1(\mathscr{A})\cap\mathrm{Ker}f_2(\mathscr{A})=0$.

任给 $\beta\in\mathrm{Ker}f_1(\mathscr{A})\cap\mathrm{Ker}f_2(\mathscr{A})$,则 $f_1(\mathscr{A})\beta=0$, $f_2(\mathscr{A})\beta=0$. 根据(3)式,得

$$\beta=\mathscr{I}\beta=u(\mathscr{A})f_1(\mathscr{A})\beta+v(\mathscr{A})f_2(\mathscr{A})\beta=u(\mathscr{A})0+v(\mathscr{A})0=0,$$

因此

$$\mathrm{Ker}f_1(\mathscr{A})\cap\mathrm{Ker}f_2(\mathscr{A})=0.$$

综上所述,得

$$\mathrm{Ker}f(\mathscr{A})=\mathrm{Ker}f_1(\mathscr{A})\oplus\mathrm{Ker}f_2(\mathscr{A}).$$ □

定理 3 设 $\mathscr{A}$ 是数域 K 上线性空间 V 上的线性变换,在 $K[x]$ 中

$$f(x)=f_1(x)f_2(x)\cdots f_s(x),$$

其中 $f_1(x),f_2(x),\cdots,f_s(x)$ 两两互素,则

$$\mathrm{Ker}f(\mathscr{A})=\mathrm{Ker}f_1(\mathscr{A})\oplus\mathrm{Ker}f_2(\mathscr{A})\oplus\cdots\oplus\mathrm{Ker}f_s(\mathscr{A}).\tag{5}$$

证明 对多项式的个数 s 做数学归纳法.

当 $s=2$ 时,引理 1 已证此定理成立.

假设多项式的个数为 $s-1$ 时此定理成立. 现在来看多项式的个数为 s 的情形. 由于 $f_1(x)$, $f_2(x),\cdots,f_s(x)$ 两两互素,因此

$$(f_i(x),f_s(x))=1\quad(i=1,2,\cdots,s-1),$$

从而 $(f_1(x)f_2(x)\cdots f_{s-1}(x),f_s(x))=1$. 记 $g(x)=f_1(x)f_2(x)\cdots f_{s-1}(x)$. 由引理 1 和归纳假设得

$$\begin{aligned}\mathrm{Ker}f(\mathscr{A})&=\mathrm{Ker}g(\mathscr{A})\oplus\mathrm{Ker}f_s(\mathscr{A})\\&=\mathrm{Ker}f_1(\mathscr{A})\oplus\mathrm{Ker}f_2(\mathscr{A})\oplus\cdots\oplus\mathrm{Ker}f_{s-1}(\mathscr{A})\oplus\mathrm{Ker}f_s(\mathscr{A}).\end{aligned}$$

根据数学归纳法原理,对于一切大于 1 的整数 s,此定理成立. □

二、线性变换与矩阵的零化多项式,哈密顿-凯莱定理

如果定理 3 中的多项式 $f(x)$ 使得 $f(\mathscr{A})=\mathscr{O}$,由于 $\mathrm{Ker}\mathscr{O}=V$,那么就得到 V 分解成 $\mathscr{A}$ 的非平凡不变子空间的直和的分解式. 由此引出下述零化多项式的概念:

定义 2 设 $\mathscr{A}$ 是数域 K 上线性空间 V 上的线性变换. 如果 $K[x]$ 中的多项式 $f(x)$ 使得 $f(\mathscr{A})=\mathscr{O}$,那么称 $f(x)$ 是 $\mathscr{A}$ 的一个**零化多项式**.

$K[x]$ 中的零多项式是 V 上任一线性变换 $\mathscr{A}$ 的零化多项式. 零次多项式不是 V 上任一线性变换 $\mathscr{A}$ 的零化多项式. $\mathscr{A}$ 是否有非零的零化多项式呢?

设 $\dim V=n$,则 $\dim(\mathrm{Hom}(V,V))=n^2$,从而

$$\mathscr{I},\ \mathscr{A},\ \mathscr{A}^2,\ \cdots,\ \mathscr{A}^{n^2}$$

线性相关. 于是,K 中有不全为 0 的数 $k_0,k_1,\cdots,k_{n^2}$,使得

$$k_0\mathscr{I}+k_1\mathscr{A}+\cdots+k_{n^2}\mathscr{A}^{n^2}=\mathscr{O}.$$

令
$$f(x)=k_0+k_1x+\cdots+k_{n^2}x^{n^2},$$
则
$$f(\mathscr{A})=k_0\mathscr{I}+k_1\mathscr{A}+\cdots+k_{n^2}\mathscr{A}^{n^2}=\mathscr{O},$$
从而 $f(x)$是 $\mathscr{A}$ 的一个非零的零化多项式.

V 上的线性变换 $\mathscr{A}$ 有没有次数比较低的零化多项式呢?为了探讨这个问题,我们先引进下述概念:

定义 3 设 $\mathbf{A}$ 是数域上的 n 阶矩阵.如果 $K[x]$中的多项式 $f(x)$使得 $f(\mathbf{A})=\mathbf{0}$,那么称 $f(x)$是矩阵 $\mathbf{A}$ 的一个**零化多项式**.

命题 7 $K[x]$中的多项式 $f(x)$是数域 K 上 n 维线性空间 V 上的线性变换 $\mathscr{A}$ 的一个零化多项式,当且仅当 $f(x)$是 $\mathscr{A}$ 在 V 的一个基下的矩阵 $\mathbf{A}$ 的一个零化多项式.

证明 设 $\mathscr{A}$ 是数域 K 上 n 维线性空间 V 上的线性变换,$\mathscr{A}$ 在 V 的一个基下的矩阵是 $\mathbf{A}$,则

$$\begin{aligned}&K[x]\text{中的 } f(x)=b_0+b_1x+\cdots+b_mx^m \text{ 是 } \mathscr{A} \text{ 的零化多项式}\\ \Longleftrightarrow\ & f(\mathscr{A})=b_0\mathscr{I}+b_1\mathscr{A}+\cdots+b_m\mathscr{A}^m=\mathscr{O}\\ \Longleftrightarrow\ & f(\mathbf{A})=b_0\boldsymbol{I}+b_1\mathbf{A}+\cdots+b_m\mathbf{A}^m=\mathbf{0}\\ \Longleftrightarrow\ & f(x)=b_0+b_1x+\cdots+b_mx^m \text{ 是 } \mathbf{A} \text{ 的零化多项式.}\end{aligned}$$

上述推导中第二个“$\Longleftrightarrow$”是根据“把线性变换 $\mathscr{A}$ 对应到它在 V 的一个给定基下的矩阵 $\mathbf{A}$ 是 $\mathrm{Hom}(V,V)$到 $M_n(K)$的一个同构映射,并且这个同构映射保持乘法运算”. □

在几何空间 V 中,设 π 是过定点 O 的一个平面,l 是过点 O 的一条直线,且 l 不在 π 上,则平面 π 上的非零向量都是平行于 l 在 π 上的投影 $\mathscr{P}_\pi$ 的属于特征值 1 的特征向量,直线 l 上的非零向量都是 $\mathscr{P}_\pi$ 的属于特征值 0 的特征向量.于是,$\mathscr{P}_\pi$ 的特征多项式为 $f(\lambda)=(\lambda-1)^2\lambda$.对于几何空间 V 中任一向量 $\vec{\alpha}=\vec{\alpha}_1+\vec{\alpha}_2$,其中 $\vec{\alpha}_1\in\pi,\vec{\alpha}_2\in l$,有

$$\begin{aligned}f(\mathscr{P}_\pi)\vec{\alpha}&=(\mathscr{P}_\pi-\mathscr{I})^2\mathscr{P}_\pi\vec{\alpha}=(\mathscr{P}_\pi-\mathscr{I})(\mathscr{P}_\pi-\mathscr{I})\vec{\alpha}_1=(\mathscr{P}_\pi-\mathscr{I})(\mathscr{P}_\pi\vec{\alpha}_1-\mathscr{I}\vec{\alpha}_1)\\&=(\mathscr{P}_\pi-\mathscr{I})(\vec{\alpha}_1-\vec{\alpha}_1)=(\mathscr{P}_\pi-\mathscr{I})\vec{0}=\vec{0},\end{aligned}$$

于是 $f(\mathscr{P}_\pi)=\mathscr{O}$,从而 $f(\lambda)$是 $\mathscr{P}_\pi$ 的一个零化多项式.从这个例子受到启发,我们猜测并且来证明下述定理:

定理 4[哈密顿-凯莱(Hamilton-Cayley)定理] 设 $\mathscr{A}$ 是数域 K 上 n 维线性空间 V 上的线性变换;则 $\mathscr{A}$ 的特征多项式 $f(\lambda)$是 $\mathscr{A}$ 的一个零化多项式,从而数域 K 上 n 阶矩阵 $\mathbf{A}$ 的特征多项式 $f(\lambda)$是 $\mathbf{A}$ 的一个零化多项式.

证明 设 $\mathscr{A}$ 在 V 的一个基下的矩阵是 $\mathbf{A}$,则 $\mathscr{A}$ 的特征多项式是 $\mathbf{A}$ 的特征多项式 $f(\lambda)$.根据命题 7,$f(\lambda)$是 $\mathscr{A}$ 的零化多项式当且仅当 $f(\lambda)$是 $\mathbf{A}$ 的零化多项式.为此,我们对 n 阶矩阵 $\mathbf{A}$ 来证明 $f(\lambda)$是 $\mathbf{A}$ 的零化多项式.设

$$f(\lambda)=|\lambda\boldsymbol{I}-\boldsymbol{A}|=\lambda^n+b_{n-1}\lambda^{n-1}+\cdots+b_1\lambda+b_0,\tag{6}$$

又设 $\boldsymbol{B}(\lambda)$ 是 $\lambda\boldsymbol{I}-\boldsymbol{A}$ 的伴随矩阵,则

$$\boldsymbol{B}(\lambda)(\lambda\boldsymbol{I}-\boldsymbol{A})=|\lambda\boldsymbol{I}-\boldsymbol{A}|\boldsymbol{I}=f(\lambda)\boldsymbol{I}.\tag{7}$$

由于 $\lambda\boldsymbol{I}-\boldsymbol{A}$ 的元素是一次或零次多项式,或者零多项式,并且 $\lambda\boldsymbol{I}-\boldsymbol{A}$ 的伴随矩阵 $\boldsymbol{B}(\lambda)$ 的元素都是 $\lambda\boldsymbol{I}-\boldsymbol{A}$ 的代数余子式,因此 $\boldsymbol{B}(\lambda)$ 的元素都是次数不超过 $n-1$ 的一元多项式,从而根据 λ-矩阵的加法和数量乘法,可以把 $\boldsymbol{B}(\lambda)$ 写成

$$\boldsymbol{B}(\lambda)=\lambda^{n-1}\boldsymbol{B}_{n-1}+\lambda^{n-2}\boldsymbol{B}_{n-2}+\cdots+\lambda\boldsymbol{B}_1+\boldsymbol{B}_0,\tag{8}$$

其中 $\boldsymbol{B}_{n-1},\boldsymbol{B}_{n-2},\cdots,\boldsymbol{B}_1,\boldsymbol{B}_0$ 都是数域 K 上的矩阵. 于是有

$$\begin{aligned}\boldsymbol{B}(\lambda)(\lambda\boldsymbol{I}-\boldsymbol{A})&=(\lambda^{n-1}\boldsymbol{B}_{n-1}+\lambda^{n-2}\boldsymbol{B}_{n-2}+\cdots+\lambda\boldsymbol{B}_1+\boldsymbol{B}_0)(\lambda\boldsymbol{I}-\boldsymbol{A})\\&=\lambda^n\boldsymbol{B}_{n-1}+\lambda^{n-1}(\boldsymbol{B}_{n-2}-\boldsymbol{B}_{n-1}\boldsymbol{A})+\cdots+\lambda(\boldsymbol{B}_0-\boldsymbol{B}_1\boldsymbol{A})-\boldsymbol{B}_0\boldsymbol{A}.\end{aligned}\tag{9}$$

又有

$$f(\lambda)\boldsymbol{I}=\lambda^n\boldsymbol{I}+b_{n-1}\lambda^{n-1}\boldsymbol{I}+\cdots+b_1\lambda\boldsymbol{I}+b_0\boldsymbol{I}.\tag{10}$$

由于两个 λ-矩阵相等当且仅当它们的对应元素都相等,因此从(7)式、(9)式和(10)式得

$$\begin{cases}\boldsymbol{B}_{n-1}=\boldsymbol{I},\\\boldsymbol{B}_{n-2}-\boldsymbol{B}_{n-1}\boldsymbol{A}=b_{n-1}\boldsymbol{I},\\\cdots\cdots\\\boldsymbol{B}_0-\boldsymbol{B}_1\boldsymbol{A}=b_1\boldsymbol{I},\\-\boldsymbol{B}_0\boldsymbol{A}=b_0\boldsymbol{I}.\end{cases}\tag{11}$$

用 $\boldsymbol{A}^n,\boldsymbol{A}^{n-1},\cdots,\boldsymbol{A},\boldsymbol{I}$ 依次从右边乘(11)式中的第 $1,2,\cdots,n,n+1$ 式,得

$$\begin{cases}\boldsymbol{B}_{n-1}\boldsymbol{A}^n=\boldsymbol{A}^n,\\\boldsymbol{B}_{n-2}\boldsymbol{A}^{n-1}-\boldsymbol{B}_{n-1}\boldsymbol{A}^n=b_{n-1}\boldsymbol{A}^{n-1},\\\cdots\cdots\\\boldsymbol{B}_0\boldsymbol{A}-\boldsymbol{B}_1\boldsymbol{A}^2=b_1\boldsymbol{A},\\-\boldsymbol{B}_0\boldsymbol{A}=b_0\boldsymbol{I}.\end{cases}\tag{12}$$

把(12)式中的 $n+1$ 个等式相加,左边为零矩阵,右边为 $f(\boldsymbol{A})$,因此 $f(\boldsymbol{A})=\boldsymbol{0}$,从而 $\boldsymbol{A}$ 的特征多项式 $f(\lambda)$ 是 $\boldsymbol{A}$ 的一个零化多项式. □

运用哈密顿-凯莱定理和定理 3,可以把线性空间 V 分解成线性变换 $\mathscr{A}$ 的非平凡不变子空间的直和.

命题 8 设 $\mathscr{A}$ 是数域 K 上 n 维线性空间 V 上的线性变换,$\mathscr{A}$ 的特征多项式 $f(\lambda)$ 在 $K[x]$ 中的标准分解式为

$$f(\lambda)=p_1^{r_1}(\lambda)p_2^{r_2}(\lambda)\cdots p_s^{r_s}(\lambda),\tag{13}$$

则

$$V=\operatorname{Ker}f(\mathscr{A})=\operatorname{Ker}p_1^{r_1}(\mathscr{A})\oplus\operatorname{Ker}p_2^{r_2}(\mathscr{A})\oplus\cdots\oplus\operatorname{Ker}p_s^{r_s}(\mathscr{A}).\tag{14}$$

特别地,如果 $f(\lambda)$ 在 $K[\lambda]$ 中的标准分解式为

$$f(\lambda)=(\lambda-\lambda_1)^{l_1}(\lambda-\lambda_2)^{l_2}\cdots(\lambda-\lambda_s)^{l_s},\tag{15}$$

则
$$V=\mathrm{Ker}(\mathscr{A}-\lambda_1\mathscr{I})^{l_1}\oplus\mathrm{Ker}(\mathscr{A}-\lambda_2\mathscr{I})^{l_2}\oplus\cdots\oplus\mathrm{Ker}(\mathscr{A}-\lambda_s\mathscr{I})^{l_s},\tag{16}$$

其中 $\mathrm{Ker}(\mathscr{A}-\lambda_j\mathscr{I})^{l_j}(j=1,2,\cdots,s)$ 称为 $\mathscr{A}$ 的**根子空间**.

证明 由哈密顿-凯莱定理和定理 3 立即得到. □

在§7.10 定理 1 的证明中需要用到下述命题 9.

***命题 9** 设 $\mathscr{A}$ 是数域 K 上线性空间 V 上的线性变换,W 是 $\mathscr{A}$ 的一个非平凡不变子空间. 令

$$\begin{aligned}\widetilde{\mathscr{A}}:\ & V/W\longrightarrow V/W,\\ & \alpha+W\longmapsto\mathscr{A}\alpha+W,\end{aligned}\tag{17}$$

则 $\widetilde{\mathscr{A}}$ 是商空间 V/W 上的一个线性变换. 称 $\widetilde{\mathscr{A}}$ 是 $\mathscr{A}$ **诱导的商空间 V/W 上的线性变换**.

证明 设 $\alpha+W=\beta+W$,则 $\alpha-\beta\in W$. 由于 W 是 $\mathscr{A}$ 的不变子空间,因此 $\mathscr{A}(\alpha-\beta)\in W$,从而 $\mathscr{A}\alpha-\mathscr{A}\beta\in W$. 于是 $\mathscr{A}\alpha+W=\mathscr{A}\beta+W$. 因此,$\widetilde{\mathscr{A}}$ 是 V/W 上的一个变换.

任给 $\alpha+W,\gamma+W\in V/W,k\in K$,有

$$\begin{aligned}\widetilde{\mathscr{A}}((\alpha+W)+(\gamma+W))&=\widetilde{\mathscr{A}}((\alpha+\gamma)+W)=\mathscr{A}(\alpha+\gamma)+W\\&=(\mathscr{A}\alpha+W)+(\mathscr{A}\gamma+W)=\widetilde{\mathscr{A}}(\alpha+W)+\widetilde{\mathscr{A}}(\gamma+W),\\ \widetilde{\mathscr{A}}(k(\alpha+W))&=\widetilde{\mathscr{A}}(k\alpha+W)=\mathscr{A}(k\alpha)+W=k(\mathscr{A}\alpha)+W\\&=k(\mathscr{A}\alpha+W)=k\widetilde{\mathscr{A}}(\alpha+W),\end{aligned}$$

因此 $\widetilde{\mathscr{A}}$ 是 V/W 上的一个线性变换. □

7.8.2 典型例题

例 1 设 $\mathscr{A},\mathscr{B}$ 都是复数域上 n 维线性空间 V 上的线性变换,证明: 如果 $\mathscr{A}\mathscr{B}=\mathscr{B}\mathscr{A}$,那么 $\mathscr{A}$ 与 $\mathscr{B}$ 至少有一个公共特征向量.

证明 复数域上有限维线性空间上的任一线性变换的特征多项式一定有复根,从而任一线性变换有特征值. 取 $\mathscr{A}$ 的一个特征值 λ_0. 由于 $\mathscr{A}\mathscr{B}=\mathscr{B}\mathscr{A}$,因此 $\mathscr{A}$ 的属于特征值 λ_0 的特征子空间 V_{λ_0} 是 $\mathscr{B}$ 的不变子空间,从而 $\mathscr{B}|V_{\lambda_0}$ 是 V_{λ_0} 上的线性变换. $\mathscr{B}|V_{\lambda_0}$ 有特征值 μ_0,则在 V_{λ_0} 中存在非零向量 β,使得 $(\mathscr{B}|V_{\lambda_0})\beta=\mu_0\beta$,即 $\mathscr{B}\beta=\mu_0\beta$. 又有 $\mathscr{A}\beta=\lambda_0\beta$,因此 β 是 $\mathscr{A}$ 与 $\mathscr{B}$ 的公共特征向量. □

点评 设 $\boldsymbol{A},\boldsymbol{B}$ 是 n 阶复矩阵,且 $\boldsymbol{AB}=\boldsymbol{BA}$,又设 V 是复数域上的 n 维线性空间. 取 V 的一个基,则分别存在 V 上唯一的线性变换 $\mathscr{A},\mathscr{B}$,使得 $\mathscr{A},\mathscr{B}$ 在此基下的矩阵为 $\boldsymbol{A},\boldsymbol{B}$,从而 $\mathscr{A}\mathscr{B}=\mathscr{B}\mathscr{A}$. 根据例 1,$\mathscr{A}$ 与 $\mathscr{B}$ 至少有一个公共特征向量 β,于是 β 在 V 的上述基下的坐标 $\boldsymbol{\beta}$ 是 $\boldsymbol{A}$ 与 $\boldsymbol{B}$ 的公共特征向量.

例 2 设 $\boldsymbol{A},\boldsymbol{B}$ 都是 n 阶复矩阵,证明: 如果 $\boldsymbol{A}$ 与 $\boldsymbol{B}$ 可交换,那么存在 n 阶可逆复矩阵 $\boldsymbol{P}$,使得 $\boldsymbol{P}^{-1}\boldsymbol{AP}$ 和 $\boldsymbol{P}^{-1}\boldsymbol{BP}$ 都是上三角矩阵.

证明 对复矩阵的阶数 n 做数学归纳法.

当 $n=1$ 时,一阶矩阵是上三角矩阵,从而命题为真.

假设命题对于 $n-1$ 阶复矩阵为真.现在来看 n 阶复矩阵 $\boldsymbol{A}$ 与 $\boldsymbol{B}$.由于 $\boldsymbol{AB}=\boldsymbol{BA}$,因此根据例1的点评,$\boldsymbol{A}$ 与 $\boldsymbol{B}$ 有一个公共特征向量 $\boldsymbol{\beta}_1$,其中 $\boldsymbol{A\beta}_1=\lambda_1\boldsymbol{\beta}_1$,$\boldsymbol{B\beta}_1=\mu_1\boldsymbol{\beta}_1$.把 $\boldsymbol{\beta}_1$ 扩充成 $\mathbf{C}^n$ 的一个基:$\boldsymbol{\beta}_1,\boldsymbol{\beta}_2,\cdots,\boldsymbol{\beta}_n$.令 $\boldsymbol{P}_1=(\boldsymbol{\beta}_1,\boldsymbol{\beta}_2,\cdots,\boldsymbol{\beta}_n)$,则 $\boldsymbol{P}_1$ 是 n 阶可逆复矩阵,且

$$\boldsymbol{P}_1^{-1}\boldsymbol{AP}_1=\boldsymbol{P}_1^{-1}(\boldsymbol{A\beta}_1,\boldsymbol{A\beta}_2,\cdots,\boldsymbol{A\beta}_n)=(\boldsymbol{P}_1^{-1}\lambda_1\boldsymbol{\beta}_1,\boldsymbol{P}_1^{-1}\boldsymbol{A\beta}_2,\cdots,\boldsymbol{P}_1^{-1}\boldsymbol{A\beta}_n).$$

由于 $\boldsymbol{P}_1^{-1}\boldsymbol{P}_1=\boldsymbol{I}$,因此 $\boldsymbol{P}_1^{-1}\boldsymbol{\beta}_1=\boldsymbol{\varepsilon}_1$,从而 $\boldsymbol{P}_1^{-1}\boldsymbol{AP}_1$ 具有如下形式:

$$\boldsymbol{P}_1^{-1}\boldsymbol{AP}_1=\begin{pmatrix}\lambda_1 & \boldsymbol{\alpha}^{\mathrm{T}}\\ \mathbf{0} & \boldsymbol{A}_1\end{pmatrix}.$$

同理,$\boldsymbol{P}_1^{-1}\boldsymbol{BP}_1$ 具有如下形式:

$$\boldsymbol{P}_1^{-1}\boldsymbol{BP}_1=\begin{pmatrix}\mu_1 & \boldsymbol{\gamma}^{\mathrm{T}}\\ \mathbf{0} & \boldsymbol{B}_1\end{pmatrix}.$$

由于 $\boldsymbol{AB}=\boldsymbol{BA}$,因此 $(\boldsymbol{P}_1^{-1}\boldsymbol{AP}_1)(\boldsymbol{P}_1^{-1}\boldsymbol{BP}_1)=(\boldsymbol{P}_1^{-1}\boldsymbol{BP}_1)(\boldsymbol{P}_1^{-1}\boldsymbol{AP}_1)$,从而

$$\begin{pmatrix}\lambda_1 & \boldsymbol{\alpha}^{\mathrm{T}}\\ \mathbf{0} & \boldsymbol{A}_1\end{pmatrix}\begin{pmatrix}\mu_1 & \boldsymbol{\gamma}^{\mathrm{T}}\\ \mathbf{0} & \boldsymbol{B}_1\end{pmatrix}=\begin{pmatrix}\mu_1 & \boldsymbol{\gamma}^{\mathrm{T}}\\ \mathbf{0} & \boldsymbol{B}_1\end{pmatrix}\begin{pmatrix}\lambda_1 & \boldsymbol{\alpha}^{\mathrm{T}}\\ \mathbf{0} & \boldsymbol{A}_1\end{pmatrix}.$$

由此得出 $\boldsymbol{A}_1\boldsymbol{B}_1=\boldsymbol{B}_1\boldsymbol{A}_1$.根据归纳假设,存在 $n-1$ 阶可逆复矩阵 $\boldsymbol{P}_2$,使得 $\boldsymbol{P}_2^{-1}\boldsymbol{A}_1\boldsymbol{P}_2$ 与 $\boldsymbol{P}_2^{-1}\boldsymbol{B}_1\boldsymbol{P}_2$ 都为上三角矩阵.令

$$\boldsymbol{P}=\boldsymbol{P}_1\begin{pmatrix}1 & \mathbf{0}^{\mathrm{T}}\\ \mathbf{0} & \boldsymbol{P}_2\end{pmatrix},$$

则 $\boldsymbol{P}$ 是 n 阶可逆复矩阵,且

$$\boldsymbol{P}^{-1}\boldsymbol{AP}=\begin{pmatrix}1 & \mathbf{0}^{\mathrm{T}}\\ \mathbf{0} & \boldsymbol{P}_2\end{pmatrix}^{-1}\begin{pmatrix}\lambda_1 & \boldsymbol{\alpha}^{\mathrm{T}}\\ \mathbf{0} & \boldsymbol{A}_1\end{pmatrix}\begin{pmatrix}1 & \mathbf{0}^{\mathrm{T}}\\ \mathbf{0} & \boldsymbol{P}_2\end{pmatrix}=\begin{pmatrix}\lambda_1 & \boldsymbol{\alpha}^{\mathrm{T}}\boldsymbol{P}_2\\ \mathbf{0} & \boldsymbol{P}_2^{-1}\boldsymbol{A}_1\boldsymbol{P}_2\end{pmatrix},$$

$$\boldsymbol{P}^{-1}\boldsymbol{BP}=\begin{pmatrix}1 & \mathbf{0}^{\mathrm{T}}\\ \mathbf{0} & \boldsymbol{P}_2\end{pmatrix}^{-1}\begin{pmatrix}\mu_1 & \boldsymbol{\gamma}^{\mathrm{T}}\\ \mathbf{0} & \boldsymbol{B}_1\end{pmatrix}\begin{pmatrix}1 & \mathbf{0}^{\mathrm{T}}\\ \mathbf{0} & \boldsymbol{P}_2\end{pmatrix}=\begin{pmatrix}\mu_1 & \boldsymbol{\gamma}^{\mathrm{T}}\boldsymbol{P}_2\\ \mathbf{0} & \boldsymbol{P}_2^{-1}\boldsymbol{B}_1\boldsymbol{P}_2\end{pmatrix}.$$

因此,$\boldsymbol{P}^{-1}\boldsymbol{AP}$ 与 $\boldsymbol{P}^{-1}\boldsymbol{BP}$ 都是上三角矩阵.

根据数学归纳法原理,对于一切正整数 n,此命题为真. □

点评 从例2立即得到,n 阶复矩阵 $\boldsymbol{A}$ 相似于一个上三角矩阵.

例3 设 $\mathscr{A}$ 是数域 K 上 n 维线性空间 V 上的线性变换,$\mathscr{A}$ 在 V 的一个基 $\alpha_1,\alpha_2,\cdots,\alpha_n$ 下的矩阵为

$$\boldsymbol{A}=\begin{pmatrix}a & 1 & 0 & \cdots & 0 & 0\\ 0 & a & 1 & \cdots & 0 & 0\\ 0 & 0 & a & \cdots & 0 & 0\\ \vdots & \vdots & \vdots & & \vdots & \vdots\\ 0 & 0 & 0 & \cdots & a & 1\\ 0 & 0 & 0 & \cdots & 0 & a\end{pmatrix}.$$

(1) 证明:若 $\mathscr{A}$ 的一个不变子空间 W 有向量 α_n,则 $W=V$;

(2) 证明:α_1 属于 $\mathscr{A}$ 的任一非零不变子空间;

(3) 证明:V 不能分解成 $\mathscr{A}$ 的非平凡不变子空间的直和;

(4) 求 $\mathscr{A}$ 的所有不变子空间.

解 (1) 由于 $\alpha_n\in W$,因此 $\mathscr{A}\alpha_n=\alpha_{n-1}+a\alpha_n\in W$,从而 $\alpha_{n-1}\in W$. 于是 $\mathscr{A}\alpha_{n-1}=\alpha_{n-2}+a\alpha_{n-1}\in W$,从而 $\alpha_{n-2}\in W$. 依次下去,可得 $\alpha_{n-3}\in W,\cdots,\alpha_1\in W$. 于是 $W=V$.

(2) 设 W 是 $\mathscr{A}$ 的任一非零不变子空间,则 W 中有非零向量 β. 设

$$\beta=k_1\alpha_1+k_2\alpha_2+\cdots+k_s\alpha_s,\quad k_s\neq 0.$$

由于 $\mathscr{A}\beta\in W$,因此

$$k_1(a\alpha_1)+k_2(\alpha_1+a\alpha_2)+\cdots+k_s(\alpha_{s-1}+a\alpha_s)\in W,$$

即

$$a\beta+(k_2\alpha_1+\cdots+k_s\alpha_{s-1})\in W.$$

由此得出 $k_2\alpha_1+\cdots+k_s\alpha_{s-1}\in W$. 考虑这个向量在 $\mathscr{A}$ 下的像,得

$$k_2(a\alpha_1)+k_3(\alpha_1+a\alpha_2)+\cdots+k_s(\alpha_{s-2}+a\alpha_{s-1})\in W.$$

由此得出 $k_3\alpha_1+\cdots+k_s\alpha_{s-2}\in W$. 依次下去,最后可得 $k_s\alpha_1\in W$. 由于 $k_s\neq 0$,因此 $\alpha_1\in W$.

(3) 由第(2)小题知,$\mathscr{A}$ 的非零不变子空间含有公共向量 α_1,因此 V 不能分解成 $\mathscr{A}$ 的非零不变子空间的直和,从而 V 不能分解成 $\mathscr{A}$ 的非平凡不变子空间的直和.

(4) 由于

$$\mathscr{A}\alpha_1=a\alpha_1,\quad \mathscr{A}\alpha_2=\alpha_1+a\alpha_2,\quad \cdots,\quad \mathscr{A}\alpha_{n-1}=\alpha_{n-2}+a\alpha_{n-1},\quad \mathscr{A}\alpha_n=\alpha_{n-1}+a\alpha_n,$$

因此

$$0,\ \langle\alpha_1\rangle,\ \langle\alpha_1,\alpha_2\rangle,\ \cdots,\ \langle\alpha_1,\alpha_2,\cdots,\alpha_{n-1}\rangle,\ V \tag{18}$$

都是 $\mathscr{A}$ 的不变子空间.

下面看看 V 还有没有其他 $\mathscr{A}$ 的不变子空间. 任取一个 $\mathscr{A}$ 的不变子空间 W,在 W 中取一个基 $\alpha_1,\beta_2,\cdots,\beta_m$. 设

$$\begin{aligned}\beta_2&=k_{21}\alpha_1+k_{22}\alpha_2+\cdots+k_{2s}\alpha_s,\\ &\cdots\cdots\\ \beta_m&=k_{m1}\alpha_1+k_{m2}\alpha_2+\cdots+k_{ms}\alpha_s,\end{aligned}$$

其中 $k_{2s},\cdots,k_{ms}$ 不全为 0,不妨设 $k_{2s}\neq 0$. 上式表明,$\alpha_1,\beta_2,\cdots,\beta_m$ 可以由 $\alpha_1,\alpha_2,\cdots,\alpha_s$ 线性表出.

由于 $\mathscr{A}\beta_2\in W$,因此

$$k_{21}(a\alpha_1)+k_{22}(\alpha_1+a\alpha_2)+\cdots+k_{2s}(\alpha_{s-1}+a\alpha_s)\in W.$$

由此推出 $k_{22}\alpha_1+k_{23}\alpha_2+\cdots+k_{2s}\alpha_{s-1}\in W$. 考虑它在 $\mathscr{A}$ 下的像,可得 $k_{23}\alpha_1+\cdots+k_{2s}\alpha_{s-2}\in W$. 依次下去,可得 $k_{2,s-1}\alpha_1+k_{2s}\alpha_2\in W$,于是 $k_{2s}\alpha_2\in W$. 由于 $k_{2s}\neq 0$,因此 $\alpha_2\in W$. 在上面倒数第二步

可得 $k_{2,s-2}\alpha_1+k_{2,s-1}\alpha_2+k_{2s}\alpha_3\in W$. 由此得出 $\alpha_3\in W$. 依次返回去,可得 $\alpha_4\in W,\cdots,\alpha_{s-1}\in W$. 再从 β_2 的表达式可得 $\alpha_s\in W$. 于是,$\alpha_1,\alpha_2,\cdots,\alpha_s$ 可由 $\alpha_1,\beta_2,\cdots,\beta_m$ 线性表出,从而向量组 $\alpha_1,\alpha_2,\cdots,\alpha_s$ 与 $\alpha_1,\beta_2,\cdots,\beta_m$ 等价. 因此 $\langle\alpha_1,\alpha_2,\cdots,\alpha_s\rangle=\langle\alpha_1,\beta_2,\cdots,\beta_m\rangle$,从而 $W=\langle\alpha_1,\alpha_2,\cdots,\alpha_m\rangle$.

综上所述,$\mathscr{A}$ 的不变子空间有且只有(18)式列出的 $n+1$ 个.

例 4 设 V 是实数域上的 n 维线性空间,证明:V 上的任一线性变换 $\mathscr{A}$ 必有一个一维或二维不变子空间.

证明 **情形 1** $\mathscr{A}$ 有一个特征值 λ_1. 设 α_1 是 $\mathscr{A}$ 的属于 λ_1 的一个特征向量,则 $\langle\alpha_1\rangle$ 是 $\mathscr{A}$ 的一维不变子空间.

情形 2 $\mathscr{A}$ 没有特征值. 此时 $\mathscr{A}$ 的特征多项式 $f(\lambda)$ 没有实根. 设 $\mathscr{A}$ 在 V 的一个基 $\beta_1,\beta_2,\cdots,\beta_n$ 下的矩阵为 $\boldsymbol{A}$. 取 $f(\lambda)$ 的一对共轭虚根 $z_1,\bar{z}_1$,其中 $z_1=a+b\mathrm{i},a,b\in\mathbf{R}$. 把 $\boldsymbol{A}$ 看成复数域上的矩阵,则 $z_1,\bar{z}_1$ 都是 $\boldsymbol{A}$ 的特征值. 设 $\boldsymbol{X}_1=\boldsymbol{X}_{11}+\mathrm{i}\boldsymbol{X}_{12}$ 是 $\boldsymbol{A}$ 的属于特征值 z_1 的一个特征向量,其中 $\boldsymbol{X}_{11},\boldsymbol{X}_{12}\in\mathbf{R}^n$. 从 $\boldsymbol{A}\boldsymbol{X}_1=z_1\boldsymbol{X}_1$ 得

$$\boldsymbol{A}\boldsymbol{X}_{11}+\mathrm{i}\boldsymbol{A}\boldsymbol{X}_{12}=(a+b\mathrm{i})(\boldsymbol{X}_{11}+\mathrm{i}\boldsymbol{X}_{12})=(a\boldsymbol{X}_{11}-b\boldsymbol{X}_{12})+\mathrm{i}(b\boldsymbol{X}_{11}+a\boldsymbol{X}_{12}).$$

由此推出

$$\boldsymbol{A}\boldsymbol{X}_{11}=a\boldsymbol{X}_{11}-b\boldsymbol{X}_{12},\quad \boldsymbol{A}\boldsymbol{X}_{12}=b\boldsymbol{X}_{11}+a\boldsymbol{X}_{12}. \tag{19}$$

令

$$\gamma_1=(\beta_1,\beta_2,\cdots,\beta_n)\boldsymbol{X}_{11},\quad \gamma_2=(\beta_1,\beta_2,\cdots,\beta_n)\boldsymbol{X}_{12}, \tag{20}$$

则从(19)式得

$$\mathscr{A}\gamma_1=a\gamma_1-b\gamma_2,\quad \mathscr{A}\gamma_2=b\gamma_1+a\gamma_2. \tag{21}$$

令 $W=\langle\gamma_1,\gamma_2\rangle$. 从(21)式看出,$\mathscr{A}\gamma_1\in W,\mathscr{A}\gamma_2\in W$,因此 W 是 $\mathscr{A}$ 的一个不变子空间. 假如 W 是一维的,则它是 $\mathscr{A}$ 的一个特征向量生成的子空间. 这与 $\mathscr{A}$ 没有特征值矛盾. 因此,$W=\langle\gamma_1,\gamma_2\rangle$ 是 $\mathscr{A}$ 的一个二维不变子空间. □

例 5 设 $\mathscr{A}$ 是数域 K 上 n 维线性空间 V 上的线性变换,证明:$\mathscr{A}$ 是幂等变换的充要条件是

$$\operatorname{rank}(\mathscr{A})+\operatorname{rank}(\mathscr{A}-\mathscr{I})=n. \tag{22}$$

证明 $\mathscr{A}$ 是幂等变换当且仅当 $\mathscr{A}(\mathscr{A}-\mathscr{I})=\mathscr{O}$.

考虑数域 K 上的一元多项式 $f(x)=x(x-1)$. 由于 x 与 $x-1$ 互素,因此根据引理 1,得

$$\operatorname{Ker}f(\mathscr{A})=\operatorname{Ker}\mathscr{A}\oplus\operatorname{Ker}(\mathscr{A}-\mathscr{I}). \tag{23}$$

于是

$$\begin{aligned}\mathscr{A}\text{ 是幂等变换}&\Longleftrightarrow\mathscr{A}(\mathscr{A}-\mathscr{I})=\mathscr{O}\\&\Longleftrightarrow f(\mathscr{A})=\mathscr{A}(\mathscr{A}-\mathscr{I})=\mathscr{O}\\&\Longleftrightarrow V=\operatorname{Ker}\mathscr{A}\oplus\operatorname{Ker}(\mathscr{A}-\mathscr{I})\end{aligned}$$

$$\Longleftrightarrow \dim V = \dim(\mathrm{Ker}\mathscr{A}) + \dim(\mathrm{Ker}(\mathscr{A}-\mathscr{I}))$$
$$\Longleftrightarrow n = (n - \dim(\mathrm{Im}\mathscr{A})) + (n - \dim(\mathrm{Im}(\mathscr{A}-\mathscr{I})))$$
$$\Longleftrightarrow \mathrm{rank}(\mathscr{A}) + \mathrm{rank}(\mathscr{A}-\mathscr{I}) = n,$$

其中倒数第三个“$\Longleftrightarrow$”中“$\Longleftarrow$”的理由是：从(23)式知道，$\mathrm{Ker}\mathscr{A}+\mathrm{Ker}(\mathscr{A}-\mathscr{I})$是直和，因此

$$\dim V = \dim(\mathrm{Ker}(\mathscr{A})) + \dim(\mathrm{Ker}(\mathscr{A}-\mathscr{I})) = \dim(\mathrm{Ker}\mathscr{A} + \mathrm{Ker}(\mathscr{A}-\mathscr{I})),$$

从而
$$V = \mathrm{Ker}\mathscr{A} \oplus \mathrm{Ker}(\mathscr{A}-\mathscr{I}).$$
□

点评 例 5 用矩阵的语言叙述就是：数域 K 上的 n 阶矩阵 $\boldsymbol{A}$ 是幂等矩阵当且仅当 $\mathrm{rank}(\boldsymbol{A})+\mathrm{rank}(\boldsymbol{A}-\boldsymbol{I})=n$. 对此，在 4.5.2 小节中的例 3 已给出了一种证法，这里例 5 给出了第二种证法，比较简便.

例 6 设 $\mathscr{A}$ 是数域 K 上线性空间 V 上的线性变换，证明：

(1) $\mathscr{A}$ 是幂等变换当且仅当 x^2-x 是 $\mathscr{A}$ 的一个零化多项式；

(2) $\mathscr{A}$ 是对合变换当且仅当 x^2-1 是 $\mathscr{A}$ 的一个零化多项式；

(3) $\mathscr{A}$ 是幂零指数为 l 的幂零变换当且仅当 x^l 是 $\mathscr{A}$ 的一个零化多项式，而当 $1\leqslant r<l$ 时，x^r 不是 $\mathscr{A}$ 的零化多项式；

(4) $\mathscr{A}$ 是周期为 m 的周期变换当且仅当 x^m-1 是 $\mathscr{A}$ 的一个零化多项式，而当 $1\leqslant r<m$ 时，x^r-1 不是 $\mathscr{A}$ 的零化多项式.

证明 (1) $\mathscr{A}$ 是幂等变换 $\Longleftrightarrow \mathscr{A}^2=\mathscr{A} \Longleftrightarrow \mathscr{A}^2-\mathscr{A}=\mathscr{O}$

$\Longleftrightarrow x^2-x$ 是 $\mathscr{A}$ 的一个零化多项式.

(2) $\mathscr{A}$ 是对合变换 $\Longleftrightarrow \mathscr{A}^2=\mathscr{I} \Longleftrightarrow \mathscr{A}^2-\mathscr{I}=\mathscr{O} \Longleftrightarrow x^2-1$ 是 $\mathscr{A}$ 的一个零化多项式.

(3) $\mathscr{A}$ 是幂零指数为 l 的幂零变换

$\Longleftrightarrow \mathscr{A}^l=\mathscr{O}$，而当 $1\leqslant r<l$ 时，$\mathscr{A}^r\neq\mathscr{O}$

$\Longleftrightarrow x^l$ 是 $\mathscr{A}$ 的一个零化多项式，而当 $1\leqslant r<l$ 时，x^r 不是 $\mathscr{A}$ 的零化多项式.

(4) $\mathscr{A}$ 是周期为 m 的周期变换

$\Longleftrightarrow \mathscr{A}^m=\mathscr{I}$，而当 $1\leqslant r<m$ 时，$\mathscr{A}^r\neq\mathscr{I}$

$\Longleftrightarrow x^m-1$ 是 $\mathscr{A}$ 的一个零化多项式，而当 $1\leqslant r<m$ 时，x^r-1 不是 $\mathscr{A}$ 的零化多项式.

□

点评 例 6 用线性变换的一个零化多项式刻画了幂等变换、对合变换、幂零变换和周期变换.

习 题 7.8

1. 设 $\mathscr{A}$ 是数域 K 上四维线性空间 V 上的线性变换，$\mathscr{A}$ 在 V 的一个基 $\alpha_1,\alpha_2,\alpha_3,\alpha_4$ 下的矩阵是

$$\mathbf{A}=\begin{pmatrix}1&0&2&-1\\0&1&4&-2\\2&-1&0&1\\2&-1&-1&2\end{pmatrix},$$

又设 $W=\langle\alpha_1+2\alpha_2,\alpha_2+\alpha_3+2\alpha_4\rangle$,证明:$W$ 是 $\mathscr{A}$ 的一个不变子空间.

2. 设 $\mathscr{A}$ 是数域 K 上线性空间 V 上的可逆线性变换,W 是 $\mathscr{A}$ 的有限维不变子空间,证明:

(1) $\mathscr{A}|W$ 是 W 上的可逆线性变换;

(2) W 也是 $\mathscr{A}^{-1}$ 的不变子空间,且 $\mathscr{A}^{-1}|W=(\mathscr{A}|W)^{-1}$.

3. 设 $\mathscr{A},\mathscr{B}$ 是复数域上 n 维线性空间 V 上的线性变换,且 $\mathscr{A}$ 有 s 个不同的特征值,证明:如果 $\mathscr{A}$ 与 $\mathscr{B}$ 可交换,那么 $\mathscr{A}$ 与 $\mathscr{B}$ 至少有 s 个公共特征向量,并且它们线性无关.

4. 设 $\mathscr{A}$ 是复数域上 n 维线性空间 V 上的线性变换,证明:对于 $1\leqslant r\leqslant n$,$\mathscr{A}$ 有 r 维不变子空间.

5. 在 $K[x]_n$ 中,求出求导数 $\mathscr{D}$ 的所有不变子空间.

6. 设 $\mathscr{A}$ 是复数域上 n 维线性空间 V 上的线性变换. 如果 $\mathscr{A}$ 有 n 个不同的特征值 $\lambda_1,\lambda_2,\cdots,\lambda_n$,求 $\mathscr{A}$ 的所有不变子空间,并且求出 $\mathscr{A}$ 的不变子空间的个数.

7. 设 $\mathbf{C}^3$ 上的线性变换 $\mathscr{A}$: $\mathscr{A}\boldsymbol{\alpha}=\mathbf{A}\boldsymbol{\alpha}$,其中

$$\mathbf{A}=\begin{pmatrix}4&7&-3\\-2&-4&2\\-4&-10&4\end{pmatrix},$$

求 $\mathscr{A}$ 的所有不变子空间.

8. 设 $\mathscr{A}$ 是数域 K 上线性空间 V 上的线性变换,证明:如果 W 是 $\mathscr{A}$ 的不变子空间,那么 $\mathscr{A}W$ 和 W 在 $\mathscr{A}$ 下的原像集 $\mathscr{A}^{-1}W$ 都是 $\mathscr{A}$ 的不变子空间.

9. 设 $\mathbf{A}$ 是数域 K 上 n 维线性空间 V 上的线性变换,$\mathscr{A}$ 在 V 的一个基 $\alpha_1,\alpha_2,\cdots,\alpha_n$ 下的矩阵为

$$\mathbf{A}=\begin{pmatrix}&&&a_1\\&&a_2&\\&\iddots&&\\a_{n-1}&&&\\a_n&&&\end{pmatrix},$$

试问:V 是否可分解成 $\mathscr{A}$ 的二维或一维不变子空间的直和?

10. 设 $\mathscr{A}$ 是数域 K 上 n 维线性空间 V 上的线性变换,证明:$\mathscr{A}$ 是对合变换当且仅当

$$\operatorname{rank}(\mathscr{A}+\mathscr{I})+\operatorname{rank}(\mathscr{A}-\mathscr{I})=n.$$

11. 证明:对于数域 K 上的 n 阶可逆矩阵 $\mathbf{A}$,存在 $k_0,k_1,\cdots,k_{n-1}\in K$,使得

$$\mathbf{A}^{-1}=k_{n-1}\mathbf{A}^{n-1}+\cdots+k_1\mathbf{A}+k_0\boldsymbol{I}.$$

§7.9 线性变换与矩阵的最小多项式

7.9.1 内容精华

一、线性变换与矩阵的最小多项式的定义和性质

设 $\mathscr{A}$ 是数域 K 上 n 维线性空间 V 上的线性变换. 根据§7.8中的命题8,把 $\mathscr{A}$ 的特征多项式 $f(\lambda)$ 分解成两两不相等的首1不可约多项式方幂的乘积,则 V 就能分解成 $\mathscr{A}$ 的非平凡不变子空间的直和. 此时,在每个不变子空间取一个基,它们合起来成为 V 的一个基,$\mathscr{A}$ 在此基下的矩阵 $\boldsymbol{A}$ 是分块对角矩阵. 为了寻找 $\mathscr{A}$ 的最简单形式的矩阵表示,下一步是在上述每个不变子空间中取一个合适的基,使得 $\mathscr{A}$ 在这个子空间上的限制在此基下的矩阵具有最简单的形式. 为了使这第二步的工作能比较顺利进行,凭直觉似乎取 $\mathscr{A}$ 的临界状态的非零的零化多项式更好,不一定取 $\mathscr{A}$ 的特征多项式. 于是,我们引入下述概念:

定义1 设 $\mathscr{A}$ 是数域 K 上线性空间 V 上的线性变换,在 $\mathscr{A}$ 的所有非零的零化多项式中,次数最低的首项系数为1的多项式称为 $\mathscr{A}$ 的**最小多项式**.

命题1 线性变换 $\mathscr{A}$ 的最小多项式是唯一的.

证明 设 $m_1(\lambda)$ 和 $m_2(\lambda)$ 都是 $\mathscr{A}$ 的最小多项式,则 $\deg m_1(\lambda)=\deg m_2(\lambda)$,且它们的首项系数都是1,从而 $h(\lambda)=m_1(\lambda)-m_2(\lambda)$ 的次数比 $m_1(\lambda)$ 的次数低. 由于

$$h(\mathscr{A}) = m_1(\mathscr{A}) - m_2(\mathscr{A}) = \mathscr{O},$$

因此 $h(\lambda)$ 也是 $\mathscr{A}$ 的一个零化多项式. 根据最小多项式的定义,得 $h(\lambda)=0$,于是

$$m_1(\lambda)=m_2(\lambda).$$ □

命题2 设 $\mathscr{A}$ 是数域 K 上线性空间 V 上的线性变换,$m(\lambda)$ 是 $\mathscr{A}$ 的最小多项式,则 $K[\lambda]$ 中的多项式 $g(\lambda)$ 是 $\mathscr{A}$ 的零化多项式当且仅当 $m(\lambda)\mid g(\lambda)$.

证明 *必要性* 设 $g(\lambda)$ 是 $\mathscr{A}$ 的一个零化多项式. 在 $K[\lambda]$ 中做带余除法:

$$g(\lambda) = h(\lambda)m(\lambda) + r(\lambda), \quad \deg r(\lambda) < \deg m(\lambda).$$

λ 用 $\mathscr{A}$ 代入,从上式得 $g(\mathscr{A})=h(\mathscr{A})m(\mathscr{A})+r(\mathscr{A})$. 由于 $g(\mathscr{A})=\mathscr{O}$,$m(\mathscr{A})=\mathscr{O}$,因此 $r(\mathscr{A})=\mathscr{O}$. 于是,$r(\lambda)$ 也是 $\mathscr{A}$ 的一个零化多项式. 由于 $\deg r(\lambda)<\deg m(\lambda)$,因此 $r(\lambda)=0$. 由此得出

$$m(\lambda)\mid g(\lambda).$$

充分性 设 $m(\lambda)\mid g(\lambda)$,则存在 $h(\lambda)\in K[\lambda]$,使得 $g(\lambda)=h(\lambda)m(\lambda)$. λ 用 $\mathscr{A}$ 代入,得 $g(\mathscr{A})=h(\mathscr{A})m(\mathscr{A})=\mathscr{O}$,因此 $g(\lambda)$ 是 $\mathscr{A}$ 的一个零化多项式. □

类似地,可以定义 n 阶矩阵 $\boldsymbol{A}$ 的最小多项式.

定义2 设 $\boldsymbol{A}$ 是数域 K 上的 n 阶矩阵,在 $\boldsymbol{A}$ 的所有非零的零化多项式中,次数最低的首项系数为1的多项式称为 $\boldsymbol{A}$ 的**最小多项式**.

命题 3 设 $\mathscr{A}$ 是数域 K 上 n 维线性空间 V 上的线性变换，$\mathscr{A}$ 在 V 的一个基下的矩阵是 $\boldsymbol{A}$，则

$$m(\lambda)\text{是}\ \mathscr{A}\ \text{的最小多项式} \Longleftrightarrow m(\lambda)\text{是}\ \boldsymbol{A}\ \text{的最小多项式}.$$

证明 由于 $g(\lambda)$ 是 $\mathscr{A}$ 的零化多项式当且仅当 $g(\lambda)$ 是 $\boldsymbol{A}$ 的零化多项式，因此从定义 1 和定义 2 立即得到结论. □

推论 1 数域 K 上 n 阶矩阵 $\boldsymbol{A}$ 的最小多项式唯一，记作 $m(\lambda)$；在 $K[\lambda]$ 中，$g(\lambda)$ 是 $\boldsymbol{A}$ 的零化多项式当且仅当 $m(\lambda)\mid g(\lambda)$.

证明 设 V 是数域 K 上的 n 维线性空间，取 V 的一个基 $\alpha_1,\alpha_2,\cdots,\alpha_n$，则存在 V 上唯一的线性变换 $\mathscr{A}$，使得 $\mathscr{A}$ 在基 $\alpha_1,\alpha_2,\cdots,\alpha_n$ 下的矩阵是 $\boldsymbol{A}$. 由命题 3、命题 1 和命题 2 立即得到结论. □

推论 2 相似的矩阵有相同的最小多项式.

证明 设数域 K 上的 n 阶矩阵 $\boldsymbol{A}$ 与 $\boldsymbol{B}$ 相似，则它们可以看成数域 K 上 n 维线性空间 V 上的一个线性变换 $\mathscr{A}$ 在 V 的不同基下的矩阵. 于是，$\boldsymbol{A}$ 与 $\boldsymbol{B}$ 的最小多项式就是线性变换 $\mathscr{A}$ 的最小多项式. □

命题 4 设 $\boldsymbol{A}$ 是数域 K 上的 n 阶矩阵，数域 E 包含 K，则 $\boldsymbol{A}$ 的最小多项式 $m(\lambda)$ 与 $\boldsymbol{A}$ 的特征多项式 $f(\lambda)$ 在 E 中有相同的根(重数可以不同).

证明 由于 $f(\lambda)$ 是 $\boldsymbol{A}$ 的一个零化多项式，因此根据推论 1，得 $m(\lambda)\mid f(\lambda)$，从而存在 $h(\lambda)\in K[\lambda]$，使得 $f(\lambda)=h(\lambda)m(\lambda)$. 于是，$m(\lambda)$ 在 E 中的每个根都是 $f(\lambda)$ 在 E 中的根.

反之，设 λ_0 是 $f(\lambda)$ 在 E 中的一个根. 把 $\boldsymbol{A}$ 看成数域 E 上的矩阵，则 λ_0 是 $\boldsymbol{A}$ 的一个特征值，从而存在 $\boldsymbol{\alpha}\in E^n$，且 $\boldsymbol{\alpha}\neq\boldsymbol{0}$，使得 $\boldsymbol{A\alpha}=\lambda_0\boldsymbol{\alpha}$. 设 $m(\lambda)=\lambda^r+\cdots+c_1\lambda+c_0$，则

$$\begin{aligned}\boldsymbol{0}&=m(\boldsymbol{A})\boldsymbol{\alpha}=(\boldsymbol{A}^r+\cdots+c_1\boldsymbol{A}+c_0\boldsymbol{I})\boldsymbol{\alpha}=\boldsymbol{A}^r\boldsymbol{\alpha}+\cdots+c_1\boldsymbol{A\alpha}+c_0\boldsymbol{\alpha}\\&=\lambda_0^r\boldsymbol{\alpha}+\cdots+c_1\lambda_0\boldsymbol{\alpha}+c_0\boldsymbol{\alpha}=(\lambda_0^r+\cdots+c_1\lambda_0+c_0)\boldsymbol{\alpha}=m(\lambda_0)\boldsymbol{\alpha}.\end{aligned}$$

由于 $\boldsymbol{\alpha}\neq\boldsymbol{0}$，因此 $m(\lambda_0)=0$. 于是，λ_0 是 $m(\lambda)$ 在 E 中的一个根. □

推论 3 设 $\mathscr{A}$ 是数域 K 上 n 维线性空间 V 上的线性变换，数域 E 包含 K，则 $\mathscr{A}$ 的最小多项式 $m(\lambda)$ 与 $\mathscr{A}$ 的特征多项式 $f(\lambda)$ 在 E 中有相同的根(重数可以不同).

证明 设 $\mathscr{A}$ 在 V 的一个基下的矩阵为 $\boldsymbol{A}$，则由命题 3 和命题 4 立即得到结论. □

二、用最小多项式刻画几类特殊线性变换

命题 5 设 $\mathscr{A}$ 是数域 K 上线性空间 V 上的线性变换，则

(1) $\mathscr{A}$ 是幂零指数为 l 的幂零变换 $\Longleftrightarrow$ $\mathscr{A}$ 的最小多项式是 λ^l；

(2) $\mathscr{A}$ 是幂等变换 $\Longleftrightarrow$ $\mathscr{A}$ 的最小多项式等于 $\lambda^2-\lambda$，λ 或 $\lambda-1$.

证明 根据 7.8.2 小节中的例 6 和本节命题 2 立即得到. □

根据命题 3，对于数域 K 上的 n 阶幂零矩阵、幂等矩阵的最小多项式有与命题 5 相应的

结论. 例如, $\mathbf{A}$ 是幂零指数为 l 的幂零矩阵当且仅当 $\mathbf{A}$ 的最小多项式是 λ^l.

命题 6 设 $\mathscr{A}$ 是数域 K 上线性空间 V 上的线性变换,则

$\mathscr{A}=k\mathscr{I}+\mathscr{B}$,其中 $\mathscr{B}$ 是幂零指数为 l 的幂零变换 $\Longleftrightarrow$ $\mathscr{A}$ 的最小多项式是 $(\lambda-k)^l$.

特别地, $\mathscr{A}=k\mathscr{I} \Longleftrightarrow \mathscr{A}$ 的最小多项式是 $\lambda-k$.

证明 根据命题 2,得

$\mathscr{A}=k\mathscr{I}+\mathscr{B}$,其中 $\mathscr{B}$ 是幂零指数为 l 的幂零变换

$\Longleftrightarrow$ $\mathscr{A}-k\mathscr{I}=\mathscr{B}$,其中 $\mathscr{B}$ 是幂零指数为 l 的幂零变换

$\Longleftrightarrow$ $(\mathscr{A}-k\mathscr{I})^l=\mathscr{O}$,而当 $1\leqslant r<l$ 时, $(\mathscr{A}-k\mathscr{I})^r\neq\mathscr{O}$

$\Longleftrightarrow$ $(\lambda-k)^l$ 是 $\mathscr{A}$ 的一个零化多项式,而当 $1\leqslant r<l$ 时, $(\lambda-k)^r$ 不是 $\mathscr{A}$ 的零化多项式

$\Longleftrightarrow$ $\mathscr{A}$ 的最小多项式是 $(\lambda-k)^l$.

$\mathscr{B}$ 是幂零指数为 1 的幂零变换当且仅当 $\mathscr{B}=\mathscr{O}$,于是

$$\mathscr{A}=k\mathscr{I} \Longleftrightarrow \mathscr{A} \text{ 的最小多项式是 } \lambda-k.$$ □

三、用最小多项式研究线性变换的最简单形式的矩阵表示

从命题 5 和命题 6 看到,最小多项式能刻画几类特殊线性变换. 这促使我们利用线性变换的最小多项式来研究线性变换的最简单形式的矩阵表示.

为了寻找线性变换的最简单形式的矩阵表示,我们先来证明下述定理:

定理 1 设 $\mathscr{A}$ 是数域 K 上 n 维线性空间 V 上的线性变换. 如果 V 能分解成 $\mathscr{A}$ 的非平凡不变子空间的直和:

$$V=W_1\oplus W_2\oplus\cdots\oplus W_s, \tag{1}$$

那么 $\mathscr{A}$ 的最小多项式为

$$m(\lambda)=[m_1(\lambda),m_2(\lambda),\cdots,m_s(\lambda)], \tag{2}$$

其中 $m_j(\lambda)(j=1,2,\cdots,s)$ 是 $\mathscr{A}|W_j$ 的最小多项式.

证明 由于 $m(\mathscr{A})=\mathscr{O}$,因此对于任意 $\alpha_j\in W_j$,有

$$0=m(\mathscr{A})\alpha_j=m(\mathscr{A}\mid W_j)\alpha_j,$$

从而 $m(\mathscr{A}|W_j)=\mathscr{O}$. 于是, $m(\lambda)$ 是 $\mathscr{A}|W_j$ 的一个零化多项式. 因此 $m_j(\lambda)\mid m(\lambda)$, $j=1,2,\cdots,s$. 这表明, $m(\lambda)$ 是 $m_1(\lambda),m_2(\lambda),\cdots,m_s(\lambda)$ 的一个公倍式,从而 $m_1(\lambda),m_2(\lambda),\cdots,m_s(\lambda)$ 的最小公倍式 $g(\lambda)$ 整除 $m(\lambda)$. 下面来证明 $m(\lambda)\mid g(\lambda)$. 这只要证 $g(\lambda)$ 是 $\mathscr{A}$ 的一个零化多项式即可. 任取 $\alpha\in V$,由(1)式得 $\alpha=\alpha_1+\alpha_2+\cdots+\alpha_s$,其中 $\alpha_j\in W_j(j=1,2,\cdots,s)$. 设

$$g(\lambda)=h_j(\lambda)m_j(\lambda)\quad(j=1,2,\cdots,s),$$

则

$$g(\mathscr{A})\alpha = g(\mathscr{A})\sum_{j=1}^{s}\alpha_j = \sum_{j=1}^{s}g(\mathscr{A})\alpha_j = \sum_{j=1}^{s}g(\mathscr{A}|W_j)\alpha_j$$
$$= \sum_{j=1}^{s}h_j(\mathscr{A}|W_j)m_j(\mathscr{A}|W_j)\alpha_j = \sum_{j=1}^{s}h_j(\mathscr{A}|W_j)\mathscr{O}\alpha_j = 0.$$

于是 $g(\mathscr{A})=\mathscr{O}$,从而 $g(\lambda)$是 $\mathscr{A}$ 的一个零化多项式.因此 $m(\lambda)\mid g(\lambda)$.又有 $g(\lambda)\mid m(\lambda)$,于是 $m(\lambda)\sim g(\lambda)$.由于 $m(\lambda)$和 $g(\lambda)$的首项系数都为 1,因此 $m(\lambda)=g(\lambda)$,即

$$m(\lambda) = [m_1(\lambda), m_2(\lambda), \cdots, m_s(\lambda)].$$ □

推论 4 设 $\boldsymbol{A}$ 是数域 K 上的分块对角矩阵,即 $\boldsymbol{A}=\operatorname{diag}\{\boldsymbol{A}_1,\boldsymbol{A}_2,\cdots,\boldsymbol{A}_s\}$,则 $\boldsymbol{A}$ 的最小多项式 $m(\lambda)$为

$$m(\lambda) = [m_1(\lambda), m_2(\lambda), \cdots, m_s(\lambda)],$$

其中 $m_j(\lambda)(j=1,2,\cdots,s)$是 $\boldsymbol{A}_j$ 的最小多项式.

证明 设 V 是数域 K 上的 n 维线性空间.取 V 的一个基 $\alpha_1,\alpha_2,\cdots,\alpha_n$,则存在 V 上唯一的线性变换 $\mathscr{A}$,使得 $\mathscr{A}$ 在此基下的矩阵是 $\boldsymbol{A}=\operatorname{diag}\{\boldsymbol{A}_1,\boldsymbol{A}_2,\cdots,\boldsymbol{A}_s\}$.根据§7.8 中的定理 2,得

$$V=W_1\oplus W_2\oplus\cdots\oplus W_s,$$

其中 $W_j(j=1,2,\cdots,s)$是 $\mathscr{A}$ 的非平凡不变子空间,且 $\boldsymbol{A}_j$ 是 $\mathscr{A}|W_j$ 在 W_j 的相应基下的矩阵,从而 $\mathscr{A}|W_j(j=1,2,\cdots,s)$的最小多项式是 $\boldsymbol{A}_j$ 的最小多项式 $m_j(\lambda)$.又 $\mathscr{A}$ 的最小多项式是 $\boldsymbol{A}$ 的最小多项式 $m(\lambda)$,因此根据定理 1,得

$$m(\lambda) = [m_1(\lambda), m_2(\lambda), \cdots, m_s(\lambda)].$$ □

现在我们来探索如何利用最小多项式给出线性变换可对角化的一个充要条件.

定理 2 设 $\mathscr{A}$ 是数域 K 上 n 维线性空间 V 上的线性变换,则 $\mathscr{A}$ 可对角化的充要条件是,$\mathscr{A}$ 的最小多项式 $m(\lambda)$在 $K[\lambda]$中能分解成不同的一次因式的乘积.

证明 *必要性* 设 $\mathscr{A}$ 可对角化,则

$$V = V_{\lambda_1}\oplus V_{\lambda_2}\oplus\cdots\oplus V_{\lambda_s},$$

其中 $\lambda_1,\lambda_2,\cdots,\lambda_s$ 是 $\mathscr{A}$ 的所有不同的特征值.

对于任意 $\alpha_j\in V_{\lambda_j}$,有$(\mathscr{A}|V_{\lambda_j})\alpha_j=\mathscr{A}\alpha_j=\lambda_j\alpha_j$,因此 $\mathscr{A}|V_{\lambda_j}$ 是 V_{λ_j} 上的数乘变换 $\lambda_j\mathscr{I}$.根据命题 6,$\mathscr{A}|V_{\lambda_j}(j=1,2,\cdots,s)$的最小多项式是 $\lambda-\lambda_j$.根据定理 1,得

$$m(\lambda) = [\lambda-\lambda_1,\lambda-\lambda_2,\cdots,\lambda-\lambda_s] = (\lambda-\lambda_1)(\lambda-\lambda_2)\cdots(\lambda-\lambda_s).$$

充分性 设 $\mathscr{A}$ 的最小多项式为 $m(\lambda)=(\lambda-a_1)(\lambda-a_2)\cdots(\lambda-a_s)$,其中 $a_1,a_2,\cdots,a_s$ 是 K 中两两不相等的数.在推论 3 中,取数域 $E=K$,则 $m(\lambda)$与 $\mathscr{A}$ 的特征多项式 $f(\lambda)$在 K 中有相同的根.因此,$a_1,a_2,\cdots,a_s$ 是 $f(\lambda)$在 K 中所有不同的根,从而它们是 $\mathscr{A}$ 的所有不同的特征值.根据§7.8 中的定理 3,从 $m(\lambda)$的分解式得

$$V = \operatorname{Ker}(\mathscr{A}-a_1\mathscr{I})\oplus\operatorname{Ker}(\mathscr{A}-a_2\mathscr{I})\oplus\cdots\oplus\operatorname{Ker}(\mathscr{A}-a_s\mathscr{I}).$$

根据§7.6中的命题2,得 $V_{a_j}=\operatorname{Ker}(\mathscr{A}-a_j\mathscr{I})(j=1,2,\cdots,s)$,因此

$$V=V_{a_1}\oplus V_{a_2}\oplus\cdots\oplus V_{a_s},$$

从而 $\mathscr{A}$ 可对角化. □

推论5 数域 K 上的 n 阶矩阵 $\boldsymbol{A}$ 可对角化的充要条件是,$\boldsymbol{A}$ 的最小多项式 $m(\lambda)$ 在 $K[\lambda]$ 中能分解成不同的一次因式的乘积.

证明 设 V 是数域 K 上的 n 维线性空间.取 V 的一个基,则存在 V 上唯一的线性变换 $\mathscr{A}$,使得 $\mathscr{A}$ 在此基下的矩阵是 $\boldsymbol{A}$.由于 $\boldsymbol{A}$ 的最小多项式 $m(\lambda)$ 就是 $\mathscr{A}$ 的最小多项式,并且 $\boldsymbol{A}$ 可对角化当且仅当 $\mathscr{A}$ 可对角化,因此由定理2立即得到结论. □

定理2给出了 n 维线性空间 V 上的线性变换 $\mathscr{A}$ 可对角化的第六个充要条件,对于判断线性变换是否可对角化很有用.

命题7 设 $\mathscr{A}$ 是数域 K 上 n 维线性空间 V 上的线性变换,$n>1$.

(1) 若 $\mathscr{A}$ 是幂等变换,则 $\mathscr{A}$ 可对角化,且 $\mathscr{A}$ 的标准形为 $\begin{pmatrix}\boldsymbol{I}_r & \boldsymbol{0}\\ \boldsymbol{0} & \boldsymbol{0}\end{pmatrix}$,其中 $r=\operatorname{rank}(\mathscr{A})$;

(2) 若 $\mathscr{A}$ 是幂零指数 $l>1$ 的幂零变换,则 $\mathscr{A}$ 不可对角化;

(3) 若 $\mathscr{A}=k\mathscr{I}+\mathscr{B}$,其中 $\mathscr{B}$ 是幂零指数 $l>1$ 的幂零变换,则 $\mathscr{A}$ 不可对角化.

证明 (1) 幂等变换 $\mathscr{A}$ 的最小多项式为 $\lambda^2-\lambda=\lambda(\lambda-1)$,$\lambda$ 或 $\lambda-1$,因此 $\mathscr{A}$ 可对角化.由于幂等变换 $\mathscr{A}$ 的特征值是1或0,因此 $\mathscr{A}$ 的标准形是 $\begin{pmatrix}\boldsymbol{I}_r & \boldsymbol{0}\\ \boldsymbol{0} & \boldsymbol{0}\end{pmatrix}$,其中 r 等于这个矩阵的秩,从而 $r=\operatorname{rank}(\mathscr{A})$.

(2) 幂零指数 $l>1$ 的幂零变换 $\mathscr{A}$ 的最小多项式是 λ^l.由于 $l>1$,因此 $\mathscr{A}$ 不可对角化.

(3) $\mathscr{A}=k\mathscr{I}+\mathscr{B}$ 的最小多项式是 $(\lambda-k)^l$.由于 $l>1$,因此 $\mathscr{A}$ 不可对角化. □

推论6 设 $\boldsymbol{A}$ 是数域 K 上的 n 阶矩阵,$n>1$.

(1) 若 $\boldsymbol{A}$ 是幂等矩阵,则 $\boldsymbol{A}$ 可对角化,且 $\boldsymbol{A}\sim\begin{pmatrix}\boldsymbol{I}_r & \boldsymbol{0}\\ \boldsymbol{0} & \boldsymbol{0}\end{pmatrix}$,其中 $r=\operatorname{rank}(\boldsymbol{A})$;

(2) 若 $\boldsymbol{A}$ 是幂零指数 $l>1$ 的幂零矩阵,则 $\boldsymbol{A}$ 不可对角化;

(3) 若 $\boldsymbol{A}=k\boldsymbol{I}+\boldsymbol{B}$,其中 $\boldsymbol{B}$ 是幂零指数 $l>1$ 的幂零矩阵,则 $\boldsymbol{A}$ 不可对角化.

证明 设 V 是数域 K 上的 n 维线性空间.取 V 的一个基,则存在 V 上唯一的线性变换 $\mathscr{A}$,使得 $\mathscr{A}$ 在此基下的矩阵是 $\boldsymbol{A}$.根据§7.7中的命题1和本节命题7立即得到结论. □

对于不可对角化的线性变换 $\mathscr{A}$,它的最简单形式的矩阵表示是什么?

我们先来看一个特殊情形.

命题8 设 $\mathscr{A}$ 是数域 K 上 l 维线性空间 W 上的线性变换,$l>1$.如果 $\mathscr{A}=k\mathscr{I}+\mathscr{B}$,其中 $\mathscr{B}$ 是幂零指数为 l 的幂零变换,那么 W 中存在一个基,使得 $\mathscr{A}$ 在此基下的矩阵为

$$A=\begin{pmatrix} k & 1 & 0 & \cdots & 0 & 0 \\ 0 & k & 1 & \cdots & 0 & 0 \\ 0 & 0 & k & \cdots & 0 & 0 \\ \vdots & \vdots & \vdots & & \vdots & \vdots \\ 0 & 0 & 0 & \cdots & 1 & 0 \\ 0 & 0 & 0 & \cdots & k & 1 \\ 0 & 0 & 0 & \cdots & 0 & k \end{pmatrix}. \tag{3}$$

把(3)式中的矩阵称为一个 l 阶**约当块**,记作 $\boldsymbol{J}_l(k)$,其中 k 是主对角元. 于是 $\boldsymbol{J}_l(k)$ 的最小多项式是 $(\lambda-k)^l$.

证明 由于 $\mathscr{B}^l=\mathscr{O}$,且 $\mathscr{B}^{l-1}\neq\mathscr{O}$,因此存在 $\alpha\in W$,使得 $\mathscr{B}^{l-1}\alpha\neq 0$,$\mathscr{B}^l\alpha=0$. 根据 7.2.2 小节中的例 1,$\mathscr{B}^{l-1}\alpha,\mathscr{B}^{l-2}\alpha,\cdots,\mathscr{B}\alpha,\alpha$ 线性无关. 又由于 $\dim W=l$,因此 $\mathscr{B}^{l-1}\alpha,\mathscr{B}^{l-2}\alpha,\cdots,\mathscr{B}\alpha,\alpha$ 是 W 的一个基. 由于

$$\mathscr{B}(\mathscr{B}^{l-1}\alpha)=\mathscr{B}^l\alpha=0,\quad \mathscr{B}(\mathscr{B}^{l-2}\alpha)=\mathscr{B}^{l-1}\alpha,\quad \cdots,\quad \mathscr{B}(\mathscr{B}\alpha)=\mathscr{B}^2\alpha,$$

因此 $\mathscr{B}$ 在基 $\mathscr{B}^{l-1}\alpha,\mathscr{B}^{l-2}\alpha,\cdots,\mathscr{B}\alpha,\alpha$ 下的矩阵为

$$B=\begin{pmatrix} 0 & 1 & 0 & \cdots & 0 & 0 \\ 0 & 0 & 1 & \cdots & 0 & 0 \\ 0 & 0 & 0 & \cdots & 0 & 0 \\ \vdots & \vdots & \vdots & & \vdots & \vdots \\ 0 & 0 & 0 & \cdots & 1 & 0 \\ 0 & 0 & 0 & \cdots & 0 & 1 \\ 0 & 0 & 0 & \cdots & 0 & 0 \end{pmatrix}, \tag{4}$$

从而 $\mathscr{A}=k\mathscr{I}+\mathscr{B}$ 在基 $\mathscr{B}^{l-1}\alpha,\mathscr{B}^{l-2}\alpha,\cdots,\mathscr{B}\alpha,\alpha$ 下的矩阵为 $\boldsymbol{A}=k\boldsymbol{I}+\boldsymbol{B}$,即(3)式中的矩阵 $\boldsymbol{J}_l(k)$. 根据命题 6,$\mathscr{A}$ 的最小多项式是 $(\lambda-k)^l$,从而 $\boldsymbol{J}_l(k)$ 的最小多项式是 $(\lambda-k)^l$. □

特别地,一阶约当块为 $\boldsymbol{J}_1(k)=(k)$. 另外,由推论 6(3)立即可知,当 $l>1$ 时,$\boldsymbol{J}_l(k)$ 不可对角化.

定义 3 由约当块组成的分块对角矩阵称为**约当形矩阵**.

约当形矩阵是上三角矩阵.

现在我们开始探索数域 K 上 n 维线性空间 V 上的线性变换 $\mathscr{A}$ 的最小多项式 $m(\lambda)$ 在 $K[\lambda]$ 中能分解成一次因式的乘积且其中有重因式时,$\mathscr{A}$ 的最简单形式的矩阵表示是什么样子的.

命题 9 设 $\mathscr{A}$ 是数域 K 上 n 维线性空间 V 上的线性变换. 如果 $\mathscr{A}$ 的最小多项式 $m(\lambda)$ 在 $K[\lambda]$ 中的标准分解式为

$$m(\lambda)=(\lambda-\lambda_1)^{l_1}(\lambda-\lambda_2)^{l_2}\cdots(\lambda-\lambda_s)^{l_s}, \tag{5}$$

那么 V 能分解成 $\mathscr{A}$ 的非平凡不变子空间的直和：

$$V=\operatorname{Ker}(\mathscr{A}-\lambda_1\mathscr{I})^{l_1}\oplus\operatorname{Ker}(\mathscr{A}-\lambda_2\mathscr{I})^{l_2}\oplus\cdots\oplus\operatorname{Ker}(\mathscr{A}-\lambda_s\mathscr{I})^{l_s}.\tag{6}$$

记 $W_j=\operatorname{Ker}(\mathscr{A}-\lambda_j\mathscr{I})^{l_j}(j=1,2,\cdots,s)$，则(4)式成为

$$V=W_1\oplus W_2\oplus\cdots\oplus W_s.\tag{7}$$

在每个 $W_j(j=1,2,\cdots,s)$ 中取一个基，它们合起来成为 V 的一个基，$\mathscr{A}$ 在此基下的矩阵为

$$\boldsymbol{A}=\operatorname{diag}\{\boldsymbol{A}_1,\boldsymbol{A}_2,\cdots,\boldsymbol{A}_s\},$$

其中 $\boldsymbol{A}_j(j=1,2,\cdots,s)$ 是 $\mathscr{A}|W_j$ 在 W_j 的上述基下的矩阵，并且 $\mathscr{A}|W_j$ 的最小多项式为 $m_j(\lambda)=(\lambda-\lambda_j)^{l_j}$，从而

$$\mathscr{A}|W_j=\lambda_j\mathscr{I}+\mathscr{B}_j\quad(j=1,2,\cdots,s)\tag{8}$$

其中 $\mathscr{B}_j$ 是 W_j 上幂零指数为 l_j 的幂零变换.

证明 根据§7.8中的定理3立即得到(6)式和(7)式. 根据§7.8中的定理2立即得到：在每个 $W_j(j=1,2,\cdots,s)$ 中取一个基，它们合起来成为 V 的一个基，$\mathscr{A}$ 在此基下的矩阵为

$$\boldsymbol{A}=\operatorname{diag}\{\boldsymbol{A}_1,\boldsymbol{A}_2,\cdots,\boldsymbol{A}_s\},$$

其中 $\boldsymbol{A}_j(j=1,2,\cdots,s)$ 是 $\mathscr{A}|W_j$ 在 W_j 的上述基下的矩阵. 下面证明 $\mathscr{A}|W_j$ 的最小多项式为

$$m_j(\lambda)=(\lambda-\lambda_j)^{l_j}.$$

任取 $\alpha_j\in W_j$. 由于 $W_j=\operatorname{Ker}(\mathscr{A}-\lambda_j\mathscr{I})^{l_j}$，因此

$$(\mathscr{A}|W_j-\lambda_j\mathscr{I})^{l_j}\alpha_j=(\mathscr{A}-\lambda_j\mathscr{I})^{l_j}\alpha_j=0,$$

从而 $(\mathscr{A}|W_j-\lambda_j\mathscr{I})^{l_j}=\mathscr{O}$. 于是，$(\lambda-\lambda_j)^{l_j}$ 是 $\mathscr{A}|W_j$ 的一个零化多项式. 因此，$\mathscr{A}|W_j$ 的最小多项式为 $m_j(\lambda)=(\lambda-\lambda_j)^{t_j}$，其中 $1\leqslant t_j\leqslant l_j$，$j=1,2,\cdots,s$. 根据定理1，得

$$\begin{aligned}m(\lambda)&=[(\lambda-\lambda_1)^{t_1},(\lambda-\lambda_2)^{t_2},\cdots,(\lambda-\lambda_s)^{t_s}]\\&=(\lambda-\lambda_1)^{t_1}(\lambda-\lambda_2)^{t_2}\cdots(\lambda-\lambda_s)^{t_s}.\end{aligned}\tag{9}$$

根据唯一因式分解定理，从(5)式和(9)式得

$$t_1=l_1,\quad t_2=l_2,\quad\cdots,\quad t_s=l_s,$$

因此 $m_j(\lambda)=(\lambda-\lambda_j)^{l_j}(j=1,2,\cdots,s)$. 于是，根据命题6，得

$$\mathscr{A}|W_j=\lambda_j\mathscr{I}+\mathscr{B}_j,\tag{10}$$

其中 $\mathscr{B}_j(j=1,2,\cdots,s)$ 是 W_j 上幂零指数为 l_j 的幂零变换. □

从命题9看到，如果我们能够在 $W_j(j=1,2,\cdots,s)$ 中取一个合适的基，使得幂零变换 $\mathscr{B}_j$ 在此基下的矩阵 $\boldsymbol{B}_j$ 具有最简单的形式，那么 $\mathscr{A}|W_j$ 在此基下的矩阵 $\boldsymbol{A}_j=\lambda_j\boldsymbol{I}+\boldsymbol{B}_j$ 也就具有最简单的形式. 所有 $W_j(j=1,2,\cdots,s)$ 的这样一个基，合起来成为 V 的一个基，$\mathscr{A}$ 在此基下的矩阵 $\boldsymbol{A}=\operatorname{diag}\{\boldsymbol{A}_1,\boldsymbol{A}_2,\cdots,\boldsymbol{A}_s\}$ 就具有最简单的形式了. 于是，问题归结为探索线性空间上幂零变换的最简单形式的矩阵表示. 我们将在下一节来探讨这个问题.

7.9.2 典型例题

例1 设 $\boldsymbol{A}$ 是数域 K 上 n 维线性空间 V 上的线性变换，$\mathscr{A}$ 在 V 的一个基 $\alpha_1,\alpha_2,\cdots,\alpha_n$

下的矩阵为

$$\boldsymbol{A}=\begin{pmatrix}0&0&\cdots&0&-a_0\\1&0&\cdots&0&-a_1\\0&1&\cdots&0&-a_2\\0&0&\cdots&0&-a_3\\\vdots&\vdots&&\vdots&\vdots\\0&0&\cdots&0&-a_{n-2}\\0&0&\cdots&1&-a_{n-1}\end{pmatrix}. \tag{11}$$

形如(11)式的矩阵称为 n 阶**弗罗贝尼乌斯矩阵**,其中 $n\geqslant 2$. 求 $\mathscr{A}$ 的特征多项式 $f(\lambda)$ 和最小多项式 $m(\lambda)$.

解 根据 2.4.1 小节中的例 4,得

$$f(\lambda)=|\lambda\boldsymbol{I}-\boldsymbol{A}|=\begin{vmatrix}\lambda&0&\cdots&0&a_0\\-1&\lambda&\cdots&0&a_1\\0&-1&\cdots&0&a_2\\\vdots&\vdots&&\vdots&\vdots\\0&0&\cdots&\lambda&a_{n-2}\\0&0&\cdots&-1&\lambda+a_{n-1}\end{vmatrix}$$

$$=\lambda^n+a_{n-1}\lambda^{n-1}+\cdots+a_1\lambda+a_0. \tag{12}$$

假如 $\mathscr{A}$ 的最小多项式 $m(\lambda)$ 的次数 r 小于 n,并设

$$m(\lambda)=\lambda^r+c_{r-1}\lambda^{r-1}+\cdots+c_1\lambda+c_0. \tag{13}$$

由于 $\mathscr{A}$ 在 V 的基 $\alpha_1,\alpha_2,\cdots,\alpha_n$ 下的矩阵为 $\boldsymbol{A}$,因此

$$\mathscr{A}\alpha_1=\alpha_2,\quad \mathscr{A}^2\alpha_1=\mathscr{A}(\mathscr{A}\alpha_1)=\mathscr{A}\alpha_2=\alpha_3,\quad \cdots,$$
$$\mathscr{A}^{r-1}\alpha_1=\mathscr{A}(\mathscr{A}^{r-2}\alpha_1)=\mathscr{A}\alpha_{r-1}=\alpha_r,\quad \mathscr{A}^r\alpha_1=\mathscr{A}(\mathscr{A}^{r-1}\alpha_1)=\mathscr{A}\alpha_r=\alpha_{r+1}.$$

于是

$$0=m(\mathscr{A})\alpha_1=(\mathscr{A}^r+c_{r-1}\mathscr{A}^{r-1}+\cdots+c_1\mathscr{A}+c_0\mathscr{I})\alpha_1=\alpha_{r+1}+c_{r-1}\alpha_r+\cdots+c_1\alpha_2+c_0\alpha_1.$$

由此推出 $\alpha_{r+1},\alpha_r,\cdots,\alpha_2,\alpha_1$ 线性相关,矛盾,因此 $m(\lambda)$ 的次数 $r=n$. 由于 $m(\lambda)\mid f(\lambda)$,因此

$$m(\lambda)=f(\lambda).$$ □

例 2 设 $\mathscr{A}$ 是数域 K 上线性空间 V 上的线性变换,证明:

(1) $\mathscr{A}$ 是对合变换当且仅当 $\mathscr{A}$ 的最小多项式是 $\lambda^2-1,\lambda+1$ 或 $\lambda-1$;

(2) $\mathscr{A}$ 是周期为 m 的周期变换当且仅当 $\mathscr{A}$ 的最小多项式是 λ^m-1 的因式,但不是 λ^r-1 的因式,其中 $1\leqslant r<m$.

证明 根据 7.8.2 小节中的例 6 和本节命题 2 立即得到. □

例 3 证明:数域 K 上 n 阶幂等矩阵 $\boldsymbol{A}$ 的秩等于它的迹.

证明 根据推论 6,幂等矩阵 $\boldsymbol{A}$ 可对角化,且

$$\boldsymbol{A} \sim \begin{pmatrix} \boldsymbol{I}_r & \boldsymbol{0} \\ \boldsymbol{0} & \boldsymbol{0} \end{pmatrix},$$

其中 $r=\operatorname{rank}(\boldsymbol{A})$. 由于相似的矩阵有相等的迹,因此

$$\operatorname{tr}(\boldsymbol{A}) = \operatorname{tr}\begin{pmatrix} \boldsymbol{I}_r & \boldsymbol{0} \\ \boldsymbol{0} & \boldsymbol{0} \end{pmatrix} = r = \operatorname{rank}(\boldsymbol{A}).$$ □

点评 由例 3 立即得到,数域 K 上 n 维线性空间 V 上的幂等变换 $\mathscr{A}$ 的秩等于 $\mathscr{A}$ 的迹.

例 4 证明:若 $\mathscr{A}$ 是数域 K 上 n 维线性空间 V 上的对合变换,则 $\mathscr{A}$ 可对角化,并且 $\mathscr{A}$ 的特征值是 1 或 -1,从而 $\mathscr{A}$ 的标准形为

$$\begin{pmatrix} \boldsymbol{I}_r & \boldsymbol{0} \\ \boldsymbol{0} & -\boldsymbol{I}_{n-r} \end{pmatrix}, \tag{14}$$

其中 $r=n-\operatorname{rank}(\mathscr{A}-\mathscr{I})$.

证明 根据例 2,对合变换 $\mathscr{A}$ 的最小多项式 $m(\lambda)$ 等于 $\lambda^2-1,\lambda+1$ 或 $\lambda-1$. 由于 $\lambda^2-1=(\lambda+1)(\lambda-1)$,因此 $\mathscr{A}$ 可对角化.

$m(\lambda)$ 在 K 中的根是 1 或 -1,因此 $\mathscr{A}$ 的特征多项式 $f(\lambda)$ 在 K 中的根也是 1 或 -1,从而 $\mathscr{A}$ 的特征值是 1 或 -1. 于是,$\mathscr{A}$ 的标准形为

$$\begin{pmatrix} \boldsymbol{I}_r & \boldsymbol{0} \\ \boldsymbol{0} & -\boldsymbol{I}_{n-r} \end{pmatrix},$$

其中 r 是 $\mathscr{A}$ 的特征值 1 的代数重数,从而 r 等于 $\mathscr{A}$ 的特征值 1 的几何重数 $\dim V_1$. 由于

$$\dim V_1 = \dim(\operatorname{Ker}(\mathscr{A}-\mathscr{I})) = n-\dim(\operatorname{Im}(\mathscr{A}-\mathscr{I})) = n-\operatorname{rank}(\mathscr{A}-\mathscr{I}),$$

因此

$$r=n-\operatorname{rank}(\mathscr{A}-\mathscr{I}).$$ □

例 5 证明:数域 K 上的 l 阶矩阵 $\boldsymbol{A}$ 相似于 $\boldsymbol{J}_l(k)$ 当且仅当 $\boldsymbol{A}$ 的最小多项式是 $(\lambda-k)^l$,其中 $l>1$.

证明 *必要性* 由于相似矩阵具有相同的最小多项式,而 $\boldsymbol{J}_l(k)$ 的最小多项式是 $(\lambda-k)^l$,因此 $\boldsymbol{A}$ 的最小多项式是 $(\lambda-k)^l$.

充分性 设 W 是数域 K 上的 l 维线性空间. 取 W 的一个基 $\alpha_1,\alpha_2,\cdots,\alpha_l$,则存在 V 上唯一的线性变换 $\mathscr{A}$,使得 $\mathscr{A}$ 在此基下的矩阵是 $\boldsymbol{A}$. 已知 $\boldsymbol{A}$ 的最小多项式是 $(\lambda-k)^l$,因此 $\mathscr{A}$ 的最小多项式是 $(\lambda-k)^l$. 根据命题 6,得 $\mathscr{A}=k\mathscr{I}+\mathscr{B}$,其中 $\mathscr{B}$ 是幂零指数为 l 的幂零变换. 于是,根据命题 8,W 中存在一个基,使得 $\mathscr{A}$ 在此基下的矩阵是 $\boldsymbol{J}_l(k)$. 由于 $\mathscr{A}$ 在 W 的不同基下的矩阵是相似的,因此 $\boldsymbol{A}\sim\boldsymbol{J}_l(k)$. □

例 6 设 $\mathscr{A}$ 是数域 K 上线性空间 V 上的线性变换,证明:数域 K 上线性空间 $K[\mathscr{A}]$ 的维数等于 $\mathscr{A}$ 的最小多项式 $m(\lambda)$ 的次数.

证明 设 $m(\lambda)=\lambda^r+c_{r-1}\lambda^{r-1}+\cdots+c_1\lambda+c_0$. 由于 $m(\mathscr{A})=\mathscr{O}$,因此

$$\mathscr{A}^r=-c_{r-1}\mathscr{A}^{r-1}-c_{r-2}\mathscr{A}^{r-2}-\cdots-c_1\mathscr{A}-c_0\mathscr{I},$$

从而

$$\begin{aligned}\mathscr{A}^{r+1}&=\mathscr{A}^r\mathscr{A}=-c_{r-1}\mathscr{A}^r-c_{r-2}\mathscr{A}^{r-1}-\cdots-c_1\mathscr{A}^2-c_0\mathscr{A}\\&=-c_{r-1}(-c_{r-1}\mathscr{A}^{r-1}-c_{r-2}\mathscr{A}^{r-2}-\cdots-c_1\mathscr{A}-c_0\mathscr{I})-c_{r-2}\mathscr{A}^{r-1}-\cdots-c_1\mathscr{A}^2-c_0\mathscr{A}.\end{aligned}$$

依次下去可得,对于任意 $m\in\mathbf{N}^*$,$\mathscr{A}^m$ 可以由 $\mathscr{A}^{r-1},\mathscr{A}^{r-2},\cdots,\mathscr{A},\mathscr{I}$ 线性表出. 由此得出,$\mathscr{A}$ 的任一多项式可以由 $\mathscr{A}^{r-1},\mathscr{A}^{r-2},\cdots,\mathscr{A},\mathscr{I}$ 线性表出. 于是 $K[\mathscr{A}]=\langle\mathscr{A}^{r-1},\cdots,\mathscr{A},\mathscr{I}\rangle$.

假如 $\mathscr{A}^{r-1},\cdots,\mathscr{A},\mathscr{I}$ 线性相关,则存在 K 中不全为 0 的数 $k_{r-1},\cdots,k_1,k_0$,使得

$$k_{r-1}\mathscr{A}^{r-1}+\cdots+k_1\mathscr{A}+k_0\mathscr{I}=\mathscr{O}.$$

令 $g(\lambda)=k_{r-1}\lambda^{r-1}+\cdots+k_1\lambda+k_0$,则 $g(\lambda)$ 是 $\mathscr{A}$ 的一个零化多项式. 于是 $m(\lambda)\mid g(\lambda)$. 假如 $g(\lambda)\neq 0$,则 $\deg m(\lambda)\leqslant\deg g(\lambda)\leqslant r-1<r$,矛盾. 因此 $g(\lambda)=0$,从而

$$k_{r-1}=\cdots=k_1=k_0=0.$$

于是,$\mathscr{A}^{r-1},\cdots,\mathscr{A},\mathscr{I}$ 线性无关,从而它是 $K[\mathscr{A}]$ 的一个基. 所以

$$\dim K[\mathscr{A}]=r=\deg m(\lambda).$$

□

例 7 设 $\mathscr{A}$ 是数域 K 上 n 维线性空间 V 上的线性变换,且 $\mathscr{A}$ 的最小多项式 $m(\lambda)$ 在 $K[\lambda]$ 中的标准分解式为

$$m(\lambda)=(\lambda-\lambda_1)^{l_1}(\lambda-\lambda_2)^{l_2}\cdots(\lambda-\lambda_s)^{l_s}.\tag{15}$$

记 $W_j=\mathrm{Ker}(\mathscr{A}-\lambda_j\mathscr{I})^{l_j}$ $(j=1,2,\cdots,s)$. 证明:

(1) 对于 $1\leqslant t\leqslant l_j$,有 $\mathrm{Ker}(\mathscr{A}-\lambda_j\mathscr{I})^t\subseteq W_j$;对于 $t\geqslant l_j$,有 $\mathrm{Ker}(\mathscr{A}-\lambda_j\mathscr{I})^t=W_j$.

(2) 对于任意 $t\in\mathbf{N}^*$,有 $\mathrm{Ker}(\mathscr{A}|W_j-\lambda_j\mathscr{I})^t=\mathrm{Ker}(\mathscr{A}-\lambda_j\mathscr{I})^t$.

证明 (1) 当 $1\leqslant t<l_j$ 时,任取 $\alpha\in\mathrm{Ker}(\mathscr{A}-\lambda_j\mathscr{I})^t$,有 $(\mathscr{A}-\lambda_j\mathscr{I})^t\alpha=0$,从而

$$(\mathscr{A}-\lambda_j\mathscr{I})^{l_j}\alpha=(\mathscr{A}-\lambda_j\mathscr{I})^{l_j-t}(\mathscr{A}-\lambda_j\mathscr{I})^t\alpha=0,$$

于是 $\alpha\in\mathrm{Ker}(\mathscr{A}-\lambda_j\mathscr{I})^{l_j}=W_j$. 因此 $\mathrm{Ker}(\mathscr{A}-\lambda_j\mathscr{I})^t\subseteq W_j$.

当 $t\geqslant l_j$ 时,令

$$g(\lambda)=(\lambda-\lambda_1)^{l_1}\cdots(\lambda-\lambda_{j-1})^{l_{j-1}}(\lambda-\lambda_j)^t(\lambda-\lambda_{j+1})^{l_{j+1}}\cdots(\lambda-\lambda_s)^{l_s},\tag{16}$$

则 $m(\lambda)\mid g(\lambda)$,从而 $g(\mathscr{A})=\mathscr{O}$. 根据 §7.8 中的定理 3,得

$$V=\mathrm{Ker}(\mathscr{A}-\lambda_1\mathscr{I})^{l_1}\oplus\cdots\oplus\mathrm{Ker}(\mathscr{A}-\lambda_{j-1}\mathscr{I})^{l_{j-1}}\oplus\mathrm{Ker}(\mathscr{A}-\lambda_j\mathscr{I})^t\oplus\cdots\oplus\mathrm{Ker}(\mathscr{A}-\lambda_s\mathscr{I})^{l_s}.$$

又由(15)式得

$$\begin{aligned}V&=\mathrm{Ker}(\mathscr{A}-\lambda_1\mathscr{I})^{l_1}\oplus\cdots\oplus\mathrm{Ker}(\mathscr{A}-\lambda_j\mathscr{I})^{l_j}\oplus\cdots\oplus\mathrm{Ker}(\mathscr{A}-\lambda_s\mathscr{I})^{l_s}\\&=W_1\oplus\cdots\oplus W_j\oplus\cdots\oplus W_s.\end{aligned}$$

比较 V 的上述两个直和分解式的维数,得

$$\dim\mathrm{Ker}(\mathscr{A}-\lambda_j\mathscr{I})^t=\dim W_j.$$

任取 $\alpha_j\in W_j$,有

$$(\mathscr{A}-\lambda_j\mathscr{I})^t\alpha_j=(\mathscr{A}-\lambda_j\mathscr{I})^{t-l_j}(\mathscr{A}-\lambda_j\mathscr{I})^{l_j}\alpha_j=(\mathscr{A}-\lambda_j\mathscr{I})^{t-l_j}0=0,$$

因此 $\alpha_j\in\mathrm{Ker}(\mathscr{A}-\lambda_j\mathscr{I})^t$,从而 $W_j\subseteq\mathrm{Ker}(\mathscr{A}-\lambda_j\mathscr{I})^t$. 于是,当 $t\geqslant l_j$ 时,$W_j=\mathrm{Ker}(\mathscr{A}-\lambda_j\mathscr{I})^t$.

(2) 任给 $t\in\mathbf{N}^*$,有

$$\begin{aligned}\alpha\in\mathrm{Ker}(\mathscr{A}|W_j-\lambda_j\mathscr{I})^t &\Longleftrightarrow \alpha\in W_j,\text{且}(\mathscr{A}|W_j-\lambda_j\mathscr{I})^t\alpha=0\\ &\Longleftrightarrow \alpha\in W_j,\text{且}(\mathscr{A}-\lambda_j\mathscr{I})^t\alpha=0\\ &\Longleftrightarrow \alpha\in\mathrm{Ker}(\mathscr{A}-\lambda_j\mathscr{I})^t,\end{aligned}$$

其中最后一步的充分性(即"$\Longleftarrow$")的理由如下:根据第(1)小题,若 $t<l_j$,则 $\mathrm{Ker}(\mathscr{A}-\lambda_j\mathscr{I})^t\subseteq W_j$. 于是 $\alpha\in W_j$. 若 $t\geqslant l_j$,则 $\mathrm{Ker}(\mathscr{A}-\lambda_j\mathscr{I})^t=W_j$. 于是 $\alpha\in W_j$.

从上述推导得

$$\mathrm{Ker}(\mathscr{A}|W_j-\lambda_j\mathscr{I})^t=\mathrm{Ker}(\mathscr{A}-\lambda_j\mathscr{I})^t. \qquad \square$$

* **例 8** 若条件和记号同例 7,且 $\mathscr{A}$ 的特征多项式 $f(\lambda)$ 在 $K[\lambda]$ 中的标准分解式为

$$f(\lambda)=(\lambda-\lambda_1)^{r_1}(\lambda-\lambda_2)^{r_2}\cdots(\lambda-\lambda_s)^{r_s}, \tag{17}$$

证明:$W_j(j=1,2,\cdots,s)$ 等于 $\mathscr{A}$ 的根子空间 $\mathrm{Ker}(\mathscr{A}-\lambda_j\mathscr{I})^{r_j}$.

证明 由于 $m(\lambda)\mid f(\lambda)$,因此 $r_j\geqslant l_j(j=1,2,\cdots,s)$. 根据例 7 第(1)小题的结论,得

$$\mathrm{Ker}(\mathscr{A}-\lambda_j\mathscr{I})^{r_j}=W_j. \qquad \square$$

* **例 9** 若条件和记号同例 7 与例 8,证明:$\mathscr{A}$ 的根子空间 $W_j(j=1,2,\cdots,s)$ 的维数等于 $\mathscr{A}$ 的特征值 λ_j 的代数重数.

证明 从 $m(\lambda)$ 的因式分解(15)式得

$$V=W_1\oplus W_2\oplus\cdots\oplus W_s,$$

其中

$$W_j=\mathrm{Ker}(\mathscr{A}-\lambda_j\mathscr{I})^{l_j}\quad(j=1,2,\cdots,s).$$

在每个 $W_j(j=1,2,\cdots,s)$ 中取一个基,它们合起来成为 V 的一个基,$\mathscr{A}$ 在此基下的矩阵为 $\mathbf{A}=\mathrm{diag}\{\mathbf{A}_1,\mathbf{A}_2,\cdots,\mathbf{A}_s\}$,其中 $\mathbf{A}_j$ 是 $\mathscr{A}|W_j$ 在 W_j 的上述基下的矩阵,因此 $\mathbf{A}_j$ 的阶数等于 $\dim W_j$,记作 n_j,且

$$f(\lambda)=|\lambda\boldsymbol{I}-\mathbf{A}|=|\lambda\boldsymbol{I}_{n_1}-\mathbf{A}_1|\cdots|\lambda\boldsymbol{I}_{n_s}-\mathbf{A}_s|.$$

记 $f_j(\lambda)=|\lambda\boldsymbol{I}_{n_j}-\mathbf{A}_j|$,它是 $\mathscr{A}|W_j$ 的特征多项式. 根据命题 9,$\mathscr{A}|W_j$ 的最小多项式为 $m_j(\lambda)=(\lambda-\lambda_j)^{l_j}$. 由于 $m_j(\lambda)\mid f_j(\lambda)$,且 $m_j(\lambda)$ 与 $f_j(\lambda)$ 在包含 K 的数域 E 中有相同的根,因此 $f_j(\lambda)=(\lambda-\lambda_j)^{k_j}$,其中 k_j 为某个大于或等于 l_j 的正整数. 由于 $f_j(\lambda)$ 的次数等于 $\mathbf{A}_j$ 的阶数,从而等于 n_j,因此 $f_j(\lambda)=(\lambda-\lambda_j)^{n_j}(j=1,2,\cdots,s)$. 于是

$$f(\lambda)=(\lambda-\lambda_1)^{n_1}(\lambda-\lambda_2)^{n_2}\cdots(\lambda-\lambda_s)^{n_s}. \tag{18}$$

比较(17)式和(18)式,根据 $K[\lambda]$ 中唯一因式分解定理,得

$$n_j=r_j\quad(j=1,2,\cdots,s),$$

因此 $\dim W_j=r_j(j=1,2,\cdots,s)$,即 W_j 的维数等于 $\mathscr{A}$ 的特征值 λ_j 的代数重数. $\square$

点评 例 9 也证明了:如果 $\mathscr{A}$ 的特征多项式 $f(\lambda)$ 的标准分解式为(17)式,那么 $\mathscr{A}|W_j$

$(j=1,2,\cdots,s)$的特征多项式是$(\lambda-\lambda_j)^{r_j}$.

例 10 设 $\mathscr{A}_1,\mathscr{A}_2,\cdots,\mathscr{A}_s$ 是数域 K 上 n 维线性空间 V 上的两两正交的幂等变换,令 $\mathscr{A}=\mathscr{A}_1+\mathscr{A}_2+\cdots+\mathscr{A}_s$,证明:$\mathscr{A}$ 是幂等变换,并且

$$\operatorname{rank}(\mathscr{A})=\operatorname{rank}(\mathscr{A}_1)+\operatorname{rank}(\mathscr{A}_2)+\cdots+\operatorname{rank}(\mathscr{A}_s).$$

证明 根据 7.2.2 小节中的例 3,$\mathscr{A}$ 是幂等变换.根据本节例 3 的点评,得

$$\begin{aligned}\operatorname{rank}(\mathscr{A})&=\operatorname{tr}(\mathscr{A})=\operatorname{tr}(\mathscr{A}_1+\mathscr{A}_2\cdots+\mathscr{A}_s)\\&=\operatorname{tr}(\mathscr{A}_1)+\operatorname{tr}(\mathscr{A}_2)+\cdots+\operatorname{tr}(\mathscr{A}_s)\\&=\operatorname{rank}(\mathscr{A}_1)+\operatorname{rank}(\mathscr{A}_2)+\cdots+\operatorname{rank}(\mathscr{A}_s).\end{aligned}$$

□

点评 从例 10 与 7.3.2 小节中的例 5 得到:设 $\mathscr{A}_1,\mathscr{A}_2,\cdots,\mathscr{A}_s$ 是数域 K 上 n 维线性空间 V 上的线性变换,令 $\mathscr{A}=\mathscr{A}_1+\mathscr{A}_2+\cdots+\mathscr{A}_s$,则 $\mathscr{A}_1,\mathscr{A}_2,\cdots,\mathscr{A}_s$ 为两两正交的幂等变换的充要条件是,$\mathscr{A}$ 为幂等变换,并且

$$\operatorname{rank}(\mathscr{A})=\operatorname{rank}(\mathscr{A}_1)+\operatorname{rank}(\mathscr{A}_2)+\cdots+\operatorname{rank}(\mathscr{A}_s).$$

习 题 7.9

1. 求如下数域 K 上三阶矩阵 $\boldsymbol{A}$ 的最小多项式 $m(\lambda)$,并且判断 $\boldsymbol{A}$ 是否可对角化:

$$\boldsymbol{A}=\begin{pmatrix}3&1&-1\\0&2&0\\1&1&1\end{pmatrix}.$$

2. 求下列数域 K 上矩阵的最小多项式,并且判断它们是否可对角化:

(1) $\boldsymbol{A}=\begin{pmatrix}1&1&0\\0&1&0\\0&0&1\end{pmatrix}$, (2) $\boldsymbol{B}=\begin{pmatrix}7&-1&-7&1\\-1&7&1&-7\\7&-1&-7&1\\-1&7&1&-7\end{pmatrix}$.

3. 求下列数域 K 上四阶矩阵的最小多项式,判断它们是否可对角化,是否相似:

$$\boldsymbol{A}=\begin{pmatrix}3&1&0&0\\0&3&0&0\\0&0&5&0\\0&0&0&5\end{pmatrix},\quad \boldsymbol{B}=\begin{pmatrix}3&1&0&0\\0&3&0&0\\0&0&3&0\\0&0&0&5\end{pmatrix}.$$

4. 设数域 K 上的 n 阶矩阵 $\boldsymbol{A}$ 满足 $\boldsymbol{A}^3=3\boldsymbol{A}^2+\boldsymbol{A}-3\boldsymbol{I}$,判断 $\boldsymbol{A}$ 是否可对角化.

5. 设 $\mathscr{A}$ 是数域 K 上 n 维线性空间 V 上的线性变换,证明:如果 $\mathscr{A}$ 可对角化,那么对于 $\mathscr{A}$ 的任一非平凡不变子空间 W,$\mathscr{A}|W$ 都可对角化.

6. 设 $\boldsymbol{A}$ 是有理数域 $\mathbf{Q}$ 上的 n 阶非零矩阵,且 $\boldsymbol{A}$ 有一个零化多项式 $g(\lambda)$是 $\mathbf{Q}$ 上的 $r(r>1)$ 次不可约多项式,判断 $\boldsymbol{A}$ 是否可对角化.

7. 证明：如果数域 K 上的 n 阶矩阵 $\boldsymbol{A}$ 与 $\boldsymbol{B}$ 都是可对角化的，并且 $\boldsymbol{AB}=\boldsymbol{BA}$，那么存在数域 K 上的 n 阶可逆矩阵 $\boldsymbol{S}$，使得 $\boldsymbol{S}^{-1}\boldsymbol{AS}$ 与 $\boldsymbol{S}^{-1}\boldsymbol{BS}$ 都为对角矩阵.

8. 设 $\mathscr{A}$ 是数域 K 上 n 维线性空间 V 上的线性变换，与 $\mathscr{A}$ 可交换的所有线性变换组成的集合记作 $C(\mathscr{A})$，证明：

(1) $C(\mathscr{A})$ 是数域 K 上线性空间 $\mathrm{Hom}(V,V)$ 的子空间；

(2) 若 $\mathscr{A}$ 具有 n 个不同的特征值，则 $\dim C(\mathscr{A})=n$，且 $C(\mathscr{A})=K[\mathscr{A}]$，从而与 $\mathscr{A}$ 可交换的每个线性变换 $\mathscr{B}$ 能唯一地表示成 $\mathscr{A}$ 的一个次数小于 n 的多项式.

9. 设 $\mathscr{A}$ 是数域 K 上 n 维线性空间 V 上的线性变换，它在 V 的一个基 $\alpha_1,\alpha_2,\cdots,\alpha_n$ 下的矩阵为

$$\boldsymbol{A}=\begin{pmatrix} & & & a_1 \\ & & a_2 & \\ & \iddots & & \\ a_{n-1} & & & \\ a_n & & & \end{pmatrix},$$

求 $\mathscr{A}$ 可对角化的充要条件. 当 K 取成实数域时，叙述 $\mathscr{A}$ 可对角化的充要条件.

10. 设 $\mathscr{A},\mathscr{B}$ 都是实数域上的五维线性空间 V 上的线性变换，它们在 V 的一个基下的矩阵分别为

$$\boldsymbol{A}=\begin{pmatrix} & & & & 0 \\ & & & 1 & \\ & & 2 & & \\ & 3 & & & \\ 4 & & & & \end{pmatrix},\quad \boldsymbol{B}=\begin{pmatrix} & & & & 1 \\ & & & -2 & \\ & & 3 & & \\ & -4 & & & \\ 5 & & & & \end{pmatrix},$$

判断 $\boldsymbol{A},\boldsymbol{B}$ 是否可对角化.

11. 设 $\boldsymbol{A}=\mathrm{diag}\{\boldsymbol{A}_1,\boldsymbol{A}_2,\cdots,\boldsymbol{A}_s\}$ 是数域 K 上的 n 阶分块上三角矩阵，其中 $\boldsymbol{A}_j\ (j=1,2,\cdots,s)$ 是主对角元都为 a_j 的 n_j 阶上三角矩阵，证明：$\boldsymbol{A}$ 可对角化当且仅当每个 $\boldsymbol{A}_j\ (j=1,2,\cdots,s)$ 都是数量矩阵.

12. 设 $\mathscr{A}$ 是数域 K 上 n 维线性空间 V 上的线性变换，它在 V 的一个基 $\alpha_1,\alpha_2,\cdots,\alpha_n$ 下的矩阵 $\boldsymbol{A}$ 是弗罗贝尼乌斯矩阵(参看 7.9.2 小节中的例 1)，证明：

$$C(\mathscr{A})=K[\mathscr{A}],\quad \dim C(\mathscr{A})=n.$$

13. 设 $\mathscr{A}$ 是数域 K 上 n 维线性空间 V 上的线性变换，它在 V 的一个基 $\alpha_1,\alpha_2,\cdots,\alpha_n$ 下的矩阵为 $\boldsymbol{J}_n(0)$，证明：

$$C(\mathscr{A})=K[\mathscr{A}],\quad \dim C(\mathscr{A})=n.$$

14. 设 $\mathscr{A}$ 是数域 K 上 n 维线性空间 V 上的线性变换，它在 V 的一个基 $\alpha_1,\alpha_2,\cdots,\alpha_n$ 下

的矩阵为 $\boldsymbol{J}_n(k)$，证明：

$$C(\mathscr{A}) = K[\mathscr{A}], \quad \dim C(\mathscr{A}) = n.$$

15. 设 $b_1, b_2, \cdots, b_n$ 都是正实数，且 $\sum_{i=1}^{n} b_i = 1$，又设 n 阶矩阵 $\boldsymbol{A} = (a_{ij})$，其中

$$a_{ij} = \begin{cases} 1 - b_i, & i = j, \\ -\sqrt{b_i b_j}, & i \neq j \end{cases} \quad (i, j = 1, 2, \cdots, n).$$

(1) 求矩阵 $\boldsymbol{A}$ 的秩.

(2) $\boldsymbol{A}$ 能否对角化？若 $\boldsymbol{A}$ 可对角化，写出与 $\boldsymbol{A}$ 相似的对角矩阵.

16. 设 $\boldsymbol{A}, \boldsymbol{B}$ 分别是数域 K 上的 n 阶、m 阶矩阵，它们的最小多项式分别为 $m_1(\lambda)$，$m_2(\lambda)$，证明：

(1) 若 $m_1(\lambda)$ 与 $m_2(\lambda)$ 互素，则矩阵方程 $\boldsymbol{AX} = \boldsymbol{XB}$ 只有零解；

(2) 若 $m_1(\lambda)$ 与 $m_2(\lambda)$ 有公共的一次因式，则矩阵方程 $\boldsymbol{AX} = \boldsymbol{XB}$ 有非零解.

*17. 设 $\mathscr{A}$ 是数域 K 上 n 维线性空间 V 上的线性变换，证明：如果 $\mathscr{A}$ 的特征多项式 $f(\lambda)$ 在 $K[\lambda]$ 中的标准分解式为

$$f(\lambda) = (\lambda - \lambda_1)^{r_1}(\lambda - \lambda_2)^{r_2} \cdots (\lambda - \lambda_s)^{r_s},$$

那么

$$\operatorname{rank}(\mathscr{A} - \lambda_j \mathscr{I})^{r_j} = n - r_j \quad (j = 1, 2, \cdots, s).$$

§7.10 幂零变换的约当标准形

7.10.1 内容精华

这一节我们来探索幂零变换的最简单形式的矩阵表示.

命题 1 设 $\mathscr{B}$ 是数域 K 上 r 维线性空间 W 上的幂零变换，其幂零指数为 l，则

(1) $l \leqslant \dim W$.

(2) $\mathscr{B}\alpha = 0$ 当且仅当 $\alpha \in W_0$，其中 W_0 是 $\mathscr{B}$ 的属于特征值 0 的特征子空间.

(3) 任给 W 中的一个非零向量 η，存在正整数 $t \leqslant l$，使得 $\mathscr{B}^t \eta = 0$，且 $\mathscr{B}^{t-1}\eta \neq 0$；从而 $\mathscr{B}^{t-1}\eta, \cdots, \mathscr{B}\eta, \eta$ 是子空间 $\langle \mathscr{B}^{t-1}\eta, \cdots, \mathscr{B}\eta, \eta \rangle$ 的一个基，于是这个子空间的维数为 t（称这个子空间是由 η 生成的 **$\mathscr{B}$-强循环子空间**），它是 $\mathscr{B}$ 的非零不变子空间，$\mathscr{B}$ 在这个子空间上的限制在基 $\mathscr{B}^{t-1}\eta, \cdots, \mathscr{B}\eta, \eta$ 下的矩阵是 t 阶约当块 $\boldsymbol{J}_t(0)$，此 $\boldsymbol{J}_t(0)$ 就是 $\mathscr{B} | \langle \mathscr{B}^{t-1}\eta, \cdots, \mathscr{B}\eta, \eta \rangle$ 的最简单形式的矩阵表示；$\mathscr{B}^{t-1}\eta \in W_0$.

证明 (1) 根据 7.2.2 小节中的例 2 立即得到.

(2) $\mathscr{B}\alpha = 0 \Longleftrightarrow \mathscr{B}\alpha = 0\alpha \Longleftrightarrow \alpha \in W_0$.

(3) 任给 $\eta \in W$，且 $\eta \neq 0$. 由于 $\mathscr{B}^l = \mathscr{O}$，因此 $\mathscr{B}^l \eta = 0$. 设 t 是使 $\mathscr{B}^t \eta = 0$ 成立的最小正整数，

则 $\mathscr{B}^t\eta=0$,且 $\mathscr{B}^{t-1}\eta\neq 0$. 于是,$\mathscr{B}^{t-1}\eta,\cdots,\mathscr{B}\eta,\eta$ 线性无关,从而构成子空间 $\langle\mathscr{B}^{t-1}\eta,\cdots,\mathscr{B}\eta,\eta\rangle$ 的一个基. 所以,这个子空间的维数为 t. 由于其中每个基向量在 $\mathscr{B}$ 下的像仍属于这个子空间,因此这个子空间是 $\mathscr{B}$ 的非零不变子空间. $\mathscr{B}|\langle\mathscr{B}^{t-1}\eta,\cdots,\mathscr{B}\eta,\eta\rangle$ 是幂零指数为 t 的幂零变换,根据§7.9 中的命题 8,$\mathscr{B}|\langle\mathscr{B}^{t-1}\eta,\cdots,\mathscr{B}\eta,\eta\rangle$ 在基 $\mathscr{B}^{t-1}\eta,\cdots,\mathscr{B}\eta,\eta$ 下的矩阵是 t 阶约当块 $\boldsymbol{J}_t(0)$. 根据 7.8.2 小节中的例 3,这个子空间不能分解成 $\mathscr{B}|\langle\mathscr{B}^{t-1}\eta,\cdots,\mathscr{B}\eta,\eta\rangle$ 的非平凡不变子空间的直和,从而 $\boldsymbol{J}_t(0)$ 就是 $\mathscr{B}|\langle\mathscr{B}^{t-1}\eta,\cdots,\mathscr{B}\eta,\eta\rangle$ 的最简单形式的矩阵表示. 由于 $\mathscr{B}(\mathscr{B}^{t-1}\eta)=\mathscr{B}^t\eta=0$,因此 $\mathscr{B}^{t-1}\eta\in W_0$. □

若 $\alpha\in W_0$,且 $\alpha\neq 0$,则 $\mathscr{B}\alpha=0$,从而 $\langle\alpha\rangle$ 是 $\mathscr{B}$-强循环子空间.

能否把 W 分解成一些 $\mathscr{B}$-强循环子空间的直和? 如果可以的话,在这些 $\mathscr{B}$-强循环子空间中各取一个基,它们合起来是 W 的一个基,$\mathscr{B}$ 在 W 的这个基下的矩阵是由一些主对角元为 0 的约当块组成的分块对角矩阵,即约当形矩阵,它就是 $\mathscr{B}$ 的最简单形式的矩阵表示. 从命题 1 看到,由 η 生成的 $\mathscr{B}$-强循环子空间的第一个基向量属于 W_0,即 $\mathscr{B}^{t-1}\eta\in W_0$. 由此猜测,如果 W 能分解成一些 $\mathscr{B}$-强循环子空间的直和,那么分解式中出现的 $\mathscr{B}$-强循环子空间的个数等于 $\dim W_0$. 下面我们来证明这个猜测是真的.

定理 1 设 $\mathscr{B}$ 是数域 K 上 r 维线性空间 W 上的幂零变换,其幂零指数为 l,则 W 能分解成 $\dim W_0$ 个 $\mathscr{B}$-强循环子空间的直和,其中 W_0 是 $\mathscr{B}$ 的属于特征值 0 的特征子空间.

* **证明** 对线性空间的维数 r 做第二数学归纳法.

若 $r=1$,则 $W=\langle\alpha\rangle$. 由于 $l\leqslant\dim W=1$,因此 $l=1$,从而 $\mathscr{B}=\mathscr{O}$. 于是 $\mathscr{B}\alpha=0$. 因此,$\langle\alpha\rangle$ 是 $\mathscr{B}$-强循环子空间,即当 $r=1$ 时,此定理成立.

假设对于维数小于 r 的线性空间,此定理成立. 现在来看 r 维线性空间 W 上的幂零指数为 l 的幂零变换 $\mathscr{B}$. $\mathscr{B}$ 的属于特征值 0 的特征子空间 $W_0\neq 0$. 当 $l=1$ 时,$\mathscr{B}=\mathscr{O}$,于是 $W_0=W$. 在 W 中取一个基 $\alpha_1,\cdots,\alpha_r$,则 $W=\langle\alpha_1\rangle\oplus\cdots\oplus\langle\alpha_r\rangle$,即 W 可分解成 $\dim W_0$ 个 $\mathscr{B}$-强循环子空间的直和. 下面设 $l>1$,此时 $\mathscr{B}\neq\mathscr{O}$,因此 $W_0\neq W$,从而 $0<\dim W/W_0=\dim W-\dim W_0<r$. 记 $\mathscr{B}$ 诱导的商空间 W/W_0 上的线性变换为 $\widetilde{\mathscr{B}}$. 对于任意 $\alpha+W_0\in W/W_0$,有

$$\widetilde{\mathscr{B}}^l(\alpha+W_0)=\mathscr{B}^l\alpha+W_0=0+W_0=W_0,$$

因此 $\widetilde{\mathscr{B}}^l=\widetilde{\mathscr{O}}$,从而 $\widetilde{\mathscr{B}}$ 是 W/W_0 上的幂零变换. 根据归纳假设,W/W_0 可分解成 s 个 $\widetilde{\mathscr{B}}$-强循环子空间的直和:

$$\begin{aligned}W/W_0=&\langle\widetilde{\mathscr{B}}^{t_1-1}(\alpha_1+W_0),\cdots,\widetilde{\mathscr{B}}(\alpha_1+W_0),\alpha_1+W_0\rangle\oplus\cdots\\&\oplus\langle\widetilde{\mathscr{B}}^{t_s-1}(\alpha_s+W_0),\cdots,\widetilde{\mathscr{B}}(\alpha_s+W_0),\alpha_s+W_0\rangle,\end{aligned}\tag{1}$$

其中 $\widetilde{\mathscr{B}}^{t_j}(\alpha_j+W_0)=W_0\ (j=1,2,\cdots,s)$,$s$ 等于 $\widetilde{\mathscr{B}}$ 的属于特征值 0 的特征子空间的维数. 于是

$$\mathscr{B}^{t_1-1}\alpha_1+W_0,\ \cdots,\ \mathscr{B}\alpha_1+W_0,\ \alpha_1+W_0,\ \cdots,\ \mathscr{B}^{t_s-1}\alpha_s+W_0,\ \cdots,\ \mathscr{B}\alpha_s+W_0,\ \alpha_s+W_0$$

是 W/W_0 的一个基. 令

$$U = \langle \mathscr{B}^{t_1-1}\alpha_1, \cdots, \mathscr{B}\alpha_1, \alpha_1, \cdots, \mathscr{B}^{t_s-1}\alpha_s, \cdots, \mathscr{B}\alpha_s, \alpha_s \rangle, \tag{2}$$

则根据§6.4中的定理2,得

$$W = U \oplus W_0, \tag{3}$$

且 $\mathscr{B}^{t_1-1}\alpha_1, \cdots, \mathscr{B}\alpha_1, \alpha_1, \cdots, \mathscr{B}^{t_s-1}\alpha_s, \cdots, \mathscr{B}\alpha_s, \alpha_s$ 是 U 的一个基. 由于 $\mathscr{B}^{t_j}\alpha_j + W_0 = \widetilde{\mathscr{B}}^{t_j}(\alpha_j + W_0) = W_0$,因此 $\mathscr{B}^{t_j}\alpha_j \in W_0 (j=1,2,\cdots,s)$. 设

$$k_1\mathscr{B}^{t_1}\alpha_1 + k_2\mathscr{B}^{t_2}\alpha_2 + \cdots + k_s\mathscr{B}^{t_s}\alpha_s = 0, \tag{4}$$

则 $\mathscr{B}(k_1\mathscr{B}^{t_1-1}\alpha_1 + k_2\mathscr{B}^{t_2-1}\alpha_2 + \cdots + k_s\mathscr{B}^{t_s-1}\alpha_s) = 0$,从而

$$k_1\mathscr{B}^{t_1-1}\alpha_1 + k_2\mathscr{B}^{t_2-1}\alpha_2 + \cdots + k_s\mathscr{B}^{t_s-1}\alpha_s \in W_0. \tag{5}$$

又有 $k_1\mathscr{B}^{t_1-1}\alpha_1 + k_2\mathscr{B}^{t_2-1}\alpha_2 + \cdots + k_s\mathscr{B}^{t_s-1}\alpha_s \in U$. 由于 $U \cap W_0 = 0$,因此

$$k_1\mathscr{B}^{t_1-1}\alpha_1 + k_2\mathscr{B}^{t_2-1}\alpha_2 + \cdots + k_s\mathscr{B}^{t_s-1}\alpha_s = 0.$$

由于 $\mathscr{B}^{t_1-1}\alpha_1, \mathscr{B}^{t_2-1}\alpha_2, \cdots, \mathscr{B}^{t_s-1}\alpha_s$ 线性无关,因此 $k_1 = k_2 = \cdots = k_s = 0$,从而 $\mathscr{B}^{t_1}\alpha_1, \mathscr{B}^{t_2}\alpha_2, \cdots, \mathscr{B}^{t_s}\alpha_s$ 是 W_0 中线性无关的向量组. 把它扩充成 W_0 的一个基: $\mathscr{B}^{t_1}\alpha_1, \mathscr{B}^{t_2}\alpha_2, \cdots, \mathscr{B}^{t_s}\alpha_s, \eta_1, \cdots, \eta_q$,则

$$\begin{aligned} W &= U \oplus W_0 \\ &= \langle \mathscr{B}^{t_1}\alpha_1, \mathscr{B}^{t_1-1}\alpha_1, \cdots, \mathscr{B}\alpha_1, \alpha_1 \rangle \oplus \cdots \oplus \langle \mathscr{B}^{t_s}\alpha_s, \mathscr{B}^{t_s-1}\alpha_s, \cdots, \mathscr{B}\alpha_s, \alpha_s \rangle \\ &\quad \oplus \langle \eta_1 \rangle \oplus \cdots \oplus \langle \eta_q \rangle. \end{aligned} \tag{6}$$

由于 $\mathscr{B}^{t_j+1}\alpha_j = \mathscr{B}(\mathscr{B}^{t_j}\alpha_j) = 0$,因此 $\langle \mathscr{B}^{t_j}\alpha_j, \mathscr{B}^{t_j-1}\alpha_j, \cdots, \mathscr{B}\alpha_j, \alpha_j \rangle (j=1,\cdots,s)$ 是 $\mathscr{B}$-强循环子空间. 又有 $\langle \eta_i \rangle (i=1,\cdots,q)$ 是 $\mathscr{B}$-强循环子空间. 由于 $s+q=\dim W_0$,因此 W 可分解成 $\dim W_0$ 个 $\mathscr{B}$-强循环子空间的直和.

根据第二数学归纳法原理,对于一切正整数 r,此定理成立. □

定理2 设 $\mathscr{B}$ 是数域 K 上 r 维线性空间 W 上的幂零变换,其幂零指数为 l,则 W 中存在一个基,使得 $\mathscr{B}$ 在此基下的矩阵 $\boldsymbol{B}$ 为一个约当形矩阵,其中每个约当块的主对角元都是0,且阶数不超过 l;约当块的总数为 $N = r - \operatorname{rank}(\mathscr{B})$;对于 $1 \leqslant t \leqslant l$,$t$ 阶约当块的个数为

$$N(t) = \operatorname{rank}(\mathscr{B}^{t-1}) + \operatorname{rank}(\mathscr{B}^{t+1}) - 2\operatorname{rank}(\mathscr{B}^t). \tag{7}$$

$\boldsymbol{B}$ **称为** $\mathscr{B}$ **的约当标准形**. 在不考虑约当块的排列次序下,$\mathscr{B}$ 的约当标准形是唯一的.

证明 根据定理1,W 能分解成 $\dim W_0$ 个 $\mathscr{B}$-强循环子空间的直和. 根据命题1,在每个 $\mathscr{B}$-强循环子空间中取一个如命题1所指的基,它们合起来成为 W 的一个基,$\mathscr{B}$ 在此基下的矩阵 $\boldsymbol{B}$ 是由一些主对角元为0的约当块组成的分块对角矩阵,即约当形矩阵,且每个约当块的阶数不超过幂零指数 l. $\boldsymbol{B}$ 中约当块的总数为

$$N = \dim W_0 = \dim(\operatorname{Ker}(\mathscr{B} - 0\mathscr{I})) = \dim(\operatorname{Ker}\mathscr{B}) = n - \operatorname{rank}(\mathscr{B}). \tag{8}$$

下面来计算 $\boldsymbol{B}$ 中 t 阶约当块的个数 $N(t)$. 由于 $\boldsymbol{B}$ 中每个约当块的阶数都小于或等于 l,因此 $N(l+1)=0, N(l+2)=0$. 我们来计算 $N(t)$,其中 $1 \leqslant t \leqslant l$.

当 $m < t$ 时,

$$(\boldsymbol{J}_t(0))^m = \begin{pmatrix} \overbrace{0 & \cdots & 0}^{m\text{列}} & 1 & 0 & \cdots & 0 \\ 0 & \cdots & 0 & 0 & 1 & \cdots & 0 \\ \vdots & & \vdots & \vdots & \vdots & & \vdots \\ 0 & \cdots & 0 & 0 & 0 & \cdots & 1 \\ 0 & \cdots & 0 & 0 & 0 & \cdots & 0 \\ \vdots & & \vdots & \vdots & \vdots & & \vdots \\ 0 & \cdots & 0 & 0 & 0 & \cdots & 0 \end{pmatrix} \left.\begin{matrix} \\ \\ \\ \end{matrix}\right\} m\text{行},$$

当 $m \geqslant t$ 时，$(\boldsymbol{J}_t(0))^m = \boldsymbol{0}$. 因此

$$\operatorname{rank}((\boldsymbol{J}_t(0))^m) = \begin{cases} t-m, & m < t, \\ 0, & m \geqslant t. \end{cases} \tag{9}$$

由于 $\mathscr{B}^l = \mathscr{O}$，因此 $\boldsymbol{B}^l = \boldsymbol{0}$，从而 $\operatorname{rank}(\boldsymbol{B}^l) = 0$. 于是 $\operatorname{rank}(\boldsymbol{B}^{l+1}) = 0$.

对于给定的正整数 $t(2 \leqslant t \leqslant l+2)$，考虑 $\boldsymbol{B}^{t-1}$. 根据(9)式，$\boldsymbol{B}$ 中阶数小于或等于 $t-1$ 的约当块的 $t-1$ 次幂的秩都为 0，因此

$$\begin{aligned} \operatorname{rank}(\boldsymbol{B}^{t-1}) = {} & N(t)[t-(t-1)] + N(t+1)[(t+1)-(t-1)] + \cdots + N(l)[l-(t-1)] \\ & + N(l+1)[(l+1)-(t-1)] + N(l+2)[(l+2)-(t-1)] \\ = {} & N(t) + 2N(t+1) + \cdots + (l-t+1)N(l) \\ & + (l-t+2)N(l+1) + (l-t+3)N(l+2). \end{aligned} \tag{10}$$

当 $t=1$ 时，(10)式左端为

$$\operatorname{rank}(\boldsymbol{B}^0) = \operatorname{rank}(\boldsymbol{I}) = r;$$

(10)式右端为

$$N(1) + 2N(2) + \cdots + lN(l) + (l+1)N(l+1) + (l+2)N(l+2),$$

这等于 $\boldsymbol{B}$ 的行数，从而等于 r. 因此，当 $t=1$ 时，(10)式也成立，从而(10)式对于 $1 \leqslant t \leqslant l+2$ 都成立.

对于 $1 \leqslant t \leqslant l$，把(10)式中的 t 用 $t+1$ 代入，得

$$\begin{aligned} \operatorname{rank}(\boldsymbol{B}^t) = {} & N(t+1) + 2N(t+2) + \cdots + (l-t)N(l) \\ & + (l-t+1)N(l+1) + (l-t+2)N(l+2). \end{aligned} \tag{11}$$

(10)式减去(11)式，得

$$\begin{aligned} & \operatorname{rank}(\boldsymbol{B}^{t-1}) - \operatorname{rank}(\boldsymbol{B}^t) \\ & = N(t) + N(t+1) + N(t+2) + \cdots + N(l) + N(l+1) + N(l+2). \end{aligned} \tag{12}$$

把(12)式中的 t 用 $t+1$ 代入，得

$$\operatorname{rank}(\boldsymbol{B}^t) - \operatorname{rank}(\boldsymbol{B}^{t+1}) = N(t+1) + N(t+2) + \cdots + N(l) + N(l+1) + N(l+2). \tag{13}$$

(12)式减去(13)式,得

$$\mathrm{rank}(\boldsymbol{B}^{t-1})+\mathrm{rank}(\boldsymbol{B}^{t+1})-2\mathrm{rank}(\boldsymbol{B}^{t})=N(t). \tag{14}$$

由于对于任意正整数 m,有 $\mathrm{rank}(\mathscr{B}^m)=\mathrm{rank}(\boldsymbol{B}^m)$,因此从(14)式立即得到(7)式.

由于 $\boldsymbol{B}$ 中约当块的主对角元都为 0,约当块的总数以及各阶约当块的个数都由 $\mathscr{B}$ 及其方幂的秩决定,因此在不考虑约当块的排列次序下,$\mathscr{B}$ 的约当标准形是唯一的. □

推论 1 设 $\boldsymbol{B}$ 是数域 K 上的 r 阶幂零矩阵,其幂零指数为 l,则 $\boldsymbol{B}$ 相似于一个约当形矩阵,其中每个约当块的主对角元都为 0,且阶数不超过 l;约当块的总数为 $r-\mathrm{rank}(\boldsymbol{B})$;对于 $1\leqslant t\leqslant l$,t 阶约当块的个数为

$$N(t)=\mathrm{rank}(\boldsymbol{B}^{t+1})+\mathrm{rank}(\boldsymbol{B}^{t-1})-2\mathrm{rank}(\boldsymbol{B}^{t}). \tag{15}$$

这个约当形矩阵称为 $\boldsymbol{B}$ 的**约当标准形**. 在不考虑约当块的排列次序下,$\boldsymbol{B}$ 的约当标准形是唯一的.

证明 设 W 是数域 K 上的 r 维线性空间. 取 W 的一个基 $\alpha_1,\alpha_2,\cdots,\alpha_r$,则存在 W 上唯一的线性变换 $\mathscr{B}$,使得 $\mathscr{B}$ 在此基下的矩阵为 $\boldsymbol{B}$. 由于 $\boldsymbol{B}$ 是幂零指数为 l 的幂零矩阵,因此 $\mathscr{B}$ 是幂零指数为 l 的幂零变换. 根据定理 2,W 中存在一个基,使得 $\mathscr{B}$ 在此基下的矩阵是约当形矩阵,其中每个约当块的主对角元都为 0,且阶数不超过 l. 由于 $\mathscr{B}$ 在 W 的不同基下的矩阵是相似的,因此 $\boldsymbol{B}$ 相似于一个约当形矩阵,其中每个约当块的主对角元都为 0,且阶数不超过 l. 由于对于任意正整数 m,有 $\mathrm{rank}(\mathscr{B}^m)=\mathrm{rank}(\boldsymbol{B}^m)$,因此关于约当块的总数和 t 阶约当块的个数的公式都成立,从而 $\boldsymbol{B}$ 的约当标准形唯一(在不考虑约当块的排列次序下). □

7.10.2 典型例题

例 1 设数域 K 上的四阶矩阵

$$\boldsymbol{B}=\begin{pmatrix}-1&0&-1&-1\\0&0&0&0\\0&-1&0&0\\1&1&1&1\end{pmatrix}.$$

(1) 说明 $\boldsymbol{B}$ 是幂零矩阵,求 $\boldsymbol{B}$ 的幂零指数;

(2) 求 $\boldsymbol{B}$ 的约当标准形.

解 (1) 直接计算得 $\boldsymbol{B}^2=\boldsymbol{0}$,因此 $\boldsymbol{B}$ 是幂零指数为 2 的幂零矩阵.

(2) 由于 $\mathrm{rank}(\boldsymbol{B})=2$,因此 $\boldsymbol{B}$ 的约当标准形中约当块的总数为 $4-2=2$. 又由于每个约当块的阶数不超过 2,因此 $\boldsymbol{B}$ 的约当标准形为

$$\mathrm{diag}\{\boldsymbol{J}_2(0),\boldsymbol{J}_2(0)\}.$$

例 2 证明:如果 $\mathscr{B}$ 是数域 K 上 r 维线性空间 W 上的幂零变换,其幂零指数为 l,那么 $\mathscr{B}$ 的约当标准形中必有 l 阶约当块.

证明 $\mathscr{B}$ 的约当标准形中 l 阶约当块的个数为 $N(l)=\operatorname{rank}(\mathscr{B}^{l-1})$. 由于 $\mathscr{B}^{l-1}\neq\mathscr{O}$,因此 $\operatorname{rank}(\mathscr{B}^{l-1})>0$. 于是 $N(l)>0$. □

例 3 设 $\mathscr{B}$ 是数域 K 上 $r(r>1)$ 维线性空间 W 上的幂零变换,其幂零指数为 l,证明:

$$l\leqslant 1+\operatorname{rank}(\mathscr{B}).$$

证明 $\mathscr{B}$ 的约当标准形中约当块的总数为 $N=r-\operatorname{rank}(\mathscr{B})$,于是最大的约当块的阶数 l 至多是 $r-(N-1)$(此时其他 $N-1$ 个约当块都是一阶的),即

$$l\leqslant r-(N-1)=1+\operatorname{rank}(\mathscr{B}).$$ □

例 4 求$(\boldsymbol{J}_n(0))^2$ 的约当标准形,其中 $n>1$.

解 由于 $\boldsymbol{J}_n(0)$是幂零指数为 n 的幂零矩阵,因此$(\boldsymbol{J}_n(0))^n=\boldsymbol{0}$,从而

$$[(\boldsymbol{J}_n(0))^2]^n=[(\boldsymbol{J}_n(0))^n]^2=\boldsymbol{0}.$$

于是,$(\boldsymbol{J}_n(0))^2$ 是幂零矩阵. 根据定理 2 中的(9)式,得 $\operatorname{rank}((\boldsymbol{J}_n(0))^2)=n-2$,于是$(\boldsymbol{J}_n(0))^2$ 的约当标准形中约当块的总数为 $n-(n-2)=2$.

当 $n=2m$ 时,$[(\boldsymbol{J}_n(0))^2]^m=(\boldsymbol{J}_n(0))^n=\boldsymbol{0}$,$[(\boldsymbol{J}_n(0))^2]^{m-1}=(\boldsymbol{J}_n(0))^{2m-2}\neq\boldsymbol{0}$,因此$(\boldsymbol{J}_n(0))^2$的幂零指数为 m. 根据例 2,$(\boldsymbol{J}_n(0))^2$ 的约当标准形 $\boldsymbol{J}$ 中有 m 阶约当块,从而

$$\boldsymbol{J}=\operatorname{diag}\{\boldsymbol{J}_m(0),\boldsymbol{J}_m(0)\}.$$

当 $n=2m+1$ 时,$[(\boldsymbol{J}_n(0))^2]^{m+1}=(\boldsymbol{J}_n(0))^{n+1}=\boldsymbol{0}$,$[(\boldsymbol{J}_n(0))^2]^m=(\boldsymbol{J}_n(0))^{2m}\neq\boldsymbol{0}$,因此$(\boldsymbol{J}_n(0))^2$ 的幂零指数为 $m+1$. 于是,$(\boldsymbol{J}_n(0))^2$ 的约当标准形 $\boldsymbol{J}$ 中有 $m+1$ 阶约当块,从而

$$\boldsymbol{J}=\operatorname{diag}\{\boldsymbol{J}_{m+1}(0),\boldsymbol{J}_m(0)\}.$$

例 5 设 $\mathscr{A}$ 是数域 K 上 n 维线性空间 V 上的线性变换,其中 $n>1$,证明:如果 $\operatorname{rang}(\mathscr{A})=1$,那么 $\mathscr{A}$ 可对角化,或者是幂零指数为 2 的幂零变换. 当 $\mathscr{A}$ 可对角化时,$\mathscr{A}$ 的对角标准形为

$$\operatorname{diag}\{\operatorname{tr}(\mathscr{A}),\underbrace{0,\cdots,0}_{n-1个}\};$$

当 $\mathscr{A}$ 是幂零变换时,它不可对角化,它的约当标准形为

$$\operatorname{diag}\{\boldsymbol{J}_2(0),\underbrace{\boldsymbol{J}_1(0),\cdots,\boldsymbol{J}_1(0)}_{n-2个}\}.$$

证明 由于 $\operatorname{rank}(\mathscr{A})=1<n$,因此根据 7.6.2 小节中的例 8,$\mathscr{A}$ 的特征多项式为

$$f(\lambda)=\lambda^n-\operatorname{tr}(\mathscr{A})\lambda^{n-1},$$

从而 0 是 $\mathscr{A}$ 的一个特征值,记作 λ_1. 我们有

$$\dim V_{\lambda_1}=\dim(\operatorname{Ker}(\mathscr{A}-\lambda_1\mathscr{I}))=\dim(\operatorname{Ker}\mathscr{A})=n-\operatorname{rank}(\mathscr{A})=n-1.$$

情形 1 $\operatorname{tr}(\mathscr{A})\neq 0$. 此时 $f(\lambda)=\lambda^{n-1}(\lambda-\operatorname{tr}(\mathscr{A}))$,于是 $\mathscr{A}$ 的特征值 0 的几何重数等于它的代数重数 $n-1$,且 $\mathscr{A}$ 的特征值 $\operatorname{tr}(\mathscr{A})$的几何重数等于它的代数重数 1,从而 $\mathscr{A}$ 可对角化,且 $\mathscr{A}$ 的标准形为

$$\operatorname{diag}\{\operatorname{tr}(\mathscr{A}),\underbrace{0,\cdots,0}_{n-1\text{个}}\}.$$

情形 2 $\operatorname{tr}(\mathscr{A})=0$. 此时 $f(\lambda)=\lambda^n$，从而 $\mathscr{A}$ 是幂零变换. 由于 $\mathscr{A}$ 的特征值 0 的几何重数为 $n-1$，它小于代数重数 n，因此 $\mathscr{A}$ 不可对角化. 由于 $\mathscr{A}$ 的约当标准形 $\boldsymbol{J}$ 中约当块的总数为 $n-\operatorname{rank}(\mathscr{A})=n-1$，因此

$$\boldsymbol{J}=\operatorname{diag}\{\boldsymbol{J}_2(0),\underbrace{\boldsymbol{J}_1(0),\cdots,\boldsymbol{J}_1(0)}_{n-2\text{个}}\}.$$ □

例 6 证明：如果数域 K 上的 n 阶矩阵 $\boldsymbol{B}$ 是幂零矩阵，那么对于一切正整数 k，有

$$\operatorname{tr}(\boldsymbol{B}^k)=0.$$

证明 由于 $\boldsymbol{B}^k$ 也是幂零矩阵，因此 $\boldsymbol{B}^k$ 相似于一个约当形矩阵，其主对角元都为 0，从而迹为 0. 由于相似的矩阵有相同的迹，因此 $\operatorname{tr}(\boldsymbol{B}^k)=0$. □

例 7 设 $\boldsymbol{B}$ 是数域 K 上的 $n(n>1)$ 阶幂零矩阵，证明：如果 $\boldsymbol{B}$ 的幂零指数为 n，那么不存在 K 上的 n 阶矩阵 $\boldsymbol{H}$，使得 $\boldsymbol{H}^2=\boldsymbol{B}$.

证明 由于 $\boldsymbol{B}$ 的幂零指数为 n，因此根据例 2，$\boldsymbol{B}$ 的约当标准形为 $\boldsymbol{J}_n(0)$，从而

$$\operatorname{rank}(\boldsymbol{B})=n-1.$$

假如存在 K 上的 n 阶矩阵 $\boldsymbol{H}$，使得 $\boldsymbol{H}^2=\boldsymbol{B}$，则 $\boldsymbol{H}$ 也是幂零矩阵. $\boldsymbol{H}$ 的约当标准形中约当块的总数为 $N=n-\operatorname{rank}(\boldsymbol{H})$，于是 $\operatorname{rank}(\boldsymbol{H})=n-N$. 由于主对角元为 0 的每个约当块平方后，会增加一行零行，且相似的矩阵有相同的秩，因此 $\operatorname{rank}(\boldsymbol{H}^2)<n-N$. 由于 $N\geqslant 1$，因此

$$\operatorname{rank}(\boldsymbol{H}^2)<n-N\leqslant n-1=\operatorname{rank}(\boldsymbol{B}).$$

这与 $\boldsymbol{H}^2=\boldsymbol{B}$ 矛盾，因此不存在 $\boldsymbol{H}\in M_n(K)$，使得 $\boldsymbol{H}^2=\boldsymbol{B}$. □

习 题 7.10

1. 设数域 K 上的三阶矩阵

$$\boldsymbol{B}=\begin{pmatrix}-2&1&0\\-4&2&0\\-2&1&0\end{pmatrix}.$$

(1) 说明 $\boldsymbol{B}$ 是幂零矩阵，求 $\boldsymbol{B}$ 的幂零指数；

(2) 求 $\boldsymbol{B}$ 的约当标准形.

2. 证明：数域 K 上的 n 阶矩阵 $\boldsymbol{B}$ 是幂零矩阵当且仅当 $\boldsymbol{B}$ 有特征值 0（n 重）.

3. 设 $\mathscr{B}$ 是数域 K 上 $n(n>1)$ 维线性空间 V 上的幂零变换，证明：如果 $\mathscr{B}$ 有两个线性无关的特征向量，那么 $\mathscr{B}$ 的幂零指数 $l<n$.

4. 证明：对于 $K[x]_n(n>1)$ 上的求导数 $\mathscr{D}$，不存在 $K[x]_n$ 上的线性变换 $\mathscr{H}$，使得 $\mathscr{H}^2=\mathscr{D}$.

5. 设 $\boldsymbol{A},\boldsymbol{B}$ 都是数域 K 上的 n 阶矩阵，其中 $\boldsymbol{B}$ 是幂零矩阵，且 $\boldsymbol{AB}=\boldsymbol{BA}$，证明：

$$|\boldsymbol{A}+\boldsymbol{B}|=|\boldsymbol{A}|.$$

6. 设 $\boldsymbol{A},\boldsymbol{B}$ 都是数域 K 上的 n 阶矩阵,证明:如果 $\boldsymbol{B}$ 是幂零矩阵,且 $\boldsymbol{AB}-\boldsymbol{BA}=\boldsymbol{A}$,那么 $\boldsymbol{A}=\boldsymbol{0}$.

7. 证明:如果 n 阶复矩阵 $\boldsymbol{A}$ 满足 $\mathrm{tr}(\boldsymbol{A}^k)=0(k=1,2,\cdots,n)$,那么 $\boldsymbol{A}$ 是幂零矩阵.

8. 设 $\boldsymbol{A},\boldsymbol{B},\boldsymbol{C}$ 都是 n 阶复矩阵,且 $\boldsymbol{AB}-\boldsymbol{BA}=\boldsymbol{C}$,证明:如果 $\boldsymbol{AC}=\boldsymbol{CA}$,那么 $\boldsymbol{C}$ 是幂零矩阵.

9. 设 $\boldsymbol{A},\boldsymbol{B}$ 都是 n 阶复矩阵,且 $\boldsymbol{AB}-\boldsymbol{BA}=\boldsymbol{A}$,证明:$\boldsymbol{A}$ 是幂零矩阵.

§7.11 线性变换的约当标准形

7.11.1 内容精华

现在我们就可以解决最小多项式能分解成一次因式乘积的线性变换的最简单形式的矩阵表示问题了.

定理 1 设 $\mathscr{A}$ 是数域 K 上 n 维线性空间 V 上的线性变换. 如果 $\mathscr{A}$ 的最小多项式 $m(\lambda)$ 在 $K[\lambda]$ 中的标准分解式为

$$m(\lambda)=(\lambda-\lambda_1)^{l_1}(\lambda-\lambda_2)^{l_2}\cdots(\lambda-\lambda_s)^{l_s}, \tag{1}$$

那么 V 中存在一个基,使得 $\mathscr{A}$ 在此基下的矩阵 $\boldsymbol{A}$ 为约当形矩阵,其全部主对角元是 $\mathscr{A}$ 的全部特征值;特征值 $\lambda_j(j=1,2,\cdots,s)$ 在主对角线上出现的次数等于 λ_j 的代数重数,主对角元为 λ_j 的约当块的总数为

$$N_j=n-\mathrm{rank}(\mathscr{A}-\lambda_j\mathscr{I}), \tag{2}$$

且每个约当块的阶数不超过 l_j;对于 $1\leqslant t\leqslant l_j$,$t$ 阶约当块 $\boldsymbol{J}_t(\lambda_j)(j=1,2,\cdots,s)$ 的个数为

$$N_j(t)=\mathrm{rank}((\mathscr{A}-\lambda_j\mathscr{I})^{t-1})+\mathrm{rank}((\mathscr{A}-\lambda_j\mathscr{I})^{t+1})-2\mathrm{rank}((\mathscr{A}-\lambda_j\mathscr{I})^{t}). \tag{3}$$

这个约当形矩阵 $\boldsymbol{A}$ 称为 $\mathscr{A}$ 的**约当标准形**. 在不考虑约当块的排列次序下,$\mathscr{A}$ 的约当标准形是唯一的.

证明 根据§7.9 中的命题 9,得

$$V=W_1\oplus W_2\oplus\cdots\oplus W_s, \tag{4}$$

其中 $W_j=\mathrm{Ker}(\mathscr{A}-\lambda_j\mathscr{I})^{l_j}(j=1,2,\cdots,s)$;并且

$$\mathscr{A}\mid W_j=\lambda_j\mathscr{I}+\mathscr{B}_j\quad(j=1,2,\cdots,s) \tag{5}$$

其中 $\mathscr{B}_j$ 是 W_j 上幂零指数为 l_j 的幂零变换. 根据§7.10 中的定理 2,$W_j(j=1,2,\cdots,s)$ 中存在一个基,使得 $\mathscr{B}_j$ 在此基下的矩阵 $\boldsymbol{B}_j$ 是主对角元都为 0 的约当形矩阵,从而 $\mathscr{A}|W_j$ 在此基下的矩阵为 $\boldsymbol{A}_j=\lambda_j\boldsymbol{I}+\boldsymbol{B}_j$. 由此看出,$\boldsymbol{A}_j(j=1,2,\cdots,s)$ 是主对角元都为 λ_j 的约当形矩阵. 把所有 $W_j(j=1,2,\cdots,s)$ 的上述基,合起来就得到 V 的一个基,$\mathscr{A}$ 在此基下的矩阵为 $\boldsymbol{A}=$

$\text{diag}\{\boldsymbol{A}_1,\boldsymbol{A}_2,\cdots,\boldsymbol{A}_s\}$，因此 $\boldsymbol{A}$ 是约当形矩阵. 由于约当形矩阵是上三角矩阵，因此 $\boldsymbol{A}$ 的全部主对角元是 $\mathscr{A}$ 的全部特征值，特征值 λ_j 在 $\boldsymbol{A}$ 的主对角线上出现的次数等于 λ_j 的代数重数.

$\boldsymbol{A}_j$ 中约当块的总数 N_j 等于 $\boldsymbol{B}_j$ 的约当块的总数. 根据(5)式和 §7.10 中的定理 2 以及 7.9.2 小节中的例 7，得

$$\begin{aligned}N_j &= \dim W_j - \text{rank}(\mathscr{B}_j) = \dim(\text{Ker}(\mathscr{A}|W_j - \lambda_j\mathscr{I})) = \dim(\text{Ker}(\mathscr{A} - \lambda_j\mathscr{I}))\\ &= \dim V - \dim(\text{Im}(\mathscr{A} - \lambda_j\mathscr{I})) = n - \text{rank}(\mathscr{A} - \lambda_j\mathscr{I}).\end{aligned} \tag{6}$$

对于 $1\leqslant t\leqslant l_j$，$\boldsymbol{A}_j$ 中 t 阶约当块的个数 $N_j(t)$ 等于 $\boldsymbol{B}_j$ 中 t 阶约当块的个数，结合 7.9.2 小节中的例 7，得

$$\begin{aligned}N_j(t) &= \text{rank}(\mathscr{B}_j^{t-1}) + \text{rank}(\mathscr{B}_j^{t+1}) - 2\text{rank}(\mathscr{B}_j^t)\\ &= (\dim W_j - \dim(\text{Ker}\mathscr{B}_j^{t-1})) + (\dim W_j - \dim(\text{Ker}\mathscr{B}_j^{t+1}))\\ &\quad - 2(\dim W_j - \dim(\text{Ker}\mathscr{B}_j^t))\\ &= 2\dim(\text{Ker}\mathscr{B}_j^t) - \dim(\text{Ker}\mathscr{B}_j^{t-1}) - \dim(\text{Ker}\mathscr{B}_j^{t+1})\\ &= 2\dim(\text{Ker}(\mathscr{A}|W_j - \lambda_j\mathscr{I})^t) - \dim(\text{Ker}(\mathscr{A}|W_j - \lambda_j\mathscr{I})^{t-1})\\ &\quad - \dim(\text{Ker}(\mathscr{A}|W_j - \lambda_j\mathscr{I})^{t+1})\\ &= 2\dim(\text{Ker}(\mathscr{A} - \lambda_j\mathscr{I})^t) - \dim(\text{Ker}(\mathscr{A} - \lambda_j\mathscr{I})^{t-1}) - \dim(\text{Ker}(\mathscr{A} - \lambda_j\mathscr{I})^{t+1})\\ &= 2(\dim V - \dim(\text{Im}(\mathscr{A} - \lambda_j\mathscr{I})^t)) - (\dim V - \dim(\text{Im}(\mathscr{A} - \lambda_j\mathscr{I})^{t-1}))\\ &\quad - (\dim V - \dim(\text{Im}(\mathscr{A} - \lambda_j\mathscr{I})^{t+1}))\\ &= \text{rank}((\mathscr{A} - \lambda_j\mathscr{I})^{t-1}) + \text{rank}((\mathscr{A} - \lambda_j\mathscr{I})^{t+1}) - 2\text{rank}((\mathscr{A} - \lambda_j\mathscr{I})^t).\end{aligned} \tag{7}$$

由于 $\mathscr{A}$ 的约当标准形中，全部主对角元是 $\mathscr{A}$ 的全部特征值，每个特征值 λ_j 在主对角线上出现的次数等于 λ_j 的代数重数，主对角元为 λ_j 的约当块总数 N_j 以及其中 $t(1\leqslant t\leqslant l_j)$ 阶约当块的个数 $N_j(t)$ 都由 $\mathscr{A} - \lambda_j\mathscr{I}$ 的方幂的秩决定，因此在不考虑约当块的排列次序下，$\mathscr{A}$ 的约当标准形是唯一的. □

从定理 1 立即得到下述结论：

推论 1 设 $\boldsymbol{A}$ 是数域 K 上的 n 阶矩阵. 如果 $\boldsymbol{A}$ 的最小多项式 $m(\lambda)$ 在 $K[\lambda]$ 中的标准分解式为

$$m(\lambda) = (\lambda - \lambda_1)^{l_1}(\lambda - \lambda_2)^{l_2}\cdots(\lambda - \lambda_s)^{l_s}, \tag{8}$$

那么 $\boldsymbol{A}$ 相似于一个约当形矩阵，其全部主对角元是 $\boldsymbol{A}$ 的全部特征值；特征值 $\lambda_j(j=1,2,\cdots,s)$ 在主对角线上出现的次数等于 λ_j 的代数重数，主对角元为 λ_j 的约当块总数为

$$N_j = n - \text{rank}(\boldsymbol{A} - \lambda_j\boldsymbol{I}), \tag{9}$$

且每个约当块的阶数不超过 l_j；对于 $1\leqslant t\leqslant l_j$，$t$ 阶约当块 $\boldsymbol{J}_t(\lambda_j)(j=1,2,\cdots,s)$ 的个数 $N_j(t)$ 为

$$N_j(t) = \text{rank}((\boldsymbol{A} - \lambda_j\boldsymbol{I})^{t-1}) + \text{rank}((\boldsymbol{A} - \lambda_j\boldsymbol{I})^{t+1}) - 2\text{rank}((\boldsymbol{A} - \lambda_j\boldsymbol{I})^t). \tag{10}$$

这个约当形矩阵称为 $\boldsymbol{A}$ 的**约当标准形**. 在不考虑约当块的排列次序下，$\boldsymbol{A}$ 的约当标准形是唯一的. □

由于复数域上每个次数大于 0 的一元多项式都能分解成一次因式的乘积，因此复数域上 n 维线性空间 V 上的每个线性变换都有约当标准形，从而复数域上的每个 n 阶矩阵都有约当标准形.

推论 2　数域 K 上 n 维线性空间 V 上的线性变换 $\mathscr{A}$ 有约当标准形当且仅当 $\mathscr{A}$ 的最小多项式 $m(\lambda)$ 在 $K[\lambda]$ 中能分解成一次因式的乘积.

证明　*充分性*　由定理 1 立即得到.

必要性　设 $\mathscr{A}$ 有约当标准形 $\boldsymbol{J}$，根据 §7.9 中的命题 8，t 阶约当块 $\boldsymbol{J}_t(\lambda_j)$ 的最小多项式是 $(\lambda-\lambda_j)^t$. 再根据 §7.9 中的推论 4，$\boldsymbol{J}$ 的最小多项式 $m(\lambda)$ 是一次因式的乘积，$m(\lambda)$ 也就是 $\mathscr{A}$ 的最小多项式. □

推论 3　数域 K 上 n 维线性空间 V 上的线性变换 $\mathscr{A}$ 有约当标准形当且仅当 $\mathscr{A}$ 的特征多项式 $f(\lambda)$ 在 $K[\lambda]$ 中能分解成一次因式的乘积.

证明　由于 $\mathscr{A}$ 的最小多项式 $m(\lambda)$ 与特征多项式 $f(\lambda)$ 在包含 K 的数域 E 中有相同的根（重数可以不同），因此 $m(\lambda)$ 在 $K[\lambda]$ 中能分解成一次因式的乘积当且仅当 $f(\lambda)$ 在 $K[\lambda]$ 中能分解成一次因式的乘积. 于是，从推论 2 立即得到推论 3. □

用矩阵的语言叙述推论 2 和推论 3 就是下述推论 4：

推论 4　数域 K 上的 n 阶矩阵 $\boldsymbol{A}$ 相似于一个约当形矩阵当且仅当 $\boldsymbol{A}$ 的最小多项式 $m(\lambda)$（或者 $\boldsymbol{A}$ 的特征多项式 $f(\lambda)$）在 $K[\lambda]$ 中能分解成一次因式的乘积. □

定义 1　设 $\mathscr{A}$ 是数域 K 上 n 维线性空间 V 上的线性变换. 如果 $\mathscr{A}$ 在 V 的一个基下的矩阵是约当形矩阵，那么称 V 的这个基为 $\mathscr{A}$ 的一个**约当基**.

关于 $\mathscr{A}$ 的约当基的求法见下面 7.11.2 小节中的例 7.

设 $\mathscr{A}$ 是数域 K 上 n 维线性空间 V 上的线性变换. 如果 $\mathscr{A}$ 的最小多项式 $m(\lambda)$ 在 $K[\lambda]$ 中的标准分解式有次数大于 1 的不可约因式，那么 $\mathscr{A}$ 没有约当标准形. $\mathscr{A}$ 的最简单形式的矩阵表示是什么样子的呢？回答是：有理标准形，详见文献[2]中的 §9.9.

7.11.2　典型例题

例 1　设有理数域上三维线性空间 V 上的线性变换 $\mathscr{A}, \mathscr{B}$ 在 V 的一个基 $\alpha_1, \alpha_2, \alpha_3$ 下的矩阵分别为

$$\boldsymbol{A}=\begin{pmatrix}2&3&2\\1&8&2\\-2&-14&-3\end{pmatrix},\quad \boldsymbol{B}=\begin{pmatrix}0&1&0\\-4&4&0\\-2&1&2\end{pmatrix},$$

$\mathscr{A}, \mathscr{B}$ 是否有约当标准形？如果有，求出它们的约当标准形.

解　$\mathscr{A}$ 的特征多项式为

$$f_1(\lambda)=|\lambda\boldsymbol{I}-\boldsymbol{A}|=(\lambda-1)(\lambda-3)^2,$$

因此 $\mathscr{A}$ 有约当标准形. $\mathscr{A}$ 的全部特征值是 1,3(2 重)，于是在 $\mathscr{A}$ 的约当标准形 $\boldsymbol{J}_1$ 的主对角线

上,特征值 1 只出现 1 次,特征值 3 出现 2 次.

对于特征值 3,先求 rank($\mathscr{A}-3\mathscr{I}$). 由于

$$\boldsymbol{A}-3\boldsymbol{I}=\begin{pmatrix}-1&3&2\\1&5&2\\-2&-14&-6\end{pmatrix}\longrightarrow\begin{pmatrix}-1&3&2\\0&8&4\\0&0&0\end{pmatrix},$$

因此 rank($\mathscr{A}-3\mathscr{I}$)=rank($\boldsymbol{A}-3\boldsymbol{I}$)=2,从而主对角元为 3 的约当块的总数为 3−2=1. 所以

$$\boldsymbol{J}_1=\begin{pmatrix}1&&\\&3&1\\&0&3\end{pmatrix}.$$

$\mathscr{B}$ 的特征多项式为

$$f_2(\lambda)=|\lambda\boldsymbol{I}-\boldsymbol{B}|=(\lambda-2)^3,$$

因此 $\mathscr{B}$ 有约当标准形. $\mathscr{B}$ 的全部特征值是 2(3 重),于是 2 在 $\mathscr{B}$ 的约当标准形 $\boldsymbol{J}_2$ 的主对角线上出现 3 次. 由于

$$\boldsymbol{B}-2\boldsymbol{I}=\begin{pmatrix}-2&1&0\\-4&2&0\\-2&1&0\end{pmatrix}\longrightarrow\begin{pmatrix}-2&1&0\\0&0&0\\0&0&0\end{pmatrix},$$

因此 rank($\mathscr{B}-2\mathscr{I}$)=rank($\boldsymbol{B}-2\boldsymbol{I}$)=1,从而主对角元为 2 的约当块的总数为 3−1=2. 于是

$$\boldsymbol{J}_2=\begin{pmatrix}2&&\\&2&1\\&0&2\end{pmatrix}.$$

例 2 设实数域上三维线性空间 V 上的线性变换 $\mathscr{A}$ 在 V 的一个基下的矩阵为

$$\boldsymbol{A}=\begin{pmatrix}4&7&-3\\-2&-4&2\\-4&-10&4\end{pmatrix},$$

$\mathscr{A}$ 是否有约当标准形?

解 根据 7.6.2 小节中的例 2,$\mathscr{A}$ 的特征多项式为

$$f(\lambda)=|\lambda\boldsymbol{I}-\boldsymbol{A}|=(\lambda-2)(\lambda^2-2\lambda+2).$$

由于 $\lambda^2-2\lambda+2$ 的判别式 $\Delta=(-2)^2-4\times1\times2=4-8=-4<0$,因此 $\lambda^2-2\lambda+2$ 在实数域上不可约,从而 $\mathscr{A}$ 没有约当标准形.

例 3 有理数域上的下列矩阵是否有约当标准形? 如果有,求出它们的约当标准形.

(1) $\boldsymbol{A}=\begin{pmatrix}1&-3&3\\-2&-6&13\\-1&-4&8\end{pmatrix}$, (2) $\boldsymbol{B}=\begin{pmatrix}3&-1&0&0\\1&1&0&0\\3&0&5&-3\\4&-1&3&-1\end{pmatrix}$;

(3) $\boldsymbol{C}=\begin{pmatrix}1&1&1&\cdots&1&1\\0&1&1&\cdots&1&1\\0&0&1&\cdots&1&1\\\vdots&\vdots&\vdots&&\vdots&\vdots\\0&0&0&\cdots&1&1\\0&0&0&\cdots&0&1\end{pmatrix}_{n\times n}$.

解 (1) $|\lambda\boldsymbol{I}-\boldsymbol{A}|=(\lambda-1)^3$,于是 $\boldsymbol{A}$ 有约当标准形 $\boldsymbol{J}_1$,且 $\boldsymbol{A}$ 的全部特征值是 1(3 重). 由于

$$\boldsymbol{A}-\boldsymbol{I}=\begin{pmatrix}0&-3&3\\-2&-7&13\\-1&-4&7\end{pmatrix}\longrightarrow\begin{pmatrix}-1&-4&7\\0&1&-1\\0&0&0\end{pmatrix},$$

因此 $\boldsymbol{J}_1$ 中主对角元为 1 的约当块的总数为 $3-\operatorname{rank}(\boldsymbol{A}-\boldsymbol{I})=1$,从而

$$\boldsymbol{J}_1=\begin{pmatrix}1&1&0\\0&1&1\\0&0&1\end{pmatrix}.$$

(2) $|\lambda\boldsymbol{I}-\boldsymbol{B}|=(\lambda-2)^4$,于是 $\boldsymbol{B}$ 有约当标准形 $\boldsymbol{J}_2$,且 $\boldsymbol{B}$ 的全部特征值是 2(4 重). 由于

$$\boldsymbol{B}-2\boldsymbol{I}=\begin{pmatrix}1&-1&0&0\\1&-1&0&0\\3&0&3&-3\\4&-1&3&-3\end{pmatrix}\longrightarrow\begin{pmatrix}1&-1&0&0\\0&3&3&-3\\0&0&0&0\\0&0&0&0\end{pmatrix},$$

因此 $\boldsymbol{J}_2$ 中主对角元为 2 的约当块的总数为 $4-\operatorname{rank}(\boldsymbol{B}-2\boldsymbol{I})=4-2=2$. 又由于 $(\boldsymbol{B}-2\boldsymbol{I})^2=\boldsymbol{0}$,因此 $\boldsymbol{B}-2\boldsymbol{I}$ 是幂零指数为 2 的幂零矩阵,从而 $\boldsymbol{J}_2$ 中约当块的阶数小于或等于 2. 所以

$$\boldsymbol{J}_2=\begin{pmatrix}2&1&&\\0&2&&\\&&2&1\\&&0&2\end{pmatrix}.$$

(3) $|\lambda\boldsymbol{I}-\boldsymbol{C}|=(\lambda-1)^n$,于是 $\boldsymbol{C}$ 有约当标准形 $\boldsymbol{J}_3$,且 $\boldsymbol{C}$ 的全部特征值是 1(n 重). 由于 $\operatorname{rank}(\boldsymbol{C}-\boldsymbol{I})=n-1$,因此 $\boldsymbol{J}_3$ 中主对角元为 1 的约当块的总数为 $n-(n-1)=1$,从而

$$\boldsymbol{J}_3=\boldsymbol{J}_n(1).$$

例 4 设 a 是数域 K 中的非零数,求 $(\boldsymbol{J}_r(a))^2$ 的约当标准形,其中 $r>1$.

解 $\boldsymbol{J}_r(a)=a\boldsymbol{I}+\boldsymbol{J}_r(0)$,于是 $(\boldsymbol{J}_r(a))^2=a^2\boldsymbol{I}+2a\boldsymbol{J}_r(0)+(\boldsymbol{J}_r(0))^2$,即 $(\boldsymbol{J}_r(a))^2$ 是主对角元都为 a^2 的上三角矩阵,从而 $(\boldsymbol{J}_r(a))^2$ 的特征多项式为 $f(\lambda)=(\lambda-a^2)^r$. 所以,$(\boldsymbol{J}_r(a))^2$ 有约当标准形 $\boldsymbol{J}$. 由于 $a\neq0$,因此

$$\operatorname{rank}((\boldsymbol{J}_r(a))^2-a^2\boldsymbol{I})=\operatorname{rank}(2a\boldsymbol{J}_r(0)+(\boldsymbol{J}_r(0))^2)=r-1,$$

从而 $\boldsymbol{J}$ 中主对角元为 a^2 的约当块总数为 $r-(r-1)=1$. 因此 $\boldsymbol{J}=\boldsymbol{J}_r(a^2)$.

例 5 设 a 是非零复数,证明: $\boldsymbol{J}_r(a)$ 有平方根,即存在 r 阶复矩阵 $\boldsymbol{B}$,使得 $\boldsymbol{B}^2=\boldsymbol{J}_r(a)$.

证明 用 $\sqrt{a}$ 表示 a 的一个平方根,则 $(\sqrt{a})^2=a$. 根据例 4,得 $(\boldsymbol{J}_r(\sqrt{a}))^2\sim\boldsymbol{J}_r(a)$,因此存在 r 阶可逆复矩阵 $\boldsymbol{P}$,使得 $\boldsymbol{P}^{-1}(\boldsymbol{J}_r(\sqrt{a}))^2\boldsymbol{P}=\boldsymbol{J}_r(a)$,从而

$$\boldsymbol{J}_r(a)=\boldsymbol{P}^{-1}\boldsymbol{J}_r(\sqrt{a})\boldsymbol{P}\boldsymbol{P}^{-1}\boldsymbol{J}_r(\sqrt{a})\boldsymbol{P}=(\boldsymbol{P}^{-1}\boldsymbol{J}_r(\sqrt{a})\boldsymbol{P})^2.$$

令 $\boldsymbol{B}=\boldsymbol{P}^{-1}\boldsymbol{J}_r(\sqrt{a})\boldsymbol{P}$,则 $\boldsymbol{B}^2=\boldsymbol{J}_r(a)$. □

例 6 证明:任一 n 阶可逆复矩阵 $\boldsymbol{A}$ 都有平方根.

证明 设 $\boldsymbol{A}$ 的约当标准形为 $\boldsymbol{J}=\operatorname{diag}\{\boldsymbol{J}_{r_1}(\lambda_1),\cdots,\boldsymbol{J}_{r_m}(\lambda_m)\}$,其中 $\lambda_1,\cdots,\lambda_m$ 是 $\boldsymbol{A}$ 的特征值(它们中可能有相同的). 由于 $\boldsymbol{A}$ 可逆,因此 $\lambda_i\neq0(i=1,\cdots,m)$. 根据例 5,存在 r_i 阶复矩阵 $\boldsymbol{B}_i$,使得 $\boldsymbol{B}_i^2=\boldsymbol{J}_{r_i}(\lambda_i)(i=1,\cdots,m)$. 令 $\boldsymbol{B}=\operatorname{diag}\{\boldsymbol{B}_1,\cdots,\boldsymbol{B}_m\}$,则

$$\boldsymbol{B}^2=\operatorname{diag}\{\boldsymbol{B}_1^2,\cdots,\boldsymbol{B}_m^2\}=\operatorname{diag}\{\boldsymbol{J}_{r_1}(\lambda_1),\cdots,\boldsymbol{J}_{r_m}(\lambda_m)\}=\boldsymbol{J}.$$

由于 $\boldsymbol{A}\sim\boldsymbol{J}$,因此存在 n 阶可逆复矩阵 $\boldsymbol{P}$,使得 $\boldsymbol{A}=\boldsymbol{P}^{-1}\boldsymbol{J}\boldsymbol{P}$,从而 $\boldsymbol{A}=\boldsymbol{P}^{-1}\boldsymbol{B}^2\boldsymbol{P}=(\boldsymbol{P}^{-1}\boldsymbol{B}\boldsymbol{P})^2$,即 $\boldsymbol{A}$ 有平方根. □

* **例 7** 分别求例 1 中线性变换 $\mathscr{A},\mathscr{B}$ 的约当基.

解 已知 $\mathscr{A}$ 在 V 的基 $\alpha_1,\alpha_2,\alpha_3$ 下的矩阵为 $\boldsymbol{A}$. 在例 1 中已求出 $\mathscr{A}$ 的约当标准形 $\boldsymbol{J}_1=\operatorname{diag}\{1,\boldsymbol{J}_2(3)\}$. 为了求 $\mathscr{A}$ 的约当基,只要求出基 $\alpha_1,\alpha_2,\alpha_3$ 到约当基的过渡矩阵 $\boldsymbol{P}$ 即可. 由于 $\boldsymbol{J}_1=\boldsymbol{P}^{-1}\boldsymbol{A}\boldsymbol{P}$,因此 $\boldsymbol{P}\boldsymbol{J}_1=\boldsymbol{A}\boldsymbol{P}$,从而 $\boldsymbol{P}$ 是矩阵方程 $\boldsymbol{A}\boldsymbol{X}=\boldsymbol{X}\boldsymbol{J}_1$ 的一个解,并且这个解应当为可逆矩阵. 设 $\boldsymbol{X}=(\boldsymbol{X}_1,\boldsymbol{X}_2,\boldsymbol{X}_3)$,则

$$\boldsymbol{A}(\boldsymbol{X}_1,\boldsymbol{X}_2,\boldsymbol{X}_3)=(\boldsymbol{X}_1,3\boldsymbol{X}_2,\boldsymbol{X}_2+3\boldsymbol{X}_3).$$

于是 $$\boldsymbol{A}\boldsymbol{X}_1=\boldsymbol{X}_1,\quad \boldsymbol{A}\boldsymbol{X}_2=3\boldsymbol{X}_2,\quad \boldsymbol{A}\boldsymbol{X}_3=\boldsymbol{X}_2+3\boldsymbol{X}_3.$$

由此看出,$\boldsymbol{X}_1,\boldsymbol{X}_2$ 分别是 $\boldsymbol{A}$ 的属于特征值 1,3 的一个特征向量. 解齐次线性方程组 $(\boldsymbol{I}-\boldsymbol{A})\boldsymbol{y}=\boldsymbol{0}$,求得 $\boldsymbol{X}_1=(2,0,-1)^{\mathrm{T}}$;解齐次线性方程组 $(3\boldsymbol{I}-\boldsymbol{A})\boldsymbol{y}=\boldsymbol{0}$,求得 $\boldsymbol{X}_2=(1,-1,2)^{\mathrm{T}}$. 由 $\boldsymbol{A}\boldsymbol{X}_3=\boldsymbol{X}_2+3\boldsymbol{X}_3$ 得 $(\boldsymbol{A}-3\boldsymbol{I})\boldsymbol{X}_3=\boldsymbol{X}_2$. 把已求出的 $\boldsymbol{X}_2$ 代入,解方程组 $(\boldsymbol{A}-3\boldsymbol{I})\boldsymbol{y}=\boldsymbol{X}_2$,求得它的一个特解 $\boldsymbol{\gamma}_0=(-1,0,0)^{\mathrm{T}}$. 取 $\boldsymbol{X}_3=(-1,0,0)^{\mathrm{T}}$,则

$$\boldsymbol{X}=\begin{pmatrix}2&1&-1\\0&-1&0\\-1&2&0\end{pmatrix}.\tag{11}$$

容易看出 $\boldsymbol{X}$ 是可逆矩阵,它可以作为过渡矩阵 $\boldsymbol{P}$. 令

$$(\eta_1,\eta_2,\eta_3)=(\alpha_1,\alpha_2,\alpha_3)\boldsymbol{P},$$

则 $\eta_1=2\alpha_1-\alpha_3,\eta_2=\alpha_1-\alpha_2+2\alpha_3,\eta_3=-\alpha_1$. η_1,η_2,η_3 就是 $\mathscr{A}$ 的一个约当基.

已知 $\mathscr{B}$ 在 V 的基 $\alpha_1,\alpha_2,\alpha_3$ 下的矩阵为 $\boldsymbol{B}$. 由于 $\mathscr{B}$ 的约当标准形为 $\boldsymbol{J}_2=\operatorname{diag}\{2,\boldsymbol{J}_2(2)\}$,

因此

$$\boldsymbol{B}(\boldsymbol{X}_1,\boldsymbol{X}_2,\boldsymbol{X}_3)=(2\boldsymbol{X}_1,2\boldsymbol{X}_2,\boldsymbol{X}_2+2\boldsymbol{X}_3).$$

于是,$\boldsymbol{X}_1,\boldsymbol{X}_2$ 是 $\mathscr{B}$ 的属于特征值 2 的两个线性无关的特征向量. 解齐次线性方程组$(2\boldsymbol{I}-\boldsymbol{B})\boldsymbol{y}=\boldsymbol{0}$,得一般解为 $y_1=\frac{1}{2}y_2$,其中 y_2,y_3 为自由未知量. 求出一个基础解系为$(0,0,1)^{\mathrm{T}},(1,2,0)^{\mathrm{T}}$. 取 $\boldsymbol{X}_1=(0,0,1)^{\mathrm{T}}$. 设 $\boldsymbol{X}_2=\left(\frac{1}{2}y_2,y_2,y_3\right)^{\mathrm{T}}$. 由于 $\boldsymbol{B}\boldsymbol{X}_3=\boldsymbol{X}_2+2\boldsymbol{X}_3$,因此$(\boldsymbol{B}-2\boldsymbol{I})\boldsymbol{X}_3=\boldsymbol{X}_2$. $\boldsymbol{X}_2$ 的取法应使此方程组有解. 由于

$$(\boldsymbol{B}-2\boldsymbol{I},\boldsymbol{X}_2)=\begin{pmatrix}-2&1&0&\frac{1}{2}y_2\\-4&2&0&y_2\\-2&1&0&y_3\end{pmatrix}\longrightarrow\begin{pmatrix}1&-\frac{1}{2}&0&-\frac{1}{4}y_2\\0&0&0&-\frac{1}{2}y_2+y_3\\0&0&0&0\end{pmatrix},$$

取 $y_3=\frac{1}{2}y_2$,则方程组$(\boldsymbol{B}-2\boldsymbol{I})\boldsymbol{X}_3=\boldsymbol{X}_2$ 有解. 于是,取 $\boldsymbol{X}_2=(1,2,1)^{\mathrm{T}}$,用这个 $\boldsymbol{X}_2$ 代入,求出$(\boldsymbol{B}-2\boldsymbol{I})\boldsymbol{X}_3=\boldsymbol{X}_2$ 的一个特解 $\boldsymbol{X}_3=\left(-\frac{1}{2},0,0\right)^{\mathrm{T}}$. 令

$$\boldsymbol{X}=\begin{pmatrix}0&1&-\frac{1}{2}\\0&2&0\\1&1&0\end{pmatrix}.\tag{12}$$

容易看出,$\boldsymbol{X}$ 是可逆矩阵,它可以作为过渡矩阵 $\boldsymbol{S}$. 令

$$(\delta_1,\delta_2,\delta_3)=(\alpha_1,\alpha_2,\alpha_3)\boldsymbol{S},$$

则得到 $\mathscr{B}$ 的一个约当基为 $\delta_1=\alpha_3,\delta_2=\alpha_1+2\alpha_2+\alpha_3,\delta_3=-\frac{1}{2}\alpha_1$.

注意 在例 7 中求 $\mathscr{B}$ 的约当基时,如果取 $\boldsymbol{X}_2$ 为$(1,2,0)^{\mathrm{T}}$ 或$(0,0,1)^{\mathrm{T}}$,那么都会使$(\boldsymbol{B}-2\boldsymbol{I})\boldsymbol{y}=\boldsymbol{X}_2$ 无解.

***例 8** 对于例 1 中的矩阵 $\boldsymbol{A}$,计算 $\boldsymbol{A}^{10}$.

解 例 7 已求出 $\boldsymbol{P}$(即(11)式中的矩阵),使得

$$\boldsymbol{P}^{-1}\boldsymbol{A}\boldsymbol{P}=\boldsymbol{J}_1=\mathrm{diag}\{1,\boldsymbol{J}_2(3)\}.$$

计算得

$$\boldsymbol{P}^{-1}=\begin{pmatrix}0&-2&-1\\0&-1&0\\-1&-5&-2\end{pmatrix},$$

$$(\boldsymbol{J}_2(3))^{10}=\begin{pmatrix}3&1\\0&3\end{pmatrix}^{10}=\left[3\boldsymbol{I}+\begin{pmatrix}0&1\\0&0\end{pmatrix}\right]^{10}=3^{10}\boldsymbol{I}+10\cdot 3^9\begin{pmatrix}0&1\\0&0\end{pmatrix}=\begin{pmatrix}3^{10}&10\cdot 3^9\\0&3^{10}\end{pmatrix}.$$

由于 $\boldsymbol{A}=\boldsymbol{P}\boldsymbol{J}_1\boldsymbol{P}^{-1}$,因此 $\boldsymbol{A}^{10}=\boldsymbol{P}\boldsymbol{J}_1^{10}\boldsymbol{P}^{-1}$,从而

$$\boldsymbol{A}^{10}=\boldsymbol{P}\begin{pmatrix}1&0&0\\0&3^{10}&10\cdot 3^9\\0&0&3^{10}\end{pmatrix}\boldsymbol{P}^{-1}=\begin{pmatrix}-7\cdot 3^9&-38\cdot 3^9-4&-14\cdot 3^9-2\\10\cdot 3^9&53\cdot 3^9&20\cdot 3^9\\-20\cdot 3^9&-106\cdot 3^9+2&-40\cdot 3^9+1\end{pmatrix}.$$

例 9 对于数域 K 中的任一数 a,证明:$(\boldsymbol{J}_n(a))^{\mathrm{T}}\sim\boldsymbol{J}_n(a)$.

证明 $|\lambda\boldsymbol{I}-(\boldsymbol{J}_n(a))^{\mathrm{T}}|=(\lambda-a)^n$,从而$(\boldsymbol{J}_n(a))^{\mathrm{T}}$有约当标准形. 由于

$$\operatorname{rank}((\boldsymbol{J}_n(a))^{\mathrm{T}}-a\boldsymbol{I})=\operatorname{rank}((\boldsymbol{J}_n(0))^{\mathrm{T}})=n-1,$$

因此主对角元为 a 的约当块的总数为 $n-(n-1)=1$,从而$(\boldsymbol{J}_n(a))^{\mathrm{T}}$的约当标准形为 $\boldsymbol{J}_n(a)$. 于是$(\boldsymbol{J}_n(a))^{\mathrm{T}}\sim\boldsymbol{J}_n(a)$. □

例 10 证明:任一 n 阶复矩阵 $\boldsymbol{A}$ 与 $\boldsymbol{A}^{\mathrm{T}}$ 相似.

证明 复矩阵 $\boldsymbol{A}$ 有约当标准形 $\boldsymbol{J}=\operatorname{diag}\{\boldsymbol{J}_{r_1}(\lambda_1),\cdots,\boldsymbol{J}_{r_m}(\lambda_m)\}$,其中 $\lambda_1,\cdots,\lambda_m$ 为 $\boldsymbol{A}$ 的特征值(它们中可能有相同的). 根据例 9,得 $\boldsymbol{J}_{r_i}(\lambda_i)^{\mathrm{T}}\sim\boldsymbol{J}_{r_i}(\lambda_i)\,(i=1,\cdots,m)$,因此存在 r_i 阶可逆复矩阵 $\boldsymbol{P}_i$,使得

$$\boldsymbol{P}_i^{-1}(\boldsymbol{J}_{r_i}(\lambda_i))^{\mathrm{T}}\boldsymbol{P}_i=\boldsymbol{J}_{r_i}(\lambda_i)\quad(i=1,\cdots,m).$$

令

$$\boldsymbol{P}=\operatorname{diag}\{\boldsymbol{P}_1,\cdots,\boldsymbol{P}_m\},$$

则 $\boldsymbol{P}^{-1}\boldsymbol{J}^{\mathrm{T}}\boldsymbol{P}=\boldsymbol{J}$,从而 $\boldsymbol{J}^{\mathrm{T}}\sim\boldsymbol{J}$. 由于 $\boldsymbol{A}\sim\boldsymbol{J}$,因此 $\boldsymbol{A}^{\mathrm{T}}\sim\boldsymbol{J}^{\mathrm{T}}$,从而 $\boldsymbol{A}^{\mathrm{T}}\sim\boldsymbol{A}$.

习 题 7.11

1. 设数域 K 上三维线性空间 V 上的线性变换 $\mathscr{A}$ 在 V 的一个基 $\alpha_1,\alpha_2,\alpha_3$ 下的矩阵 $\boldsymbol{A}$ 分别为下列各小题中的矩阵,$\mathscr{A}$ 是否有约当标准形?如果有,求出 $\mathscr{A}$ 的约当标准形.

(1) $\begin{pmatrix}4&-5&2\\5&-7&3\\6&-9&4\end{pmatrix}$;　(2) $\begin{pmatrix}1&-3&4\\4&-7&8\\6&-7&7\end{pmatrix}$;

(3) $\begin{pmatrix}13&16&16\\-5&-7&-6\\-6&-8&-7\end{pmatrix}$;　(4) $\begin{pmatrix}3&0&8\\3&-1&6\\-2&0&-5\end{pmatrix}$.

2. 如下有理数域上的矩阵 $\boldsymbol{A}$ 是否有约当标准形?如果有,求出 $\boldsymbol{A}$ 的约当标准形.

$$\boldsymbol{A}=\begin{pmatrix}3&-4&0&2\\4&-5&-2&4\\0&0&3&-2\\0&0&2&-1\end{pmatrix}.$$

3. 设 $\boldsymbol{A}$ 是数域 K 上的 $n(n>1)$ 阶上三角矩阵：

$$\boldsymbol{A}=\begin{pmatrix} a_1 & a_2 & a_3 & \cdots & a_{n-1} & a_n \\ 0 & a_1 & a_2 & \cdots & a_{n-2} & a_{n-1} \\ \vdots & \vdots & \vdots & & \vdots & \vdots \\ 0 & 0 & 0 & \cdots & a_1 & a_2 \\ 0 & 0 & 0 & \cdots & 0 & a_1 \end{pmatrix} \quad (a_2\neq 0),$$

求 $\boldsymbol{A}$ 的约当标准形.

4. 设 $\boldsymbol{A}$ 是数域 K 上的 $n(n\geqslant 3)$ 阶上三角矩阵：

$$\boldsymbol{A}=\begin{pmatrix} a & 0 & 1 & 0 & \cdots & 0 & 0 \\ 0 & a & 0 & 1 & \cdots & 0 & 0 \\ \vdots & \vdots & \vdots & \vdots & & \vdots & \vdots \\ 0 & 0 & 0 & 0 & \cdots & a & 0 \\ 0 & 0 & 0 & 0 & \cdots & 0 & a \end{pmatrix},$$

求 $\boldsymbol{A}$ 的约当标准形.

5. 设 $\boldsymbol{A}$ 是数域 K 上的 n 阶矩阵，且 $\boldsymbol{A}$ 有约当标准形，证明：$\boldsymbol{A}$ 可对角化当且仅当对于 $\boldsymbol{A}$ 的任一特征值 λ_j，有 $\operatorname{rank}(\boldsymbol{A}-\lambda_j\boldsymbol{I})^2=\operatorname{rank}(\boldsymbol{A}-\lambda_j\boldsymbol{I})$.

6. 证明：数域 K 上的 r 阶约当块 $\boldsymbol{J}_r(1)\sim(\boldsymbol{J}_r(1))^k$，其中 $k\in\mathbf{N}^*$.

7. 设 $\boldsymbol{A}$ 是数域 K 上的 n 阶矩阵，证明：如果 $\boldsymbol{A}$ 的特征多项式为 $f(\lambda)=(\lambda-1)^n$，那么 $\boldsymbol{A}^k\sim\boldsymbol{A}$，其中 $k\in\mathbf{N}^*$.

*8. 分别求第 1 题的第(1)，(4)小题中 $\mathscr{A}$ 的一个约当基.

9. 证明：对于数域 K 上的 t 阶约当块 $\boldsymbol{J}_t(a)$，有 $\boldsymbol{J}_t(a)=\boldsymbol{GH}$，其中 $\boldsymbol{G},\boldsymbol{H}$ 都是对称矩阵，且 $\boldsymbol{G}$ 可逆.

10. 证明：对于任一 n 阶复矩阵 $\boldsymbol{A}$，存在一个 n 阶可逆复矩阵 $\boldsymbol{P}$，使得 $\boldsymbol{P}^{-1}\boldsymbol{AP}=\boldsymbol{GH}$，其中 $\boldsymbol{G},\boldsymbol{H}$ 都是对称矩阵，且 $\boldsymbol{G}$ 可逆.

§7.12 线性函数，对偶空间

7.12.1 内容精华

数域 K 可以看成自身上的线性空间. 由于对于任意 $a\in K$，有 $a=a\cdot 1$，且 1 线性无关，因此 1 是 K 的一个基，从而 $\dim K=1$.

数域 K 上的线性空间 V 到 K 的线性映射称为 V 上的线性函数. 详细地说，就是：

定义 1 如果数域 K 上的线性空间 V 到 K 的一个映射 f 满足：

$$f(\alpha+\beta)=f(\alpha)+f(\beta),\quad \forall\,\alpha,\beta\in V;$$
$$f(k\alpha)=kf(\alpha),\quad \forall\,\alpha\in V,k\in K,$$

那么称 f 是 V 上的一个**线性函数**.

例如,实数域 $\mathbf{R}$ 上的 n 元一次齐次函数

$$f(x_1,x_2,\cdots,x_n)=a_1x_1+a_2x_2+\cdots+a_nx_n$$

是实数域 $\mathbf{R}$ 上 n 维向量空间 $\mathbf{R}^n$ 上的一个线性函数.理由如下:f 是 $\mathbf{R}^n$ 到 $\mathbf{R}$ 的一个映射:

$$(x_1,x_2,\cdots,x_n)^{\mathrm{T}}\longmapsto a_1x_1+a_2x_2+\cdots+a_nx_n.$$

在 $\mathbf{R}^n$ 中任取两个向量 $\boldsymbol{\alpha}=(x_1,x_2,\cdots,x_n)^{\mathrm{T}}$,$\boldsymbol{\beta}=(y_1,y_2,\cdots,y_n)^{\mathrm{T}}$,则 $f(\boldsymbol{\alpha})=(a_1,a_2,\cdots,a_n)\boldsymbol{\alpha}$,$f(\boldsymbol{\beta})=(a_1,a_2,\cdots,a_n)\boldsymbol{\beta}$,从而

$$\begin{aligned}f(\boldsymbol{\alpha}+\boldsymbol{\beta})&=(a_1,a_2,\cdots,a_n)(\boldsymbol{\alpha}+\boldsymbol{\beta})=(a_1,a_2,\cdots,a_n)\boldsymbol{\alpha}+(a_1,a_2,\cdots,a_n)\boldsymbol{\beta}\\&=f(\boldsymbol{\alpha})+f(\boldsymbol{\beta}),\\f(k\boldsymbol{\alpha})&=(a_1,a_2,\cdots,a_n)(k\boldsymbol{\alpha})=k(a_1,a_2,\cdots,a_n)\boldsymbol{\alpha}=kf(\boldsymbol{\alpha}),\quad \forall\,k\in\mathbf{R}.\end{aligned}$$

因此,f 是 $\mathbf{R}^n$ 上的一个线性函数.

设 f 是数域 K 上 n 维线性空间 V 上的线性函数.取 V 的一个基 $\alpha_1,\alpha_2,\cdots,\alpha_n$,则 V 中任一向量 $\alpha=x_1\alpha_1+x_2\alpha_2+\cdots+x_n\alpha_n$ 在 f 下的像为

$$f(\alpha)=x_1f(\alpha_1)+x_2f(\alpha_2)+\cdots+x_nf(\alpha_n).\tag{1}$$

(1)式是线性函数 f 在 V 的基 $\alpha_1,\alpha_2,\cdots,\alpha_n$ 下的表达式.

设 V 是数域 K 上的 n 维线性空间.取 V 的一个基 $\alpha_1,\alpha_2,\cdots,\alpha_n$.根据§7.1中的定理1,在 K 中任取 n 个数 $a_1,a_2,\cdots,a_n$,存在 V 上唯一的线性函数 f,使得

$$f(\alpha_i)=a_i\quad(i=1,2,\cdots,n).\tag{2}$$

结合(1)式,f 在基 $\alpha_1,\alpha_2,\cdots,\alpha_n$ 下的表达式为

$$f(\alpha)=a_1x_1+a_2x_2+\cdots+a_nx_n,\tag{3}$$

其中$(x_1,x_2,\cdots,x_n)^{\mathrm{T}}$ 是 V 中任一向量 α 在 V 的基 $\alpha_1,\alpha_2,\cdots,\alpha_n$ 下的坐标.

数域 K 上线性空间 V 上的所有线性函数组成的集合 $\mathrm{Hom}(V,K)$是 K 上的一个线性空间.称 $\mathrm{Hom}(V,K)$是 V 上的**线性函数空间**.如果 $\dim V=n$,那么

$$\dim\mathrm{Hom}(V,K)=\dim V\cdot\dim K=n\cdot 1=n.\tag{4}$$

因此
$$\mathrm{Hom}(V,K)\cong V.\tag{5}$$

此时把 $\mathrm{Hom}(V,K)$记成 V^*.称 V^* 是 V 的**对偶空间**.于是 $V^*\cong V$.在 V 中取一个基 $\alpha_1,\alpha_2,\cdots,\alpha_n$,由此我们来求 V^* 的一个基.由于 $\dim V^*=\dim V=n$,因此只要在 V^* 中找到 n 个元素(即 V 上的 n 个线性函数)且它们线性无关,那么它们就是 V^* 的一个基.我们来构造 V 上的 n 个线性函数,列成表:

K 中的 n 个数	V 上的线性函数
$1,0,0,\cdots,0,0$	f_1,使得 $f_1(\alpha_1)=1, f_1(\alpha_j)=0(j\neq 1)$
$0,1,0,\cdots,0,0$	f_2,使得 $f_2(\alpha_2)=1, f_2(\alpha_j)=0(j\neq 2)$
……	……
$0,0,0,\cdots,0,1$	f_n,使得 $f_n(\alpha_n)=1, f_n(\alpha_j)=0(j\neq n)$

设

$$k_1 f_1 + k_2 f_2 + \cdots + k_n f_n = 0. \tag{6}$$

任给 $i\in\{1,2,\cdots,n\}$,从(6)式得

$$\begin{aligned}0 &= k_1 f_1(\alpha_i) + \cdots + k_{i-1} f_{i-1}(\alpha_i) + k_i f_i(\alpha_i) + k_{i+1} f_{i+1}(\alpha_i) + \cdots + k_n f_n(\alpha_i) \\ &= k_i \cdot 1 = k_i,\end{aligned}$$

因此 $f_1, f_2, \cdots, f_n$ 线性无关. 所以,$f_1, f_2, \cdots, f_n$ 是 V^* 的一个基,称它为 V 的基 $\alpha_1, \alpha_2, \cdots, \alpha_n$ 在 V^* 中的**对偶基**. 它的特征是

$$f_i(\alpha_j) = \begin{cases} 1, & j = i, \\ 0, & j \neq i, \end{cases} \tag{7}$$

记作

$$f_i(\alpha_j) = \delta_{ij} \quad (i, j = 1, 2, \cdots, n), \tag{8}$$

其中 δ_{ij} 是克罗内克(Kronecker)记号,当 $i=j$ 时,$\delta_{ij}=1$;当 $i\neq j$ 时,$\delta_{ij}=0$.

对于 V 中的任一向量 $\alpha = \sum_{i=1}^{n} x_i \alpha_i$,有

$$f_j(\alpha) = \sum_{i=1}^{n} x_i f_j(\alpha_i) = x_j \cdot 1 = x_j \quad (j = 1, 2, \cdots, n),$$

因此

$$\alpha = \sum_{i=1}^{n} f_i(\alpha) \alpha_i. \tag{9}$$

对于 V^* 中的任一元素 $f = \sum_{j=1}^{n} k_j f_j$,有

$$f(\alpha_i) = \sum_{j=1}^{n} k_j f_j(\alpha_i) = k_i \cdot 1 = k_i \quad (i = 1, 2, \cdots, n),$$

因此

$$f = \sum_{j=1}^{n} f(\alpha_j) f_j. \tag{10}$$

(9)式表明,V 中任一向量 α 在 V 的基 $\alpha_1, \alpha_2, \cdots, \alpha_n$ 下的坐标的第 i 个分量等于 $\alpha_1, \alpha_2, \cdots, \alpha_n$ 的对偶基的第 i 个基向量 f_i 在 α 处的函数值 $f_i(\alpha)$;(10)式表明,V^* 中任一元素 f

在 V 的基 $\alpha_1,\alpha_2,\cdots,\alpha_n$ 的对偶基 $f_1,f_2,\cdots,f_n$ 下的坐标的第 j 个分量等于 f 在 V 的第 j 个基向量 α_j 处的函数值 $f(\alpha_j)$.

现在我们来探索数域 K 上的 n 维线性空间 V 中基变换的过渡矩阵与 V^* 中相应的对偶基的基变换的过渡矩阵之间的关系.

定理 1 设 V 是数域 K 上的 n 维线性空间,V 的基 $\alpha_1,\alpha_2,\cdots,\alpha_n$ 到基 $\beta_1,\beta_2,\cdots,\beta_n$ 的过渡矩阵是 $\boldsymbol{A}$,则 V^* 中相应的对偶基 $f_1,f_2,\cdots,f_n$ 到对偶基 $g_1,g_2,\cdots,g_n$ 的过渡矩阵为

$$\boldsymbol{B}=(\boldsymbol{A}^{-1})^{\mathrm{T}}.$$

证明 由于$(\beta_1,\beta_2,\cdots,\beta_n)=(\alpha_1,\alpha_2,\cdots,\alpha_n)\boldsymbol{A}$,因此

$$(\alpha_1,\alpha_2,\cdots,\alpha_n)=(\beta_1,\beta_2,\cdots,\beta_n)\boldsymbol{A}^{-1}. \tag{11}$$

从(11)式得

$$\alpha_j=\sum_{i=1}^{n}\boldsymbol{A}^{-1}(i;j)\beta_i \quad (j=1,2,\cdots,n). \tag{12}$$

由于 V 的基 $\beta_1,\beta_2,\cdots,\beta_n$ 在 V^* 中的对偶基是 $g_1,g_2,\cdots,g_n$,因此根据(9)式给出的结论,从(12)式得

$$\boldsymbol{A}^{-1}(i;j)=g_i(\alpha_j) \quad (i,j=1,2,\cdots,n). \tag{13}$$

由于$(g_1,g_2,\cdots,g_n)=(f_1,f_2,\cdots,f_n)\boldsymbol{B}$,因此

$$g_i=\sum_{j=1}^{n}\boldsymbol{B}(j;i)f_j \quad (i=1,2,\cdots,n). \tag{14}$$

由于 V 的基 $\alpha_1,\alpha_2,\cdots,\alpha_n$ 在 V^* 中的对偶基是 $f_1,f_2,\cdots,f_n$,因此根据(10)式给出的结论,从(14)式得

$$\boldsymbol{B}(j;i)=g_i(\alpha_j) \quad (j,i=1,2,\cdots,n). \tag{15}$$

从(13)式和(15)式得

$$\boldsymbol{A}^{-1}(i;j)=\boldsymbol{B}(j;i)=\boldsymbol{B}^{\mathrm{T}}(i;j) \quad (i,j=1,2,\cdots,n), \tag{16}$$

因此 $\boldsymbol{A}^{-1}=\boldsymbol{B}^{\mathrm{T}}$,从而$(\boldsymbol{A}^{-1})^{\mathrm{T}}=\boldsymbol{B}$. □

对于数域 K 上 n 维线性空间 V 的对偶空间 V^*,也有它的对偶空间$(V^*)^*$,简记成 V^{**},称 V^{**} 是 V 的**双重对偶空间**. 由于 $V\cong V^*$,$V^*\cong V^{**}$,因此

$$V\cong V^{**}. \tag{17}$$

在 V 中取一个基 $\alpha_1,\alpha_2,\cdots,\alpha_n$,记 $\alpha_1,\alpha_2,\cdots,\alpha_n$ 在 V^* 中的对偶基为 $f_1,f_2,\cdots,f_n$,而记 $f_1,f_2,\cdots,f_n$ 在 V^{**} 中的对偶基为 $\alpha_1^{**},\alpha_2^{**},\cdots,\alpha_n^{**}$. 从§6.3 中定理 1 的证明知道,有 V 到 V^* 的一个同构映射

$$\sigma:\ \alpha=\sum_{i=1}^{n}x_i\alpha_i\longmapsto\sum_{i=1}^{n}x_if_i=:\alpha^*, \tag{18}$$

也有 V^* 到 V^{**} 的一个同构映射

$$\tau: \alpha^* = \sum_{i=1}^{n} x_i f_i \longmapsto \sum_{i=1}^{n} x_i \alpha_i^{**} =: \alpha^{**}, \tag{19}$$

于是有 V 到 V^{**} 的一个同构映射 $\tau\sigma: \alpha \longmapsto \alpha^{**}$.

对于 V 中的任一向量 $\beta = \sum\limits_{i=1}^{n} y_i \alpha_i$,根据(9)式的结论,得 $y_i = f_i(\beta)$,从而

$$\alpha^*(\beta) = \left(\sum_{i=1}^{n} x_i f_i\right)(\beta) = \sum_{i=1}^{n} x_i f_i(\beta) = \sum_{i=1}^{n} x_i y_i. \tag{20}$$

(20)式表明,α 在 σ 下的像 α^* 在 β 处的函数值 $\alpha^*(\beta)$ 等于 α 与 β 在 V 的基 $\alpha_1, \alpha_2, \cdots, \alpha_n$ 下的坐标的对应分量乘积之和.

任取 $f \in V^*$,根据(10)式,得 $f = \sum\limits_{i=1}^{n} f(\alpha_i) f_i$. 对 V^* 用(20)式给出的结论得,α^* 在 τ 下的像 α^{**} 在 f 处的函数值 $\alpha^{**}(f)$ 等于 α^* 与 f 在 V^* 的基 $f_1, f_2, \cdots, f_n$ 下的坐标的对应分量乘积之和:

$$\alpha^{**}(f) = \sum_{i=1}^{n} x_i f(\alpha_i) = \sum_{i=1}^{n} f(x_i \alpha_i) = f\left(\sum_{i=1}^{n} x_i \alpha_i\right) = f(\alpha). \tag{21}$$

(21)式表明,在 V 到 V^{**} 的同构映射 $\tau\sigma$ 下,α 的像 α^{**} 在 V^* 中任一元素 f 处的函数值 $\alpha^{**}(f)$ 等于 f 在 α 处的函数值 $f(\alpha)$. 于是,$\alpha^{**}(f)$ 不依赖于 V 中基的选择. 我们称这种不依赖于基的选择的同构映射为**自然同构**. V 到 V^{**} 的上述同构映射 $\tau\sigma$ 就是一个自然同构.

由于 V 到 V^{**} 存在一个自然同构,因此可以把 V 中的向量 α 与它在自然同构下的像 α^{**} 等同起来,从而可以把 V 与 V^{**} 等同. 于是,可以把 V 看成 V^* 的对偶空间,这样 V 与 V^* 就互为对偶空间. 这就是把 V^* 称为 V 的对偶空间的原因.

7.12.2 典型例题

例 1 设 V 是数域 K 上的三维线性空间. 取 V 的一个基 $\alpha_1, \alpha_2, \alpha_3$. 试找出 V 上的一个线性函数 f,使得

$$f(3\alpha_1 + \alpha_2) = 2, \quad f(\alpha_2 - \alpha_3) = 1, \quad f(2\alpha_1 + \alpha_3) = 2.$$

解 若 V 上的线性函数 f 满足题目中的要求,则

$$3f(\alpha_1) + f(\alpha_2) = 2, \quad f(\alpha_2) - f(\alpha_3) = 1, \quad 2f(\alpha_1) + f(\alpha_3) = 2,$$

解得
$$f(\alpha_1) = -1, \quad f(\alpha_2) = 5, \quad f(\alpha_3) = 4.$$

令 $f(\alpha) = -x_1 + 5x_2 + 4x_3$,其中 $(x_1, x_2, x_3)^{\mathrm{T}}$ 是 V 中任一向量 α 在基 $\alpha_1, \alpha_2, \alpha_3$ 下的坐标,则 f 就是所求的 V 上的线性函数.

例 2 设 $V = \mathbf{R}[x]_3$. 对于 $g(x) \in V$,定义

$$f_1(g(x)) = \int_0^1 g(x)\mathrm{d}x, \quad f_2(g(x)) = \int_0^2 g(x)\mathrm{d}x, \quad f_3(g(x)) = \int_0^{-1} g(x)\mathrm{d}x.$$

证明:f_1,f_2,f_3 是 V^* 的一个基;并且求出 V 的一个基 $g_1(x),g_2(x),g_3(x)$,使得它在 V^* 中的对偶基为 f_1,f_2,f_3.

解 直接用定义 1 易证 f_1,f_2,f_3 都是 V 上的线性函数. 在 $V=\mathbf{R}[x]_3$ 中取一个基 $1,x,x^2$,它在 V^* 中的对偶基记作 $\tilde{f}_1,\tilde{f}_2,\tilde{f}_3$. 计算得

$$f_1(1)=\int_0^1 1\mathrm{d}x=1,\quad f_1(x)=\frac{1}{2},\quad f_1(x^2)=\frac{1}{3};$$

$$f_2(1)=2,\quad f_2(x)=2,\quad f_2(x^2)=\frac{8}{3};$$

$$f_3(1)=-1,\quad f_3(x)=\frac{1}{2},\quad f_3(x^2)=-\frac{1}{3}.$$

根据(10)式,得

$$f_1=f_1(1)\tilde{f}_1+f_1(x)\tilde{f}_2+f_1(x^2)\tilde{f}_3=\tilde{f}_1+\frac{1}{2}\tilde{f}_2+\frac{1}{3}\tilde{f}_3,$$

$$f_2=2\tilde{f}_1+2\tilde{f}_2+\frac{8}{3}\tilde{f}_3,\quad f_3=-\tilde{f}_1+\frac{1}{2}\tilde{f}_2-\frac{1}{3}\tilde{f}_3,$$

于是

$$(f_1,f_2,f_3)=(\tilde{f}_1,\tilde{f}_2,\tilde{f}_3)\begin{pmatrix}1 & 2 & -1\\ \frac{1}{2} & 2 & \frac{1}{2}\\ \frac{1}{3} & \frac{8}{3} & -\frac{1}{3}\end{pmatrix}.$$

用 $\boldsymbol{B}$ 表示上式右端的三阶矩阵. 计算得 $|\boldsymbol{B}|\neq 0$,因此 $\boldsymbol{B}$ 可逆. 由于 $\tilde{f}_1,\tilde{f}_2,\tilde{f}_3$ 是 V^* 的一个基,因此 f_1,f_2,f_3 也是 V^* 的一个基.

设 V 的一个基 $g_1(x),g_2(x),g_3(x)$ 在 V^* 中的对偶基为 f_1,f_2,f_3,则根据定理 1,得

$$(g_1(x),g_2(x),g_3(x))=(1,x,x^2)(\boldsymbol{B}^{-1})^{\mathrm{T}}.$$

计算得

$$\boldsymbol{B}^{-1}=\begin{pmatrix}1 & 1 & -\frac{3}{2}\\ -\frac{1}{6} & 0 & \frac{1}{2}\\ -\frac{1}{3} & 1 & -\frac{1}{2}\end{pmatrix}.$$

于是 $g_1(x)=1+x-\frac{3}{2}x^2,\quad g_2(x)=-\frac{1}{6}+\frac{1}{2}x^2,\quad g_3(x)=-\frac{1}{3}+x-\frac{1}{2}x^2.$

例 3 设 V 是数域 K 上的一维线性空间. 取 V 的两个基: α 和 β,其中 $\beta=a\alpha,a\in K$. 又设 α 和 β 在 V^* 中的对偶基分别为 f 和 g,V 到 V^* 的两个同构映射 σ 和 τ 分别使得 $\sigma(\alpha)=f$,

$\tau(\beta)=g$. 证明：如果 $a^2\neq 1$，那么对于任给 $\gamma\in V$，且 $\gamma\neq 0$，有 $\sigma(\gamma)\neq\tau(\gamma)$.

证明 任给 $\gamma\in V$，且 $\gamma\neq 0$，设 $\gamma=x\alpha$. 由于 $\beta=a\alpha$，因此 $\alpha=a^{-1}\beta$，从而 $\gamma=xa^{-1}\beta$. 根据(20)式给出的结论，得

$$\sigma(\gamma)(\alpha)=x\cdot 1=x,\quad \tau(\gamma)(\alpha)=(xa^{-1})a^{-1}=xa^{-2}.$$

由于 $a^2\neq 1$，因此 $\sigma(\gamma)(\alpha)\neq\tau(\gamma)(\alpha)$，从而 $\sigma(\gamma)\neq\tau(\gamma)$. □

点评 例 3 表明，V 到 V^* 的把 V 的基映成它在 V^* 中的对偶基的同构映射依赖于 V 的基的选择.

例 4 设 $\mathscr{A}$ 是数域 K 上 n 维线性空间 V 上的线性变换.

(1) 证明：对于 $f\in V^*$，有 $f\mathscr{A}\in V^*$；

(2) 定义 V^* 到自身的一个映射 $\mathscr{A}^*$：$f\longmapsto f\mathscr{A}$，证明：$\mathscr{A}^*$ 是 V^* 上的一个线性变换；

(3) 设 V 的一个基 $\alpha_1,\alpha_2,\cdots,\alpha_n$ 在 V^* 中的对偶基为 $f_1,f_2,\cdots,f_n$，$\mathscr{A}$ 在基 $\alpha_1,\alpha_2,\cdots,\alpha_n$ 下的矩阵为 $\boldsymbol{A}$，证明：$\mathscr{A}^*$ 在基 $f_1,f_2,\cdots,f_n$ 下的矩阵为 $\boldsymbol{A}^{\mathrm{T}}$(把 $\mathscr{A}^*$ 称为 $\mathscr{A}$ 的**转置映射**或**对偶映射**).

证明 (1) 由于 $\mathscr{A}$ 是 V 到 V 的线性映射，f 是 V 到 K 的线性映射，因此 $f\mathscr{A}$ 是 V 到 K 的线性映射，即 $f\mathscr{A}\in V^*$.

(2) 任给 $f,g\in V^*$，$k\in K$，有

$$\mathscr{A}^*(f+g)=(f+g)\mathscr{A}=f\mathscr{A}+g\mathscr{A}=\mathscr{A}^*(f)+\mathscr{A}^*(g),$$
$$\mathscr{A}^*(kf)=(kf)\mathscr{A}=k(f\mathscr{A})=k\mathscr{A}^*(f),$$

因此 $\mathscr{A}^*$ 是 V^* 上的一个线性变换.

(3) 已知 $\mathscr{A}(\alpha_1,\alpha_2,\cdots,\alpha_n)=(\alpha_1,\alpha_2,\cdots,\alpha_n)\boldsymbol{A}$，设 $\boldsymbol{A}=(a_{ij})$. 根据(10)式，有

$$\begin{aligned}f_i\mathscr{A}&=\sum_{j=1}^{n}(f_i\mathscr{A})(\alpha_j)f_j=\sum_{j=1}^{n}f_i(\mathscr{A}\alpha_j)f_j=\sum_{j=1}^{n}f_i\left(\sum_{k=1}^{n}a_{kj}\alpha_k\right)f_j\\&=\sum_{j=1}^{n}\sum_{k=1}^{n}a_{kj}f_i(\alpha_k)f_j=\sum_{j=1}^{n}a_{ij}f_j,\end{aligned}$$

于是

$$\begin{aligned}\mathscr{A}^*(f_1,f_2,\cdots,f_n)&=(f_1\mathscr{A},f_2\mathscr{A},\cdots,f_n\mathscr{A})=\left(\sum_{j=1}^{n}a_{1j}f_j,\sum_{j=1}^{n}a_{2j}f_j,\cdots,\sum_{j=1}^{n}a_{nj}f_j\right)\\&=(f_1,f_2,\cdots,f_n)\begin{pmatrix}a_{11}&a_{21}&\cdots&a_{n1}\\a_{12}&a_{22}&\cdots&a_{n2}\\\vdots&\vdots&&\vdots\\a_{1n}&a_{2n}&\cdots&a_{nn}\end{pmatrix}=(f_1,f_2,\cdots,f_n)\boldsymbol{A}^{\mathrm{T}},\end{aligned}$$

即 $\mathscr{A}^*$ 在基 $f_1,f_2,\cdots,f_n$ 下的矩阵是 $\boldsymbol{A}^{\mathrm{T}}$. □

例 5 设 f 是数域 K 上线性空间 V 上的非零线性函数，证明：

(1) 在 V 中任给 $\beta\notin \mathrm{Ker}f$,则 V 中任一向量 α 可以唯一地表示成

$$\alpha=\eta+k\beta,\quad \eta\in \mathrm{Ker}f, k\in K;$$

(2) $\mathrm{Ker}f$ 是 V 的极大子空间(即如果 V 的子空间 $U\supseteq \mathrm{Ker}f$,那么 $U=\mathrm{Ker}f$ 或 $U=V$).

证明 (1) 由于

$$\eta=\alpha-k\beta\in \mathrm{Ker}f \Longleftrightarrow f(\alpha-k\beta)=0 \Longleftrightarrow f(\alpha)-kf(\beta)=0 \Longleftrightarrow k=\frac{f(\alpha)}{f(\beta)},$$

因此 $\alpha=\eta+\dfrac{f(\alpha)}{f(\beta)}\beta$,其中 $\eta\in \mathrm{Ker}f$.

下面证唯一性. 假如还有 $\alpha=\eta_1+k_1\beta$,其中 $\eta_1\in \mathrm{Ker}f, k_1\in K$,则

$$0=(\eta-\eta_1)+\left(\frac{f(\alpha)}{f(\beta)}-k_1\right)\beta.$$

假如 $k_1\neq\dfrac{f(\alpha)}{f(\beta)}$,则 $\beta\in \mathrm{Ker}f$,矛盾. 因此 $k_1=\dfrac{f(\alpha)}{f(\beta)}$,从而 $\eta=\eta_1$.

(2) 设 V 的子空间 $U\supsetneqq \mathrm{Ker}f$,则 U 中存在 $\beta\notin \mathrm{Ker}f$. 任取 $\alpha\in V$,根据第(1)小题,得

$$\alpha=\eta+\frac{f(\alpha)}{f(\beta)}\beta,$$

其中 $\eta\in \mathrm{Ker}f$,于是 $\alpha\in U$,从而 $V\subseteq U$. 因此 $V=U$. 于是,$\mathrm{Ker}f$ 是 V 的极大子空间. □

例 6 设 f,g 都是数域 K 上线性空间 V 上的线性函数,证明:如果 $\mathrm{Ker}f=\mathrm{Ker}g$,那么存在某个 $a\in K$,且 $a\neq 0$,使得 $f=ag$.

证明 若 $f=0$,则 $\mathrm{Ker}f=V$. 由已知条件得 $\mathrm{Ker}g=V$,于是 $g=0$,从而 $f=1\cdot g$. 下面设 $f\neq 0$,则 $g\neq 0$. 任取 $\beta\in V$,且 $\beta\notin \mathrm{Ker}f$,又任取 $\alpha\in V$,根据例 5 的第(1)小题,得

$$\alpha=\eta_1+\frac{f(\alpha)}{f(\beta)}\beta,\quad \eta_1\in \mathrm{Ker}f,$$

$$\alpha=\eta_2+\frac{g(\alpha)}{g(\beta)}\beta,\quad \eta_2\in \mathrm{Ker}g,$$

从而 $\eta_1-\eta_2=\left(\dfrac{g(\alpha)}{g(\beta)}-\dfrac{f(\alpha)}{f(\beta)}\right)\beta$. 由此得出 $\dfrac{g(\alpha)}{g(\beta)}-\dfrac{f(\alpha)}{f(\beta)}=0$,于是

$$f(\alpha)=\frac{f(\beta)}{g(\beta)}g(\alpha),\quad \forall\alpha\in V.$$

因此 $f=\dfrac{f(\beta)}{g(\beta)}g$. 取 $a=\dfrac{f(\beta)}{g(\beta)}$,则 $f=ag$,其中 $a\in K$,且 $a\neq 0$. □

习　题　7.12

1. 设 f 是数域 K 上三维线性空间 V 上的线性函数. 取 V 的一个基 $\alpha_1,\alpha_2,\alpha_3$. 已知

$$f(\alpha_1+2\alpha_3)=4,\quad f(\alpha_2+3\alpha_3)=0,\quad f(4\alpha_1+\alpha_2)=5.$$

求 f 在基 $\alpha_1,\alpha_2,\alpha_3$ 下的表达式.

2. 设数域 K 上三维线性空间 V 的一个基 $\alpha_1,\alpha_2,\alpha_3$ 在 V^* 中的对偶基为 f_1,f_2,f_3,又设

$$\beta_1 = 2\alpha_1+\alpha_2+2\alpha_3,\quad \beta_2 = \alpha_1+2\alpha_2-2\alpha_3,\quad \beta_3 = -2\alpha_1+2\alpha_2+\alpha_3,$$

证明：β_1,β_2,β_3 是 V 的一个基,并且求它在 V^* 中的对偶基 g_1,g_2,g_3(用 f_1,f_2,f_3 表示).

3. 设 $V=\mathbf{R}^3$,在 V 中取一个基

$$\boldsymbol{\alpha}_1 = (1,1,-1)^{\mathrm{T}},\quad \boldsymbol{\alpha}_2 = (1,-1,0)^{\mathrm{T}},\quad \boldsymbol{\alpha}_3 = (2,0,0)^{\mathrm{T}},$$

它在 V^* 中的对偶基记作 g_1,g_2,g_3. 求 $g_i(i=1,2,3)$ 在 $\mathbf{R}^3$ 的标准基 $\boldsymbol{\varepsilon}_1,\boldsymbol{\varepsilon}_2,\boldsymbol{\varepsilon}_3$ 下的表达式.

4. 设 V 是数域 K 上的 n 维线性空间,证明：

(1) 对于 $f_1,f_2,\cdots,f_s\in V^*$,$V$ 的子集

$$W=\{\alpha\in V\mid f_i(\alpha)=0,i=1,2,\cdots,s\}$$

是 V 的一个子空间. 称 W 为线性函数 $f_1,f_2,\cdots,f_s$ 的**零化子空间**.

(2) V 的任一子空间都是某些线性函数的零化子空间.

5. 设 V 是数域 K 上的 n 维线性空间,W 是 V 的一个子空间. 令

$$W'=\{f\in V^*\mid f(\beta)=0,\forall\beta\in W\}.$$

证明：

(1) W' 是 V^* 的一个子空间；

(2) $\dim W+\dim W'=\dim V$；

(3) $(W')'=W$(在把 V 与 V^{**} 等同的意义下).

6. 设 V 是数域 K 上的线性空间,$f_1,f_2,\cdots,f_s$ 都是 V 上的非零线性函数,证明：存在 $\alpha\in V$,使得

$$f_i(\alpha)\neq 0\quad (i=1,2,\cdots,s).$$

7. 设 V 是数域 K 上的 n 维线性空间,$\alpha_1,\alpha_2,\cdots,\alpha_s$ 是 V 中的非零向量,证明：存在 $f\in V^*$,使得

$$f(\alpha_i)\neq 0\quad (i=1,2,\cdots,s).$$

补充题七

1. 设 $\mathscr{A}_1,\mathscr{A}_2,\cdots,\mathscr{A}_m$ 都是数域 K 上 n 维线性空间 V 上的线性变换,证明：如果 $\mathscr{A}_1,\mathscr{A}_2,\cdots,\mathscr{A}_m$ 都可对角化,且它们两两可交换,那么 V 中存在一个基,使得 $\mathscr{A}_1,\mathscr{A}_2,\cdots,\mathscr{A}_m$ 在此基下的矩阵都是对角矩阵.

2. 设 $\mathscr{A},\mathscr{B}$ 都是数域 K 上 n 维线性空间 V 上的线性变换,且 $\mathscr{A}$ 是对合变换,$\mathscr{B}\neq\mathscr{O}$,证明：如果 $\mathscr{A}\mathscr{B}+\mathscr{B}\mathscr{A}=\mathscr{O}$,那么 V 中存在一个基,使得 $\mathscr{A}$ 在此基下的矩阵 $\boldsymbol{A}$ 为对角矩阵,而 $\mathscr{B}$ 在此基下的矩阵 $\boldsymbol{B}$ 是分块对角矩阵：

$$\boldsymbol{B}=\begin{matrix} & r\text{列} & n-r\text{列} & \\ & \left(\begin{matrix}\boldsymbol{0} \\ \boldsymbol{B}_2\end{matrix}\right. & \left.\begin{matrix}\boldsymbol{B}_1 \\ \boldsymbol{0}\end{matrix}\right) & \begin{matrix}r\text{行} \\ n-r\text{行}\end{matrix}\end{matrix},$$

其中 $r=\operatorname{rank}(\mathscr{I}+\mathscr{A})$，$0<r<n$.

3. 在第 2 题中，如果 $\mathscr{B}$ 也是对合变换，那么 $\boldsymbol{B}$ 中的 $\boldsymbol{B}_1$ 和 $\boldsymbol{B}_2$ 有什么关系？

4. 设 $\mathscr{A}$，$\mathscr{B}$ 是实数域上奇数维线性空间 V 上的线性变换，证明：如果 $\mathscr{A}\mathscr{B}=\mathscr{B}\mathscr{A}$，那么 $\mathscr{A}$ 与 $\mathscr{B}$ 必有公共特征向量.

5. 设 $\boldsymbol{A}=(a_{ij})$ 是 n 阶复矩阵. 令

$$D_i(\boldsymbol{A})=\left\{z\in\mathbf{C}\;\middle|\;|z-a_{ii}|\leqslant\sum_{j\neq i}|a_{ij}|\right\},$$

称 $D_i(\boldsymbol{A})(i=1,2,\cdots,n)$ 是 $\boldsymbol{A}$ 的 n 个 **Gersgorin 圆盘**. 证明下述 **Gersgorin 圆盘定理**：n 阶复矩阵 $\boldsymbol{A}$ 的每个特征值都在 $\boldsymbol{A}$ 的某个 Gersgorin 圆盘中.

6. 设 $\boldsymbol{A}=(a_{ij})$ 是 n 阶复矩阵，证明：如果 $\boldsymbol{A}$ 的每个 Gersgorin 圆盘都不包含复平面上的原点，那么 $\boldsymbol{A}$ 是可逆矩阵.

7. 设 $\boldsymbol{A}=(a_{ij})$ 是 n 阶复矩阵，证明：如果

$$|a_{ii}|>(n-1)|a_{ij}|\quad(j\neq i;i,j=1,2,\cdots,n),$$

那么 $\boldsymbol{A}$ 可逆.

8. 设 $\boldsymbol{A}=(a_{ij})$ 是 n 阶复矩阵，$\boldsymbol{A}$ 的所有特征值组成的 n 元数组 $(\lambda_1,\lambda_2,\cdots,\lambda_n)$ 称为 $\boldsymbol{A}$ 的**谱**；$\boldsymbol{A}$ 的特征值的模的最大值称为 $\boldsymbol{A}$ 的**谱半径**，记作 $\operatorname{Sr}(\boldsymbol{A})$. 证明：

$$\operatorname{Sr}(\boldsymbol{A})\leqslant\max_{1\leqslant i\leqslant n}\sum_{j=1}^{n}|a_{ij}|,\quad \operatorname{Sr}(\boldsymbol{A})\leqslant\max_{1\leqslant j\leqslant n}\sum_{i=1}^{n}|a_{ij}|.$$

9. 设 $\boldsymbol{A}$，$\boldsymbol{B}$ 都是数域 K 上的 $n(n\geqslant 2)$ 阶矩阵，$\boldsymbol{A}^*$，$\boldsymbol{B}^*$ 分别是 $\boldsymbol{A}$，$\boldsymbol{B}$ 的伴随矩阵，证明：如果 $\boldsymbol{A}\sim\boldsymbol{B}$，那么 $\boldsymbol{A}^*\sim\boldsymbol{B}^*$.

10. 设 $\boldsymbol{A}$ 是数域 K 上的 n 阶矩阵，证明：如果 $\boldsymbol{A}$ 可对角化，那么 $\boldsymbol{A}$ 的伴随矩阵 $\boldsymbol{A}^*$ 也可对角化.

11. 设 $\boldsymbol{A}$ 是 n 阶复矩阵，它满足 $\boldsymbol{A}^2=-\boldsymbol{I}$，证明：$\boldsymbol{A}$ 可对角化；并且写出 $\boldsymbol{A}$ 的相似标准形.

12. 设 $\boldsymbol{A}$ 是 n 阶实矩阵，它满足 $\boldsymbol{A}^2=-\boldsymbol{I}$，证明：$n$ 是偶数，且

$$\boldsymbol{A}\sim\begin{pmatrix}\boldsymbol{0} & -\boldsymbol{I}_m \\ \boldsymbol{I}_m & \boldsymbol{0}\end{pmatrix}\quad(n=2m).$$

13. 设 $\boldsymbol{A}$，$\boldsymbol{B}$ 分别是数域 K 上的 $m\times n$，$l\times n$ 矩阵. 用 U 表示 $\boldsymbol{A}$ 的列空间，W 表示 n 元齐次线性方程组 $\boldsymbol{B}\boldsymbol{x}=\boldsymbol{0}$ 的解空间. 令 $\mathscr{A}(\boldsymbol{\eta})=\boldsymbol{A}\boldsymbol{\eta}$，$\forall\,\boldsymbol{\eta}\in W$. 证明：

(1) $\mathscr{A}$ 是 W 到 U 的一个线性映射；

(2) $\dim(\mathscr{A}W)=\operatorname{rank}\begin{pmatrix}\boldsymbol{A} \\ \boldsymbol{B}\end{pmatrix}-\operatorname{rank}(\boldsymbol{B})$.

第八章

双线性函数和二次型

我们想在线性空间中引入向量的长度、两个非零向量的夹角、两个向量正交(即互相垂直)以及两个向量的距离等度量概念. 在几何空间中,所有这些度量概念都可以用向量的内积来表示. 几何空间中向量的内积 $\vec{a}\cdot\vec{b}$ 是二元实值函数,它具有对称性、对第一个变量的线性性和正定性. 从向量的内积具有对第一个变量的线性性和对称性可以得出也具有对第二个变量的线性性,从而具有双线性性. 于是,为了在线性空间中引入向量内积的概念,我们首先来研究双线性函数.

对称双线性函数可以用于研究二次型(即 n 元二次齐次多项式)的标准形和实数域上二次型的规范形,因此我们把二次型与双线性函数放在同一章中.

§8.1 双线性函数

8.1.1 内容精华

一、双线性函数的定义和表达式

定义 1 设 V 是数域 K 上的线性空间. 如果 $V\times V$ 到 K 的一个映射 f 满足: 对于任意 $\alpha_1,\alpha_2,\beta_1,\beta_2,\alpha,\beta\in V,k_1,k_2\in K$,有

(1) $f(k_1\alpha_1+k_2\alpha_2,\beta)=k_1f(\alpha_1,\beta)+k_2f(\alpha_2,\beta)$;

(2) $f(\alpha,k_1\beta_1+k_2\beta_2)=k_1f(\alpha,\beta_1)+k_2f(\alpha,\beta_2)$,

那么称 f 是 V 上的一个**双线性函数**,f 也可以写成 $f(\alpha,\beta)$.

条件(1)表明,当 β 固定时,映射 $\alpha\longmapsto f(\alpha,\beta)$ 是 V 上的一个线性函数,记作 β_{R};

条件(2)表明,当 α 固定时,映射 $\beta\longmapsto f(\alpha,\beta)$ 是 V 上的一个线性函数,记作 α_{L}.

例如,对于数域 K 上 n 维向量空间 K^n 中的任意向量

$$\boldsymbol{\alpha}=(a_1,a_2,\cdots,a_n)^{\mathrm{T}},\quad \boldsymbol{\beta}=(b_1,b_2,\cdots,b_n)^{\mathrm{T}},$$

令

$$f(\boldsymbol{\alpha},\boldsymbol{\beta})=\sum_{i=1}^{n}a_ib_i=\boldsymbol{\alpha}^{\mathrm{T}}\boldsymbol{\beta}. \tag{1}$$

由于对于任意 $\boldsymbol{\alpha}_1,\boldsymbol{\alpha}_2,\boldsymbol{\beta}_1,\boldsymbol{\beta}_2,\boldsymbol{\alpha},\boldsymbol{\beta}\in K^n,k_1,k_2\in K$,有

$$\begin{aligned}f(k_1\boldsymbol{\alpha}_1+k_2\boldsymbol{\alpha}_2,\boldsymbol{\beta})&=(k_1\boldsymbol{\alpha}_1+k_2\boldsymbol{\alpha}_2)^{\mathrm{T}}\boldsymbol{\beta}=(k_1\boldsymbol{\alpha}_1^{\mathrm{T}}+k_2\boldsymbol{\alpha}_2^{\mathrm{T}})\boldsymbol{\beta}\\&=k_1\boldsymbol{\alpha}_1^{\mathrm{T}}\boldsymbol{\beta}+k_2\boldsymbol{\alpha}_2^{\mathrm{T}}\boldsymbol{\beta}=k_1f(\boldsymbol{\alpha}_1,\boldsymbol{\beta})+k_2f(\boldsymbol{\alpha}_2,\boldsymbol{\beta}),\\f(\boldsymbol{\alpha},k_1\boldsymbol{\beta}_1+k_2\boldsymbol{\beta}_2)&=\boldsymbol{\alpha}^{\mathrm{T}}(k_1\boldsymbol{\beta}_1+k_2\boldsymbol{\beta}_2)=k_1\boldsymbol{\alpha}^{\mathrm{T}}\boldsymbol{\beta}_1+k_2\boldsymbol{\alpha}^{\mathrm{T}}\boldsymbol{\beta}_2\\&=k_1f(\boldsymbol{\alpha},\boldsymbol{\beta}_1)+k_2f(\boldsymbol{\alpha},\boldsymbol{\beta}_2),\end{aligned}$$

因此 f 是 K^n 上的一个双线性函数.

设 V 是数域 K 上的 n 维线性空间. 取 V 的一个基 $\alpha_1,\alpha_2,\cdots,\alpha_n$,并设 V 中的向量 α,β 在此基下的坐标分别为

$$\boldsymbol{x}=(x_1,x_2,\cdots,x_n)^{\mathrm{T}},\quad \boldsymbol{y}=(y_1,y_2,\cdots,y_n)^{\mathrm{T}}.$$

又设 f 是 V 上的一个双线性函数,则

$$f(\alpha,\beta)=f\left(\sum_{i=1}^{n}x_i\alpha_i,\sum_{j=1}^{n}y_j\alpha_j\right)=\sum_{i=1}^{n}\sum_{j=1}^{n}x_iy_jf(\alpha_i,\alpha_j). \tag{2}$$

令

$$\boldsymbol{A}=\begin{pmatrix}f(\alpha_1,\alpha_1)&f(\alpha_1,\alpha_2)&\cdots&f(\alpha_1,\alpha_n)\\f(\alpha_2,\alpha_1)&f(\alpha_2,\alpha_2)&\cdots&f(\alpha_2,\alpha_n)\\\vdots&\vdots&&\vdots\\f(\alpha_n,\alpha_1)&f(\alpha_n,\alpha_2)&\cdots&f(\alpha_n,\alpha_n)\end{pmatrix}, \tag{3}$$

称 $\boldsymbol{A}$ 是双线性函数 f 在基 $\alpha_1,\alpha_2,\cdots,\alpha_n$ 下的**度量矩阵**,它是由 f 和基 $\alpha_1,\alpha_2,\cdots,\alpha_n$ 唯一决定的. 从(2)式得

$$\begin{aligned}f(\alpha,\beta)&=\sum_{i=1}^{n}\sum_{j=1}^{n}x_iy_jf(\alpha_i,\alpha_j)=\sum_{j=1}^{n}\left(\sum_{i=1}^{n}x_if(\alpha_i,\alpha_j)\right)y_j\\&=\left(\sum_{i=1}^{n}x_if(\alpha_i,\alpha_1),\sum_{i=1}^{n}x_if(\alpha_i,\alpha_2),\cdots,\sum_{i=1}^{n}x_if(\alpha_i,\alpha_n)\right)\begin{pmatrix}y_1\\y_2\\\vdots\\y_n\end{pmatrix}\\&=(x_1,x_2,\cdots,x_n)\begin{pmatrix}f(\alpha_1,\alpha_1)&\cdots&f(\alpha_1,\alpha_n)\\f(\alpha_2,\alpha_1)&\cdots&f(\alpha_2,\alpha_n)\\\vdots&&\vdots\\f(\alpha_n,\alpha_1)&\cdots&f(\alpha_n,\alpha_n)\end{pmatrix}\begin{pmatrix}y_1\\y_2\\\vdots\\y_n\end{pmatrix}\\&=\boldsymbol{x}^{\mathrm{T}}\boldsymbol{A}\boldsymbol{y}.\end{aligned} \tag{4}$$

(2)式和(4)式都是双线性函数 f 在基 $\alpha_1,\alpha_2,\cdots,\alpha_n$ 下的表达式.

如何构造 V 上的一个双线性函数呢？任给数域 K 上的一个 n 阶矩阵 $\boldsymbol{A}=(a_{ij})$，在 V 中取一个基 $\alpha_1,\alpha_2,\cdots,\alpha_n$. 对于 V 中的任意两个向量 $\alpha=(\alpha_1,\alpha_2,\cdots,\alpha_n)\boldsymbol{x}$，$\beta=(\alpha_1,\alpha_2,\cdots,\alpha_n)\boldsymbol{y}$，令

$$f(\alpha,\beta)=\boldsymbol{x}^{\mathrm{T}}\boldsymbol{A}\boldsymbol{y}. \tag{5}$$

利用矩阵的运算法则可以证明，由(5)式定义的 f 是 V 上的一个双线性函数. 而且，f 在基 $\alpha_1,\alpha_2,\cdots,\alpha_n$ 下的度量矩阵恰好是 $\boldsymbol{A}$，理由如下：由于

$$f(\alpha_i,\alpha_j)=\boldsymbol{\varepsilon}_i^{\mathrm{T}}\boldsymbol{A}\boldsymbol{\varepsilon}_j=\boldsymbol{\varepsilon}_i^{\mathrm{T}}\begin{pmatrix}a_{1j}\\a_{2j}\\\vdots\\a_{nj}\end{pmatrix}=a_{ij}\quad(i,j=1,2,\cdots,n), \tag{6}$$

因此 f 在基 $\alpha_1,\alpha_2,\cdots,\alpha_n$ 下的度量矩阵是 $\boldsymbol{A}$.

命题 1 设 $\boldsymbol{A},\boldsymbol{B}\in M_n(K)$. 若对于任意 $\boldsymbol{x},\boldsymbol{y}\in K^n$，有 $\boldsymbol{x}^{\mathrm{T}}\boldsymbol{A}\boldsymbol{y}=\boldsymbol{x}^{\mathrm{T}}\boldsymbol{B}\boldsymbol{y}$，则 $\boldsymbol{A}=\boldsymbol{B}$.

证明 设 V 是数域 K 上的 n 维线性空间. 取 V 的一个基 $\alpha_1,\alpha_2,\cdots,\alpha_n$. 对于 V 中的任意两个向量 $\alpha=(\alpha_1,\alpha_2,\cdots,\alpha_n)\boldsymbol{x}$，$\beta=(\alpha_1,\alpha_2,\cdots,\alpha_n)\boldsymbol{y}$，令

$$f(\alpha,\beta)=\boldsymbol{x}^{\mathrm{T}}\boldsymbol{A}\boldsymbol{y},\quad g(\alpha,\beta)=\boldsymbol{x}^{\mathrm{T}}\boldsymbol{B}\boldsymbol{y},$$

则 f 和 g 都是 V 上的双线性函数，并且它们在基 $\alpha_1,\alpha_2,\cdots,\alpha_n$ 下的度量矩阵分别为 $\boldsymbol{A}$，$\boldsymbol{B}$. 如果对于任意 $\boldsymbol{x},\boldsymbol{y}\in K^n$，有 $\boldsymbol{x}^{\mathrm{T}}\boldsymbol{A}\boldsymbol{y}=\boldsymbol{x}^{\mathrm{T}}\boldsymbol{B}\boldsymbol{y}$，那么对于任意 $\alpha,\beta\in V$，有 $f(\alpha,\beta)=g(\alpha,\beta)$，从而 $f=g$. 于是，f 和 g 在基 $\alpha_1,\alpha_2,\cdots,\alpha_n$ 下的度量矩阵相等，即 $\boldsymbol{A}=\boldsymbol{B}$. □

二、双线性函数在不同基下的度量矩阵之间的关系

定理 1 设 f 是数域 K 上 n 维线性空间 V 上的一个双线性函数. 取 V 的两个基 $\alpha_1,\alpha_2,\cdots,\alpha_n$ 和 $\beta_1,\beta_2,\cdots,\beta_n$. 又设

$$(\beta_1,\beta_2,\cdots,\beta_n)=(\alpha_1,\alpha_2,\cdots,\alpha_n)\boldsymbol{P},$$

f 在基 $\alpha_1,\alpha_2,\cdots,\alpha_n$ 和基 $\beta_1,\beta_2,\cdots,\beta_n$ 下的度量矩阵分别为 $\boldsymbol{A}$，$\boldsymbol{B}$，则

$$\boldsymbol{B}=\boldsymbol{P}^{\mathrm{T}}\boldsymbol{A}\boldsymbol{P}. \tag{7}$$

证明 任取 $\alpha,\beta\in V$. 设

$$\alpha=(\alpha_1,\alpha_2,\cdots,\alpha_n)\boldsymbol{x}=(\beta_1,\beta_2,\cdots,\beta_n)\tilde{\boldsymbol{x}},$$

$$\beta=(\alpha_1,\alpha_2,\cdots,\alpha_n)\boldsymbol{y}=(\beta_1,\beta_2,\cdots,\beta_n)\tilde{\boldsymbol{y}}.$$

由于基 $\alpha_1,\alpha_2,\cdots,\alpha_n$ 到基 $\beta_1,\beta_2,\cdots,\beta_n$ 的过渡矩阵是 $\boldsymbol{P}$，因此 $\boldsymbol{x}=\boldsymbol{P}\tilde{\boldsymbol{x}}$，$\boldsymbol{y}=\boldsymbol{P}\tilde{\boldsymbol{y}}$.

由于 f 在基 $\alpha_1,\alpha_2,\cdots,\alpha_n$ 下的度量矩阵为 $\boldsymbol{A}$，因此

$$f(\alpha,\beta)=\boldsymbol{x}^{\mathrm{T}}\boldsymbol{A}\boldsymbol{y}=(\boldsymbol{P}\tilde{\boldsymbol{x}})^{\mathrm{T}}\boldsymbol{A}(\boldsymbol{P}\tilde{\boldsymbol{y}})=\tilde{\boldsymbol{x}}^{\mathrm{T}}(\boldsymbol{P}^{\mathrm{T}}\boldsymbol{A}\boldsymbol{P})\tilde{\boldsymbol{y}}.$$

于是，f 在基 $\beta_1,\beta_2,\cdots,\beta_n$ 下的度量矩阵是 $\boldsymbol{P}^{\mathrm{T}}\boldsymbol{A}\boldsymbol{P}$，从而

$$\boldsymbol{B}=\boldsymbol{P}^{\mathrm{T}}\boldsymbol{A}\boldsymbol{P}.$$

□

定义 2 设 $\boldsymbol{A},\boldsymbol{B}\in M_n(K)$. 如果存在数域 K 上的 n 阶可逆矩阵 $\boldsymbol{P}$,使得 $\boldsymbol{B}=\boldsymbol{P}^{\mathrm{T}}\boldsymbol{AP}$,那么称 $\boldsymbol{A}$ 与 $\boldsymbol{B}$ 是**合同**的,记作 $\boldsymbol{A}\simeq\boldsymbol{B}$.

定理 1 表明,V 上的双线性函数 f 在 V 的不同基下的度量矩阵是合同的.

容易验证 $M_n(K)$上的合同关系具有反身性、对称性和传递性,因此合同是 $M_n(K)$上的一个等价关系. 在合同关系下的等价类称为**合同类**.

命题 2 在 $M_n(K)$中,合同的矩阵具有相同的秩.

证明 设 $\boldsymbol{A}\simeq\boldsymbol{B}$,则存在数域 K 上 n 阶可逆矩阵 $\boldsymbol{P}$,使得 $\boldsymbol{B}=\boldsymbol{P}^{\mathrm{T}}\boldsymbol{AP}$. 由于 $\boldsymbol{P}^{\mathrm{T}}$ 也是可逆矩阵,因此

$$\mathrm{rank}(\boldsymbol{B})=\mathrm{rank}(\boldsymbol{P}^{\mathrm{T}}\boldsymbol{AP})=\mathrm{rank}(\boldsymbol{A}).$$ □

根据定理 1 和命题 2,我们把 V 上的双线性函数 f 在 V 的一个基下的度量矩阵的秩称为 f 的**矩阵秩**,记作 $\mathrm{rank}_{\mathrm{m}} f$.

什么是 V 上双线性函数 f 的秩呢? V^* 的子空间

$$\langle \alpha_{\mathrm{L}},\beta_{\mathrm{R}}\mid \alpha,\beta\in V\rangle$$

称为 f 的**秩空间**,f 的秩空间的维数称为 f 的**秩**,记作 $\mathrm{rank} f$. 可以证明 $\mathrm{rank}_{\mathrm{m}} f\leqslant \mathrm{rank} f$,具体可参看《高等代数学习指导书(第二版)(下册)》(丘维声编著,清华大学出版社)第 10 章 §10.1 中命题 2 的证明.

命题 3 设 $\boldsymbol{A},\boldsymbol{B}\in M_n(K)$. 如果 $\boldsymbol{A}\simeq\boldsymbol{B}$,那么 $\boldsymbol{A}$ 与 $\boldsymbol{B}$ 可看成数域 K 上 n 维线性空间 V 上的同一个双线性函数 f 在 V 的不同基下的度量矩阵.

证明 在 V 中取一个基 $\alpha_1,\alpha_2,\cdots,\alpha_n$. 设 $\alpha=(\alpha_1,\alpha_2,\cdots,\alpha_n)\boldsymbol{x}$, $\beta=(\alpha_1,\alpha_2,\cdots,\alpha_n)\boldsymbol{y}$. 令 $f(\alpha,\beta)=\boldsymbol{x}^{\mathrm{T}}\boldsymbol{A}\boldsymbol{y}$,则 f 是 V 上的一个双线性函数,且 f 在基 $\alpha_1,\alpha_2,\cdots,\alpha_n$ 下的度量矩阵是 $\boldsymbol{A}$. 由于 $\boldsymbol{A}\simeq\boldsymbol{B}$,因此存在数域 K 上的 n 阶可逆矩阵 $\boldsymbol{P}$,使得 $\boldsymbol{B}=\boldsymbol{P}^{\mathrm{T}}\boldsymbol{AP}$. 令

$$(\beta_1,\beta_2,\cdots,\beta_n)=(\alpha_1,\alpha_2,\cdots,\alpha_n)\boldsymbol{P},$$

则 $\beta_1,\beta_2,\cdots,\beta_n$ 是 V 的一个基. 根据定理 1,f 在基 $\beta_1,\beta_2,\cdots,\beta_n$ 下的度量矩阵为 $\boldsymbol{P}^{\mathrm{T}}\boldsymbol{AP}$,而 $\boldsymbol{P}^{\mathrm{T}}\boldsymbol{AP}=\boldsymbol{B}$,因此 $\boldsymbol{A}$ 与 $\boldsymbol{B}$ 是 f 在不同基下的度量矩阵. □

三、非退化双线性函数

现在我们来研究一类重要的双线性函数.

定义 3 设 f 是数域 K 上线性空间 V 上的一个双线性函数,称 V 的子集

$$\{\alpha\in V\mid f(\alpha,\beta)=0,\ \forall\,\beta\in V\} \tag{8}$$

为 f 在 V 中的**左根**,记作 $\mathrm{rad}_{\mathrm{L}}V$;称 V 的另一个子集

$$\{\beta\in V\mid f(\alpha,\beta)=0,\ \forall\,\alpha\in V\} \tag{9}$$

为 f 在 V 中的**右根**,记作 $\mathrm{rad}_{\mathrm{R}}V$.

命题 4 V 上的双线性函数 f 在 V 中的左根和右根都是 V 的子空间.

证明 由于对于任意 $\beta\in V$，有 $f(0,\beta)=f(0\cdot 0,\beta)=0f(0,\beta)=0$，因此 $0\in \mathrm{rad}_{\mathrm{L}}V$. 任给 $\alpha_1,\alpha_2\in \mathrm{rad}_{\mathrm{L}}V$，对于任意 $\beta\in V$，有

$$f(\alpha_1+\alpha_2,\beta)=f(\alpha_1,\beta)+f(\alpha_2,\beta)=0+0=0,$$

因此 $\alpha_1+\alpha_2\in \mathrm{rad}_{\mathrm{L}}V$. 任给 $\alpha\in \mathrm{rad}_{\mathrm{L}}V$，对于任意 $k\in K$，有

$$f(k\alpha,\beta)=kf(\alpha,\beta)=k0=0,$$

因此 $k\alpha\in \mathrm{rad}_{\mathrm{L}}V$. 所以，$\mathrm{rad}_{\mathrm{L}}V$ 是 V 的一个子空间.

同理可证 $\mathrm{rad}_{\mathrm{R}}V$ 也是 V 的一个子空间. □

定义 4 如果 V 上双线性函数 f 的左根和右根都是 V 的零子空间，那么称 f 是**非退化**的；否则，称 f 是**退化**的.

定理 2 数域 K 上 n 维线性空间 V 上的双线性函数 f 是非退化的当且仅当 f 在 V 的一个基下的度量矩阵是满秩矩阵.

证明 设 f 在 V 的一个基 $\alpha_1,\alpha_2,\cdots,\alpha_n$ 下的度量矩阵为 $\boldsymbol{A}$. 任取 $\alpha,\beta\in V$. 设 $\alpha=(\alpha_1,\alpha_2,\cdots,\alpha_n)\boldsymbol{x}$，$\beta=(\alpha_1,\alpha_2,\cdots,\alpha_n)\boldsymbol{y}$，则

$$\begin{aligned}\alpha\in \mathrm{rad}_{\mathrm{L}}V &\Longleftrightarrow f(\alpha,\beta)=0,\ \forall\,\beta\in V\\ &\Longleftrightarrow \boldsymbol{x}^{\mathrm{T}}\boldsymbol{A}\boldsymbol{y}=0,\ \forall\,\boldsymbol{y}\in K^n\\ &\Longleftrightarrow \boldsymbol{x}^{\mathrm{T}}\boldsymbol{A}\boldsymbol{\varepsilon}_i=0\ (i=1,2,\cdots,n)\\ &\Longleftrightarrow \boldsymbol{x}^{\mathrm{T}}\boldsymbol{A}(\boldsymbol{\varepsilon}_1,\boldsymbol{\varepsilon}_2,\cdots,\boldsymbol{\varepsilon}_n)=\boldsymbol{0}^{\mathrm{T}}\\ &\Longleftrightarrow \boldsymbol{x}^{\mathrm{T}}\boldsymbol{A}\boldsymbol{I}=\boldsymbol{0}^{\mathrm{T}}\\ &\Longleftrightarrow \boldsymbol{A}^{\mathrm{T}}\boldsymbol{x}=\boldsymbol{0}\\ &\Longleftrightarrow \boldsymbol{x}\ \text{是}\ n\ \text{元齐次线性方程组}\ \boldsymbol{A}^{\mathrm{T}}\boldsymbol{z}=\boldsymbol{0}\ \text{的一个解}.\end{aligned}$$

于是

$$\begin{aligned}\mathrm{rad}_{\mathrm{L}}V=0 &\Longleftrightarrow n\ \text{元齐次线性方程组}\ \boldsymbol{A}^{\mathrm{T}}\boldsymbol{z}=\boldsymbol{0}\ \text{只有零解}\\ &\Longleftrightarrow \mathrm{rank}(\boldsymbol{A}^{\mathrm{T}})=n\\ &\Longleftrightarrow \mathrm{rank}(\boldsymbol{A})=n\\ &\Longleftrightarrow \boldsymbol{A}\ \text{是满秩矩阵}.\end{aligned}$$

同理可证

$$\mathrm{rad}_{\mathrm{R}}V=0\Longleftrightarrow \boldsymbol{A}\ \text{是满秩矩阵}.$$

综上所述，f 是非退化的当且仅当 f 在 V 的一个基下的度量矩阵是满秩矩阵. □

从定理 2 的证明还得出，n 维线性空间 V 上的双线性函数 f 在 V 中的左根等于 0 当且仅当 f 在 V 中的右根等于 0.

8.1.2 典型例题

例 1 在 K^4 中，任给 $\boldsymbol{\alpha}=(x_1,x_2,x_3,x_4)^{\mathrm{T}}$，$\boldsymbol{\beta}=(y_1,y_2,y_3,y_4)^{\mathrm{T}}$. 令

$$f(\boldsymbol{\alpha},\boldsymbol{\beta}) = x_1y_1 + x_2y_2 + x_3y_3 - x_4y_4. \tag{10}$$

(1) 说明 f 是 K^4 上的一个双线性函数；

(2) 求 f 在 K^4 的标准基 $\boldsymbol{\varepsilon}_1,\boldsymbol{\varepsilon}_2,\boldsymbol{\varepsilon}_3,\boldsymbol{\varepsilon}_4$ 下的度量矩阵；

(3) 说明 f 是非退化的；

(4) 求一个向量 $\boldsymbol{\alpha}\neq\boldsymbol{0}$,使得 $f(\boldsymbol{\alpha},\boldsymbol{\alpha})=0$.

解 (1) 由于

$$\begin{aligned} f(\boldsymbol{\alpha},\boldsymbol{\beta}) &= x_1y_1+x_2y_2+x_3y_3-x_4y_4 \\ &= (x_1,x_2,x_3,x_4)\begin{pmatrix}1&&&\\&1&&\\&&1&\\&&&-1\end{pmatrix}\begin{pmatrix}y_1\\y_2\\y_3\\y_4\end{pmatrix} \\ &= \boldsymbol{\alpha}^{\mathrm{T}}\boldsymbol{A}\boldsymbol{\beta}, \end{aligned} \tag{11}$$

其中 $\boldsymbol{A}=\mathrm{diag}\{1,1,1,-1\}$,因此 f 是 K^4 上的一个双线性函数.

(2) 从(11)式看出,f 在 K^4 的标准基 $\boldsymbol{\varepsilon}_1,\boldsymbol{\varepsilon}_2,\boldsymbol{\varepsilon}_3,\boldsymbol{\varepsilon}_4$ 下的度量矩阵为 $\boldsymbol{A}=\mathrm{diag}\{1,1,1,-1\}$.

(3) 由于 $\mathrm{rank}(\boldsymbol{A})=4$,因此 $\boldsymbol{A}$ 是满秩矩阵,从而 f 是非退化的.

(4) 取 $\boldsymbol{\alpha}=(1,0,0,1)^{\mathrm{T}}$,则 $f(\boldsymbol{\alpha},\boldsymbol{\alpha})=1+0+0-1=0$.

例 2 定义 $M_n(K)\times M_n(K)$到 K 的一个映射 f 如下：

$$f(\boldsymbol{A},\boldsymbol{B}) = \mathrm{tr}(\boldsymbol{A}\boldsymbol{B}^{\mathrm{T}}). \tag{12}$$

证明：f 是 $M_n(K)$上的一个非退化双线性函数.

证明 任取 $\boldsymbol{A}_1,\boldsymbol{A}_2,\boldsymbol{B}_1,\boldsymbol{B}_2,\boldsymbol{A},\boldsymbol{B}\in M_n(K)$,$k_1,k_2\in K$,有

$$\begin{aligned} f(k_1\boldsymbol{A}_1+k_2\boldsymbol{A}_2,\boldsymbol{B}) &= \mathrm{tr}((k_1\boldsymbol{A}_1+k_2\boldsymbol{A}_2)\boldsymbol{B}^{\mathrm{T}}) = \mathrm{tr}(k_1\boldsymbol{A}_1\boldsymbol{B}^{\mathrm{T}}+k_2\boldsymbol{A}_2\boldsymbol{B}^{\mathrm{T}}) \\ &= k_1\mathrm{tr}(\boldsymbol{A}_1\boldsymbol{B}^{\mathrm{T}})+k_2\mathrm{tr}(\boldsymbol{A}_2\boldsymbol{B}^{\mathrm{T}}) = k_1f(\boldsymbol{A}_1,\boldsymbol{B})+k_2f(\boldsymbol{A}_2,\boldsymbol{B}). \end{aligned}$$

同理可证

$$f(\boldsymbol{A},k_1\boldsymbol{B}_1+k_2\boldsymbol{B}_2)=k_1f(\boldsymbol{A},\boldsymbol{B}_1)+k_2f(\boldsymbol{A},\boldsymbol{B}_2).$$

因此,f 是 $M_n(K)$上的一个双线性函数.

由于

$$\boldsymbol{E}_{ik}\boldsymbol{E}_{lj} = \begin{cases}\boldsymbol{E}_{ij}, & k=l,\\ \boldsymbol{0}, & k\neq l,\end{cases}$$

因此

$$f(\boldsymbol{E}_{ik},\boldsymbol{E}_{jl}) = \mathrm{tr}(\boldsymbol{E}_{ik}\boldsymbol{E}_{lj}) = \begin{cases}1, & k=l,\text{且 } i=j,\\ 0, & \text{其他}.\end{cases}$$

于是,f 在 $M_n(K)$的一个基 $\boldsymbol{E}_{11},\cdots,\boldsymbol{E}_{1n},\cdots,\boldsymbol{E}_{n1},\cdots,\boldsymbol{E}_{nn}$ 下的度量矩阵为 n^2 阶单位矩阵 $\boldsymbol{I}$,从而 f 是非退化的. □

例 3 证明：数域 K 上 n 维线性空间 V 上的双线性函数 f 的左根与右根的维数都等于 $n-\mathrm{rank}_{\mathrm{m}} f$.

证明 在 V 中取一个基 $\alpha_1,\alpha_2,\cdots,\alpha_n$. 设 f 在此基下的度量矩阵为 $\boldsymbol{A}$. 任取 $\alpha\in V$. 设 $\alpha=(\alpha_1,\alpha_2,\cdots,\alpha_n)\boldsymbol{x}$. 从定理 2 的证明中看到

$$\alpha\in \mathrm{rad}_{\mathrm{L}} V \Longleftrightarrow \boldsymbol{x}\text{ 是 }\boldsymbol{A}^{\mathrm{T}}\boldsymbol{z}=\boldsymbol{0}\text{ 的一个解}\Longleftrightarrow \boldsymbol{x}\text{ 属于 }\boldsymbol{A}^{\mathrm{T}}\boldsymbol{z}=\boldsymbol{0}\text{ 的解空间 } W.$$

由于把 α 对应到它的坐标 $\boldsymbol{x}$ 是 V 到 K^n 的一个同构映射，且 $\mathrm{rad}_{\mathrm{L}} V$ 在此同构映射下的像是 W，因此

$$\dim(\mathrm{rad}_{\mathrm{L}} V)=\dim W=n-\mathrm{rank}(\boldsymbol{A}^{\mathrm{T}})=n-\mathrm{rank}(\boldsymbol{A})=n-\mathrm{rank}_{\mathrm{m}} f.$$

同理可证

$$\dim(\mathrm{rad}_{\mathrm{R}} V)=n-\mathrm{rank}_{\mathrm{m}} f.$$

□

例 4 设 f 是数域 K 上 n 维线性空间 V 上的一个双线性函数，证明：

(1) $L_f:\alpha\longmapsto\alpha_{\mathrm{L}}$ 是 V 到 V^* 的一个线性映射，$R_f:\beta\longmapsto\beta_{\mathrm{R}}$ 也是 V 到 V^* 的一个线性映射；

(2) $\mathrm{Ker}L_f=\mathrm{rad}_{\mathrm{L}} V$，$\mathrm{Ker}R_f=\mathrm{rad}_{\mathrm{R}} V$；

(3) $\mathrm{rank}L_f=\mathrm{rank}_{\mathrm{m}} f=\mathrm{rank}R_f$；

(4) f 是非退化的当且仅当 L_f(或 R_f)是 V 到 V^* 的一个同构映射.

证明 (1) 任取 $\alpha,\gamma\in V, k\in K$，对于任意 $\beta\in V$，有

$$\begin{aligned}L_f(\alpha+\gamma)\beta&=(\alpha+\gamma)_{\mathrm{L}}\beta=f(\alpha+\gamma,\beta)=f(\alpha,\beta)+f(\gamma,\beta)\\&=\alpha_{\mathrm{L}}(\beta)+\gamma_{\mathrm{L}}(\beta)=(\alpha_{\mathrm{L}}+\gamma_{\mathrm{L}})\beta,\\L_f(k\alpha)\beta&=(k\alpha)_{\mathrm{L}}\beta=f(k\alpha,\beta)=kf(\alpha,\beta)=k\alpha_{\mathrm{L}}(\beta),\end{aligned}$$

因此

$$L_f(\alpha+\gamma)=\alpha_{\mathrm{L}}+\gamma_{\mathrm{L}}=L_f(\alpha)+L_f(\gamma),\quad L_f(k\alpha)=k\alpha_{\mathrm{L}}=kL_f(\alpha),$$

从而 L_f 是 V 到 V^* 的线性映射.

同理可证 R_f 是 V 到 V^* 的线性映射.

(2) 由于

$$\begin{aligned}\alpha\in\mathrm{Ker}L_f&\Longleftrightarrow\alpha_{\mathrm{L}}=0\\&\Longleftrightarrow\alpha_{\mathrm{L}}(\beta)=0,\ \forall\beta\in V\\&\Longleftrightarrow f(\alpha,\beta)=0,\ \forall\beta\in V\\&\Longleftrightarrow\alpha\in\mathrm{rad}_{\mathrm{L}} V,\end{aligned}$$

因此

$$\mathrm{Ker}L_f=\mathrm{rad}_{\mathrm{L}} V.$$

同理可证

$$\mathrm{Ker}R_f=\mathrm{rad}_{\mathrm{R}} V.$$

(3) 利用第(2)小题并结合例 3 的结论，得

$$\mathrm{rank}L_f=\dim V-\dim(\mathrm{Ker}L_f)=n-\dim(\mathrm{rad}_{\mathrm{L}} V)=\mathrm{rank}_{\mathrm{m}} f.$$

同理可证

$$\mathrm{rank}R_f = \mathrm{rank}_{\mathrm{m}} f.$$

(4) f 是非退化的 $\Longleftrightarrow \mathrm{rad}_{\mathrm{L}}V=0$

$\Longleftrightarrow \mathrm{Ker}L_f=0$

$\Longleftrightarrow L_f$ 是 V 到 V^* 的单射

$\Longleftrightarrow L_f$ 是 V 到 V^* 的满射

$\Longleftrightarrow L_f$ 是 V 到 V^* 的双射

$\Longleftrightarrow L_f$ 是 V 到 V^* 的一个同构映射.

同理可证

$$f \text{ 是非退化的} \Longleftrightarrow R_f \text{ 是 } V \text{ 到 } V^* \text{ 的一个同构映射}.$$ □

点评 从例 4 的第(4)小题看到,若 n 维线性空间 V 上的一个双线性函数 f 是非退化的,则 $L_f: \alpha \longmapsto \alpha_{\mathrm{L}}$ 是 V 到 V^* 的一个同构映射. 于是,当 α 取遍 V 中的所有向量时,α_{L} 就取遍 V 上的所有线性函数. 这表明,从 V 上一个非退化的双线性函数 f,可以得到 V 上的所有线性函数.

习 题 8.1

1. 在 $\mathbf{R}^4$ 中,设 $\boldsymbol{\alpha}=(x_1,x_2,x_3,x_4)^{\mathrm{T}}$,$\boldsymbol{\beta}=(y_1,y_2,y_3,y_4)^{\mathrm{T}}$. 令

$$f(\boldsymbol{\alpha},\boldsymbol{\beta}) = x_1y_2 - 2x_2y_1 + x_3y_4 - 3x_4y_2.$$

(1) 说明 f 是 $\mathbf{R}^4$ 上的一个双线性函数.

(2) 求 f 在 $\mathbf{R}^4$ 的标准基 $\boldsymbol{\varepsilon}_1,\boldsymbol{\varepsilon}_2,\boldsymbol{\varepsilon}_3,\boldsymbol{\varepsilon}_4$ 下的度量矩阵 $\boldsymbol{A}$.

(3) f 是否为非退化的?

(4) 求 f 在 $\mathbf{R}^4$ 的一个基

$$\boldsymbol{\alpha}_1 = (1,2,1,1)^{\mathrm{T}}, \qquad \boldsymbol{\alpha}_2 = (2,3,1,0)^{\mathrm{T}},$$
$$\boldsymbol{\alpha}_3 = (3,1,1,-2)^{\mathrm{T}}, \quad \boldsymbol{\alpha}_4 = (4,2,-1,-6)^{\mathrm{T}}$$

下的度量矩阵.

2. 在 $\mathbf{R}^2$ 中,设 $\boldsymbol{\alpha}=(x_1,x_2)^{\mathrm{T}}$,$\boldsymbol{\beta}=(y_1,y_2)^{\mathrm{T}}$. 令

$$f(\boldsymbol{\alpha},\boldsymbol{\beta}) = x_1y_1 - x_2y_2.$$

(1) 说明 f 是 $\mathbf{R}^2$ 上的一个双线性函数,并且求出 f 在 $\mathbf{R}^2$ 的标准基 $\boldsymbol{\varepsilon}_1,\boldsymbol{\varepsilon}_2$ 下的度量矩阵.

(2) f 是否为非退化的?

(3) 求 $\mathbf{R}^2$ 的一个基,使得 f 在此基下的度量矩阵为 $\boldsymbol{B}=\begin{pmatrix}0 & 1\\ 1 & 0\end{pmatrix}$.

(4) 求出使 $f(\boldsymbol{\alpha},\boldsymbol{\alpha})=0$ 的所有非零向量 $\boldsymbol{\alpha}$.

3. 设 f 是数域 K 上线性空间 V 上的双线性函数,W 是 V 的一个子空间;$f|W$ 是 W 上的一个双线性函数,$f|W$ 在 W 中的左根记作 $\mathrm{rad}_{\mathrm{L}}W$,右根记作 $\mathrm{rad}_{\mathrm{R}}W$,即

$$\mathrm{rad}_{\mathrm{L}}W=\{\gamma\in W\mid (f|W)(\gamma,\delta)=0,\forall\,\delta\in W\},$$
$$\mathrm{rad}_{\mathrm{R}}W=\{\delta\in W\mid (f|W)(\gamma,\delta)=0,\forall\,\gamma\in W\}.$$

证明:若 W 是有限维的,则 $\dim(\mathrm{rad}_{\mathrm{L}}W)=\dim(\mathrm{rad}_{\mathrm{R}}W)$.

4. 令

$$f(g(x),h(x))=\int_a^b g(x)h(x)\mathrm{d}x,\quad \forall\,g(x),h(x)\in C[a,b],$$

证明:f 是 $C[a,b]$ 上的一个双线性函数.

§8.2 对称双线性函数与斜对称双线性函数

8.2.1 内容精华

一、对称双线性函数与斜对称双线性函数

我们来探索两类最重要的双线性函数的性质.

定义 1 设 f 是数域 K 上线性空间 V 上的双线性函数.如果

$$f(\alpha,\beta)=f(\beta,\alpha),\quad \forall\,\alpha,\beta\in V, \tag{1}$$

那么称 f 是**对称**的;如果

$$f(\alpha,\beta)=-f(\beta,\alpha),\quad \forall\,\alpha,\beta\in V, \tag{2}$$

那么称 f 是**斜对称**或**反对称**的.

设 f 是数域 K 上 n 维线性空间 V 上的双线性函数,f 在 V 的一个基 $\alpha_1,\alpha_2,\cdots,\alpha_n$ 下的度量矩阵为 $\boldsymbol{A}$,则

$$\begin{aligned}
f\text{ 是对称的}&\iff f(\alpha,\beta)=f(\beta,\alpha),\forall\,\alpha,\beta\in V\\
&\iff f(\alpha_i,\alpha_j)=f(\alpha_j,\alpha_i)\,(i,j=1,2,\cdots,n)\\
&\iff \boldsymbol{A}(i;j)=\boldsymbol{A}(j;i)\,(i,j=1,2,\cdots,n)\\
&\iff \boldsymbol{A}\text{ 是对称矩阵},\\
f\text{ 是斜对称的}&\iff f(\alpha,\beta)=-f(\beta,\alpha),\forall\,\alpha,\beta\in V\\
&\iff f(\alpha_i,\alpha_j)=-f(\alpha_j,\alpha_i)\,(i,j=1,2,\cdots,n)\\
&\iff \boldsymbol{A}(i;j)=-\boldsymbol{A}(j;i)\,(i,j=1,2,\cdots,n)\\
&\iff \boldsymbol{A}\text{ 是斜对称矩阵}.
\end{aligned}$$

设 f 是数域 K 上 n 维线性空间 V 上的对称双线性函数,能否找到 V 的一个基,使得 f 在此基下的度量矩阵具有最简单的形式?

定理 1 设 f 是数域 K 上 n 维线性空间 V 上的对称双线性函数,则 V 中存在一个基,

使得 f 在此基下的度量矩阵为对角矩阵.

证明 对线性空间的维数 n 做数学归纳法.

当 $n=1$ 时，$V=\langle\alpha\rangle$，f 在 V 的基 α 下的度量矩阵为 $(f(\alpha,\alpha))$，这是一阶对角矩阵. 所以，当 $n=1$ 时，此定理成立.

假设对于 $n-1$ 维的线性空间，此定理成立. 现在来看 n 维线性空间 V 上的对称双线性函数 f.

若 $f=0$，则 f 在 V 的任何一个基下的度量矩阵都是零矩阵，这是对角矩阵.

下面设 $f\neq 0$. 假如对于一切 $\alpha\in V$，都有 $f(\alpha,\alpha)=0$，则对于任意 $\alpha,\beta\in V$，有

$$\begin{aligned}0&=f(\alpha+\beta,\alpha+\beta)=f(\alpha,\alpha+\beta)+f(\beta,\alpha+\beta)\\&=f(\alpha,\alpha)+f(\alpha,\beta)+f(\beta,\alpha)+f(\beta,\beta)=2f(\alpha,\beta),\end{aligned}$$

从而 $f(\alpha,\beta)=0$. 于是 $f=0$，矛盾. 因此，V 中存在 $\alpha_1\neq 0$，使得 $f(\alpha_1,\alpha_1)\neq 0$. 把 α_1 扩充成 V 的一个基 $\alpha_1,\beta_1,\cdots,\beta_{n-1}$. 我们想找与 $\alpha_1,\beta_1,\cdots,\beta_{n-1}$ 等价的向量组 $\alpha_1,\tilde{\beta}_1,\cdots,\tilde{\beta}_{n-1}$，使得 $f(\alpha_1,\tilde{\beta}_i)=0\,(i=1,\cdots,n-1)$. 为此，设 $\tilde{\beta}_i=\beta_i+k\alpha_1\,(i=1,\cdots,n-1)$，其中 k 待定. 我们有

$$\begin{aligned}f(\alpha_1,\tilde{\beta}_i)=0&\Longleftrightarrow 0=f(\alpha_1,\beta_i+k\alpha_1)=f(\alpha_1,\beta_i)+kf(\alpha_1,\alpha_1)\\&\Longleftrightarrow k=-\frac{f(\alpha_1,\beta_i)}{f(\alpha_1,\alpha_1)}.\end{aligned}$$

于是，令

$$\tilde{\beta}_i=\beta_i-\frac{f(\alpha_1,\beta_i)}{f(\alpha_1,\alpha_1)}\alpha_1\quad(i=1,\cdots,n-1),\tag{3}$$

则

$$f(\alpha_1,\tilde{\beta}_i)=0\quad(i=1,\cdots,n-1).\tag{4}$$

从(3)式看出，向量组 $\alpha_1,\tilde{\beta}_1,\cdots,\tilde{\beta}_{n-1}$ 与 $\alpha_1,\beta_1,\cdots,\beta_{n-1}$ 等价，从而 $\alpha_1,\tilde{\beta}_1,\cdots,\tilde{\beta}_{n-1}$ 也是 V 的一个基. 令

$$W=\langle\tilde{\beta}_1,\cdots,\tilde{\beta}_{n-1}\rangle,\tag{5}$$

则 $V=\langle\alpha_1\rangle\oplus W$. f 在 W 上的限制 $f|W$ 是 W 上的对称双线性函数，且 $\dim W=n-1$. 根据归纳假设，W 中存在一个基 $\eta_1,\cdots,\eta_{n-1}$，使得 $f|W$ 在此基下的度量矩阵为对角矩阵

$$\begin{pmatrix}f(\eta_1,\eta_1)&&\\&\ddots&\\&&f(\eta_{n-1},\eta_{n-1})\end{pmatrix}.$$

从(4)式和(5)式得 $f(\alpha_1,\eta_i)=0\,(i=1,\cdots,n-1)$. 由于 $V=\langle\alpha_1\rangle\oplus W$，因此 $\alpha_1,\eta_1,\cdots,\eta_{n-1}$ 是 V 的一个基. 于是，f 在 V 的这个基下的度量矩阵为

$$\begin{pmatrix}f(\alpha_1,\alpha_1)&&&\\&f(\eta_1,\eta_1)&&\\&&\ddots&\\&&&f(\eta_{n-1},\eta_{n-1})\end{pmatrix}.$$

根据数学归纳法,对于一切正整数 n,此定理成立. □

定理 1 的意义之一在于使对称双线性函数 f 的表达式变得非常简单. 若数域 K 上 n 维线性空间 V 的一个基 $\eta_1,\eta_2,\cdots,\eta_n$,使得 V 上的对称双线性函数 f 在此基下的度量矩阵为对角矩阵 $\boldsymbol{D}=\operatorname{diag}\{d_1,d_2,\cdots,d_n\}$,则 f 在此基下的表达式为

$$f(\alpha,\beta) = d_1x_1y_1 + d_2x_2y_2 + \cdots + d_nx_ny_n, \tag{6}$$

其中$(x_1,x_2,\cdots,x_n)^{\mathrm{T}}$,$(y_1,y_2,\cdots,y_n)^{\mathrm{T}}$ 分别是 α,β 在此基下的坐标.

定理 1 的意义之二在于可得出对称矩阵 $\boldsymbol{A}$ 能够合同于一个对角矩阵,即有下述推论 1:

推论 1 数域 K 上的 n 阶对称矩阵 $\boldsymbol{A}$ 能够合同于一个对角矩阵. 这个对角矩阵称为 $\boldsymbol{A}$ 的一个**合同标准形**.

证明 设 V 是数域 K 上的 n 维线性空间. 取 V 的一个基 $\alpha_1,\alpha_2,\cdots,\alpha_n$. 任给 V 中两个向量 α,β,并设它们在此基下的坐标分别为 $\boldsymbol{x},\boldsymbol{y}$. 令

$$f(\alpha,\beta) = \boldsymbol{x}^{\mathrm{T}}\boldsymbol{A}\boldsymbol{y}, \tag{7}$$

则 f 是 V 上的一个双线性函数,并且 f 在此基下的度量矩阵是 $\boldsymbol{A}$. 由于 $\boldsymbol{A}$ 是对称矩阵,因此 f 是对称双线性函数. 根据定理 1,V 中存在一个基 $\eta_1,\eta_2,\cdots,\eta_n$,使得 f 在此基下的度量矩阵 $\boldsymbol{D}$ 为对角矩阵. 根据 § 8.1 中的定理 1,$\boldsymbol{A}$ 与 $\boldsymbol{D}$ 合同. □

注意 对称矩阵 $\boldsymbol{A}$ 的合同标准形不唯一. 例如,由于

$$\begin{pmatrix} 1 & \frac{\sqrt{6}}{2} \\ 1 & \frac{\sqrt{6}}{3} \end{pmatrix}^{\mathrm{T}} \begin{pmatrix} -2 & 0 \\ 0 & 3 \end{pmatrix} \begin{pmatrix} 1 & \frac{\sqrt{6}}{2} \\ 1 & \frac{\sqrt{6}}{3} \end{pmatrix} = \begin{pmatrix} 1 & 0 \\ 0 & -1 \end{pmatrix},$$

因此

$$\begin{pmatrix} -2 & 0 \\ 0 & 3 \end{pmatrix} \simeq \begin{pmatrix} 1 & 0 \\ 0 & -1 \end{pmatrix},$$

从而$\begin{pmatrix} -2 & 0 \\ 0 & 3 \end{pmatrix}$与$\begin{pmatrix} 1 & 0 \\ 0 & -1 \end{pmatrix}$都是$\begin{pmatrix} -2 & 0 \\ 0 & 3 \end{pmatrix}$的合同标准形.

现在我们来探索斜对称双线性函数的度量矩阵的最简单形式是什么样子的.

命题 1 设 f 是数域 K 上线性空间 V 上的一个双线函数,则 f 是斜对称的当且仅当

$$f(\alpha,\alpha) = 0, \quad \forall\, \alpha \in V. \tag{8}$$

证明 *必要性* 设 f 是 V 上的斜对称双线性函数,则对于任意 $\alpha\in V$,有

$$f(\alpha,\alpha) = -f(\alpha,\alpha).$$

从而 $2f(\alpha,\alpha)=0$. 于是 $f(\alpha,\alpha)=0$.

充分性 设对于任意 $\alpha\in V$,有 $f(\alpha,\alpha)=0$,则对于任意 $\alpha,\beta\in V$,有

$$\begin{aligned} 0 &= f(\alpha+\beta,\alpha+\beta) = f(\alpha,\alpha) + f(\alpha,\beta) + f(\beta,\alpha) + f(\beta,\beta) \\ &= f(\alpha,\beta) + f(\beta,\alpha), \end{aligned}$$

从而 $f(\alpha,\beta)=-f(\beta,\alpha)$. 因此,$f$ 是斜对称的. □

定理 2 设 f 是数域 K 上 n 维线性空间 V 上的斜对称双线性函数,则 V 中存在一个基 $\delta_1,\delta_{-1},\cdots,\delta_r,\delta_{-r},\eta_1,\cdots,\eta_s\left(\text{其中 } 0\leqslant r\leqslant\frac{n}{2},s=n-2r\right)$,使得 f 在此基下的度量矩阵为如下形式的分块对角矩阵:

$$\operatorname{diag}\left\{\begin{pmatrix}0&1\\-1&0\end{pmatrix},\cdots,\begin{pmatrix}0&1\\-1&0\end{pmatrix},0,\cdots,0\right\}. \tag{9}$$

证明 对线性空间的维数 n 做第二数学归纳法.

当 $n=1$ 时,$V=\langle\alpha\rangle$,f 在 V 的基 α 下的度量矩阵为一阶矩阵$(f(\alpha,\alpha))=(0)$. 因此,当 $n=1$ 时,此定理成立.

假设对于维数小于 n 的线性空间,此定理成立. 现在来看 n 维线性空间 V 上的斜对称双线性函数 f.

若 $f=0$,则 f 在 V 的任一基下的度量矩阵为零矩阵.

下面设 $f\neq 0$. 假如对于一切线性无关的向量 α,β,都有 $f(\alpha,\beta)=0$,又由于对于一切线性相关的向量 $\alpha,k\alpha$,都有 $f(\alpha,k\alpha)=kf(\alpha,\alpha)=0$,因此 $f=0$,矛盾. 于是,V 中有线性无关的向量 δ_1,α_2,使得 $f(\delta_1,\alpha_2)\neq 0$. 令 $\delta_{-1}=(f(\delta_1,\alpha_2))^{-1}\alpha_2$,则 $f(\delta_1,\delta_{-1})=(f(\delta_1,\alpha_2))^{-1}f(\delta_1,\alpha_2)=1$. 易看出 δ_1,δ_{-1} 仍然线性无关. 把 δ_1,δ_{-1} 扩充成 V 的一个基 $\delta_1,\delta_{-1},\beta_3,\cdots,\beta_n$. 我们想找一个与 $\delta_1,\delta_{-1},\beta_3,\cdots,\beta_n$ 等价的向量组 $\delta_1,\delta_{-1},\tilde{\beta}_3,\cdots,\tilde{\beta}_n$,使得 $f(\delta_1,\tilde{\beta}_i)=0$,且 $f(\delta_{-1},\tilde{\beta}_i)=0\ (i=3,\cdots,n)$. 设 $\tilde{\beta}_i=\beta_i+k_1\delta_1+k_2\delta_{-1}$,其中 k_1,k_2 待定. 我们有

$$\begin{aligned}
f(\delta_1,\tilde{\beta}_i)=0 &\Longleftrightarrow 0=f(\delta_1,\beta_i)+k_1f(\delta_1,\delta_1)+k_2f(\delta_1,\delta_{-1})\\
&\Longleftrightarrow 0=f(\delta_1,\beta_i)+k_2\\
&\Longleftrightarrow k_2=-f(\delta_1,\beta_i),\\
f(\delta_{-1},\tilde{\beta}_i)=0 &\Longleftrightarrow 0=f(\delta_{-1},\beta_i)+k_1f(\delta_{-1},\delta_1)+k_2f(\delta_{-1},\delta_{-1})\\
&\Longleftrightarrow 0=f(\delta_{-1},\beta_i)-k_1\\
&\Longleftrightarrow k_1=f(\delta_{-1},\beta_i).
\end{aligned}$$

于是,令

$$\tilde{\beta}_i=\beta_i+f(\delta_{-1},\beta_i)\delta_1-f(\delta_1,\beta_i)\delta_{-1}\quad(i=3,\cdots,n), \tag{10}$$

则

$$f(\delta_1,\tilde{\beta}_i)=0,\quad \text{且}\quad f(\delta_{-1},\tilde{\beta}_i)=0\quad(i=3,\cdots,n). \tag{11}$$

从(10)式看出,$\delta_1,\delta_{-1},\tilde{\beta}_3,\cdots,\tilde{\beta}_n$ 与 $\delta_1,\delta_{-1},\beta_3,\cdots,\beta_n$ 等价,因此 $\delta_1,\delta_{-1},\tilde{\beta}_3,\cdots,\tilde{\beta}_n$ 也是 V 的一个基. 令

$$W=\langle\tilde{\beta}_3,\cdots,\tilde{\beta}_n\rangle, \tag{12}$$

则

$$V=\langle\delta_1,\delta_{-1}\rangle\oplus W. \tag{13}$$

易看出 $f|W$ 是 W 上的斜对称双线性函数. 由于 $\dim W=n-2<n$,因此根据归纳假设,W 中存在一个基 $\delta_2,\delta_{-2},\cdots,\delta_r,\delta_{-r},\eta_1,\cdots,\eta_s$,使得 $f|W$ 在此基下的度量矩阵为

$$\operatorname{diag}\left\{\begin{pmatrix}0&1\\-1&0\end{pmatrix},\cdots,\begin{pmatrix}0&1\\-1&0\end{pmatrix},0,\cdots,0\right\}. \tag{14}$$

从(11)式得,对于任意 $\beta\in W$,有 $f(\delta_1,\beta)=0$,且 $f(\delta_{-1},\beta)=0$. 于是,f 在 V 的一个基 $\delta_1,\delta_{-1},\delta_2,\delta_{-2},\cdots,\delta_r,\delta_{-r},\eta_1,\cdots,\eta_s$ 下的度量矩阵为

$$\operatorname{diag}\left\{\begin{pmatrix}0&1\\-1&0\end{pmatrix},\begin{pmatrix}0&1\\-1&0\end{pmatrix},\cdots,\begin{pmatrix}0&1\\-1&0\end{pmatrix},0,\cdots,0\right\}.$$

根据第二数学归纳法原理,对于一切正整数 n,此定理成立. □

推论 2 数域 K 上的 n 阶斜对称矩阵 $\boldsymbol{A}$ 合同于如下形式的分块对角矩阵:

$$\operatorname{diag}\left\{\begin{pmatrix}0&1\\-1&0\end{pmatrix},\cdots,\begin{pmatrix}0&1\\-1&0\end{pmatrix},0,\cdots,0\right\}.$$

这个分块对角矩阵称为 $\boldsymbol{A}$ 的一个**合同标准形**. $\boldsymbol{A}$ 的合同标准形是唯一的.

证明 类似于推论 1 的证法可证前半部分的结论. 由于 $\boldsymbol{A}$ 的合同标准形中二阶子矩阵的个数等于$\frac{1}{2}\operatorname{rank}(\boldsymbol{A})$,因此 $\boldsymbol{A}$ 的合同标准形是唯一的. □

推论 3 数域 K 上 n 阶斜对称矩阵的秩是偶数.

证明 根据推论 2,数域 K 上的 n 阶斜对称矩阵 $\boldsymbol{A}$ 合同于

$$\operatorname{diag}\left\{\begin{pmatrix}0&1\\-1&0\end{pmatrix},\cdots,\begin{pmatrix}0&1\\-1&0\end{pmatrix},0,\cdots,0\right\},$$

其中主对角线上二阶子矩阵的个数为 r,因此 $\operatorname{rank}(\boldsymbol{A})=2r$. □

推论 4 如果数域 K 上 n 维线性空间 V 上的斜对称双线性函数 f 是非退化的,那么 V 的维数是偶数.

证明 由于 f 是非退化的,因此 V 中存在一个基,使得 f 在此基下的度量矩阵为

$$\operatorname{diag}\left\{\begin{pmatrix}0&1\\-1&0\end{pmatrix},\cdots,\begin{pmatrix}0&1\\-1&0\end{pmatrix}\right\},$$

因此 V 的维数是偶数. □

定义 2 设 f 是数域 K 上线性空间 V 上的对称或斜对称双线性函数,W 是 V 的一个子空间. 令

$$W^{\perp}=\{\alpha\in V\mid f(\alpha,\beta)=0,\ \forall\,\beta\in W\},$$

称 $W^{\perp}$ 是 W 关于 f 的**正交补**.

容易验证,$W^{\perp}$ 是 V 的一个子空间.

二、维特消去定理的推广

利用对称双线性函数的度量矩阵的最简单形式是对角矩阵,我们可以证明下述重要定理:

定理 3[维特(Witt)消去定理的推广] 设 $\boldsymbol{A}_1,\boldsymbol{A}_2$ 都是数域 K 上的 n 阶对称矩阵,$\boldsymbol{B}_1,\boldsymbol{B}_2$ 都是 K 上的 m 阶对称矩阵. 如果

$$\begin{pmatrix}\boldsymbol{A}_1 & \boldsymbol{0}\\ \boldsymbol{0} & \boldsymbol{B}_1\end{pmatrix}\simeq\begin{pmatrix}\boldsymbol{A}_2 & \boldsymbol{0}\\ \boldsymbol{0} & \boldsymbol{B}_2\end{pmatrix},\quad 且\quad \boldsymbol{A}_1\simeq\boldsymbol{A}_2,\tag{15}$$

那么 $\boldsymbol{B}_1\simeq\boldsymbol{B}_2$.

证明 设 U 是数域 K 上的 n 维线性空间. 由于 $\boldsymbol{A}_1\simeq\boldsymbol{A}_2$,因此 $\boldsymbol{A}_1$ 和 $\boldsymbol{A}_2$ 可看成 U 上同一个双线性函数 f 在 U 的不同基下的度量矩阵. 由于 $\boldsymbol{A}_1$ 是对称矩阵,因此 f 是对称双线性函数. 根据定理 1,U 中存在一个基 $\eta_1,\eta_2,\cdots,\eta_n$,使得 f 在此基下的度量矩阵为对角矩阵 $\boldsymbol{D}$. 根据§8.1 中的定理 1,得 $\boldsymbol{A}_1\simeq\boldsymbol{D},\boldsymbol{A}_2\simeq\boldsymbol{D}$,从而存在数域 K 上的 n 阶可逆矩阵 $\boldsymbol{P}_i(i=1,2)$,使得 $\boldsymbol{P}_i^{\mathrm{T}}\boldsymbol{A}_i\boldsymbol{P}_i=\boldsymbol{D}$. 由此得出

$$\begin{pmatrix}\boldsymbol{P}_i & \boldsymbol{0}\\ \boldsymbol{0} & \boldsymbol{I}_m\end{pmatrix}^{\mathrm{T}}\begin{pmatrix}\boldsymbol{A}_i & \boldsymbol{0}\\ \boldsymbol{0} & \boldsymbol{B}_i\end{pmatrix}\begin{pmatrix}\boldsymbol{P}_i & \boldsymbol{0}\\ \boldsymbol{0} & \boldsymbol{I}_m\end{pmatrix}=\begin{pmatrix}\boldsymbol{D} & \boldsymbol{0}\\ \boldsymbol{0} & \boldsymbol{B}_i\end{pmatrix}\quad(i=1,2),$$

于是

$$\begin{pmatrix}\boldsymbol{A}_1 & \boldsymbol{0}\\ \boldsymbol{0} & \boldsymbol{B}_1\end{pmatrix}\simeq\begin{pmatrix}\boldsymbol{D} & \boldsymbol{0}\\ \boldsymbol{0} & \boldsymbol{B}_1\end{pmatrix},\quad\begin{pmatrix}\boldsymbol{A}_2 & \boldsymbol{0}\\ \boldsymbol{0} & \boldsymbol{B}_2\end{pmatrix}\simeq\begin{pmatrix}\boldsymbol{D} & \boldsymbol{0}\\ \boldsymbol{0} & \boldsymbol{B}_2\end{pmatrix}.$$

根据合同关系的对称性和传递性,由上式得

$$\begin{pmatrix}\boldsymbol{D} & \boldsymbol{0}\\ \boldsymbol{0} & \boldsymbol{B}_1\end{pmatrix}\simeq\begin{pmatrix}\boldsymbol{D} & \boldsymbol{0}\\ \boldsymbol{0} & \boldsymbol{B}_2\end{pmatrix}.\tag{16}$$

由于 $\boldsymbol{D}$ 是对角矩阵,因此只要证得"当 $\boldsymbol{D}$ 是一阶矩阵时,从(16)式可推出 $\boldsymbol{B}_1\simeq\boldsymbol{B}_2$",那么逐次用这个结论,就可以得到"当 $\boldsymbol{D}$ 是 n 阶对角矩阵时,从(16)式可推出 $\boldsymbol{B}_1\simeq\boldsymbol{B}_2$". 接下来的证明过程可参看《高等代数学习指导书(第二版)(下册)》(丘维声编著,清华大学出版社)第 10 章§10.1 中定理 8 的证明. □

在定理 3 中,当 $\boldsymbol{A}_1,\boldsymbol{A}_2,\boldsymbol{B}_1,\boldsymbol{B}_2$ 都可逆时,就是维特消去定理.

推论 5 设 $\boldsymbol{A}_1,\boldsymbol{A}_2$ 都是数域 K 上的 n 阶对称矩阵,$\boldsymbol{B}_1,\boldsymbol{B}_2$ 都是 K 上的 m 阶对称矩阵. 如果

$$\begin{pmatrix}\boldsymbol{A}_1 & \boldsymbol{0}\\ \boldsymbol{0} & \boldsymbol{B}_1\end{pmatrix}\simeq\begin{pmatrix}\boldsymbol{A}_2 & \boldsymbol{0}\\ \boldsymbol{0} & \boldsymbol{B}_2\end{pmatrix},\quad 且\quad \boldsymbol{B}_1\simeq\boldsymbol{B}_2,\tag{17}$$

那么 $\boldsymbol{A}_1\simeq\boldsymbol{A}_2$.

证明 由于

$$\begin{pmatrix} \boldsymbol{A}_i & \boldsymbol{0} \\ \boldsymbol{0} & \boldsymbol{B}_i \end{pmatrix} \xrightarrow{(①,②)} \begin{pmatrix} \boldsymbol{0} & \boldsymbol{B}_i \\ \boldsymbol{A}_i & \boldsymbol{0} \end{pmatrix} \xrightarrow[(①,②)]{} \begin{pmatrix} \boldsymbol{B}_i & \boldsymbol{0} \\ \boldsymbol{0} & \boldsymbol{A}_i \end{pmatrix} \quad (i=1,2),$$

因此

$$\begin{pmatrix} \boldsymbol{0} & \boldsymbol{I}_m \\ \boldsymbol{I}_n & \boldsymbol{0} \end{pmatrix} \begin{pmatrix} \boldsymbol{A}_i & \boldsymbol{0} \\ \boldsymbol{0} & \boldsymbol{B}_i \end{pmatrix} \begin{pmatrix} \boldsymbol{0} & \boldsymbol{I}_n \\ \boldsymbol{I}_m & \boldsymbol{0} \end{pmatrix} = \begin{pmatrix} \boldsymbol{B}_i & \boldsymbol{0} \\ \boldsymbol{0} & \boldsymbol{A}_i \end{pmatrix} \quad (i=1,2),$$

从而

$$\begin{pmatrix} \boldsymbol{A}_i & \boldsymbol{0} \\ \boldsymbol{0} & \boldsymbol{B}_i \end{pmatrix} \simeq \begin{pmatrix} \boldsymbol{B}_i & \boldsymbol{0} \\ \boldsymbol{0} & \boldsymbol{A}_i \end{pmatrix} \quad (i=1,2). \tag{18}$$

利用合同关系的对称性和传递性,从(17)式和(18)式得

$$\begin{pmatrix} \boldsymbol{B}_1 & \boldsymbol{0} \\ \boldsymbol{0} & \boldsymbol{A}_1 \end{pmatrix} \simeq \begin{pmatrix} \boldsymbol{A}_1 & \boldsymbol{0} \\ \boldsymbol{0} & \boldsymbol{B}_1 \end{pmatrix} \simeq \begin{pmatrix} \boldsymbol{A}_2 & \boldsymbol{0} \\ \boldsymbol{0} & \boldsymbol{B}_2 \end{pmatrix} \simeq \begin{pmatrix} \boldsymbol{B}_2 & \boldsymbol{0} \\ \boldsymbol{0} & \boldsymbol{A}_2 \end{pmatrix}. \tag{19}$$

又已知 $\boldsymbol{B}_1 \simeq \boldsymbol{B}_2$,因此根据定理 3,得 $\boldsymbol{A}_1 \simeq \boldsymbol{A}_2$. □

我们将在 §8.4 中利用维特消去定理的推广和推论 5 证明实二次型的惯性定理.

8.2.2 典型例题

例 1 设 f 是数域 K 上线性空间 V 上的对称或斜对称双线性函数,W 是 V 的一个子空间,证明:

(1) $f|W$ 在 W 中的左根 $\mathrm{rad}_L W$ 与右根 $\mathrm{rad}_R W$ 相等,记作 $\mathrm{rad} W$,简称为 $f|W$ 在 W 中的根;

(2) $\mathrm{rad} W = W \cap W^{\perp}$.

证明 (1) 我们有

$$\mathrm{rad}_L W = \{\gamma \in W \mid (f|W)(\gamma,\delta)=0, \forall \delta \in W\},$$
$$\mathrm{rad}_R W = \{\delta \in W \mid (f|W)(\gamma,\delta)=0, \forall \gamma \in W\}.$$

由于对于任意 $\gamma,\delta \in W$,有 $(f|W)(\gamma,\delta)=f(\gamma,\delta)$,且 f 是对称或斜对称双线性函数,因此

$$f(\gamma,\delta)=0 \Longleftrightarrow f(\delta,\gamma)=0,$$

从而

$$\begin{aligned} \gamma \in \mathrm{rad}_L W &\Longleftrightarrow \gamma \in W, \text{且 } f(\gamma,\delta)=0, \forall \delta \in W \\ &\Longleftrightarrow \gamma \in W, \text{且 } f(\delta,\gamma)=0, \forall \delta \in W \\ &\Longleftrightarrow \gamma \in \mathrm{rad}_R W. \end{aligned}$$

于是

$$\mathrm{rad}_L W = \mathrm{rad}_R W.$$

(2) 由于

$$\begin{aligned} \gamma \in \mathrm{rad} W &\Longleftrightarrow \gamma \in W, \text{且 } f(\gamma,\delta)=0, \forall \delta \in W \\ &\Longleftrightarrow \gamma \in W, \text{且 } \gamma \in W^{\perp} \end{aligned}$$

$$\Longleftrightarrow \gamma \in W \cap W^{\perp}.$$

因此
$$\mathrm{rad} W = W \cap W^{\perp}.$$ □

例 2 设 V 是数域 K 上的 n 维线性空间，f 是 V 上非退化的对称或斜对称双线性函数，W 是 V 的子空间，证明：

(1) $\dim W + \dim W^{\perp} = \dim V$； (20)

(2) $(W^{\perp})^{\perp} = W$. (21)

证明 (1) 在 W 中取一个基 $\alpha_1, \cdots, \alpha_m$，把它扩充成 V 的一个基 $\alpha_1, \cdots, \alpha_m, \alpha_{m+1}, \cdots, \alpha_n$. 设 f 在这个基下的度量矩阵为 $\boldsymbol{A}$. 由于 f 是非退化的，因此 $\boldsymbol{A}$ 是满秩矩阵，从而 $\boldsymbol{A}$ 可逆. 对于 V 中的向量 $\alpha = (\alpha_1, \alpha_2, \cdots, \alpha_n)\boldsymbol{x}$，有

$$\begin{aligned}
\alpha \in W^{\perp} &\Longleftrightarrow f(\alpha, \beta) = 0, \forall \beta \in W \\
&\Longleftrightarrow f(\alpha, \alpha_i) = 0 (i = 1, 2, \cdots, m) \\
&\Longleftrightarrow \boldsymbol{x}^{\mathrm{T}} \boldsymbol{A} \boldsymbol{\varepsilon}_i = 0 (i = 1, 2, \cdots, m) \\
&\Longleftrightarrow \boldsymbol{x}^{\mathrm{T}} \boldsymbol{A} (\boldsymbol{\varepsilon}_1, \boldsymbol{\varepsilon}_2, \cdots, \boldsymbol{\varepsilon}_m) = \boldsymbol{0}^{\mathrm{T}} \\
&\Longleftrightarrow (\boldsymbol{\varepsilon}_1, \boldsymbol{\varepsilon}_2, \cdots, \boldsymbol{\varepsilon}_m)^{\mathrm{T}} \boldsymbol{A}^{\mathrm{T}} \boldsymbol{x} = \boldsymbol{0} \\
&\Longleftrightarrow \boldsymbol{x} \text{ 是齐次线性方程组} (\boldsymbol{\varepsilon}_1, \boldsymbol{\varepsilon}_2, \cdots, \boldsymbol{\varepsilon}_m)^{\mathrm{T}} \boldsymbol{A}^{\mathrm{T}} \boldsymbol{z} = \boldsymbol{0} \text{ 的一个解.}
\end{aligned}$$

把 $(\boldsymbol{\varepsilon}_1, \boldsymbol{\varepsilon}_2, \cdots, \boldsymbol{\varepsilon}_m)^{\mathrm{T}} \boldsymbol{A}^{\mathrm{T}} \boldsymbol{z} = \boldsymbol{0}$ 的解空间记作 U，则 $\alpha \in W^{\perp}$ 当且仅当 α 在 V 的上述基下的坐标 $\boldsymbol{x} \in U$. 由于 $\sigma: \alpha \longmapsto \boldsymbol{x}$ 是 V 到 K^n 的一个同构映射，且 $W^{\perp}$ 在 σ 下的像是 U，因此

$$\begin{aligned}
\dim W^{\perp} &= \dim U = n - \mathrm{rank}((\boldsymbol{\varepsilon}_1, \boldsymbol{\varepsilon}_2, \cdots, \boldsymbol{\varepsilon}_m)^{\mathrm{T}} \boldsymbol{A}^{\mathrm{T}}) \\
&= n - \mathrm{rank}((\boldsymbol{\varepsilon}_1, \boldsymbol{\varepsilon}_2, \cdots, \boldsymbol{\varepsilon}_m)^{\mathrm{T}}) = n - m = \dim V - \dim W,
\end{aligned}$$

从而
$$\dim W + \dim W^{\perp} = \dim V.$$

(2) 任取 $\gamma \in W$，则对于任意 $\delta \in W^{\perp}$，有 $f(\delta, \gamma) = 0$. 由于 f 是对称或斜对称双线性函数，因此 $f(\gamma, \delta) = 0$，从而 $\gamma \in (W^{\perp})^{\perp}$. 于是 $W \subseteq (W^{\perp})^{\perp}$.

对 $W^{\perp}$ 用已经证明的公式(20)，得

$$\dim W^{\perp} + \dim (W^{\perp})^{\perp} = \dim V.$$

与(20)式比较，得 $\dim W = \dim (W^{\perp})^{\perp}$. 由于 $W \subseteq (W^{\perp})^{\perp}$，因此 $W = (W^{\perp})^{\perp}$. □

注意 在例 2 中，虽然有 $\dim W + \dim W^{\perp} = \dim V$，但是由此不能推出 $W \oplus W^{\perp} = V$. 看下面的例子.

例 3 在 $\mathbf{R}^4$ 中，任给 $\boldsymbol{\alpha} = (x_1, x_2, x_3, x_4)^{\mathrm{T}}$，$\boldsymbol{\beta} = (y_1, y_2, y_3, y_4)^{\mathrm{T}}$. 令

$$f(\boldsymbol{\alpha}, \boldsymbol{\beta}) = x_1 y_1 - x_2 y_2 - x_3 y_3 - x_4 y_4,$$

证明：f 是 $\mathbf{R}^4$ 上的一个双线性函数；求 f 在 $\mathbf{R}^4$ 的标准基 $\boldsymbol{\varepsilon}_1, \boldsymbol{\varepsilon}_2, \boldsymbol{\varepsilon}_3, \boldsymbol{\varepsilon}_4$ 下的度量矩阵；说明 f 是非退化的、对称的；取 $\boldsymbol{\gamma} = (1, 1, 0, 0)^{\mathrm{T}}$，并令 $W = \langle \boldsymbol{\gamma} \rangle$，说明 $W + W^{\perp}$ 不是直和，且 $W + W^{\perp} \neq \mathbf{R}^4$.

解 由于

$$f(\boldsymbol{\alpha}, \boldsymbol{\beta}) = \boldsymbol{\alpha}^{\mathrm{T}} \mathrm{diag}\{1, -1, -1, -1\} \boldsymbol{\beta},$$

因此 f 是 $\mathbf{R}^4$ 上的一个双线性函数，并且 f 在 $\mathbf{R}^4$ 的标准基 $\boldsymbol{\varepsilon}_1,\boldsymbol{\varepsilon}_2,\boldsymbol{\varepsilon}_3,\boldsymbol{\varepsilon}_4$ 下的度量矩阵为 $\mathrm{diag}\{1,-1,-1,-1\}$，它是满秩对称矩阵，从而 f 是非退化的对称双线性函数.

由于

$$f(\boldsymbol{\gamma},\boldsymbol{\gamma}) = 1^2 - 1^2 - 0^2 - 0^2 = 0,$$

因此 $f(\boldsymbol{\gamma},k\boldsymbol{\gamma})=kf(\boldsymbol{\gamma},\boldsymbol{\gamma})=0$, $\forall k\in\mathbf{R}$，从而 $\boldsymbol{\gamma}\in W^{\perp}$. 于是 $W\subseteq W^{\perp}$，从而 $W\cap W^{\perp}=W\neq 0$. 这表明，$W+W^{\perp}$ 不是直和，并且 $W+W^{\perp}=W^{\perp}$. 由于 $\dim W^{\perp}=\dim\mathbf{R}^4-\dim W=4-1=3$，因此 $W^{\perp}\subsetneqq\mathbf{R}^4$，从而 $W+W^{\perp}\neq\mathbf{R}^4$.

点评 在例 3 中，$f|W$ 在 W 的基 $\boldsymbol{\gamma}$ 下的度量矩阵为 $(f(\boldsymbol{\gamma},\boldsymbol{\gamma}))=(0)$，从而 $f|W$ 是 W 上退化的双线性函数. 由此受到启发，若加上"$f|W$ 是非退化的"这个条件，是否可能得到 $W\oplus W^{\perp}=V$? 例 4 回答了这个问题.

***例 4** 设 f 是数域 K 上线性空间 V 上的对称或斜对称双线性函数，W 是 V 的一个有限维非平凡子空间，证明：$V=W\oplus W^{\perp}$ 的充要条件为 $f|W$ 是非退化的.

证明 *必要性* 设 $V=W\oplus W^{\perp}$，则 $W\cap W^{\perp}=0$. 根据例 1，得 $\mathrm{rad}W=W\cap W^{\perp}=0$，于是 $f|W$ 是非退化的.

充分性 设 $f|W$ 是非退化的，则 $\mathrm{rad}W=0$. 根据例 1，得 $W\cap W^{\perp}=\mathrm{rad}W=0$，于是 $W+W^{\perp}$ 是直和，从而为了证 $V=W\oplus W^{\perp}$，只要证 $V=W+W^{\perp}$ 即可.

先考虑 f 是对称双线性函数的情形. 根据定理 1，W 中存在一个基 $\alpha_1,\alpha_2,\cdots,\alpha_m$，使得 $f|W$ 在此基下的度量矩阵形如 $\boldsymbol{D}=\mathrm{diag}\{d_1,d_2,\cdots,d_m\}$. 由于 $f|W$ 是非退化的，因此 $d_i\neq 0$ $(i=1,2,\cdots,m)$. 对于任意 $\beta\in V$，我们想把 β 分解成 $\beta=\beta_1+\beta_2$, $\beta_1\in W$, $\beta_2\in W^{\perp}$. 为此，设 $\beta_1=\sum\limits_{i=1}^{m}k_i\alpha_i$，其中 $k_i(i=1,2,\cdots,m)$ 待定. 为了使 $\beta-\beta_1=\beta_2\in W^{\perp}$，应当使 $f(\beta-\beta_1,\alpha_j)=0$ $(j=1,2,\cdots,m)$. 对于 $j\in\{1,2,\cdots,m\}$，有

$$\begin{aligned} f(\beta-\beta_1,\alpha_j) &= f(\beta,\alpha_j)-f(\beta_1,\alpha_j) = f(\beta,\alpha_j)-\sum_{i=1}^{m}k_if(\alpha_i,\alpha_j) \\ &= f(\beta,\alpha_j)-k_jf(\alpha_j,\alpha_j) = f(\beta,\alpha_j)-k_jd_j, \end{aligned}$$

于是

$$f(\beta-\beta_1,\alpha_j)=0 \Longleftrightarrow k_j=\frac{1}{d_j}f(\beta,\alpha_j).$$

所以，我们令

$$\beta_1=\sum_{i=1}^{m}\frac{f(\beta,\alpha_i)}{d_i}\alpha_i,\quad \beta_2=\beta-\beta_1,$$

则 $\beta_1\in W$，且

$$f(\beta_2,\alpha_j) = f(\beta-\beta_1,\alpha_j) = 0 \quad (j=1,2,\cdots,m).$$

因此 $\beta_2\in W^{\perp}$，从而 $\beta=\beta_1+\beta_2$, $\beta_1\in W$, $\beta_2\in W^{\perp}$. 于是 $V=W+W^{\perp}$，从而 $V=W\oplus W^{\perp}$.

现在考虑 f 是斜对称双线性函数的情形. 由于 $f|W$ 是非退化的，因此根据定理 2，W 中

存在一个基 $\delta_1,\delta_{-1},\cdots,\delta_r,\delta_{-r}$，使得 $f|W$ 在此基下的度量矩阵为

$$\operatorname{diag}\left\{\begin{pmatrix}0&1\\-1&0\end{pmatrix},\cdots,\begin{pmatrix}0&1\\-1&0\end{pmatrix}\right\}.$$

任给 $\gamma\in V$，我们想把 γ 分解成 $\gamma=\gamma_1+\gamma_2,\gamma_1\in W,\gamma_2\in W^{\perp}$. 为此，设 $\gamma_1=\sum\limits_{i=1}^{r}(k_{1i}\delta_i+k_{2i}\delta_{-i})$. 为了使 $\gamma-\gamma_1=\gamma_2\in W^{\perp}$，应当使 $f(\gamma-\gamma_1,\delta_j)=0$，且 $f(\gamma-\gamma_1,\delta_{-j})=0(j=1,\cdots,r)$. 由于

$$\begin{aligned}f(\gamma-\gamma_1,\delta_j)&=f(\gamma,\delta_j)-\sum_{i=1}^{r}(k_{1i}f(\delta_i,\delta_j)+k_{2i}f(\delta_{-i},\delta_j))\\&=f(\gamma,\delta_j)-k_{2j}f(\delta_{-j},\delta_j)=f(\gamma,\delta_j)+k_{2j},\\f(\gamma-\gamma_1,\delta_{-j})&=f(\gamma,\delta_{-j})-\sum_{i=1}^{r}(k_{1i}f(\delta_i,\delta_{-j})+k_{2i}f(\delta_{-i},\delta_{-j}))\\&=f(\gamma,\delta_{-j})-k_{1j},\end{aligned}$$

因此

$$f(\gamma-\gamma_1,\delta_j)=0\Longleftrightarrow k_{2j}=-f(\gamma,\delta_j),\quad f(\gamma-\gamma_1,\delta_{-j})=0\Longleftrightarrow k_{1j}=f(\gamma,\delta_{-j}).$$

于是，我们令

$$\gamma_1=\sum_{i=1}^{r}(f(\gamma,\delta_{-i})\delta_i-f(\gamma,\delta_i)\delta_{-i}),\quad \gamma_2=\gamma-\gamma_1,$$

则 $\gamma_1\in W$，且

$$\begin{aligned}f(\gamma_2,\delta_j)&=f(\gamma-\gamma_1,\delta_j)=0\quad(j=1,\cdots,r),\\f(\gamma_2,\delta_{-j})&=f(\gamma-\gamma_1,\delta_{-j})=0\quad(j=1,\cdots,r).\end{aligned}$$

因此 $\gamma_2\in W^{\perp}$，从而 $\gamma=\gamma_1+\gamma_2,\gamma_1\in W,\gamma_2\in W^{\perp}$. 于是 $V=W+W^{\perp}$. 因此 $V=W\oplus W^{\perp}$. □

点评 在例 4 中，线性空间 V 可以是无限维的，f 不需要是非退化的，但是要求子空间 W 是有限维的，且 $f|W$ 是非退化的.

例 5 设 σ 是平面 π 上绕定点 O、转角为 $-\frac{\pi}{2}$ 的旋转. 在平面 π 上任给 $\vec{a},\vec{b}$. 令

$$f(\vec{a},\vec{b})=\vec{a}\cdot\sigma(\vec{b}),$$

证明：f 是平面 π(作为实数域 $\mathbf{R}$ 上的二维线性空间)上非退化的斜对称双线性函数.

证明 由于对于任意 $\vec{a}_1,\vec{a}_2,\vec{b}_1,\vec{b}_2,\vec{a},\vec{b}\in\pi,k_1,k_2\in\mathbf{R}$，有

$$\begin{aligned}f(k_1\vec{a}_1+k_2\vec{a}_2,\vec{b})&=(k_1\vec{a}_1+k_2\vec{a}_2)\cdot\sigma(\vec{b})=k_1\vec{a}_1\cdot\sigma(\vec{b})+k_2\vec{a}_2\cdot\sigma(\vec{b})\\&=k_1f(\vec{a}_1,\vec{b})+k_2f(\vec{a}_2,\vec{b}),\\f(\vec{a},k_1\vec{b}_1+k_2\vec{b}_2)&=\vec{a}\cdot\sigma(k_1\vec{b}_1+k_2\vec{b}_2)=\vec{a}\cdot(k_1\sigma(\vec{b}_1)+k_2\sigma(\vec{b}_2))\\&=k_1\vec{a}\cdot\sigma(\vec{b}_1)+k_2\vec{a}\cdot\sigma(\vec{b}_2)=k_1f(\vec{a},\vec{b}_1)+k_2f(\vec{a},\vec{b}_2),\end{aligned}$$

因此 f 是平面 π 上的双线性函数.

在平面 π 上取一个直角坐标系 $[O;\vec{e}_1,\vec{e}_2]$,则 f 在基 $\vec{e}_1,\vec{e}_2$ 下的度量矩阵为

$$\boldsymbol{A}=\begin{pmatrix} f(\vec{e}_1,\vec{e}_1) & f(\vec{e}_1,\vec{e}_2) \\ f(\vec{e}_2,\vec{e}_1) & f(\vec{e}_2,\vec{e}_2)\end{pmatrix}=\begin{pmatrix} \vec{e}_1\cdot\sigma(\vec{e}_1) & \vec{e}_1\cdot\sigma(\vec{e}_2) \\ \vec{e}_2\cdot\sigma(\vec{e}_1) & \vec{e}_2\cdot\sigma(\vec{e}_2)\end{pmatrix}=\begin{pmatrix} 0 & 1 \\ -1 & 0\end{pmatrix}.$$

由于 $\boldsymbol{A}$ 是满秩的斜对称矩阵,因此 f 是非退化的斜对称双线性函数. □

点评 例 5 给出了几何空间中平面 π 上的斜对称双线性函数的一个具体例子. 有了几何上的例子,我们对斜对称双线性函数就不会感到抽象了.

习 题 8.2

1. 设 V 是复数域上的 $n(n\geqslant 2)$ 维线性空间,f 是 V 上的非零对称双线性函数,证明:

(1) V 中存在一个基 $\delta_1,\delta_2,\cdots,\delta_n$,使得 f 在此基下的度量矩阵为

$$\boldsymbol{A}=\mathrm{diag}\{1,\cdots,1,0,\cdots,0\};$$

(2) V 中存在非零向量 β,使得 $f(\beta,\beta)=0$;

(3) 如果 f 是非退化的,那么存在线性无关的向量 β_1,β_2,使得

$$f(\beta_1,\beta_1)=f(\beta_2,\beta_2)=0,\quad 且\quad f(\beta_1,\beta_2)=1.$$

2. 证明:数域 K 上的两个 n 阶斜对称矩阵合同的充要条件是它们有相同的秩.

3. 在数域 K 上所有 n 阶斜对称矩阵组成的集合 Ω 中,有多少个合同类?

4. 证明:数域 K 上 n 阶斜对称矩阵的行列式是 K 中某个数的平方.

5. 判断下列数域 K 上的两个斜对称矩阵是否合同:

$$\boldsymbol{A}=\begin{pmatrix} 0 & 2 & 1 & -3 \\ -2 & 0 & 4 & 5 \\ -1 & -4 & 0 & -1 \\ 3 & -5 & 1 & 0\end{pmatrix},\quad \boldsymbol{B}=\begin{pmatrix} 0 & 1 & -4 & -1 \\ -1 & 0 & 3 & -2 \\ 4 & -3 & 0 & 11 \\ 1 & 2 & -11 & 0\end{pmatrix},$$

并且分别写出 $\boldsymbol{A},\boldsymbol{B}$ 的合同标准形.

6. 设 τ 是平面 π 上绕定点 O、转角为 $\frac{\pi}{2}$ 的旋转. 在平面 π 上任给 $\vec{a},\vec{b}$. 令

$$f(\vec{a},\vec{b})=\vec{a}\cdot\tau(\vec{b}).$$

(1) 证明:f 是平面 π 上的非退化斜对称双线性函数;

(2) 任给平面 π 上的一个非零向量 $\vec{a}$,求 $\langle\vec{a}\rangle^{\perp}$,说明 $\langle\vec{a}\rangle+\langle\vec{a}\rangle^{\perp}$ 不是直和,且

$$\langle\vec{a}\rangle+\langle\vec{a}\rangle^{\perp}\neq\pi.$$

7. 设 f 是数域 K 上 n 维线性空间 V 上的对称或斜对称双线性函数,W_1,W_2 是 V 的两个子空间,证明:

(1) 若 $W_1\subseteq W_2$,则 $W_1^{\perp}\supseteq W_2^{\perp}$;

(2) 若 f 是非退化的,且 $W_1 \subsetneqq W_2$,则 $W_1^{\perp} \supsetneqq W_2^{\perp}$.

8. 设 f 是数域 K 上 n 维线性空间 V 上的对称或斜对称双线性函数,U,W 是 V 的两个子空间,证明:

(1) $(U+W)^{\perp}=U^{\perp}\cap W^{\perp}$;

(2) 若 f 是非退化的,则$(U\cap W)^{\perp}=U^{\perp}+W^{\perp}$.

§ 8.3 二次型和它的标准形

8.3.1 内容精华

一般地,平面上的二次曲线 S 在直角坐标系 Oxy 中的方程形如

$$a_{11}x^2+2a_{12}xy+a_{22}y^2+2a_1x+2a_2y+a_0=0. \tag{1}$$

方程(1)左端的二次项部分

$$a_{11}x^2+2a_{12}xy+a_{22}y^2 \tag{2}$$

是 x,y 的二次齐次多项式.由此抽象出下述概念:

定义 1 数域 K 上的一个 n 元二次齐次多项式称为数域 K 上的一个 n **元二次型**,简称**二次型**.

数域 K 上的一个 n 元二次型 $f(x_1,x_2,\cdots,x_n)$的一般表达式为

$$\begin{aligned} f(x_1,x_2,\cdots,x_n) &= a_{11}x_1^2+2a_{12}x_1x_2+2a_{13}x_1x_3+\cdots+2a_{1n}x_1x_n \\ &\quad +a_{22}x_2^2+2a_{23}x_2x_3+\cdots+2a_{2n}x_2x_n+\cdots+a_{nn}x_n^2 \\ &= \sum_{i=1}^{n}\sum_{j=1}^{n}a_{ij}x_ix_j, \end{aligned} \tag{3}$$

其中 $a_{ij}=a_{ji}(i,j=1,2,\cdots,n)$.

类似于§8.1中用矩阵乘法的形式写出双线性函数的表达式,我们可以把(3)式写成

$$f(x_1,x_2,\cdots,x_n)=\boldsymbol{x}^{\mathrm{T}}\boldsymbol{A}\boldsymbol{x}, \tag{4}$$

其中 $\boldsymbol{x}=(x_1,x_2,\cdots,x_n)^{\mathrm{T}}$,$\boldsymbol{A}=(a_{ij})$是对称矩阵:

$$\boldsymbol{A}=\begin{pmatrix} a_{11} & a_{12} & a_{13} & \cdots & a_{1n} \\ a_{12} & a_{22} & a_{23} & \cdots & a_{2n} \\ a_{13} & a_{23} & a_{33} & \cdots & a_{3n} \\ \vdots & \vdots & \vdots & & \vdots \\ a_{1n} & a_{2n} & a_{3n} & \cdots & a_{nn} \end{pmatrix},$$

$\boldsymbol{A}$ 的主对角元依次是 $x_1^2,x_2^2,\cdots,x_n^2$ 的系数,当 $i\neq j$ 时,$\boldsymbol{A}$ 的(i,j)元是 x_ix_j 的系数的一半.我们把 $\boldsymbol{A}$ 称为**二次型** $f(x_1,x_2,\cdots,x_n)$**的矩阵**.由于 n 元多项式 $f(x_1,x_2,\cdots,x_n)$的表示法唯

一,且 $\boldsymbol{A}$ 是对称矩阵,因此二次型 $f(x_1,x_2,\cdots,x_n)$ 的矩阵是唯一的.

为了讨论方便,允许(3)式中的系数全为 0,即 $\boldsymbol{A}=\boldsymbol{0}$.

为了判断平面上的二次曲线 S 是什么样子的二次曲线,我们需要做平面上的直角坐标变换,使得在新的直角坐标系 $O^*x^*y^*$ 中,二次曲线 S 的方程不含 x^*y^* 项.把这个问题抽象出来就是:通过变量的替换,把 $x_1,x_2,\cdots,x_n$ 的 n 元二次型 $f(x_1,x_2,\cdots,x_n)$ 变成 $y_1,y_2,\cdots,y_n$ 的 n 元二次型 $g(y_1,y_2,\cdots,y_n)$,使得 $g(y_1,y_2,\cdots,y_n)$ 只含平方项.为此,我们首先指出应当做什么样子的变量替换.

定义 2 设 $\boldsymbol{x}=(x_1,x_2,\cdots,x_n)^{\mathrm{T}}$,$\boldsymbol{y}=(y_1,y_2,\cdots,y_n)^{\mathrm{T}}$,$\boldsymbol{C}$ 是数域 K 上的 n 阶可逆矩阵,称关系式

$$\boldsymbol{x}=\boldsymbol{C}\boldsymbol{y} \tag{5}$$

为变量 $x_1,x_2,\cdots,x_n$ 到变量 $y_1,y_2,\cdots,y_n$ 的一个**非退化线性替换**.

命题 1 数域 K 上任一 n 元二次型 $\boldsymbol{x}^{\mathrm{T}}\boldsymbol{A}\boldsymbol{x}$ 经过一个非退化线性替换 $\boldsymbol{x}=\boldsymbol{C}\boldsymbol{y}$,变成变量 $y_1,y_2,\cdots,y_n$ 的一个 n 元二次型 $\boldsymbol{y}^{\mathrm{T}}(\boldsymbol{C}^{\mathrm{T}}\boldsymbol{A}\boldsymbol{C})\boldsymbol{y}$,它的矩阵是 $\boldsymbol{C}^{\mathrm{T}}\boldsymbol{A}\boldsymbol{C}$.

证明 n 元二次型 $\boldsymbol{x}^{\mathrm{T}}\boldsymbol{A}\boldsymbol{x}$ 经过非退化线性替换 $\boldsymbol{x}=\boldsymbol{C}\boldsymbol{y}$ 变成

$$(\boldsymbol{C}\boldsymbol{y})^{\mathrm{T}}\boldsymbol{A}(\boldsymbol{C}\boldsymbol{y})=\boldsymbol{y}^{\mathrm{T}}(\boldsymbol{C}^{\mathrm{T}}\boldsymbol{A}\boldsymbol{C})\boldsymbol{y}. \tag{6}$$

(6)式是变量 $y_1,y_2,\cdots,y_n$ 的 n 元二次型.由于 $(\boldsymbol{C}^{\mathrm{T}}\boldsymbol{A}\boldsymbol{C})^{\mathrm{T}}=\boldsymbol{C}^{\mathrm{T}}\boldsymbol{A}^{\mathrm{T}}(\boldsymbol{C}^{\mathrm{T}})^{\mathrm{T}}=\boldsymbol{C}^{\mathrm{T}}\boldsymbol{A}\boldsymbol{C}$,因此 $\boldsymbol{C}^{\mathrm{T}}\boldsymbol{A}\boldsymbol{C}$ 是对称矩阵,从而二次型 $\boldsymbol{y}^{\mathrm{T}}(\boldsymbol{C}^{\mathrm{T}}\boldsymbol{A}\boldsymbol{C})\boldsymbol{y}$ 的矩阵是 $\boldsymbol{C}^{\mathrm{T}}\boldsymbol{A}\boldsymbol{C}$. □

从命题 1 受到启发,我们引入下述概念:

定义 3 对于数域 K 上的两个 n 元二次型 $\boldsymbol{x}^{\mathrm{T}}\boldsymbol{A}\boldsymbol{x}$ 与 $\boldsymbol{y}^{\mathrm{T}}\boldsymbol{B}\boldsymbol{y}$,如果存在一个非退化线性替换 $\boldsymbol{x}=\boldsymbol{C}\boldsymbol{y}$,把 $\boldsymbol{x}^{\mathrm{T}}\boldsymbol{A}\boldsymbol{x}$ 变成 $\boldsymbol{y}^{\mathrm{T}}\boldsymbol{B}\boldsymbol{y}$,那么称二次型 $\boldsymbol{x}^{\mathrm{T}}\boldsymbol{A}\boldsymbol{x}$ 与 $\boldsymbol{y}^{\mathrm{T}}\boldsymbol{B}\boldsymbol{y}$ **等价**,记作 $\boldsymbol{x}^{\mathrm{T}}\boldsymbol{A}\boldsymbol{x}\cong\boldsymbol{y}^{\mathrm{T}}\boldsymbol{B}\boldsymbol{y}$.

命题 2 数域 K 上的两个 n 元二次型 $\boldsymbol{x}^{\mathrm{T}}\boldsymbol{A}\boldsymbol{x}$ 与 $\boldsymbol{y}^{\mathrm{T}}\boldsymbol{B}\boldsymbol{y}$ 等价当且仅当它们的矩阵 $\boldsymbol{A}$ 与 $\boldsymbol{B}$ 合同.

证明 根据命题 1 和定义 3,得

$$\begin{aligned}\boldsymbol{x}^{\mathrm{T}}\boldsymbol{A}\boldsymbol{x}\cong\boldsymbol{y}^{\mathrm{T}}\boldsymbol{B}\boldsymbol{y} &\Longleftrightarrow \text{存在非退化线性替换 } \boldsymbol{x}=\boldsymbol{C}\boldsymbol{y}\text{,把 } \boldsymbol{x}^{\mathrm{T}}\boldsymbol{A}\boldsymbol{x} \text{ 变成 } \boldsymbol{y}^{\mathrm{T}}\boldsymbol{B}\boldsymbol{y}\\ &\Longleftrightarrow \boldsymbol{y}^{\mathrm{T}}(\boldsymbol{C}^{\mathrm{T}}\boldsymbol{A}\boldsymbol{C})\boldsymbol{y}=\boldsymbol{y}^{\mathrm{T}}\boldsymbol{B}\boldsymbol{y}\text{,且 } \boldsymbol{C} \text{ 可逆}\\ &\Longleftrightarrow \boldsymbol{C}^{\mathrm{T}}\boldsymbol{A}\boldsymbol{C}=\boldsymbol{B}\text{,且 } \boldsymbol{C} \text{ 可逆}\\ &\Longleftrightarrow \boldsymbol{A}\simeq\boldsymbol{B}.\end{aligned}$$

□

由于 n 阶矩阵的合同关系是等价关系,因此根据命题 2,n 元二次型的等价是等价关系.

化简平面上二次曲线 S 的方程的第一步是通过直角坐标变换,把方程(1)左端的二次项部分(2),变成只含平方项的二次项部分 $a_{11}^*x^{*2}+a_{22}^*y^{*2}$.从这个问题抽象出研究二次型的基本问题是:数域 K 上的一个 n 元二次型能否等价于一个只含平方项的二次型?容易看出,一个二次型只含平方项当且仅当它的矩阵是对角矩阵.于是,根据命题 2,上述基本问题等价于数域 K 上的一个 n 阶对称矩阵能否合同于一个对角矩阵.对于这个问题,我们已经

在 §8.2 的推论 1 中做出了肯定的回答. 因此,我们立即得到下述重要结论:

定理 1 数域 K 上的任一 n 元二次型 $\boldsymbol{x}^{\mathrm{T}}\boldsymbol{A}\boldsymbol{x}$ 等价于一个只含平方项的二次型:

$$d_1 y_1^2 + d_2 y_2^2 + \cdots + d_n y_n^2,$$

称它为二次型 $\boldsymbol{x}^{\mathrm{T}}\boldsymbol{A}\boldsymbol{x}$ 的一个**标准形**,其中系数不为 0 的平方项的个数等于 $\operatorname{rank}(\boldsymbol{A})$,称它为**二次型 $\boldsymbol{x}^{\mathrm{T}}\boldsymbol{A}\boldsymbol{x}$ 的秩**.

证明 由于二次型 $\boldsymbol{x}^{\mathrm{T}}\boldsymbol{A}\boldsymbol{x}$ 的矩阵 $\boldsymbol{A}$ 是对称矩阵,因此根据 §8.2 中的推论 1,得

$$\boldsymbol{A} \simeq \operatorname{diag}\{d_1, d_2, \cdots, d_n\} =: \boldsymbol{D}.$$

再根据命题 2,得

$$\boldsymbol{x}^{\mathrm{T}}\boldsymbol{A}\boldsymbol{x} \cong \boldsymbol{y}^{\mathrm{T}}\boldsymbol{D}\boldsymbol{y} = d_1 y_1^2 + d_2 y_2^2 + \cdots + d_n y_n^2,$$

其中系数不为 0 的平方项的个数等于 $\operatorname{rank}(\boldsymbol{D})$. 由于合同的矩阵有相同的秩,因此

$$\operatorname{rank}(\boldsymbol{D}) = \operatorname{rank}(\boldsymbol{A}). \qquad \square$$

在 §8.2 的推论 1 后面一段话中,我们指出对称矩阵 $\boldsymbol{A}$ 的合同标准形不唯一,从而二次型 $\boldsymbol{x}^{\mathrm{T}}\boldsymbol{A}\boldsymbol{x}$ 的标准形不唯一.

数域 K 上的任一 n 元二次型 $\boldsymbol{x}^{\mathrm{T}}\boldsymbol{A}\boldsymbol{x}$ 可以通过配方法化成只含平方项的二次型,详见 8.3.2 小节中的例 1.

还有其他方法可以求出对称矩阵的合同标准形,从而求出二次型的标准形. 我们首先分析数域 K 上 n 阶矩阵 $\boldsymbol{A}$ 与 $\boldsymbol{B}$ 合同的充要条件:

$$\boldsymbol{A} \simeq \boldsymbol{B} \iff \text{存在 } K \text{ 上的可逆矩阵 } \boldsymbol{C}, \text{使得 } \boldsymbol{C}^{\mathrm{T}}\boldsymbol{A}\boldsymbol{C} = \boldsymbol{B}$$

$$\iff \text{存在 } K \text{ 上的初等矩阵 } \boldsymbol{P}_1, \boldsymbol{P}_2, \cdots, \boldsymbol{P}_t, \text{使得}$$

$$\boldsymbol{C} = \boldsymbol{P}_1 \boldsymbol{P}_2 \cdots \boldsymbol{P}_t, \tag{7}$$

$$\boldsymbol{P}_t^{\mathrm{T}} \cdots \boldsymbol{P}_2^{\mathrm{T}} \boldsymbol{P}_1^{\mathrm{T}} \boldsymbol{A} \boldsymbol{P}_1 \boldsymbol{P}_2 \cdots \boldsymbol{P}_t = \boldsymbol{B}. \tag{8}$$

由于

$$\begin{matrix} \\ \\ \text{第 } i \text{ 行} \\ \\ \text{第 } j \text{ 行} \\ \\ \\ \end{matrix}
\begin{pmatrix} 1 & & & & \\ & \ddots & & & \\ & & 1 & & & \\ & & \vdots & \ddots & & \\ & & k & \cdots & 1 & \\ & & & & & \ddots & \\ & & & & & & 1 \end{pmatrix}^{\mathrm{T}}
= \begin{pmatrix} 1 & & & & \\ & \ddots & & & \\ & & 1 & \cdots & k & \\ & & & \ddots & \vdots & \\ & & & & 1 & \\ & & & & & \ddots & \\ & & & & & & 1 \end{pmatrix}
\begin{matrix} \\ \\ \text{第 } i \text{ 行} \\ \\ \text{第 } j \text{ 行} \\ \\ \\ \end{matrix},$$

因此

$$(\boldsymbol{P}(j, i(k)))^{\mathrm{T}} = \boldsymbol{P}(i, j(k)). \tag{9}$$

容易看出

$$(\boldsymbol{P}(i,j))^{\mathrm{T}} = \boldsymbol{P}(i,j), \quad (\boldsymbol{P}(i(k)))^{\mathrm{T}} = \boldsymbol{P}(i(k)). \tag{10}$$

于是

$$(\boldsymbol{P}(j,i(k)))^{\mathrm{T}}\boldsymbol{A}\boldsymbol{P}(j,i(k)) = \boldsymbol{P}(i,j(k))\boldsymbol{A}\boldsymbol{P}(j,i(k)), \tag{11}$$

即

$$\boldsymbol{A} \xrightarrow{ⓘ+ⓙ\cdot k} \boldsymbol{P}(i,j(k))\boldsymbol{A} \xrightarrow[ⓘ+ⓙ\cdot k]{} \boldsymbol{P}(i,j(k))\boldsymbol{A}\boldsymbol{P}(j,i(k)). \tag{12}$$

这种先对 $\boldsymbol{A}$ 做初等行变换ⓘ+ⓙk,接着做初等列变换ⓘ+ⓙk,称为**成对初等行、列变换**.

由于$(\boldsymbol{P}(i,j))^{\mathrm{T}}\boldsymbol{A}\boldsymbol{P}(i,j)=\boldsymbol{P}(i,j)\boldsymbol{A}\boldsymbol{P}(i,j)$,因此

$$\boldsymbol{A} \xrightarrow{(ⓘ,ⓙ)} \boldsymbol{P}(i,j)\boldsymbol{A} \xrightarrow[(ⓘ,ⓙ)]{} \boldsymbol{P}(i,j)\boldsymbol{A}\boldsymbol{P}(i,j), \tag{13}$$

这种先对 $\boldsymbol{A}$ 做第 i,j 行互换,接着做第 i,j 列互换,也称为**成对初等行、列变换**.

由于$(\boldsymbol{P}(i(k)))^{\mathrm{T}}\boldsymbol{A}\boldsymbol{P}(i(k))=\boldsymbol{P}(i(k))\boldsymbol{A}\boldsymbol{P}(i(k))$,因此

$$\boldsymbol{A} \xrightarrow{ⓘ\cdot k} \boldsymbol{P}(i(k))\boldsymbol{A} \xrightarrow[ⓘ\cdot k]{} \boldsymbol{P}(i(k))\boldsymbol{A}\boldsymbol{P}(i(k)). \tag{14}$$

这种先把 $\boldsymbol{A}$ 的第 i 行乘以一个非零数 k,接着把第 i 列乘以 k,同样也称为**成对初等行、列变换**.

(7)式可以写成

$$\boldsymbol{C} = \boldsymbol{I}\boldsymbol{P}_1\boldsymbol{P}_2\cdots\boldsymbol{P}_t. \tag{15}$$

从(8)式和(15)式看出,当 $\boldsymbol{A}$ 经过一系列成对初等行、列变换变成矩阵 $\boldsymbol{B}$ 时,对 $\boldsymbol{I}$ 只做其中的初等列变换所得到的可逆矩阵 $\boldsymbol{C}$ 就使得 $\boldsymbol{C}^{\mathrm{T}}\boldsymbol{A}\boldsymbol{C}=\boldsymbol{B}$.

由于数域 K 上的任一 n 阶对称矩阵 $\boldsymbol{A}$ 合同于一个对角矩阵 $\boldsymbol{D}=\mathrm{diag}\{d_1,d_2,\cdots,d_n\}$,因此按照如下方法去做:

$$\begin{pmatrix}\boldsymbol{A}\\ \boldsymbol{I}\end{pmatrix} \xrightarrow[\text{对 }\boldsymbol{I}\text{ 只做其中的初等列变换}]{\text{对 }\boldsymbol{A}\text{ 做成对初等行、列变换}} \begin{pmatrix}\boldsymbol{D}\\ \boldsymbol{C}\end{pmatrix}, \tag{16}$$

则

$$\boldsymbol{C}^{\mathrm{T}}\boldsymbol{A}\boldsymbol{C}=\boldsymbol{D}. \tag{17}$$

结合命题 2,对于数域 K 上的 n 元二次型 $\boldsymbol{x}^{\mathrm{T}}\boldsymbol{A}\boldsymbol{x}$,做非退化线性替换 $\boldsymbol{x}=\boldsymbol{C}\boldsymbol{y}$,则得到 $\boldsymbol{x}^{\mathrm{T}}\boldsymbol{A}\boldsymbol{x}$ 的一个标准形

$$d_1y_1^2 + d_2y_2^2 + \cdots + d_ny_n^2. \tag{18}$$

这种求二次型标准形的方法称为**矩阵的成对初等行、列变换法**,具体可见 8.3.2 小节中的例 2.

通过非退化线性替换把二次型化成标准形,这在数学的许多分支以及物理学和工程技术等领域都很有用.

8.3.2 典型例题

例 1 做非退化线性替换,把下列数域 K 上的二次型化成标准形,并且写出所做的非退化线性替换:

(1) $f(x_1,x_2,x_3)=x_1^2+2x_2^2-x_3^2+4x_1x_2-4x_1x_3-4x_2x_3$;

(2) $g(x_1,x_2,x_3)=x_1x_2+x_1x_3-3x_2x_3$.

解 (1) 用配方法把变量 x_1,x_2,x_3 逐个配成完全平方的形式：

$$\begin{aligned}f(x_1,x_2,x_3)&=x_1^2+4x_1x_2-4x_1x_3+2x_2^2-x_3^2-4x_2x_3\\&=\{x_1^2+4x_1(x_2-x_3)+[2(x_2-x_3)]^2-[2(x_2-x_3)]^2\}+2x_2^2-x_3^2-4x_2x_3\\&=[x_1+2(x_2-x_3)]^2-4(x_2^2-2x_2x_3+x_3^2)+2x_2^2-x_3^2-4x_2x_3\\&=(x_1+2x_2-2x_3)^2-2x_2^2+4x_2x_3-5x_3^2\\&=(x_1+2x_2-2x_3)^2-2(x_2^2-2x_2x_3+x_3^2-x_3^2)-5x_3^2\\&=(x_1+2x_2-2x_3)^2-2(x_2-x_3)^2-3x_3^2.\end{aligned}$$

令

$$y_1=x_1+2x_2-2x_3,\quad y_2=x_2-x_3,\quad y_3=x_3,\tag{19}$$

则得到 $f(x_1,x_2,x_3)$的一个标准形：$y_1^2-2y_2^2-3y_3^2$.

从(19)式知，所做的线性替换是

$$\begin{cases}x_1=y_1-2y_2,\\x_2=y_2+y_3,\\x_3=y_3,\end{cases}\tag{20}$$

其系数行列式不等于 0，因此这是非退化线性替换.

(2) 为了把 $g(x_1,x_2,x_3)$化成只含平方项的二次型，需要有平方项，以便进行配方. 为此，先令

$$\begin{cases}x_1=y_1-y_2,\\x_2=y_1+y_2,\\x_3=y_3,\end{cases}\tag{21}$$

则

$$\begin{aligned}g(x_1,x_2,x_3)&=(y_1-y_2)(y_1+y_2)+(y_1-y_2)y_3-3(y_1+y_2)y_3\\&=y_1^2-y_2^2-2y_1y_3-4y_2y_3\\&=y_1^2-2y_1y_3+y_3^2-y_3^2-y_2^2-4y_2y_3\\&=(y_1-y_3)^2-[y_2^2+4y_2y_3+(2y_3)^2-(2y_3)^2]-y_3^2\\&=(y_1-y_3)^2-(y_2+2y_3)^2+3y_3^2.\end{aligned}$$

再令

$$\begin{cases}z_1=y_1-y_3,\\z_2=y_2+2y_3,\\z_3=y_3,\end{cases}\tag{22}$$

则

$$g(x_1,x_2,x_3)=z_1^2-z_2^2+3z_3^2.\tag{23}$$

从(22)式得

$$\begin{cases} y_1 = z_1 + z_3, \\ y_2 = z_2 - 2z_3, \\ y_3 = z_3. \end{cases} \tag{24}$$

把(24)式代入(21)式,得

$$\begin{cases} x_1 = z_1 - z_2 + 3z_3, \\ x_2 = z_1 + z_2 - z_3, \\ x_3 = z_3. \end{cases} \tag{25}$$

令

$$\boldsymbol{C} = \begin{pmatrix} 1 & -1 & 3 \\ 1 & 1 & -1 \\ 0 & 0 & 1 \end{pmatrix},$$

显然$|\boldsymbol{C}| \neq 0$,从而$\boldsymbol{C}$是可逆矩阵,因此(25)式是非退化线性替换.

例 2 利用矩阵的成对初等行、列变换法,求如下数域K上二次型的一个标准形,并且写出所做的非退化线性替换:

$$f(x_1,x_2,x_3) = x_1^2 + 2x_2^2 - x_3^2 + 2x_1x_2 - 2x_1x_3.$$

解 $f(x_1,x_2,x_3)$的矩阵是

$$\boldsymbol{A} = \begin{pmatrix} 1 & 1 & -1 \\ 1 & 2 & 0 \\ -1 & 0 & -1 \end{pmatrix}.$$

由于

$$\begin{pmatrix} \boldsymbol{A} \\ \boldsymbol{I} \end{pmatrix} = \begin{pmatrix} 1 & 1 & -1 \\ 1 & 2 & 0 \\ -1 & 0 & -1 \\ 1 & 0 & 0 \\ 0 & 1 & 0 \\ 0 & 0 & 1 \end{pmatrix} \xrightarrow{②+①\cdot(-1)} \begin{pmatrix} 1 & 1 & -1 \\ 0 & 1 & 1 \\ -1 & 0 & -1 \\ 1 & 0 & 0 \\ 0 & 1 & 0 \\ 0 & 0 & 1 \end{pmatrix} \xrightarrow[②+①\cdot(-1)]{} \begin{pmatrix} 1 & 0 & -1 \\ 0 & 1 & 1 \\ -1 & 1 & -1 \\ 1 & -1 & 0 \\ 0 & 1 & 0 \\ 0 & 0 & 1 \end{pmatrix}$$

$$\xrightarrow{③+①\cdot 1} \begin{pmatrix} 1 & 0 & -1 \\ 0 & 1 & 1 \\ 0 & 1 & -2 \\ 1 & -1 & 0 \\ 0 & 1 & 0 \\ 0 & 0 & 1 \end{pmatrix} \xrightarrow[③+①\cdot 1]{} \begin{pmatrix} 1 & 0 & 0 \\ 0 & 1 & 1 \\ 0 & 1 & -2 \\ 1 & -1 & 1 \\ 0 & 1 & 0 \\ 0 & 0 & 1 \end{pmatrix}$$

$$\xrightarrow{③+②\cdot(-1)}\begin{pmatrix}1&0&0\\0&1&1\\0&0&-3\\1&-1&1\\0&1&0\\0&0&1\end{pmatrix}\xrightarrow[③+②\cdot(-1)]{}\begin{pmatrix}1&0&0\\0&1&0\\0&0&-3\\1&-1&2\\0&1&-1\\0&0&1\end{pmatrix}=:\begin{pmatrix}\boldsymbol{D}\\\boldsymbol{C}\end{pmatrix},$$

因此

$$\boldsymbol{C}=\begin{pmatrix}1&-1&2\\0&1&-1\\0&0&1\end{pmatrix},$$

即做非退化线性替换 $\boldsymbol{x}=\boldsymbol{C}\boldsymbol{y}$,得

$$f(x_1,x_2,x_3)=y_1^2+y_2^2-3y_3^2.$$

例 3 设数域 K 上的 n 阶对称矩阵

$$\boldsymbol{A}=\begin{pmatrix}\boldsymbol{A}_1&\boldsymbol{A}_2\\\boldsymbol{A}_3&\boldsymbol{A}_4\end{pmatrix},$$

其中 $\boldsymbol{A}_1$ 是 r 阶可逆矩阵,证明:

$$\boldsymbol{A}\simeq\begin{pmatrix}\boldsymbol{A}_1&\boldsymbol{0}\\\boldsymbol{0}&\boldsymbol{A}_4-\boldsymbol{A}_2^{\mathrm{T}}\boldsymbol{A}_1^{-1}\boldsymbol{A}_2\end{pmatrix},\quad |\boldsymbol{A}|=|\boldsymbol{A}_1|\,|\boldsymbol{A}_4-\boldsymbol{A}_2^{\mathrm{T}}\boldsymbol{A}_1^{-1}\boldsymbol{A}_2|.$$

证明 由于 $\boldsymbol{A}$ 是对称矩阵,因此 $\boldsymbol{A}^{\mathrm{T}}=\boldsymbol{A}$,即

$$\begin{pmatrix}\boldsymbol{A}_1^{\mathrm{T}}&\boldsymbol{A}_3^{\mathrm{T}}\\\boldsymbol{A}_2^{\mathrm{T}}&\boldsymbol{A}_4^{\mathrm{T}}\end{pmatrix}=\begin{pmatrix}\boldsymbol{A}_1&\boldsymbol{A}_2\\\boldsymbol{A}_3&\boldsymbol{A}_4\end{pmatrix},$$

从而 $\boldsymbol{A}_1,\boldsymbol{A}_4$ 都是对称矩阵,且 $\boldsymbol{A}_3=\boldsymbol{A}_2^{\mathrm{T}}$. 由于 $\boldsymbol{A}_1$ 可逆,因此

$$\begin{pmatrix}\boldsymbol{A}_1&\boldsymbol{A}_2\\\boldsymbol{A}_2^{\mathrm{T}}&\boldsymbol{A}_4\end{pmatrix}\xrightarrow{②+(-\boldsymbol{A}_2^{\mathrm{T}}\boldsymbol{A}_1^{-1})\cdot①}\begin{pmatrix}\boldsymbol{A}_1&\boldsymbol{A}_2\\\boldsymbol{0}&\boldsymbol{A}_4-\boldsymbol{A}_2^{\mathrm{T}}\boldsymbol{A}_1^{-1}\boldsymbol{A}_2\end{pmatrix}$$

$$\xrightarrow[②+①\cdot(-\boldsymbol{A}_1^{-1}\boldsymbol{A}_2)]{}\begin{pmatrix}\boldsymbol{A}_1&\boldsymbol{0}\\\boldsymbol{0}&\boldsymbol{A}_4-\boldsymbol{A}_2^{\mathrm{T}}\boldsymbol{A}_1^{-1}\boldsymbol{A}_2\end{pmatrix},$$

从而

$$\begin{pmatrix}\boldsymbol{I}_r&\boldsymbol{0}\\-\boldsymbol{A}_2^{\mathrm{T}}\boldsymbol{A}_1^{-1}&\boldsymbol{I}_{n-r}\end{pmatrix}\begin{pmatrix}\boldsymbol{A}_1&\boldsymbol{A}_2\\\boldsymbol{A}_3&\boldsymbol{A}_4\end{pmatrix}\begin{pmatrix}\boldsymbol{I}_r&-\boldsymbol{A}_1^{-1}\boldsymbol{A}_2\\\boldsymbol{0}&\boldsymbol{I}_{n-r}\end{pmatrix}=\begin{pmatrix}\boldsymbol{A}_1&\boldsymbol{0}\\\boldsymbol{0}&\boldsymbol{A}_4-\boldsymbol{A}_2^{\mathrm{T}}\boldsymbol{A}_1^{-1}\boldsymbol{A}_2\end{pmatrix}.$$

由于 $(-\boldsymbol{A}_1^{-1}\boldsymbol{A}_2)^{\mathrm{T}}=-\boldsymbol{A}_2^{\mathrm{T}}(\boldsymbol{A}_1^{-1})^{\mathrm{T}}=-\boldsymbol{A}_2^{\mathrm{T}}(\boldsymbol{A}_1^{\mathrm{T}})^{-1}=-\boldsymbol{A}_2^{\mathrm{T}}\boldsymbol{A}_1^{-1}$,因此从上式得

$$\boldsymbol{A}=\begin{pmatrix}\boldsymbol{A}_1&\boldsymbol{A}_2\\\boldsymbol{A}_3&\boldsymbol{A}_4\end{pmatrix}\simeq\begin{pmatrix}\boldsymbol{A}_1&\boldsymbol{0}\\\boldsymbol{0}&\boldsymbol{A}_4-\boldsymbol{A}_2^{\mathrm{T}}\boldsymbol{A}_1^{-1}\boldsymbol{A}_2\end{pmatrix},\quad |\boldsymbol{A}|=|\boldsymbol{A}_1|\,|\boldsymbol{A}_4-\boldsymbol{A}_2^{\mathrm{T}}\boldsymbol{A}_1^{-1}\boldsymbol{A}_2|.\qquad\square$$

习　题　8.3

1. 做非退化线性替换,把下列数域 K 上的二次型化成标准形,并且写出所做的非退化线性替换:

(1) $f(x_1,x_2,x_3)=x_1^2+2x_2^2+2x_1x_2-2x_1x_3$;

(2) $f(x_1,x_2,x_3)=x_1^2-x_3^2+2x_1x_2+2x_2x_3$;

(3) $f(x_1,x_2,x_3)=x_1x_2+x_1x_3+x_2x_3$;

(4) $f(x_1,x_2,x_3,x_4)=2x_1x_2-2x_3x_4$.

2. 利用矩阵的成对初等行、列变换法,求下列数域 K 上二次型的一个标准形,并且写出所做的非退化性替换:

(1) $f(x_1,x_2,x_3)=x_1^2-2x_2^2+x_3^2-2x_1x_2+4x_2x_3$;

(2) $f(x_1,x_2,x_3)=x_1x_2+x_1x_3+x_2x_3$.

3. 做非退化线性替换,把下列数域 K 上的二次型化成标准形,并且写出所做的非退化线性替换:

(1) $f(x_1,x_2,x_3)=\sum\limits_{i=1}^{3}x_i^2+\sum\limits_{1\leqslant i<j\leqslant 3}x_ix_j$;

(2) $f(x_1,x_2,\cdots,x_n)=\sum\limits_{i=1}^{n}x_i^2+\sum\limits_{1\leqslant i<j\leqslant n}x_ix_j$;

(3) $f(x_1,x_2,\cdots,x_n)=\sum\limits_{i=1}^{n}(x_i-\bar{x})^2$,其中 $\bar{x}=\dfrac{1}{n}\sum\limits_{i=1}^{n}x_i$.

4. 设 $\boldsymbol{A}$ 是数域 K 上的 n 阶矩阵,证明:$\boldsymbol{A}$ 是斜对称矩阵当且仅当对于任意 $\boldsymbol{\alpha}\in K^n$,有

$$\boldsymbol{\alpha}^{\mathrm{T}}\boldsymbol{A}\boldsymbol{\alpha}=0.$$

5. 设 $\boldsymbol{A}$ 是数域 K 上的 n 阶对称矩阵,证明:如果对于任意 $\boldsymbol{\alpha}\in K^n$,有 $\boldsymbol{\alpha}^{\mathrm{T}}\boldsymbol{A}\boldsymbol{\alpha}=0$,那么 $\boldsymbol{A}=\boldsymbol{0}$.

6. 证明:对于数域 K 上的 n 阶对角矩阵,有

$$\mathrm{diag}\{\lambda_1,\lambda_2,\cdots,\lambda_n\}\simeq\mathrm{diag}\{\lambda_{i_1},\lambda_{i_2},\cdots,\lambda_{i_n}\},$$

其中 $i_1i_2\cdots i_n$ 是 $1,2,\cdots,n$ 的一个全排列.

7. 证明:数域 K 上秩为 r 的 n 阶对称矩阵可以表示成 r 个秩为 1 的 n 阶对称矩阵之和.

§8.4　实(复)二次型的规范形

8.4.1　内容精华

一、实二次型的规范形

实数域上的二次型简称为**实二次型**. 对于 n 元实二次型 $\boldsymbol{x}^{\mathrm{T}}\boldsymbol{A}\boldsymbol{x}$,能否找到一个具有最简

单形式的标准形?

根据§8.3中的定理1,任一 n 元实二次型 $\boldsymbol{x}^{\mathrm{T}}\boldsymbol{A}\boldsymbol{x}$ 经过一个非退化线性替换 $\boldsymbol{x}=\boldsymbol{C}\boldsymbol{y}$ 可以化成如下形式的标准形:

$$d_1y_1^2+\cdots+d_py_p^2-d_{p+1}y_{p+1}^2-\cdots-d_ry_r^2, \tag{1}$$

其中 r 是二次型 $\boldsymbol{x}^{\mathrm{T}}\boldsymbol{A}\boldsymbol{x}$ 的秩(即 $\mathrm{rank}(\boldsymbol{A})$),$d_i>0(i=1,2,\cdots,r)$. 再做一个非退化线性替换:

$$\begin{cases} y_i=\dfrac{1}{\sqrt{d_i}}z_i \quad (i=1,2,\cdots,r), \\ y_j=z_j \quad (j=r+1,\cdots,n). \end{cases}$$

则二次型(1)变成

$$z_1^2+\cdots+z_p^2-z_{p+1}^2-\cdots-z_r^2. \tag{2}$$

因此,实二次型 $\boldsymbol{x}^{\mathrm{T}}\boldsymbol{A}\boldsymbol{x}$ 有形如(2)的一个标准形,称它为 $\boldsymbol{x}^{\mathrm{T}}\boldsymbol{A}\boldsymbol{x}$ 的**规范形**. 它的特征是:只含平方项,且平方项的系数为1,-1或0;系数为1的平方项都在前面. 实二次型 $\boldsymbol{x}^{\mathrm{T}}\boldsymbol{A}\boldsymbol{x}$ 的规范形(2)被两个自然数 p 和 r 决定,其中 p 是规范形中系数为1的平方项的个数,$r=\mathrm{rank}(\boldsymbol{A})$. n 元实二次型 $\boldsymbol{x}^{\mathrm{T}}\boldsymbol{A}\boldsymbol{x}$ 的规范形是否唯一? 下面的定理1回答了这个问题.

定理1(惯性定理) 任一 n 元实二次型 $\boldsymbol{x}^{\mathrm{T}}\boldsymbol{A}\boldsymbol{x}$ 的规范形是唯一的.

证明 设 n 元实二次型 $\boldsymbol{x}^{\mathrm{T}}\boldsymbol{A}\boldsymbol{x}$ 的秩为 r. 假设 $\boldsymbol{x}^{\mathrm{T}}\boldsymbol{A}\boldsymbol{x}$ 分别经过非退化线性替换 $\boldsymbol{x}=\boldsymbol{C}\boldsymbol{y}$, $\boldsymbol{x}=\boldsymbol{B}\boldsymbol{z}$ 变成两个规范形:

$$y_1^2+\cdots+y_p^2-y_{p+1}^2-\cdots-y_r^2, \tag{3}$$

$$z_1^2+\cdots+z_q^2-z_{q+1}^2-\cdots-z_r^2, \tag{4}$$

则根据§8.3中的命题2,得

$$\boldsymbol{A}\simeq\mathrm{diag}\{\underbrace{1,\cdots,1}_{p\text{个}},\underbrace{-1,\cdots,-1}_{r-p\text{个}},\underbrace{0,\cdots,0}_{n-r\text{个}}\}=\mathrm{diag}\{\boldsymbol{I}_p,-\boldsymbol{I}_{r-p},\boldsymbol{0}_{n-r}\},$$

$$\boldsymbol{A}\simeq\mathrm{diag}\{\underbrace{1,\cdots,1}_{q\text{个}},\underbrace{-1,\cdots,-1}_{r-q\text{个}},\underbrace{0,\cdots,0}_{n-r\text{个}}\}=\mathrm{diag}\{\boldsymbol{I}_q,-\boldsymbol{I}_{r-q},\boldsymbol{0}_{n-r}\}.$$

根据合同关系的对称性和传递性,得

$$\mathrm{diag}\{\boldsymbol{I}_p,-\boldsymbol{I}_{r-p},\boldsymbol{0}_{n-r}\}\simeq\mathrm{diag}\{\boldsymbol{I}_q,-\boldsymbol{I}_{r-q},\boldsymbol{0}_{n-r}\}. \tag{5}$$

再根据§8.2中的推论5,得

$$\mathrm{diag}\{\boldsymbol{I}_p,-\boldsymbol{I}_{r-p}\}\simeq\mathrm{diag}\{\boldsymbol{I}_q,-\boldsymbol{I}_{r-q}\}. \tag{6}$$

不妨设 $p\geqslant q$,则(6)式可写成

$$\begin{pmatrix} \boldsymbol{I}_q & & \\ & \boldsymbol{I}_{p-q} & \\ & & -\boldsymbol{I}_{r-p} \end{pmatrix}\simeq\begin{pmatrix} \boldsymbol{I}_q & \\ & -\boldsymbol{I}_{r-q} \end{pmatrix}. \tag{7}$$

由维特消去定理得

$$\begin{pmatrix} \boldsymbol{I}_{p-q} & \\ & -\boldsymbol{I}_{r-p} \end{pmatrix} \simeq -\boldsymbol{I}_{r-q}, \tag{8}$$

于是存在 $r-q$ 阶实可逆矩阵 $\boldsymbol{H}$,使得

$$\begin{pmatrix} \boldsymbol{I}_{p-q} & \\ & -\boldsymbol{I}_{r-p} \end{pmatrix} = -\boldsymbol{H}^{\mathrm{T}}\boldsymbol{I}_{r-q}\boldsymbol{H}. \tag{9}$$

假如 $p>q$,则

$$\boldsymbol{\varepsilon}_1^{\mathrm{T}}\begin{pmatrix} \boldsymbol{I}_{p-q} & \\ & -\boldsymbol{I}_{r-p} \end{pmatrix}\boldsymbol{\varepsilon}_1 = 1, \quad \boldsymbol{\varepsilon}_1^{\mathrm{T}}(-\boldsymbol{H}^{\mathrm{T}}\boldsymbol{I}_{r-q}\boldsymbol{H})\boldsymbol{\varepsilon}_1 = -(\boldsymbol{H}\boldsymbol{\varepsilon}_1)^{\mathrm{T}}(\boldsymbol{H}\boldsymbol{\varepsilon}_1) \leqslant 0,$$

矛盾.因此 $p=q$.这证明了 $\boldsymbol{x}^{\mathrm{T}}\boldsymbol{A}\boldsymbol{x}$ 的规范形是唯一的. □

定义 1 在 n 元实二次型 $\boldsymbol{x}^{\mathrm{T}}\boldsymbol{A}\boldsymbol{x}$ 的规范形中,系数为 1 的平方项的个数 p 称为 $\boldsymbol{x}^{\mathrm{T}}\boldsymbol{A}\boldsymbol{x}$ 的**正惯性指数**,系数为 -1 的平方项的个数 $r-p$ 称为 $\boldsymbol{x}^{\mathrm{T}}\boldsymbol{A}\boldsymbol{x}$ 的**负惯性指数**;正惯性指数减去负惯性指数所得的差 $2p-r$ 称为 $\boldsymbol{x}^{\mathrm{T}}\boldsymbol{A}\boldsymbol{x}$ 的**符号差**.

由上述可知,n 元实二次型 $\boldsymbol{x}^{\mathrm{T}}\boldsymbol{A}\boldsymbol{x}$ 的规范形被它的秩和正惯性指数决定.利用二次型等价的对称性和传递性,可得到下述定理:

定理 2 两个 n 元实二次型等价 $\Longleftrightarrow$ 它们的规范形相同

$\Longleftrightarrow$ 它们的秩相等,并且正惯性指数也相等. □

从 n 元实二次型 $\boldsymbol{x}^{\mathrm{T}}\boldsymbol{A}\boldsymbol{x}$ 经过非退化线性替换化成规范形的过程看到,$\boldsymbol{x}^{\mathrm{T}}\boldsymbol{A}\boldsymbol{x}$ 的任一标准形中系数为正的平方项个数等于 $\boldsymbol{x}^{\mathrm{T}}\boldsymbol{A}\boldsymbol{x}$ 的正惯性指数,系数为负的平方项个数等于 $\boldsymbol{x}^{\mathrm{T}}\boldsymbol{A}\boldsymbol{x}$ 的负惯性指数.

从惯性定理和§8.3 中的命题 2 可得出下述结论:

推论 1 任一 n 阶实对称矩阵 $\boldsymbol{A}$ 合同于对角矩阵

$$\operatorname{diag}\{\boldsymbol{I}_p, -\boldsymbol{I}_{r-p}, \boldsymbol{0}_{n-r}\},$$

其中 p 是 $\boldsymbol{x}^{\mathrm{T}}\boldsymbol{A}\boldsymbol{x}$ 的正惯性指数(把它称为 $\boldsymbol{A}$ 的**正惯性指数**),$r-p$ 是 $\boldsymbol{x}^{\mathrm{T}}\boldsymbol{A}\boldsymbol{x}$ 的负惯性指数(把它称为 $\boldsymbol{A}$ 的**负惯性指数**.$\boldsymbol{A}$ 的正惯性指数减去负惯性指数所得的差 $2p-r$ 称为 $\boldsymbol{A}$ 的**符号差**).这个对角矩阵称为 $\boldsymbol{A}$ 的**合同规范形**.$\boldsymbol{A}$ 的合同规范形是唯一的. □

从定理 2 下面的一段话和§8.3 中的命题 2 得到,在 n 阶实对称矩阵 $\boldsymbol{A}$ 的合同标准形中,主对角元为正(负)数的个数等于 $\boldsymbol{A}$ 的正(负)惯性指数.

从定理 2 和§8.3 中的命题 2 立即得到下面的结论:

推论 2 两个 n 阶实对称矩阵合同 $\Longleftrightarrow$ 它们的秩相等,并且正惯性指数也相等. □

推论 2 表明,在 n 阶实对称矩阵组成的集合中,秩和正惯性指数恰好完全决定了合同类,因此秩和正惯性指数是合同关系下的一组完全不变量.

二、复二次型的规范形

现在讨论复数域上的二次型.复数域上的二次型简称为**复二次型**.

设 n 元复二次型 $\boldsymbol{x}^{\mathrm{T}}\boldsymbol{A}\boldsymbol{x}$ 经过一个适当的非退化线性替换 $\boldsymbol{x}=\boldsymbol{C}\boldsymbol{y}$ 变成如下形式的标准形:

$$d_1y_1^2+d_2y_2^2+\cdots+d_ry_r^2, \tag{10}$$

其中 $r=\mathrm{rank}(\boldsymbol{A})$, $d_i\neq0(i=1,2,\cdots,r)$.

复数域上的二次多项式 x^2-d_i 恰好有两个复根,把其中一个记作 $\sqrt{d_i}$. 再做一个非退化线性替换

$$\begin{cases} y_i=\dfrac{1}{\sqrt{d_i}}z_i \quad (i=1,2,\cdots,r), \\ y_j=z_j \quad (j=r+1,\cdots,n), \end{cases}$$

可以得到 $\boldsymbol{x}^{\mathrm{T}}\boldsymbol{A}\boldsymbol{x}$ 的如下标准形:

$$z_1^2+z_2^2+\cdots+z_r^2. \tag{11}$$

把(11)式称为 $\boldsymbol{x}^{\mathrm{T}}\boldsymbol{A}\boldsymbol{x}$ 的**规范形**. 它的特征是:只含平方项,且平方项的系数为 1 或 0. 于是,复二次型 $\boldsymbol{x}^{\mathrm{T}}\boldsymbol{A}\boldsymbol{x}$ 的规范形完全由它的秩决定,从而下述定理成立:

定理 3 任一 n 元复二次型 $\boldsymbol{x}^{\mathrm{T}}\boldsymbol{A}\boldsymbol{x}$ 的规范形是唯一的. □

利用二次型等价的对称性和传递性,得到下述定理:

定理 4 两个 n 元复二次型等价 $\Longleftrightarrow$ 它们的规范形相同 $\Longleftrightarrow$ 它们的秩相等. □

从定理 3 和 § 8.3 中的命题 2 可得到下述结论:

推论 3 任一 n 阶复对称矩阵 $\boldsymbol{A}$ 合同于对角矩阵

$$\begin{pmatrix} \boldsymbol{I}_r & 0 \\ 0 & 0 \end{pmatrix}, \tag{12}$$

其中 $r=\mathrm{rank}(\boldsymbol{A})$. □

从定理 4 和 § 8.3 中的命题 2 则可得到如下结论:

推论 4 两个 n 阶复对称矩阵合同当且仅当它们的秩相等. □

推论 4 表明,在所有 n 阶复对称矩阵组成的集合中,秩是合同关系下的一个完全不变量.

8.4.2 典型例题

例 1 所有三阶实对称矩阵组成的集合有多少个合同类? 每一类中写出一个最简单的矩阵(即合同规范形).

解 所有三阶实对称矩阵组成的集合有 10 个合同类,具体见下表:

序号	秩	正惯性指数	合同规范形
1	0	0	0
2	1	1	$\mathrm{diag}\{1,0,0\}$
3	1	0	$\mathrm{diag}\{-1,0,0\}$

续表

序号	秩	正惯性指数	合同规范形
4	2	2	$\text{diag}\{1,1,0\}$
5	2	1	$\text{diag}\{1,-1,0\}$
6	2	0	$\text{diag}\{-1,-1,0\}$
7	3	3	$\boldsymbol{I}$
8	3	2	$\text{diag}\{1,1,-1\}$
9	3	1	$\text{diag}\{1,-1,-1\}$
10	3	0	$-\boldsymbol{I}$

例 2 所有 n 阶实对称矩阵组成的集合有多少个合同类?

解 秩为 0 的有 1 个合同类,秩为 1 的有 2 个合同类(正惯性指数分别为 0,1),秩为 2 的有 3 个合同类(正惯指数分别为 0,1,2)……秩为 n 的有 $n+1$ 个合同类(正惯性指数分别为 $0,1,\cdots,n$),因此所有 n 阶实对称矩阵组成的集合共有

$$[1+2+3+\cdots+(n+1)]\text{个}=\frac{(n+2)(n+1)}{2}\text{个}$$

合同类.

例 3 指出下列三元实二次型中哪些是等价的,并说明理由:

$f_1(x_1,x_2,x_3)=x_1^2-x_2x_3$, $f_2(x_1,x_2,x_3)=x_1x_2-x_3^2$, $f_3(x_1,x_2,x_3)=x_1x_2+x_3^2$.

解 令

$$\begin{cases}x_1=y_1,\\x_2=y_2+y_3,\\x_3=y_2-y_3,\end{cases}$$

则得 $f_1(x_1,x_2,x_3)$的一个标准形为 $y_1^2+y_3^2-y_2^2$,其正惯性指数为 2,秩为 3.

令

$$\begin{cases}x_1=z_1+z_2,\\x_2=z_1-z_2,\\x_3=z_3,\end{cases}$$

则得 $f_2(x_1,x_2,x_3)$的规范形为 $z_1^2-z_2^2-z_3^2$,其正惯性指数为 1,秩为 3.

令

$$\begin{cases}x_1=w_1+w_2,\\x_2=w_1-w_2,\\x_3=w_3,\end{cases}$$

则得 $f_3(x_1,x_2,x_3)$的一个标准形为 $w_1^2+w_3^2-w_2^2$,其正惯性指数为 2,秩为 3.

根据定理 2,$f_1(x_1,x_2,x_3)$与$f_3(x_1,x_2,x_3)$等价,它们与$f_2(x_1,x_2,x_3)$不等价.

例 4 证明:一个 n 元实二次型可以分解成两个实系数一次齐次多项式的乘积当且仅当它的秩等于 2 且符号差为 0,或者它的秩等于 1.

证明 *充分性* 若 n 元实二次型 $\boldsymbol{x}^{\mathrm{T}}\boldsymbol{A}\boldsymbol{x}$ 的秩等于 2 且符号差为 0,则经过一个适当的非退化线性替换 $\boldsymbol{x}=\boldsymbol{C}\boldsymbol{y}$,$\boldsymbol{x}^{\mathrm{T}}\boldsymbol{A}\boldsymbol{x}$ 变成 $y_1^2-y_2^2$,即

$$\boldsymbol{x}^{\mathrm{T}}\boldsymbol{A}\boldsymbol{x}=(\boldsymbol{C}\boldsymbol{y})^{\mathrm{T}}\boldsymbol{A}(\boldsymbol{C}\boldsymbol{y})=y_1^2-y_2^2. \tag{13}$$

设 $\boldsymbol{C}^{-1}=(d_{ij})$. 由于 $\boldsymbol{y}=\boldsymbol{C}^{-1}\boldsymbol{x}$,因此

$$y_1=d_{11}x_1+d_{12}x_2+\cdots+d_{1n}x_n,$$
$$y_2=d_{21}x_1+d_{22}x_2+\cdots+d_{2n}x_n,$$

且$(d_{11},d_{12},\cdots,d_{1n})$与$(d_{21},d_{22},\cdots,d_{2n})$线性无关. 从(13)式得

$$\begin{aligned}\boldsymbol{x}^{\mathrm{T}}\boldsymbol{A}\boldsymbol{x}&=(d_{11}x_1+d_{12}x_2+\cdots+d_{1n}x_n)^2-(d_{21}x_1+d_{22}x_2+\cdots+d_{2n}x_n)^2\\&=[(d_{11}+d_{21})x_1+(d_{12}+d_{22})x_2+\cdots+(d_{1n}+d_{2n})x_n]\\&\quad\cdot[(d_{11}-d_{21})x_1+(d_{12}-d_{22})x_2+\cdots+(d_{1n}-d_{2n})x_n],\end{aligned} \tag{14}$$

且 $(d_{11}+d_{21},d_{12}+d_{22},\cdots,d_{1n}+d_{2n})\neq\boldsymbol{0}$, $(d_{11}-d_{21},d_{12}-d_{22},\cdots,d_{1n}-d_{2n})\neq\boldsymbol{0}$,

因此 $\boldsymbol{x}^{\mathrm{T}}\boldsymbol{A}\boldsymbol{x}$ 可以分解成两个实系数一次齐次多项式的乘积.

若 $\boldsymbol{x}^{\mathrm{T}}\boldsymbol{A}\boldsymbol{x}$ 的秩等于 1,则经过一个适当的非退化线性替换 $\boldsymbol{x}=\boldsymbol{B}\boldsymbol{z}$,$\boldsymbol{x}^{\mathrm{T}}\boldsymbol{A}\boldsymbol{x}$ 变成 kz_1^2,其中 $k=1$或-1,即

$$\boldsymbol{x}^{\mathrm{T}}\boldsymbol{A}\boldsymbol{x}=(\boldsymbol{B}\boldsymbol{z})^{\mathrm{T}}\boldsymbol{A}(\boldsymbol{B}\boldsymbol{z})=kz_1^2. \tag{15}$$

设 $\boldsymbol{B}^{-1}=(b_{ij})$. 由于 $\boldsymbol{z}=\boldsymbol{B}^{-1}\boldsymbol{x}$,因此 $z_1=b_{11}x_1+b_{12}x_2+\cdots+b_{1n}x_n$. 从(15)式得

$$\boldsymbol{x}^{\mathrm{T}}\boldsymbol{A}\boldsymbol{x}=k(b_{11}x_1+b_{12}x_2+\cdots+b_{1n}x_n)^2. \tag{16}$$

由于$(b_{11},b_{12},\cdots,b_{1n})\neq\boldsymbol{0}$,因此 $\boldsymbol{x}^{\mathrm{T}}\boldsymbol{A}\boldsymbol{x}$ 可以分解成两个一次齐次多项式的乘积.

必要性 设 n 元实二次型 $\boldsymbol{x}^{\mathrm{T}}\boldsymbol{A}\boldsymbol{x}$ 可以分解成

$$\boldsymbol{x}^{\mathrm{T}}\boldsymbol{A}\boldsymbol{x}=(a_1x_1+a_2x_2+\cdots+a_nx_n)(b_1x_1+b_2x_2+\cdots+b_nx_n), \tag{17}$$

其中 $a_1,a_2,\cdots,a_n$ 不全为 0,且 $b_1,b_2,\cdots,b_n$ 不全为 0.

情形 1 $(a_1,a_2,\cdots,a_n)$与$(b_1,b_2,\cdots,b_n)$线性相关,则$(b_1,b_2,\cdots,b_n)=k(a_1,a_2,\cdots,a_n)$,且 $k\neq0$. 于是,从(17)式得

$$\boldsymbol{x}^{\mathrm{T}}\boldsymbol{A}\boldsymbol{x}=k(a_1x_1+a_2x_2+\cdots+a_nx_n)^2. \tag{18}$$

设 $a_i\neq0$. 令

$$\begin{cases}x_j=y_j\quad(j=1,\cdots,i-1,i+1,\cdots,n),\\ x_i=\dfrac{1}{a_i}y_i-\dfrac{1}{a_i}\sum\limits_{j\neq i}a_jy_j,\end{cases}$$

则这是非退化线性替换,且

$$\boldsymbol{x}^{\mathrm{T}}\boldsymbol{A}\boldsymbol{x}=ky_i^2. \tag{19}$$

这时 $\boldsymbol{x}^{\mathrm{T}}\boldsymbol{A}\boldsymbol{x}$ 的秩等于 1.

情形 2 $(a_1,a_2,\cdots,a_n)$与$(b_1,b_2,\cdots,b_n)$线性无关,则以它们为行向量组构成的 $2\times n$ 矩阵的秩为 2,从而存在一个二阶子式不等于 0,不妨设 $\begin{vmatrix} a_1 & a_2 \\ b_1 & b_2 \end{vmatrix}\neq 0$. 令

$$\begin{cases} y_1 = a_1x_1 + a_2x_2 + \cdots + a_nx_n, \\ y_2 = b_1x_1 + b_2x_2 + \cdots + b_nx_n, \\ y_j = x_j \quad (j = 3,4,\cdots,n), \end{cases}$$

则这组公式右端系数组成的矩阵 $\boldsymbol{C}$ 的行列式为 $|\boldsymbol{C}| = \begin{vmatrix} a_1 & a_2 \\ b_1 & b_2 \end{vmatrix}\neq 0$,从而 $\boldsymbol{C}$ 可逆. 于是,令 $\boldsymbol{x}=\boldsymbol{C}^{-1}\boldsymbol{y}$,则 $\boldsymbol{x}^{\mathrm{T}}\boldsymbol{A}\boldsymbol{x}=y_1y_2$. 再令

$$\begin{cases} y_1 = z_1 + z_2, \\ y_2 = z_1 - z_2, \\ y_j = z_j \quad (j = 3,4,\cdots,n), \end{cases}$$

则

$$\boldsymbol{x}^{\mathrm{T}}\boldsymbol{A}\boldsymbol{x}=z_1^2-z_2^2. \tag{20}$$

因此,$\boldsymbol{x}^{\mathrm{T}}\boldsymbol{A}\boldsymbol{x}$ 的秩等于 2 且符号差等于 0. □

例 5 设 $\boldsymbol{x}^{\mathrm{T}}\boldsymbol{A}\boldsymbol{x}$ 是一个 n 元实二次型,证明:如果 $\mathbf{R}^n$ 中有向量 $\boldsymbol{\alpha}_1,\boldsymbol{\alpha}_2$,使得 $\boldsymbol{\alpha}_1^{\mathrm{T}}\boldsymbol{A}\boldsymbol{\alpha}_1>0$,$\boldsymbol{\alpha}_2^{\mathrm{T}}\boldsymbol{A}\boldsymbol{\alpha}_2>0$,那么存在 $\boldsymbol{\alpha}_3\in\mathbf{R}^n$,使得 $\boldsymbol{\alpha}_3^{\mathrm{T}}\boldsymbol{A}\boldsymbol{\alpha}_3=0$.

证明 做非退化线性替换 $\boldsymbol{x}=\boldsymbol{C}\boldsymbol{y}$,使得

$$\boldsymbol{x}^{\mathrm{T}}\boldsymbol{A}\boldsymbol{x} = (\boldsymbol{C}\boldsymbol{y})^{\mathrm{T}}\boldsymbol{A}(\boldsymbol{C}\boldsymbol{y}) = y_1^2 + \cdots + y_p^2 - y_{p+1}^2 - \cdots - y_r^2, \tag{21}$$

其中 $r=\mathrm{rank}(\boldsymbol{A})$. 由于 $\boldsymbol{\alpha}_1^{\mathrm{T}}\boldsymbol{A}\boldsymbol{\alpha}_1>0$,因此 $\boldsymbol{x}^{\mathrm{T}}\boldsymbol{A}\boldsymbol{x}$ 的正惯性指数 $p>0$. 由于 $\boldsymbol{\alpha}_2^{\mathrm{T}}\boldsymbol{A}\boldsymbol{\alpha}_2<0$,因此 $\boldsymbol{x}^{\mathrm{T}}\boldsymbol{A}\boldsymbol{x}$ 的负惯性指数 $r-p>0$,即 $p<r$. 令 $\boldsymbol{\alpha}_3=\boldsymbol{C}\boldsymbol{\beta}$,其中

$$\boldsymbol{\beta}=(\underbrace{1,0,\cdots,0}_{p\text{个}},1,0,\cdots,0)^{\mathrm{T}},$$

则(21)式中 $\boldsymbol{x}$ 用 $\boldsymbol{\alpha}_3$ 代入得

$$\boldsymbol{\alpha}_3^{\mathrm{T}}\boldsymbol{A}\boldsymbol{\alpha}_3=(\boldsymbol{C}\boldsymbol{\beta})^{\mathrm{T}}\boldsymbol{A}(\boldsymbol{C}\boldsymbol{\beta})=1^2+0^2+\cdots+0^2-1^2-0^2-\cdots-0^2=0.$$ □

习 题 8.4

1. 通过非退化线性替换把习题 8.3 第 1 题中所有实二次型的标准形化成规范形,并且分别说出它们的正惯性指数、负惯性指数、符号差.

2. 指出下列三元实二次型中哪些是等价的,并说明理由:

$$f_1(x_1,x_2,x_3)= x_1^2 + 4x_2^2 + x_3^2 + 4x_1x_2 - 2x_1x_3,$$

$$f_2(x_1,x_2,x_3)= x_1^2 + 2x_2^2 - x_3^2 + 4x_1x_2 - 2x_1x_3 - 4x_2x_3,$$

$$f_3(x_1,x_2,x_3)=-4x_1^2-x_2^2-x_3^2-4x_1x_2+4x_1x_3+18x_2x_3.$$

3. 设 $\boldsymbol{A}$ 是 n 阶实对称矩阵,证明：如果 $|\boldsymbol{A}|<0$,那么存在 $\boldsymbol{\alpha}\in\mathbf{R}^n$,且 $\boldsymbol{\alpha}\neq\mathbf{0}$,使得

$$\boldsymbol{\alpha}^{\mathrm{T}}\boldsymbol{A}\boldsymbol{\alpha}<0.$$

4. 设 $\boldsymbol{A}$ 是 n 阶实对称矩阵,且 $\boldsymbol{A}\neq\mathbf{0}$,证明：如果 $\boldsymbol{A}$ 的符号差 $s=0$,那么 $\mathbf{R}^n$ 中存在非零向量 $\boldsymbol{\alpha}_1,\boldsymbol{\alpha}_2,\boldsymbol{\alpha}_3$,使得

$$\boldsymbol{\alpha}_1^{\mathrm{T}}\boldsymbol{A}\boldsymbol{\alpha}_1>0,\quad \boldsymbol{\alpha}_2^{\mathrm{T}}\boldsymbol{A}\boldsymbol{\alpha}_2<0,\quad \boldsymbol{\alpha}_3^{\mathrm{T}}\boldsymbol{A}\boldsymbol{\alpha}_3=0.$$

5. 设 n 元实二次型 $\boldsymbol{x}^{\mathrm{T}}\boldsymbol{A}\boldsymbol{x}$ 可以表示成

$$\boldsymbol{x}^{\mathrm{T}}\boldsymbol{A}\boldsymbol{x}=l_1^2+\cdots+l_s^2-l_{s+1}^2-\cdots-l_{s+u}^2,$$

其中 $l_i(i=1,2,\cdots,s+u)$ 是一次齐次多项式,证明：$\boldsymbol{x}^{\mathrm{T}}\boldsymbol{A}\boldsymbol{x}$ 的正惯性指数 $p\leqslant s$,负惯性指数 $q\leqslant u$.

6. 在所有 n 阶实对称矩阵组成的集合中,如果一个合同类中既含有 $\boldsymbol{A}$,又含有 $-\boldsymbol{A}$,那么 $\boldsymbol{A}$ 的符号差 s 等于多少?

7. 在所有 n 阶实对称矩阵组成的集合中,符号差为给定数 s 的合同类有多少个?

8. 设 $\boldsymbol{A}$ 是 n 阶可逆实对称矩阵,$\boldsymbol{\alpha}\in\mathbf{R}^n$,$\boldsymbol{B}=\boldsymbol{A}-\boldsymbol{\alpha}\boldsymbol{\alpha}^{\mathrm{T}}$. 用 $s(\boldsymbol{A})$,$s(\boldsymbol{B})$分别表示 $\boldsymbol{A},\boldsymbol{B}$ 的符号差. 证明：

$$s(\boldsymbol{A})=\begin{cases}s(\boldsymbol{B})+2, & \boldsymbol{\alpha}^{\mathrm{T}}\boldsymbol{A}^{-1}\boldsymbol{\alpha}>1,\\ s(\boldsymbol{B}), & \boldsymbol{\alpha}^{\mathrm{T}}\boldsymbol{A}^{-1}\boldsymbol{\alpha}<1.\end{cases}$$

9. 所有 n 阶复对称矩阵组成的集合有多少个合同类?

10. 证明：在实数域上,$-\boldsymbol{I}_n$ 与 $\boldsymbol{I}_n$ 不是合同的;在复数域上,$-\boldsymbol{I}_n$ 与 $\boldsymbol{I}_n$ 合同.

§8.5 正定二次型,正定矩阵

8.5.1 内容精华

一、正定二次型与正定矩阵

由多元函数的极值问题以及力学、经济学等领域的问题提出需要研究 n 元实二次型 $\boldsymbol{x}^{\mathrm{T}}\boldsymbol{A}\boldsymbol{x}$ 是否具有性质“对于任意 $\boldsymbol{\alpha}\in\mathbf{R}^n$,且 $\boldsymbol{\alpha}\neq\mathbf{0}$,有 $\boldsymbol{\alpha}^{\mathrm{T}}\boldsymbol{A}\boldsymbol{\alpha}>0$”,或者“对于任意 $\boldsymbol{\alpha}\in\mathbf{R}^n$,且 $\boldsymbol{\alpha}\neq\mathbf{0}$,有 $\boldsymbol{\alpha}^{\mathrm{T}}\boldsymbol{A}\boldsymbol{\alpha}<0$”. 为此,我们引入下述概念：

定义 1 如果 n 元实二次型 $\boldsymbol{x}^{\mathrm{T}}\boldsymbol{A}\boldsymbol{x}$ 满足：对于任意 $\boldsymbol{\alpha}\in\mathbf{R}^n$,且 $\boldsymbol{\alpha}\neq\mathbf{0}$,有 $\boldsymbol{\alpha}^{\mathrm{T}}\boldsymbol{A}\boldsymbol{\alpha}>0$,那么称 $\boldsymbol{x}^{\mathrm{T}}\boldsymbol{A}\boldsymbol{x}$ 是**正定**的.

定理 1 (1) n 元实二次型 $\boldsymbol{x}^{\mathrm{T}}\boldsymbol{A}\boldsymbol{x}$ 是正定的

$\Longleftrightarrow$ (2) $\boldsymbol{x}^{\mathrm{T}}\boldsymbol{A}\boldsymbol{x}$ 的正惯性指数等于 n

$\Longleftrightarrow$ (3) $\boldsymbol{x}^{\mathrm{T}}\boldsymbol{A}\boldsymbol{x}$ 的规范形为 $y_1^2+y_2^2+\cdots+y_n^2$

$\Longleftrightarrow$ (4) $\boldsymbol{x}^{\mathrm{T}}\boldsymbol{A}\boldsymbol{x}$ 的标准形中 n 个系数全大于 0.

证明 (2)$\Longrightarrow$(1)：设 $\boldsymbol{x}^{\mathrm{T}}\boldsymbol{A}\boldsymbol{x}$ 的正惯性指数等于 n，则可以做非退化线性替换 $\boldsymbol{x}=\boldsymbol{C}\boldsymbol{y}$ 将 $\boldsymbol{x}^{\mathrm{T}}\boldsymbol{A}\boldsymbol{x}$ 化成规范形，即

$$\boldsymbol{x}^{\mathrm{T}}\boldsymbol{A}\boldsymbol{x}=(\boldsymbol{C}\boldsymbol{y})^{\mathrm{T}}\boldsymbol{A}(\boldsymbol{C}\boldsymbol{y})=y_1^2+y_2^2+\cdots+y_n^2. \tag{1}$$

任取 $\boldsymbol{\alpha}\in\mathbf{R}^n$，且 $\boldsymbol{\alpha}\neq\mathbf{0}$. 令 $\boldsymbol{\beta}=\boldsymbol{C}^{-1}\boldsymbol{\alpha}=(b_1,b_2,\cdots,b_n)^{\mathrm{T}}$，则 $\boldsymbol{\beta}\neq\mathbf{0}$，且 $\boldsymbol{\alpha}=\boldsymbol{C}\boldsymbol{\beta}$. (1)式中的 $\boldsymbol{x}$ 用 $\boldsymbol{\alpha}$ 代入，得

$$\boldsymbol{\alpha}^{\mathrm{T}}\boldsymbol{A}\boldsymbol{\alpha}=(\boldsymbol{C}\boldsymbol{\beta})^{\mathrm{T}}\boldsymbol{A}(\boldsymbol{C}\boldsymbol{\beta})=b_1^2+b_2^2+\cdots+b_n^2>0,$$

因此 $\boldsymbol{x}^{\mathrm{T}}\boldsymbol{A}\boldsymbol{x}$ 是正定的.

(1)$\Longrightarrow$(2)：设 $\boldsymbol{x}^{\mathrm{T}}\boldsymbol{A}\boldsymbol{x}$ 是正定的. 做非退化线性替换 $\boldsymbol{x}=\boldsymbol{C}\boldsymbol{y}$ 将 $\boldsymbol{x}^{\mathrm{T}}\boldsymbol{A}\boldsymbol{x}$ 化成规范形，即

$$\boldsymbol{x}^{\mathrm{T}}\boldsymbol{A}\boldsymbol{x}=(\boldsymbol{C}\boldsymbol{y})^{\mathrm{T}}\boldsymbol{A}(\boldsymbol{C}\boldsymbol{y})=y_1^2+\cdots+y_p^2-y_{p+1}^2-\cdots-y_r^2. \tag{2}$$

假如 $p<n$，则规范形(2)中 y_n^2 的系数为 0 或 -1. 令 $\boldsymbol{\alpha}=\boldsymbol{C}\boldsymbol{\varepsilon}_n$，则(2)式中的 $\boldsymbol{x}$ 用 $\boldsymbol{\alpha}$ 代入可得，当 $r<n$ 时，$\boldsymbol{\alpha}^{\mathrm{T}}\boldsymbol{A}\boldsymbol{\alpha}=(\boldsymbol{C}\boldsymbol{\varepsilon}_n)^{\mathrm{T}}\boldsymbol{A}(\boldsymbol{C}\boldsymbol{\varepsilon}_n)=0$；当 $r=n$ 时，$\boldsymbol{\alpha}^{\mathrm{T}}\boldsymbol{A}\boldsymbol{\alpha}=(\boldsymbol{C}\boldsymbol{\varepsilon}_n)^{\mathrm{T}}\boldsymbol{A}(\boldsymbol{C}\boldsymbol{\varepsilon}_n)=-1$. 这与"$\boldsymbol{x}^{\mathrm{T}}\boldsymbol{A}\boldsymbol{x}$ 是正定的"矛盾，因此 $p=n$.

(2)$\Longleftrightarrow$(3)：由正惯性指数的定义立即得到.

(2)$\Longleftrightarrow$(4)：根据"$\boldsymbol{x}^{\mathrm{T}}\boldsymbol{A}\boldsymbol{x}$ 的标准形中系数为正的平方项个数等于 $\boldsymbol{x}^{\mathrm{T}}\boldsymbol{A}\boldsymbol{x}$ 的正惯性指数"立即得到. □

下面我们来讨论正定二次型的矩阵的特性.

定义 2 设 $\boldsymbol{A}$ 是 n 阶实对称矩阵. 如果二次型 $\boldsymbol{x}^{\mathrm{T}}\boldsymbol{A}\boldsymbol{x}$ 是正定的，那么称 $\boldsymbol{A}$ 是**正定实对称矩阵**，简称**正定矩阵**.

把定义 2 和定义 1 结合起来便得到下述命题：

命题 1 n 阶实对称矩阵 $\boldsymbol{A}$ 是正定的 $\Longleftrightarrow$ 对于任意 $\boldsymbol{\alpha}\in\mathbf{R}^n$，且 $\boldsymbol{\alpha}\neq\mathbf{0}$，有 $\boldsymbol{\alpha}^{\mathrm{T}}\boldsymbol{A}\boldsymbol{\alpha}>0$. □

由于两个 n 元二次型等价当且仅当它们的矩阵合同，因此从定理 1 和定义 2 立即得到下述定理：

定理 2 n 阶实对称矩阵 $\boldsymbol{A}$ 是正定的 $\Longleftrightarrow$ $\boldsymbol{A}$ 的正惯性指数等于 n

$\Longleftrightarrow$ $\boldsymbol{A}\simeq\boldsymbol{I}$

$\Longleftrightarrow$ $\boldsymbol{A}$ 的合同标准形中 n 个主对角元全大于 0. □

从定理 2 看到，n 阶实对称矩阵 $\boldsymbol{A}$ 是正定的当且仅当它的正惯性指数等于 n，从而秩也等于 n. 由于在 n 阶实对称矩阵组成的集合中，由正惯性指数等于 n 且秩等于 n 的所有矩阵组成一个合同类，因此立即得到下述命题：

命题 2 与 n 阶正定矩阵合同的实对称矩阵也是正定矩阵. □

从命题 2 立即得到下面的结论：

推论 1 与正定二次型等价的实二次型也是正定的，从而非退化线性替换不改变实二次

型的正定性. □

为了容易判断 n 阶实对称矩阵 $\boldsymbol{A}$ 是否正定,我们先观察矩阵 $\boldsymbol{A}$ 的一个合同标准形 $\mathrm{diag}\{d_1,d_2,\cdots,d_n\}$. 我们有

n 阶实对称矩阵 $\boldsymbol{A}$ 是正定的 $\Longleftrightarrow$ 在 $\boldsymbol{A}$ 的合同标准形中,$d_i>0(i=1,2,\cdots,n)$

$$\Longleftrightarrow |d_1|>0,\begin{vmatrix} d_1 & 0 \\ 0 & d_2 \end{vmatrix}>0,\cdots,\begin{vmatrix} d_1 & & & \\ & d_2 & & \\ & & \ddots & \\ & & & d_n \end{vmatrix}>0,$$

于是我们大胆猜测:n 阶实对称矩阵 $\boldsymbol{A}$ 是正定的当且仅当 $\boldsymbol{A}$ 的 k 阶主子式

$$\boldsymbol{A}\begin{pmatrix} 1,2,\cdots,k \\ 1,2,\cdots,k \end{pmatrix} \quad (k=1,2,\cdots,n). \tag{3}$$

都大于 0.

形如(3)式的子式称为 $\boldsymbol{A}$ 的 k 阶**顺序主子式**.

为了证明上述猜测是真的,我们先证明一个结论:

命题 3 正定矩阵的行列式大于 0.

证明 设 $\boldsymbol{A}$ 是 n 阶正定矩阵,则 $\boldsymbol{A}\simeq\boldsymbol{I}$,从而存在实可逆矩阵 $\boldsymbol{C}$,使得 $\boldsymbol{A}=\boldsymbol{C}^{\mathrm{T}}\boldsymbol{I}\boldsymbol{C}=\boldsymbol{C}^{\mathrm{T}}\boldsymbol{C}$. 于是

$$|\boldsymbol{A}|=|\boldsymbol{C}^{\mathrm{T}}\boldsymbol{C}|=|\boldsymbol{C}^{\mathrm{T}}||\boldsymbol{C}|=|\boldsymbol{C}|^2>0.$$ □

定理 3 n 阶实对称矩阵 $\boldsymbol{A}$ 是正定的充要条件为 $\boldsymbol{A}$ 的所有顺序主子式全大于 0.

证明 *必要性* 设 n 阶实对称矩阵 $\boldsymbol{A}$ 是正定的. 对于 $k\in\{1,2,\cdots,n-1\}$,把 $\boldsymbol{A}$ 写成分块矩阵:

$$\boldsymbol{A}=\begin{pmatrix} \boldsymbol{A}_k & \boldsymbol{B}_1 \\ \boldsymbol{B}_1^{\mathrm{T}} & \boldsymbol{B}_2 \end{pmatrix}, \tag{4}$$

其中 $|\boldsymbol{A}_k|$ 是 $\boldsymbol{A}$ 的 k 阶顺序主子式. 我们来证 $\boldsymbol{A}_k$ 是正定的. 由于 $\boldsymbol{A}^{\mathrm{T}}=\boldsymbol{A}$,因此 $\boldsymbol{A}_k^{\mathrm{T}}=\boldsymbol{A}_k$,从而 $\boldsymbol{A}_k$ 是 k 阶对称矩阵. 任取 $\boldsymbol{\delta}\in\mathbf{R}^k$,且 $\boldsymbol{\delta}\neq\mathbf{0}$. 由于 $\boldsymbol{A}$ 是正定的,因此

$$0<\begin{pmatrix} \boldsymbol{\delta} \\ \mathbf{0} \end{pmatrix}^{\mathrm{T}}\boldsymbol{A}\begin{pmatrix} \boldsymbol{\delta} \\ \mathbf{0} \end{pmatrix}=(\boldsymbol{\delta}^{\mathrm{T}},\mathbf{0}^{\mathrm{T}})\begin{pmatrix} \boldsymbol{A}_k & \boldsymbol{B}_1 \\ \boldsymbol{B}_1^{\mathrm{T}} & \boldsymbol{B}_2 \end{pmatrix}\begin{pmatrix} \boldsymbol{\delta} \\ \mathbf{0} \end{pmatrix}=\boldsymbol{\delta}^{\mathrm{T}}\boldsymbol{A}_k\boldsymbol{\delta},$$

从而 $\boldsymbol{A}_k$ 是正定矩阵. 根据命题 3,得 $|\boldsymbol{A}_k|>0$. 同理有 $|\boldsymbol{A}|>0$.

充分性 对实对称矩阵的阶数 n 做数学归纳法.

当 $n=1$ 时,$\boldsymbol{A}=(a_{ij})$ 为一阶矩阵 (a_{11}). 根据已知条件,得 $a_{11}>0$,从而 (a_{11}) 是正定矩阵. 所以,当 $n=1$ 时,充分性成立.

假设对于 $n-1$ 阶实对称矩阵,充分性成立. 现在来看 n 阶实对称矩阵 $\boldsymbol{A}=(a_{ij})$. 把 $\boldsymbol{A}$ 写成分块矩阵:

$$\boldsymbol{A}=\begin{pmatrix}\boldsymbol{A}_{n-1} & \boldsymbol{\alpha} \\ \boldsymbol{\alpha}^{\mathrm{T}} & a_{nn}\end{pmatrix}. \tag{5}$$

由于 $\boldsymbol{A}^{\mathrm{T}}=\boldsymbol{A}$,因此 $\boldsymbol{A}_{n-1}^{\mathrm{T}}=\boldsymbol{A}_{n-1}$,从而 $\boldsymbol{A}_{n-1}$ 是 $n-1$ 阶实对称矩阵. 由于 $\boldsymbol{A}_{n-1}$ 的所有顺序主子式是 $\boldsymbol{A}$ 的 1 阶至 $n-1$ 阶顺序主子式,因此根据已知条件,它们都大于 0. 于是,根据归纳假设,$\boldsymbol{A}_{n-1}$ 是正定矩阵. 因此 $\boldsymbol{A}_{n-1}\simeq\boldsymbol{I}_{n-1}$,且 $\boldsymbol{A}_{n-1}$ 可逆. 由于

$$\begin{pmatrix}\boldsymbol{A}_{n-1} & \boldsymbol{\alpha} \\ \boldsymbol{\alpha}^{\mathrm{T}} & a_{nn}\end{pmatrix}\xrightarrow{②+(-\boldsymbol{\alpha}^{\mathrm{T}}\boldsymbol{A}_{n-1}^{-1})\cdot①}\begin{pmatrix}\boldsymbol{A}_{n-1} & \boldsymbol{\alpha} \\ \boldsymbol{0}^{\mathrm{T}} & a_{nn}-\boldsymbol{\alpha}^{\mathrm{T}}\boldsymbol{A}_{n-1}^{-1}\boldsymbol{\alpha}\end{pmatrix}$$
$$\xrightarrow[②+①\cdot(-\boldsymbol{A}_{n-1}^{-1}\boldsymbol{\alpha})]{}\begin{pmatrix}\boldsymbol{A}_{n-1} & \boldsymbol{0} \\ \boldsymbol{0}^{\mathrm{T}} & a_{nn}-\boldsymbol{\alpha}^{\mathrm{T}}\boldsymbol{A}_{n-1}^{-1}\boldsymbol{\alpha}\end{pmatrix},$$

因此

$$\begin{pmatrix}\boldsymbol{I}_{n-1} & \boldsymbol{0} \\ -\boldsymbol{\alpha}^{\mathrm{T}}\boldsymbol{A}_{n-1}^{-1} & 1\end{pmatrix}\begin{pmatrix}\boldsymbol{A}_{n-1} & \boldsymbol{\alpha} \\ \boldsymbol{\alpha}^{\mathrm{T}} & a_{nn}\end{pmatrix}\begin{pmatrix}\boldsymbol{I}_{n-1} & -\boldsymbol{A}_{n-1}^{-1}\boldsymbol{\alpha} \\ \boldsymbol{0}^{\mathrm{T}} & 1\end{pmatrix}=\begin{pmatrix}\boldsymbol{A}_{n-1} & \boldsymbol{0} \\ \boldsymbol{0}^{\mathrm{T}} & a_{nn}-\boldsymbol{\alpha}^{\mathrm{T}}\boldsymbol{A}_{n-1}^{-1}\boldsymbol{\alpha}\end{pmatrix}.$$

由于 $(-\boldsymbol{A}_{n-1}^{-1}\boldsymbol{\alpha})^{\mathrm{T}}=-\boldsymbol{\alpha}^{\mathrm{T}}(\boldsymbol{A}_{n-1}^{-1})^{\mathrm{T}}=-\boldsymbol{\alpha}^{\mathrm{T}}(\boldsymbol{A}_{n-1}^{\mathrm{T}})^{-1}=-\boldsymbol{\alpha}^{\mathrm{T}}\boldsymbol{A}_{n-1}^{-1}$,因此从上式得

$$\begin{pmatrix}\boldsymbol{A}_{n-1} & \boldsymbol{\alpha} \\ \boldsymbol{\alpha}^{\mathrm{T}} & a_{nn}\end{pmatrix}\simeq\begin{pmatrix}\boldsymbol{A}_{n-1} & \boldsymbol{0} \\ \boldsymbol{0}^{\mathrm{T}} & a_{nn}-\boldsymbol{\alpha}^{\mathrm{T}}\boldsymbol{A}_{n-1}^{-1}\boldsymbol{\alpha}\end{pmatrix}, \tag{6}$$

$$|\boldsymbol{A}|=|\boldsymbol{A}_{n-1}|(a_{nn}-\boldsymbol{\alpha}^{\mathrm{T}}\boldsymbol{A}_{n-1}^{-1}\boldsymbol{\alpha}). \tag{7}$$

由于 $|\boldsymbol{A}|>0$,$|\boldsymbol{A}_{n-1}|>0$,因此 $a_{nn}-\boldsymbol{\alpha}^{\mathrm{T}}\boldsymbol{A}_{n-1}^{-1}\boldsymbol{\alpha}>0$. 由于 $\boldsymbol{A}_{n-1}\simeq\boldsymbol{I}_{n-1}$,因此从(5)式以及合同关系的传递性得

$$\boldsymbol{A}\simeq\begin{pmatrix}\boldsymbol{A}_{n-1} & \boldsymbol{0} \\ \boldsymbol{0}^{\mathrm{T}} & a_{nn}-\boldsymbol{\alpha}^{\mathrm{T}}\boldsymbol{A}_{n-1}^{-1}\boldsymbol{\alpha}\end{pmatrix}\simeq\begin{pmatrix}\boldsymbol{I}_{n-1} & \boldsymbol{0} \\ \boldsymbol{0}^{\mathrm{T}} & a_{nn}-\boldsymbol{\alpha}^{\mathrm{T}}\boldsymbol{A}_{n-1}^{-1}\boldsymbol{\alpha}\end{pmatrix}. \tag{8}$$

由于(8)式最右端的对角矩阵的主对角元全大于 0,因此根据定理 2,$\boldsymbol{A}$ 是正定矩阵.

根据数学归纳法原理,对于一切正整数 n,充分性成立. □

从定理 3 和定义 2 立即得到下述结论:

定理 4 n 元实二次型 $\boldsymbol{x}^{\mathrm{T}}\boldsymbol{A}\boldsymbol{x}$ 是正定的充要条件为 $\boldsymbol{A}$ 的所有顺序主子式全大于 0. □

二、半正定(负定、半负定、不定)二次型

实二次型除了正定二次型外,还有其他类型.

定义 3 设 $\boldsymbol{x}^{\mathrm{T}}\boldsymbol{A}\boldsymbol{x}$ 是 n 元实二次型. 如果对于任意 $\boldsymbol{\alpha}\in\mathbf{R}^n$,且 $\boldsymbol{\alpha}\neq\boldsymbol{0}$,有

$$\boldsymbol{\alpha}^{\mathrm{T}}\boldsymbol{A}\boldsymbol{\alpha}\geqslant 0 \quad (\boldsymbol{\alpha}^{\mathrm{T}}\boldsymbol{A}\boldsymbol{\alpha}<0,\boldsymbol{\alpha}^{\mathrm{T}}\boldsymbol{A}\boldsymbol{\alpha}\leqslant 0),$$

那么称 $\boldsymbol{x}^{\mathrm{T}}\boldsymbol{A}\boldsymbol{x}$ 是**半正定(负定、半负定)**的. 如果 $\boldsymbol{x}^{\mathrm{T}}\boldsymbol{A}\boldsymbol{x}$ 既不是半正定的,又不是半负定的,那么称 $\boldsymbol{x}^{\mathrm{T}}\boldsymbol{A}\boldsymbol{x}$ 是**不定**的.

定理 5 (1) n 元实二次型 $\boldsymbol{x}^{\mathrm{T}}\boldsymbol{A}\boldsymbol{x}$ 是半正定的

$\Longleftrightarrow$ (2) $\boldsymbol{x}^{\mathrm{T}}\boldsymbol{A}\boldsymbol{x}$ 的正惯性指数等于它的秩

$\Longleftrightarrow$ (3) $\boldsymbol{x}^{\mathrm{T}}\boldsymbol{A}\boldsymbol{x}$ 的规范形是 $y_1^2+y_2^2+\cdots+y_r^2$,其中 $0\leqslant r\leqslant n$

$\Longleftrightarrow$ (4) $\boldsymbol{x}^{\mathrm{T}}\boldsymbol{A}\boldsymbol{x}$ 的标准形中 n 个系数全非负.

证明 (2)$\Longrightarrow$(1):设 $\boldsymbol{x}^{\mathrm{T}}\boldsymbol{A}\boldsymbol{x}$ 的正惯性指数等于它的秩 r,则可以做非退化线性替换 $\boldsymbol{x}=\boldsymbol{C}\boldsymbol{y}$ 将 $\boldsymbol{x}^{\mathrm{T}}\boldsymbol{A}\boldsymbol{x}$ 化成规范形,即

$$\boldsymbol{x}^{\mathrm{T}}\boldsymbol{A}\boldsymbol{x}=(\boldsymbol{C}\boldsymbol{y})^{\mathrm{T}}\boldsymbol{A}(\boldsymbol{C}\boldsymbol{y})=y_1^2+y_2^2+\cdots+y_r^2. \tag{9}$$

任取 $\boldsymbol{\alpha}\in\mathbf{R}^n$,且 $\boldsymbol{\alpha}\neq\mathbf{0}$,令 $\boldsymbol{\beta}=\boldsymbol{C}^{-1}\boldsymbol{\alpha}=(b_1,b_2,\cdots,b_n)^{\mathrm{T}}$,则 $\boldsymbol{\beta}\neq\mathbf{0}$,且 $\boldsymbol{\alpha}=\boldsymbol{C}\boldsymbol{\beta}$.(9)式中的 $\boldsymbol{x}$ 用 $\boldsymbol{\alpha}$ 代入,得

$$\boldsymbol{\alpha}^{\mathrm{T}}\boldsymbol{A}\boldsymbol{\alpha}=(\boldsymbol{C}\boldsymbol{\beta})^{\mathrm{T}}\boldsymbol{A}(\boldsymbol{C}\boldsymbol{\beta})=b_1^2+b_2^2+\cdots+b_r^2\geqslant 0.$$

因此,$\boldsymbol{x}^{\mathrm{T}}\boldsymbol{A}\boldsymbol{x}$ 是半正定的.

(1)$\Longrightarrow$(2):设 $\boldsymbol{x}^{\mathrm{T}}\boldsymbol{A}\boldsymbol{x}$ 是半正定的.做非退化线性替换 $\boldsymbol{x}=\boldsymbol{C}\boldsymbol{y}$ 将 $\boldsymbol{x}^{\mathrm{T}}\boldsymbol{A}\boldsymbol{x}$ 化成规范形,即

$$\boldsymbol{x}^{\mathrm{T}}\boldsymbol{A}\boldsymbol{x}=(\boldsymbol{C}\boldsymbol{y})^{\mathrm{T}}\boldsymbol{A}(\boldsymbol{C}\boldsymbol{y})=y_1^2+\cdots+y_p^2-y_{p+1}^2-\cdots-y_r^2. \tag{10}$$

假如 $p<r$,则在规范形(10)中,y_r^2 的系数为 -1.令 $\boldsymbol{\alpha}=\boldsymbol{C}\boldsymbol{\varepsilon}_{p+1}$,则(10)式中的 $\boldsymbol{x}$ 用 $\boldsymbol{\alpha}$ 代入得 $\boldsymbol{\alpha}^{\mathrm{T}}\boldsymbol{A}\boldsymbol{\alpha}=(\boldsymbol{C}\boldsymbol{\varepsilon}_{p+1})^{\mathrm{T}}\boldsymbol{A}(\boldsymbol{C}\boldsymbol{\varepsilon}_{p+1})=-1$.这与"$\boldsymbol{x}^{\mathrm{T}}\boldsymbol{A}\boldsymbol{x}$ 是半正定的"矛盾,因此 $p=r$.

(2)$\Longleftrightarrow$(3):由正惯性指数的定义立即得到.

(2)$\Longleftrightarrow$(4):根据"在 $\boldsymbol{x}^{\mathrm{T}}\boldsymbol{A}\boldsymbol{x}$ 的标准形中,系数为正的平方项个数等于 $\boldsymbol{x}^{\mathrm{T}}\boldsymbol{A}\boldsymbol{x}$ 的正惯性指数"立即得到. □

定义 4 设 $\boldsymbol{A}$ 是 n 阶实对称矩阵.如果二次型 $\boldsymbol{x}^{\mathrm{T}}\boldsymbol{A}\boldsymbol{x}$ 是半正定(负定、半负定、不定)的,那么 $\boldsymbol{A}$ 称为**半正定(负定、半负定、不定)**的.

从定理 5 立即得到下述定理:

定理 6 n 阶实对称矩阵 $\boldsymbol{A}$ 是半正定的 $\Longleftrightarrow$ $\boldsymbol{A}$ 的正惯性指数等于它的秩

$\Longleftrightarrow \boldsymbol{A}\simeq\begin{pmatrix}\boldsymbol{I}_r & \mathbf{0}\\ \mathbf{0} & \mathbf{0}\end{pmatrix}$,其中 $r=\operatorname{rank}(\boldsymbol{A})$

$\Longleftrightarrow$ $\boldsymbol{A}$ 的合同标准形中 n 个主对角元全非负.

8.5.2 典型例题

例 1 证明:如果 $\boldsymbol{A}$ 是 n 阶正定矩阵,那么 $\boldsymbol{A}^{-1}$ 也是正定矩阵.

证明 由于 $\boldsymbol{A}$ 是 n 阶正定矩阵,因此 $\boldsymbol{A}\simeq\boldsymbol{I}$,从而存在 n 阶实可逆矩阵 $\boldsymbol{C}$,使得 $\boldsymbol{A}=\boldsymbol{C}^{\mathrm{T}}\boldsymbol{I}\boldsymbol{C}$.于是 $\boldsymbol{A}^{-1}=\boldsymbol{C}^{-1}\boldsymbol{I}(\boldsymbol{C}^{-1})^{\mathrm{T}}$,从而 $\boldsymbol{A}^{-1}\simeq\boldsymbol{I}$.因此 $\boldsymbol{A}^{-1}$ 是正定矩阵. □

例 2 判断下列实二次型是否为正定的:

(1) $f(x_1,x_2,x_3)=4x_1^2+5x_2^2+6x_3^2+4x_1x_2-4x_2x_3$;

(2) $g(x_1,x_2,x_3)=x_1^2+2x_2^2-3x_3^2+4x_1x_2+2x_2x_3$.

解 (1) $f(x_1,x_2,x_3)$ 的矩阵是

$$\boldsymbol{A}=\begin{pmatrix}4&2&0\\2&5&-2\\0&-2&6\end{pmatrix}.$$

由于

$$|4|=4>0,\quad \begin{vmatrix}4&2\\2&5\end{vmatrix}=20-4>0,\quad |\boldsymbol{A}|=80>0,$$

因此 $f(x_1,x_2,x_3)$ 是正定的.

(2) $g(x_1,x_2,x_3)$ 的矩阵是

$$\boldsymbol{B}=\begin{pmatrix}1&2&0\\2&2&1\\0&1&-3\end{pmatrix}.$$

由于

$$\begin{vmatrix}1&2\\2&2\end{vmatrix}=2-4<0,$$

因此 $g(x_1,x_2,x_3)$ 不是正定的.

例 3 证明:n 元实二次型 $f(x_1,x_2,\cdots,x_n)$ 为正定的必要条件是,它的 n 个平方项的系数全大于 0. 举例说明这个条件不是 $f(x_1,x_2,\cdots,x_n)$ 为正定的充分条件.

证明 设 $f(x_1,x_2,\cdots,x_n)$ 的矩阵为 $\boldsymbol{A}$. 由于 $f(x_1,x_2,\cdots,x_n)$ 是正定的,因此 $\boldsymbol{A}$ 是正定矩阵,从而 $\boldsymbol{A}\simeq\boldsymbol{I}$. 于是,存在 n 阶实可逆矩阵 $\boldsymbol{C}$,使得 $\boldsymbol{A}=\boldsymbol{C}^{\mathrm{T}}\boldsymbol{I}\boldsymbol{C}=\boldsymbol{C}^{\mathrm{T}}\boldsymbol{C}$,从而对于 $i\in\{1,2,\cdots,n\}$,有

$$\boldsymbol{A}(i;i)=\boldsymbol{C}^{\mathrm{T}}\boldsymbol{C}(i;i)=\sum_{k=1}^{n}\boldsymbol{C}^{\mathrm{T}}(i;k)\boldsymbol{C}(k;i)=\sum_{k=1}^{n}(\boldsymbol{C}(k;i))^2.$$

由于 $\boldsymbol{C}$ 的第 i 列元素不能全为 0(否则,$|\boldsymbol{C}|=0$,矛盾),因此

$$\boldsymbol{A}(i;i)=\sum_{k=1}^{n}(\boldsymbol{C}(k;i))^2>0\quad(i=1,2,\cdots,n),$$

即 $f(x_1,x_2,\cdots,x_n)$ 的 n 个平方项的系数全大于 0.

设 $g(x_1,x_2,x_3)=x_1^2+2x_2^2+3x_3^2+4x_1x_2+6x_2x_3$,则它的矩阵为

$$\boldsymbol{B}=\begin{pmatrix}1&2&0\\2&2&3\\0&3&3\end{pmatrix},$$

且 3 个平方项系数全大于 0. 但是,由于 $\begin{vmatrix}1&2\\2&2\end{vmatrix}<0$,因此 $g(x_1,x_2,x_3)$ 不是正定的. □

例 4 判断 $a\boldsymbol{I}+\boldsymbol{J}$ 是否为正定矩阵,其中 $a>0$,$\boldsymbol{J}$ 是元素全为 1 的 n 阶矩阵;并且求 $a\boldsymbol{I}+\boldsymbol{J}$ 的符号差.

解 任取 $\boldsymbol{\alpha}\in\mathbf{R}^n$,且 $\boldsymbol{\alpha}\neq\boldsymbol{0}$,有

$$\boldsymbol{\alpha}^{\mathrm{T}}\boldsymbol{J}\boldsymbol{\alpha}=\boldsymbol{\alpha}^{\mathrm{T}}\mathbf{1}_n\mathbf{1}_n^{\mathrm{T}}\boldsymbol{\alpha}=(\mathbf{1}_n^{\mathrm{T}}\boldsymbol{\alpha})^{\mathrm{T}}(\mathbf{1}_n^{\mathrm{T}}\boldsymbol{\alpha})\geqslant 0,$$

从而
$$\boldsymbol{\alpha}^{\mathrm{T}}(a\boldsymbol{I}+\boldsymbol{J})\boldsymbol{\alpha}=a\boldsymbol{\alpha}^{\mathrm{T}}\boldsymbol{I}\boldsymbol{\alpha}+\boldsymbol{\alpha}^{\mathrm{T}}\boldsymbol{J}\boldsymbol{\alpha}=a\boldsymbol{\alpha}^{\mathrm{T}}\boldsymbol{\alpha}+\boldsymbol{\alpha}^{\mathrm{T}}\boldsymbol{J}\boldsymbol{\alpha}>0,$$
因此 $a\boldsymbol{I}+\boldsymbol{J}$ 是正定矩阵. 于是,$a\boldsymbol{I}+\boldsymbol{J}$ 的正惯性指数等于 n,从而 $a\boldsymbol{I}+\boldsymbol{J}$ 的符号差为 0.

例 5 证明:正定矩阵的迹大于 0.

证明 设 $\boldsymbol{A}$ 是 n 阶正定矩阵,则 $\boldsymbol{x}^{\mathrm{T}}\boldsymbol{A}\boldsymbol{x}$ 是 n 元正定二次型. 根据例 3,$\boldsymbol{x}^{\mathrm{T}}\boldsymbol{A}\boldsymbol{x}$ 中 n 个平方项的系数全大于 0,即 $\boldsymbol{A}$ 的 n 个主对角元全大于 0,因此 $\mathrm{tr}(\boldsymbol{A})>0$.

例 6 证明:n 阶实对称矩阵 $\boldsymbol{A}$ 是正定的充要条件为 $\boldsymbol{A}$ 的所有主子式全大于 0.

证明 *充分性* 由定理 3 立即得到.

必要性 设 $\boldsymbol{A}$ 是 n 阶正定矩阵,则存在 n 阶实可逆矩阵 $\boldsymbol{C}$,使得
$$\boldsymbol{A}=\boldsymbol{C}^{\mathrm{T}}\boldsymbol{C},$$
从而 $\boldsymbol{A}$ 的任一 $m(1\leqslant m\leqslant n)$ 阶主子式为
$$\begin{aligned}\boldsymbol{A}\begin{pmatrix}i_1,i_2,\cdots,i_m\\ i_1,i_2,\cdots,i_m\end{pmatrix}&=\boldsymbol{C}^{\mathrm{T}}\boldsymbol{C}\begin{pmatrix}i_1,i_2,\cdots,i_m\\ i_1,i_2,\cdots,i_m\end{pmatrix}\\&=\sum_{1\leqslant v_1<\cdots<v_m\leqslant n}\boldsymbol{C}^{\mathrm{T}}\begin{pmatrix}i_1,i_2,\cdots,v_m\\ v_1,v_2,\cdots,v_m\end{pmatrix}\boldsymbol{C}\begin{pmatrix}v_1,v_2,\cdots,v_m\\ i_1,i_2,\cdots,i_m\end{pmatrix}\\&=\sum_{1\leqslant v_1<\cdots<v_m\leqslant m}\left(\boldsymbol{C}\begin{pmatrix}v_1,v_2,\cdots,v_m\\ i_1,i_2,\cdots,i_m\end{pmatrix}\right)^2.\end{aligned}$$
由于 $\boldsymbol{C}$ 可逆,因此 $\boldsymbol{C}$ 的第 $i_1,i_2,\cdots,i_m$ 列组成的子矩阵 $\boldsymbol{C}_1$ 是列满秩矩阵,从而 $\boldsymbol{C}_1$ 有一个 m 阶子式不等于 0,因此
$$\boldsymbol{A}\begin{pmatrix}i_1,i_2,\cdots,i_m\\ i_1,i_2,\cdots,i_m\end{pmatrix}>0.$$
□

例 7 证明:n 阶实对称矩阵 $\boldsymbol{A}$ 为负定的充要条件是,它的奇数阶顺序主子式全小于 0,偶数阶顺序主子式全大于 0.

证明 设 $\boldsymbol{A}$ 是 n 阶实对称矩阵,则
$$\begin{aligned}\boldsymbol{A}\text{ 是负定的}&\Longleftrightarrow -\boldsymbol{A}\text{ 是正定的}\\&\Longleftrightarrow(-\boldsymbol{A})\begin{pmatrix}1,2,\cdots,k\\ 1,2,\cdots,k\end{pmatrix}>0\,(k=1,2,\cdots,n)\\&\Longleftrightarrow(-1)^k\boldsymbol{A}\begin{pmatrix}1,2,\cdots,k\\ 1,2,\cdots,k\end{pmatrix}>0\,(k=1,2,\cdots,n)\\&\Longleftrightarrow\begin{cases}\boldsymbol{A}\begin{pmatrix}1,2,\cdots,k\\ 1,2,\cdots,k\end{pmatrix}>0,k\text{ 为偶数,且 }1\leqslant k\leqslant n,\\ \boldsymbol{A}\begin{pmatrix}1,2,\cdots,k\\ 1,2,\cdots,k\end{pmatrix}<0,k\text{ 为奇数,且 }1\leqslant k\leqslant n.\end{cases}\end{aligned}$$
□

习 题 8.5

1. 证明：如果 $\boldsymbol{A}$ 是 n 阶正定矩阵，那么 $\boldsymbol{A}^*$ 也是正定矩阵.

2. 证明：如果 $\boldsymbol{A},\boldsymbol{B}$ 都是 n 阶正定矩阵，那么 $\boldsymbol{A}+\boldsymbol{B}$ 也是正定矩阵.

3. 判断下列实二次型是否为正定的：

(1) $f(x_1,x_2,x_3)=5x_1^2+6x_2^2+4x_3^2-4x_1x_2-4x_2x_3$；

(2) $g(x_1,x_2,x_3)=10x_1^2+8x_1x_2+24x_1x_3+2x_2^2-28x_2x_3+x_3^2$；

(3) $h(x_1,x_2,x_3)=3x_1^2+4x_2^2+5x_3^2+4x_1x_2-4x_2x_3$.

4. t 满足什么条件时，下列实二次型是正定的?

(1) $f(x_1,x_2,x_3)=x_1^2+x_2^2+5x_3^2+2tx_1x_2-2x_1x_3+4x_2x_3$；

(2) $g(x_1,x_2,x_3)=x_1^2+4x_2^2+2x_3^2+2tx_1x_2+2x_1x_3$.

5. 设 $\boldsymbol{M}=\begin{pmatrix}\boldsymbol{A} & \boldsymbol{B}\\ \boldsymbol{B}^{\mathrm{T}} & \boldsymbol{D}\end{pmatrix}$ 是 n 阶正定矩阵，其中 $\boldsymbol{A}$ 是 $r\,(r<n)$ 阶矩阵，证明：$\boldsymbol{A},\boldsymbol{D}$, $\boldsymbol{D}-\boldsymbol{B}^{\mathrm{T}}\boldsymbol{A}^{-1}\boldsymbol{B}$ 都是正定矩阵.

6. 证明：n 阶实对称矩阵 $\boldsymbol{A}$ 为正定的充要条件是，存在 $m\times n$ 列满秩矩阵 $\boldsymbol{B}$，使得

$$\boldsymbol{A}=\boldsymbol{B}^{\mathrm{T}}\boldsymbol{B}.$$

7. 证明：如果 $\boldsymbol{A}$ 是 n 阶正定矩阵，$\boldsymbol{B}$ 是 n 阶半正定矩阵，那么 $\boldsymbol{A}+\boldsymbol{B}$ 是正定矩阵.

8. 证明：n 元实二次型 $f(x_1,x_2,\cdots,x_n)=n\sum\limits_{i=1}^{n}x_i^2-\left(\sum\limits_{i=1}^{n}x_i\right)^2$ 是半正定的.

9. 证明：n 阶实对称矩阵 $\boldsymbol{A}$ 为半正定的充要条件是，存在 $r\times n$ 行满秩矩阵 $\boldsymbol{Q}$，使得

$$\boldsymbol{A}=\boldsymbol{Q}^{\mathrm{T}}\boldsymbol{Q}.$$

10. 证明：如果 $\boldsymbol{A}$ 是 n 阶正定矩阵，那么对于任意 $\boldsymbol{\alpha}\in\mathbf{R}^n$，且 $\boldsymbol{\alpha}\neq\mathbf{0}$，有

$$\begin{vmatrix}\boldsymbol{A} & \boldsymbol{\alpha}\\ \boldsymbol{\alpha}^{\mathrm{T}} & \mathbf{0}\end{vmatrix}<0.$$

补 充 题 八

1. 设 $\boldsymbol{A}$ 是 n 阶可逆实对称矩阵.

(1) 证明：若 n 为奇数，则 $-\boldsymbol{A}$ 与 $\boldsymbol{A}$ 不是合同的.

(2) 若 n 为偶数，$-\boldsymbol{A}$ 与 $\boldsymbol{A}$ 合同吗?

(3) 若 n 为偶数，$-\boldsymbol{A}$ 与 $\boldsymbol{A}$ 合同的充要条件是什么?

2. 证明：如果 $\boldsymbol{A}=(a_{ij})$ 是 n 阶正定矩阵，$b_1,b_2,\cdots,b_n$ 是任意 n 个非零实数，那么 $\boldsymbol{B}=(a_{ij}b_ib_j)$ 是 n 阶正定矩阵.

3. 证明：如果数域 K 上的 n 阶对称矩阵 $\boldsymbol{A}$ 的顺序主子式全不为 0，那么存在 K 上主对

角元全为 1 的上三角矩阵 $\boldsymbol{B}$ 与主对角元全不为 0 的对角矩阵 $\boldsymbol{D}$,使得 $\boldsymbol{A}=\boldsymbol{B}^{\mathrm{T}}\boldsymbol{D}\boldsymbol{B}$,并且 $\boldsymbol{A}$ 的这种分解式是唯一的.

4. 设 $\boldsymbol{A}$ 是数域 K 上的 n 阶对称矩阵,证明:如果 $\boldsymbol{B}$ 是 K 上主对角元全为 1 的 n 阶上三角矩阵,那么 $\boldsymbol{B}^{\mathrm{T}}\boldsymbol{A}\boldsymbol{B}$ 与 $\boldsymbol{A}$ 的 $k(k=1,2,\cdots,n)$ 阶顺序主子式相等.

5. 设 $\boldsymbol{A}$ 是数域 K 上的 n 阶对称矩阵,$\boldsymbol{A}$ 的顺序主子式全不为 0,证明:第 3 题中对角矩阵 $\boldsymbol{D}=\mathrm{diag}\{d_1,d_2,\cdots,d_n\}$ 的主对角元为

$$d_1=|\boldsymbol{A}_1|,\quad d_k=\frac{|\boldsymbol{A}_k|}{|\boldsymbol{A}_{k-1}|}\quad (k=2,\cdots,n),$$

其中 $|\boldsymbol{A}_k|(k=1,2,\cdots,n)$ 是 $\boldsymbol{A}$ 的 k 阶顺序主子式.

6. 设 $\boldsymbol{A}$ 是 n 阶实对称矩阵,证明:如果 $\boldsymbol{A}$ 的顺序主子式全不为 0,那么 $\boldsymbol{A}$ 的正惯性指数等于数列

$$1,\ |\boldsymbol{A}_1|,\ |\boldsymbol{A}_2|,\ \cdots,\ |\boldsymbol{A}_{n-1}|,\ |\boldsymbol{A}|$$

的保号数,而 $\boldsymbol{A}$ 的负惯性指数等于这个数列的变号数,其中 $|\boldsymbol{A}_k|(k=1,2,\cdots,n-1)$ 是 $\boldsymbol{A}$ 的 k 阶顺序主子式.

第九章 具有度量的线性空间

这一章我们将分别在实数域和复数域上的线性空间中引入内积的概念.定义了一个内积的实(复)线性空间,称为实(复)内积空间.进而,我们在实(复)内积空间中引入度量概念,并研究实(复)内积空间的结构以及与内积有关的变换.

§9.1 实(复)数域上线性空间的内积,实(复)内积空间的度量概念

9.1.1 内容精华

一、实数域上线性空间的内积,实内积空间的定义

几何空间中向量的内积具有对称性、线性性和正定性.由此受到启发,为了在实数域上的线性空间 V 中引入内积的概念,在有了对称双线性函数的概念之后,还需要正定性的概念,这样才能有向量的长度的概念.

定义 1 如果实数域上线性空间 V 上的一个对称双线性函数 f 满足:对于任意 $\alpha\in V$,有 $f(\alpha,\alpha)\geqslant 0$,且等号成立当且仅当 $\alpha=0$,那么称 f 是**正定**的.

命题 1 设 f 是实数域上 n 维线性空间 V 上的一个对称双线性函数,则 f 是正定的当且仅当 f 在 V 的一个基下的度量矩阵是正定的.

证明 设 f 在 V 的一个基 $\alpha_1,\alpha_2,\cdots,\alpha_n$ 下的度量矩阵是 $\boldsymbol{A}$,则 $\boldsymbol{A}$ 是实对称矩阵.任取 $\alpha,\beta\in V$.设 α,β 在基 $\alpha_1,\alpha_2,\cdots,\alpha_n$ 下的坐标分别是 $\boldsymbol{\alpha},\boldsymbol{\beta}$,则 f 在此基下的表达式为 $f(\alpha,\beta)=\boldsymbol{\alpha}^{\mathrm{T}}\boldsymbol{A}\boldsymbol{\beta}$.于是有

$$
\begin{aligned}
f\text{ 是正定的} &\Longleftrightarrow \text{对于任意 }\alpha\in V,\text{且 }\alpha\neq 0,\text{有 }f(\alpha,\alpha)>0\\
&\Longleftrightarrow \text{对于任意 }\boldsymbol{\alpha}\in\mathbf{R}^n,\text{且 }\boldsymbol{\alpha}\neq\mathbf{0},\text{有 }\boldsymbol{\alpha}^{\mathrm{T}}\boldsymbol{A}\boldsymbol{\alpha}>0\\
&\Longleftrightarrow \boldsymbol{A}\text{ 是正定矩阵}.
\end{aligned}
$$

□

定义 2 实数域上线性空间 V 上的一个正定的对称双线性函数 f 称为 V 上的一个**内积**,此时把 $f(\alpha,\beta)$ 简记成 (α,β),从而 f 可以记成(,).

定义 3 如果实数域上的线性空间 V 上指定了一个内积,那么称 V 是一个**实内积空间**.有限维的实内积空间 V 称为**欧几里得空间**,此时线性空间 V 的维数称为欧几里得空间 V 的**维数**.

例如,在 $\mathbf{R}^n$ 中,任给 $\boldsymbol{\alpha}=(a_1,a_2,\cdots,a_n)^{\mathrm{T}}$, $\boldsymbol{\beta}=(b_1,b_2,\cdots,b_n)^{\mathrm{T}}$,并令

$$(\boldsymbol{\alpha},\boldsymbol{\beta}) = a_1b_1 + a_2b_2 + \cdots + a_nb_n = \boldsymbol{\alpha}^{\mathrm{T}}\boldsymbol{\beta}. \tag{1}$$

在 8.1.1 小节中,我们已经证明 $(\boldsymbol{\alpha},\boldsymbol{\beta})$ 是 $\mathbf{R}^n$ 上的一个双线性函数.由于

$$(\boldsymbol{\beta},\boldsymbol{\alpha})=b_1a_1+b_2a_2+\cdots+b_na_n=(\boldsymbol{\alpha},\boldsymbol{\beta}),$$

因此 $(\boldsymbol{\alpha},\boldsymbol{\beta})$ 是对称的.由于

$$(\boldsymbol{\alpha},\boldsymbol{\alpha})=a_1^2+a_2^2+\cdots+a_n^2\geqslant 0,$$

等号成立当且仅当 $\boldsymbol{\alpha}=\mathbf{0}$,因此 $(\boldsymbol{\alpha},\boldsymbol{\beta})$ 是正定的.综上所述,由(1)式定义的 $(\boldsymbol{\alpha},\boldsymbol{\beta})$ 是 $\mathbf{R}^n$ 上的一个内积.这个内积称为 $\mathbf{R}^n$ 上的**标准内积**.于是,$\mathbf{R}^n$ 成为一个 n 维欧几里得空间.

二、复数域上线性空间的内积,复内积空间的定义

如何在复数域上的线性空间中引入内积的概念呢?复线性空间 V 上的内积 f 应当是 $V\times V$ 到 $\mathbf{C}$ 的映射,为了有向量的长度的概念,应当要求 f 具有正定性.这首先要求对于任意 $\alpha\in V$,$f(\alpha,\alpha)$ 是实数.为此,如果 f 具有性质

$$f(\alpha,\beta) = \overline{f(\beta,\alpha)}, \quad \forall\, \alpha,\beta\in V, \tag{2}$$

那么对于任意 $\alpha\in V$,有 $f(\alpha,\alpha)=\overline{f(\alpha,\alpha)}$,从而 $f(\alpha,\alpha)$ 是实数.性质(2)称为**埃尔米特性**.其次,要求对于任意 $\alpha\in V$,有 $f(\alpha,\alpha)\geqslant 0$,等号成立当且仅当 $\alpha=0$.为了使 f 能与 V 中的加法和数量乘法相容,必须要求 f 对第一个变量是线性的(即对第一个变量保持加法和数量乘法).通过这些分析,复数域上线性空间的内积应当如下定义:

定义 4 设 V 是复数域 $\mathbf{C}$ 上的线性空间.$V\times V$ 到 $\mathbf{C}$ 的一个映射 (α,β)(称为 V 上的二元函数)如果满足:

(1) $(\alpha,\beta)=\overline{(\beta,\alpha)}$, $\forall\,\alpha,\beta\in V$ (埃尔米特性);

(2) $(\alpha+\gamma,\beta)=(\alpha,\beta)+(\gamma,\beta)$, $\forall\,\alpha,\beta\in V$ (对第一个变量的线性性之一);

(3) $(k\alpha,\beta)=k(\alpha,\beta)$, $\forall\,\alpha,\beta\in V, k\in\mathbf{C}$ (对第一个变量的线性性之二);

(4) $(\alpha,\alpha)\geqslant 0$, $\forall\,\alpha\in V$,且等号成立当且仅当 $\alpha=0$ (正定性),

那么称 (α,β) 是 V 上的一个**内积**.

根据内积的埃尔米特性和对第一个变量的线性性,得

$$(\alpha,\beta+\delta) = \overline{(\beta+\delta,\alpha)} = \overline{(\beta,\alpha)} + \overline{(\delta,\alpha)} = (\alpha,\beta) + (\alpha,\delta),$$
$$(\alpha,k\beta) = \overline{(k\beta,\alpha)} = \bar{k}\,\overline{(\beta,\alpha)} = \bar{k}(\alpha,\beta).$$

内积的这两条性质称为对第二个变量是**共轭线性**的.

定义 5 如果复数域上的线性空间 V 上指定了一个内积,那么称 V 是**复内积空间**或**酉空间**. 当线性空间 V 是有限维时,把它的维数称为酉空间 V 的维数.

例如,在 $\mathbf{C}^n$ 中,任给 $\boldsymbol{\alpha}=(a_1,a_2,\cdots,a_n)^{\mathrm{T}}$,$\boldsymbol{\beta}=(b_1,b_2,\cdots,b_n)^{\mathrm{T}}$,并令

$$(\boldsymbol{\alpha},\boldsymbol{\beta}) = a_1\overline{b}_1 + a_2\overline{b}_2 + \cdots + a_n\overline{b}_n = \boldsymbol{\beta}^*\boldsymbol{\alpha}, \tag{3}$$

其中 $\boldsymbol{\beta}^* = \overline{\boldsymbol{\beta}}^{\mathrm{T}}$. 由于

$$\overline{(\boldsymbol{\beta},\boldsymbol{\alpha})} = \overline{(b_1\overline{a}_1 + b_2\overline{a}_2 + \cdots + b_n\overline{a}_n)} = a_1\overline{b}_1 + a_2\overline{b}_2 + \cdots + a_n\overline{b}_n = (\boldsymbol{\alpha},\boldsymbol{\beta}),$$

因此$(\boldsymbol{\alpha},\boldsymbol{\beta})$具有埃尔米特性. 由于

$$(\boldsymbol{\alpha}+\boldsymbol{\gamma},\boldsymbol{\beta}) = \boldsymbol{\beta}^*(\boldsymbol{\alpha}+\boldsymbol{\gamma}) = \boldsymbol{\beta}^*\boldsymbol{\alpha} + \boldsymbol{\beta}^*\boldsymbol{\gamma} = (\boldsymbol{\alpha},\boldsymbol{\beta}) + (\boldsymbol{\gamma},\boldsymbol{\beta}),$$
$$(k\boldsymbol{\alpha},\boldsymbol{\beta}) = \boldsymbol{\beta}^*(k\boldsymbol{\alpha}) = k\boldsymbol{\beta}^*\boldsymbol{\alpha} = k(\boldsymbol{\alpha},\boldsymbol{\beta}),$$

因此$(\boldsymbol{\alpha},\boldsymbol{\beta})$对第一个变量是线性的. 由于对于任意 $\boldsymbol{\alpha}\in\mathbf{C}^n$,有

$$(\boldsymbol{\alpha},\boldsymbol{\alpha}) = a_1\overline{a}_1 + a_2\overline{a}_2 + \cdots + a_n\overline{a}_n = |a_1|^2 + |a_2|^2 + \cdots + |a_n|^2 \geqslant 0,$$

且等号成立当且仅当 $|a_1|=|a_2|=\cdots=|a_n|=0$,即 $\boldsymbol{\alpha}=\mathbf{0}$,因此$(\boldsymbol{\alpha},\boldsymbol{\beta})$具有正定性. 综上所述,由(3)式定义的$(\boldsymbol{\alpha},\boldsymbol{\beta})$是 $\mathbf{C}^n$ 上的一个内积. 称这个内积是 $\mathbf{C}^n$ 上的**标准内积**. 于是,$\mathbf{C}^n$ 成为一个 n 维酉空间.

三、实(复)内积空间中的度量概念

现在我们在实(复)内积空间 V 中引入度量概念.

定义 6 对于 $\alpha\in V$,把 $\sqrt{(\alpha,\alpha)}$ 称为 α 的**长度**,记作 $|\alpha|$ 或 $\|\alpha\|$.

根据内积的正定性,零向量的长度为 0,非零向量的长度为正数.

k 是实数当且仅当 $\overline{k}=k$. 对于任意 $\alpha\in V$,$k\in\mathbf{C}$(或 $\mathbf{R}$),有

$$|k\alpha| = \sqrt{(k\alpha,k\alpha)} = \sqrt{k\overline{k}(\alpha,\alpha)} = \sqrt{|k|^2(\alpha,\alpha)} = |k||\alpha|. \tag{4}$$

长度为 1 的向量称为**单位向量**. 若 $\alpha\neq 0$,则根据(4)式,得 $\left|\frac{1}{|\alpha|}\alpha\right| = \frac{1}{|\alpha|}|\alpha| = 1$,从而 $\frac{1}{|\alpha|}\alpha$ 是单位向量. 把非零向量 α 变成 $\frac{1}{|\alpha|}\alpha$,称为把 α **单位化**.

几何空间中两个非零向量 $\vec{a},\vec{b}$ 的夹角 $\langle\vec{a},\vec{b}\rangle$ 可以通过内积来计算:

$$\cos\langle\vec{a},\vec{b}\rangle = \frac{\vec{a}\cdot\vec{b}}{|\vec{a}||\vec{b}|}.$$

类比这个公式,我们想在实(复)内积空间 V 中引入两个非零向量 α,β 的夹角 $\langle\alpha,\beta\rangle$ 的概念. 由于任意角的余弦的绝对值小于或等于 1,因此首先需要证明 $|(\alpha,\beta)|\leqslant|\alpha||\beta|$. 当 V 是实内积空间时,$|(\alpha,\beta)|$ 是实数 (α,β) 的绝对值;当 V 是复内积空间时,$|(\alpha,\beta)|$ 是复数 (α,β) 的模.

定理 1[柯西-布涅可夫斯基-施瓦茨(Cauchy-Буняковский-Schwartz)不等式] 在复(实)

内积空间 V 中,对于任意向量 α,β,有

$$|(\alpha,\beta)|\leqslant|\alpha||\beta|. \tag{5}$$

证明 **情形 1** α,β 线性相关. 若 $\alpha=0$,则

$$|(0,\beta)|=|0(0,\beta)|=0=|0||\beta|.$$

若 $\alpha\neq0$,则存在某个 $k\in\mathbf{C}$(或 $\mathbf{R}$),使得 $\beta=k\alpha$,从而

$$|(\alpha,\beta)|=|(\alpha,k\alpha)|=|\bar{k}(\alpha,\alpha)|=|\bar{k}||\alpha|^2=|k||\alpha|^2=|\alpha||k\alpha|=|\alpha||\beta|.$$

情形 2 α,β 线性无关. 这时对于任意 $t\in\mathbf{C}$(或 $\mathbf{R}$),有 $\alpha+t\beta\neq0$,从而

$$0<(\alpha+t\beta,\alpha+t\beta)=|\alpha|^2+\bar{t}(\alpha,\beta)+t(\beta,\alpha)+t\bar{t}|\beta|^2. \tag{6}$$

取 $t=-\dfrac{(\alpha,\beta)}{|\beta|^2}$,代入(6)式,得

$$0<|\alpha|^2-\frac{\overline{(\alpha,\beta)}(\alpha,\beta)}{|\beta|^2}-\frac{(\alpha,\beta)\overline{(\alpha,\beta)}}{|\beta|^2}+\frac{(\alpha,\beta)\overline{(\alpha,\beta)}}{|\beta|^4}|\beta|^2=|\alpha|^2-\frac{|(\alpha,\beta)|^2}{|\beta|^2},$$

于是

$$|(\alpha,\beta)|^2<|\alpha|^2|\beta|^2,$$

即

$$|(\alpha,\beta)|<|\alpha||\beta|.$$

□

定义 7 在实内积空间 V 中,两个非零向量 α,β 的夹角 $\langle\alpha,\beta\rangle$ 规定为

$$\langle\alpha,\beta\rangle=\arccos\frac{(\alpha,\beta)}{|\alpha||\beta|}. \tag{7}$$

由定义 7 立即得到,在实内积空间 V 中有

$$0\leqslant\langle\alpha,\beta\rangle\leqslant\pi. \tag{8}$$

定义 8 在复内积空间 V 中,两个非零向量 α,β 的夹角 $\langle\alpha,\beta\rangle$ 规定为

$$\langle\alpha,\beta\rangle=\arccos\frac{|(\alpha,\beta)|}{|\alpha||\beta|}. \tag{9}$$

由定义 8 立即得到,在复内积空间 V 中有

$$0\leqslant\langle\alpha,\beta\rangle\leqslant\frac{\pi}{2}. \tag{10}$$

定义 9 在实(复)内积空间 V 中,如果 $(\alpha,\beta)=0$,那么称 α 与 β **正交**,记作 $\alpha\perp\beta$.

对于任意 $\beta\in V$,有 $(0,\beta)=0(0,\beta)=0$,因此零向量与 V 中任意向量正交.

由内积的正定性知,α 与自身正交当且仅当 $\alpha=0$,从而与 V 中任意向量都正交的向量只有零向量.

把复数 z 的实部记作 $\mathrm{Re}z$,虚部记作 $\mathrm{Im}z$.

命题 2(三角形不等式) 在复(实)内积空间 V 中,有

$$|\alpha+\beta|\leqslant|\alpha|+|\beta|,\quad\forall\alpha,\beta\in V. \tag{11}$$

证明 由于

$$|\alpha+\beta|^2=(\alpha+\beta,\alpha+\beta)=|\alpha|^2+(\alpha,\beta)+(\beta,\alpha)+|\beta|^2$$

$$=|\alpha|^2+(\alpha,\beta)+\overline{(\alpha,\beta)}+|\beta|^2=|\alpha|^2+2\mathrm{Re}(\alpha,\beta)+|\beta|^2$$
$$\leqslant|\alpha|^2+2|(\alpha,\beta)|+|\beta|^2\leqslant|\alpha|^2+2|\alpha||\beta|+|\beta|^2$$
$$=(|\alpha|+|\beta|)^2,$$

因此
$$|\alpha+\beta|\leqslant|\alpha|+|\beta|.$$ □

命题 3(勾股定理) 在复(实)内积空间 V 中,如果 $\alpha\perp\beta$,那么 $|\alpha+\beta|^2=|\alpha|^2+|\beta|^2$.

证明 由于 $(\alpha,\beta)=0$,因此

$$|\alpha+\beta|^2=|\alpha|^2+(\alpha,\beta)+(\beta,\alpha)+|\beta|^2=|\alpha|^2+|\beta|^2.$$ □

用数学归纳法可以把勾股定理推广为:若 $\alpha_1,\alpha_2,\cdots,\alpha_s$ 两两正交,则

$$|\alpha_1+\alpha_2+\cdots+\alpha_s|^2=|\alpha_1|^2+|\alpha_2|^2+\cdots+|\alpha_s|^2. \tag{12}$$

在几何空间中,两点 P,Q 的距离等于 $|\overrightarrow{OP}-\overrightarrow{OQ}|$,于是把 $|\overrightarrow{OP}-\overrightarrow{OQ}|$ 作为向量 $\overrightarrow{OP}$ 与 $\overrightarrow{OQ}$ 的距离.由此受到启发,我们引入下述概念:

定义 10 在实(复)内积空间 V 中,规定 α 与 β 的**距离**为

$$d(\alpha,\beta)=|\alpha-\beta|. \tag{13}$$

命题 4 实(复)内积空间 V 中,向量的距离满足:

(1) $d(\alpha,\beta)=d(\beta,\alpha)$, $\forall\,\alpha,\beta\in V$(对称性);

(2) $d(\alpha,\beta)\geqslant 0$, $\forall\,\alpha,\beta\in V$,等号成立当且仅当 $\alpha=\beta$(正定性);

(3) $d(\alpha,\gamma)\leqslant d(\alpha,\beta)+d(\beta,\gamma)$, $\forall\,\alpha,\beta,\gamma\in V$(三角形不等式).

证明 (1) $d(\alpha,\beta)=|\alpha-\beta|=|-(\beta-\alpha)|=|-1||\beta-\alpha|=|\beta-\alpha|=d(\beta,\alpha)$.

(2) $d(\alpha,\beta)=|\alpha-\beta|\geqslant 0$,等号成立当且仅当 $\alpha-\beta=0$,即 $\alpha=\beta$.

(3) $d(\alpha,\gamma)=|\alpha-\gamma|=|\alpha-\beta+\beta-\gamma|\leqslant|\alpha-\beta|+|\beta-\gamma|=d(\alpha,\beta)+d(\beta,\gamma)$. □

9.1.2 典型例题

例 1 判断下列实数域 $\mathbf{R}$ 上的线性空间中分别规定的二元函数是否为相应线性空间上的内积:

(1) 在 $\mathbf{R}^2$ 中,对于任意 $\boldsymbol{\alpha}=(x_1,x_2)^{\mathrm{T}}$, $\boldsymbol{\beta}=(y_1,y_2)^{\mathrm{T}}$,规定

$$f(\boldsymbol{\alpha},\boldsymbol{\beta})=x_1y_1-x_1y_2-x_2y_1+4x_2y_2;$$

(2) 设 $\boldsymbol{C}$ 是一个 n 阶实可逆矩阵,在 $\mathbf{R}^n$ 中规定

$$f(\boldsymbol{x},\boldsymbol{y})=\boldsymbol{x}^{\mathrm{T}}\boldsymbol{C}^{\mathrm{T}}\boldsymbol{C}\boldsymbol{y}.$$

解 (1) f 的表达式可以写成

$$\boldsymbol{\alpha}^{\mathrm{T}}\begin{pmatrix}1&-1\\-1&4\end{pmatrix}\boldsymbol{\beta},$$

于是 f 是 $\mathbf{R}^2$ 上的一个双线性函数.f 在 $\mathbf{R}^2$ 的基 $\boldsymbol{\varepsilon}_1,\boldsymbol{\varepsilon}_2$ 下的度量矩阵为

$$\boldsymbol{A}=\begin{pmatrix}1&-1\\-1&4\end{pmatrix}.$$

由于 $\boldsymbol{A}$ 是对称矩阵,因此 f 是对称的. 由于 $|1|=1$, $|\boldsymbol{A}|=3>0$,因此 $\boldsymbol{A}$ 是正定矩阵. 于是,f 是正定的对称双线性函数,从而 f 是 $\mathbf{R}^2$ 上的一个内积.

(2) 从 f 的表达式立即得出,f 是 $\mathbf{R}^n$ 上的一个双线性函数,它在 $\mathbf{R}^n$ 的基 $\boldsymbol{\varepsilon}_1,\boldsymbol{\varepsilon}_2,\cdots,\boldsymbol{\varepsilon}_n$ 下的度量矩阵为 $\boldsymbol{A}=\boldsymbol{C}^{\mathrm{T}}\boldsymbol{C}$. 由于 $\boldsymbol{A}^{\mathrm{T}}=(\boldsymbol{C}^{\mathrm{T}}\boldsymbol{C})^{\mathrm{T}}=\boldsymbol{C}^{\mathrm{T}}\boldsymbol{C}=\boldsymbol{A}$,因此 $\boldsymbol{A}$ 是对称矩阵,从而 f 是对称的. 由于 $\boldsymbol{A}\simeq\boldsymbol{I}$,因此 $\boldsymbol{A}$ 是正定矩阵. 于是,f 是正定的对称双线性函数,从而 f 是 $\mathbf{R}^n$ 上的一个内积.

例 2 判断下列实数域 $\mathbf{R}$ 上的线性空间 $M_n(\mathbf{R})$ 中规定的二元函数是否为 $M_n(\mathbf{R})$ 上的内积:

(1) $f(\boldsymbol{A},\boldsymbol{B})=\operatorname{tr}(\boldsymbol{A}\boldsymbol{B}^{\mathrm{T}})$;　　(2) $g(\boldsymbol{A},\boldsymbol{B})=\operatorname{tr}(\boldsymbol{A}\boldsymbol{B})$.

解 (1) 8.1.2 小节中的例 2 已证 f 是 $M_n(\mathbf{R})$ 上的一个双线性函数. 由于

$$f(\boldsymbol{A},\boldsymbol{B})=\operatorname{tr}(\boldsymbol{A}\boldsymbol{B}^{\mathrm{T}})=\operatorname{tr}((\boldsymbol{A}\boldsymbol{B}^{\mathrm{T}})^{\mathrm{T}})=\operatorname{tr}(\boldsymbol{B}\boldsymbol{A}^{\mathrm{T}})=f(\boldsymbol{B},\boldsymbol{A}),$$

因此 f 是对称的. 8.1.2 小节中的例 2 已求得 f 在 $M_n(\mathbf{R})$ 的基 $\boldsymbol{E}_{11},\boldsymbol{E}_{12},\cdots,\boldsymbol{E}_{1n},\cdots,\boldsymbol{E}_{n1},\cdots,\boldsymbol{E}_{nn}$ 下的度量矩阵是 n^2 阶单位矩阵 $\boldsymbol{I}$. 由于 $\boldsymbol{I}$ 是正定矩阵,因此 f 是正定的对称双线性函数,从而 f 是 $M_n(\mathbf{R})$ 上的一个内积.

(2) 迹函数是线性函数,因此 g 是 $M_n(\mathbf{R})$ 上的一个双线性函数. 由于

$$g(\boldsymbol{A},\boldsymbol{B})=\operatorname{tr}(\boldsymbol{A}\boldsymbol{B})=\operatorname{tr}(\boldsymbol{B}\boldsymbol{A})=g(\boldsymbol{B},\boldsymbol{A}),$$

因此 g 是对称的. 取一个 n 阶矩阵

$$\boldsymbol{A}=\operatorname{diag}\left\{\begin{pmatrix}0&1\\0&0\end{pmatrix},0,\cdots,0\right\},$$

则 $\boldsymbol{A}^2=\mathbf{0}$. 于是 $f(\boldsymbol{A},\boldsymbol{A})=\operatorname{tr}(\boldsymbol{A}^2)=0$. 这表明 f 不是正定的. 因此,f 不是 $M_n(\mathbf{R})$ 上的内积.

例 3 设 $\boldsymbol{A}=(a_{ij})$ 是 n 阶正定矩阵. 在 $\mathbf{R}^n$ 上规定一个二元函数 $f(\boldsymbol{x},\boldsymbol{y})=\boldsymbol{x}^{\mathrm{T}}\boldsymbol{A}\boldsymbol{y}$.

(1) 说明 f 是 $\mathbf{R}^n$ 上的一个内积;

(2) 具体写出指定的内积为 f 的欧几里得空间 $\mathbf{R}^n$ 中的柯西-布涅可夫斯基-施瓦茨不等式.

解 (1) 由 f 的表达式看出,f 是 $\mathbf{R}^n$ 上的一个双线性函数,它在 $\mathbf{R}^n$ 的基 $\boldsymbol{\varepsilon}_1,\boldsymbol{\varepsilon}_2,\cdots,\boldsymbol{\varepsilon}_n$ 下的度量矩阵是 $\boldsymbol{A}$. 由于 $\boldsymbol{A}$ 是正定矩阵,因此 f 是正定的对称双线性函数,从而 f 是 $\mathbf{R}^n$ 上的一个内积.

(2) $|f(\boldsymbol{x},\boldsymbol{y})|\leqslant|\boldsymbol{x}|\,|\boldsymbol{y}|$,即 $|\boldsymbol{x}^{\mathrm{T}}\boldsymbol{A}\boldsymbol{y}|\leqslant\sqrt{\boldsymbol{x}^{\mathrm{T}}\boldsymbol{A}\boldsymbol{x}}\sqrt{\boldsymbol{y}^{\mathrm{T}}\boldsymbol{A}\boldsymbol{y}}$. 设

$$\boldsymbol{x}=(x_1,x_2,\cdots,x_n)^{\mathrm{T}},\quad \boldsymbol{y}=(y_1,y_2,\cdots,y_n)^{\mathrm{T}},$$

则

$$\left|\sum_{i=1}^{n}\sum_{j=1}^{n}a_{ij}x_iy_j\right|\leqslant\sqrt{\sum_{i=1}^{n}\sum_{j=1}^{n}a_{ij}x_ix_j}\sqrt{\sum_{i=1}^{n}\sum_{j=1}^{n}a_{ij}y_iy_j}.\tag{14}$$

例 4 在实数域上的线性空间 $C[a,b]$ 中,令

$$(f,g)=\int_a^b f(x)g(x)\mathrm{d}x,\quad \forall f(x),g(x)\in C[a,b], \tag{15}$$

证明:

(1) (f,g) 是 $C[a,b]$ 上的一个内积,从而 $C[a,b]$ 成为一个实内积空间;

(2) 对于任意 $f(x),g(x)\in C[a,b]$,有

$$\left|\int_a^b f(x)g(x)\mathrm{d}x\right|\leqslant\left(\int_a^b f^2(x)\mathrm{d}x\right)^{\frac{1}{2}}\left(\int_a^b g^2(x)\mathrm{d}x\right)^{\frac{1}{2}}, \tag{16}$$

等号成立当且仅当 $f(x),g(x)$ 线性相关. 此不等式称为**施瓦茨不等式**.

证明 (1) 习题 8.1 中的第 4 题已证 (f,g) 是 $C[a,b]$ 上的一个双线性函数. 由于

$$(f,g)=\int_a^b f(x)g(x)\mathrm{d}x=\int_a^b g(x)f(x)\mathrm{d}x=(g,f),$$

因此 (f,g) 是对称的. 又由于对于任意 $f(x)\in C[a,b]$,有

$$(f,f)=\int_a^b (f(x))^2\mathrm{d}x\geqslant 0,$$

等号成立当且仅当 $f=0$,因此 (f,g) 是正定的对称双线性函数,从而它是 $C[a,b]$ 上的一个内积.

(2) 在实内积空间 $C[a,b]$ 中运用定理 1 中的公式(5)立即得到

$$\left|\int_a^b f(x)g(x)\mathrm{d}x\right|\leqslant\left(\int_a^b f^2(x)\mathrm{d}x\right)^{\frac{1}{2}}\left(\int_a^b g^2(x)\mathrm{d}x\right)^{\frac{1}{2}},$$

等号成立当且仅当 $f(x),g(x)$ 线性相关. □

例 5 用 $\widetilde{C}[a,b]$ 表示区间 $[a,b]$ 上所有连续复值函数组成的复数域上的线性空间,规定 $\widetilde{C}[a,b]$ 上的一个二元函数为

$$(f,g)=\int_a^b f(x)\,\overline{g(x)}\mathrm{d}x, \tag{17}$$

证明: (f,g) 是 $\widetilde{C}[a,b]$ 上的一个内积.

证明 对于任意 $f(x),g(x),h(x)\in\widetilde{C}[a,b]$, $k\in\mathbf{C}$,有

$$\overline{(g,f)}=\overline{\int_a^b g(x)\,\overline{f(x)}\mathrm{d}x}=\int_a^b \overline{g(x)}f(x)\mathrm{d}x=(f,g),$$

$$(f+h,g)=\int_a^b (f(x)+h(x))\,\overline{g(x)}\mathrm{d}x=(f,g)+(h,g),$$

$$(kf,g)=\int_a^b kf(x)\,\overline{g(x)}\mathrm{d}x=k\int_a^b f(x)\,\overline{g(x)}\mathrm{d}x=k(f,g),$$

$$(f,f)=\int_a^b f(x)\,\overline{f(x)}\mathrm{d}x=\int_a^b |f(x)|^2\mathrm{d}x\geqslant 0,$$

最后的式子中等号成立当且仅当$|f(x)|^2=0(a\leqslant x\leqslant b)$,即 $f(x)=0(a\leqslant x\leqslant b)$.

综上所述,(f,g)是$\widetilde{C}[a,b]$上的一个内积. □

例 6 在复线性空间 $M_n(\mathbf{C})$上规定一个二元函数为

$$(\boldsymbol{A},\boldsymbol{B}) = \mathrm{tr}(\boldsymbol{A}\boldsymbol{B}^*), \tag{18}$$

其中 $\boldsymbol{B}^*=\overline{\boldsymbol{B}}^{\mathrm{T}}$. 证明:$(\boldsymbol{A},\boldsymbol{B})$是 $M_n(\mathbf{C})$上的一个内积.

证明 对于任意 $\boldsymbol{A},\boldsymbol{B},\boldsymbol{C}\in M_n(\mathbf{C})$,$k\in\mathbf{C}$,有

$$\overline{(\boldsymbol{B},\boldsymbol{A})} = \overline{\mathrm{tr}(\boldsymbol{B}\boldsymbol{A}^*)} = \mathrm{tr}(\overline{\boldsymbol{B}\boldsymbol{A}^*}) = \mathrm{tr}(\overline{\boldsymbol{B}}\boldsymbol{A}^{\mathrm{T}}) = \mathrm{tr}((\overline{\boldsymbol{B}}\boldsymbol{A}^{\mathrm{T}})^{\mathrm{T}}) = \mathrm{tr}(\boldsymbol{A}\boldsymbol{B}^*) = (\boldsymbol{A},\boldsymbol{B}),$$

$$\begin{aligned}(\boldsymbol{A}+\boldsymbol{C},\boldsymbol{B}) &= \mathrm{tr}((\boldsymbol{A}+\boldsymbol{C})\boldsymbol{B}^*) = \mathrm{tr}(\boldsymbol{A}\boldsymbol{B}^*+\boldsymbol{C}\boldsymbol{B}^*) = \mathrm{tr}(\boldsymbol{A}\boldsymbol{B}^*)+\mathrm{tr}(\boldsymbol{C}\boldsymbol{B}^*)\\ &= (\boldsymbol{A},\boldsymbol{B})+(\boldsymbol{C},\boldsymbol{B}),\end{aligned}$$

$$(k\boldsymbol{A},\boldsymbol{B}) = \mathrm{tr}((k\boldsymbol{A})\boldsymbol{B}^*) = k\mathrm{tr}(\boldsymbol{A}\boldsymbol{B}^*) = k(\boldsymbol{A},\boldsymbol{B}),$$

$$\begin{aligned}(\boldsymbol{A},\boldsymbol{A}) &= \mathrm{tr}(\boldsymbol{A},\boldsymbol{A}^*) = \sum_{i=1}^{n}(\boldsymbol{A}\boldsymbol{A}^*)(i;i) = \sum_{i=1}^{n}\left(\sum_{j=1}^{n}\boldsymbol{A}(i;j)\boldsymbol{A}^*(j;i)\right)\\ &= \sum_{i=1}^{n}\sum_{j=1}^{n}\boldsymbol{A}(i;j)\,\overline{\boldsymbol{A}(i;j)} = \sum_{i=1}^{n}\sum_{j=1}^{n}|\boldsymbol{A}(i;j)|^2 \geqslant 0,\end{aligned}$$

最后的式子中等号成立当且仅当$|\boldsymbol{A}(i;j)|=0(i,j=1,2,\cdots,n)$,即 $\boldsymbol{A}=\boldsymbol{0}$.

综上所述,$(\boldsymbol{A},\boldsymbol{B})$是 $M_n(\mathbf{C})$上的一个内积. □

例 7 设 V 是一个实内积空间,证明:

$$(\alpha,\beta) = \frac{1}{4}(|\alpha+\beta|^2-|\alpha-\beta|^2), \quad \forall\,\alpha,\beta\in V. \tag{19}$$

这个恒等式称为**极化恒等式**.

证明 由于

$$|\alpha+\beta|^2=(\alpha+\beta,\alpha+\beta)=|\alpha|^2+2(\alpha,\beta)+|\beta|^2,$$
$$|\alpha-\beta|^2=(\alpha-\beta,\alpha-\beta)=|\alpha|^2-2(\alpha,\beta)+|\beta|^2,$$

因此

$$(\alpha,\beta)=\frac{1}{4}(|\alpha+\beta|^2-|\alpha-\beta|^2), \quad \forall\,\alpha,\beta\in V.$$ □

习 题 9.1

1. 在欧几里得空间 $\mathbf{R}^2$(指定标准内积)中,设 $\boldsymbol{\alpha}=(1,2)^{\mathrm{T}}$,$\boldsymbol{\beta}=(-1,1)^{\mathrm{T}}$,求 $\boldsymbol{\gamma}$,使得

$$(\boldsymbol{\alpha},\boldsymbol{\gamma})=-1, \quad 且 \quad (\boldsymbol{\beta},\boldsymbol{\gamma})=3.$$

2. 在欧几里得空间 $\mathbf{R}^4$(指定标准内积)中,设

$$\boldsymbol{\alpha} = (1,-1,4,0)^{\mathrm{T}}, \quad \boldsymbol{\beta} = (3,1,-2,2)^{\mathrm{T}},$$

求$\langle \boldsymbol{\alpha}, \boldsymbol{\beta} \rangle$.

3. 设 V 是一个实内积空间,证明:

$$|\alpha+\beta|^2+|\alpha-\beta|^2=2|\alpha|^2+2|\beta|^2, \quad \forall \alpha, \beta \in V.$$

当 V 是几何空间时,说明这个恒等式的几何意义.

4. 在 $\mathbf{R}^2$ 中,设 $\boldsymbol{\alpha}=(x,y)^{\mathrm{T}}$,$\boldsymbol{\beta}=(-y,x)^{\mathrm{T}}$,试问:

(1) 若 $\mathbf{R}^2$ 中指定标准内积,$\boldsymbol{\alpha}$ 与 $\boldsymbol{\beta}$ 是否正交?

(2) 若 $\mathbf{R}^2$ 中指定的内积是 9.1.2 小节中例 1 第(1)小题的内积,$\boldsymbol{\alpha}$ 与 $\boldsymbol{\beta}$ 是否正交? 写出 $\boldsymbol{\alpha}$ 与 $\boldsymbol{\beta}$ 正交的充要条件.

5. 设 V 和 U 都是实数域 $\mathbf{R}$ 上的线性空间,U 上指定了一个内积$(\ ,\ )_1$,又设 σ 是 V 到 U 的一个线性映射,且 σ 是单射. 对于 V 中的任意两个向量 α,β,规定

$$(\alpha,\beta)=(\sigma(\alpha),\sigma(\beta))_1.$$

证明:(α,β)是 V 上的一个内积.

6. 设 $V=C[0,1]$. 考虑 V 到自身的一个映射 $\sigma: f \mapsto \sigma f$,其中 σf 的定义为

$$(\sigma f)(t)=t f(t), \quad \forall t \in [0,1].$$

证明:

(1) σ 是 V 上的一个线性变换,且 σ 是单射;

(2) 规定$(f,g)=\int_0^1 f(t)g(t)t^2\,\mathrm{d}t$,则$(f,g)$是 V 上的一个内积.

7. 对于 $\mathbf{R}[x]$中的 $f(x)=\sum\limits_{i=0}^{n} a_i x^i$,$g(x)=\sum\limits_{j=0}^{m} b_j x^j$,规定

$$(f,g)=\sum_{i=0}^{n}\sum_{j=0}^{m}\frac{a_i b_j}{i+j+1}.$$

(1) 证明:(f,g)是 $\mathbf{R}[x]$上的一个内积;

(2) 求第(1)小题中的内积在 $\mathbf{R}[x]_n$ 上的限制在基 $1,x,\cdots,x^{n-1}$下的度量矩阵.

8. 证明:n 阶实矩阵

$$\boldsymbol{A}=\begin{pmatrix} 1 & \frac{1}{2} & \frac{1}{3} & \cdots & \frac{1}{n} \\ \frac{1}{2} & \frac{1}{3} & \frac{1}{4} & \cdots & \frac{1}{n+1} \\ \vdots & \vdots & \vdots & & \vdots \\ \frac{1}{n} & \frac{1}{n+1} & \frac{1}{n+2} & \cdots & \frac{1}{2n-1} \end{pmatrix}$$

是正定矩阵. 这个矩阵称为**希尔伯特(Hilbert)矩阵**.

§9.2 标准正交基,正交矩阵,酉矩阵

9.2.1 内容精华

一、标准正交基

在几何空间中,取直角坐标系$[O;\vec{e}_1,\vec{e}_2,\vec{e}_3]$,这时计算两个向量$\vec{a},\vec{b}$的内积$\vec{a}\cdot\vec{b}$很容易:$\vec{a}\cdot\vec{b}$等于$\vec{a}$与$\vec{b}$的坐标的对应分量乘积之和. 由此受到启发,在$n$维实(复)内积空间$V$中能否找到一个基,使得在此基下容易计算$V$中任意两个向量的内积,从而容易解决$V$中的度量问题?

命题1 在实(复)内积空间V中,由两两正交的非零向量组成的集合S是线性无关的.

证明 任取S的一个有限子集$\{\alpha_1,\alpha_2,\cdots,\alpha_m\}$. 设

$$k_1\alpha_1+k_2\alpha_2+\cdots+k_m\alpha_m=0. \tag{1}$$

对于任意$i\in\{1,2,\cdots,m\}$,有

$$(k_1\alpha_1+k_2\alpha_2+\cdots+k_m\alpha_m,\alpha_i)=(0,\alpha_i). \tag{2}$$

由于当$j\neq i$时,α_j与α_i正交,因此从(2)式得

$$k_i(\alpha_i,\alpha_i)=0. \tag{3}$$

由于$\alpha_i\neq 0$,因此$(\alpha_i,\alpha_i)\neq 0$. 于是,从(3)式得$k_i=0$,从而$\alpha_1,\alpha_2,\cdots,\alpha_m$线性无关,因此$S$线性无关. □

在实(复)内积空间中,由两两正交的非零向量组成的向量组称为**正交向量组**. 由两两正交的单位向量组成的向量组称为**正交单位向量组**.

推论1 在n维实(复)内积空间V中,n个两两正交的非零向量组成V的一个基,称它为V的一个**正交基**.

证明 根据"n维线性空间V中n个线性无关的向量组成V的一个基"和命题1立即得到. □

定义1 在n维实(复)内积空间V中,由n个两两正交的单位向量组成的基称为V的一个**标准正交基**.

例如,在n维欧几里得空间$\mathbf{R}^n$(指定标准内积)或n维酉空间$\mathbf{C}^n$(指定标准内积)中,由于$(\boldsymbol{\varepsilon}_i,\boldsymbol{\varepsilon}_i)=1(i=1,2,\cdots,n)$,$(\boldsymbol{\varepsilon}_i,\boldsymbol{\varepsilon}_j)=0(i\neq j)$,因此$\boldsymbol{\varepsilon}_1,\boldsymbol{\varepsilon}_2,\cdots,\boldsymbol{\varepsilon}_n$是$\mathbf{R}^n$或$\mathbf{C}^n$的一个标准正交基.

n维实(复)内积空间V是否存在标准正交基? 在V中取一个基$\alpha_1,\alpha_2,\cdots,\alpha_n$,如果能够得到与$\alpha_1,\alpha_2,\cdots,\alpha_n$等价的正交向量组$\beta_1,\beta_2,\cdots,\beta_n$,那么$\beta_1,\beta_2,\cdots,\beta_n$是$V$的一个正交基. 再

把 β_i 单位化得 $\eta_i(i=1,2,\cdots,n)$，就得到 V 的一个标准正交基 $\eta_1,\eta_2,\cdots,\eta_n$. 于是，我们首先来证明下述定理：

定理 1 设 $\alpha_1,\alpha_2,\cdots,\alpha_s$ 是实(复)内积空间 V 中一个线性无关的向量组. 令

$$\begin{aligned} \beta_1 &= \alpha_1, \\ \beta_2 &= \alpha_2 - \frac{(\alpha_2,\beta_1)}{(\beta_1,\beta_1)}\beta_1, \\ &\cdots\cdots \\ \beta_s &= \alpha_s - \sum_{j=1}^{s-1}\frac{(\alpha_s,\beta_j)}{(\beta_j,\beta_j)}\beta_j, \end{aligned} \tag{4}$$

则 $\beta_1,\beta_2,\cdots,\beta_s$ 是正交向量组，且 $\beta_1,\beta_2,\cdots,\beta_s$ 与 $\alpha_1,\alpha_2,\cdots,\alpha_s$ 等价.

证明 对线性无关的向量组所含向量的个数 s 做数学归纳法.

当 $s=1$ 时，令 $\beta_1=\alpha_1$，则 β_1 是正交向量组，且 β_1 与 α_1 等价. 因此，当 $s=1$ 时，此定理成立.

假设 $s=k$ 时此定理成立. 现在来看 $s=k+1$ 的情形. 由于 $\alpha_1,\alpha_2,\cdots,\alpha_k$ 线性无关，因此根据归纳假设，由(4)式得到的 $\beta_1,\beta_2,\cdots,\beta_k$ 是正交向量组，且 $\beta_1,\beta_2,\cdots,\beta_k$ 与 $\alpha_1,\alpha_2,\cdots,\alpha_k$ 等价. 令

$$\beta_{k+1} = \alpha_{k+1} - \sum_{j=1}^{k}\frac{(\alpha_{k+1},\beta_j)}{(\beta_j,\beta_j)}\beta_j, \tag{5}$$

则当 $1\leqslant i\leqslant k$ 时，有

$$\begin{aligned} (\beta_{k+1},\beta_i) &= (\alpha_{k+1},\beta_i) - \sum_{j=1}^{k}\frac{(\alpha_{k+1},\beta_j)}{(\beta_j,\beta_j)}(\beta_j,\beta_i) \\ &= (\alpha_{k+1},\beta_i) - \frac{(\alpha_{k+1},\beta_i)}{(\beta_i,\beta_i)}(\beta_i,\beta_i) \\ &= 0, \end{aligned} \tag{6}$$

从而 β_{k+1} 与 $\beta_i(i=1,2,\cdots,k)$ 正交. 由于 $\beta_1,\beta_2,\cdots,\beta_k$ 与 $\alpha_1,\alpha_2,\cdots,\alpha_k$ 等价，因此结合(5)式得，$\beta_1,\beta_2,\cdots,\beta_k,\beta_{k+1}$ 与 $\alpha_1,\alpha_2,\cdots,\alpha_k,\alpha_{k+1}$ 等价，从而 $\beta_1,\beta_2,\cdots,\beta_k,\beta_{k+1}$ 线性无关. 因此 $\beta_{k+1}\neq 0$. 于是，$\beta_1,\beta_2,\cdots,\beta_k,\beta_{k+1}$ 是正交向量组.

根据数学归纳法原理，对于一切正整数 s，此定理成立. □

从线性无关的向量组 $\alpha_1,\alpha_2,\cdots,\alpha_s$ 用公式(4)得到与它等价的正交向量组 $\beta_1,\beta_2,\cdots,\beta_s$，称为**施密特(Schmidt)正交化**.

定理 2 n 维实(复)内积空间 V 一定有标准正交基.

证明 在 V 中取一个基 $\alpha_1,\alpha_2,\cdots,\alpha_n$，对它进行施密特正交化，得到一个与它等价的正交向量组 $\beta_1,\beta_2,\cdots,\beta_n$. 这是 V 的一个正交基. 令 $\eta_i=\frac{1}{|\beta_i|}\beta_i(i=1,2,\cdots,n)$，则 $\eta_1,\eta_2,\cdots,\eta_n$ 是

正交单位向量组,从而 $\eta_1,\eta_2,\cdots,\eta_n$ 是 V 的一个标准正交基. □

在实(复)内积空间 V 中取向量组 $\alpha_1,\alpha_2,\cdots,\alpha_m$,称矩阵

$$\begin{pmatrix} (\alpha_1,\alpha_1) & (\alpha_1,\alpha_2) & \cdots & (\alpha_1,\alpha_m) \\ (\alpha_2,\alpha_1) & (\alpha_2,\alpha_2) & \cdots & (\alpha_2,\alpha_m) \\ \vdots & \vdots & & \vdots \\ (\alpha_m,\alpha_1) & (\alpha_m,\alpha_2) & \cdots & (\alpha_m,\alpha_m) \end{pmatrix} \tag{7}$$

为该向量组的**格拉姆(Gram)矩阵**,记作 $\boldsymbol{G}(\alpha_1,\alpha_2,\cdots,\alpha_m)$.

n 维实(复)内积空间 V 中,一个基的格拉姆矩阵称为这个基的**度量矩阵**. 对于 n 维欧几里得空间 V,一个基的格拉姆矩阵也就是内积在这个基下的度量矩阵.

命题 2 在 n 维实(复)内积空间 V 中,向量组 $\eta_1,\eta_2,\cdots,\eta_n$ 是 V 的一个标准正交基当且仅当它的格拉姆矩阵是单位矩阵 $\boldsymbol{I}$,即$(\eta_i,\eta_j)=\delta_{ij}\ (i,j=1,2,\cdots,n)$.

证明 从标准正交基的定义和格拉姆矩阵的定义立即得到. □

利用标准正交基可以很容易计算向量的内积.

命题 3 设 $\eta_1,\eta_2,\cdots,\eta_n$ 是 n 维欧几里得空间 V 的一个标准正交基. 任给 $\alpha,\beta\in V$,并设 α,β 在基 $\eta_1,\eta_2,\cdots,\eta_n$ 下的坐标分别为 $\boldsymbol{x}=(x_1,x_2,\cdots,x_n)^{\mathrm{T}}$,$\boldsymbol{y}=(y_1,y_2,\cdots,y_n)^{\mathrm{T}}$,则

$$(\alpha,\beta)=x_1y_1+x_2y_2+\cdots+x_ny_n=\boldsymbol{x}^{\mathrm{T}}\boldsymbol{y}. \tag{8}$$

证明 根据命题 2,V 的标准正交基 $\eta_1,\eta_2,\cdots,\eta_n$ 的度量矩阵是单位矩阵 $\boldsymbol{I}$,它也就是内积在基 $\eta_1,\eta_2,\cdots,\eta_n$ 下的度量矩阵,因此

$$(\alpha,\beta)=\boldsymbol{x}^{\mathrm{T}}\boldsymbol{I}\boldsymbol{y}=\boldsymbol{x}^{\mathrm{T}}\boldsymbol{y}=x_1y_1+x_2y_2+\cdots+x_ny_n.$$ □

命题 4 设 $\eta_1,\eta_2,\cdots,\eta_n$ 是 n 维酉空间 V 的一个标准正交基. 任给 $\alpha,\beta\in V$,并设 α,β 在基 $\eta_1,\eta_2,\cdots,\eta_n$ 下的坐标分别是 $\boldsymbol{x}=(x_1,x_2,\cdots,x_n)^{\mathrm{T}}$,$\boldsymbol{y}=(y_1,y_2,\cdots,y_n)^{\mathrm{T}}$,则

$$(\alpha,\beta)=x_1\bar{y}_1+x_2\bar{y}_2+\cdots+x_n\bar{y}_n=\boldsymbol{y}^*\boldsymbol{x}, \tag{9}$$

其中 $\boldsymbol{y}^*=\bar{\boldsymbol{y}}^{\mathrm{T}}$.

证明 $$(\alpha,\beta)=\left(\sum_{i=1}^{n}x_i\eta_i,\sum_{j=1}^{n}y_j\eta_j\right)=\sum_{i=1}^{n}\sum_{j=1}^{n}x_i\bar{y}_j(\eta_i,\eta_j)=\sum_{i=1}^{n}x_i\bar{y}_i=\boldsymbol{y}^*\boldsymbol{x}.$$ □

利用标准正交基,向量的坐标可以用内积来表达.

命题 5 设 $\eta_1,\eta_2,\cdots,\eta_n$ 是 n 维实(复)内积空间 V 的一个标准正交基,则 V 中任一向量 α 可以表示成

$$\alpha=\sum_{i=1}^{n}(\alpha,\eta_i)\eta_i. \tag{10}$$

(10)式称为 α 的**傅里叶(Fourier)展开**,其中系数$(\alpha,\eta_i)\ (i=1,2,\cdots,n)$称为**傅里叶系数**.

证明 设 $\alpha=\sum\limits_{i=1}^{n}x_i\eta_i$,则

$$(\alpha,\eta_j)=\left(\sum_{i=1}^{n}x_i\eta_i,\eta_j\right)=\sum_{i=1}^{n}x_i(\eta_i,\eta_j)=x_j\quad(j=1,2,\cdots,n).$$

因此
$$\alpha=\sum_{i=1}^{n}(\alpha,\eta_i)\eta_i.$$
□

二、正交矩阵,酉矩阵

对于复矩阵$\boldsymbol{A}=(a_{ij})$,令$\overline{\boldsymbol{A}}=(\overline{a}_{ij})$,把$\overline{\boldsymbol{A}}^{\mathrm{T}}$记作$\boldsymbol{A}^*$.设$\boldsymbol{A},\boldsymbol{B}$都是$n$阶复矩阵,直接计算得

$$(\boldsymbol{AB})^*=\boldsymbol{B}^*\boldsymbol{A}^*,\quad(\boldsymbol{A}^*)^*=\boldsymbol{A}.$$

在n维实(复)内积空间V中,标准正交基到标准正交基的过渡矩阵是什么样子的呢?

设$\eta_1,\eta_2,\cdots,\eta_n$是$n$维复(实)内积空间$V$的一个标准正交基,$V$中的向量组$\beta_1,\beta_2,\cdots,\beta_n$满足

$$(\beta_1,\beta_2,\cdots,\beta_n)=(\eta_1,\eta_2,\cdots,\eta_n)\boldsymbol{P},\tag{11}$$

矩阵$\boldsymbol{P}$的列向量组为$\boldsymbol{P}_1,\boldsymbol{P}_2,\cdots,\boldsymbol{P}_n$,则$\boldsymbol{P}_i(i=1,2,\cdots,n)$是$\beta_i$在基$\eta_1,\eta_2,\cdots,\eta_n$下的坐标.于是

$$\begin{aligned}
&\beta_1,\beta_2,\cdots,\beta_n\text{ 是 }V\text{ 的一个标准正交基}\\
&\Longleftrightarrow(\beta_i,\beta_j)=\delta_{ij}(i,j=1,2,\cdots,n)\\
&\Longleftrightarrow\boldsymbol{P}_j^*\boldsymbol{P}_i=\delta_{ij}(i,j=1,2,\cdots,n)\\
&\Longleftrightarrow\begin{pmatrix}\boldsymbol{P}_1^*\\\boldsymbol{P}_2^*\\\vdots\\\boldsymbol{P}_n^*\end{pmatrix}(\boldsymbol{P}_1,\boldsymbol{P}_2,\cdots,\boldsymbol{P}_n)=\begin{pmatrix}1&0&0&\cdots&0&0\\0&1&0&\cdots&0&0\\\vdots&\vdots&\vdots&&\vdots&\vdots\\0&0&0&\cdots&0&1\end{pmatrix}\\
&\Longleftrightarrow\boldsymbol{P}^*\boldsymbol{P}=\boldsymbol{I}.
\end{aligned}\tag{12}$$

由此自然而然地引出下述概念:

定义 2 如果n阶实矩阵$\boldsymbol{A}$满足$\boldsymbol{A}^{\mathrm{T}}\boldsymbol{A}=\boldsymbol{I}$,那么称$\boldsymbol{A}$是一个**正交矩阵**.

定义 3 如果n阶复矩阵$\boldsymbol{A}$满足$\boldsymbol{A}^*\boldsymbol{A}=\boldsymbol{I}$,那么称$\boldsymbol{A}$是一个**酉矩阵**.

从(12)式的推导过程立即得到下述定理:

定理 3 设$\eta_1,\eta_2,\cdots,\eta_n$是$n$维实(复)内积空间$V$的一个标准正交基,向量组$\beta_1,\beta_2,\cdots,\beta_n$满足$(\beta_1,\beta_2,\cdots,\beta_n)=(\eta_1,\eta_2,\cdots,\eta_n)\boldsymbol{P}$,则$\beta_1,\beta_2,\cdots,\beta_n$是$V$的一个标准正交基当且仅当$\boldsymbol{P}$是正交矩阵(酉矩阵). □

从定理 3 立即得到下面的结论:

推论 2 在n维实(复)内积空间V中,标准正交基到标准正交基的过渡矩阵是正交矩阵(酉矩阵). □

命题 6 (1) n阶实矩阵$\boldsymbol{A}$是正交矩阵

$\Longleftrightarrow$ (2) $\boldsymbol{A}^{\mathrm{T}}\boldsymbol{A}=\boldsymbol{I}$

$\Longleftrightarrow$ (3) $\boldsymbol{A}$ 可逆,且 $\boldsymbol{A}^{-1}=\boldsymbol{A}^{\mathrm{T}}$

$\Longleftrightarrow$ (4) $\boldsymbol{A}\boldsymbol{A}^{\mathrm{T}}=\boldsymbol{I}$

$\Longleftrightarrow$ (5) $\boldsymbol{A}$ 的列向量组是 $\mathbf{R}^n$(指定标准内积)中的正交单位向量组.

证明 (1)$\Longleftrightarrow$(2):由正交矩阵的定义立即得到.

(2)$\Longleftrightarrow$(3):由可逆矩阵的判定方法和定义立即得到.

(3)$\Longleftrightarrow$(4):由可逆矩阵的定义和判定方法立即得到.

(2)$\Longleftrightarrow$(5):设 $\boldsymbol{A}$ 的列向量组是 $\boldsymbol{\alpha}_1,\boldsymbol{\alpha}_2,\cdots,\boldsymbol{\alpha}_n$,则从(12)式的推导过程可以看出

$$\begin{aligned}\boldsymbol{A}^{\mathrm{T}}\boldsymbol{A}=\boldsymbol{I} &\Longleftrightarrow \boldsymbol{\alpha}_j^{\mathrm{T}}\boldsymbol{\alpha}_i=\delta_{ij}\ (i,j=1,2,\cdots,n).\\ &\Longleftrightarrow (\boldsymbol{\alpha}_j,\boldsymbol{\alpha}_i)=\delta_{ij}\ (i,j=1,2,\cdots,n).\\ &\Longleftrightarrow \boldsymbol{\alpha}_1,\boldsymbol{\alpha}_2,\cdots,\boldsymbol{\alpha}_n \text{ 是 } \mathbf{R}^n \text{ 中的正交单位向量组.}\end{aligned}$$ □

命题 7 若 $\boldsymbol{A},\boldsymbol{B}$ 都是 n 阶正交矩阵,则 $\boldsymbol{AB}$ 也是正交矩阵.

证明 由于 $(\boldsymbol{AB})^{\mathrm{T}}(\boldsymbol{AB})=\boldsymbol{B}^{\mathrm{T}}\boldsymbol{A}^{\mathrm{T}}\boldsymbol{AB}=\boldsymbol{B}^{\mathrm{T}}\boldsymbol{IB}=\boldsymbol{I}$,因此 $\boldsymbol{AB}$ 是正交矩阵. □

命题 8 若 $\boldsymbol{A}$ 是 n 阶正交矩阵,则 $\boldsymbol{A}^{-1}$(即 $\boldsymbol{A}^{\mathrm{T}}$)也是正交矩阵.

证明 由于 $\boldsymbol{A}$ 是 n 阶正交矩阵,因此根据命题 6,得 $(\boldsymbol{A}^{-1})^{\mathrm{T}}\boldsymbol{A}^{-1}=(\boldsymbol{A}^{\mathrm{T}})^{\mathrm{T}}\boldsymbol{A}^{-1}=\boldsymbol{A}\boldsymbol{A}^{\mathrm{T}}=\boldsymbol{I}$,从而 $\boldsymbol{A}^{-1}$ 是正交矩阵. □

命题 9 若 $\boldsymbol{A}$ 是 n 阶正交矩阵,则 $|\boldsymbol{A}|=1$ 或 -1.

证明 设 $\boldsymbol{A}$ 是 n 阶正交矩阵,则 $\boldsymbol{A}^{\mathrm{T}}\boldsymbol{A}=\boldsymbol{I}$,从而 $|\boldsymbol{A}^{\mathrm{T}}\boldsymbol{A}|=|\boldsymbol{I}|$. 于是 $|\boldsymbol{A}^{\mathrm{T}}||\boldsymbol{A}|=1$. 因此 $|\boldsymbol{A}|^2=1$,从而 $|\boldsymbol{A}|=1$ 或 -1. □

命题 10 n 阶复矩阵 $\boldsymbol{A}$ 是酉矩阵 $\Longleftrightarrow \boldsymbol{A}^*\boldsymbol{A}=\boldsymbol{I}$

$\Longleftrightarrow \boldsymbol{A}$ 可逆,且 $\boldsymbol{A}^{-1}=\boldsymbol{A}^*$

$\Longleftrightarrow \boldsymbol{A}\boldsymbol{A}^*=\boldsymbol{I}$. □

命题 11 (1) 酉矩阵的乘积是酉矩阵;

(2) 酉矩阵的逆矩阵是酉矩阵;

(3) 酉矩阵的行列式的模为 1.

证明 (1) 设 $\boldsymbol{A},\boldsymbol{B}$ 是 n 阶酉矩阵. 由于

$$(\boldsymbol{AB})^*(\boldsymbol{AB})=(\boldsymbol{B}^*\boldsymbol{A}^*)(\boldsymbol{AB})=\boldsymbol{B}^*(\boldsymbol{A}^*\boldsymbol{A})\boldsymbol{B}=\boldsymbol{B}^*\boldsymbol{IB}=\boldsymbol{I},$$

因此 $\boldsymbol{AB}$ 是酉矩阵.

(2) 设 $\boldsymbol{A}$ 是酉矩阵. 根据命题 10,得

$$(\boldsymbol{A}^{-1})^*\boldsymbol{A}^{-1}=(\boldsymbol{A}^*)^*\boldsymbol{A}^{-1}=\boldsymbol{A}\boldsymbol{A}^*=\boldsymbol{I},$$

因此 $\boldsymbol{A}^{-1}$ 是酉矩阵.

(3) 设 $\boldsymbol{A}$ 是 n 阶酉矩阵,则 $\boldsymbol{A}^*\boldsymbol{A}=\boldsymbol{I}$,从而 $|\boldsymbol{A}^*\boldsymbol{A}|=|\boldsymbol{I}|$. 于是 $|\boldsymbol{A}^*||\boldsymbol{A}|=1$. 因此 $\overline{|\boldsymbol{A}|}\,|\boldsymbol{A}|=1$,从而 $|\boldsymbol{A}|$ 的模的平方等于 1. 所以,$|\boldsymbol{A}|$ 的模等于 1. □

9.2.2 典型例题

例 1 在四维欧几里得空间 $\mathbf{R}^4$(指定标准内积)中,求与线性无关的向量组 $\boldsymbol{\alpha}_1,\boldsymbol{\alpha}_2,\boldsymbol{\alpha}_3$ 等

价的正交单位向量组,其中

$$\boldsymbol{\alpha}_1=(1,0,1,0)^{\mathrm T},\quad \boldsymbol{\alpha}_2=(-1,0,0,1)^{\mathrm T},\quad \boldsymbol{\alpha}_3=(1,-1,-2,1)^{\mathrm T}.$$

解 先进行施密特正交化:令

$$\boldsymbol{\beta}_1=\boldsymbol{\alpha}_1,$$

$$\boldsymbol{\beta}_2=\boldsymbol{\alpha}_2-\frac{(\boldsymbol{\alpha}_2,\boldsymbol{\beta}_1)}{(\boldsymbol{\beta}_1,\boldsymbol{\beta}_1)}\boldsymbol{\beta}_1=(-1,0,0,1)^{\mathrm T}-\frac{-1}{2}(1,0,1,0)^{\mathrm T}$$

$$=\left(-\frac{1}{2},0,\frac{1}{2},1\right)^{\mathrm T},$$

$$\boldsymbol{\beta}_3=\boldsymbol{\alpha}_3-\frac{(\boldsymbol{\alpha}_3,\boldsymbol{\beta}_1)}{(\boldsymbol{\beta}_1,\boldsymbol{\beta}_1)}\boldsymbol{\beta}_1-\frac{(\boldsymbol{\alpha}_3,\boldsymbol{\beta}_2)}{(\boldsymbol{\beta}_2,\boldsymbol{\beta}_2)}\boldsymbol{\beta}_2$$

$$=(1,-1,-2,1)^{\mathrm T}-\frac{-1}{2}(1,0,1,0)^{\mathrm T}-\frac{-\frac{1}{2}}{\frac{3}{2}}\left(-\frac{1}{2},0,\frac{1}{2},1\right)^{\mathrm T}$$

$$=\left(\frac{4}{3},-1,-\frac{4}{3},\frac{4}{3}\right)^{\mathrm T}.$$

计算得$|\boldsymbol{\beta}_1|=\sqrt{2}$,$|\boldsymbol{\beta}_2|=\sqrt{\frac{3}{2}}$,$|\boldsymbol{\beta}_3|=\sqrt{\frac{19}{3}}$.再进行单位化:令

$$\boldsymbol{\eta}_1=\frac{1}{|\boldsymbol{\beta}_1|}\boldsymbol{\beta}_1=\left(\frac{\sqrt{2}}{2},0,\frac{\sqrt{2}}{2},0\right)^{\mathrm T},\quad \boldsymbol{\eta}_2=\frac{1}{|\boldsymbol{\beta}_2|}\boldsymbol{\beta}_2=\left(-\frac{\sqrt{6}}{6},0,\frac{\sqrt{6}}{6},\frac{\sqrt{6}}{3}\right)^{\mathrm T},$$

$$\boldsymbol{\eta}_3=\frac{1}{|\boldsymbol{\beta}_3|}\boldsymbol{\beta}_3=\left(\frac{4\sqrt{57}}{57},-\frac{\sqrt{57}}{19},-\frac{4\sqrt{57}}{57},\frac{4\sqrt{57}}{57}\right)^{\mathrm T}.$$

$\boldsymbol{\eta}_1,\boldsymbol{\eta}_2,\boldsymbol{\eta}_3$ 就是与 $\boldsymbol{\alpha}_1,\boldsymbol{\alpha}_2,\boldsymbol{\alpha}_3$ 等价的正交单位向量组.

例 2 在三维酉空间 $\mathbf{C}^3$(指定标准内积)中,设

$$\boldsymbol{\alpha}_1=(1,-1,\mathrm{i})^{\mathrm T},\quad \boldsymbol{\alpha}_2=(1,0,\mathrm{i})^{\mathrm T},\quad \boldsymbol{\alpha}_3=(1,1,1)^{\mathrm T},$$

求与 $\boldsymbol{\alpha}_1,\boldsymbol{\alpha}_2,\boldsymbol{\alpha}_3$ 等价的正交单位向量组.

解 先进行施密特正交化:令

$$\boldsymbol{\beta}_1=\boldsymbol{\alpha}_1,\quad \boldsymbol{\beta}_2=\boldsymbol{\alpha}_2-\frac{(\boldsymbol{\alpha}_2,\boldsymbol{\beta}_1)}{(\boldsymbol{\beta}_1,\boldsymbol{\beta}_1)}\boldsymbol{\beta}_1=\boldsymbol{\alpha}_2-\frac{2}{3}\boldsymbol{\beta}_1=\left(\frac{1}{3},\frac{2}{3},\frac{1}{3}\mathrm{i}\right)^{\mathrm T},$$

$$\boldsymbol{\beta}_3=\boldsymbol{\alpha}_3-\frac{(\boldsymbol{\alpha}_3,\boldsymbol{\beta}_1)}{(\boldsymbol{\beta}_1,\boldsymbol{\beta}_1)}\boldsymbol{\beta}_1-\frac{(\boldsymbol{\alpha}_3,\boldsymbol{\beta}_2)}{(\boldsymbol{\beta}_2,\boldsymbol{\beta}_2)}\boldsymbol{\beta}_2=\boldsymbol{\alpha}_3-\frac{-\mathrm{i}}{3}\boldsymbol{\beta}_1-\frac{1-\frac{1}{3}\mathrm{i}}{\frac{2}{3}}\boldsymbol{\beta}_2$$

$$=\left(\frac{1+\mathrm{i}}{2},0,\frac{1-\mathrm{i}}{2}\right)^{\mathrm T};$$

再进行单位化:令

$$\boldsymbol{\eta}_1=\frac{1}{|\boldsymbol{\beta}_1|}\boldsymbol{\beta}_1=\frac{1}{\sqrt{3}}\boldsymbol{\beta}_1=\left(\frac{\sqrt{3}}{3},-\frac{\sqrt{3}}{3},\frac{\sqrt{3}}{3}\mathrm{i}\right)^{\mathrm{T}},$$

$$\boldsymbol{\eta}_2=\frac{1}{|\boldsymbol{\beta}_2|}\boldsymbol{\beta}_2=\sqrt{\frac{3}{2}}\boldsymbol{\beta}_2=\left(\frac{\sqrt{6}}{6},\frac{\sqrt{6}}{3},\frac{\sqrt{6}}{6}\mathrm{i}\right)^{\mathrm{T}},$$

$$\boldsymbol{\eta}_3=\frac{1}{|\boldsymbol{\beta}_3|}\boldsymbol{\beta}_3=\boldsymbol{\beta}_3=\left(\frac{1+\mathrm{i}}{2},0,\frac{1-\mathrm{i}}{2}\right)^{\mathrm{T}}.$$

因此,$\boldsymbol{\eta}_1,\boldsymbol{\eta}_2,\boldsymbol{\eta}_3$ 是与 $\boldsymbol{\alpha}_1,\boldsymbol{\alpha}_2,\boldsymbol{\alpha}_3$ 等价的正交单位向量组.

例 3 设 V 是三维欧几里得空间,V 中指定的内积在基 $\alpha_1,\alpha_2,\alpha_3$ 下的度量矩阵为

$$\boldsymbol{A}=\begin{pmatrix}1&0&1\\0&10&-2\\1&-2&2\end{pmatrix},$$

求 V 的一个标准正交基.

解 先对 $\alpha_1,\alpha_2,\alpha_3$ 进行施密特正交化:令

$$\beta_1=\alpha_1,\quad \beta_2=\alpha_2-\frac{0}{1}\alpha_1=\alpha_2,$$

$$\beta_3=\alpha_3-\frac{1}{1}\beta_1-\frac{-2}{10}\beta_2=-\alpha_1+\frac{1}{5}\alpha_2+\alpha_3;$$

再进行单位化:令

$$\eta_1=\frac{1}{|\beta_1|}\beta_1=\frac{1}{1}\beta_1=\alpha_1,\quad \eta_2=\frac{1}{|\beta_2|}\beta_2=\frac{1}{\sqrt{10}}\beta_2=\frac{\sqrt{10}}{10}\alpha_2,\quad \eta_3=\frac{1}{|\beta_3|}\beta_3.$$

由于 $$(\beta_3,\beta_3)=\left(-1,\frac{1}{5},1\right)\boldsymbol{A}\left(-1,\frac{1}{5},1\right)^{\mathrm{T}}=\frac{3}{5},$$

因此 $$\eta_3=\sqrt{\frac{5}{3}}\left(-\alpha_1+\frac{1}{5}\alpha_2+\alpha_3\right)=-\frac{\sqrt{15}}{3}\alpha_1+\frac{\sqrt{15}}{15}\alpha_2+\frac{\sqrt{15}}{3}\alpha_3.$$

于是,V 的一个标准正交基是

$$\alpha_1,\ \frac{\sqrt{10}}{10}\alpha_2,\ -\frac{\sqrt{15}}{3}\alpha_1+\frac{\sqrt{15}}{15}\alpha_2+\frac{\sqrt{15}}{3}\alpha_3.$$

例 4 在欧几里得空间 $\mathbf{R}[x]_3$ 中,设指定的内积为

$$(f,g)=\int_0^1 f(x)g(x)\mathrm{d}x,$$

求 $\mathbf{R}[x]_3$ 的一个正交基.

解 把 $\mathbf{R}[x]_3$ 的一个基 $1,x,x^2$ 进行施密特正交化:令

$$\beta_1=1,\quad \beta_2=x-\frac{\int_0^1 x\mathrm{d}x}{\int_0^1 1\mathrm{d}x}=x-\frac{1}{2},$$

$$\beta_3 = x^2 - \frac{\int_0^1 x^2 \mathrm{d}x}{1} - \frac{\int_0^1 x^2\left(x-\frac{1}{2}\right)\mathrm{d}x}{\int_0^1\left(x-\frac{1}{2}\right)^2\mathrm{d}x}\left(x-\frac{1}{2}\right) = x^2 - \frac{1}{3} - \frac{\frac{1}{12}}{\frac{1}{12}}\left(x-\frac{1}{2}\right)$$

$$= x^2 - x + \frac{1}{6}.$$

因此,$\mathbf{R}[x]_3$ 的一个正交基是 $1, x-\frac{1}{2}, x^2-x+\frac{1}{6}$.

例 5 n 维欧几里得空间 V 中向量组 $\alpha_1,\alpha_2,\cdots,\alpha_m$ 的格拉姆矩阵的行列式 $|\boldsymbol{G}(\alpha_1,\alpha_2,\cdots,\alpha_m)|$,称为这个向量组的**格拉姆行列式**. 证明:$|\boldsymbol{G}(\alpha_1,\alpha_2,\cdots,\alpha_m)|\geqslant 0$,等号成立当且仅当 $\alpha_1,\alpha_2,\cdots,\alpha_m$ 线性相关.

证明 **情形 1** $\alpha_1,\alpha_2,\cdots,\alpha_m$ 线性无关. 令

$$V_1 = \langle \alpha_1,\alpha_2,\cdots,\alpha_m \rangle,$$

则 $\alpha_1,\alpha_2,\cdots,\alpha_m$ 是 V_1 的一个基. 把 V 的内积限制在 V_1 上,则它为 V_1 上的一个内积,它在 V_1 的基 $\alpha_1,\alpha_2,\cdots,\alpha_m$ 下的度量矩阵正好是 $\boldsymbol{G}(\alpha_1,\alpha_2,\cdots,\alpha_m)$. 于是,$\boldsymbol{G}(\alpha_1,\alpha_2,\cdots,\alpha_m)$ 为正定矩阵,从而

$$|\boldsymbol{G}(\alpha_1,\alpha_2,\cdots,\alpha_m)| > 0.$$

情形 2 $\alpha_1,\alpha_2,\cdots,\alpha_m$ 线性相关. 这时存在不全为 0 的实数 $k_1,k_2,\cdots,k_m$,使得

$$k_1\alpha_1 + k_2\alpha_2 + \cdots + k_m\alpha_m = 0,$$

从而

$$\boldsymbol{G}(\alpha_1,\alpha_2,\cdots,\alpha_m)\begin{pmatrix} k_1 \\ k_2 \\ \vdots \\ k_m \end{pmatrix} = \begin{pmatrix} k_1(\alpha_1,\alpha_1) + k_2(\alpha_1,\alpha_2) + \cdots + k_m(\alpha_1,\alpha_m) \\ k_1(\alpha_2,\alpha_1) + k_2(\alpha_2,\alpha_2) + \cdots + k_m(\alpha_2,\alpha_m) \\ \vdots \\ k_1(\alpha_m,\alpha_1) + k_2(\alpha_m,\alpha_2) + \cdots + k_m(\alpha_m,\alpha_m) \end{pmatrix}$$

$$= \begin{pmatrix} (\alpha_1, k_1\alpha_1 + k_2\alpha_2 + \cdots + k_m\alpha_m) \\ (\alpha_2, k_1\alpha_1 + k_2\alpha_2 + \cdots + k_m\alpha_m) \\ \vdots \\ (\alpha_m, k_1\alpha_1 + k_2\alpha_2 + \cdots + k_m\alpha_m) \end{pmatrix} = \begin{pmatrix} (\alpha_1,0) \\ (\alpha_2,0) \\ \vdots \\ (\alpha_m,0) \end{pmatrix} = \begin{pmatrix} 0 \\ 0 \\ \vdots \\ 0 \end{pmatrix}.$$

于是,齐次线性方程组 $\boldsymbol{G}(\alpha_1,\alpha_2,\cdots,\alpha_m)\boldsymbol{x}=\boldsymbol{0}$ 有非零解,从而

$$|\boldsymbol{G}(\alpha_1,\alpha_2,\cdots,\alpha_m)| = 0.$$ □

例 6 在 n 维欧几里得空间 V 中,设线性无关的向量组 $\alpha_1,\alpha_2,\cdots,\alpha_m$ 经过施密特正交化变成与它等价的正交向量组 $\beta_1,\beta_2,\cdots,\beta_m$,证明:

$$|\boldsymbol{G}(\alpha_1,\alpha_2,\cdots,\alpha_m)| = |\boldsymbol{G}(\beta_1,\beta_2,\cdots,\beta_m)| = |\beta_1|^2|\beta_2|^2\cdots|\beta_m|^2. \tag{13}$$

证明 根据施密特正交化的公式,得

$$(\beta_1,\beta_2,\cdots,\beta_m) = (\alpha_1,\alpha_2,\cdots,\alpha_m)\boldsymbol{A}, \tag{14}$$

其中 $\boldsymbol{A}$ 是 m 阶上三角矩阵,其主对角元全为 1,从而 $|\boldsymbol{A}|=1$.

在 V 中取一个标准正交基 $\eta_1,\eta_2,\cdots,\eta_n$. 设

$$(\alpha_1,\alpha_2,\cdots,\alpha_m)=(\eta_1,\eta_2,\cdots,\eta_n)\boldsymbol{P},\tag{15}$$

其中 $\boldsymbol{P}=(\boldsymbol{P}_1,\boldsymbol{P}_2,\cdots,\boldsymbol{P}_m)$ 是 $n\times m$ 矩阵. 从(14)式和(15)式得

$$(\beta_1,\beta_2,\cdots,\beta_m)=(\eta_1,\eta_2,\cdots,\eta_n)\boldsymbol{PA},\tag{16}$$

于是 $\boldsymbol{PA}$ 的列向量分别是 $\beta_1,\beta_2,\cdots,\beta_m$ 在基 $\eta_1,\eta_2,\cdots,\eta_n$ 下的坐标 $\boldsymbol{y}_1,\boldsymbol{y}_2,\cdots,\boldsymbol{y}_m$,从而

$$\begin{aligned}|\boldsymbol{G}(\beta_1,\beta_2,\cdots,\beta_m)|&=\begin{vmatrix}\boldsymbol{y}_1^{\mathrm{T}}\boldsymbol{y}_1 & \boldsymbol{y}_1^{\mathrm{T}}\boldsymbol{y}_2 & \cdots & \boldsymbol{y}_1^{\mathrm{T}}\boldsymbol{y}_m\\ \boldsymbol{y}_2^{\mathrm{T}}\boldsymbol{y}_1 & \boldsymbol{y}_2^{\mathrm{T}}\boldsymbol{y}_2 & \cdots & \boldsymbol{y}_2^{\mathrm{T}}\boldsymbol{y}_m\\ \vdots & \vdots & & \vdots\\ \boldsymbol{y}_m^{\mathrm{T}}\boldsymbol{y}_1 & \boldsymbol{y}_m^{\mathrm{T}}\boldsymbol{y}_2 & \cdots & \boldsymbol{y}_m^{\mathrm{T}}\boldsymbol{y}_m\end{vmatrix}=\left|\begin{pmatrix}\boldsymbol{y}_1^{\mathrm{T}}\\ \boldsymbol{y}_2^{\mathrm{T}}\\ \vdots\\ \boldsymbol{y}_m^{\mathrm{T}}\end{pmatrix}(\boldsymbol{y}_1,\boldsymbol{y}_2,\cdots,\boldsymbol{y}_m)\right|\\ &=|(\boldsymbol{PA})^{\mathrm{T}}(\boldsymbol{PA})|=|\boldsymbol{A}^{\mathrm{T}}\boldsymbol{P}^{\mathrm{T}}\boldsymbol{PA}|=|\boldsymbol{A}|^2|\boldsymbol{P}^{\mathrm{T}}\boldsymbol{P}|=|\boldsymbol{P}^{\mathrm{T}}\boldsymbol{P}|\\ &=\left|\begin{pmatrix}\boldsymbol{P}_1^{\mathrm{T}}\\ \boldsymbol{P}_2^{\mathrm{T}}\\ \vdots\\ \boldsymbol{P}_m^{\mathrm{T}}\end{pmatrix}(\boldsymbol{P}_1,\boldsymbol{P}_2,\cdots,\boldsymbol{P}_m)\right|=|\boldsymbol{G}(\alpha_1,\alpha_2,\cdots,\alpha_m)|.\end{aligned}$$

由于 $\beta_1,\beta_2,\cdots,\beta_m$ 是正交向量组,因此

$$\begin{aligned}|\boldsymbol{G}(\beta_1,\beta_2,\cdots,\beta_m)|&=|\operatorname{diag}\{(\beta_1,\beta_1),(\beta_2,\beta_2),\cdots,(\beta_m,\beta_m)\}|\\ &=|\beta_1|^2|\beta_2|^2\cdots|\beta_m|^2.\end{aligned}$$ □

例 7 确定所有的二阶正交矩阵.

解 设 $\boldsymbol{A}=(a_{ij})$ 是二阶正交矩阵,则 $\boldsymbol{A}$ 的列向量组是 $\mathbf{R}^2$(指定标准内积)中的正交单位向量组,从而 $a_{11}^2+a_{21}^2=1$. 于是,在平面直角坐标系 Oxy 中,点 $P(a_{11},a_{21})^{\mathrm{T}}$ 在单位圆 $x^2+y^2=1$ 上. 根据三角函数的定义,得 $a_{11}=\cos\theta, a_{21}=\sin\theta(0\leqslant\theta<2\pi)$. 又有 $\boldsymbol{A}^{-1}=\boldsymbol{A}^{\mathrm{T}}$,即

$$\frac{1}{|\boldsymbol{A}|}\begin{pmatrix}a_{22} & -a_{12}\\ -a_{21} & a_{11}\end{pmatrix}=\begin{pmatrix}a_{11} & a_{21}\\ a_{12} & a_{22}\end{pmatrix}.\tag{17}$$

由于 $|\boldsymbol{A}|=1$ 或 -1,因此分两种情形:

情形 1 $|\boldsymbol{A}|=1$. 此时从(17)式得 $a_{22}=a_{11},-a_{12}=a_{21}$,于是

$$\boldsymbol{A}=\begin{pmatrix}\cos\theta & -\sin\theta\\ \sin\theta & \cos\theta\end{pmatrix},\quad 0\leqslant\theta<2\pi.\tag{18}$$

(18)式右端矩阵的列向量组是 $\mathbf{R}^2$ 中的正交单位向量组,因此它是正交矩阵.

情形 2 $|\boldsymbol{A}|=-1$. 此时从(17)式得 $-a_{22}=a_{11},a_{12}=a_{21}$,于是

$$\boldsymbol{A}=\begin{pmatrix}\cos\theta & \sin\theta\\ \sin\theta & -\cos\theta\end{pmatrix},\quad 0\leqslant\theta<2\pi.\tag{19}$$

(19)式右端矩阵的列向量组是 $\mathbf{R}^2$ 中的正交单位向量组,因此它是正交矩阵.

综上所述,二阶正交矩阵有且只有(18)式和(19)式两种类型.

例 8 证明:如果 $\boldsymbol{A}$ 是 n 阶实对称矩阵,$\boldsymbol{T}$ 是 n 阶正交矩阵,那么 $\boldsymbol{T}^{-1}\boldsymbol{A}\boldsymbol{T}$ 是实对称矩阵.

证明 由于 $(\boldsymbol{T}^{-1}\boldsymbol{A}\boldsymbol{T})^{\mathrm{T}}=\boldsymbol{T}^{\mathrm{T}}\boldsymbol{A}^{\mathrm{T}}(\boldsymbol{T}^{-1})^{\mathrm{T}}=\boldsymbol{T}^{-1}\boldsymbol{A}(\boldsymbol{T}^{\mathrm{T}})^{\mathrm{T}}=\boldsymbol{T}^{-1}\boldsymbol{A}\boldsymbol{T}$,因此 $\boldsymbol{T}^{-1}\boldsymbol{A}\boldsymbol{T}$ 是实对称矩阵. □

例 9 证明:如果 n 阶正交矩阵 $\boldsymbol{T}$ 是上三角矩阵,那么 $\boldsymbol{T}$ 是主对角元为 1 或 -1 的对角矩阵.

证明 由于 $\boldsymbol{T}=(t_{ij})$ 是正交矩阵,因此 $\boldsymbol{T}$ 的列向量组 $\boldsymbol{\alpha}_1,\boldsymbol{\alpha}_2,\cdots,\boldsymbol{\alpha}_n$ 是 $\mathbf{R}^n$(指定标准内积)中的正交单位向量组.由于 $\boldsymbol{T}$ 是上三角矩阵,因此 $t_{ij}=0(i,j=1,2,\cdots,n;i>j)$.由于 $(\boldsymbol{\alpha}_1,\boldsymbol{\alpha}_1)=1$,因此 $t_{11}^2=1$,从而 $t_{11}=\pm1$.由于 $(\boldsymbol{\alpha}_1,\boldsymbol{\alpha}_2)=0$,$(\boldsymbol{\alpha}_2,\boldsymbol{\alpha}_2)=1$,因此 $t_{11}t_{12}=0$,$t_{12}^2+t_{22}^2=1$,从而 $t_{12}=0$,$t_{22}=\pm1$.由于 $(\boldsymbol{\alpha}_1,\boldsymbol{\alpha}_3)=0$,$(\boldsymbol{\alpha}_2,\boldsymbol{\alpha}_3)=0$,$(\boldsymbol{\alpha}_3,\boldsymbol{\alpha}_3)=1$,因此 $t_{11}t_{13}=0$,$t_{12}t_{13}+t_{22}t_{23}=0$,$t_{13}^2+t_{23}^2+t_{33}^2=1$,从而 $t_{13}=0$,$t_{23}=0$,$t_{33}=\pm1$.类似地,由于 $(\boldsymbol{\alpha}_1,\boldsymbol{\alpha}_i)=0,\cdots,(\boldsymbol{\alpha}_{i-1},\boldsymbol{\alpha}_i)=0$,$(\boldsymbol{\alpha}_i,\boldsymbol{\alpha}_i)=1$,因此 $t_{1i}=0,t_{2i}=0,\cdots,t_{i-1,i}=0,t_{ii}=\pm1(i=4,\cdots,n)$,从而 $\boldsymbol{T}$ 是主对角元为 1 或 -1 的对角矩阵. □

例 10 证明:实数域上的 n 阶置换矩阵是正交矩阵.

证明 设 $\boldsymbol{P}$ 是实数域上的任一 n 阶置换矩阵.由于置换矩阵 $\boldsymbol{P}$ 的每一列有且只有一个元素是 1,每一行也有且只有一个元素是 1,其余元素都是 0,因此 $\boldsymbol{P}$ 的列向量组是 $\mathbf{R}^n$(指定标准内积)中的正交单位向量组,从而 $\boldsymbol{P}$ 是正交矩阵. □

例 11 设 $\boldsymbol{A}$ 是 n 阶实可逆矩阵,证明:$\boldsymbol{A}$ 可以唯一地分解成正交矩阵 $\boldsymbol{T}$ 与主对角元都为正数的上三角矩阵 $\boldsymbol{B}$ 的乘积:$\boldsymbol{A}=\boldsymbol{T}\boldsymbol{B}$.

证明 先证可分解性.由于 $\boldsymbol{A}$ 可逆,因此 $\boldsymbol{A}$ 的列向量组 $\boldsymbol{\alpha}_1,\boldsymbol{\alpha}_2,\cdots,\boldsymbol{\alpha}_n$ 是 $\mathbf{R}^n$ 中线性无关的向量组.于是,在欧几里得空间 $\mathbf{R}^n$(指定标准内积)中,经过施密特正交化可得到与 $\boldsymbol{\alpha}_1,\boldsymbol{\alpha}_2,\cdots,\boldsymbol{\alpha}_n$ 等价的正交向量组 $\boldsymbol{\beta}_1,\boldsymbol{\beta}_2,\cdots,\boldsymbol{\beta}_n$,且

$$\boldsymbol{\alpha}_1=\boldsymbol{\beta}_1,\quad \boldsymbol{\alpha}_2=\frac{(\boldsymbol{\alpha}_2,\boldsymbol{\beta}_1)}{(\boldsymbol{\beta}_1,\boldsymbol{\beta}_1)}\boldsymbol{\beta}_1+\boldsymbol{\beta}_2,\quad \cdots,\quad \boldsymbol{\alpha}_n=\sum_{j=1}^{n-1}\frac{(\boldsymbol{\alpha}_n,\boldsymbol{\beta}_j)}{(\boldsymbol{\beta}_j,\boldsymbol{\beta}_j)}\boldsymbol{\beta}_j+\boldsymbol{\beta}_n.$$

记 $b_{ji}=\dfrac{(\boldsymbol{\alpha}_i,\boldsymbol{\beta}_j)}{(\boldsymbol{\beta}_j,\boldsymbol{\beta}_j)}(i=2,3,\cdots,n;j=1,2,\cdots,i-1)$.再单位化,即令 $\boldsymbol{\eta}_i=\dfrac{1}{|\boldsymbol{\beta}_i|}\boldsymbol{\beta}_i(i=1,2,\cdots,n)$,则 $\boldsymbol{\eta}_1,\boldsymbol{\eta}_2,\cdots,\boldsymbol{\eta}_n$ 是 $\mathbf{R}^n$ 中的正交单位向量组,从而 $\boldsymbol{T}=(\boldsymbol{\eta}_1,\boldsymbol{\eta}_2,\cdots,\boldsymbol{\eta}_n)$ 是正交矩阵.于是

$$\boldsymbol{A}=(\boldsymbol{\alpha}_1,\boldsymbol{\alpha}_2,\cdots,\boldsymbol{\alpha}_n)=(\boldsymbol{\beta}_1,\boldsymbol{\beta}_2,\cdots,\boldsymbol{\beta}_n)\begin{pmatrix}1 & b_{12} & \cdots & b_{1n}\\ 0 & 1 & \cdots & b_{2n}\\ 0 & 0 & \cdots & b_{3n}\\ \vdots & \vdots & & \vdots\\ 0 & 0 & \cdots & 1\end{pmatrix}$$

$$
=(\boldsymbol{\eta}_1,\boldsymbol{\eta}_2,\cdots,\boldsymbol{\eta}_n)\begin{pmatrix} |\boldsymbol{\beta}_1| & 0 & \cdots & 0 \\ 0 & |\boldsymbol{\beta}_2| & \cdots & 0 \\ 0 & 0 & \cdots & 0 \\ \vdots & \vdots & & \vdots \\ 0 & 0 & \cdots & |\boldsymbol{\beta}_n| \end{pmatrix}\begin{pmatrix} 1 & b_{12} & \cdots & b_{1n} \\ 0 & 1 & \cdots & b_{2n} \\ 0 & 0 & \cdots & b_{3n} \\ \vdots & \vdots & & \vdots \\ 0 & 0 & \cdots & 1 \end{pmatrix}
$$

$$
=\boldsymbol{T}\begin{pmatrix} |\boldsymbol{\beta}_1| & b_{12}|\boldsymbol{\beta}_1| & \cdots & b_{1n}|\boldsymbol{\beta}_1| \\ 0 & |\boldsymbol{\beta}_2| & \cdots & b_{2n}|\boldsymbol{\beta}_2| \\ \vdots & \vdots & & \vdots \\ 0 & 0 & \cdots & |\boldsymbol{\beta}_n| \end{pmatrix}=:\boldsymbol{TB},
$$

其中 $\boldsymbol{B}$ 是主对角元为正数 $|\boldsymbol{\beta}_1|,|\boldsymbol{\beta}_2|,\cdots,|\boldsymbol{\beta}_n|$ 的上三角矩阵.

再证唯一性. 假如 $\boldsymbol{A}$ 还有一种分解方式: $\boldsymbol{A}=\boldsymbol{T}_1\boldsymbol{B}_1$,其中 $\boldsymbol{T}_1$ 是正交矩阵,$\boldsymbol{B}_1$ 是主对角元都为正数的上三角矩阵,则 $\boldsymbol{TB}=\boldsymbol{T}_1\boldsymbol{B}_1$,从而 $\boldsymbol{T}_1^{-1}\boldsymbol{T}=\boldsymbol{B}_1\boldsymbol{B}^{-1}$. 此式左端 $\boldsymbol{T}_1^{-1}\boldsymbol{T}$ 是正交矩阵,右端 $\boldsymbol{B}_1\boldsymbol{B}^{-1}$ 是主对角元都为正数的上三角矩阵. 根据例 9,$\boldsymbol{T}_1^{-1}\boldsymbol{T}$(即 $\boldsymbol{B}_1\boldsymbol{B}^{-1}$)是主对角元都为 1 的对角矩阵,也就是单位矩阵 $\boldsymbol{I}$. 因此 $\boldsymbol{T}_1^{-1}\boldsymbol{T}=\boldsymbol{B}_1\boldsymbol{B}^{-1}=\boldsymbol{I}$,从而 $\boldsymbol{T}=\boldsymbol{T}_1$,$\boldsymbol{B}=\boldsymbol{B}_1$. 唯一性得证. □

例 12 设 $\boldsymbol{T}$ 是 n 阶正交矩阵,证明:

(1) 如果 $|\boldsymbol{T}|=-1$,那么 -1 是 $\boldsymbol{T}$ 的一个特征值;

(2) 如果 $|\boldsymbol{T}|=1$,且 n 是奇数,那么 1 是 $\boldsymbol{T}$ 的一个特征值.

证明 (1) 若 n 阶正交矩阵 $\boldsymbol{T}$ 的行列式为 $|\boldsymbol{T}|=-1$,则

$$
|(-1)\boldsymbol{I}-\boldsymbol{T}|=|-\boldsymbol{T}^{\mathrm{T}}\boldsymbol{T}-\boldsymbol{T}|=|(-\boldsymbol{T}^{\mathrm{T}}-\boldsymbol{I})\boldsymbol{T}|=|(-\boldsymbol{T}^{\mathrm{T}}-\boldsymbol{I})^{\mathrm{T}}|\,|\boldsymbol{T}|=-|(-1)\boldsymbol{I}-\boldsymbol{T}|.
$$

于是 $2|(-1)\boldsymbol{I}-\boldsymbol{T}|=0$,从而 $|(-1)\boldsymbol{I}-\boldsymbol{T}|=0$. 因此,$-1$ 是 $\boldsymbol{T}$ 的一个特征值.

(2) 若 n 阶正交矩阵 $\boldsymbol{T}$ 的行列式为 $|\boldsymbol{T}|=1$,且 n 是奇数,则

$$
|\boldsymbol{I}-\boldsymbol{T}|=|\boldsymbol{T}^{\mathrm{T}}\boldsymbol{T}-\boldsymbol{T}|=|\boldsymbol{T}^{\mathrm{T}}-\boldsymbol{I}|\,|\boldsymbol{T}|=|-(\boldsymbol{I}-\boldsymbol{T})^{\mathrm{T}}|=(-1)^n|\boldsymbol{I}-\boldsymbol{T}|=-|\boldsymbol{I}-\boldsymbol{T}|.
$$

于是 $2|\boldsymbol{I}-\boldsymbol{T}|=0$,从而 $|\boldsymbol{I}-\boldsymbol{T}|=0$. 因此,1 是 $\boldsymbol{T}$ 的一个特征值. □

例 13 证明: n 阶正交矩阵的特征多项式的复根的模等于 1.

证明 设 $\boldsymbol{T}$ 是 n 阶正交矩阵. 任取 $\boldsymbol{T}$ 的特征多项式的一个复根 λ_0. 把 $\boldsymbol{T}$ 看成复矩阵,则 λ_0 是 $\boldsymbol{T}$ 的一个特征值,从而存在 $\boldsymbol{\alpha}\in\mathbf{C}^n$,且 $\boldsymbol{\alpha}\neq\mathbf{0}$,使得

$$
\boldsymbol{T\alpha}=\lambda_0\boldsymbol{\alpha}. \tag{20}
$$

由于 $\boldsymbol{T}$ 是实矩阵,因此在(20)式两边取共轭复数,得

$$
\boldsymbol{T}\bar{\boldsymbol{\alpha}}=\bar{\lambda}_0\bar{\boldsymbol{\alpha}}. \tag{21}
$$

在(20)式两边取转置,得

$$\boldsymbol{\alpha}^{\mathrm{T}}\boldsymbol{T}^{\mathrm{T}}=\lambda_0\boldsymbol{\alpha}^{\mathrm{T}}. \tag{22}$$

把(22)式与(21)式相乘,得

$$(\boldsymbol{\alpha}^{\mathrm{T}}\boldsymbol{T}^{\mathrm{T}})(\boldsymbol{T}\bar{\boldsymbol{\alpha}})=(\lambda_0\boldsymbol{\alpha}^{\mathrm{T}})(\bar{\lambda}_0\bar{\boldsymbol{\alpha}}). \tag{23}$$

由于 $\boldsymbol{T}$ 是正交矩阵,因此 $\boldsymbol{T}^{\mathrm{T}}\boldsymbol{T}=\boldsymbol{I}$,从而由(23)式得

$$\boldsymbol{\alpha}^{\mathrm{T}}\bar{\boldsymbol{\alpha}}=\lambda_0\bar{\lambda}_0\boldsymbol{\alpha}^{\mathrm{T}}\bar{\boldsymbol{\alpha}}. \tag{24}$$

设 $\boldsymbol{\alpha}=(c_1,c_2,\cdots,c_n)^{\mathrm{T}}$. 由于 $\boldsymbol{\alpha}\neq\boldsymbol{0}$,因此

$$\boldsymbol{\alpha}^{\mathrm{T}}\bar{\boldsymbol{\alpha}}=c_1\bar{c}_1+c_2\bar{c}_2+\cdots+c_n\bar{c}_n=|c_1|^2+|c_2|^2+\cdots+|c_n|^2\neq 0. \tag{25}$$

从(24)式得$(|\lambda_0|^2-1)\boldsymbol{\alpha}^{\mathrm{T}}\bar{\boldsymbol{\alpha}}=0$. 结合(25)式,得$|\lambda_0|^2=1$,于是$|\lambda_0|=1$. □

习 题 9.2

1. 在欧几里得空间 $\mathbf{R}^4$(指定标准内积)中,设线性无关的向量组

$$\boldsymbol{\alpha}_1=(1,1,0,0)^{\mathrm{T}},\quad \boldsymbol{\alpha}_2=(1,0,1,0)^{\mathrm{T}},\quad \boldsymbol{\alpha}_3=(1,0,0,-1)^{\mathrm{T}},$$

求与 $\boldsymbol{\alpha}_1,\boldsymbol{\alpha}_2,\boldsymbol{\alpha}_3$ 等价的正交单位向量组.

2. 设在欧几里得空间 $\mathbf{R}[x]_4$ 中指定的内积为

$$(f,g)=\int_{-1}^{1}f(x)g(x)\mathrm{d}x,$$

求 $\mathbf{R}[x]_4$ 的一个正交基和一个标准正交基.

3. 设 η_1,η_2,η_3 是三维欧几里得空间 V 的一个标准正交基. 令

$$\beta_1=\frac{1}{3}(2\eta_1-\eta_2+2\eta_3),\quad \beta_2=\frac{1}{3}(2\eta_1+2\eta_2-\eta_3),\quad \beta_3=\frac{1}{3}(\eta_1-2\eta_2-2\eta_3),$$

证明: β_1,β_2,β_3 也是 V 的一个标准正交基.

4. 设 $\eta_1,\eta_2,\eta_3,\eta_4,\eta_5$ 是五维欧几里得空间 V 的一个标准正交基,$V_1=\langle\alpha_1,\alpha_2,\alpha_3\rangle$,其中

$$\alpha_1=\eta_1+2\eta_3-\eta_5,\quad \alpha_2=\eta_2-\eta_3+\eta_4,\quad \alpha_3=-\eta_2+\eta_3+\eta_5.$$

(1) 求$(\alpha_i,\alpha_j)(1\leqslant i,j\leqslant 3)$;

(2) 求 V_1 的一个正交基和一个标准正交基.

5. 已知 3×5 实矩阵

$$\boldsymbol{A}=\begin{pmatrix}1&-1&2&0&3\\2&0&-1&1&4\\-1&1&1&0&-2\end{pmatrix},$$

求一个 5×2 实矩阵 $\boldsymbol{B}$,使得 $\boldsymbol{AB}=\boldsymbol{0}$,且 $\boldsymbol{B}$ 的列向量组是欧几里得空间 $\mathbf{R}^5$(指定标准内积)中的正交单位向量组.

6. 设在实内积空间 $C[0,2\pi]$中指定的内积为

$$(f,g)=\int_0^{2\pi}f(x)g(x)\mathrm{d}x,$$

证明:$C[0,2\pi]$的子集

$$S=\left\{\frac{1}{\sqrt{2\pi}},\frac{1}{\sqrt{\pi}}\cos nx,\frac{1}{\sqrt{\pi}}\sin nx\,\middle|\,n\in\mathbf{N}^*\right\}$$

是正交规范集(即 S 中每个向量是单位向量,且任意两个不同的向量都正交).

7. 在几何空间 V 中,分别计算不共线的向量组 $\vec{a},\vec{b}$ 和不共面的向量组 $\vec{a},\vec{b},\vec{c}$ 的格拉姆行列式,并说出它们的几何意义.

8. 从第 7 题受到启发,在 n 维欧几里得空间 V 中,把线性无关的向量组 $\alpha_1,\alpha_2,\cdots,\alpha_m$ 的格拉姆行列式称为由向量组 $\alpha_1,\alpha_2,\cdots,\alpha_m$ 张成的**"m 维平行 $2m$ 面体"的体积的平方**. 在欧几里得空间 $\mathbf{R}^4$(指定标准内积)中,计算由向量组

$$\boldsymbol{\alpha}_1=(1,1,1,1)^{\mathrm{T}},\quad \boldsymbol{\alpha}_2=(1,1,1,0)^{\mathrm{T}},\quad \boldsymbol{\alpha}_3=(1,1,0,0)^{\mathrm{T}},\quad \boldsymbol{\alpha}_4=(1,0,0,0)^{\mathrm{T}}$$

张成的"四维平行八面体"的体积的平方.

9. 设 $\alpha_1,\alpha_2,\cdots,\alpha_m$ 是 n 维欧几里得空间 V 中一个由非零向量组成的向量组,证明:

$$|G(\alpha_1,\alpha_2,\cdots,\alpha_m)|\leqslant|\alpha_1|^2|\alpha_2|^2\cdots|\alpha_m|^2,$$

等号成立当且仅当 $\alpha_1,\alpha_2,\cdots,\alpha_m$ 是正交向量组.

10. 设 $\boldsymbol{C}=(c_{ij})$是 n 阶实矩阵,证明:

$$|\boldsymbol{C}|^2\leqslant\prod_{j=1}^{n}(c_{1j}^2+c_{2j}^2+\cdots+c_{nj}^2),$$

并且当 $\boldsymbol{C}$ 的每一列都是非零向量时,等号成立当且仅当 $\boldsymbol{C}$ 的列向量组是 $\mathbf{R}^n$(指定标准内积)中的正交向量组. 这个不等式称为**阿达马(Hadamard)不等式**.

11. 证明:如果 $\mathbf{A}=(a_{ij})$是 n 阶正定矩阵,那么

$$|\mathbf{A}|\leqslant a_{11}a_{22}\cdots a_{nn},$$

等号成立当且仅当 $\mathbf{A}$ 是对角矩阵.

12. 设 $V=\mathbf{R}^n$(指定标准内积).

(1) 证明:L_f: $\boldsymbol{\alpha}\mapsto\boldsymbol{\alpha}_{\mathrm{L}}$ 是 V 到 V^* 的一个同构映射.

(2) 在 V 中任取一个标准正交基 $\boldsymbol{\eta}_1,\boldsymbol{\eta}_2,\cdots,\boldsymbol{\eta}_n$,设 V^* 中相应的对偶基为 $f_1,f_2,\cdots,f_n$. 令

$$\tau: V\to V^*,$$

$$\sum_{i=1}^{n}x_i\boldsymbol{\eta}_i\mapsto\sum_{i=1}^{n}x_if_i.$$

证明:$\tau=L_f$.

§9.3 正交补,正交投影,最佳逼近元

9.3.1 内容精华

一、正交补

在几何空间中,如果过定点 O 的直线 l 与过点 O 的平面 π 内的每一条直线都垂直,那么称直线 l 与平面 π 垂直.由此受到启发,在实(复)内积空间 V 中引入下述概念:

定义 1 设 S 是实(复)内积空间 V 的一个非空子集,把 V 中与 S 的每个向量都正交的所有向量组成的集合称为 S 的**正交补**,记作 $S^{\perp}$,即

$$S^{\perp} := \{\alpha \in V \mid (\alpha, \beta) = 0, \forall \beta \in S\}. \tag{1}$$

由于$(0,\beta)=0$, $\forall \beta \in S$,因此 $0 \in S^{\perp}$.利用内积对第一个变量的线性性,可以得出 $S^{\perp}$ 对加法和数量乘法都封闭,因此 $S^{\perp}$ 是 V 的一个线性子空间.

设 V 是实(复)内积空间,U 是 V 的任一线性子空间,V 上的内积可以限制在 U 上,从而 U 对于这个内积也成为一个实(复)内积空间,此时称 U 是实(复)内积空间的一个子空间.

上一段已证 $S^{\perp}$ 是 V 的一个线性子空间,从而 $S^{\perp}$ 是实(复)内积空间 V 的一个子空间.

在几何空间 V 中,设 π 是过定点 O 的一个平面,l 是过点 O 与平面 π 垂直的直线,则 $l=\pi^{\perp}$.由于 $V=\pi \oplus l$,因此 $V=\pi \oplus \pi^{\perp}$.由此受到启发,我们猜测并且证明下述结论:

定理 1 设 U 是实(复)内积空间 V 的一个有限维非零子空间,则

$$V = U \oplus U^{\perp}. \tag{2}$$

证明 先证 $V=U+U^{\perp}$.任取 $\alpha \in V$,要证 $\alpha=\alpha_1+\alpha_2$,其中 $\alpha_1 \in U$, $\alpha_2 \in U^{\perp}$.在 U 中取一个标准正交基 $\eta_1, \eta_2, \cdots, \eta_m$,则对于 U 中任一向量 α_1,有 $\alpha_1 = \sum_{i=1}^{m} (\alpha_1, \eta_i)\eta_i$.我们要选择 α_1,使得 $\alpha - \alpha_1 \in U^{\perp}$.由于

$$\begin{aligned} \alpha - \alpha_1 \in U^{\perp} &\Longleftrightarrow (\alpha - \alpha_1, \eta_j) = 0 (j = 1, 2, \cdots, m) \\ &\Longleftrightarrow (\alpha, \eta_j) = (\alpha_1, \eta_j)(j = 1, 2, \cdots, m), \end{aligned}$$

因此选择 $\alpha_1 = \sum_{i=1}^{m} (\alpha, \eta_i)\eta_i$,则 $\alpha_1 \in U$,且 $\alpha - \alpha_1 \in U^{\perp}$.令 $\alpha_2 = \alpha - \alpha_1$,则 $\alpha = \alpha_1 + \alpha_2$, $\alpha_1 \in U$, $\alpha_2 \in U^{\perp}$.因此

$$V=U+U^{\perp}.$$

再证 $U \cap U^{\perp}=0$.任取 $\gamma \in U \cap U^{\perp}$,则$(\gamma,\gamma)=0$.由内积的正定性得 $\gamma=0$,因此 $U \cap U^{\perp}=0$.

综上所述,得 $V=U \oplus U^{\perp}$. □

从定理 1 得到,对于 n 维实(复)内积空间 V 的任一非平凡子空间 U,有 $V=U \oplus U^{\perp}$,从

而 U 的一个标准正交基与 $U^{\perp}$ 的一个标准正交基合起来是 V 的一个标准正交基. 这是定理 1 的第一个用处. 定理 1 的第二个用处在下面一部分阐述.

二、正交投影,最佳逼近元

设 U 是实(复)内积空间 V 的一个非平凡子空间. 如果 $V=U\oplus U^{\perp}$,那么有平行于 $U^{\perp}$ 在 U 上的投影 $\mathscr{P}_U$. 把 $\mathscr{P}_U$ 称为 **V 在 U 上的正交投影**,而把 V 中向量 α 在 $\mathscr{P}_U$ 下的像 α_1 称为 **α 在 U 上的正交投影**,此时 $\alpha=\alpha_1+\alpha_2$,$\alpha_1\in U$,$\alpha_2\in U^{\perp}$. 由此得出

$$\alpha_1 \text{ 是 } \alpha \text{ 在 } U \text{ 上的正交投影} \Longleftrightarrow \alpha_1 \in U, \text{且 } \alpha-\alpha_1 \in U^{\perp}. \tag{3}$$

如果 U 是实(复)内积空间 V 的一个有限维非零子空间,那么从定理 1 得 $V=U\oplus U^{\perp}$. 在 U 中取一个标准正交基 $\eta_1,\eta_2,\cdots,\eta_m$. 任取 $\alpha\in V$. 从定理 1 的证明过程看到,α 在 U 上的正交投影为

$$\alpha_1=\sum_{i=1}^{m}(\alpha,\eta_i)\eta_i. \tag{4}$$

α 在 U 上的正交投影 α_1 具有什么好的性质呢? 在几何空间 V 中,根据立体几何中的结论"从平面外一点向该平面引的垂线段比任何一条斜线段都短",$\vec{a}$ 在过定点 O 的平面 π 上的正交投影 $\vec{a}_1$ 具有这样的性质: $\vec{a}_1$ 与 $\vec{a}$ 的距离小于或等于 π 上任一向量 $\vec{b}$ 与 $\vec{a}$ 的距离. 由此受到启发,我们猜测并且证明下述结论:

定理 2 设 U 是实(复)内积空间 V 的一个非平凡子空间,且 $V=U\oplus U^{\perp}$,则对于 $\alpha\in V$,$\alpha_1\in U$ 是 α 在 U 上的正交投影当且仅当

$$d(\alpha,\alpha_1)\leqslant d(\alpha,\gamma),\quad \forall\,\gamma\in U. \tag{5}$$

证明 *必要性* 设 $\alpha_1\in U$ 是 α 在 U 上的正交投影,则 $\alpha-\alpha_1\in U^{\perp}$,从而对于任意 $\gamma\in U$,有 $(\alpha-\alpha_1)\perp(\alpha_1-\gamma)$. 根据勾股定理,得

$$\begin{aligned}(d(\alpha,\gamma))^2&=|\alpha-\gamma|^2=|\alpha-\alpha_1+\alpha_1-\gamma|^2=|\alpha-\alpha_1|^2+|\alpha_1-\gamma|^2\\&\geqslant|\alpha-\alpha_1|^2=(d(\alpha,\alpha_1))^2,\end{aligned}$$

因此
$$d(\alpha,\gamma)\geqslant d(\alpha,\alpha_1),\quad \forall\,\gamma\in U.$$

充分性 设 $\alpha_1\in U$,且 $d(\alpha,\alpha_1)\leqslant d(\alpha,\gamma)$,$\forall\,\gamma\in U$. 再设 δ 是 α 在 U 上的正交投影,则根据必要性,得 $d(\alpha,\delta)\leqslant d(\alpha,\gamma)$,$\forall\,\gamma\in U$,从而 $d(\alpha,\delta)\leqslant d(\alpha,\alpha_1)$. 结合已知条件,得 $d(\alpha,\delta)=d(\alpha,\alpha_1)$. 由于 $\alpha-\delta\in U^{\perp}$,$\delta-\alpha_1\in U$,因此

$$|\alpha-\alpha_1|^2=|\alpha-\delta+\delta-\alpha_1|^2=|\alpha-\delta|^2+|\delta-\alpha_1|^2. \tag{6}$$

由于 $d(\alpha,\alpha_1)=d(\alpha,\delta)$,因此从(6)式得 $|\delta-\alpha_1|^2=0$. 于是 $\delta=\alpha_1$. 因此,α_1 是 α 在 U 上的正交投影. □

从定理 2 受到启发,引入下述概念:

定义 2 设 U 是实(复)内积空间 V 的一个非平凡子空间. 对于 $\alpha\in V$,如果存在 $\delta\in U$,使得

$$d(\alpha,\delta) \leqslant d(\alpha,\gamma), \quad \forall \gamma \in U, \tag{7}$$

那么称 δ 是 α 在 U 上的**最佳逼近元**.

设 U 是实(复)内积空间 V 的一个有限维非平凡子空间,则从定理 1 和定理 2 得,V 中任一向量 α 在 U 上的最佳逼近元存在且唯一,它就是 α 在 U 上的正交投影 α_1. 这是定理 1 的第二个用处:求出了 V 中任一向量 α 在 U 上的最佳逼近元 α_1.

下面介绍最佳逼近元的一个实际应用.

在许多实际问题中,需要研究一个变量 y 与其他一些变量 $x_1,x_2,\cdots,x_n$ 之间的依赖关系. 经过实际观测和分析,假定 y 与 $x_1,x_2,\cdots,x_n$ 之间呈线性关系:

$$y = k_1x_1 + k_2x_2 + \cdots + k_nx_n, \tag{8}$$

但是系数 $k_1,k_2,\cdots,k_n$ 是未知的. 为了确定这些系数,需要观测 m 次,即测得 m 组数:

y	x_1	x_2	$\cdots$	x_n
b_1	a_{11}	a_{12}	$\cdots$	a_{1n}
b_2	a_{21}	a_{22}	$\cdots$	a_{2n}
$\vdots$	$\vdots$	$\vdots$		$\vdots$
b_m	a_{m1}	a_{m2}	$\cdots$	a_{mn}

如果观测绝对精确的话,原则上只要测量 $m=n$ 次,通过解线性方程组就可以求出 $k_1,k_2,\cdots,k_n$. 但是,任何观测都有误差,这样就需要多观测些次数,即 $m>n$,于是得到的线性方程组

$$\begin{cases} a_{11}x_1 + a_{12}x_2 + \cdots + a_{1n}x_n = b_1, \\ a_{21}x_1 + a_{22}x_2 + \cdots + a_{2n}x_n = b_2, \\ \cdots\cdots \\ a_{m1}x_1 + a_{m2}x_2 + \cdots + a_{mn}x_n = b_n \end{cases} \tag{9}$$

中,方程的个数 m 大于未知量的个数 n. 这时方程组(9)可能无解,于是我们想找一组数 $c_1,c_2,\cdots,c_n$,使得对于任意 $k_1,k_2,\cdots,k_n \in \mathbf{R}$,有

$$\sum_{i=1}^{m}(a_{i1}c_1 + a_{i2}c_2 + \cdots + a_{in}c_n - b_i)^2 \leqslant \sum_{i=1}^{m}(a_{i1}k_1 + a_{i2}k_2 + \cdots + a_{in}k_n - k_i)^2. \tag{10}$$

此时,我们把 $(c_1,c_2,\cdots,c_n)^{\mathrm{T}}$ 称为线性方程组(9)的**最小二乘解**.

如何求线性方程组(9)的最小二乘解呢? (10)式左端是平方和的形式,这使我们联想到它是 n 维欧几里得空间 $\mathbf{R}^n$(指定标准内积)中某个向量的长度的平方,这个向量的第 i 个分量是

$$a_{i1}c_1 + a_{i2}c_2 + \cdots + a_{in}c_n - b_i \quad (i = 1,2,\cdots,m). \tag{11}$$

把线性方程组(9)的系数矩阵记作 $\boldsymbol{A}$,它的列向量组记作 $\boldsymbol{\alpha}_1,\boldsymbol{\alpha}_2,\cdots,\boldsymbol{\alpha}_n$,令 $\boldsymbol{y}=(k_1,k_2,\cdots,k_n)^{\mathrm{T}}$,$\boldsymbol{\beta}=(b_1,b_2,\cdots,b_m)^{\mathrm{T}}$,$\boldsymbol{\alpha}=(c_1,c_2,\cdots,c_n)^{\mathrm{T}}$,则以(11)式为第 i 个分量的向量是

$$\boldsymbol{A\alpha}-\boldsymbol{\beta}. \tag{12}$$

令 $U=\langle\boldsymbol{\alpha}_1,\boldsymbol{\alpha}_2,\cdots,\boldsymbol{\alpha}_n\rangle$,则

$$\boldsymbol{A\alpha}=(\boldsymbol{\alpha}_1,\boldsymbol{\alpha}_2,\cdots,\boldsymbol{\alpha}_n)\boldsymbol{\alpha}=c_1\boldsymbol{\alpha}_1+c_2\boldsymbol{\alpha}_2+\cdots+c_n\boldsymbol{\alpha}_n\in U, \tag{13}$$

$$\boldsymbol{Ay}=(\boldsymbol{\alpha}_1,\boldsymbol{\alpha}_2,\cdots,\boldsymbol{\alpha}_n)\boldsymbol{y}=k_1\boldsymbol{\alpha}_1+k_2\boldsymbol{\alpha}_2+\cdots+k_n\boldsymbol{\alpha}_n\in U. \tag{14}$$

于是

$$\begin{aligned}
\boldsymbol{\alpha}\text{ 是线性方程组 }\boldsymbol{Ax}=\boldsymbol{\beta}\text{ 的最小二乘解}&\Longleftrightarrow |\boldsymbol{A\alpha}-\boldsymbol{\beta}|^2\leqslant|\boldsymbol{Ay}-\boldsymbol{\beta}|^2,\ \forall\,\boldsymbol{y}\in\mathbf{R}^n\\
&\Longleftrightarrow d(\boldsymbol{A\alpha},\boldsymbol{\beta})\leqslant d(\boldsymbol{\gamma},\boldsymbol{\beta}),\ \forall\,\boldsymbol{\gamma}\in U\\
&\Longleftrightarrow \boldsymbol{A\alpha}\text{ 是 }\boldsymbol{\beta}\text{ 在 }U\text{ 上的最佳逼近元}\\
&\Longleftrightarrow \boldsymbol{A\alpha}\text{ 是 }\boldsymbol{\beta}\text{ 在 }U\text{ 上的正交投影}\\
&\Longleftrightarrow \boldsymbol{\beta}-\boldsymbol{A\alpha}\in U^{\perp}\\
&\Longleftrightarrow (\boldsymbol{\beta}-\boldsymbol{A\alpha},\boldsymbol{\alpha}_j)=0(j=1,2,\cdots,n)\\
&\Longleftrightarrow \boldsymbol{\alpha}_j{}^{\mathrm{T}}(\boldsymbol{\beta}-\boldsymbol{A\alpha})=0(j=1,2,\cdots,n)\\
&\Longleftrightarrow \boldsymbol{A}^{\mathrm{T}}(\boldsymbol{\beta}-\boldsymbol{A\alpha})=\boldsymbol{0}\\
&\Longleftrightarrow \boldsymbol{A}^{\mathrm{T}}\boldsymbol{A\alpha}=\boldsymbol{A}^{\mathrm{T}}\boldsymbol{\beta}\\
&\Longleftrightarrow \boldsymbol{\alpha}\text{ 是线性方程组 }\boldsymbol{A}^{\mathrm{T}}\boldsymbol{Ax}=\boldsymbol{A}^{\mathrm{T}}\boldsymbol{\beta}\text{ 的解.}
\end{aligned}$$

由于

$$\operatorname{rank}(\boldsymbol{A}^{\mathrm{T}}\boldsymbol{A},\boldsymbol{A}^{\mathrm{T}}\boldsymbol{\beta})=\operatorname{rank}(\boldsymbol{A}^{\mathrm{T}}(\boldsymbol{A},\boldsymbol{\beta}))\leqslant\operatorname{rank}(\boldsymbol{A}^{\mathrm{T}})=\operatorname{rank}(\boldsymbol{A}^{\mathrm{T}}\boldsymbol{A}),$$
$$\operatorname{rank}(\boldsymbol{A}^{\mathrm{T}}\boldsymbol{A},\boldsymbol{A}^{\mathrm{T}}\boldsymbol{\beta})\geqslant\operatorname{rank}(\boldsymbol{A}^{\mathrm{T}}\boldsymbol{A}),$$

因此 $\operatorname{rank}(\boldsymbol{A}^{\mathrm{T}}\boldsymbol{A},\boldsymbol{A}^{\mathrm{T}}\boldsymbol{\beta})=\operatorname{rank}(\boldsymbol{A}^{\mathrm{T}}\boldsymbol{A})$,从而线性方程组 $\boldsymbol{A}^{\mathrm{T}}\boldsymbol{Ax}=\boldsymbol{A}^{\mathrm{T}}\boldsymbol{\beta}$ 一定有解. 这样我们就把求线性方程组 $\boldsymbol{Ax}=\boldsymbol{\beta}$ 的最小二乘解的问题化归为求线性方程组 $\boldsymbol{A}^{\mathrm{T}}\boldsymbol{Ax}=\boldsymbol{A}^{\mathrm{T}}\boldsymbol{\beta}$ 的解的问题.

9.3.2 典型例题

例 1 设 U 是欧几里得空间 $\mathbf{R}^4$(指定标准内积)的一个子空间,$U=\langle\boldsymbol{\alpha}_1,\boldsymbol{\alpha}_2\rangle$,其中

$$\boldsymbol{\alpha}_1=(1,1,2,1)^{\mathrm{T}},\quad \boldsymbol{\alpha}_2=(1,0,0,-2)^{\mathrm{T}}.$$

(1) 求 $U^{\perp}$ 的维数和一个标准正交基;

(2) 求 $\boldsymbol{\alpha}=(1,-3,2,2)^{\mathrm{T}}$ 在 U 上的正交投影.

解 (1) 由于 $\boldsymbol{\alpha}_1,\boldsymbol{\alpha}_2$ 线性无关,因此 $\boldsymbol{\alpha}_1,\boldsymbol{\alpha}_2$ 是 U 的一个基,从而 $\dim U=2$. 于是

$$\dim U^{\perp}=\dim\mathbf{R}^4-\dim U=4-2=2.$$

我们有

$$\begin{aligned}
\boldsymbol{\beta}\in U^{\perp}&\Longleftrightarrow(\boldsymbol{\beta},\boldsymbol{\alpha}_i)=0(i=1,2)\\
&\Longleftrightarrow\boldsymbol{\alpha}_i^{\mathrm{T}}\boldsymbol{\beta}=0(i=1,2)\\
&\Longleftrightarrow\begin{pmatrix}\boldsymbol{\alpha}_1^{\mathrm{T}}\\ \boldsymbol{\alpha}_2^{\mathrm{T}}\end{pmatrix}\boldsymbol{\beta}=\boldsymbol{0}
\end{aligned}$$

$$\Longleftrightarrow \boldsymbol{\beta}\text{ 是齐次线性方程组 }\begin{pmatrix}\boldsymbol{\alpha}_1^{\mathrm{T}}\\ \boldsymbol{\alpha}_2^{\mathrm{T}}\end{pmatrix}\boldsymbol{x}=\boldsymbol{0}\text{ 的一个解},$$

从而 $U^{\perp}$ 是齐次线性方程组 $\begin{pmatrix}\boldsymbol{\alpha}_1^{\mathrm{T}}\\ \boldsymbol{\alpha}_2^{\mathrm{T}}\end{pmatrix}\boldsymbol{x}=\boldsymbol{0}$ 的解空间.

解 $\begin{pmatrix}\boldsymbol{\alpha}_1^{\mathrm{T}}\\ \boldsymbol{\alpha}_2^{\mathrm{T}}\end{pmatrix}\boldsymbol{x}=\boldsymbol{0}$,求出一个基础解系：

$$\boldsymbol{\beta}_1=(0,2,-1,0)^{\mathrm{T}},\quad \boldsymbol{\beta}_2=(2,-3,0,1)^{\mathrm{T}}.$$

则 $\boldsymbol{\beta}_1,\boldsymbol{\beta}_2$ 是 $U^{\perp}$ 的一个基. 对它做施密特正交化：

$$\boldsymbol{\gamma}_1=\boldsymbol{\beta}_1,\quad \boldsymbol{\gamma}_2=\boldsymbol{\beta}_2-\frac{-6}{5}\boldsymbol{\gamma}_1=\left(2,-\frac{3}{5},-\frac{6}{5},1\right)^{\mathrm{T}}.$$

再单位化就得到 $U^{\perp}$ 的一个标准正交基：

$$\boldsymbol{\eta}_1=\frac{1}{\sqrt{5}}\boldsymbol{\gamma}_1=\left(0,\frac{2\sqrt{5}}{5},-\frac{\sqrt{5}}{5},0\right)^{\mathrm{T}},$$

$$\boldsymbol{\eta}_2=\sqrt{\frac{5}{34}}\boldsymbol{\gamma}_2=\left(\frac{\sqrt{170}}{17},-\frac{3\sqrt{170}}{170},-\frac{3\sqrt{170}}{85},\frac{\sqrt{170}}{34}\right)^{\mathrm{T}}.$$

(2) 对 U 的基 $\boldsymbol{\alpha}_1,\boldsymbol{\alpha}_2$ 做施密特正交化和单位化,得

$$\boldsymbol{\delta}_1=\left(\frac{\sqrt{7}}{7},\frac{\sqrt{7}}{7},\frac{2\sqrt{7}}{7},\frac{\sqrt{7}}{7}\right)^{\mathrm{T}},$$

$$\boldsymbol{\delta}_2=\left(\frac{4\sqrt{238}}{119},\frac{\sqrt{238}}{238},\frac{\sqrt{238}}{119},-\frac{13\sqrt{238}}{238}\right)^{\mathrm{T}},$$

于是 $\boldsymbol{\delta}_1,\boldsymbol{\delta}_2$ 是 U 的一个标准正交基,从而 $\boldsymbol{\alpha}$ 在 U 上的正交投影为

$$(\boldsymbol{\alpha},\boldsymbol{\delta}_1)\boldsymbol{\delta}_1+(\boldsymbol{\alpha},\boldsymbol{\delta}_2)\boldsymbol{\delta}_2=\left(0,\frac{1}{2},1,\frac{3}{2}\right)^{\mathrm{T}}.$$

例 2 设 U 是 n 维欧几里得空间 V 的一个子空间,证明:

$$(U^{\perp})^{\perp}=U. \tag{15}$$

证明 由于欧几里得空间 V 上的内积是正定的对称双线性函数,因此内积是非退化的对称双线性函数. 于是,根据 8.2.2 小节中的例 2,得 $(U^{\perp})^{\perp}=U$. □

例 3 证明：欧几里得空间 $\mathbf{R}^n$(指定标准内积)的任一子空间 U 是一个齐次线性方程组的解空间.

证明 在 $U^{\perp}$ 中取一个标准正交基 $\boldsymbol{\eta}_1,\cdots,\boldsymbol{\eta}_m$. 由于 $(U^{\perp})^{\perp}=U$,因此

$$\begin{aligned}\boldsymbol{\alpha}\in U &\Longleftrightarrow (\boldsymbol{\alpha},\boldsymbol{\eta}_i)=0\ (i=1,\cdots,m)\\ &\Longleftrightarrow \boldsymbol{\eta}_i^{\mathrm{T}}\boldsymbol{\alpha}=0\ (i=1,\cdots,m)\end{aligned}$$

$$\Longleftrightarrow \begin{pmatrix} \boldsymbol{\eta}_1^{\mathrm{T}} \\ \vdots \\ \boldsymbol{\eta}_m^{\mathrm{T}} \end{pmatrix} \boldsymbol{\alpha} = \mathbf{0}$$

$$\Longleftrightarrow \boldsymbol{\alpha}\text{ 属于齐次线性方程组 } \begin{pmatrix} \boldsymbol{\eta}_1^{\mathrm{T}} \\ \vdots \\ \boldsymbol{\eta}_m^{\mathrm{T}} \end{pmatrix} \boldsymbol{x} = \mathbf{0} \text{ 的解空间,}$$

从而 U 是齐次线性方程组 $\begin{pmatrix} \boldsymbol{\eta}_1^{\mathrm{T}} \\ \vdots \\ \boldsymbol{\eta}_m^{\mathrm{T}} \end{pmatrix} \boldsymbol{x} = \mathbf{0}$ 的解空间. □

例 4 设 $\eta_1, \eta_2, \cdots, \eta_m$ 是复(实)内积空间 V 中的一个正交单位向量组,证明:对于任意 $\alpha \in V$,有

$$\sum_{i=1}^{m} |(\alpha, \eta_i)|^2 \leqslant |\alpha|^2, \tag{16}$$

等号成立当且仅当 $\alpha = \sum_{i=1}^{m} (\alpha, \eta_i) \eta_i$. 这个不等式称为**贝塞尔(Bessel)不等式**.

证明 令 $W = \langle \eta_1, \eta_2, \cdots, \eta_m \rangle$,则 $V = W \oplus W^{\perp}$. 任取 $\alpha \in V$,有 $\alpha = \alpha_1 + \alpha_2, \alpha_1 \in W$, $\alpha_2 \in W^{\perp}$,于是 α_1 是 α 在 W 上的正交投影. 由于 $\eta_1, \eta_2, \cdots, \eta_m$ 是 W 的一个标准正交基,因此

$$\alpha_1 = \sum_{i=1}^{m} (\alpha, \eta_i) \eta_i,$$

从而根据勾股定理,得

$$|\alpha|^2 = |\alpha_1 + \alpha_2|^2 = |\alpha_1|^2 + |\alpha_2|^2 \geqslant |\alpha_1|^2 = \sum_{i=1}^{m} |(\alpha, \eta_i)|^2,$$

等号成立当且仅当 $\alpha_2 = 0$,即 $\alpha = \alpha_1 = \sum_{i=1}^{m} (\alpha, \eta_i) \eta_i$. □

例 5 设 U 是实内积空间 V 的一个有限维非平凡子空间,证明:V 在 U 上的正交投影 $\mathscr{P}$ 具有如下性质:

$$(\mathscr{P}\alpha, \beta) = (\alpha, \mathscr{P}\beta), \quad \forall\, \alpha, \beta \in V. \tag{17}$$

证明 任取 $\alpha, \beta \in V$. 由于 $\alpha - \mathscr{P}\alpha \in U^{\perp}$, $\beta - \mathscr{P}\beta \in U^{\perp}$,因此

$$0 = (\alpha - \mathscr{P}\alpha, \mathscr{P}\beta) = (\alpha, \mathscr{P}\beta) - (\mathscr{P}\alpha, \mathscr{P}\beta),$$
$$0 = (\beta - \mathscr{P}\beta, \mathscr{P}\alpha) = (\beta, \mathscr{P}\alpha) - (\mathscr{P}\beta, \mathscr{P}\alpha).$$

把上面两个式子相减,得 $0 = (\alpha, \mathscr{P}\beta) - (\beta, \mathscr{P}\alpha)$,于是

$$(\alpha, \mathscr{P}\beta) = (\mathscr{P}\alpha, \beta), \quad \forall\, \alpha, \beta \in V.$$ □

* **例 6** 设 W 是复(实)内积空间 V 的一个子空间,$\alpha \in V$,证明:

(1) $\delta\in W$ 是 α 在 W 上的最佳逼近元当且仅当 $\alpha-\delta\in W^{\perp}$；

(2) 如果 α 在 W 上的最佳逼近元存在,那么它是唯一的.

证明 (1) *充分性* 对于 $\alpha\in V$,设 $\delta\in W$,使得 $\alpha-\delta\in W^{\perp}$,则对于任意 $\gamma\in W$,有 $(\alpha-\delta)\perp(\delta-\gamma)$. 根据勾股定理,得

$$\begin{aligned}(d(\alpha,\gamma))^2 &= |\alpha-\gamma|^2 = |\alpha-\delta+\delta-\gamma|^2 = |\alpha-\delta|^2+|\delta-\gamma|^2\\ &\geqslant |\alpha-\delta|^2 = (d(\alpha,\delta))^2,\end{aligned}$$

因此 $d(\alpha,\gamma)\geqslant d(\alpha,\delta)$, $\forall\gamma\in W$. 于是,δ 是 α 在 W 上的最佳逼近元.

必要性 设 δ 是 α 的 W 上的最佳逼近元,则

$$d(\alpha,\delta)\leqslant d(\alpha,\gamma),\quad \forall\gamma\in W.$$

由于对于任意 $\gamma\in W$,有

$$\begin{aligned}|\alpha-\gamma|^2 &= |\alpha-\delta+\delta-\gamma|^2\\ &= |\alpha-\delta|^2+(\alpha-\delta,\delta-\gamma)+(\delta-\gamma,\alpha-\delta)+|\delta-\gamma|^2\\ &= |\alpha-\delta|^2+(\alpha-\delta,\delta-\gamma)+\overline{(\alpha-\delta,\delta-\gamma)}+|\delta-\gamma|^2,\end{aligned}$$

因此对于任意 $\gamma\in W$,有

$$(\alpha-\delta,\delta-\gamma)+\overline{(\alpha-\delta,\delta-\gamma)}+|\delta-\gamma|^2\geqslant 0. \tag{18}$$

于是,当 $k\neq 0$ 时,$\delta-\gamma$ 用 $k(\delta-\gamma)$ 代替,从(18)式得

$$\bar{k}(\alpha-\delta,\delta-\gamma)+k\,\overline{(\alpha-\delta,\delta-\gamma)}+k\bar{k}\,|\delta-\gamma|^2\geqslant 0,\quad \forall\gamma\in W. \tag{19}$$

当 $k=0$ 时,(19)式也成立. 当 $\gamma\neq\delta$ 时,取

$$k_0=-\frac{(\alpha-\delta,\delta-\gamma)}{|\delta-\gamma|^2}, \tag{20}$$

代入(19)式,得

$$-\frac{|(\alpha-\delta,\delta-\gamma)|^2}{|\delta-\gamma|^2}\geqslant 0,\quad \forall\gamma\in W\text{ 且 }\gamma\neq\delta. \tag{21}$$

由此得出 $(\alpha-\delta,\delta-\gamma)=0$, $\forall\gamma\in W$,且 $\gamma\neq\delta$. 因此

$$(\alpha-\delta,\beta)=0,\quad \forall\beta\in W, \tag{22}$$

从而 $\alpha-\delta\in W^{\perp}$.

(2) 设 δ,ξ 都是 α 在 W 上的最佳逼近元,则 $d(\alpha,\delta)=d(\alpha,\xi)$. 根据第(1)小题的结论,$\alpha-\delta\in W^{\perp}$. 由于 $\delta-\xi\in W$,因此 $(\alpha-\delta)\perp(\delta-\xi)$,从而根据勾股定理,得

$$|\alpha-\xi|^2=|\alpha-\delta+\delta-\xi|^2=|\alpha-\delta|^2+|\delta-\xi|^2. \tag{23}$$

由此得出 $|\delta-\xi|^2=0$,从而 $\delta=\xi$. □

点评 设 W 是复(实)内积空间 V 的一个子空间. 如果 V 中每个向量 α 都有在 W 上的最佳逼近元 δ,那么把 α 对应到 δ 的映射称为 **V 在 W 上的正交投影**. 此时,由于 $\alpha-\delta\in W^{\perp}$,因此 α 可以表示成

$$\alpha=\delta+(\alpha-\delta),\quad \delta\in W,\alpha-\delta\in W^{\perp},\tag{24}$$

从而 $V=W+W^{\perp}$. 由内积的正定性得 $W\cap W^{\perp}=0$,因此 $V=W\oplus W^{\perp}$. 这表明,这里给出的 V 在 W 上的正交投影的定义与 9.3.1 小节中第二部分第一段给出的正交投影的定义是一致的,并且现在的议论证明了下面例 7 的结论.

***例 7** 设 W 是复(实)内积空间 V 的一个子空间,则 V 中每个向量 α 都有在 W 上的最佳逼近元当且仅当

$$V=W\oplus W^{\perp}.$$

□

习 题 9.3

1. 设欧几里得空间 $\mathbf{R}[x]_4$ 指定的内积为

$$(f,g)=\int_0^1 f(x)g(x)\mathrm{d}x,$$

W 是所有零次多项式和零多项式组成的子空间,求 $W^{\perp}$ 以及它的一个基.

2. 设欧几里得空间 $M_n(\mathbf{R})$ 指定的内积为 $(\boldsymbol{A},\boldsymbol{B})=\mathrm{tr}(\boldsymbol{A}\boldsymbol{B}^{\mathrm{T}})$.

(1) 设 U 是所有对称矩阵组成的子空间,求 $U^{\perp}$;

(2) 设 W 是所有对角矩阵组成的子空间,求 $W^{\perp}$ 以及 $W^{\perp}$ 的一个标准正交基.

3. 设 V_1,V_2 是 n 维欧几里得空间 V 的两个子空间,证明:

$$(V_1+V_2)^{\perp}=V_1^{\perp}\cap V_2^{\perp},\quad (V_1\cap V_2)^{\perp}=V_1^{\perp}+V_2^{\perp}.\tag{25}$$

4. 设实内积空间 $C[0,2\pi]$ 指定的内积为

$$(f,g)=\int_0^{2\pi} f(x)g(x)\mathrm{d}x,$$

证明:对于任意 $f\in C[0,2\pi]$,有

$$\frac{1}{\pi}\sum_{k=1}^{m}\left[\left(\int_0^{2\pi} f(x)\cos kx\,\mathrm{d}x\right)^2+\left(\int_0^{2\pi} f(x)\sin kx\,\mathrm{d}x\right)^2\right]$$
$$\leqslant\int_0^{2\pi} f^2(x)\mathrm{d}x-\frac{1}{2\pi}\left(\int_0^{2\pi} f(x)\mathrm{d}x\right)^2.\tag{26}$$

5. 用 V 表示所有在区间 $[0,2\pi]$ 上可积的函数组成的集合,易证 V 是 $\mathbf{R}^{[0,2\pi]}$ 的一个子空间. 指定 V 上的内积为

$$(f,g)=\int_0^{2\pi} f(x)g(x)\mathrm{d}x.$$

令
$$U=\left\langle\frac{1}{\sqrt{2\pi}},\frac{1}{\sqrt{\pi}}\sin x,\frac{1}{\sqrt{\pi}}\cos x,\frac{1}{\sqrt{\pi}}\sin 2x,\frac{1}{\sqrt{\pi}}\cos 2x,\frac{1}{\sqrt{\pi}}\sin 3x,\frac{1}{\sqrt{\pi}}\cos 3x\right\rangle,$$

并设

$$f(x)=\begin{cases}1, & 0\leqslant x<\pi,\\ 0, & \pi\leqslant x\leqslant 2\pi,\end{cases}$$

求 $f(x)$ 在 U 上的正交投影 $f_1(x)$.

6. 证明：n 维欧几里得空间 V 的任一标准正交基的 n 个向量在 m 维子空间 W 上的正交投影的长度的平方和等于 m.

7. 设酉空间 $M_n(\mathbf{C})$ 指定的内积为 $(\boldsymbol{A},\boldsymbol{B})=\operatorname{tr}(\boldsymbol{A}\boldsymbol{B}^*)$，$W$ 是所有对角矩阵组成的子空间，求 $W^{\perp}$ 以及 $W^{\perp}$ 的一个标准正交基.

8. 设酉空间 $M_n(\mathbf{C})$ 指定的内积为 $(\boldsymbol{A},\boldsymbol{B})=\operatorname{tr}(\boldsymbol{A}\boldsymbol{B}^*)$. 记迹为 0 的所有矩阵组成的子空间为 $M_n^0(\mathbf{C})$，求 $M_n^0(\mathbf{C})^{\perp}$.

§9.4 实(复)内积空间的保距同构

9.4.1 内容精华

对于一个实(复)线性空间 V，当指定不同的内积时，V 便成为不同的实(复)内积空间. 这样从同一个实(复)线性空间 V 可以得到许多实(复)内积空间. 至于从不同的实(复)线性空间，当然可以得到许多不同的实(复)内积空间. 对于众多的实(复)内积空间，如何辨认哪些在本质上是一样的呢？两个实(复)线性空间 V 和 V' 本质上相同就是指它们的向量之间存在一一对应，并且这种对应保持加法和数量乘法运算. 当 V 和 V' 分别被指定了一个内积而成为实(复)内积空间之后，它们本质上相同自然应该增加一个条件：保持向量的内积不变. 这些条件之间有内在的联系，于是两个实(复)内积空间本质上相同可以如下定义：

定义 1 设 V 和 V' 是实(复)内积空间. 如果存在 V 到 V' 的一个满射 σ，且 σ 保持向量的内积不变，即

$$(\sigma(\alpha),\sigma(\beta))=(\alpha,\beta),\quad \forall\,\alpha,\beta\in V,\tag{1}$$

那么称 σ 是 V 到 V' 的一个**保距同构(映射)**，此时称 V 与 V' 是**保距同构**的，记作 $V\cong V'$.

我们首先关心的是：实(复)内积空间 V 与 V' 保距同构时，它们作为线性空间是否同构？即 V 到 V' 的保距同构 σ 是否为双射？σ 是否保持加法和数量乘法运算？下面的命题 1 对这些问题做出了肯定的回答.

命题 1 设 σ 是实(复)内积空间 V 到 V' 的一个保距同构，则

(1) σ 保持向量的长度不变；

(2) σ 是 V 到 V' 的一个线性映射；

(3) σ 是单射，从而 σ 是双射.

证明 (1) 任取 $\alpha\in V$，有 $|\sigma(\alpha)|=\sqrt{(\sigma(\alpha),\sigma(\alpha))}=\sqrt{(\alpha,\alpha)}=|\alpha|$.

(2) 根据内积的正定性,对于任意 $\alpha'\in V'$,有

$$|\alpha'|^2=(\alpha',\alpha')=0\Longleftrightarrow\alpha'=0'.$$

于是,任取 $\alpha,\beta\in V$,为了证 $\sigma(\alpha+\beta)=\sigma(\alpha)+\sigma(\beta)$,只要证

$$|\sigma(\alpha+\beta)-(\sigma(\alpha)+\sigma(\beta))|^2=0$$

即可. 由于

$$\begin{aligned}
&|\sigma(\alpha+\beta)-(\sigma(\alpha)+\sigma(\beta))|^2\\
&\quad=(\sigma(\alpha+\beta)-(\sigma(\alpha)+\sigma(\beta)),\sigma(\alpha+\beta)-(\sigma(\alpha)+\sigma(\beta)))\\
&\quad=|\sigma(\alpha+\beta)|^2-(\sigma(\alpha+\beta),\sigma(\alpha)+\sigma(\beta))-(\sigma(\alpha)+\sigma(\beta),\sigma(\alpha+\beta))+|\sigma(\alpha)+\sigma(\beta)|^2\\
&\quad=|\alpha+\beta|^2-(\sigma(\alpha+\beta),\sigma(\alpha))-(\sigma(\alpha+\beta),\sigma(\beta))-(\sigma(\alpha),\sigma(\alpha+\beta))-(\sigma(\beta),\sigma(\alpha+\beta))\\
&\qquad+|\sigma(\alpha)|^2+(\sigma(\alpha),\sigma(\beta))+(\sigma(\beta),\sigma(\alpha))+|\sigma(\beta)|^2\\
&\quad=|\alpha+\beta|^2-(\alpha+\beta,\alpha)-(\alpha+\beta,\beta)-(\alpha,\alpha+\beta)-(\beta,\alpha+\beta)+|\alpha|^2+(\alpha,\beta)+(\beta,\alpha)+|\beta|^2\\
&\quad=|\alpha+\beta|^2-(\alpha+\beta,\alpha+\beta)-(\alpha+\beta,\alpha+\beta)+|\alpha+\beta|^2=0,
\end{aligned}$$

因此

$$\sigma(\sigma+\beta)=\sigma(\alpha)+\sigma(\beta).\tag{2}$$

同理,任取 $\alpha\in V,k\in\mathbf{R}$(或 $\mathbf{C}$),要证 $\sigma(k\alpha)=k\sigma(\alpha)$. 计算得

$$\begin{aligned}
|\sigma(k\alpha)-k\sigma(\alpha)|^2&=(\sigma(k\alpha)-k\sigma(\alpha),\sigma(k\alpha)-k\sigma(\alpha))\\
&=|\sigma(k\sigma)|^2-(\sigma(k\alpha),k\sigma(\alpha))-(k\sigma(\alpha),\sigma(k\alpha))+|k\sigma(\alpha)|^2\\
&=|k\alpha|^2-\bar{k}(\sigma(k\alpha),\sigma(\alpha))-k(\sigma(\alpha),\sigma(k\alpha))+|k|^2|\sigma(\alpha)|^2\\
&=|k|^2|\alpha|^2-\bar{k}(k\alpha,\alpha)-k(\alpha,k\alpha)+|k|^2|\alpha|^2\\
&=|k|^2|\alpha|^2-\bar{k}k(\alpha,\alpha)-k\bar{k}(\alpha,\alpha)+|k|^2|\alpha|^2\\
&=|k|^2|\alpha|^2-|k|^2|\alpha|^2-|k|^2|\alpha|^2+|k|^2|\alpha|^2=0,
\end{aligned}$$

因此

$$\sigma(k\alpha)=k\sigma(\alpha).\tag{3}$$

综上所述,σ 是 V 到 V' 的一个线性映射.

(3) 由于 $\alpha\in\operatorname{Ker}\sigma\Longleftrightarrow\sigma(\alpha)=0'\Longleftrightarrow|\sigma(\alpha)|=0\Longleftrightarrow|\alpha|=0\Longleftrightarrow\alpha=0$,因此 $\operatorname{Ker}\sigma=0$,从而 σ 是 V 到 V' 的单射. 又已知 σ 是满射,因此 σ 是双射. □

从命题 1 得出,如果 σ 是实(复)内积空间 V 到 V' 的一个保距同构,那么 σ 是实(复)线性空间 V 到 V' 的一个同构映射. 今后我们把线性空间 V 到 V' 的同构映射称为**线性同构**. 由于线性同构 σ 把 V 的一个基映成 V' 的一个基,因此保距同构 σ 把 V 的一个标准正交基映成 V' 的一个标准正交基.

命题 2 设 V 和 V' 都是 n 维实(复)内积空间. 如果 V 到 V' 的一个映射 σ 保持向量的内积不变,即

$$(\sigma(\alpha),\sigma(\beta))=(\alpha,\beta),\quad\forall\,\alpha,\beta\in V,$$

那么 σ 是 V 到 V' 的一个保距同构.

证明 从命题 1 的证明看出,由于 σ 保持向量的内积不变,因此 σ 是 V 到 V' 的一个线性映射,且 σ 是单射. 根据 § 7.3 中的定理 2,σ 也是满射. 所以,根据定义 1,σ 是 V 到 V' 的一个保距同构. □

定理 1 两个有限维实(复)内积空间保距同构的充要条件是它们的维数相同.

证明 *必要性* 设 V 和 V' 都是有限维实(复)内积空间. 由于 V 与 V' 保距同构,因此 V 和 V' 作为线性空间也同构,从而 V 与 V' 的维数相同.

充分性 设 V 和 V' 都是 n 维实(复)内积空间. 在 V 和 V' 中各取一个标准正交基 η_1, $\eta_2,\cdots,\eta_n$ 和 $\delta_1,\delta_2,\cdots,\delta_n$. 令

$$\sigma: V\longrightarrow V',$$

$$\alpha=\sum_{i=1}^{n}x_i\eta_i\longmapsto\sum_{i=1}^{n}x_i\delta_i. \tag{4}$$

任取 $\beta=\sum_{i=1}^{n}y_i\eta_i\in V$,则根据 σ 的定义,得 $\sigma(\beta)=\sum_{i=1}^{n}y_i\delta_i$. 于是,根据 § 9.2 中的命题 3 和命题 4,得

$$(\sigma(\alpha),\sigma(\beta))=\sum_{i=1}^{n}x_i\overline{y}_i=(\alpha,\beta). \tag{5}$$

因此,根据命题 2,σ 是 V 到 V' 的一个保距同构,从而 V 与 V' 是保距同构的. □

从定理 1 可以看出,同一个 n 维实(复)线性空间 V,虽然装备上不同的内积后成为不同的实(复)内积空间,但是它们是保距同构的,而且不同的 n 维实(复)线性空间装备上各自的内积所得到的实(复)内积空间也是保距同构的. 特别地,任一 n 维欧几里得空间 V 都与 $\mathbf{R}^n$ (指定标准内积)保距同构. 在 V 中取一个标准正交基 $\eta_1,\eta_2,\cdots,\eta_n$,$\mathbf{R}^n$ 中取一个标准正交基 $\boldsymbol{\varepsilon}_1,\boldsymbol{\varepsilon}_2,\cdots,\boldsymbol{\varepsilon}_n$. 令

$$\sigma: V\longrightarrow \mathbf{R}^n,$$

$$\alpha=\sum_{i=1}^{n}x_i\eta_i\longmapsto\sum_{i=1}^{n}x_i\boldsymbol{\varepsilon}_i=(x_1,x_2,\cdots,x_n)^{\mathrm{T}}, \tag{6}$$

则 σ 是 V 到 $\mathbf{R}^n$ 的一个保距同构.

任一 n 维酉空间 V 都与 $\mathbf{C}^n$(指定标准内积)保距同构,并且一个保距同构映射是把 V 中每个向量 α 对应到它在 V 中取定的一个标准正交基下的坐标.

保距同构是所有实(复)内积空间组成的集合上的一个二元关系,它具有反身性(因为恒等映射是保距同构映射),也具有对称性和传递性(理由见 9.4.2 小节中的例 1). 因此,保距同构关系是一个等价关系.

推论 1 设 V 是 n 维实(复)内积空间,则 V 上的线性变换 $\mathscr{A}$ 是 V 到自身的保距同构当且仅当 $\mathscr{A}$ 把 V 的标准正交基映成标准正交基.

证明 *必要性* 设 $\mathscr{A}$ 是 V 到自身的保距同构，根据命题 1 下面的一段话，$\mathscr{A}$ 把 V 的一个标准正交基映成 V 的一个标准正交基.

充分性 设 V 上的线性变换 $\mathscr{A}$ 把 V 的一个标准正交基 $\eta_1,\eta_2,\cdots,\eta_n$ 映成 V 的一个标准正交基 $\gamma_1,\gamma_2,\cdots,\gamma_n$，则对于任意 $\alpha=\sum\limits_{i=1}^{n}x_i\eta_i$，有

$$\mathscr{A}(\alpha)=\mathscr{A}\left(\sum_{i=1}^{n}x_i\eta_i\right)=\sum_{i=1}^{n}x_i\mathscr{A}(\eta_i)=\sum_{i=1}^{n}x_i\gamma_i. \tag{7}$$

从定理 1 的充分性证明中由(4)式推出的结论得，$\mathscr{A}$ 是 V 到 V 的一个保距同构. □

9.4.2 典型例题

例 1 证明：保距同构关系具有对称性和传递性.

证明 设实(复)内积空间 V 与 V' 保距同构，则有 V 到 V' 的一个保距同构 σ. 由于 σ 是双射，因此 σ 可逆，且 σ^{-1} 是 V' 到 V 的一个双射. 对于任意 $\gamma_1,\gamma_2\in V'$，有

$$(\sigma^{-1}(\gamma_1),\sigma^{-1}(\gamma_2))=(\sigma(\sigma^{-1}(\gamma_1)),\sigma(\sigma^{-1}(\gamma_2)))=(\gamma_1,\gamma_2).$$

因此，σ^{-1} 是 V' 到 V 的一个保距同构，从而 V' 与 V 保距同构.

设实(复)内积空间 V 与 V' 保距同构，V' 与 V'' 保距同构，则有 V 到 V' 的一个保距同构 σ，V' 到 V'' 的一个保距同构 τ. 于是，σ 是 V 到 V' 的一个双射，τ 是 V' 到 V'' 的一个双射，从而 $\tau\sigma$ 是 V 到 V'' 的一个双射. 对于任意 $\alpha,\beta\in V$，有

$$(\tau\sigma(\alpha),\tau\sigma(\beta))=(\sigma(\alpha),\sigma(\beta))=(\alpha,\beta).$$

因此，$\tau\sigma$ 是 V 到 V'' 的一个保距同构，从而 V 与 V'' 保距同构. □

例 2 设 V 是 $M_3(\mathbf{R})$ 中所有斜对称矩阵组成的子空间. 对于 $\boldsymbol{A},\boldsymbol{B}\in V$，规定

$$(\boldsymbol{A},\boldsymbol{B})=\frac{1}{2}\mathrm{tr}(\boldsymbol{A}\boldsymbol{B}^{\mathrm{T}}). \tag{8}$$

(1) 证明：$(\boldsymbol{A},\boldsymbol{B})$ 是 V 上的一个内积.

(2) 令

$$\sigma:\ \mathbf{R}^3\longrightarrow V,$$

$$\begin{pmatrix}x_1\\x_2\\x_3\end{pmatrix}\longmapsto\begin{pmatrix}0&x_1&x_2\\-x_1&0&x_3\\-x_2&-x_3&0\end{pmatrix},$$

证明：σ 是 $\mathbf{R}^3$(指定标准内积)到 V 的一个保距同构；并且求 V 的一个标准正交基.

证明 (1) $(\boldsymbol{A},\boldsymbol{B})=\mathrm{tr}(\boldsymbol{A}\boldsymbol{B}^{\mathrm{T}})$ 是 $M_3(\mathbf{R})$ 上的一个内积，把它限制在 V 上就成为 V 上的一个内积，从而 $(\boldsymbol{A},\boldsymbol{B})=\frac{1}{2}\mathrm{tr}(\boldsymbol{A}\boldsymbol{B}^{\mathrm{T}})$ 也是 V 上的一个内积.

(2) $\dim V=\frac{3(3-1)}{2}=3$. 在 $\mathbf{R}^3$ 中任取

$$\boldsymbol{\alpha}=(x_1,x_2,x_3)^{\mathrm{T}},\quad \boldsymbol{\beta}=(y_1,y_2,y_3)^{\mathrm{T}},$$

则

$$(\boldsymbol{\alpha},\boldsymbol{\beta})=x_1y_1+x_2y_2+x_3y_3.$$

由于

$$\sigma(\boldsymbol{\alpha})\sigma(\boldsymbol{\beta})^{\mathrm{T}}=\begin{pmatrix}0 & x_1 & x_2\\ -x_1 & 0 & x_3\\ -x_2 & -x_3 & 0\end{pmatrix}\begin{pmatrix}0 & -y_1 & -y_2\\ y_1 & 0 & -y_3\\ y_2 & y_3 & 0\end{pmatrix},$$

因此

$$\begin{aligned}(\sigma(\boldsymbol{\alpha}),\sigma(\boldsymbol{\beta}))&=\frac{1}{2}\mathrm{tr}(\sigma(\boldsymbol{\alpha})\sigma(\boldsymbol{\beta})^{\mathrm{T}})\\&=\frac{1}{2}[(x_1y_1+x_2y_2)+(x_1y_1+x_3y_3)+(x_2y_2+x_3y_3)]\\&=x_1y_1+x_2y_2+x_3y_3=(\boldsymbol{\alpha},\boldsymbol{\beta}).\end{aligned}$$

所以,根据命题 2,σ 是 $\mathbf{R}^3$ 到 V 的一个保距同构.

$\mathbf{R}^3$ 的一个标准正交基 $\boldsymbol{\varepsilon}_1,\boldsymbol{\varepsilon}_2,\boldsymbol{\varepsilon}_3$ 在 σ 下的像

$$\begin{pmatrix}0 & 1 & 0\\ -1 & 0 & 0\\ 0 & 0 & 0\end{pmatrix},\quad\begin{pmatrix}0 & 0 & 1\\ 0 & 0 & 0\\ -1 & 0 & 0\end{pmatrix},\quad\begin{pmatrix}0 & 0 & 0\\ 0 & 0 & 1\\ 0 & -1 & 0\end{pmatrix}$$

是 V 的一个标准正交基. □

习 题 9.4

1. 用 Ω_1 表示所有欧几里得空间组成的集合. 保距同构关系是 Ω_1 上的一个等价关系,相应的等价类称为**保距同构类**. 试确定 Ω_1 的所有保距同构类.

2. 用 Ω_2 表示所有有限维酉空间组成的集合,试确定 Ω_2 的所有保距同构类.

§9.5 正交变换,酉变换

9.5.1 内容精华

一、正交变换和酉变换的性质

平面上绕定点 O 的旋转以及关于一条直线的反射都保持向量的长度、两个非零向量的夹角不变,从而保持向量的内积不变. 由此受到启发,引入下述概念:

定义 1 如果实(复)内积空间 V 到自身的满射 $\mathscr{A}$ 保持向量的内积不变,即

$$(\mathscr{A}\alpha,\mathscr{A}\beta)=(\alpha,\beta),\quad \forall\,\alpha,\beta\in V,\tag{1}$$

那么称 $\mathscr{A}$ 是 V 上的一个**正交变换(酉变换)**

从§9.4的定义1立即得到下述结论：

命题1 $\mathscr{A}$ 是实(复)内积空间 V 上的一个正交变换(酉变换)当且仅当 $\mathscr{A}$ 是 V 到自身的一个保距同构. □

于是,根据§9.4中的命题1立即得到下面的命题：

命题2 设 $\mathscr{A}$ 是实(复)内积空间 V 上的一个正交变换(酉变换),则

(1) $\mathscr{A}$ 保持向量的长度不变；

(2) $\mathscr{A}$ 是 V 上的一个线性变换；

(3) $\mathscr{A}$ 是单射,从而 $\mathscr{A}$ 是双射,于是 $\mathscr{A}$ 可逆. □

正交变换(酉变换)还有其他一些性质：

命题3 设 $\mathscr{A}$ 是实(复)内积空间 V 上的一个正交变换(酉变换),则

(1) $\mathscr{A}$ 保持两个非零向量的夹角不变；

(2) $\mathscr{A}$ 保持向量的正交性不变；

(3) $\mathscr{A}$ 保持向量的距离不变.

证明 (1) 设 α,β 是 V 中两个非零向量,则 $\mathscr{A}\alpha\neq 0,\mathscr{A}\beta\neq 0$. 当 V 是实内积空间时,由于

$$\cos\langle\mathscr{A}\alpha,\mathscr{A}\beta\rangle=\frac{(\mathscr{A}\alpha,\mathscr{A}\beta)}{|\mathscr{A}\alpha||\mathscr{A}\beta|}=\frac{(\alpha,\beta)}{|\alpha||\beta|}=\cos\langle\alpha,\beta\rangle,$$

因此 $\langle\mathscr{A}\alpha,\mathscr{A}\beta\rangle=\langle\alpha,\beta\rangle$.

当 V 是复内积空间时,由于

$$\cos\langle\mathscr{A}\alpha,\mathscr{A}\beta\rangle=\frac{|(\mathscr{A}\alpha,\mathscr{A}\beta)|}{|\mathscr{A}\alpha||\mathscr{A}\beta|}=\frac{|(\alpha,\beta)|}{|\alpha||\beta|}=\cos\langle\alpha,\beta\rangle,$$

因此 $\langle\mathscr{A}\alpha,\mathscr{A}\beta\rangle=\langle\alpha,\beta\rangle$.

(2) $\alpha\perp\beta\Longleftrightarrow(\alpha,\beta)=0\Longleftrightarrow(\mathscr{A}\alpha,\mathscr{A}\beta)=0\Longleftrightarrow\mathscr{A}\alpha\perp\mathscr{A}\beta$.

(3) $d(\mathscr{A}\alpha,\mathscr{A}\beta)=|\mathscr{A}\alpha-\mathscr{A}\beta|=|\mathscr{A}(\alpha-\beta)|=|\alpha-\beta|=d(\alpha,\beta)$. □

命题4 实内积空间 V 上两个正交变换的乘积还是正交变换,正交变换的逆变换也是正交变换;复内积空间 V 上两个酉变换的乘积还是酉变换,酉变换的逆变换也是酉变换.

证明 根据命题1和保距同构关系的传递性、对称性立即得到. □

命题5 如果 n 维实(复)内积空间 V 上的一个变换 $\mathscr{A}$ 保持向量的内积不变,那么 $\mathscr{A}$ 是 V 上的一个正交变换(酉变换).

证明 根据§9.4中的命题2和本节命题1立即得到. □

定理1 (1) n 维实(复)内积空间 V 上的线性变换 $\mathscr{A}$ 是正交变换(酉变换)

$\Longleftrightarrow$ (2) $\mathscr{A}$ 把 V 的标准正交基映成标准正交基

$\Longleftrightarrow$ (3) $\mathscr{A}$ 在 V 的标准正交基下的矩阵是正交矩阵(酉矩阵).

证明 (1)$\Longleftrightarrow$(2)：根据命题 1 和 §9.4 中的推论 1 立即得到.

(2)$\Longleftrightarrow$(3)：设 $\mathscr{A}$ 在 V 的标准正交基 $\eta_1,\eta_2,\cdots,\eta_n$ 下的矩阵是 $\boldsymbol{A}$,则

$$(\mathscr{A}\eta_1,\mathscr{A}\eta_2,\cdots,\mathscr{A}\eta_n)=(\eta_1,\eta_2,\cdots,\eta_n)\boldsymbol{A}. \tag{2}$$

根据 §9.2 中的定理 3,$\mathscr{A}\eta_1,\mathscr{A}\eta_2,\cdots,\mathscr{A}\eta_n$ 是 V 的标准正交基当且仅当 $\boldsymbol{A}$ 是正交矩阵(酉矩阵). □

由于正交矩阵的行列式等于 1 或 -1,因此 n 维欧几里得空间 V 上的正交变换的行列式等于 1 或 -1.

定义 2 对于 n 维欧几里得空间 V 上的正交变换 $\mathscr{A}$,如果它的行列式等于 1,那么称 $\mathscr{A}$ 是**第一类正交变换**(或**旋转**);如果 $\mathscr{A}$ 的行列式等于 -1,那么称 $\mathscr{A}$ 是**第二类正交变换**.

n 维线性空间 V 上的任一 $n-1$ 维子空间称为一个**超平面**.

在几何空间 V 中,设 π 是过定点 O 的一个平面,l 是过点 O 且与平面 π 垂直的直线. 我们在 §7.2 中证明了：几何空间 V 关于平面 π 的反射(称为镜面反射)为 $\mathscr{R}_\pi=\mathscr{I}-2\mathscr{P}_l$,其中 $\mathscr{P}_l$ 是 V 在直线 l 上的正交投影. 由此受到启发,我们引入下述概念：

定义 3 设 V 是 n 维欧几里得空间,η 是 V 中的一个单位向量,$\mathscr{P}$ 是 V 在 $\langle\eta\rangle$ 上的正交投影. 令

$$\mathscr{A}=\mathscr{I}-2\mathscr{P}, \tag{3}$$

则称 $\mathscr{A}$ 是**关于超平面 $\langle\eta\rangle^\perp$ 的反射**.

命题 6 在 n 维欧几里得空间 V 中,关于超平面 $\langle\eta\rangle^\perp$ 的反射是第二类正交变换.

证明 设 $\mathscr{A}$ 是关于超平面 $\langle\eta\rangle^\perp$ 的反射,其中 η 是 V 中的一个单位向量,则 $\mathscr{A}=\mathscr{I}-2\mathscr{P}$,其中 $\mathscr{P}$ 是 V 在 $\langle\eta\rangle$ 上的正交投影. 于是,$\mathscr{A}$ 是 V 上的一个线性变换. 由于 $V=\langle\eta\rangle\oplus\langle\eta\rangle^\perp$,因此在 $\langle\eta\rangle^\perp$ 中取一个标准正交基 $\eta_2,\eta_3,\cdots,\eta_n$,便得到 V 的一个标准正交基 $\eta,\eta_2,\eta_3,\cdots,\eta_n$. 由于 $\mathscr{P}$ 是平行于 $\langle\eta\rangle^\perp$ 在 $\langle\eta\rangle$ 上的投影,因此 $\mathrm{Ker}\mathscr{P}=\langle\eta\rangle^\perp$,$\mathrm{Im}\mathscr{P}=\langle\eta\rangle$. 于是

$$\mathscr{A}\eta=\eta-2\mathscr{P}\eta=\eta-2\eta=-\eta,$$
$$\mathscr{A}\eta_i=\eta_i-2\mathscr{P}\eta_i=\eta_i-0=\eta_i\quad(i=2,3,\cdots,n),$$

从而 $\mathscr{A}$ 在 V 的标准正交基 $\eta,\eta_2,\cdots,\eta_n$ 下的矩阵为

$$\boldsymbol{A}=\mathrm{diag}\{-1,1,\cdots,1\}.$$

由于 $\boldsymbol{A}^{\mathrm{T}}\boldsymbol{A}=\boldsymbol{I}$,因此 $\boldsymbol{A}$ 是正交矩阵. 根据定理 1,$\mathscr{A}$ 是 V 上的一个正交变换. 由于 $|\boldsymbol{A}|=-1$,因此 $\mathscr{A}$ 是第二类正交变换. □

二、酉变换与正交变换的最简单形式的矩阵表示

现在我们来探索 n 维实(复)内积空间 V 上的正交变换(酉变换)的最简单形式的矩阵表示.

命题 7 设 $\mathscr{A}$ 是实(复)内积空间 V 上的正交变换(酉变换). 若 W 是 $\mathscr{A}$ 的有限维不变子

空间,则 $W^{\perp}$ 也是 **A** 的不变子空间.

证明 任取 $\beta\in W^{\perp}$,对于任意 $\alpha\in W$,要证 $(\mathscr{A}\beta,\alpha)=0$,从而 $\mathscr{A}\beta\in W^{\perp}$. 由于 W 是 $\mathscr{A}$ 的不变子空间,因此 $\mathscr{A}|W$ 是 W 上的一个线性变换. 由于 $\mathscr{A}$ 是正交变换(酉变换),因此 $\mathscr{A}$ 是 V 到自身的单射,从而 $\mathscr{A}|W$ 是 W 到自身的单射. 由于 W 是有限维的,因此 $\mathscr{A}|W$ 是 W 到自身的满射,从而存在 $\gamma\in W$,使得 $(\mathscr{A}|W)(\gamma)=\alpha$,即 $\mathscr{A}\gamma=\alpha$. 于是

$$(\mathscr{A}\beta,\alpha)=(\mathscr{A}\beta,\mathscr{A}\gamma)=(\beta,\gamma)=0.$$

因此 $\mathscr{A}\beta\in W^{\perp}$,从而 $W^{\perp}$ 是 $\mathscr{A}$ 的不变子空间. □

命题 8 设 $\mathscr{A}$ 是实内积空间 V 上的正交变换. 如果 $\mathscr{A}$ 有特征值,那么 $\mathscr{A}$ 的特征值必为 1 或 -1.

证明 如果 $\mathscr{A}$ 有特征值 λ_0,那么 $\mathscr{A}$ 有属于 λ_0 的一个特征向量 α. 于是 $\mathscr{A}\alpha=\lambda_0\alpha$,从而

$$(\alpha,\alpha)=(\mathscr{A}\alpha,\mathscr{A}\alpha)=(\lambda_0\alpha,\lambda_0\alpha)=\lambda_0^2(\alpha,\alpha),$$

即 $(\lambda_0^2-1)(\alpha,\alpha)=0$. 由于 $\alpha\neq 0$,因此 $(\alpha,\alpha)\neq 0$,从而 $\lambda_0^2-1=0$,即 $\lambda_0^2=1$. 因此 $\lambda_0=\pm 1$. □

命题 9 n 维酉空间 V 上酉变换 $\mathscr{A}$ 的特征值的模为 1.

证明 设 λ_0 是酉变换 $\mathscr{A}$ 的一个特征值,α 是 $\mathscr{A}$ 的属于 λ_0 的一个特征向量,则

$$(\alpha,\alpha)=(\mathscr{A}\alpha,\mathscr{A}\alpha)=(\lambda_0\alpha,\lambda_0\alpha)=\lambda_0\overline{\lambda_0}(\alpha,\alpha)=|\lambda_0|^2(\alpha,\alpha).$$

由于 $\alpha\neq 0$,因此 $(\alpha,\alpha)\neq 0$,从而由上式得出 $|\lambda_0|^2=1$,即 $|\lambda_0|=1$. □

定理 2 设 $\mathscr{A}$ 是 n 维酉空间 V 上的酉变换,则 V 中存在一个标准正交基,使得 $\mathscr{A}$ 在此基下的矩阵是对角矩阵,且主对角元都是模为 1 的复数.

证明 对酉空间 V 的维数 n 做数学归纳法.

当 $n=1$ 时,$V=\langle\eta\rangle$,其中 η 是单位向量,则 η 是 V 的一个标准正交基. 设 $\mathscr{A}$ 是 V 上的一个酉变换,则存在 $k\in\mathbf{C}$,使得 $\mathscr{A}\eta=k\eta$. 于是,k 是 $\mathscr{A}$ 的一个特征值. 根据命题 9,得 $|k|=1$,从而 $k=e^{i\theta}$(θ 为某个实数),于是 $\mathscr{A}$ 在标准正交基 η 下的矩阵为 $(e^{i\theta})$. 因此,当 $n=1$ 时,此定理成立.

假设对于 $n-1$ 维酉空间,此定理成立. 现在来看 n 维酉空间 V 上的酉变换 $\mathscr{A}$. 由于 $\mathscr{A}$ 的特征多项式在复数域中必有根,因此 $\mathscr{A}$ 有特征值. 取 $\mathscr{A}$ 的一个特征值 λ_1. 设 η_1 是 $\mathscr{A}$ 的属于特征值 λ_1 的一个单位特征向量,则 $V=\langle\eta_1\rangle\oplus\langle\eta_1\rangle^{\perp}$. 由于 $\langle\eta_1\rangle$ 是 $\mathscr{A}$ 的不变子空间,因此 $\langle\eta_1\rangle^{\perp}$ 也是 $\mathscr{A}$ 的不变子空间. 根据命题 5,$\mathscr{A}|\langle\eta_1\rangle^{\perp}$ 是 $\langle\eta_1\rangle^{\perp}$ 上的酉变换. 由于 $\dim\langle\eta_1\rangle^{\perp}=n-1$,因此根据归纳假设,$\langle\eta_1\rangle^{\perp}$ 中存在一个标准正交基 $\eta_2,\cdots,\eta_n$,使得 $\mathscr{A}|\langle\eta_1\rangle^{\perp}$ 在此基下的矩阵是对角矩阵 $\mathrm{diag}\{\lambda_2,\cdots,\lambda_m\}$,且 $\lambda_i(i=2,\cdots,n)$ 的模为 1. 于是,$\mathscr{A}$ 在 V 的标准正交基 $\eta_1,\eta_2,\cdots,\eta_n$ 下的矩阵为 $\boldsymbol{A}=\mathrm{diag}\{\lambda_1,\lambda_2,\cdots,\lambda_n\}$. 由于 λ_1 是 $\mathscr{A}$ 的一个特征值,因此 $|\lambda_1|=1$. 所以,λ_1,$\lambda_2,\cdots,\lambda_n$ 都是模为 1 的复数.

根据数学归纳法原理,对于一切正整数 n,此定理成立. □

推论 1 n 阶酉矩阵 $\boldsymbol{A}$ 一定酉相似于一个对角矩阵,即存在 n 阶酉矩阵 $\boldsymbol{P}$,使得 $\boldsymbol{P}^{-1}\boldsymbol{A}\boldsymbol{P}$ 为对角矩阵,且主对角元都是模为 1 的复数.

证明 设 V 是 n 维酉空间. 取 V 的一个标准正交基 $\alpha_1,\alpha_2,\cdots,\alpha_n$,则存在 V 上唯一的线性变换 $\mathscr{A}$,使得 $\mathscr{A}$ 在此基下的矩阵为 $\boldsymbol{A}$. 由于 $\boldsymbol{A}$ 是酉矩阵,因此 $\mathscr{A}$ 是 V 上的酉变换. 根据定理 2,V 中存在一个标准正交基 $\eta_1,\eta_2,\cdots,\eta_n$,使得 $\boldsymbol{A}$ 在此基下的矩阵 $\boldsymbol{D}$ 是对角矩阵,且 $\boldsymbol{D}$ 的主对角元都是模为 1 的复数. 设

$$(\eta_1,\eta_2,\cdots,\eta_n)=(\alpha_1,\alpha_2,\cdots,\alpha_n)\boldsymbol{P},$$

则 $\boldsymbol{P}$ 是酉矩阵,且 $\boldsymbol{P}^{-1}\boldsymbol{AP}=\boldsymbol{D}$. 于是,$\boldsymbol{A}$ 酉相似于一个对角矩阵 $\boldsymbol{D}$. □

命题 10 设 $\mathscr{A}$ 是 n 维欧几里得空间 V 上的正交变换. 如果 $\mathscr{A}$ 有两个不同的特征值,那么 $\mathscr{A}$ 的属于不同特征值的特征向量一定正交.

证明 设 λ_1,λ_2 是正交变换 $\mathscr{A}$ 的不同的特征值. 根据命题 8,得 $\lambda_i=1$ 或 $-1(i=1,2)$. 不妨设 $\lambda_1=1,\lambda_2=-1$. 设 $\alpha_i(i=1,2)$ 是 $\mathscr{A}$ 的属于特征值 λ_i 的一个特征向量,则

$$(\alpha_1,\alpha_2)=(\mathscr{A}\alpha_1,\mathscr{A}\alpha_2)=(\alpha_1,-\alpha_2)=-(\alpha_1,\alpha_2).$$

于是$(\alpha_1,\alpha_2)=0$. 因此,α_1 与 α_2 正交. □

命题 11 设 $\mathscr{A}$ 是二维欧几里得空间 V 上的正交变换. 如果 $\mathscr{A}$ 是第一类正交变换,那么 V 中存在一个标准正交基,使得 $\mathscr{A}$ 在此基下的矩阵为

$$\begin{pmatrix}\cos\theta & -\sin\theta\\ \sin\theta & \cos\theta\end{pmatrix},\quad 0\leqslant\theta\leqslant\pi; \tag{4}$$

如果 $\mathscr{A}$ 是第二类正交变换,那么 V 中存在一个标准正交基,使得 $\mathscr{A}$ 在此基下的矩阵为

$$\begin{pmatrix}-1 & 0\\ 0 & 1\end{pmatrix}. \tag{5}$$

证明 由于 $\mathscr{A}$ 是二维欧几里得空间 V 上的正交变换,因此 $\mathscr{A}$ 在 V 的一个标准正交基 η_1,η_2 下的矩阵 $\boldsymbol{A}$ 是正交矩阵. 根据 9.2.2 小节中的例 7,二阶正交矩阵有且只有两种类型.

若 $\mathscr{A}$ 是第一类正交变换,则 $|\boldsymbol{A}|=1$,从而二阶正交矩阵 $\boldsymbol{A}$ 如下:

$$\boldsymbol{A}=\begin{pmatrix}\cos\theta & -\sin\theta\\ \sin\theta & \cos\theta\end{pmatrix},\quad 0\leqslant\theta<2\pi. \tag{6}$$

当 $\pi<\theta<2\pi$ 时,令 $\varphi=2\pi-\theta$,则 $0<\varphi<\pi$. 此时有

$$\boldsymbol{A}=\begin{pmatrix}\cos(2\pi-\varphi) & -\sin(2\pi-\varphi)\\ \sin(2\pi-\varphi) & \cos(2\pi-\varphi)\end{pmatrix}=\begin{pmatrix}\cos\varphi & \sin\varphi\\ -\sin\varphi & \cos\varphi\end{pmatrix},$$

$$\begin{pmatrix}1 & 0\\ 0 & -1\end{pmatrix}^{-1}\begin{pmatrix}\cos\varphi & \sin\varphi\\ -\sin\varphi & \cos\varphi\end{pmatrix}\begin{pmatrix}1 & 0\\ 0 & -1\end{pmatrix}=\begin{pmatrix}\cos\varphi & -\sin\varphi\\ \sin\varphi & \cos\varphi\end{pmatrix}.$$

令$(\gamma_1,\gamma_2)=(\eta_1,\eta_2)\begin{pmatrix}1 & 0\\ 0 & -1\end{pmatrix}$. 易知$\begin{pmatrix}1 & 0\\ 0 & -1\end{pmatrix}$是正交矩阵,因此 γ_1,γ_2 也是 V 的一个标准正交基. $\mathscr{A}$ 在基 γ_1,γ_2 下的矩阵为

$$\begin{pmatrix}1&0\\0&-1\end{pmatrix}^{-1}\boldsymbol{A}\begin{pmatrix}1&0\\0&-1\end{pmatrix}=\begin{pmatrix}\cos\varphi&-\sin\varphi\\\sin\varphi&\cos\varphi\end{pmatrix}.$$

综上所述,若 $\mathscr{A}$ 是第一类正交变换,则 V 中存在一个标准正交基,使得 $\mathscr{A}$ 在此基下的矩阵为

$$\begin{pmatrix}\cos\theta&-\sin\theta\\\sin\theta&\cos\theta\end{pmatrix},\quad 0\leqslant\theta\leqslant\pi.\tag{7}$$

若 $\mathscr{A}$ 是第二类正交变换,则 $|\boldsymbol{A}|=-1$. 根据 9.2.2 小节中的例 12, -1 是 $\boldsymbol{A}$ 的一个特征值,从而 -1 是 $\mathscr{A}$ 的一个特征值. 取 $\mathscr{A}$ 的属于特征值 -1 的单位特征向量 δ_1,把它扩充成 V 的一个标准正交基 δ_1,δ_2,则 $\mathscr{A}$ 在标准正交基 δ_1,δ_2 下的矩阵 $\boldsymbol{B}$ 是正交矩阵. 由于 $\mathscr{A}\delta_1=-\delta_1$,因此 $\boldsymbol{B}$ 的第 1 列是 $(-1,0)^{\mathrm{T}}$. 由于 $|\boldsymbol{B}|=|\boldsymbol{A}|=-1$,因此 $\boldsymbol{B}$ 是第二种类型的正交矩阵,从而

$$\boldsymbol{B}=\begin{pmatrix}-1&0\\0&1\end{pmatrix}.$$ □

定理 3 设 $\mathscr{A}$ 是 n 维欧几里得空间 V 上的正交变换,则 V 中存在一个标准正交基,使得 $\mathscr{A}$ 在此基下的矩阵为如下形式的分块对角矩阵:

$$\operatorname{diag}\left\{\lambda_1,\cdots,\lambda_r,\begin{pmatrix}\cos\theta_1&-\sin\theta_1\\\sin\theta_1&\cos\theta_1\end{pmatrix},\cdots,\begin{pmatrix}\cos\theta_m&-\sin\theta_m\\\sin\theta_m&\cos\theta_m\end{pmatrix}\right\},\tag{8}$$

其中 $\lambda_i=1$ 或 $-1\,(i=1,\cdots,r;0\leqslant r\leqslant n)$, $0<\theta_j<\pi\left(j=1,\cdots,m;0\leqslant m\leqslant\dfrac{n}{2}\right)$①.

* **证明** 对欧几里得空间 V 的维数 n 做第二数学归纳法.

当 $n=1$ 时, $V=\langle\eta\rangle$,其中 η 是单位向量. V 上的正交变换 $\mathscr{A}$ 使得 $\mathscr{A}\eta=k\eta$,于是 k 是 $\mathscr{A}$ 的一个特征值. 根据命题 8,得 $k=1$ 或 -1. 因此, $\mathscr{A}$ 在 V 的标准正交基 η 下的矩阵是 (k),且 $k=1$ 或 -1. 所以,当 $n=1$ 时,此定理成立.

当 $n=2$ 时,根据命题 11,此定理成立.

假设对于维数小于 n 的欧几里得空间 V,此定理成立. 现在来看 n 维欧几里得空间 V 上的正交变换 $\mathscr{A}$.

情形 1 $\mathscr{A}$ 有特征值 λ_1. 根据命题 8,得 $\lambda_1=1$ 或 -1. 取 $\mathscr{A}$ 的属于 λ_1 的一个单位特征向量 η_1,则 $V=\langle\eta_1\rangle\oplus\langle\eta_1\rangle^{\perp}$. 由于 $\langle\eta_1\rangle$ 是 $\mathscr{A}$ 的不变子空间,因此 $\langle\eta_1\rangle^{\perp}$ 也是 $\mathscr{A}$ 的不变子空间. 于是, $\mathscr{A}|\langle\eta_1\rangle^{\perp}$ 是 $\langle\eta_1\rangle^{\perp}$ 上的正交变换. 根据归纳假设, $\langle\eta_1\rangle^{\perp}$ 中存在一个标准正交基 $\eta_2,\cdots,\eta_n$,使得 $\mathscr{A}|\langle\eta_1\rangle^{\perp}$ 在此基下的矩阵是如下形式的分块对角矩阵:

$$\operatorname{diag}\left\{\lambda_2,\cdots,\lambda_r,\begin{pmatrix}\cos\theta_1&-\sin\theta_1\\\sin\theta_1&\cos\theta_1\end{pmatrix},\cdots,\begin{pmatrix}\cos\theta_m&-\sin\theta_m\\\sin\theta_m&\cos\theta_m\end{pmatrix}\right\},$$

① $r=0$ 表示(8)式中的 λ_i 均不出现, $m=0$ 表示(8)式中的二阶矩阵均不出现.

其中 $\lambda_i=1$ 或 $-1(i=2,\cdots,r;0\leqslant r-1\leqslant n-1)$, $0<\theta_j<\pi\left(j=1,\cdots,m;0\leqslant m\leqslant\frac{n-1}{2}\right)$. 于是, $\eta_1,\eta_2,\cdots,\eta_n$ 是 V 的一个标准正交基, $\mathscr{A}$ 在此基下的矩阵为

$$\operatorname{diag}\left\{\lambda_1,\lambda_2,\cdots,\lambda_r,\begin{pmatrix}\cos\theta_1 & -\sin\theta_1\\ \sin\theta_1 & \cos\theta_1\end{pmatrix},\cdots,\begin{pmatrix}\cos\theta_m & -\sin\theta_m\\ \sin\theta_m & \cos\theta_m\end{pmatrix}\right\},$$

其中 $\lambda_i=1$ 或 $-1(i=1,2,\cdots,r;1\leqslant r\leqslant n)$, $0<\theta_j<\pi\left(j=1,\cdots,m;0\leqslant m\leqslant\frac{n-1}{2}\right)$.

情形 2 $\mathscr{A}$ 没有特征值. 根据 7.8.2 小节中的例 4, $\mathscr{A}$ 有一个二维不变子空间 W, 于是 $\mathscr{A}|W$ 是 W 上的正交变换. 根据命题 11, $\mathscr{A}|W$ 在 W 的一个标准正交基 γ_1,γ_2 下的矩阵为

$$\begin{pmatrix}\cos\theta_1 & -\sin\theta_1\\ \sin\theta_1 & \cos\theta_1\end{pmatrix},\quad 0<\theta_1<\pi.$$

由于 $W^\perp$ 也是 $\mathscr{A}$ 的不变子空间, 因此 $\mathscr{A}|W^\perp$ 是 $W^\perp$ 上的正交变换. 由于 $V=W\oplus W^\perp$, 因此 $\dim W^\perp=n-2$. 于是, 根据归纳假设, $W^\perp$ 存在一个标准正交基 $\delta_3,\cdots,\delta_n$, 使得 $\mathscr{A}|W^\perp$ 在此基下的矩阵为如下形式的 $n-2$ 阶分块对角矩阵:

$$\operatorname{diag}\left\{\begin{pmatrix}\cos\theta_2 & -\sin\theta_2\\ \sin\theta_2 & \cos\theta_2\end{pmatrix},\cdots,\begin{pmatrix}\cos\theta_m & -\sin\theta_m\\ \sin\theta_m & \cos\theta_m\end{pmatrix}\right\},$$

其中 $0<\theta_j<\pi\left(j=2,\cdots,m;m-1=\frac{n-2}{2}\right)$. 于是, $\gamma_1,\gamma_2,\delta_3,\cdots,\delta_n$ 是 V 的一个标准正交基, $\mathscr{A}$ 在此基下的矩阵为

$$\operatorname{diag}\left\{\begin{pmatrix}\cos\theta_1 & -\sin\theta_1\\ \sin\theta_1 & \cos\theta_1\end{pmatrix},\begin{pmatrix}\cos\theta_2 & -\sin\theta_2\\ \sin\theta_2 & \cos\theta_2\end{pmatrix},\cdots,\begin{pmatrix}\cos\theta_m & -\sin\theta_m\\ \sin\theta_m & \cos\theta_m\end{pmatrix}\right\},$$

其中 $0<\theta_j<\pi\left(j=1,2,\cdots,m;m=\frac{n}{2}\right)$.

根据第二数学归纳法原理, 对于一切正整数 n, 此定理成立. □

* **推论 2** n 阶正交矩阵 $\boldsymbol{A}$ 一定正交相似于如下形式的分块对角矩阵:

$$\operatorname{diag}\left\{\lambda_1,\cdots,\lambda_r,\begin{pmatrix}\cos\theta_1 & -\sin\theta_1\\ \sin\theta_1 & \cos\theta_1\end{pmatrix},\cdots,\begin{pmatrix}\cos\theta_m & -\sin\theta_m\\ \sin\theta_m & \cos\theta_m\end{pmatrix}\right\},\tag{9}$$

其中 $\lambda_i=1$ 或 $-1(i=1,\cdots,r;0\leqslant r\leqslant n)$, $0<\theta_j<\pi\left(j=1,\cdots,m;0\leqslant m\leqslant\frac{n}{2}\right)$.

* **证明** 设 V 是 n 维欧几里得空间. 取 V 的一个标准正交基 $\alpha_1,\alpha_2,\cdots,\alpha_n$, 则存在 V 上唯一的线性变换 $\mathscr{A}$, 使得 $\mathscr{A}$ 在此基下的矩阵为 $\boldsymbol{A}$. 由于 $\boldsymbol{A}$ 是正交矩阵, 因此 $\mathscr{A}$ 是 V 上的正交变换. 根据定理 3, V 中存在一个标准正交基 $\eta_1,\eta_2,\cdots,\eta_n$, 使得 $\mathscr{A}$ 在此基下的矩阵为

$$\boldsymbol{B}=\operatorname{diag}\left\{\lambda_1,\cdots,\lambda_r,\begin{pmatrix}\cos\theta_1 & -\sin\theta_1\\ \sin\theta_1 & \cos\theta_1\end{pmatrix},\cdots,\begin{pmatrix}\cos\theta_m & -\sin\theta_m\\ \sin\theta_m & \cos\theta_m\end{pmatrix}\right\},$$

其中 $\lambda_i=1$ 或 $-1(i=1,\cdots,r;0\leqslant r\leqslant n)$,$0<\theta_j<\pi\left(j=1,\cdots,m;0\leqslant m\leqslant\frac{n}{2}\right)$. 设

$$(\eta_1,\eta_2,\cdots,\eta_n)=(\alpha_1,\alpha_2,\cdots,\alpha_n)\boldsymbol{T},$$

则 $\boldsymbol{T}$ 是正交矩阵,且 $\mathscr{A}$ 在基 $\eta_1,\eta_2,\cdots,\eta_n$ 下的矩阵为 $\boldsymbol{B}=\boldsymbol{T}^{-1}\boldsymbol{AT}$. 因此,$\boldsymbol{A}$ 正交相似于 $\boldsymbol{B}$. □

9.5.2 典型例题

例 1 证明:实内积空间 V 到自身的满射 $\mathscr{A}$ 是正交变换当且仅当 $\mathscr{A}$ 是保持向量长度不变的线性变换.

证明 *必要性* 根据命题 2 立即得到.

充分性 设 $\mathscr{A}$ 是 V 上的满射线性变换,且保持向量的长度不变,则对于任意 $\alpha,\beta\in V$,根据 9.1.2 小节例 7 中的极化恒等式,得

$$\begin{aligned}(\mathscr{A}\alpha,\mathscr{A}\beta)&=\frac{1}{4}|\mathscr{A}\alpha+\mathscr{A}\beta|^2-\frac{1}{4}|\mathscr{A}\alpha-\mathscr{A}\beta|^2=\frac{1}{4}|\mathscr{A}(\alpha+\beta)|^2-\frac{1}{4}|\mathscr{A}(\alpha-\beta)|^2\\&=\frac{1}{4}|\alpha+\beta|^2-\frac{1}{4}|\alpha-\beta|^2=(\alpha,\beta).\end{aligned}$$

所以,$\mathscr{A}$ 是 V 上的正交变换. □

例 2 设 $\mathscr{A}$ 是 n 维欧几里得空间 V 到自身的映射,证明:如果 $\mathscr{A}$ 保持向量的距离不变,且 $\mathscr{A}0=0$,那么 $\mathscr{A}$ 是 V 上的正交变换.

证明 任取 $\alpha,\beta\in V$. 由已知条件得

$$|\mathscr{A}\alpha|=|\mathscr{A}\alpha-0|=|\mathscr{A}\alpha-\mathscr{A}0|=d(\mathscr{A}\alpha,\mathscr{A}0)=d(\alpha,0)=|\alpha-0|=|\alpha|,$$

$$\begin{aligned}(\mathscr{A}\alpha-\mathscr{A}\beta,\mathscr{A}\alpha-\mathscr{A}\beta)&=|\mathscr{A}\alpha-\mathscr{A}\beta|^2=(d(\mathscr{A}\alpha,\mathscr{A}\beta))^2=(d(\alpha,\beta))^2\\&=|\alpha-\beta|^2=(\alpha-\beta,\alpha-\beta).\end{aligned}\qquad(10)$$

由于(10)式的左端、右端分别为

$$(\mathscr{A}\alpha-\mathscr{A}\beta,\mathscr{A}\alpha-\mathscr{A}\beta)=|\mathscr{A}\alpha|^2-2(\mathscr{A}\alpha,\mathscr{A}\beta)+|\mathscr{A}\beta|^2=|\alpha|^2-2(\mathscr{A}\alpha,\mathscr{A}\beta)+|\beta|^2,$$

$$(\alpha-\beta,\alpha-\beta)=|\alpha|^2-2(\alpha,\beta)+|\beta|^2,$$

因此 $(\mathscr{A}\alpha,\mathscr{A}\beta)=(\alpha,\beta)$,从而 $\mathscr{A}$ 是 V 上的正交变换. □

例 3 设 $\mathscr{A}$ 是 n 维欧几里得空间 V 上的正交变换,证明:如果 1 是 $\mathscr{A}$ 的一个特征值,且 $\mathscr{A}$ 的属于特征值 1 的特征子空间 V_1 的维数为 $n-1$,那么 $\mathscr{A}$ 是关于超平面 V_1 的反射.

证明 $V=V_1\oplus V_1{}^{\perp}$. 由于 $\dim V_1=n-1$,因此 $\dim V_1^{\perp}=1$,从而 $V_1^{\perp}=\langle\eta\rangle$,其中 η 是单位向量. 由于 $\mathscr{A}$ 的特征子空间 V_1 是 $\mathscr{A}$ 的不变子空间,因此 $V_1^{\perp}$ 也是 $\mathscr{A}$ 的不变子空间,从而 η 是 $\mathscr{A}$ 的一个特征向量. 由于正交变换 $\mathscr{A}$ 的特征值只能是 1 或 -1,且 $\eta\notin V_1$,因此 $\mathscr{A}\eta=-\eta$.

用 $\mathscr{P}$ 表示 V 在 $\langle\eta\rangle$ 上的正交投影,则 $\mathscr{P}\eta=\eta$,从而

$$\mathscr{A}\eta=-\eta=\eta-2\eta=(\mathscr{I}-2\mathscr{P})\eta.$$

在 V_1 中取一个基 $\alpha_1,\cdots,\alpha_{n-1}$. 由于 $\operatorname{Ker}\mathscr{P}=\langle\eta\rangle^{\perp}=(V_1^{\perp})^{\perp}=V_1$,因此对于 $i=1,\cdots,n-1$,有

$\mathscr{P}\alpha_i=0$,从而有

$$\mathscr{A}\alpha_i=\alpha_i=(\mathscr{I}-2\mathscr{P})\alpha_i \quad (i=1,\cdots,n-1).$$

由于 $\alpha_1,\cdots,\alpha_{n-1},\eta$ 是 V 的一个基,因此 $\mathscr{A}=\mathscr{I}-2\mathscr{P}$,从而 $\mathscr{A}$ 是关于超平面 V_1 的反射. □

例 4 证明:n 维欧几里得空间 V 上的一个第二类正交变换是关于超平面的一个反射,或者是一个关于超平面的反射与一个第一类正交变换的乘积.

证明 设 $\mathscr{A}$ 是 n 维欧几里得空间 V 上的第二类正交变换,则 $|\mathscr{A}|=-1$. 根据定理 1 和 9.2.2 小节中的例 12,-1 是 $\mathscr{A}$ 的一个特征值. 设 η_1 是 $\mathscr{A}$ 的属于特征值 -1 的单位特征向量,则 $\langle\eta_1\rangle$ 是 $\mathscr{A}$ 的不变子空间,从而 $\langle\eta_1\rangle^{\perp}$ 也是 $\mathscr{A}$ 的不变子空间. 于是,$\mathscr{A}|\langle\eta_1\rangle^{\perp}$ 是 $\langle\eta_1\rangle^{\perp}$ 上的正交变换. 在 $\langle\eta_1\rangle^{\perp}$ 中取一个标准正交基 $\eta_2,\cdots,\eta_n$. 由于 $V=\langle\eta_1\rangle\oplus\langle\eta_1\rangle^{\perp}$,因此 $\eta_1,\eta_2,\cdots,\eta_n$ 是 V 的一个标准正交基,且 $\mathscr{A}$ 在此基下的矩阵为 $\boldsymbol{A}=\operatorname{diag}\{-1,\boldsymbol{A}_2\}$,其中 $\boldsymbol{A}_2$ 是 $\mathscr{A}|\langle\eta_1\rangle^{\perp}$ 在基 $\eta_2,\cdots,\eta_n$ 下的矩阵,它是 $n-1$ 阶正交矩阵. 由于 $|\mathscr{A}|=-1$,因此 $|\boldsymbol{A}_2|=1$.

若 $\boldsymbol{A}_2=\boldsymbol{I}_{n-1}$,则 $\mathscr{A}\eta_i=\eta_i(i=2,\cdots,n)$,从而 $\langle\eta_1\rangle^{\perp}$ 是 $\mathscr{A}$ 的属于特征值 1 的特征子空间. 根据例 3,$\mathscr{A}$ 是关于超平面 $\langle\eta_1\rangle^{\perp}$ 的反射.

若 $\boldsymbol{A}_2\neq\boldsymbol{I}_{n-1}$,则

$$\boldsymbol{A}=\begin{pmatrix}-1 & \boldsymbol{0}^{\mathrm{T}}\\ \boldsymbol{0} & \boldsymbol{A}_2\end{pmatrix}=\begin{pmatrix}-1 & \boldsymbol{0}^{\mathrm{T}}\\ \boldsymbol{0} & \boldsymbol{I}_{n-1}\end{pmatrix}\begin{pmatrix}1 & \boldsymbol{0}^{\mathrm{T}}\\ \boldsymbol{0} & \boldsymbol{A}_2\end{pmatrix}. \tag{11}$$

用 $\mathscr{B}$ 表示 V 上的一个线性变换,它在 V 的基 $\eta_1.\eta_2,\cdots,\eta_n$ 下的矩阵为 $\operatorname{diag}\{-1,\boldsymbol{I}_{n-1}\}$. 由于 $\operatorname{diag}\{-1,\boldsymbol{I}_{n-1}\}$ 是正交矩阵,因此 $\mathscr{B}$ 是正交变换. 根据上一段已证的结论,$\mathscr{B}$ 是关于超平面 $\langle\eta_1\rangle^{\perp}$ 的反射. 用 $\mathscr{C}$ 表示 V 上的一个线性变换,它在 V 的基 $\eta_1,\eta_2,\cdots,\eta_n$ 下的矩阵为 $\operatorname{diag}\{1,\boldsymbol{A}_2\}$. 由于 $\operatorname{diag}\{1,\boldsymbol{A}_2\}$ 是正交矩阵,因此 $\mathscr{C}$ 是正交变换. 由于 $|\mathscr{C}|=1\cdot|\boldsymbol{A}_2|=1$,因此 $\mathscr{C}$ 是第一类正交变换. 由(11)式得 $\mathscr{A}=\mathscr{B}\mathscr{C}$,即 $\mathscr{A}$ 是关于超平面 $\langle\eta_1\rangle^{\perp}$ 的反射 $\mathscr{B}$ 与第一类正交变换 $\mathscr{C}$ 的乘积. □

例 5 证明:二维欧几里得空间 V 上的第二类正交变换是轴反射.

证明 设 $\mathscr{A}$ 是二维欧几里得空间 V 上的第二类正交变换. 根据命题 11,V 中存在一个标准正交基 δ_1,δ_2,使得 $\mathscr{A}$ 在此基下的矩阵是 $\begin{pmatrix}-1 & 0\\ 0 & 1\end{pmatrix}$,从而 1 是 $\mathscr{A}$ 的一个特征值,且 $\mathscr{A}$ 的属于特征值 1 的特征子空间为 $V_1=\langle\delta_2\rangle$. 于是,根据例 3,$\mathscr{A}$ 是关于超平面 $\langle\delta_2\rangle$ 的反射,即关于 $\langle\delta_2\rangle$ 的轴反射. □

例 6 证明:二维欧几里得空间 V 上的一个第一类正交变换能表示成两个轴反射的乘积.

证明 设 $\mathscr{A}$ 是二维欧几里得空间 V 上的第一类正交变换. 根据命题 11,V 中存在一个标准正交基 η_1,η_2,使得 $\mathscr{A}$ 在此基下的矩阵为

$$\boldsymbol{A}=\begin{pmatrix}\cos\theta & -\sin\theta\\ \sin\theta & \cos\theta\end{pmatrix},\quad 0\leqslant\theta\leqslant\pi. \tag{12}$$

通过计算得

$$\begin{pmatrix} \cos\theta & -\sin\theta \\ \sin\theta & \cos\theta \end{pmatrix} = \begin{pmatrix} \cos\theta & \sin\theta \\ \sin\theta & -\cos\theta \end{pmatrix} \begin{pmatrix} 1 & 0 \\ 0 & -1 \end{pmatrix}. \tag{13}$$

把(13)式右端的第一、第二个矩阵分别记作 $\boldsymbol{B},\boldsymbol{C}$,则 $\boldsymbol{BC}=\boldsymbol{A}$. 存在 V 上唯一的线性变换 $\mathscr{B}$,使得 $\mathscr{B}$ 在 V 的基 η_1,η_2 下的矩阵为 $\boldsymbol{B}$;存在 V 上唯一的线性变换 $\mathscr{C}$,使得 $\mathscr{C}$ 在 V 的基 η_1,η_2 下的矩阵为 $\boldsymbol{C}$. 由于 $\boldsymbol{B},\boldsymbol{C}$ 都是正交矩阵,因此 $\mathscr{B},\mathscr{C}$ 都是正交变换. 由于 $|\boldsymbol{B}|=|\boldsymbol{C}|=-1$,因此 $\mathscr{B},\mathscr{C}$ 都是第二类正交变换. 根据例 5,V 中存在一个标准正交基 δ_1,δ_2,使得 $\mathscr{B}$ 是关于 $\langle\delta_2\rangle$ 的轴反射. $\mathscr{C}$ 是关于 $\langle\eta_1\rangle$ 的轴反射. 从 $\boldsymbol{BC}=\boldsymbol{A}$ 得 $\mathscr{A}=\mathscr{B}\mathscr{C}$,因此 $\mathscr{A}$ 能表示成两个轴反射的乘积. □

***例 7** 证明:n 维欧几里得空间 V 上的任一正交变换能表示成至多 n 个关于超平面的反射的乘积,其中 $n\geqslant 2$.

证明 设 $\mathscr{A}$ 是 n 维欧几里得空间 V 上的正交变换. 根据定理 3,V 中存在一个标准正交基 $\eta_1,\cdots,\eta_s,\gamma_1,\cdots,\gamma_t,\delta_{11},\delta_{12},\cdots,\delta_{m1},\delta_{m2}$,使得 $\mathscr{A}$ 在此基下的矩阵为

$$\boldsymbol{A} = \operatorname{diag}\left\{\boldsymbol{I}_s, -\boldsymbol{I}_t, \begin{pmatrix} \cos\theta_1 & -\sin\theta_1 \\ \sin\theta_1 & \cos\theta_1 \end{pmatrix}, \cdots, \begin{pmatrix} \cos\theta_m & -\sin\theta_m \\ \sin\theta_m & \cos\theta_m \end{pmatrix}\right\}, \tag{14}$$

其中 $0\leqslant s\leqslant n, 0\leqslant t\leqslant n, 0<\theta_j<\pi\left(j=1,\cdots,m; 0\leqslant m\leqslant \dfrac{n}{2}\right)$.

设 $t>0$,且 $m>0$. 令

$$\boldsymbol{B}_i = \operatorname{diag}\{\boldsymbol{I}_s, 1, \cdots, 1, \underset{\text{第 } i \text{ 个}}{-1}, 1, \cdots, 1, \boldsymbol{I}_{2m}\} \quad (i=1,\cdots,t),$$

$$\boldsymbol{C}_j = \operatorname{diag}\left\{\boldsymbol{I}_{s+t}, 1, \cdots, 1, \begin{pmatrix} \cos\theta_j & -\sin\theta_j \\ \sin\theta_j & \cos\theta_j \end{pmatrix}, 1, \cdots, 1\right\} \quad (j=1,\cdots,m),$$

则

$$\boldsymbol{A}=\boldsymbol{B}_1\cdots\boldsymbol{B}_t\boldsymbol{C}_1\cdots\boldsymbol{C}_m. \tag{15}$$

存在 V 上的线性变换 $\mathscr{B}_1,\cdots,\mathscr{B}_t,\mathscr{C}_1,\cdots,\mathscr{C}_m$,使得它们在 V 的基 $\eta_1,\cdots,\eta_s,\gamma_1,\cdots,\gamma_t,\delta_{11},\delta_{12},\cdots,\delta_{m1},\delta_{m2}$ 下的矩阵分别为 $\boldsymbol{B}_1,\cdots,\boldsymbol{B}_t,\boldsymbol{C}_1,\cdots,\boldsymbol{C}_m$,从而

$$\mathscr{A} = \mathscr{B}_1\cdots\mathscr{B}_t\mathscr{C}_1\cdots\mathscr{C}_m. \tag{16}$$

由于 $\mathscr{B}_i(i=1,\cdots,t)$ 在 V 的上述基下的矩阵是 $\boldsymbol{B}_i$,且 $\boldsymbol{B}_i$ 是正交矩阵,$|\boldsymbol{B}_i|=-1$,因此 $\mathscr{B}_i$ 是 V 上的第二类正交变换. 由于 $n\geqslant 2$,因此 $\mathscr{B}_i$ 有特征值 1,且 $\mathscr{B}_i$ 的属于特征值 1 的特征子空间 V_1 的维数为 $n-1$. 根据例 3,$\mathscr{B}_i(i=1,\cdots,t)$ 是关于超平面 $\langle\gamma_i\rangle^{\perp}$ 的反射.

由于 $\mathscr{C}_j(j=1,\cdots,m)$ 在 V 的上述基下的矩阵是 $\boldsymbol{C}_j$,且 $\boldsymbol{C}_j$ 是正交矩阵,$|\boldsymbol{C}_j|=1$,因此 $\mathscr{C}_j$ 是 V 上的第一类正交变换,$\mathscr{C}_j|\langle\delta_{j1},\delta_{j2}\rangle$ 是 $\langle\delta_{j1},\delta_{j2}\rangle$ 上的正交变换,它在基 δ_{j1},δ_{j2} 下的矩阵为

$$\begin{pmatrix} \cos\theta_j & -\sin\theta_j \\ \sin\theta_j & \cos\theta_j \end{pmatrix}.$$

所以,$\mathscr{C}_j|\langle\delta_{j1},\delta_{j2}\rangle$ 是第一类正交变换. 根据例 6,$\mathscr{C}_j|\langle\delta_{j1},\delta_{j2}\rangle$ 能表示成 $\langle\delta_{j1},\delta_{j2}\rangle$ 上的两个分别

关于$\langle\tilde{\delta}_{j1}\rangle^{\perp}$,$\langle\tilde{\delta}_{j2}\rangle^{\perp}$的轴反射的乘积,从而$\mathscr{C}_j$能表示成$V$上两个分别关于超平面$\langle\tilde{\delta}_{j1}\rangle^{\perp}$,$\langle\tilde{\delta}_{j2}\rangle^{\perp}$的反射的乘积. 从(16)式得,$\mathscr{A}$能表示成$t+2m$个关于超平面的反射的乘积. 由于$t+2m=n-s\leqslant n$,因此$\mathscr{A}$能表示成至多$n$个关于超平面的反射的乘积. □

***例 8** 证明: n维欧几里得空间V上的任一正交变换$\mathscr{A}$表示成关于超平面的反射的乘积时,反射个数的最小数目等于$n-\dim(\mathrm{Ker}(\mathscr{A}-\mathscr{I}))$.

证明 从例7的证明可以看到,$\mathscr{A}$能表示成$n-s$个关于超平面的反射的乘积,其中s是$\mathscr{A}$的属于特征值1的特征子空间V_1的维数. 由于$V_1=\mathrm{Ker}(\mathscr{A}-1\cdot\mathscr{I})$,因此

$$s=\dim V_1=\dim(\mathrm{Ker}(\mathscr{A}-\mathscr{I})),$$

从而$\mathscr{A}$能表示成$n-\dim(\mathrm{Ker}(\mathscr{A}-\mathscr{I}))$个关于超平面的反射的乘积.

设$\mathscr{A}=\mathscr{A}_1\mathscr{A}_2\cdots\mathscr{A}_r$,其中$\mathscr{A}_i(i=1,2,\cdots,r)$是关于超平面$\langle\delta_i\rangle^{\perp}$的反射.

若$\alpha\in\bigcap\limits_{i=1}^{r}\mathrm{Ker}(\mathscr{A}_i-\mathscr{I})$,则$(\mathscr{A}_i-\mathscr{I})\alpha=0$,从而$\mathscr{A}_i\alpha=\alpha(i=1,2,\cdots,r)$. 于是

$$\mathscr{A}\alpha=\mathscr{A}_1\mathscr{A}_2\cdots\mathscr{A}_r\alpha=\mathscr{A}_1\mathscr{A}_2\cdots\mathscr{A}_{r-1}\alpha=\cdots=\alpha.$$

因此$\alpha\in\mathrm{Ker}(\mathscr{A}-\mathscr{I})$,从而$\bigcap\limits_{i=1}^{r}\mathrm{Ker}(\mathscr{A}_i-\mathscr{I})\subseteq\mathrm{Ker}(\mathscr{A}-\mathscr{I})$.

由于$\mathscr{A}_i(i=1,2,\cdots,r)$是关于超平面$\langle\delta_i\rangle^{\perp}$的反射,因此$\mathscr{A}_i=\mathscr{I}-2\mathscr{P}_i$,其中$\mathscr{P}_i(i=1,2,\cdots,r)$是$V$在$\langle\delta_i\rangle$上的正交投影. 于是$\mathscr{A}_i-\mathscr{I}=-2\mathscr{P}_i(i=1,2,\cdots,r)$,从而$\mathrm{Ker}(\mathscr{A}_i-\mathscr{I})=\mathrm{Ker}\mathscr{P}_i=\langle\delta_i\rangle^{\perp}(i=1,2,\cdots,r)$. 根据习题9.3中的第3题,得

$$\langle\delta_1\rangle^{\perp}\cap\langle\delta_2\rangle^{\perp}=(\langle\delta_1\rangle+\langle\delta_2\rangle)^{\perp}=\langle\delta_1,\delta_2\rangle^{\perp}.$$

由此可推出$\bigcap\limits_{i=1}^{r}\langle\delta_i\rangle^{\perp}=\langle\delta_1,\delta_2,\cdots,\delta_r\rangle^{\perp}$,因此

$$\begin{aligned}\dim\Big(\bigcap_{i=1}^{r}\mathrm{Ker}(\mathscr{A}_i-\mathscr{I})\Big)&=\dim\Big(\bigcap_{i=1}^{r}\langle\delta_i\rangle^{\perp}\Big)=\dim\langle\delta_1,\delta_2,\cdots,\delta_r\rangle^{\perp}\\&=n-\dim\langle\delta_1,\delta_2,\cdots,\delta_r\rangle\geqslant n-r,\end{aligned}$$

从而

$$r\geqslant n-\dim\Big(\bigcap_{i=1}^{r}\mathrm{Ker}(\mathscr{A}_i-\mathscr{I})\Big)\geqslant n-\dim(\mathrm{Ker}(\mathscr{A}-\mathscr{I})).$$

所以,$\mathscr{A}$表示成关于超平面的反射的乘积时,反射个数r的最小数目等于$n-\dim(\mathrm{Ker}(\mathscr{A}-\mathscr{I}))$. □

习 题 9.5

1. 设$\boldsymbol{A}$是三阶正交矩阵,证明: 存在三阶正交矩阵$\boldsymbol{T}$,使得

$$\boldsymbol{T}^{-1}\boldsymbol{A}\boldsymbol{T}=\begin{pmatrix}a&0&0\\0&\cos\theta&-\sin\theta\\0&\sin\theta&\cos\theta\end{pmatrix},\quad 0\leqslant\theta\leqslant\pi.$$

其中当$|\mathbf{A}|=1$时,$a=1$;当$|\mathbf{A}|=-1$时,$a=-1$,

2. 设$\mathscr{A}$是n维欧几里得空间V上的正交变换,证明:$|\mathrm{tr}\mathscr{A}|\leqslant n$.

3. 设α,β是n维欧几里得空间中两个不同的单位向量,证明:存在一个关于超平面的反射$\mathscr{A}$,使得$\mathscr{A}\alpha=\beta$.

4. 设$\alpha_1,\alpha_2,\cdots,\alpha_m$和$\beta_1,\beta_2,\cdots,\beta_m$是$n$维欧几里得空间$V$的两个向量组,证明:存在$V$的一个正交变换$\mathscr{A}$,使得$\mathscr{A}\alpha_i=\beta_i(i=1,2,\cdots,m)$的充要条件是

$$\boldsymbol{G}(\alpha_1,\alpha_2,\cdots,\alpha_m)=\boldsymbol{G}(\beta_1,\beta_2,\cdots,\beta_m).$$

5. 如果几何空间(作为点集)上的一个变换σ保持任意两点的距离不变,那么称σ是一个**正交点变换**.设σ是保持一个点不动的正交点变换,把这个不动点作为原点O,则σ诱导了几何空间V(以原点O为起点的所有定位向量组成的空间)上的一个变换$\tilde{\sigma}$: $\overrightarrow{OP}\longmapsto\overrightarrow{OP'}$,其中$P'$是点$P$在$\sigma$下的像.$\tilde{\sigma}$是$V$上的一个正交变换(理由如下:$\tilde{\sigma}$把零向量$\vec{0}$映成$\vec{0}$;任给两点$P,Q$,它们在$\sigma$下的像分别为$P',Q'$,则$|\overrightarrow{P'Q'}|=|\overrightarrow{PQ}|$),从而

$$d(\overrightarrow{OQ'},\overrightarrow{OP'})=|\overrightarrow{OQ'}-\overrightarrow{OP'}|=|\overrightarrow{P'Q'}|=|\overrightarrow{PQ}|=|\overrightarrow{OQ}-\overrightarrow{OP}|=d(\overrightarrow{OQ},\overrightarrow{OP}).$$

于是,根据9.5.2小节中的例2,$\tilde{\sigma}$是V上的正交变换).证明:

(1) 若$\tilde{\sigma}$是第一类正交变换,则σ是绕过原点O的一条直线的旋转,其中转角θ满足$0\leqslant\theta\leqslant\pi$;

(2) 若$\tilde{\sigma}$是第二类正交变换,则σ是关于过原点O的一个平面的镜面反射,或者是一个镜面反射与一个绕过原点O的一条直线的旋转的乘积,其中转角θ满足$0<\theta\leqslant\pi$.

6. 设$\mathscr{A}$是n维欧几里得空间V上的线性变换,证明:$\mathscr{A}$是关于超平面的反射当且仅当$\mathscr{A}$在V的任一标准正交基下的矩阵形如$\boldsymbol{I}-2\boldsymbol{\delta}\boldsymbol{\delta}^{\mathrm{T}}$,其中$\boldsymbol{\delta}$是$\mathbf{R}^n$(指定标准内积)中的单位向量.

7. 设$\mathscr{A}$是n维欧几里得空间V上的线性变换,证明:如果$\mathscr{A}$可逆并且保持向量的正交性不变,那么$\mathscr{A}=k\mathscr{B}$,其中$\mathscr{B}$是V上的正交变换,$k\in\mathbf{R}$,且$k\neq0$.

§9.6 对称变换,埃尔米特变换

9.6.1 内容精华

一、对称变换,埃尔米特变换

在几何空间V中,设π是过定点O的平面,V在平面π上的正交投影记作$\mathscr{P}$,如图9.1所示.任给$\vec{a},\vec{b}\in V$,则$\mathscr{P}\vec{a},\mathscr{P}\vec{b}\in\pi$,$\vec{a}-\mathscr{P}\vec{a},\vec{b}-\mathscr{P}\vec{b}\in\pi^{\perp}$.于是

$$0=(\vec{a}-\mathscr{P}\vec{a})\cdot\mathscr{P}\vec{b}=\vec{a}\cdot\mathscr{P}\vec{b}-\mathscr{P}\vec{a}\cdot\mathscr{P}\vec{b},$$

$$0=\mathscr{P}\vec{a}\cdot(\vec{b}-\mathscr{P}\vec{b})=\mathscr{P}\vec{a}\cdot\vec{b}-\mathscr{P}\vec{a}\cdot\mathscr{P}\vec{b}.$$

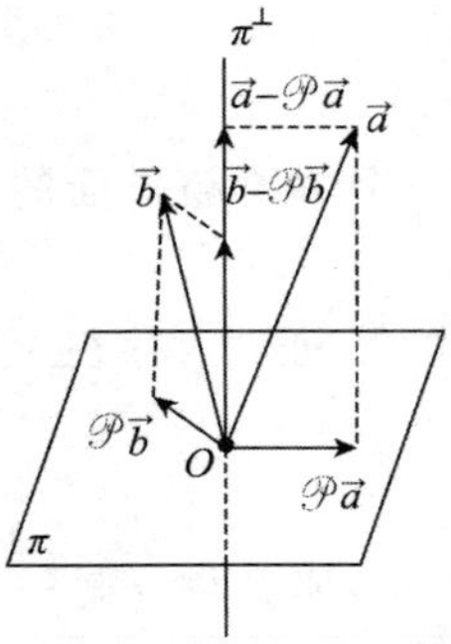

图 9.1

从上两式得 $\vec{a}\cdot\mathscr{P}\vec{b}=\mathscr{P}\vec{a}\cdot\vec{b}$. 由此受到启发,我们引入下述概念:

定义 1 如果实(复)内积空间 V 上的变换 $\mathscr{A}$ 满足

$$(\mathscr{A}\alpha,\beta)=(\alpha,\mathscr{A}\beta),\quad \forall\,\alpha,\beta\in V,\tag{1}$$

那么称 $\mathscr{A}$ 是 V 上的一个**对称变换(埃尔米特变换)**.

从上面的例子看到,几何空间 V 在过定点 O 的平面 π 上的正交投影 $\mathscr{P}$ 是几何空间 V 上的一个对称变换. 我们知道,V 在 π 上的正交投影 $\mathscr{P}$ 是 V 上的线性变换. 于是,我们猜测并且证明下述结论:

命题 1 实(复)内积空间 V 上的对称变换(埃尔米特变换)$\mathscr{A}$ 一定是线性变换.

证明 若 $(\alpha,\gamma)=(\beta,\gamma)$, $\forall\,\gamma\in V$, 则 $(\alpha-\beta,\gamma)=0$, $\forall\,\gamma\in V$. 于是 $\alpha-\beta=0$, 即 $\alpha=\beta$. 根据这个结论,我们来进行推导.

任取 $\alpha,\beta\in V$,对于任意 $\gamma\in V$,由于 $\mathscr{A}$ 是对称变换(埃尔米特变换),因此有

$$\begin{aligned}(\mathscr{A}(\alpha+\beta),\gamma)&=(\alpha+\beta,\mathscr{A}\gamma)=(\alpha,\mathscr{A}\gamma)+(\beta,\mathscr{A}\gamma)\\&=(\mathscr{A}\alpha,\gamma)+(\mathscr{A}\beta,\gamma)=(\mathscr{A}\alpha+\mathscr{A}\beta,\gamma),\end{aligned}$$

从而

$$\mathscr{A}(\alpha+\beta)=\mathscr{A}\alpha+\mathscr{A}\beta.$$

任取 $\alpha\in V$, $k\in\mathbf{R}$(或 $\mathbf{C}$),对于任意 $\gamma\in V$,有

$$(\mathscr{A}(k\alpha),\gamma)=(k\alpha,\mathscr{A}\gamma)=k(\alpha,\mathscr{A}\gamma)=k(\mathscr{A}\alpha,\gamma)=(k(\mathscr{A}\alpha),\gamma),$$

因此

$$\mathscr{A}(k\alpha)=k(\mathscr{A}\alpha).$$

综上所述,$\mathscr{A}$ 是 V 上的一个线性变换. □

定义 2 如果 n 阶复矩阵 $\mathbf{A}$ 满足 $\mathbf{A}^*=\mathbf{A}$,那么称 $\mathbf{A}$ 是一个**埃尔米特矩阵**.

从定义 2 得,$\mathbf{A}$ 是埃尔米特矩阵 $\Longleftrightarrow \mathbf{A}(i;j)=\overline{\mathbf{A}(j;i)}\,(i,j=1,2,\cdots,n)$.

命题 2 n 维复(实)内积空间 V 上的线性变换 $\mathscr{A}$ 是埃尔米特变换(对称变换)当且仅当 $\mathscr{A}$ 在 V 的一个标准正交基下的矩阵 $\mathbf{A}$ 是埃尔米特矩阵(对称矩阵).

证明 任取 V 的一个标准正交基 $\eta_1,\eta_2,\cdots,\eta_n$. 设

$$\mathscr{A}(\eta_1,\eta_2,\cdots,\eta_n)=(\eta_1,\eta_2,\cdots,\eta_n)\mathbf{A},\tag{2}$$

则 $\mathscr{A}\eta_j$ 在基 $\eta_1,\eta_2,\cdots,\eta_n$ 下的坐标的第 i 个分量为 $\mathbf{A}$ 的 (i,j) 元 $a_{ij}\,(i,j=1,2,\cdots,n)$. 由于 $\eta_1,\eta_2,\cdots,\eta_n$ 是 V 的标准正交基,因此 $a_{ij}=(\mathscr{A}\eta_j,\eta_i)\,(i,j=1,2,\cdots,n)$. 于是

$$\begin{aligned}\mathscr{A}\text{ 是 }V\text{ 上的埃尔米特变换(对称变换)}&\Longleftrightarrow(\mathscr{A}\alpha,\beta)=(\alpha,\mathscr{A}\beta),\ \forall\,\alpha,\beta\in V\\&\Longleftrightarrow(\mathscr{A}\eta_j,\eta_i)=(\eta_j,\mathscr{A}\eta_i)\,(i,j=1,2,\cdots,n)\\&\Longleftrightarrow a_{ij}=\overline{(\mathscr{A}\eta_i,\eta_j)}\,(i,j=1,2,\cdots,n)\\&\Longleftrightarrow a_{ij}=\overline{a_{ji}}\,(i,j=1,2,\cdots,n)\\&\Longleftrightarrow\mathbf{A}(i;j)=\overline{\mathbf{A}(j;i)}\,(i,j=1,2,\cdots,n)\\&\Longleftrightarrow\mathbf{A}\text{ 是埃尔米特矩阵(对称矩阵)}.\end{aligned}$$

□

二、对称变换与埃尔米特变换的最简单形式的矩阵表示

我们来探索 n 维实(复)内积空间 V 上的对称变换(埃尔米特变换)的最简单形式的矩阵表示.

命题 3 设 $\mathscr{A}$ 是实(复)内积空间 V 上的对称变换(埃尔米特变换). 如果 V 的子空间 W 是 $\mathscr{A}$ 的不变子空间,那么 $W^{\perp}$ 也是 $\mathscr{A}$ 的不变子空间.

证明 任取 $\beta\in W^{\perp}$. 由于 W 是 $\mathscr{A}$ 的不变子空间,因此对于任意 $\alpha\in W$,有 $\mathscr{A}\alpha\in W$. 于是

$$(\mathscr{A}\beta,\alpha)=(\beta,\mathscr{A}\alpha)=0,$$

从而 $\mathscr{A}\beta\in W^{\perp}$. 因此,$W^{\perp}$ 是 $\mathscr{A}$ 的不变子空间. □

n 维实内积空间 V 上的对称变换 $\mathscr{A}$ 是否有特征值呢? 根据命题 2,$\mathscr{A}$ 在 V 的一个标准正交基下的矩阵 $\boldsymbol{A}$ 是对称矩阵. 因此,我们来探索 n 阶实对称矩阵 $\boldsymbol{A}$ 是否有特征值.

定理 1 n 阶实对称矩阵 $\boldsymbol{A}$ 的特征多项式的复根都是实数,从而它们都是 $\boldsymbol{A}$ 的特征值.

证明 设 λ_0 是 $\boldsymbol{A}$ 的特征多项式 $f(\lambda)$ 的任意一个复根. 把 $\boldsymbol{A}$ 看成复数域上的矩阵,则 λ_0 是 $\boldsymbol{A}$ 的一个特征值,从而存在 $\boldsymbol{\alpha}\in\mathbf{C}^n$,且 $\boldsymbol{\alpha}\neq\mathbf{0}$,使得

$$\boldsymbol{A}\boldsymbol{\alpha}=\lambda_0\boldsymbol{\alpha}. \tag{3}$$

在(3)式两边取共轭复数,由于 $\boldsymbol{A}$ 的元素是实数,因此得

$$\boldsymbol{A}\bar{\boldsymbol{\alpha}}=\bar{\lambda}_0\bar{\boldsymbol{\alpha}}. \tag{4}$$

在(3)式两边取转置,由于 $\boldsymbol{A}$ 是对称矩阵,因此 $\boldsymbol{A}^{\mathrm{T}}=\boldsymbol{A}$,从而得

$$\boldsymbol{\alpha}^{\mathrm{T}}\boldsymbol{A}=\lambda_0\boldsymbol{\alpha}^{\mathrm{T}}. \tag{5}$$

在(4)式两边左乘 $\boldsymbol{\alpha}^{\mathrm{T}}$,在(5)式两边右乘 $\bar{\boldsymbol{\alpha}}$,分别得到

$$\boldsymbol{\alpha}^{\mathrm{T}}\boldsymbol{A}\bar{\boldsymbol{\alpha}}=\bar{\lambda}_0\boldsymbol{\alpha}^{\mathrm{T}}\bar{\boldsymbol{\alpha}},\quad \boldsymbol{\alpha}^{\mathrm{T}}\boldsymbol{A}\bar{\boldsymbol{\alpha}}=\lambda_0\boldsymbol{\alpha}^{\mathrm{T}}\bar{\boldsymbol{\alpha}}. \tag{6}$$

从(6)式的两个等式得到

$$\bar{\lambda}_0\boldsymbol{\alpha}^{\mathrm{T}}\bar{\boldsymbol{\alpha}}=\lambda_0\boldsymbol{\alpha}^{\mathrm{T}}\bar{\boldsymbol{\alpha}}, \tag{7}$$

于是 $(\bar{\lambda}_0-\lambda_0)\boldsymbol{\alpha}^{\mathrm{T}}\bar{\boldsymbol{\alpha}}=0$. 设 $\boldsymbol{\alpha}=(c_1,c_2,\cdots,c_n)^{\mathrm{T}}$,则

$$\boldsymbol{\alpha}^{\mathrm{T}}\bar{\boldsymbol{\alpha}}=c_1\bar{c}_1+c_2\bar{c}_2+\cdots+c_n\bar{c}_n=|c_1|^2+|c_2|^2+\cdots+|c_n|^2. \tag{8}$$

由于 $\boldsymbol{\alpha}\neq\mathbf{0}$,因此 $c_1,c_2,\cdots,c_n$ 不全为 0,从而 $\boldsymbol{\alpha}^{\mathrm{T}}\bar{\boldsymbol{\alpha}}\neq0$. 于是 $\bar{\lambda}_0-\lambda_0=0$,即 $\bar{\lambda}_0=\lambda_0$,从而 λ_0 是实数. □

命题 4 n 阶实对称矩阵 $\boldsymbol{A}$ 的属于不同特征值的特征向量是正交的(对于 $\mathbf{R}^n$ 标准内积).

证明 设 λ_1,λ_2 是 n 阶实对称矩阵 $\boldsymbol{A}$ 的不同的特征值,$\boldsymbol{\alpha}_i(i=1,2)$ 是 $\boldsymbol{A}$ 的属于特征值 λ_i 的一个特征向量. 在 $\mathbf{R}^n$(指定标准内积)中,有

$$\lambda_1(\boldsymbol{\alpha}_1,\boldsymbol{\alpha}_2)=(\lambda_1\boldsymbol{\alpha}_1,\boldsymbol{\alpha}_2)=(\boldsymbol{A}\boldsymbol{\alpha}_1,\boldsymbol{\alpha}_2)=(\boldsymbol{A}\boldsymbol{\alpha}_1)^{\mathrm{T}}\boldsymbol{\alpha}_2=\boldsymbol{\alpha}_1^{\mathrm{T}}\boldsymbol{A}\boldsymbol{\alpha}_2,$$

$$\lambda_2(\boldsymbol{\alpha}_1,\boldsymbol{\alpha}_2)=(\boldsymbol{\alpha}_1,\lambda_2\boldsymbol{\alpha}_2)=(\boldsymbol{\alpha}_1,\boldsymbol{A}\boldsymbol{\alpha}_2)=\boldsymbol{\alpha}_1^{\mathrm{T}}\boldsymbol{A}\boldsymbol{\alpha}_2.$$

由上两式得出$\lambda_1(\boldsymbol{\alpha}_1,\boldsymbol{\alpha}_2)=\lambda_2(\boldsymbol{\alpha}_1,\boldsymbol{\alpha}_2)$，于是$(\lambda_1-\lambda_2)(\boldsymbol{\alpha}_1,\boldsymbol{\alpha}_2)=0$. 由于$\lambda_1\neq\lambda_2$，因此$(\boldsymbol{\alpha}_1,\boldsymbol{\alpha}_2)=0$，从而$\boldsymbol{\alpha}_1$与$\boldsymbol{\alpha}_2$正交. □

命题 5 如果酉空间V上的埃尔米特变换$\mathscr{A}$有特征值，那么它的特征值是实数.

证明 设λ_0是$\mathscr{A}$的特征值，α是$\mathscr{A}$的属于λ_0的一个特征向量，则

$$(\mathscr{A}\alpha,\alpha)=(\lambda_0\alpha,\alpha)=\lambda_0(\alpha,\alpha)=\lambda_0|\alpha|^2,$$
$$(\alpha,\mathscr{A}\alpha)=(\alpha,\lambda_0\alpha)=\bar{\lambda}_0(\alpha,\alpha)=\bar{\lambda}_0|\alpha|^2.$$

由于$\mathscr{A}$是埃尔米特变换，因此$(\mathscr{A}\alpha,\alpha)=(\alpha,\mathscr{A}\alpha)$，从而由上面两个式子得到$\lambda_0|\alpha|^2=\bar{\lambda}_0|\alpha|^2$. 于是$(\lambda_0-\bar{\lambda}_0)|\alpha|^2=0$. 由于$\alpha\neq 0$，因此$|\alpha|\neq 0$，从而$\lambda_0-\bar{\lambda}_0=0$. 所以$\lambda_0=\bar{\lambda}_0$，从而$\lambda_0$是实数. □

现在我们可以回答n维实(复)内积空间V上的对称变换(埃尔米特变换)的最简单形式矩阵表示是什么样子的.

定理 2 设$\mathscr{A}$是n维复(实)内积空间V上的埃尔米特变换(对称变换)，则V中存在一个标准正交基，使得$\mathscr{A}$在此基下的矩阵为实对角矩阵.

证明 对复(实)内积空间V的维数n做数学归纳法.

当$n=1$时，$V=\langle\eta\rangle$，其中η是单位向量，则η是V的一个标准正交基. 设$\mathscr{A}$是V上的一个埃尔米特变换(对称变换)，则存在$k\in\mathbf{C}(\mathbf{R})$，使得$\mathscr{A}\eta=k\eta$. 于是，$k$是$\mathscr{A}$的一个特征值. 根据命题5和定理1，$k$是实数，从而$\mathscr{A}$在基$\eta$下的矩阵为实对角矩阵$(k)$. 所以，当$n=1$时，此定理成立.

假设对于$n-1$维复(实)内积空间V，此定理成立. 现在来看n维复(实)内积空间V上的埃尔米特变换(对称变换)$\mathscr{A}$. 对于复内积空间，$\mathscr{A}$的特征多项式有复根，从而$\mathscr{A}$有特征值，根据命题5，$\mathscr{A}$的特征值是实数. 对于实内积空间，根据定理1，$\mathscr{A}$必有特征值. 取$\mathscr{A}$的一个特征值λ_1. 设η_1是$\mathscr{A}$的属于λ_1的一个单位特征向量，则$V=\langle\eta_1\rangle\oplus\langle\eta_1\rangle^{\perp}$. 由于$\langle\eta_1\rangle$是$\mathscr{A}$的不变子空间，因此$\langle\eta_1\rangle^{\perp}$也是$\mathscr{A}$的不变子空间，从而$\mathscr{A}|\langle\eta_1\rangle^{\perp}$是$\langle\eta_1\rangle^{\perp}$上的埃尔米特变换(对称变换). 由于$\dim\langle\eta_1\rangle^{\perp}=n-1$，因此根据归纳假设，$\langle\eta_1\rangle^{\perp}$中存在一个标准正交基$\eta_2,\cdots,\eta_n$，使得$\mathscr{A}|\langle\eta_1\rangle^{\perp}$在此基下的矩阵是实对角矩阵$\operatorname{diag}\{\lambda_2,\cdots,\lambda_n\}$. 于是，$\mathscr{A}$在$V$的标准正交基$\eta_1,\eta_2,\cdots,\eta_n$下的矩阵为实对角矩阵$\operatorname{diag}\{\lambda_1,\lambda_2,\cdots,\lambda_n\}$，且$\lambda_i(i=1,2,\cdots,n)$是实数.

根据数学归纳法原理，对于一切正整数n，此定理成立. □

推论 1 设$\boldsymbol{A}$是n阶实对称矩阵(埃尔米特矩阵)，则存在一个n阶正交矩阵(酉矩阵)$\boldsymbol{T}$，使得$\boldsymbol{T}^{-1}\boldsymbol{A}\boldsymbol{T}$为实对角矩阵. 此时称$\boldsymbol{A}$**正交相似(酉相似)**于一个实对角矩阵.

证明 设V是n维实(复)内积空间. 取V的一个标准正交基$\alpha_1,\alpha_2,\cdots,\alpha_n$，则存在$V$上唯一的线性变换$\mathscr{A}$，使得$\mathscr{A}$在此基下的矩阵为$\boldsymbol{A}$. 由于$\boldsymbol{A}$是对称矩阵(埃尔米特矩阵)，因此$\mathscr{A}$是$V$上的对称变换(埃尔米特变换). 根据定理2，$V$中存在一个标准正交基$\eta_1,\eta_2,\cdots,\eta_n$，使得$\mathscr{A}$在此基下的矩阵$\boldsymbol{D}$是实对角矩阵. 设

$$(\eta_1,\eta_2,\cdots,\eta_n)=(\alpha_1,\alpha_2,\cdots,\alpha_n)\boldsymbol{T},$$

则 $\boldsymbol{T}$ 是正交矩阵(酉矩阵),且 $\boldsymbol{T}^{-1}\boldsymbol{A}\boldsymbol{T}=\boldsymbol{D}$. 于是,$\boldsymbol{A}$ 正交相似(酉相似)于一个实对角矩阵 $\boldsymbol{D}$. □

设 $\boldsymbol{A}$ 是 n 阶实对称矩阵,求 n 阶正交矩阵 $\boldsymbol{T}$,使得 $\boldsymbol{T}^{-1}\boldsymbol{A}\boldsymbol{T}$ 为对角矩阵的方法如下:

第一步,计算 $|\lambda\boldsymbol{I}-\boldsymbol{A}|$,求出它的全部不同的根 $\lambda_1,\lambda_2,\cdots,\lambda_m$,它们是 $\boldsymbol{A}$ 的全部不同的特征值.

第二步,对于 $\boldsymbol{A}$ 的每个特征值 λ_j,求 $(\lambda_j\boldsymbol{I}-\boldsymbol{A})\boldsymbol{x}=\boldsymbol{0}$ 的一个基础解系 $\boldsymbol{\alpha}_{j1},\boldsymbol{\alpha}_{j2},\cdots,\boldsymbol{\alpha}_{jr_j}$,然后对它们做施密特正交化和单位化,得到 $\boldsymbol{\eta}_{j1},\boldsymbol{\eta}_{j2},\cdots,\boldsymbol{\eta}_{jr_j}$,它们也是 $\boldsymbol{A}$ 的属于特征值 λ_j 的特征向量,且它们构成正交单位向量组.

第三步,令 $\boldsymbol{T}=(\boldsymbol{\eta}_{11},\cdots,\boldsymbol{\eta}_{1r_1},\cdots,\boldsymbol{\eta}_{m1},\cdots,\boldsymbol{\eta}_{mr_m})$. 由于实对称矩阵 $\boldsymbol{A}$ 的属于不同特征值的特征向量是正交的,因此 $\boldsymbol{T}$ 的列向量组是 $\mathbf{R}^n$ 中的正交单位向量组. 于是,根据 §9.2 中的命题 6,$\boldsymbol{T}$ 是正交矩阵. 由于 $\boldsymbol{T}$ 的每个列向量都是 $\boldsymbol{A}$ 的特征向量,因此 $\boldsymbol{T}^{-1}\boldsymbol{A}\boldsymbol{T}$ 是对角矩阵:

$$\boldsymbol{T}^{-1}\boldsymbol{A}\boldsymbol{T}=\operatorname{diag}\{\underbrace{\lambda_1,\cdots,\lambda_1}_{r_1\text{个}},\cdots,\underbrace{\lambda_m,\cdots,\lambda_m}_{r_m\text{个}}\}. \tag{9}$$

三、用正交替换把实二次型化成标准形

对于 n 元实二次型 $\boldsymbol{x}^{\mathrm{T}}\boldsymbol{A}\boldsymbol{x}$,还有一种方法把它变成只含平方项的二次型,即求出 $\boldsymbol{x}^{\mathrm{T}}\boldsymbol{A}\boldsymbol{x}$ 的一个标准形. 这是从推论 1 得到的启示.

命题 6 n 阶实对称矩阵 $\boldsymbol{A}$ 有一个合同标准形为

$$\operatorname{diag}\{\lambda_1,\lambda_2,\cdots,\lambda_n\},$$

其中 $\lambda_1,\lambda_2,\cdots,\lambda_n$ 是 $\boldsymbol{A}$ 的全部特征值.

证明 根据推论 1,存在一个 n 阶正交矩阵 $\boldsymbol{T}$,使得 $\boldsymbol{T}^{-1}\boldsymbol{A}\boldsymbol{T}$ 为对角矩阵 $\boldsymbol{D}$. 根据上述求正交矩阵 $\boldsymbol{T}$,使得 $\boldsymbol{T}^{-1}\boldsymbol{A}\boldsymbol{T}$ 为对角矩阵 $\boldsymbol{D}$ 的方法,$\boldsymbol{D}$ 的主对角元是 $\boldsymbol{A}$ 的全部特征值 $\lambda_1,\lambda_2,\cdots,\lambda_n$,于是

$$\boldsymbol{T}^{\mathrm{T}}\boldsymbol{A}\boldsymbol{T}=\boldsymbol{T}^{-1}\boldsymbol{A}\boldsymbol{T}=\boldsymbol{D}=\operatorname{diag}\{\lambda_1,\lambda_2,\cdots,\lambda_n\}. \tag{10}$$

因此,$\boldsymbol{A}$ 有一个合同标准形 $\operatorname{diag}\{\lambda_1,\lambda_2,\cdots,\lambda_n\}$. □

推论 2 n 元实二次型 $\boldsymbol{x}^{\mathrm{T}}\boldsymbol{A}\boldsymbol{x}$ 有一个标准形为

$$\lambda_1y_1^2+\lambda_2y_2^2+\cdots+\lambda_ny_n^2, \tag{11}$$

其中 $\lambda_1,\lambda_2,\cdots,\lambda_n$ 是 $\boldsymbol{A}$ 的全部特征值.

证明 根据命题 6,n 阶实对称矩阵 $\boldsymbol{A}$ 合同于对角矩阵 $\operatorname{diag}\{\lambda_1,\lambda_2,\cdots,\lambda_n\}$,其中 $\lambda_1,\lambda_2,\cdots,\lambda_n$ 是 $\boldsymbol{A}$ 的全部特征值. 于是,根据 §8.3 中的命题 2,得

$$\boldsymbol{x}^{\mathrm{T}}\boldsymbol{A}\boldsymbol{x}\cong\lambda_1y_1^2+\lambda_2y_2^2+\cdots+\lambda_ny_n^2.$$ □

根据推论 2,对于 n 元实二次型 $\boldsymbol{x}^{\mathrm{T}}\boldsymbol{A}\boldsymbol{x}$,可以先对它的矩阵 $\boldsymbol{A}$ 求出一个正交矩阵 $\boldsymbol{T}$,使得

$\boldsymbol{T}^{-1}\boldsymbol{A}\boldsymbol{T}=\mathrm{diag}\{\lambda_1,\lambda_2,\cdots,\lambda_n\}$，其中 $\lambda_1,\lambda_2,\cdots,\lambda_n$ 是 $\boldsymbol{A}$ 的全部特征值；然后令 $\boldsymbol{x}=\boldsymbol{T}\boldsymbol{y}$（这称为**正交替换**），便得到 $\boldsymbol{x}^{\mathrm{T}}\boldsymbol{A}\boldsymbol{x}$ 的一个标准形

$$\lambda_1 y_1^2+\lambda_2 y_2^2+\cdots+\lambda_n y_n^2. \tag{12}$$

用正交替换把实二次型化成标准形，这个方法在用直角坐标变换把平面上的二次曲线或空间中的二次曲面的方程化简，从而辨认出这是什么样子的二次曲线或二次曲面中有用.

推论 3 n 阶实对称矩阵 $\boldsymbol{A}$ 是正定的当且仅当 $\boldsymbol{A}$ 的特征值全大于 0.

证明 根据命题 6，n 阶实对称矩阵 $\boldsymbol{A}$ 有一个合同标准形 $\mathrm{diag}\{\lambda_1,\lambda_2,\cdots,\lambda_n\}$，其中 $\lambda_1,\lambda_2,\cdots,\lambda_n$ 是 $\boldsymbol{A}$ 的全部特征值. 于是，根据 §8.5 中的定理 2，得

n 阶实对称矩阵 $\boldsymbol{A}$ 是正定的 $\Longleftrightarrow$ $\boldsymbol{A}$ 的合同标准形中 n 个主对角元全大于 0

$\Longleftrightarrow$ $\boldsymbol{A}$ 的特征值 $\lambda_1,\lambda_2,\cdots,\lambda_n$ 全大于 0. □

推论 4 n 阶实对称矩阵 $\boldsymbol{A}$ 是半正定的当且仅当 $\boldsymbol{A}$ 的特征值全非负.

证明 根据命题 6 和 §8.5 中的定理 6，得

n 阶实对称矩阵 $\boldsymbol{A}$ 是半正定的 $\Longleftrightarrow$ $\boldsymbol{A}$ 的合同标准形中 n 个主对角元全非负

$\Longleftrightarrow$ $\boldsymbol{A}$ 的特征值 $\lambda_1,\lambda_2,\cdots,\lambda_n$ 全非负. □

推论 3 和推论 4 表明，对于 n 阶实对称矩阵 $\boldsymbol{A}$，主对角元为 $\boldsymbol{A}$ 的全部特征值的合同标准形，可以用来判定 $\boldsymbol{A}$ 是否正定、半正定.

9.6.2 典型例题

例 1 设矩阵

$$\boldsymbol{A}=\begin{pmatrix}4&-1&-1&1\\-1&4&1&-1\\-1&1&4&-1\\1&-1&-1&4\end{pmatrix},$$

求正交矩阵 $\boldsymbol{T}$，使得 $\boldsymbol{T}^{-1}\boldsymbol{A}\boldsymbol{T}$ 为对角矩阵，并且写出这个对角矩阵.

解 由于 $|\lambda\boldsymbol{I}-\boldsymbol{A}|=(\lambda-3)^3(\lambda-7)$，因此 $\boldsymbol{A}$ 的全部特征值是 3(3 重)，7.

对于特征值 3，求出 $(3\boldsymbol{I}-\boldsymbol{A})\boldsymbol{x}=\boldsymbol{0}$ 的一个基础解系：

$$\boldsymbol{\alpha}_1=(1,1,0,0)^{\mathrm{T}},\quad \boldsymbol{\alpha}_2=(1,0,1,0)^{\mathrm{T}},\quad \boldsymbol{\alpha}_3=(1,0,0,-1)^{\mathrm{T}}.$$

将 $\boldsymbol{\alpha}_1,\boldsymbol{\alpha}_2,\boldsymbol{\alpha}_3$ 进行施密特正交化，得

$$\boldsymbol{\beta}_1=\boldsymbol{\alpha}_1,\quad \boldsymbol{\beta}_2=\left(\frac{1}{2},-\frac{1}{2},1,0\right)^{\mathrm{T}},\quad \boldsymbol{\beta}_3=\left(\frac{1}{3},-\frac{1}{3},-\frac{1}{3},-1\right)^{\mathrm{T}}.$$

把 $\boldsymbol{\beta}_1,\boldsymbol{\beta}_2,\boldsymbol{\beta}_3$ 单位化，得

$$\boldsymbol{\eta}_1=\left(\frac{\sqrt{2}}{2},\frac{\sqrt{2}}{2},0,0\right)^{\mathrm{T}},\quad \boldsymbol{\eta}_2=\left(\frac{\sqrt{6}}{6},-\frac{\sqrt{6}}{6},\frac{\sqrt{6}}{3},0\right)^{\mathrm{T}},\quad \boldsymbol{\eta}_3=\left(\frac{\sqrt{3}}{6},-\frac{\sqrt{3}}{6},-\frac{\sqrt{3}}{6},-\frac{\sqrt{3}}{2}\right)^{\mathrm{T}}.$$

对于特征值 7，求出$(7\boldsymbol{I}-\boldsymbol{A})\boldsymbol{x}=\boldsymbol{0}$ 的一个基础解系：

$$\boldsymbol{\alpha}_4=(1,-1,-1,1)^{\mathrm{T}}.$$

把 $\boldsymbol{\alpha}_4$ 单位化，得 $\eta_4=\left(\frac{1}{2},-\frac{1}{2},-\frac{1}{2},\frac{1}{2}\right)^{\mathrm{T}}$.

令 $\boldsymbol{T}=(\boldsymbol{\eta}_1,\boldsymbol{\eta}_2,\boldsymbol{\eta}_3,\boldsymbol{\eta}_4)$，则 $\boldsymbol{T}$ 是正交矩阵，且

$$\boldsymbol{T}^{-1}\boldsymbol{A}\boldsymbol{T}=\operatorname{diag}\{3,3,3,7\}.$$

例 2 设在平面直角坐标系 Oxy 中二次曲线 S 的方程为

$$5x^2+4xy+2y^2-24x-12y+18=0, \tag{13}$$

做直角坐标变换，把 S 的方程化成标准方程，并且指出 S 是什么二次曲线.

解 方程(13)左端的二次项部分为

$$(x,y)\begin{pmatrix}5&2\\2&2\end{pmatrix}\begin{pmatrix}x\\y\end{pmatrix}. \tag{14}$$

把(14)式中的二阶对称矩阵记作 $\boldsymbol{A}$. 由于

$$|\lambda\boldsymbol{I}-\boldsymbol{A}|=(\lambda-6)(\lambda-1),$$

因此 $\boldsymbol{A}$ 的全部特征值是 6,1.

对于特征值 6，求出$(6\boldsymbol{I}-\boldsymbol{A})\boldsymbol{x}=\boldsymbol{0}$ 的一个基础解系：$\boldsymbol{\alpha}_1=(2,1)^{\mathrm{T}}$. 单位化，得

$$\boldsymbol{\eta}_1=\left(\frac{2\sqrt{5}}{5},\frac{\sqrt{5}}{5}\right)^{\mathrm{T}}.$$

对于特征值 1，求出$(\boldsymbol{I}-\boldsymbol{A})\boldsymbol{x}=\boldsymbol{0}$ 的一个基础解系：$\boldsymbol{\alpha}_2=(-1,2)^{\mathrm{T}}$. 单位化，得

$$\boldsymbol{\eta}_2=\left(-\frac{\sqrt{5}}{5},\frac{2\sqrt{5}}{5}\right)^{\mathrm{T}}.$$

令

$$\boldsymbol{T}=(\boldsymbol{\eta}_1,\boldsymbol{\eta}_2)=\begin{pmatrix}2\sqrt{5}/5&-\sqrt{5}/5\\\sqrt{5}/5&2\sqrt{5}/5\end{pmatrix}, \tag{15}$$

则 $\boldsymbol{T}$ 是正交矩阵，且$|\boldsymbol{T}|=1$. 于是 $\boldsymbol{T}^{-1}\boldsymbol{A}\boldsymbol{T}=\operatorname{diag}\{6,1\}$.

做直角坐标变换

$$\begin{pmatrix}x\\y\end{pmatrix}=\boldsymbol{T}\begin{pmatrix}x^*\\y^*\end{pmatrix}. \tag{16}$$

在新直角坐标系 Ox^*y^* 中，S 的方程为

$$(x^*,y^*)\boldsymbol{T}^{\mathrm{T}}\boldsymbol{A}\boldsymbol{T}\begin{pmatrix}x^*\\y^*\end{pmatrix}+(-24,-12)\boldsymbol{T}\begin{pmatrix}x^*\\y^*\end{pmatrix}+18=0,$$

即

$$6x^{*2}+y^{*2}-12\sqrt{5}x^*+18=0. \tag{17}$$

把(17)式左端对 x^* 配方,得

$$6(x^*-\sqrt{5})^2+y^{*^2}-12=0. \tag{18}$$

做移轴

$$\begin{pmatrix}x^*\\y^*\end{pmatrix}=\begin{pmatrix}\tilde{x}\\\tilde{y}\end{pmatrix}+\begin{pmatrix}\sqrt{5}\\0\end{pmatrix}, \tag{19}$$

则 S 在第三个直角坐标系 $\tilde{O}\tilde{x}\tilde{y}$ 中的方程为

$$6\tilde{x}^2+\tilde{y}^2-12=0. \tag{20}$$

由此可见,S 是椭圆,它的长轴在 $\tilde{y}$ 轴上,长半轴长 $2\sqrt{3}$,短半轴长 $\sqrt{2}$.

总的直角坐标变换公式为

$$\begin{pmatrix}x\\y\end{pmatrix}=\begin{pmatrix}\frac{2\sqrt{5}}{5} & -\frac{\sqrt{5}}{5}\\ \frac{\sqrt{5}}{5} & \frac{2\sqrt{5}}{5}\end{pmatrix}\begin{pmatrix}\tilde{x}+\sqrt{5}\\\tilde{y}\end{pmatrix}=\begin{pmatrix}\frac{2\sqrt{5}}{5}\tilde{x}-\frac{\sqrt{5}}{5}\tilde{y}+2\\ \frac{\sqrt{5}}{5}\tilde{x}+\frac{2\sqrt{5}}{5}\tilde{y}+1\end{pmatrix},$$

因此点 $\tilde{O}$ 在直角坐标系 Oxy 中的坐标为 $(2,1)^{\mathrm{T}}$,点 $\tilde{O}$ 是椭圆 S 的中心.

椭圆的长轴方向是 $\tilde{y}$ 轴的方向,也就是 y^* 轴的方向.用 $\vec{e}_1^{\,*},\vec{e}_2^{\,*}$ 分别表示 x^* 轴的正向、y^* 轴的正向;用 $\vec{e}_1,\vec{e}_2$ 分别表示 x 轴的正向、y 轴的正向.从坐标变换公式(16)知道,基变换的公式为

$$(\vec{e}_1^{\,*},\vec{e}_2^{\,*})=(\vec{e}_1,\vec{e}_2)\boldsymbol{T}=(\vec{e}_1,\vec{e}_2)(\boldsymbol{\eta}_1,\boldsymbol{\eta}_2).$$

因此,$\vec{e}_1^{\,*},\vec{e}_2^{\,*}$ 在基 $\vec{e}_1,\vec{e}_2$ 中的坐标分别为 $\boldsymbol{\eta}_1,\boldsymbol{\eta}_2$,从而 $\boldsymbol{\eta}_2$ 给出了 y^* 轴的正向,即 y^* 轴的正向为 $\left(-\frac{\sqrt{5}}{5},\frac{2\sqrt{5}}{5}\right)^{\mathrm{T}}$,也就是 $(-1,2)^{\mathrm{T}}$.

例 3 设二次曲面 S 在空间直角坐标系 $Oxyz$ 中的方程为

$$x^2+4y^2+z^2-4xy-8xz-4yz+2x+y+2z-\frac{25}{16}=0, \tag{21}$$

做直角坐标变换,把 S 的方程化成标准方程,并且指出 S 是什么二次曲面.

解 方程(21)左端的二次项部分为

$$(x,y,z)\begin{pmatrix}1 & -2 & -4\\-2 & 4 & -2\\-4 & -2 & 1\end{pmatrix}\begin{pmatrix}x\\y\\z\end{pmatrix}. \tag{22}$$

把(22)式中的三阶对称矩阵记作 $\boldsymbol{A}$.由于

$$|\lambda\boldsymbol{I}-\boldsymbol{A}|=(\lambda-5)^2(\lambda+4),$$

因此 $\boldsymbol{A}$ 的全部特征值是 5(2 重),-4.

对于特征值 5,求出 $(5\boldsymbol{I}-\boldsymbol{A})\boldsymbol{x}=\boldsymbol{0}$ 的一个基础解系:

$$\boldsymbol{\alpha}_1=(1,-2,0)^{\mathrm{T}},\quad \boldsymbol{\alpha}_2=(1,0,-1)^{\mathrm{T}}.$$

对 $\boldsymbol{\alpha}_1,\boldsymbol{\alpha}_2$ 进行施密特正交化,得

$$\boldsymbol{\beta}_1=\boldsymbol{\alpha}_1,\quad \boldsymbol{\beta}_2=\left(\frac{4}{5},\frac{2}{5},-1\right)^{\mathrm{T}}.$$

把 $\boldsymbol{\beta}_1,\boldsymbol{\beta}_2$ 单位化,得

$$\boldsymbol{\eta}_1=\left(\frac{\sqrt{5}}{5},-\frac{2\sqrt{5}}{5},0\right)^{\mathrm{T}},\quad \boldsymbol{\eta}_2=\left(\frac{4\sqrt{5}}{15},\frac{2\sqrt{5}}{15},-\frac{\sqrt{5}}{3}\right)^{\mathrm{T}}.$$

对于特征值-4,求出$(-4I-A)\boldsymbol{x}=\mathbf{0}$ 的一个基础解系:

$$\boldsymbol{\alpha}_3=(2,1,2)^{\mathrm{T}}.$$

单位化,得

$$\boldsymbol{\eta}_3=\left(\frac{2}{3},\frac{1}{3},\frac{2}{3}\right)^{\mathrm{T}}.$$

令

$$\boldsymbol{T}=(\boldsymbol{\eta}_1,\boldsymbol{\eta}_2,\boldsymbol{\eta}_3)\begin{pmatrix}\frac{\sqrt{5}}{5} & \frac{4\sqrt{5}}{15} & \frac{2}{3}\\ -\frac{2\sqrt{5}}{5} & \frac{2\sqrt{5}}{15} & \frac{1}{3}\\ 0 & -\frac{\sqrt{5}}{3} & \frac{2}{3}\end{pmatrix}, \tag{23}$$

则 $\boldsymbol{T}$ 是正交矩阵,且 $\boldsymbol{T}^{-1}\boldsymbol{A}\boldsymbol{T}=\mathrm{diag}\{5,5,-4\}$. 做直角坐标变换

$$\begin{pmatrix}x\\y\\z\end{pmatrix}=\boldsymbol{T}\begin{pmatrix}x^*\\y^*\\z^*\end{pmatrix}, \tag{24}$$

则 S 在新直角坐标系 $Ox^*y^*z^*$ 中的方程的二次项部分为

$$(x^*,y^*,z^*)(\boldsymbol{T}^{\mathrm{T}}\boldsymbol{A}\boldsymbol{T})\begin{pmatrix}x^*\\y^*\\z^*\end{pmatrix}=5x^{*2}+5y^{*2}-4z^{*2}, \tag{25}$$

一次项部分为

$$(2,1,2)\boldsymbol{T}\begin{pmatrix}x^*\\y^*\\z^*\end{pmatrix}=(0,0,3)\begin{pmatrix}x^*\\y^*\\z^*\end{pmatrix}=3z^*. \tag{26}$$

于是,S 在直角坐标系 $Ox^*y^*z^*$ 中的方程为

$$5x^{*2}+5y^{*2}-4z^{*2}+3z^*-\frac{25}{16}=0. \tag{27}$$

把(27)式左端对 z^* 配方，得

$$5x^{*^2}+5y^{*^2}-4\left(z^*-\frac{3}{8}\right)^2-1=0. \tag{28}$$

做移轴

$$\begin{cases}x^*=\tilde{x},\\ y^*=\tilde{y},\\ z^*=\tilde{z}+\dfrac{3}{8},\end{cases} \tag{29}$$

则 S 在第三个直角坐标系 $\widetilde{O}\tilde{x}\tilde{y}\tilde{z}$ 中的方程为

$$5\tilde{x}^2+5\tilde{y}^2-4\tilde{z}^2=1. \tag{30}$$

总的直角坐标变换公式为

$$\begin{pmatrix}x\\y\\z\end{pmatrix}=\boldsymbol{T}\begin{pmatrix}\tilde{x}\\\tilde{y}\\\tilde{z}\end{pmatrix}+\begin{pmatrix}1/4\\1/8\\1/4\end{pmatrix}. \tag{31}$$

从方程(30)看出，S 是单叶双曲面[可参看《解析几何》(丘维声编著，北京大学出版社)第三章§3.5].

例 4 用 $\boldsymbol{J}$ 表示元素全为 1 的 n 阶实矩阵，其中 $n>1$. 令 $\boldsymbol{A}=\boldsymbol{J}-\boldsymbol{I}$，求 $\boldsymbol{A}$ 的一个合同标准形，不用求出所使用的可逆矩阵或正交矩阵.

解 由于 $\boldsymbol{A}^{\mathrm{T}}=(\boldsymbol{J}-\boldsymbol{I})^{\mathrm{T}}=\boldsymbol{J}^{\mathrm{T}}-\boldsymbol{I}^{\mathrm{T}}=\boldsymbol{J}-\boldsymbol{I}=\boldsymbol{A}$，因此 $\boldsymbol{A}$ 是 n 阶实对称矩阵. 7.6.2 小节中的例 6 已求出 $\boldsymbol{J}$ 的全部特征值是 $n,0(n-1$ 重)，从而根据 7.6.2 小节中的例 7，$\boldsymbol{A}=\boldsymbol{J}-\boldsymbol{I}$ 的全部特征值是 $n-1,-1(n-1$ 重)，因此根据命题 6，$\boldsymbol{A}$ 有一个合同标准形

$$\mathrm{diag}\{n-1,-1,\cdots,-1\}.$$

例 5 证明：如果 n 阶实矩阵 $\boldsymbol{A}$ 正交相似于一个对角矩阵 $\boldsymbol{D}$，那么 $\boldsymbol{A}$ 一定是对称矩阵.

证明 由于 $\boldsymbol{A}$ 正交相似于对角矩阵 $\boldsymbol{D}$，因此存在一个正交矩阵 $\boldsymbol{T}$，使得 $\boldsymbol{T}^{-1}\boldsymbol{A}\boldsymbol{T}=\boldsymbol{D}$，从而 $\boldsymbol{A}=\boldsymbol{T}\boldsymbol{D}\boldsymbol{T}^{-1}=\boldsymbol{T}\boldsymbol{D}\boldsymbol{T}^{\mathrm{T}}$. 于是

$$\boldsymbol{A}^{\mathrm{T}}=(\boldsymbol{T}\boldsymbol{D}\boldsymbol{T}^{\mathrm{T}})^{\mathrm{T}}=\boldsymbol{T}\boldsymbol{D}^{\mathrm{T}}\boldsymbol{T}^{\mathrm{T}}=\boldsymbol{T}\boldsymbol{D}\boldsymbol{T}^{\mathrm{T}}=\boldsymbol{A}.$$

因此，$\boldsymbol{A}$ 是对称矩阵. □

例 6 设 $\boldsymbol{A},\boldsymbol{B}$ 都是 n 阶实对称矩阵，证明：如果 $\boldsymbol{A}$ 与 $\boldsymbol{B}$ 可交换，那么存在一个 n 阶正交矩阵 $\boldsymbol{T}$，使得 $\boldsymbol{T}^{\mathrm{T}}\boldsymbol{A}\boldsymbol{T}$ 与 $\boldsymbol{T}^{\mathrm{T}}\boldsymbol{B}\boldsymbol{T}$ 都是对角矩阵.

证明 由于 $\boldsymbol{A}$ 是 n 阶实对称矩阵，因此存在一个 n 阶正交矩阵 $\boldsymbol{T}_1$，使得

$$\boldsymbol{T}_1^{-1}\boldsymbol{A}\boldsymbol{T}_1=\mathrm{diag}\{\lambda_1\boldsymbol{I}_{r_1},\lambda_2\boldsymbol{I}_{r_2},\cdots,\lambda_m\boldsymbol{I}_{r_m}\},$$

其中 $\lambda_1,\lambda_2,\cdots,\lambda_m$ 是 $\boldsymbol{A}$ 的全部不同的特征值. 由于 $\boldsymbol{A}\boldsymbol{B}=\boldsymbol{B}\boldsymbol{A}$，因此

$$(\boldsymbol{T}_1^{-1}\boldsymbol{A}\boldsymbol{T}_1)(\boldsymbol{T}_1^{-1}\boldsymbol{B}\boldsymbol{T}_1)=\boldsymbol{T}_1^{-1}\boldsymbol{A}\boldsymbol{B}\boldsymbol{T}_1=\boldsymbol{T}_1^{-1}\boldsymbol{B}\boldsymbol{A}\boldsymbol{T}_1=(\boldsymbol{T}_1^{-1}\boldsymbol{B}\boldsymbol{T}_1)(\boldsymbol{T}_1^{-1}\boldsymbol{A}\boldsymbol{T}_1).$$

根据习题 4.5 中的第 13 题,得 $\boldsymbol{T}_1^{-1}\boldsymbol{B}\boldsymbol{T}_1=\mathrm{diag}\{\boldsymbol{B}_1,\boldsymbol{B}_2,\cdots,\boldsymbol{B}_m\}$,其中 $\boldsymbol{B}_i(i=1,2,\cdots,m)$ 是 r_i 阶实矩阵. 由于 $\boldsymbol{T}_1^{-1}\boldsymbol{B}\boldsymbol{T}_1$ 是对称矩阵,因此 $\boldsymbol{B}_i(i=1,2,\cdots,m)$ 是对称矩阵,从而存在 r_i 阶正交矩阵 $\widetilde{\boldsymbol{T}}_i(i=1,2,\cdots,m)$,使得 $\widetilde{\boldsymbol{T}}_i^{-1}\boldsymbol{B}_i\widetilde{\boldsymbol{T}}_i$ 为对角矩阵. 令 $\boldsymbol{T}_2=\mathrm{diag}\{\widetilde{\boldsymbol{T}}_1,\widetilde{\boldsymbol{T}}_2,\cdots,\widetilde{\boldsymbol{T}}_m\}$,$\boldsymbol{T}=\boldsymbol{T}_1\boldsymbol{T}_2$,则 $\boldsymbol{T}_2$,$\boldsymbol{T}$ 都是正交矩阵,且

$$\begin{aligned}\boldsymbol{T}^{\mathrm{T}}\boldsymbol{B}\boldsymbol{T}&=\boldsymbol{T}^{-1}\boldsymbol{B}\boldsymbol{T}=\boldsymbol{T}_2^{-1}\boldsymbol{T}_1^{-1}\boldsymbol{B}\boldsymbol{T}_1\boldsymbol{T}_2=\boldsymbol{T}_2^{-1}\mathrm{diag}\{\boldsymbol{B}_1,\boldsymbol{B}_2,\cdots,\boldsymbol{B}_m\}\boldsymbol{T}_2\\&=\mathrm{diag}\{\widetilde{\boldsymbol{T}}_1^{-1}\boldsymbol{B}_1\widetilde{\boldsymbol{T}}_1,\widetilde{\boldsymbol{T}}_2^{-1}\boldsymbol{B}_2\widetilde{\boldsymbol{T}}_2,\cdots,\widetilde{\boldsymbol{T}}_m^{-1}\boldsymbol{B}_m\widetilde{\boldsymbol{T}}_m\},\\\boldsymbol{T}^{\mathrm{T}}\boldsymbol{A}\boldsymbol{T}&=\boldsymbol{T}^{-1}\boldsymbol{A}\boldsymbol{T}=\boldsymbol{T}_2^{-1}\boldsymbol{T}_1^{-1}\boldsymbol{A}\boldsymbol{T}_1\boldsymbol{T}_2=\boldsymbol{T}_2^{-1}\mathrm{diag}\{\lambda_1\boldsymbol{I}_{r_1},\lambda_2\boldsymbol{I}_{r_2},\cdots,\lambda_m\boldsymbol{I}_{r_m}\}\boldsymbol{T}_2\\&=\mathrm{diag}\{\widetilde{\boldsymbol{T}}_1^{-1}(\lambda_1\boldsymbol{I}_{r_1})\widetilde{\boldsymbol{T}}_1,\widetilde{\boldsymbol{T}}_2^{-1}(\lambda_2\boldsymbol{I}_{r_2})\widetilde{\boldsymbol{T}}_2,\cdots,\widetilde{\boldsymbol{T}}_m^{-1}(\lambda_m\boldsymbol{I}_{r_m})\widetilde{\boldsymbol{T}}_m\}\\&=\mathrm{diag}\{\lambda_1\boldsymbol{I}_{r_1},\lambda_2\boldsymbol{I}_{r_2},\cdots,\lambda_m\boldsymbol{I}_{r_m}\}.\end{aligned}$$

于是,$\boldsymbol{T}^{\mathrm{T}}\boldsymbol{B}\boldsymbol{T}$ 与 $\boldsymbol{T}^{\mathrm{T}}\boldsymbol{A}\boldsymbol{T}$ 都是对角矩阵. □

例 7 证明:如果 $\boldsymbol{A}$ 是 n 阶正定矩阵,$\boldsymbol{B}$ 是 n 阶实对称矩阵,那么存在一个 n 阶实可逆矩阵 $\boldsymbol{C}$,使得 $\boldsymbol{C}^{\mathrm{T}}\boldsymbol{A}\boldsymbol{C}$ 与 $\boldsymbol{C}^{\mathrm{T}}\boldsymbol{B}\boldsymbol{C}$ 都是对角矩阵.

证明 由于 $\boldsymbol{A}$ 是 n 阶正定矩阵,因此 $\boldsymbol{A}\simeq\boldsymbol{I}$,从而存在 n 阶实可逆矩阵 $\boldsymbol{C}_1$,使得 $\boldsymbol{C}_1^{\mathrm{T}}\boldsymbol{A}\boldsymbol{C}_1=\boldsymbol{I}$. 容易证明 $\boldsymbol{C}_1^{\mathrm{T}}\boldsymbol{B}\boldsymbol{C}_1$ 是 n 阶实对称矩阵,于是存在 n 阶正交矩阵 $\boldsymbol{T}$,使得

$$\boldsymbol{T}^{\mathrm{T}}(\boldsymbol{C}_1^{\mathrm{T}}\boldsymbol{B}\boldsymbol{C}_1)\boldsymbol{T}=\boldsymbol{T}^{-1}(\boldsymbol{C}_1^{\mathrm{T}}\boldsymbol{B}\boldsymbol{C}_1)\boldsymbol{T}=\mathrm{diag}\{\mu_1,\mu_2,\cdots,\mu_n\},$$

其中 $\mu_1,\mu_2,\cdots,\mu_n$ 是 $\boldsymbol{C}_1^{\mathrm{T}}\boldsymbol{B}\boldsymbol{C}_1$ 的全部特征值. 令 $\boldsymbol{C}=\boldsymbol{C}_1\boldsymbol{T}$,则 $\boldsymbol{C}$ 是实可逆矩阵,且使得

$$\begin{aligned}\boldsymbol{C}^{\mathrm{T}}\boldsymbol{A}\boldsymbol{C}&=(\boldsymbol{C}_1\boldsymbol{T})^{\mathrm{T}}\boldsymbol{A}(\boldsymbol{C}_1\boldsymbol{T})=\boldsymbol{T}^{\mathrm{T}}\boldsymbol{C}_1^{\mathrm{T}}\boldsymbol{A}\boldsymbol{C}_1\boldsymbol{T}_1=\boldsymbol{T}^{\mathrm{T}}\boldsymbol{I}\boldsymbol{T}_1=\boldsymbol{I},\\\boldsymbol{C}^{\mathrm{T}}\boldsymbol{B}\boldsymbol{C}&=(\boldsymbol{C}_1\boldsymbol{T})^{\mathrm{T}}\boldsymbol{B}(\boldsymbol{C}_1\boldsymbol{T})=\boldsymbol{T}^{\mathrm{T}}(\boldsymbol{C}_1^{\mathrm{T}}\boldsymbol{B}\boldsymbol{C}_1)\boldsymbol{T}=\mathrm{diag}\{\mu_1,\mu_2,\cdots,\mu_n\}.\end{aligned}$$

因此,$\boldsymbol{C}^{\mathrm{T}}\boldsymbol{A}\boldsymbol{C}$ 与 $\boldsymbol{C}^{\mathrm{T}}\boldsymbol{B}\boldsymbol{C}$ 都是对角矩阵. □

例 8 证明:如果 $\boldsymbol{A}$ 是 n 阶正定矩阵,那么存在唯一的正定矩阵 $\boldsymbol{C}$,使得 $\boldsymbol{A}=\boldsymbol{C}^2$.

证明 *存在性* 设 $\boldsymbol{A}$ 是 n 阶正定矩阵,则 $\boldsymbol{A}$ 的特征值 $\lambda_1,\lambda_2,\cdots,\lambda_n$ 全大于 0. 由于 $\boldsymbol{A}$ 是实对称矩阵,因此存在一个正交矩阵 $\boldsymbol{T}$,使得

$$\begin{aligned}\boldsymbol{A}&=\boldsymbol{T}^{-1}\mathrm{diag}\{\lambda_1,\lambda_2,\cdots,\lambda_n\}\boldsymbol{T}\\&=\boldsymbol{T}^{-1}\mathrm{diag}\{\sqrt{\lambda_1},\sqrt{\lambda_2},\cdots,\sqrt{\lambda_n}\}\boldsymbol{T}\boldsymbol{T}^{-1}\mathrm{diag}\{\sqrt{\lambda_1},\sqrt{\lambda_2},\cdots,\sqrt{\lambda_n}\}\boldsymbol{T}\\&=\boldsymbol{C}^2,\end{aligned}$$

其中 $\boldsymbol{C}=\boldsymbol{T}^{-1}\mathrm{diag}\{\sqrt{\lambda_1},\sqrt{\lambda_2},\cdots,\sqrt{\lambda_n}\}\boldsymbol{T}$. 容易证明 $\boldsymbol{C}$ 是实对称矩阵. 由于 $\boldsymbol{C}$ 的特征值 $\sqrt{\lambda_1}$,$\sqrt{\lambda_2},\cdots,\sqrt{\lambda_n}$ 全大于 0,因此 $\boldsymbol{C}$ 是正定矩阵.

唯一性 假设还有一个 n 阶正定矩阵 $\boldsymbol{C}_1$,使得 $\boldsymbol{A}=\boldsymbol{C}_1^2$. 设 $\boldsymbol{C}_1$ 的全部特征值是 $v_1,v_2,\cdots,v_n$,则 $\boldsymbol{A}$ 的全部特征值是 $v_1^2,v_2^2,\cdots,v_n^2$. 适当调换 $v_1,v_2,\cdots,v_n$ 的下标,可以使 $v_i^2=\lambda_i(i=1,2,\cdots,n)$. 由于 $v_i>0$,因此 $v_i=\sqrt{\lambda_i}(i=1,2,\cdots,n)$. 由于 $\boldsymbol{C}$ 和 $\boldsymbol{C}_1$ 都是 n 阶实对称矩阵,因此存在正交矩阵 $\boldsymbol{T}$,$\boldsymbol{T}_1$,使得

$$C=T^{-1}\mathrm{diag}\{\sqrt{\lambda_1},\sqrt{\lambda_2},\cdots,\sqrt{\lambda_n}\}T,$$

$$C_1=T_1^{-1}\mathrm{diag}\{v_1,v_2,\cdots,v_n\}T_1=T_1^{-1}\mathrm{diag}\{\sqrt{\lambda_1},\sqrt{\lambda_2},\cdots,\sqrt{\lambda_n}\}T_1.$$

由于 $C^2=A=C_1^2$,因此从上面两个式子得

$$T^{-1}\mathrm{diag}\{\lambda_1,\lambda_2,\cdots,\lambda_n\}T=T_1^{-1}\mathrm{diag}\{\lambda_1,\lambda_2,\cdots,\lambda_n\}T_1,$$

从而
$$T_1T^{-1}\mathrm{diag}\{\lambda_1,\lambda_2,\cdots,\lambda_n\}=\mathrm{diag}\{\lambda_1,\lambda_2,\cdots,\lambda_n\}T_1T^{-1}.$$

记 $T_1T^{-1}=(t_{ij})$,比较上式两边的(i,j)元,得

$$t_{ij}\lambda_j=\lambda_i t_{ij}.$$

对于任意 $i,j\in\{1,2,\cdots,n\}$,若 $t_{ij}\neq0$,则 $\lambda_j=\lambda_i$,从而$\sqrt{\lambda_j}=\sqrt{\lambda_i}$,于是 $t_{ij}\sqrt{\lambda_j}=\sqrt{\lambda_i}t_{ij}$;若 $t_{ij}=0$,则也有 $t_{ij}\sqrt{\lambda_j}=\sqrt{\lambda_i}t_{ij}$. 因此

$$T_1T^{-1}\mathrm{diag}\{\sqrt{\lambda_1},\sqrt{\lambda_2},\cdots,\sqrt{\lambda_n}\}=\mathrm{diag}\{\sqrt{\lambda_1},\sqrt{\lambda_2},\cdots,\sqrt{\lambda_n}\}T_1T^{-1},$$

从而
$$T^{-1}\mathrm{diag}\{\sqrt{\lambda_1},\sqrt{\lambda_2},\cdots,\sqrt{\lambda_n}\}T=T_1^{-1}\mathrm{diag}\{\sqrt{\lambda_1},\sqrt{\lambda_2},\cdots,\sqrt{\lambda_n}\}T_1.$$

于是 $C=C_1$. 这证明了唯一性. □

例 9 证明:n 阶实对称矩阵 A 是半正定的当且仅当 A 的所有主子式全非负.

证明 *必要性* 设 A 是 n 阶半正定矩阵,且 $A\neq0$,则存在一个 n 阶实可逆矩阵 C,使得 $A=C^{\mathrm{T}}\begin{pmatrix}I_r&0\\0&0\end{pmatrix}C$,其中 $r=\mathrm{rank}(A)$. 把 C 写成分块矩阵 $\begin{pmatrix}C_1\\C_2\end{pmatrix}$,则

$$A=(C_1^{\mathrm{T}},C_2^{\mathrm{T}})\begin{pmatrix}I_r&0\\0&0\end{pmatrix}\begin{pmatrix}C_1\\C_2\end{pmatrix}=C_1^{\mathrm{T}}C_1,$$

其中 C_1 是 $r\times n$ 行满秩矩阵. 由于 $\mathrm{rank}(A)=r$,因此 A 的所有大于 r 阶的子式都等于 0. 下面考虑 A 的任一 $t(t\leqslant r)$阶主子式:

$$\begin{aligned}A\begin{pmatrix}i_1,i_2,\cdots,i_t\\i_1,i_2,\cdots,i_t\end{pmatrix}&=C_1^{\mathrm{T}}C_1\begin{pmatrix}i_1,i_2,\cdots,i_t\\i_1,i_2,\cdots,i_t\end{pmatrix}\\&=\sum_{1\leqslant v_1<v_2<\cdots<v_t\leqslant r}C_1^{\mathrm{T}}\begin{pmatrix}i_1,i_2,\cdots,i_t\\v_1,v_2,\cdots,v_t\end{pmatrix}C_1\begin{pmatrix}v_1,v_2,\cdots,v_t\\i_1,i_2,\cdots,i_t\end{pmatrix}\\&=\sum_{1\leqslant v_1<v_2<\cdots<v_t\leqslant r}\left(C_1\begin{pmatrix}v_1,v_2,\cdots,v_t\\i_1,i_2,\cdots,i_t\end{pmatrix}\right)^2\geqslant0.\end{aligned}$$

因此,A 的所有主子式全非负. 当 $A=0$ 时,也有这个结论.

充分性 设 A 是 n 阶实对称矩阵,且 A 的所有主子式全非负. 为了证 A 半正定,根据推论 4,只要证 A 的特征值全非负即可. 我们有

$$|\lambda I-A|=\lambda^n-b_1\lambda^{n-1}+\cdots+(-1)^k b_k\lambda^{n-k}+\cdots+(-1)^n|A|,$$

其中 b_k 等于 A 的所有 k 阶主子式的和. 由已知条件得

$$b_k \geqslant 0\ (k=1,2,\cdots,n-1),\quad 且\quad |\boldsymbol{A}|\geqslant 0.$$

假如$|\lambda \boldsymbol{I}-\boldsymbol{A}|$有一个负根$-c$,其中$c>0$,则

$$\begin{aligned}0&=|(-c)\boldsymbol{I}-\boldsymbol{A}|=(-c)^n-b_1(-c)^{n-1}+\cdots+(-1)^k b_k(-c)^{n-k}+\cdots+(-1)^n|\boldsymbol{A}|\\&=(-1)^n(c^n+b_1c^{n-1}+\cdots+b_kc^{n-k}+\cdots+b_{n-1}c+|\boldsymbol{A}|)\neq 0,\end{aligned}$$

矛盾.因此,$\boldsymbol{A}$ 的特征值全非负,从而 $\boldsymbol{A}$ 是半正定的. □

例 10 设 $\mathscr{A}$ 是实内积空间 V 上的线性变换,证明:$\mathscr{A}$ 是 V 在一个有限维子空间上的正交投影当且仅当 $\mathscr{A}$ 是幂等对称变换.

证明 *必要性* 设 $\mathscr{A}$ 是 V 在有限维子空间 U 上的正交投影,则根据 9.3.2 小节中的例 5,得

$$(\mathscr{A}\alpha,\beta)=(\alpha,\mathscr{A}\beta),\quad \forall\,\alpha,\beta\in V.$$

因此,$\mathscr{A}$ 是对称变换.由正交投影的定义和§7.2 中的性质 3 得,$\mathscr{A}$ 是幂等的.

充分性 由于 $\mathscr{A}$ 是幂等变换,因此根据§7.3 中的定理 3,得 $V=\mathrm{Ker}\mathscr{A}\oplus\mathrm{Im}\mathscr{A}$,且 $\mathscr{A}$ 是平行于 $\mathrm{Ker}\mathscr{A}$ 在 $\mathrm{Im}\mathscr{A}$ 上的投影.由于 $\mathscr{A}$ 是对称变换,因此有

$$\begin{aligned}\alpha\in\mathrm{Ker}\mathscr{A}&\Longleftrightarrow \mathscr{A}\alpha=0\\&\Longleftrightarrow(\mathscr{A}\alpha,\beta)=0,\forall\,\beta\in V\\&\Longleftrightarrow(\alpha,\mathscr{A}\beta)=0,\forall\,\beta\in V\\&\Longleftrightarrow\alpha\in(\mathrm{Im}\mathscr{A})^{\perp}.\end{aligned}$$

由此得出 $\mathrm{Ker}\mathscr{A}=(\mathrm{Im}\mathscr{A})^{\perp}$,因此 $V=(\mathrm{Im}\mathscr{A})^{\perp}\oplus\mathrm{Im}\mathscr{A}$,且 $\mathscr{A}$ 是平行于$(\mathrm{Im}\mathscr{A})^{\perp}$在 $\mathrm{Im}\mathscr{A}$ 上的投影,从而 $\mathscr{A}$ 是 V 在 $\mathrm{Im}\mathscr{A}$ 上的正交投影. □

例 11 设 $\mathscr{A}$ 是 n 维欧几里得空间 V 上的对称变换,其所有不同的特征值为 $\lambda_1,\lambda_2,\cdots,\lambda_s$,$\mathscr{A}$ 的属于特征值 $\lambda_i(i=1,2,\cdots,s)$ 的特征子空间记作 V_{λ_i},$\mathscr{P}_i$ 表示 V 在 V_{λ_i} 上的正交投影,证明:

(1) $V=V_{\lambda_1}\oplus V_{\lambda_2}\oplus\cdots\oplus V_{\lambda_s}$,其中当 $i\neq j$ 时,V_{λ_i} 与 V_{λ_j} 互相正交(即 $V_{\lambda_i}\subseteq V_{\lambda_j}^{\perp}$,且 $V_{\lambda_j}\subseteq V_{\lambda_i}^{\perp}$);

(2) $\mathscr{P}_i\mathscr{P}_j=0(i\neq j;i,j=1,2,\cdots,s)$;

(3) $\sum\limits_{i=1}^{s}\mathscr{P}_i=\mathscr{I}$;

(4) $\mathscr{A}=\sum\limits_{i=1}^{s}\lambda_i\mathscr{P}_i$.

证明 (1) 由于对称变换 $\mathscr{A}$ 可对角化,因此

$$V=V_{\lambda_1}\oplus V_{\lambda_2}\oplus\cdots\oplus V_{\lambda_s}.$$

设 $\mathscr{A}$ 在 V 的一个标准正交基下的矩阵为 $\boldsymbol{A}$,则 $\boldsymbol{A}$ 是实对称矩阵.由于实对称矩阵 $\boldsymbol{A}$ 属于不同特征值的特征向量是正交的,因此对称变换 $\mathscr{A}$ 的属于不同特征值的特征向量是正交的.于是,当 $i\neq j$ 时,$V_{\lambda_i}\subseteq V_{\lambda_j}^{\perp}$,且 $V_{\lambda_j}\subseteq V_{\lambda_i}^{\perp}$,从而 V_{λ_i} 与 V_{λ_j} 互相正交.

(2) 任给 $\alpha\in V$,有 $\mathscr{P}_j\alpha\in \mathrm{Im}\mathscr{P}_j=V_{\lambda_j}\ (j=1,2,\cdots,s)$. 当 $i\neq j$ 时,由于 $\mathscr{P}_i$ 是 V 在 V_{λ_i} 上的正交投影,因此 $V=V_{\lambda_i}\oplus V_{\lambda_i}^{\perp}$,并且有

$$\beta\in \mathrm{Ker}\mathscr{P}_i \Longleftrightarrow \mathscr{P}_i(\beta)=0 \Longleftrightarrow \beta\in V_{\lambda_i}^{\perp},$$

从而 $\mathrm{Ker}\mathscr{P}_i=V_{\lambda_i}^{\perp}$. 由于 $V_{\lambda_j}\subseteq V_{\lambda_i}^{\perp}$,因此 $\mathscr{P}_j\alpha\in V_{\lambda_i}^{\perp}$,从而 $\mathscr{P}_i\mathscr{P}_j\alpha=\mathscr{P}_i(\mathscr{P}_j\alpha)=0$. 于是

$$\mathscr{P}_i\mathscr{P}_j=0\quad (i\neq j;i,j=1,2,\cdots,s).$$

(3) 任取 $\alpha\in V$,根据第(1)小题,有

$$\alpha=\alpha_1+\alpha_2+\cdots+\alpha_s\quad (\alpha_i\in V_{\lambda_i},i=1,2,\cdots,s).$$

由于 $\mathscr{P}_i$ 是 V 在 V_{λ_i} 上的正交投影,因此 $\mathscr{P}_i\alpha_i=\alpha_i(i=1,2,\cdots,s)$. 于是,当 $i\neq j$ 时,$\mathscr{P}_i\alpha_j=\mathscr{P}_i(\mathscr{P}_j\alpha_j)=\mathscr{P}_i\mathscr{P}_j\alpha_j=0$,从而

$$\mathscr{P}_i\alpha=\mathscr{P}_i\Big(\alpha_i+\sum_{j\neq i}\alpha_j\Big)=\alpha_i\quad (i=1,2,\cdots,s).$$

因此

$$\alpha=\mathscr{P}_1\alpha+\mathscr{P}_2\alpha+\cdots+\mathscr{P}_s\alpha=(\mathscr{P}_1+\mathscr{P}_2+\cdots+\mathscr{P}_s)\alpha.$$

由此得出

$$\mathscr{P}_1+\mathscr{P}_2+\cdots+\mathscr{P}_s=\mathscr{I}.$$

(4) 任取 $\alpha\in V$,由第(3)小题中的有关结论得

$$\begin{aligned}\mathscr{A}\alpha&=\mathscr{A}\alpha_1+\mathscr{A}\alpha_2+\cdots+\mathscr{A}\alpha_s=\lambda_1\alpha_1+\lambda_2\alpha_2+\cdots+\lambda_s\alpha_s\\&=\lambda_1\mathscr{P}_1\alpha+\lambda_2\mathscr{P}_2\alpha+\cdots+\lambda_s\mathscr{P}_s\alpha=(\lambda_1\mathscr{P}_1+\lambda_2\mathscr{P}_2+\cdots+\lambda_s\mathscr{P}_s)\alpha.\end{aligned}$$

由此得出

$$\mathscr{A}=\lambda_1\mathscr{P}_1+\lambda_2\mathscr{P}_2+\cdots+\lambda_s\mathscr{P}_s.$$ □

例 12 设 n 阶实对称矩阵 $\boldsymbol{A}$ 的全部特征值按大小顺序排成 $\lambda_1\leqslant\lambda_2\leqslant\cdots\leqslant\lambda_n$,证明:对于 $\mathbf{R}^n$(指定标准内积)中的任一非零向量 $\boldsymbol{\alpha}$,有

$$\lambda_1\leqslant\frac{\boldsymbol{\alpha}^{\mathrm{T}}\boldsymbol{A}\boldsymbol{\alpha}}{|\boldsymbol{\alpha}|^2}\leqslant\lambda_n.$$

证明 由于 $\boldsymbol{A}$ 是实对称矩阵,因此存在一个正交矩阵 $\boldsymbol{T}$,使得

$$\boldsymbol{T}^{-1}\boldsymbol{A}\boldsymbol{T}=\mathrm{diag}\{\lambda_1,\lambda_2,\cdots,\lambda_n\}.$$

任取 $\mathbf{R}^n$(指定标准内积)中一个非零向量 $\boldsymbol{\alpha}$. 设 $\boldsymbol{T}^{\mathrm{T}}\boldsymbol{\alpha}=(b_1,b_2,\cdots,b_n)^{\mathrm{T}}$,则

$$\begin{aligned}\boldsymbol{\alpha}^{\mathrm{T}}\boldsymbol{A}\boldsymbol{\alpha}&=\boldsymbol{\alpha}^{\mathrm{T}}\boldsymbol{T}\,\mathrm{diag}\{\lambda_1,\lambda_2,\cdots,\lambda_n\}\boldsymbol{T}^{-1}\boldsymbol{\alpha}=(\boldsymbol{T}^{\mathrm{T}}\boldsymbol{\alpha})^{\mathrm{T}}\mathrm{diag}\{\lambda_1,\lambda_2,\cdots,\lambda_n\}(\boldsymbol{T}^{\mathrm{T}}\boldsymbol{\alpha})\\&=\lambda_1b_1^2+\lambda_2b_2^2+\cdots+\lambda_nb_n^2\leqslant\lambda_n(b_1^2+b_2^2+\cdots+b_n^2)=\lambda_n|\boldsymbol{T}^{\mathrm{T}}\boldsymbol{\alpha}|^2=\lambda_n|\boldsymbol{\alpha}|^2.\end{aligned}$$

同理,$\boldsymbol{\alpha}^{\mathrm{T}}\boldsymbol{A}\boldsymbol{\alpha}=\lambda_1b_1^2+\lambda_2b_2^2+\cdots+\lambda_nb_n^2\geqslant\lambda_1|\boldsymbol{\alpha}|^2$. 因此 $\lambda_1\leqslant\dfrac{\boldsymbol{\alpha}^{\mathrm{T}}\boldsymbol{A}\boldsymbol{\alpha}}{|\boldsymbol{\alpha}|^2}\leqslant\lambda_n$. □

例 13 设 $\mathscr{A}$ 是 n 维欧几里得空间 V 上的对称变换. 对于任意 $\alpha\in V$,且 $\alpha\neq 0$,令

$$F(\alpha)=\frac{(\alpha,\mathscr{A}\alpha)}{(\alpha,\alpha)}.$$

证明:

(1) $F(k\alpha)=F(\alpha),\forall k\in\mathbf{R}^*$.

(2) $F(\alpha)$在γ处达到最小值λ_1,其中γ是$\mathscr{A}$的属于最小特征值λ_1的一个单位特征向量;$F(\alpha)$在δ处达到最大值,其中δ是$\mathscr{A}$的属于最大特征值λ_n的一个单位特征向量.

证明 (1) 对于任意$k\in\mathbf{R}^*$,有

$$F(k\alpha)=\frac{(k\alpha,\mathscr{A}(k\alpha))}{(k\alpha,k\alpha)}=\frac{k^2(\alpha,\mathscr{A}\alpha)}{k^2(\alpha,\alpha)}=F(\alpha).$$

(2) 在V中取一个标准正交基$\eta_1,\eta_2,\cdots,\eta_n$,则对称变换$\mathscr{A}$在此基下的矩阵$\boldsymbol{A}$是实对称矩阵. 任取$\alpha\in V$. 设$\alpha$在此基下的坐标为$\boldsymbol{x}$,则$F(\alpha)=\dfrac{\boldsymbol{x}^{\mathrm{T}}(\boldsymbol{A}\boldsymbol{x})}{|\boldsymbol{x}|^2}$. 设$\boldsymbol{A}$的$n$个特征值按照从小到大的顺序排成$\lambda_1\leqslant\lambda_2\leqslant\cdots\leqslant\lambda_n$. 根据例12,得

$$\lambda_1\leqslant\frac{\boldsymbol{x}^{\mathrm{T}}\boldsymbol{A}\boldsymbol{x}}{|\boldsymbol{x}|^2}=F(\alpha)\leqslant\lambda_n.$$

设γ是$\mathscr{A}$的属于λ_1的一个单位特征向量,则

$$F(\gamma)=\frac{(\gamma,\mathscr{A}\gamma)}{(\gamma,\gamma)}=(\gamma,\lambda_1\gamma)=\lambda_1(\gamma,\gamma)=\lambda_1.$$

因此,$F(\alpha)$在γ处达到最小值λ_1.

设δ是$\mathscr{A}$的属于λ_n的一个单位特征向量,则

$$F(\delta)=\frac{(\delta,\mathscr{A}\delta)}{(\delta,\delta)}=(\delta,\lambda_n\delta)=\lambda_n(\delta,\delta)=\lambda_n.$$

因此,$F(\alpha)$在δ处达到最大值λ_n. □

习 题 9.6

1. 对于下列实对称矩阵$\boldsymbol{A}$,求正交矩阵$\boldsymbol{T}$,使得$\boldsymbol{T}^{-1}\boldsymbol{A}\boldsymbol{T}$为对角矩阵,并且写出这个对角矩阵:

(1) $\boldsymbol{A}=\begin{pmatrix}0&-2&2\\-2&-3&4\\2&4&-3\end{pmatrix}$; (2) $\boldsymbol{A}=\begin{pmatrix}1&2&4\\2&-2&2\\4&2&1\end{pmatrix}$;

(3) $\boldsymbol{A}=\begin{pmatrix}3&-2&0\\-2&2&-2\\0&-2&1\end{pmatrix}$; (4) $\boldsymbol{A}=\begin{pmatrix}4&1&0&-1\\1&4&-1&0\\0&-1&4&1\\-1&0&1&4\end{pmatrix}$.

2. 用正交替换把下列实二次型化成标准形:

(1) $f(x_1,x_2,x_3)=2x_1^2+5x_2^2+5x_3^2+4x_1x_2-4x_1x_3-8x_2x_3$;

(2) $g(x_1,x_2,x_3,x_4)=2x_1x_2-2x_3x_4$.

3. 设二次曲线 S 在平面直角坐标系 Oxy 中的方程为

$$4x^2+8xy+4y^2+13x+3y+4=0,$$

做直角坐标变换，把 S 的方程化成标准方程，并且指出 S 是什么二次曲线.

4. 设两个二次曲面在空间直角坐标系 $Oxyz$ 中的方程分别如下，做直角坐标变换，将它们化成标准方程，并且指出它们分别是什么二次曲面：

(1) $x^2+2y^2+3z^2-4xy-4yz-1=0$；

(2) $2x^2+6y^2+2z^2+8xz-1=0$.

5. 证明：如果实对称矩阵 $\boldsymbol{A}$ 是幂零矩阵，那么 $\boldsymbol{A}=\boldsymbol{0}$.

6. 证明：如果 $\boldsymbol{A}$ 是 $s\times n$ 实矩阵，那么 $\boldsymbol{A}^{\mathrm{T}}\boldsymbol{A}$ 的特征值都是非负实数.

7. 证明：n 阶实矩阵 $\boldsymbol{A}$ 正交相似于一个上三角矩阵的充要条件是，$\boldsymbol{A}$ 的特征多项式的复根都是实数.

8. 证明：如果 n 阶实矩阵 $\boldsymbol{A}$ 的特征多项式的复根都是实数，且 $\boldsymbol{A}\boldsymbol{A}^{\mathrm{T}}=\boldsymbol{A}^{\mathrm{T}}\boldsymbol{A}$，那么 $\boldsymbol{A}$ 是对称矩阵.

9. 证明：如果 n 阶实矩阵 $\boldsymbol{A}$ 的特征多项式的复根都是非负实数，且 $\boldsymbol{A}$ 的主对角元都是 1，那么 $|\boldsymbol{A}|\leqslant 1$.

10. 设 $\boldsymbol{A}$ 是 n 阶实对称矩阵，它的 n 个特征值按照从小到大的顺序排成 $\lambda_1\leqslant\lambda_2\leqslant\cdots\leqslant\lambda_n$，证明：

$$\lambda_1\leqslant a_{ii}\leqslant\lambda_n\quad(i=1,2,\cdots,n).$$

11. 设 $\boldsymbol{B}$ 是 n 阶实矩阵，$\boldsymbol{B}^{\mathrm{T}}\boldsymbol{B}$ 的全部特征值按照从小到大的顺序排成 $\lambda_1\leqslant\lambda_2\leqslant\cdots\leqslant\lambda_n$，证明：如果 $\boldsymbol{B}$ 有特征值，那么 $\boldsymbol{B}$ 的任一特征值 μ 满足 $\sqrt{\lambda_1}\leqslant|\mu|\leqslant\sqrt{\lambda_n}$.

12. 设 $\boldsymbol{A}$ 是 n 阶实对称矩阵，它的 n 个特征值的绝对值的最大者记作 $\mathrm{Sr}(\boldsymbol{A})$，证明：当 $t>\mathrm{Sr}(\boldsymbol{A})$ 时，$t\boldsymbol{I}+\boldsymbol{A}$ 是正定矩阵.

13. 证明：如果 $\boldsymbol{A}$ 与 $\boldsymbol{B}$ 都是 n 阶正定矩阵，那么 $\boldsymbol{AB}$ 是正定矩阵的充要条件是

$$\boldsymbol{AB}=\boldsymbol{BA}.$$

14. 证明：如果 $\boldsymbol{A}$ 与 $\boldsymbol{B}$ 都是 n 阶正定矩阵，那么 $\boldsymbol{AB}$ 有 n 个特征值，并且它们都是正数.

15. 证明：n 阶实对称矩阵 $\boldsymbol{A}$ 为正定的充要条件是，存在一个 n 阶实上三角矩阵 $\boldsymbol{B}$，且 $\boldsymbol{B}$ 的主对角元全大于 0，使得 $\boldsymbol{A}=\boldsymbol{B}^{\mathrm{T}}\boldsymbol{B}$.

16. 证明：n 阶实对称矩阵 $\boldsymbol{A}$ 为半正定的充要条件是，存在一个实对称矩阵 $\boldsymbol{C}$，使得

$$\boldsymbol{A}=\boldsymbol{C}^2.$$

17. 证明：如果 $\boldsymbol{A}$ 是 n 阶正定矩阵，$\boldsymbol{B}$ 是 n 阶半正定矩阵，那么 $|\boldsymbol{A}+\boldsymbol{B}|\geqslant|\boldsymbol{A}|+|\boldsymbol{B}|$，等号成立当且仅当 $\boldsymbol{B}=\boldsymbol{0}$.

18. 设 $M=\begin{pmatrix} A & B \\ B^{T} & D \end{pmatrix}$ 是 n 阶正定矩阵,其中 A 是 r 阶矩阵,证明:$|M|\leqslant|A||D|$,等号成立当且仅当 $B=0$.

19. 证明:酉空间 V 上埃尔米特变换 $\mathscr{A}$ 的属于不同特征值的特征向量一定正交.

20. 设 $\mathscr{A}$ 是酉空间 V 上的线性变换,证明:$\mathscr{A}$ 是埃尔米特变换当且仅当对于任意 $\alpha\in V$,$(\mathscr{A}\alpha,\alpha)$是实数.

*21. 设 H 是 n 阶埃尔米特矩阵,证明:

(1) $I-\mathrm{i}H$ 与 $I+\mathrm{i}H$ 都可逆;

(2) $A=(I-\mathrm{i}H)(I+\mathrm{i}H)^{-1}$是酉矩阵,且$-1$ 不是 A 的特征值.

*22. 设 A 是 n 阶酉矩阵,并且-1 不是矩阵 A 的特征值,证明:矩阵 $I+A$ 可逆,且 $H=-\mathrm{i}(I-A)(I+A)^{-1}$是埃尔米特矩阵.

*§9.7 正交空间,辛空间

9.7.1 内容精华

一、洛伦兹变换与闵可夫斯基空间

在空间中,任何物理量(例如距离、速度、力)都是用一组数来表示的,这组数的值一般与坐标系的选择有关.

如果一个坐标系是静止不动的或者做匀速直线运动,那么该坐标系称为**惯性系**;否则,称为**非惯性系**.

设直角坐标系 $Oxyz$ 是一个惯性系,另一个直角坐标系 $O'x'y'z'$沿着 x 轴正向相对于 $Oxyz$ 做匀速直线运动,速度为 v,两个坐标系的原点 O 与 O'在 $t=t'=0$ 时刻重合. 一个点 P 对于时间有一个坐标,对于在空间中的位置有三个坐标,称之为点 P 的**时-空坐标**. 设点 P 对于惯性系 $Oxyz$ 和惯性系 $O'x'y'z'$的时-空坐标分别为$(t,x,y,z)^{T}$ 和$(t',x',y',z')^{T}$. 当 v 远小于光速 c(记作 $v\ll c$)时,坐标变换公式为

$$\begin{cases} t'=t, \\ x'=x-vt, \\ y'=y, \\ z'=z. \end{cases} \tag{1}$$

(1)式称为**伽利略(Galileo)变换**.

容易验证,如果牛顿力学规律对其中一个惯性系成立,那么对另一个惯性系也成立. 这

称为牛顿力学规律对伽利略变换的**协变性**,也称为**力学的相对性原理**.

19 世纪末确立了电磁学的基本规律,即麦克斯韦(Maxwell)方程.这个方程对伽利略变换是不协变的,即对于不同的惯性系,所得的结果不一样.爱因斯坦的狭义相对论解决了这个问题,他从光速不变原理导出了一个新的时-空坐标变换公式:

$$\begin{cases} t' = \dfrac{t - \dfrac{v}{c^2}x}{\sqrt{1 - \dfrac{v^2}{c^2}}}, \\ x' = \dfrac{x - vt}{\sqrt{1 - \dfrac{v^2}{c^2}}}, \\ y' = y, \\ z' = z. \end{cases} \tag{2}$$

(2)式称为**洛伦兹(Lorentz)变换**.

爱因斯坦证明了电磁规律对洛伦兹变换是协变的.此后他又修正了牛顿力学规律,使它对洛伦兹变换也协变.修正的结果后来被实验所证实.这说明,相对性原理对于力学和电磁学都是适用的.在此基础上,爱因斯坦把它推广为一个普遍原理:所有的基本物理规律都应在任一惯性系中具有相同的形式.这个原理叫作**狭义相对性原理**.

同一个点 P 在惯性系 $Oxyz$ 和惯性系 $O'x'y'z'$ 中的时-空坐标分别为 $(t,x,y,z)^{\mathrm{T}}$, $(t',x',y',z')^{\mathrm{T}}$,它们是 $\mathbf{R}^4$ 中的两个向量.洛伦兹变换 σ 给出了这两个向量之间的关系.从(2)式可看出,洛伦兹变换 σ 是 $\mathbf{R}^4$ 上的一个线性变换.

设两个点 P,Q 在惯性系 $Oxyz$ 中的时-空坐标分别为

$$\boldsymbol{\alpha} = (t_1, x_1, y_1, z_1)^{\mathrm{T}}, \quad \boldsymbol{\beta} = (t_2, x_2, y_2, z_2)^{\mathrm{T}}. \tag{3}$$

当 $\mathbf{R}^4$ 指定标准内积时,直接计算可知 $(\sigma(\boldsymbol{\alpha}),\sigma(\boldsymbol{\beta})) \neq (\boldsymbol{\alpha},\boldsymbol{\beta})$,即洛伦兹变换不保持标准内积不变.为此,需要在 $\mathbf{R}^4$ 上指定一个新的内积 f,使得洛伦兹变换 σ 保持这个内积 f 不变,即使得

$$f(\sigma(\boldsymbol{\alpha}),\sigma(\boldsymbol{\beta})) = f(\boldsymbol{\alpha},\boldsymbol{\beta}), \quad \forall\, \boldsymbol{\alpha},\boldsymbol{\beta} \in \mathbf{R}^4.$$

闵可夫斯基(Minkowski)给出了 $\mathbf{R}^4$ 上一个新的内积 f 如下:

$$f(\boldsymbol{\alpha},\boldsymbol{\beta}) = -c^2 t_1 t_2 + x_1 x_2 + y_1 y_2 + z_1 z_2, \tag{4}$$

容易看出,f 是 $\mathbf{R}^4$ 上一个非退化的对称双线性函数.指定了内积 f 的 $\mathbf{R}^4$ 称为**闵可夫斯基空间**,记作 $(\mathbf{R}^4,f)$.注意,(4)式给出的对称双线性函数 f 不是正定的,因此 $(\mathbf{R}^4,f)$ 不是欧几里得空间.洛伦兹变换 σ 保持闵可夫斯基空间 $(\mathbf{R}^4,f)$ 上的内积 f 不变,证明如下:任给 $\boldsymbol{\alpha} \in \mathbf{R}^4$,设 $\boldsymbol{\alpha} = (t,x,y,z)^{\mathrm{T}}$,则

$$f(\sigma(\boldsymbol{\alpha}),\sigma(\boldsymbol{\alpha})) = -c^2 t'^2 + x'^2 + y'^2 + z'^2$$

$$=-c^2\frac{\left(t-\frac{v}{c^2}x\right)^2}{1-\frac{v^2}{c^2}}+\frac{(x-vt)^2}{1-\frac{v^2}{c^2}}+y^2+z^2$$

$$=-c^2t^2+x^2+y^2+z^2=f(\boldsymbol{\alpha},\boldsymbol{\alpha}). \tag{5}$$

于是,对于任意 $\boldsymbol{\alpha},\boldsymbol{\beta}\in\mathbf{R}^4$,有 $f(\sigma(\boldsymbol{\alpha}-\boldsymbol{\beta}),\sigma(\boldsymbol{\alpha}-\boldsymbol{\beta}))=f(\boldsymbol{\alpha}-\boldsymbol{\beta},\boldsymbol{\alpha}-\boldsymbol{\beta})$,从而

$$f(\sigma(\boldsymbol{\alpha}),\sigma(\boldsymbol{\alpha}))-2f(\sigma(\boldsymbol{\alpha}),\sigma(\boldsymbol{\beta}))+f(\sigma(\boldsymbol{\beta}),\sigma(\boldsymbol{\beta}))=f(\boldsymbol{\alpha},\boldsymbol{\alpha})-2f(\boldsymbol{\alpha},\boldsymbol{\beta})+f(\boldsymbol{\beta},\boldsymbol{\beta}).$$

由此得出

$$f(\sigma(\boldsymbol{\alpha}),\sigma(\boldsymbol{\beta}))=f(\boldsymbol{\alpha},\boldsymbol{\beta}).$$

二、正交空间

从闵可夫斯基空间($\mathbf{R}^4,f$)受到启发,引入下述概念:

定义 1 如果数域 K 上的线性空间 V 指定了一个对称双线性函数 f,那么称 f 是 V 上的一个**内积**,称 V 是一个**正交空间**,记作(V,f). 如果 f 是非退化的,那么称(V,f)是**正则**的;否则,称(V,f)是**非正则**的.

例如,上一段介绍的闵可夫斯基空间($\mathbf{R}^4,f$)是一个正则正交空间.

定义 2 在正交空间(V,f)中,如果 $f(\alpha,\beta)=0$,那么称 α 与 β **正交**,记作 $\alpha\perp\beta$.

定义 3 在正交空间(V,f)中,如果一个非零向量 α 使得 $f(\alpha,\alpha)=0$,那么称 α 是**迷向**的;否则,称 α 是**非迷向**的. 如果正交空间(V,f)包含了一个(非零的)迷向向量,那么称(V,f)是**迷向**的;否则,称(V,f)是**非迷向**的. 如果(V,f)中所有非零向量都是迷向的,那么称(V,f)是**全迷向**的.

注意 若正交空间(V,f)是全迷向的,则 $f=0$.

设(V,f)是一个正交空间,W 是 V 的一个线性子空间. 容易看出,$f|W$ 是 W 上的一个对称双线性函数,从而($W,f|W$)也是一个正交空间,称它是(V,f)的一个子空间.

定义 4 设 S 是正交空间(V,f)的一个子集,V 的子集$\{\alpha\in V\mid f(\alpha,\beta)=0,\forall\beta\in S\}$称为 S 的**正交补**,记作 $S^{\perp}$.

易证 $S^{\perp}$ 是 V 的一个线性子空间.

定理 1 设(V,f)是数域 K 上的 n 维正则的正交空间,W 是 V 的子空间,则

(1) $\dim W+\dim W^{\perp}=\dim V$;

(2) $(W^{\perp})^{\perp}=W$.

证明 由于 f 是 V 上的非退化对称双线性函数,因此根据 8.2.2 小节中的例 2 立即得到结论. □

定理 2 设(V,f)是数域 K 上的正交空间,W 是 V 的有限维非平凡子空间,则 $V=W\oplus W^{\perp}$ 的充要条件是 W 为正则子空间.

证明 根据 8.2.2 小节中的例 4 立即得到. □

定义 5 如果数域 K 上 n 维正交空间 (V,f) 的一个基 $\alpha_1,\alpha_2,\cdots,\alpha_n$ 两两正交,那么称 $\alpha_1,\alpha_2,\cdots,\alpha_n$ 为 (V,f) 的一个**正交基**.

定理 3 数域 K 上的 n 维正交空间 (V,f) 一定有正交基.

证明 由于 f 是 V 上的对称双线性函数,因此根据 §8.2 中的定理 1,V 中存在一个基 $\alpha_1,\alpha_2,\cdots,\alpha_n$,使得 f 在此基下的度量矩阵为对角矩阵.于是,对于任意 $i,j\in\{1,2,\cdots,n\}$,当 $i\neq j$ 时,$f(\alpha_i,\alpha_j)=0$.因此,$\alpha_1,\alpha_2,\cdots,\alpha_n$ 是 (V,f) 的一个正交基. □

推论 1 设 $\alpha_1,\alpha_2,\cdots,\alpha_n$ 是数域 K 上 n 维正则正交空间 (V,f) 的一个正交基,则对于 V 中任一向量 β,有

$$\beta=\sum_{i=1}^{n}\frac{f(\beta,\alpha_i)}{f(\alpha_i,\alpha_i)}\alpha_i. \tag{6}$$

证明 由于 f 是非退化的,因此 f 在正交基 $\alpha_1,\alpha_2,\cdots,\alpha_n$ 下的度量矩阵是满秩矩阵,从而 $f(\alpha_i,\alpha_i)\neq 0(i=1,2,\cdots,n)$.设 $\beta=\sum\limits_{i=1}^{n}b_i\alpha_i$,则对于任意 $j\in\{1,2,\cdots,n\}$,有

$$f(\beta,\alpha_j)=f\left(\sum_{i=1}^{n}b_i\alpha_i,\alpha_j\right)=\sum_{i=1}^{n}b_if(\alpha_i,\alpha_j)=b_jf(\alpha_j,\alpha_j),$$

从而 $b_j=\dfrac{f(\beta,\alpha_j)}{f(\alpha_j,\alpha_j)}$.因此,(6)式成立. □

定义 6 设 (V_1,f_1) 和 (V_2,f_2) 是数域 K 上的两个正交空间.如果存在线性空间 V_1 到 V_2 的一个同构映射 σ,并且 σ 保持向量的内积不变,即

$$f_1(\alpha,\beta)=f_2(\sigma(\alpha),\sigma(\beta)),\quad \forall\,\alpha,\beta\in V_1, \tag{7}$$

那么称 σ 是正交空间 (V_1,f_1) 到 (V_2,f_2) 的一个**保距同构(映射)**,此时也称 (V_1,f_1) 与 (V_2,f_2) 是**保距同构**的.

从定义 6 容易得出,恒等映射是保距同构,保距同构的乘积是保距同构,保距同构的逆映射是保距同构,从而数域 K 上正交空间之间的保距同构关系具有反身性、传递性和对称性,因此保距同构关系是数域 K 上所有正交空间组成的集合上的一个等价关系.

从定义 6 看出,若数域 K 上的两个有限维正交空间 (V_1,f_1) 与 (V_2,f_2) 是保距同构的,则 V_1 与 V_2 是线性同构的,从而它们的维数相同.反之,若 V_1 到 V_2 有线性同构 σ,则 σ 还要满足保持向量的内积不变(即(7)式),它才是 (V_1,f_1) 到 (V_2,f_2) 的保距同构.于是,我们可以推导出下述结论:

定理 4 设 (V_1,f_1) 和 (V_2,f_2) 是数域 K 上的 n 维正交空间,则 V_1 到 V_2 的一个线性同构 σ 为保距同构的充要条件是,f_1 在 V_1 的一个基 $\alpha_1,\alpha_2,\cdots,\alpha_n$ 下的度量矩阵 $\boldsymbol{A}$ 与 f_2 在 V_2 的一个基 $\eta_1,\eta_2,\cdots,\eta_n$ 下的度量矩阵 $\boldsymbol{B}$ 合同,即 $\boldsymbol{A}=\boldsymbol{P}^{\mathrm{T}}\boldsymbol{B}\boldsymbol{P}$,其中 $\boldsymbol{P}$ 是 σ 关于 V_1 的基 $\alpha_1,\alpha_2,\cdots,\alpha_n$ 和 V_2 的基 $\eta_1,\eta_2,\cdots,\eta_n$ 的矩阵.

证明 任给 $\alpha,\beta\in V_1$. 设 α,β 在 V_1 的基 $\alpha_1,\alpha_2,\cdots,\alpha_n$ 下的坐标分别为 $\boldsymbol{x},\boldsymbol{y}$,则 $\sigma(\alpha),\sigma(\beta)$ 在 V_2 的基 $\eta_1,\eta_2,\cdots,\eta_n$ 下的坐标分别为 $\boldsymbol{Px},\boldsymbol{Py}$. 由于 f_1 在 V_1 的基 $\alpha_1,\alpha_2,\cdots,\alpha_n$ 下的度量矩阵是 $\boldsymbol{A}$, f_2 在 V_2 的基 $\eta_1,\eta_2,\cdots,\eta_n$ 下的度量矩阵是 $\boldsymbol{B}$,因此

$$\begin{aligned}V_1\text{ 到 }V_2\text{ 的线性同构 }\sigma\text{ 是保距同构}&\Longleftrightarrow f_1(\alpha,\beta)=f_2(\sigma(\alpha),\sigma(\beta)),\ \forall\,\alpha,\beta\in V_1\\&\Longleftrightarrow \boldsymbol{x}^{\mathrm{T}}\boldsymbol{A}\boldsymbol{y}=(\boldsymbol{Px})^{\mathrm{T}}\boldsymbol{B}(\boldsymbol{Py}),\ \forall\,\boldsymbol{x},\boldsymbol{y}\in K^n\\&\Longleftrightarrow \boldsymbol{x}^{\mathrm{T}}\boldsymbol{A}\boldsymbol{y}=\boldsymbol{x}^{\mathrm{T}}(\boldsymbol{P}^{\mathrm{T}}\boldsymbol{BP})\boldsymbol{y},\ \forall\,\boldsymbol{x},\boldsymbol{y}\in K^n\\&\Longleftrightarrow \boldsymbol{A}=\boldsymbol{P}^{\mathrm{T}}\boldsymbol{BP},\end{aligned}$$

最后一个"$\Longleftrightarrow$"中的"$\Longrightarrow$"成立是根据§8.1中的命题1. □

推论2 实数域上的 n 维正交空间 (V_1,f_1) 与 (V_2,f_2) 保距同构的充要条件是, f_1 在 V_1 的一个基下的度量矩阵 $\boldsymbol{A}$ 与 f_2 在 V_2 的一个基下的度量矩阵 $\boldsymbol{B}$ 有相等的秩和相等的正惯性指数.

证明 由于 V_1 与 V_2 都是 n 维线性空间,因此 V_1 到 V_2 有线性同构 σ. 根据定理4, σ 为保距同构的充要条件是, f_1 在 V_1 的一个基下的度量矩阵 $\boldsymbol{A}$ 与 f_2 在 V_2 的一个基下的度量矩阵 $\boldsymbol{B}$ 合同. 由于 $\boldsymbol{A}$ 与 $\boldsymbol{B}$ 是实对称矩阵,因此 $\boldsymbol{A}$ 与 $\boldsymbol{B}$ 合同的充要条件是它们有相等的秩和相等的正惯性指数. □

对于实数域上的 n 维正交空间 (V,f), f 在 V 的一个基下的度量矩阵的秩和正惯性指数分别称为 f 的**秩**和**正惯性指数**.

推论3 复数域上的 n 维正交空间 (V_1,f_1) 与 (V_2,f_2) 保距同构的充要条件是, f_1 在 V_1 的一个基下的度量矩阵 $\boldsymbol{A}$ 与 f_2 在 V_2 的一个基下的度量矩阵 $\boldsymbol{B}$ 有相等的秩.

证明 根据定理4以及复对称矩阵合同的充要条件是它们有相等的秩立即得到. □

定义7 设 (V,f) 是数域 K 上的 n 维正则的正交空间. 如果 V 上的一个线性变换 $\mathscr{T}$ 保持向量的内积不变,即

$$f(\alpha,\beta)=f(\mathscr{T}\alpha,\mathscr{T}\beta),\quad \forall\,\alpha,\beta\in V,$$

那么称 $\mathscr{T}$ 是 V 上的一个**正交变换**.

定理5 设 (V,f) 是数域 K 上的 n 维正则正交空间,则 V 上的变换 $\mathscr{T}$ 是正交变换当且仅当 $\mathscr{T}$ 是 (V,f) 到自身的保距同构.

证明 *充分性* 由定义6和定义7立即得到.

必要性 根据定义7, $\mathscr{T}$ 是 V 上的线性变换,且 $\mathscr{T}$ 保持向量的内积不变. 只要证 $\mathscr{T}$ 是双射,则根据定义6可得 $\mathscr{T}$ 是 (V,f) 到自身的保距同构. 设 $\alpha\in\operatorname{Ker}\mathscr{T}$,则 $\mathscr{T}\alpha=0$,从而对于任意 $\beta\in V$,有

$$f(\alpha,\beta)=f(\mathscr{T}\alpha,\mathscr{T}\beta)=f(0,\mathscr{T}\beta)=0.$$

由于 f 是非退化的,因此 $\alpha=0$,从而 $\operatorname{Ker}\mathscr{T}=0$. 于是, $\mathscr{T}$ 是单射. 由于 V 是 n 维的,因此 V 上的线性变换 $\mathscr{T}$ 也是满射. 所以, $\mathscr{T}$ 是双射. □

定理 6 设(V,f)是数域K上的n维正则正交空间,f在V的一个基$\alpha_1,\alpha_2,\cdots,\alpha_n$下的度量矩阵为$\boldsymbol{A}$,$V$上的一个线性变换$\mathscr{T}$在基$\alpha_1,\alpha_2,\cdots,\alpha_n$下的矩阵是$\boldsymbol{T}$,则$\mathscr{T}$是正交变换当且仅当$\boldsymbol{T}^{\mathrm{T}}\boldsymbol{A}\boldsymbol{T}=\boldsymbol{A}$.

证明 根据定理 5 和定理 4 立即得到. □

推论 4 条件同定理 6,V上的正交变换$\mathscr{T}$在V的任一基下的矩阵$\boldsymbol{T}$的行列式等于 1 或 -1.

证明 根据定理 6,得$\boldsymbol{T}^{\mathrm{T}}\boldsymbol{A}\boldsymbol{T}=\boldsymbol{A}$,因此$|\boldsymbol{T}|^2|\boldsymbol{A}|=|\boldsymbol{A}|$. 由于$f$是非退化的,因此$|\boldsymbol{A}|\neq 0$. 于是$|\boldsymbol{T}|^2=1$,从而$|\boldsymbol{T}|=\pm 1$. □

对于正交空间(V,f)上的正交变换$\mathscr{T}$,如果$|\mathscr{T}|=1$,那么称$\mathscr{T}$是**第一类正交变换**(或**旋转**);如果$|\mathscr{T}|=-1$,那么称$\mathscr{T}$是**第二类正交变换**.

本节第一部分介绍的洛伦兹变换σ是$\mathbf{R}^4$上的线性变换. 由于σ保持闵可夫斯基空间$(\mathbf{R}^4,f)$上的内积f不变,因此根据定义 7,σ是闵可夫斯基空间$(\mathbf{R}^4,f)$上的正交变换. 直接计算知,σ在$\mathbf{R}^4$的基$\boldsymbol{\varepsilon}_1,\boldsymbol{\varepsilon}_2,\boldsymbol{\varepsilon}_3,\boldsymbol{\varepsilon}_4$下的矩阵的行列式等于 1,因此$\sigma$是第一类正交变换. 闵可夫斯基空间$(\mathbf{R}^4,f)$的内积$f$的正惯性指数等于 3,秩为 4.

一般地,在实数域$\mathbf{R}$上的线性空间$\mathbf{R}^4$中给定一个非退化对称双线性函数f,如果f的正惯性指数为 3(或 1),那么称正交空间$(\mathbf{R}^4,f)$为一个**闵可夫斯基空间**,并称$(\mathbf{R}^4,f)$上的第一类正交变换为**广义洛伦兹变换**. 根据推论 2,内积的正惯性指数为 3 的闵可夫斯基空间都是同构的,内积的正惯性指数为 1 的闵可夫斯基空间也都是同构的.

三、辛空间

定义 8 如果数域K上的线性空间V指定了一个斜对称双线性函数f,那么称f是V上的一个**辛内积**,称V是一个**辛空间**,记作(V,f). 如果f是非退化的,那么称(V,f)是**正则**的;否则,称(V,f)是**非正则**的.

例如,在$\mathbf{R}^2$中,对于$\boldsymbol{\alpha}=(x_1,x_2)^{\mathrm{T}},\boldsymbol{\beta}=(y_1,y_2)^{\mathrm{T}}$,规定

$$f(\boldsymbol{\alpha},\boldsymbol{\beta})=x_1y_2-x_2y_1,$$

则f在$\mathbf{R}^2$的基$\boldsymbol{\varepsilon}_1,\boldsymbol{\varepsilon}_2$下的度量矩阵为$\boldsymbol{A}=\begin{pmatrix}0&1\\-1&0\end{pmatrix}$. 由于$\boldsymbol{A}$是满秩斜对称矩阵,因此$f$是非退化斜对称双线性函数,从而$(\mathbf{R}^2,f)$构成一个正则辛空间.

根据 8.2.2 小节中的例 5,设σ是平面π上绕定点O、转角为$-\frac{\pi}{2}$的旋转. 任给$\vec{a},\vec{b}\in\pi$. 令$f(\vec{a},\vec{b})=\vec{a}\cdot\sigma(\vec{b})$,则$f$是平面$\pi$上的非退化斜对称双线性函数,从而$(\pi,f)$是正则辛空间. 这给出了辛空间在几何中的例子.

与正交空间一样,辛空间中有向量的正交、非空子集的正交补、迷向向量等概念.

从数域 K 上线性空间 V 上的斜对称双线性函数 f 的定义可推出 $f(\alpha,\alpha)=0$, $\forall\alpha\in V$,因此辛空间 (V,f) 中每个非零向量都是迷向向量,从而辛空间是全迷向的.

设 W 是辛空间 (V,f) 的一个子空间.若 $W\subseteq W^{\perp}$,则称 W 为一个**迷向子空间**;若 $W=W^{\perp}$,则称 W 为一个**拉格朗日子空间**;若 $W\cap W^{\perp}=0$,则称 W 为一个**正则子空间**.

命题 1 设 W 是数域 K 上辛空间 (V,f) 的子空间,则 W 是正则子空间当且仅当 $f|W$ 是非退化的.

证明 根据 8.2.2 小节中的例 1, $f|W$ 在 W 中的根为 $\mathrm{rad}W=W\cap W^{\perp}$,从而

$$W \text{ 是正则子空间} \Longleftrightarrow W\cap W^{\perp}=0 \Longleftrightarrow \mathrm{rad}W=0 \Longleftrightarrow f|W \text{ 非退化}.$$ □

定理 7 设 (V,f) 是数域 K 上的 n 维正则辛空间, W 是 V 的子空间,则

(1) $\dim W+\dim W^{\perp}=\dim V$;

(2) $(W^{\perp})^{\perp}=W$.

证明 由于 f 是 V 上的非退化斜对称双线性函数,因此根据 8.2.2 小节中的例 2 立即得到结论. □

定理 8 设 (V,f) 是数域 K 上的辛空间, W 是 V 的有限维非平凡子空间,则 $V=W\oplus W^{\perp}$ 的充要条件为 W 是正则子空间.

证明 根据 8.2.2 小节中的例 4 和本节命题 1 立即得到. □

根据§8.2 中的定理 2,数域 K 上的 n 维辛空间 (V,f) 中存在一个基

$$\delta_1,\ \delta_{-1},\ \cdots,\ \delta_r,\ \delta_{-r},\ \eta_1,\ \cdots,\ \eta_s,$$

使得 f 在此基下的度量矩阵为

$$\mathrm{diag}\left\{\begin{pmatrix}0 & 1\\ -1 & 0\end{pmatrix},\cdots,\begin{pmatrix}0 & 1\\ -1 & 0\end{pmatrix},0,\cdots,0\right\}.$$

我们把这个基称为 (V,f) 的**辛基**.

我们将上述 (V,f) 的辛基重排一个次序:

$$\delta_1,\ \cdots,\ \delta_r,\ \delta_{-1},\ \cdots,\ \delta_{-r},\ \eta_1,\ \cdots,\ \eta_s.$$

这个基也称为**辛基**.容易看出, f 在这个辛基下的度量矩阵为

$$\begin{pmatrix}\mathbf{0} & \boldsymbol{I}_r & \mathbf{0}\\ -\boldsymbol{I}_r & \mathbf{0} & \mathbf{0}\\ \mathbf{0} & \mathbf{0} & \mathbf{0}\end{pmatrix}. \tag{8}$$

从上述结论立即得到,数域 K 上的有限维正则辛空间一定是偶数维的.

命题 2 设 (V,f) 是 n 维正则辛空间, $n=2r$,它的一个辛基是 $\delta_1,\delta_{-1},\cdots,\delta_r,\delta_{-r}$,则对于任意 $\alpha\in V$,有

$$\alpha=\sum_{i=1}^{r}(f(\alpha,\delta_{-i})\delta_i-f(\alpha,\delta_i)\delta_{-i}). \tag{9}$$

证明 设 $\alpha=\sum_{i=1}^{r}(x_i\delta_i+y_i\delta_{-i})$. 对于任意 $j\in\{1,2,\cdots,r\}$,有

$$f(\alpha,\delta_j)=\sum_{i=1}^{r}(x_if(\delta_i,\delta_j)+y_if(\delta_{-i},\delta_j))=y_jf(\delta_{-j},\delta_j)=-y_j,$$

$$f(\alpha,\delta_{-j})=\sum_{i=1}^{r}(x_if(\delta_i,\delta_{-j})+y_if(\delta_{-i},\delta_{-j}))=x_jf(\delta_j,\delta_{-j})=x_j,$$

因此

$$\alpha=\sum_{i=1}^{r}(f(\alpha,\delta_{-i})\delta_i-f(\alpha,\delta_i)\delta_{-i}).$$

□

定义 9 设(V_1,f_1)和(V_2,f_2)是数域 K 上的两个辛空间. 如果存在 V_1 到 V_2 的一个线性同构 σ,并且 σ 保持辛内积不变,即

$$f(\alpha,\beta)=f(\sigma(\alpha),\sigma(\beta)),\quad\forall\,\alpha,\beta\in V_1,\tag{10}$$

那么称 σ 是辛空间(V_1,f_1)到(V_2,f_2)的一个**保距同构(映射)**,此时也称(V_1,f_1)与(V_2,f_2)是**保距同构**的.

从定义 9 容易看出,保距同构关系具有反身性、对称性和传递性,从而保距同构关系是数域 K 上所有辛空间组成的集合上的一个等价关系.

定理 9 数域 K 上的两个有限维辛空间(V_1,f_1)与(V_2,f_2)保距同构的充要条件是 V_1 与 V_2 有相同的维数,并且 f_1 与 f_2 有相同的矩阵秩.

证明 从定义 9 得,若(V_1,f_1)与(V_2,f_2)保距同构,则 V_1 与 V_2 线性同构. 而 V_1 与 V_2 线性同构的充要条件是它们的维数相同. 设 V_1 与 V_2 都是 n 维的,V_1 到 V_2 有线性同构 σ.

在 V_1 中取一个辛基 $\delta_1,\delta_{-1},\cdots,\delta_r,\delta_{-r},\eta_1,\cdots,\eta_s$;在 V_2 中取一个辛基 $\beta_1,\beta_{-1},\cdots,\beta_m,\beta_{-m},\gamma_1,\cdots,\gamma_t$. 设 f_1 在 V_1 的上述辛基下的度量矩阵为 $\boldsymbol{A}_1$,f_2 在 V_2 的上述辛基下的度量矩阵是 $\boldsymbol{A}_2$,σ 在 V_1 的上述辛基和 V_2 的上述辛基下的矩阵为 $\boldsymbol{B}$. 任取 $\alpha,\beta\in V_1$. 设 α,β 在 V_1 的上述辛基下的坐标分别为 $\boldsymbol{x},\boldsymbol{y}$,则 $\sigma(\alpha),\sigma(\beta)$在 V_2 的上述辛基下的坐标分别为 $\boldsymbol{Bx},\boldsymbol{By}$. 于是

$$\begin{aligned}
V_1\text{ 到 }V_2\text{ 的线性同构 }\sigma\text{ 是保距同构}&\Longleftrightarrow f_1(\alpha,\beta)=f_2(\sigma(\alpha),\sigma(\beta)),\ \forall\,\alpha,\beta\in V_1\\
&\Longleftrightarrow \boldsymbol{x}^{\mathrm{T}}\boldsymbol{A}_1\boldsymbol{y}=(\boldsymbol{Bx})^{\mathrm{T}}\boldsymbol{A}_2(\boldsymbol{By}),\ \forall\,\boldsymbol{x},\boldsymbol{y}\in K^n\\
&\Longleftrightarrow \boldsymbol{x}^{\mathrm{T}}\boldsymbol{A}_1\boldsymbol{y}=\boldsymbol{x}^{\mathrm{T}}(\boldsymbol{B}^{\mathrm{T}}\boldsymbol{A}_2\boldsymbol{B})\boldsymbol{y},\ \forall\,\boldsymbol{x},\boldsymbol{y}\in K^n\\
&\Longleftrightarrow \boldsymbol{A}_1=\boldsymbol{B}^{\mathrm{T}}\boldsymbol{A}_2\boldsymbol{B}\qquad\qquad(11)\\
&\Longleftrightarrow \operatorname{rank}(\boldsymbol{A}_1)=\operatorname{rank}(\boldsymbol{A}_2),
\end{aligned}$$

最后一个"$\Longleftrightarrow$"成立是根据习题 8.2 中第 2 题的结论"数域 K 上两个 n 阶斜对称矩阵合同的充要条件是它们有相同的秩". □

推论 5 数域 K 上的两个有限维正则辛空间保距同构的充要条件是它们有相同的维数.

证明 从定理 9 以及正则辛空间的辛内积的矩阵秩等于辛空间的维数立即得到. □

定义 10 设(V,f)是数域 K 上的 n 维正则辛空间. 如果 V 上的一个线性变换 $\mathscr{B}$ 保持辛内积不变,即

$$f(\alpha,\beta)=f(\mathscr{B}(\alpha),\mathscr{B}(\beta)),\quad \forall\,\alpha,\beta\in V,\tag{12}$$

那么称 $\mathscr{B}$ 是 V 上的一个**辛变换**.

定理 10 设(V,f)是数域 K 上的 n 维正则辛空间,则 V 上的线性变换 $\mathscr{B}$ 是辛变换当且仅当 $\mathscr{B}$ 是(V,f)到自身的保距同构.

证明 *充分性* 从定义 9 和定义 10 立即得到.

必要性 根据定义 10,$\mathscr{B}$ 是 V 上的线性变换,且 $\mathscr{B}$ 保持辛内积不变. 只要证 $\mathscr{B}$ 是双射,则根据定义 9 可得 $\mathscr{B}$ 是(V,f)到自身的保距同构. 设 $\alpha\in\operatorname{Ker}\mathscr{B}$,则 $\mathscr{B}\alpha=0$,从而对于任意 $\beta\in V$,有

$$f(\alpha,\beta)=f(\mathscr{B}\alpha,\mathscr{B}\beta)=f(0,\mathscr{B}\beta)=0.$$

由于 f 是非退化的,因此 $\alpha=0$,从而 $\operatorname{Ker}\mathscr{B}=0$. 于是,$\mathscr{B}$ 是单射. 由于 V 是 n 维的,因此线性变换 $\mathscr{B}$ 也是满射. 所以,$\mathscr{B}$ 是双射. □

从保距同构关系是等价关系得到,恒等变换是辛变换,辛变换的乘积是辛变换,辛变换的逆变换是辛变换.

定理 11 设(V,f)是数域 K 上的 n 维正则辛空间. 取 V 的一个辛基 $\delta_1,\cdots,\delta_r,\delta_{-1},\cdots,\delta_{-r}$. 设 f 在此辛基下的度量矩阵为 $\boldsymbol{A}=\begin{pmatrix}\boldsymbol{0} & \boldsymbol{I}_r\\ -\boldsymbol{I}_r & \boldsymbol{0}\end{pmatrix}$,$V$ 上的线性变换 $\mathscr{B}$ 在此辛基下的矩阵为 $\boldsymbol{B}$,则 $\mathscr{B}$ 是辛变换当且仅当 $\boldsymbol{B}^{\mathrm{T}}\boldsymbol{A}\boldsymbol{B}=\boldsymbol{A}$.

证明 从定理 10 以及定理 9 证明中的(11)式立即得到. □

定义 11 如果数域 K 上的 $n(n=2r)$阶矩阵 $\boldsymbol{B}$ 满足

$$\boldsymbol{B}^{\mathrm{T}}\boldsymbol{A}\boldsymbol{B}=\boldsymbol{A},$$

其中 $\boldsymbol{A}=\begin{pmatrix}\boldsymbol{0} & \boldsymbol{I}_r\\ -\boldsymbol{I}_r & \boldsymbol{0}\end{pmatrix}$,那么称 $\boldsymbol{B}$ 为**辛矩阵**.

定理 11 表明,数域 K 上 n 维正则辛空间(V,f)上的辛变换 $\mathscr{B}$ 在辛基 $\delta_1,\cdots,\delta_r,\delta_{-1},\cdots,\delta_{-r}$下的矩阵 $\boldsymbol{B}$ 是辛矩阵.

定理 12 如果数域 K 上的 $n(n=2r)$阶矩阵 $\boldsymbol{B}$ 是辛矩阵,那么 $|\boldsymbol{B}|=1$.

证明 设 $\boldsymbol{B}$ 是辛矩阵,则 $|\boldsymbol{B}^{\mathrm{T}}\boldsymbol{A}\boldsymbol{B}|=|\boldsymbol{A}|$. 由于 $|\boldsymbol{A}|=1$,因此 $|\boldsymbol{B}|^2=1$,从而 $|\boldsymbol{B}|=1$ 或 -1.

进一步可证明 $|\boldsymbol{B}|=1$,详见文献[5]§10.6 中定理 17 的证明. □

四、领略数学的统一性

如果 n 维欧几里得空间(酉空间)V 上的变换 $\mathscr{A}$ 保持内积不变,那么称 $\mathscr{A}$ 是 V 上的一个正交变换(酉变换). 设 $\mathscr{A}$ 在 V 的一个标准正交基下的矩阵为 $\boldsymbol{A}$,标准正交基的度量矩阵是

$\boldsymbol{I}$,则

$$\mathscr{A}\text{ 是 }V\text{ 上的正交变换(酉变换)}\Longleftrightarrow \boldsymbol{A}\text{ 是正交矩阵(酉矩阵)}$$
$$\Longleftrightarrow \boldsymbol{A}^{\mathrm{T}}\boldsymbol{I}\boldsymbol{A}=\boldsymbol{I}\,(\boldsymbol{A}^{*}\boldsymbol{I}\boldsymbol{A}=\boldsymbol{I}).$$

如果数域 K 上 n 维正则正交空间(V,f)上的一个线性变换 $\mathscr{T}$ 保持内积 f 不变,那么称 $\mathscr{T}$ 是(V,f)上的一个正交变换. 设 $\mathscr{T}$ 在 V 的一个基下的矩阵为 $\boldsymbol{T}$,f 在此基下的度量矩阵为 $\boldsymbol{A}$,则

$$\mathscr{T}\text{ 是}(V,f)\text{上的正交变换}\Longleftrightarrow \boldsymbol{T}^{\mathrm{T}}\boldsymbol{A}\boldsymbol{T}=\boldsymbol{A}.$$

如果数域 K 上 n 维正则辛空间(V,f)上的一个线性变换 $\mathscr{B}$ 保持辛内积不变,那么称 $\mathscr{B}$ 是(V,f)上的一个辛变换. 设 $\mathscr{B}$ 在 V 的辛基 $\delta_1,\cdots,\delta_r,\delta_{-1},\cdots,\delta_{-r}$ 下的矩阵为 $\boldsymbol{B}$,f 在此辛基下的度量矩阵为 $\boldsymbol{A}=\begin{pmatrix}\boldsymbol{0} & \boldsymbol{I}_r\\ -\boldsymbol{I}_r & \boldsymbol{0}\end{pmatrix}$,则

$$\mathscr{B}\text{ 是}(V,f)\text{上的辛变换}\Longleftrightarrow \boldsymbol{B}^{\mathrm{T}}\boldsymbol{A}\boldsymbol{B}=\boldsymbol{A}.$$

从以上所述可以领略到数学的统一性.

9.7.2 典型例题

例 1 在 $\mathbf{R}^2$ 中,对于 $\boldsymbol{\alpha}=(x_1,x_2)^{\mathrm{T}}$,$\boldsymbol{\beta}=(y_1,y_2)^{\mathrm{T}}$,定义

$$f(\boldsymbol{\alpha},\boldsymbol{\beta})=x_1y_1-x_2y_2.$$

(1) 证明:$(\mathbf{R}^2,f)$是一个正则正交空间,且 $\boldsymbol{\varepsilon}_1,\boldsymbol{\varepsilon}_2$ 是它的一个正交基.

(2) 设 $\mathscr{T}$ 是 $\mathbf{R}^2$ 上的一个线性变换,它在基 $\boldsymbol{\varepsilon}_1,\boldsymbol{\varepsilon}_2$ 下的矩阵为

$$\boldsymbol{T}=\begin{pmatrix}\sqrt{2} & 1\\ 1 & \sqrt{2}\end{pmatrix},$$

证明:$\mathscr{T}$ 是$(\mathbf{R}^2,f)$上的一个正交变换;并且求 $\mathscr{T}$ 的全部特征值和特征向量,说明 $\mathscr{T}$ 的特征向量都是迷向的.

解 (1) 由于

$$f(\boldsymbol{\alpha},\boldsymbol{\beta})=(x_1,x_2)\begin{pmatrix}1 & 0\\ 0 & -1\end{pmatrix}\begin{pmatrix}y_1\\ y_2\end{pmatrix},$$

因此 f 是 $\mathbf{R}^2$ 上的一个非退化对称双线性函数,从而$(\mathbf{R}^2,f)$是一个正则正交空间. f 在基 $\boldsymbol{\varepsilon}_1$,$\boldsymbol{\varepsilon}_2$ 下的度量矩阵为 $\boldsymbol{A}=\begin{pmatrix}1 & 0\\ 0 & -1\end{pmatrix}$,因此 $\boldsymbol{\varepsilon}_1,\boldsymbol{\varepsilon}_2$ 是$(\mathbf{R}^2,f)$的一个正交基.

(2) 由于

$$\boldsymbol{T}^{\mathrm{T}}\boldsymbol{A}\boldsymbol{T}=\begin{pmatrix}\sqrt{2} & 1\\ 1 & \sqrt{2}\end{pmatrix}\begin{pmatrix}1 & 0\\ 0 & -1\end{pmatrix}\begin{pmatrix}\sqrt{2} & 1\\ 1 & \sqrt{2}\end{pmatrix}=\begin{pmatrix}1 & 0\\ 0 & -1\end{pmatrix}=\boldsymbol{A},$$

因此 $\mathscr{T}$ 是($\mathbf{R}^2,f$)上的一个正交变换.因为

$$|\lambda \boldsymbol{I}-\boldsymbol{T}|=\lambda^2-2\sqrt{2}\lambda+1=[\lambda-(\sqrt{2}+1)][\lambda-(\sqrt{2}-1)],$$

所以 $\mathscr{T}$ 的全部特征值是 $\sqrt{2}+1,\sqrt{2}-1$.

$\mathscr{T}$ 的属于 $\sqrt{2}+1$ 的全部特征向量为

$$\{k(1,1)^{\mathrm{T}}\mid k\in\mathbf{R},且\ k\neq 0\};$$

$\mathscr{T}$ 的属于 $\sqrt{2}-1$ 的全部特征向量为

$$\{k(1,-1)^{\mathrm{T}}\mid k\in\mathbf{R},且\ k\neq 0\}.$$

记 $\boldsymbol{\alpha}=k(1,1)^{\mathrm{T}},\boldsymbol{\beta}=k(1,-1)^{\mathrm{T}}$,有

$$f(\boldsymbol{\alpha},\boldsymbol{\alpha})=k^2-k^2=0,\quad f(\boldsymbol{\beta},\boldsymbol{\beta})=k^2-(-k)^2=0,$$

因此 $\mathscr{T}$ 的所有特征向量都是迷向的.

点评 从例 1 的第(2)小题看到,正交空间($\mathbf{R}^2,f$)上的正交变换 $\boldsymbol{T}$ 的全部特征值为 $\sqrt{2}+1,\sqrt{2}-1$.而如果欧几里得空间 V 上的正交变换有特征值,那么它的特征值必为 1 或 -1.由此看出,正交空间上的正交变换与欧几里得空间上的正交变换是不一样的.

例 2 设(V,f)是数域 K 上的二维正交空间.如果(V,f)是正则的,而且是迷向的,那么称(V,f)是一个**双曲平面**.证明:二维正交空间(V,f)是双曲平面当且仅当 V 中存在一个基,使得 f 在此基下的度量矩阵为

$$\boldsymbol{A}=\begin{pmatrix}0&1\\1&0\end{pmatrix}.$$

证明 *充分性* 设 f 在 V 的基 α_1,α_2 下的度量矩阵为 $\boldsymbol{A}$.由于 $\boldsymbol{A}$ 满秩,因此 f 是非退化的,从而(V,f)是正则的.由于

$$f(\alpha_1,\alpha_1)=(1,0)\boldsymbol{A}\begin{pmatrix}1\\0\end{pmatrix}=0,$$

因此 α_1 是一个迷向向量,从而(V,f)是迷向的.因此,(V,f)是双曲平面.

必要性 设二维正交空间(V,f)是双曲平面.由于(V,f)是迷向的,因此存在 $\alpha\in V$,且 $\alpha\neq 0$,使得 $f(\alpha,\alpha)=0$.把 α 扩充成 V 的一个基 α,β,则 f 在基 α,β 下的度量矩阵为

$$\boldsymbol{B}=\begin{pmatrix}0&f(\alpha,\beta)\\f(\beta,\alpha)&f(\beta,\beta)\end{pmatrix}.$$

由于(V,f)是正则的,因此 f 是非退化的,从而 $f(\alpha,\beta)\neq 0$.设 $f(\alpha,\beta)=a$.令 $\gamma=a^{-1}\beta$,则

$$f(\alpha,\gamma)=f(\alpha,a^{-1}\beta)=a^{-1}f(\alpha,\beta)=a^{-1}a=1.$$

易知 α,γ 仍是 V 的一个基.若 $f(\gamma,\gamma)=0$,则 f 在基 α,γ 下的度量矩阵为 $\begin{pmatrix}0&1\\1&0\end{pmatrix}$.若

$f(\gamma,\gamma)=c\neq 0$,则令 $\delta=\gamma-\frac{c}{2}\alpha$,易知 α,δ 是 V 的一个基. 由于

$$f(\alpha,\delta)=f\left(\alpha,\gamma-\frac{c}{2}\alpha\right)=f(\alpha,\gamma)-\frac{c}{2}f(\alpha,\alpha)=1,$$

$$f(\delta,\delta)=f\left(\gamma-\frac{c}{2}\alpha,\gamma-\frac{c}{2}\alpha\right)=c-\frac{c}{2}\cdot 1-\frac{c}{2}\cdot 1=0,$$

因此 f 在基 α,δ 下的度量矩阵为 $\begin{pmatrix}0&1\\1&0\end{pmatrix}$. □

例 3 设 (V,f) 是数域 K 上的 $n(n=2r,r\in\mathbf{Z}^{*})$ 维正则辛空间,$\mathscr{B}$ 是 V 上的线性变换,证明:$\mathscr{B}$ 是辛变换当且仅当 $\mathscr{B}$ 把辛基变成辛基.

证明 设 $\delta_1,\cdots,\delta_r,\delta_{-1},\cdots,\delta_{-r}$ 是 (V,f) 的一个辛基,则 f 在此辛基下的度量矩阵为

$$\boldsymbol{A}=\begin{pmatrix}\mathbf{0}&\boldsymbol{I}_r\\-\boldsymbol{I}_r&\mathbf{0}\end{pmatrix}.$$

设 $\mathscr{B}$ 在此辛基下的矩阵为 $\boldsymbol{B}$.

必要性 设 $\mathscr{B}$ 是辛变换,则 $\boldsymbol{B}^{\mathrm{T}}\boldsymbol{A}\boldsymbol{B}=\boldsymbol{A}$,且 $\mathscr{B}$ 是辛空间 (V,f) 到自身的一个保距同构,从而 $\mathscr{B}\delta_1,\cdots,\mathscr{B}\delta_r,\mathscr{B}\delta_{-1},\cdots,\mathscr{B}\delta_{-r}$ 也是 V 的一个基,且基 $\delta_1,\cdots,\delta_r,\delta_{-1},\cdots,\delta_{-r}$ 到基 $\mathscr{B}\delta_1,\cdots,\mathscr{B}\delta_r,\mathscr{B}\delta_{-1},\cdots,\mathscr{B}\delta_{-r}$ 的过渡矩阵是 $\boldsymbol{B}$. 于是,f 在基 $\mathscr{B}\delta_1,\cdots,\mathscr{B}\delta_r,\mathscr{B}\delta_{-1},\cdots,\mathscr{B}\delta_{-r}$ 下的度量矩阵等于 $\boldsymbol{B}^{\mathrm{T}}\boldsymbol{A}\boldsymbol{B}=\boldsymbol{A}$,从而 $\mathscr{B}\delta_1,\cdots,\mathscr{B}\delta_r,\mathscr{B}\delta_{-1},\cdots,\mathscr{B}\delta_{-r}$ 也是 (V,f) 的一个辛基.

充分性 设线性变换 $\mathscr{B}$ 将 (V,f) 的辛基 $\delta_1,\cdots,\delta_r,\delta_{-1},\cdots,\delta_{-r}$ 变成辛基 $\mathscr{B}\delta_1,\cdots,\mathscr{B}\delta_r,\mathscr{B}\delta_{-1},\cdots,\mathscr{B}\delta_{-r}$,则从第一个基到第二个基的过渡矩阵是 $\boldsymbol{B}$. 于是,f 在第二个基下的度量矩阵为 $\boldsymbol{H}=\boldsymbol{B}^{\mathrm{T}}\boldsymbol{A}\boldsymbol{B}$. 由于第二个基也是 (V,f) 的辛基,因此 f 在第二个基下的度量矩阵也是

$$\boldsymbol{A}=\begin{pmatrix}\mathbf{0}&\boldsymbol{I}_r\\-\boldsymbol{I}_r&\mathbf{0}\end{pmatrix},$$

从而 $\boldsymbol{A}=\boldsymbol{B}^{\mathrm{T}}\boldsymbol{A}\boldsymbol{B}$. 于是,$\mathscr{B}$ 是辛变换. □

例 4 设 $\boldsymbol{B}$ 是数域 K 上的 $2r$ 阶矩阵,把 $\boldsymbol{B}$ 分块写成

$$\boldsymbol{B}=\begin{pmatrix}\boldsymbol{B}_{11}&\boldsymbol{B}_{12}\\\boldsymbol{B}_{21}&\boldsymbol{B}_{22}\end{pmatrix},$$

其中 $\boldsymbol{B}_{ij}(i,j=1,2)$ 是 r 阶矩阵,证明:$\boldsymbol{B}$ 是辛矩阵的充要条件是

$$\begin{cases}\boldsymbol{B}_{11}^{\mathrm{T}}\boldsymbol{B}_{21}=\boldsymbol{B}_{21}^{\mathrm{T}}\boldsymbol{B}_{11},\\\boldsymbol{B}_{12}^{\mathrm{T}}\boldsymbol{B}_{22}=\boldsymbol{B}_{22}^{\mathrm{T}}\boldsymbol{B}_{12},\\\boldsymbol{B}_{11}^{\mathrm{T}}\boldsymbol{B}_{22}-\boldsymbol{B}_{21}^{\mathrm{T}}\boldsymbol{B}_{12}=\boldsymbol{I}_r.\end{cases}$$

证明 $\boldsymbol{B}$ 是辛矩阵 $\Longleftrightarrow \boldsymbol{B}^{\mathrm{T}}\boldsymbol{A}\boldsymbol{B}=\boldsymbol{A}$

$$\Longleftrightarrow \begin{pmatrix} \boldsymbol{B}_{11}^{\mathrm{T}} & \boldsymbol{B}_{21}^{\mathrm{T}} \\ \boldsymbol{B}_{12}^{\mathrm{T}} & \boldsymbol{B}_{22}^{\mathrm{T}} \end{pmatrix} \begin{pmatrix} \boldsymbol{0} & \boldsymbol{I}_r \\ -\boldsymbol{I}_r & \boldsymbol{0} \end{pmatrix} \begin{pmatrix} \boldsymbol{B}_{11} & \boldsymbol{B}_{12} \\ \boldsymbol{B}_{21} & \boldsymbol{B}_{22} \end{pmatrix} = \begin{pmatrix} \boldsymbol{0} & \boldsymbol{I}_r \\ -\boldsymbol{I}_r & \boldsymbol{0} \end{pmatrix}$$

$$\Longleftrightarrow \begin{cases} \boldsymbol{B}_{11}^{\mathrm{T}} \boldsymbol{B}_{21} = \boldsymbol{B}_{21}^{\mathrm{T}} \boldsymbol{B}_{11}, \\ \boldsymbol{B}_{12}^{\mathrm{T}} \boldsymbol{B}_{22} = \boldsymbol{B}_{22}^{\mathrm{T}} \boldsymbol{B}_{12}, \\ \boldsymbol{B}_{11}^{\mathrm{T}} \boldsymbol{B}_{22} - \boldsymbol{B}_{21}^{\mathrm{T}} \boldsymbol{B}_{12} = \boldsymbol{I}_r. \end{cases}$$ □

习 题 9.7

1. 设$(\mathbf{R}^2, f)$是 9.7.2 小节中例 1 的正则正交空间,$\mathscr{T}$是 $\mathbf{R}^2$ 上的一个线性变换,$\mathscr{T}$在$(\mathbf{R}^2, f)$的正交基 $\boldsymbol{\varepsilon}_1, \boldsymbol{\varepsilon}_2$ 下的矩阵为 $\boldsymbol{T}$,证明:$\mathscr{T}$是$(\mathbf{R}^2, f)$上的正交变换当且仅当 $\boldsymbol{T}$ 是下列四种形式的矩阵之一:

$$\begin{pmatrix} t & \sqrt{t^2-1} \\ \sqrt{t^2-1} & t \end{pmatrix}, \quad \begin{pmatrix} t & -\sqrt{t^2-1} \\ -\sqrt{t^2-1} & t \end{pmatrix},$$

$$\begin{pmatrix} t & -\sqrt{t^2-1} \\ \sqrt{t^2-1} & -t \end{pmatrix}, \quad \begin{pmatrix} t & \sqrt{t^2-1} \\ -\sqrt{t^2-1} & -t \end{pmatrix},$$

其中$|t| \geqslant 1$;当 $\boldsymbol{T}$ 为前两种矩阵时,$\mathscr{T}$是第一类正交变换;当 $\mathscr{T}$ 为后两种矩阵时,$\mathscr{T}$是第二类正交变换.

2. 当第 1 题中的线性变换 $\mathscr{T}$ 为正交变换时,求 $\mathscr{T}$ 的全部特征值.

3. 说明 9.7.2 小节中例 1 的$(\mathbf{R}^2, f)$是一个双曲平面,并且求它的一个基,使得 f 在此基下的度量矩阵为$\begin{pmatrix} 0 & 1 \\ 1 & 0 \end{pmatrix}$.

4. 求第 3 题中双曲平面$(\mathbf{R}^2, f)$的所有迷向向量.

5. 设$(\mathbf{R}^2, f)$是正则辛空间,辛内积为

$$f(\boldsymbol{\alpha}, \boldsymbol{\beta}) = x_1 y_2 - x_2 y_1,$$

其中 $\boldsymbol{\alpha} = (x_1, x_2)^{\mathrm{T}}, \boldsymbol{\beta} = (y_1, y_2)^{\mathrm{T}}$,又设 $\mathbf{R}^2$ 上的一个线性变换 $\mathscr{B}$ 在基 $\boldsymbol{\varepsilon}_1, \boldsymbol{\varepsilon}_2$ 下的矩阵为 $\boldsymbol{B} = (b_{ij})$,证明:$\mathscr{B}$ 是辛变换当且仅当$|\boldsymbol{B}| = 1$.

6. 第 5 题中辛空间$(\mathbf{R}^2, f)$上的辛变换一定有特征值吗?

7. 证明下列矩阵都是辛矩阵:

(1) $\boldsymbol{B} = \mathrm{diag}\left\{ \begin{pmatrix} 0 & 1 \\ -1 & 0 \end{pmatrix}, \cdots, \begin{pmatrix} 0 & 1 \\ -1 & 0 \end{pmatrix} \right\}$,其中含 $2r$ 个子矩阵;

(2) $\begin{pmatrix} \boldsymbol{0} & \boldsymbol{I}_r \\ -\boldsymbol{I}_r & \boldsymbol{0} \end{pmatrix}$;　(3) $\begin{pmatrix} \boldsymbol{0} & -\boldsymbol{I}_r \\ \boldsymbol{I}_r & \boldsymbol{0} \end{pmatrix}$;　(4) $\begin{pmatrix} 0 & 0 & 0 & 1 \\ 0 & 0 & -1 & 0 \\ 0 & -1 & 0 & 0 \\ 1 & 0 & 0 & 0 \end{pmatrix}$.

8. 设矩阵 $\boldsymbol{B}=\operatorname{diag}\left\{\begin{pmatrix}0&1\\-1&0\end{pmatrix},\begin{pmatrix}0&1\\-1&0\end{pmatrix},\begin{pmatrix}0&1\\-1&0\end{pmatrix}\right\}$,试问:$\boldsymbol{B}$ 是辛矩阵吗?

补充题九

1. 证明:n 阶实对称矩阵 $\boldsymbol{A}$ 为正定的充要条件是,它的特征多项式

$$f(\lambda)=\lambda^n+b_1\lambda^{n-1}+\cdots+b_{n-1}\lambda+b_n$$

的系数都不等于 0 并且有交错的符号(即 $b_1<0,b_2>0,b_3<0,\cdots$).

2. 证明:如果 $\boldsymbol{A}$ 是 n 阶正定矩阵,$\boldsymbol{B}$ 是 n 阶实对称矩阵,那么 $\boldsymbol{AB}$ 的特征多项式的复根都是实数,从而它们都是 $\boldsymbol{AB}$ 的特征值.

3. 证明:如果 $\boldsymbol{A}$ 是 n 阶正定矩阵,$\boldsymbol{B}$ 是 n 阶半正定矩阵,那么 $\boldsymbol{AB}$ 有 n 个特征值,且它们都是非负实数.

4. 设 $\boldsymbol{A}=(a_{ij})$ 是 n 阶实对称矩阵,证明:若

$$a_{ii}>\sum_{j\neq i}|a_{ij}|\quad(i=1,2,\cdots,n),$$

则 $\boldsymbol{A}$ 是正定矩阵.

5. 证明:若 n 阶正定矩阵 $\boldsymbol{A}$ 也是正交矩阵,则 $\boldsymbol{A}=\boldsymbol{I}$.

6. 设 $\boldsymbol{A}$ 是 n 阶实对称矩阵,证明:$\boldsymbol{A}$ 的所有特征值属于区间 $[a,b]$ 的充要条件是,当 $t<a$ 时,$\boldsymbol{A}-t\boldsymbol{I}$ 是正定的;当 $t>b$ 时,$\boldsymbol{A}-t\boldsymbol{I}$ 是负定的.

7. 设 n 阶实对称矩阵 $\boldsymbol{A}$ 和 $\boldsymbol{B}$ 的特征值分别属于区间 $[a,b]$ 和 $[c,d]$,证明:$\boldsymbol{A}+\boldsymbol{B}$ 的特征值属于区间 $[a+c,b+d]$.

8. 证明**极分解定理**:对于任一实可逆矩阵 $\boldsymbol{A}$,存在一个正交矩阵 $\boldsymbol{T}$ 和两个正定矩阵 S_1,S_2,使得 $\boldsymbol{A}=\boldsymbol{TS}_1=\boldsymbol{S}_2\boldsymbol{T}$,并且这两种分解的每一种都是唯一的.

9. 证明:对于任一 n 阶实可逆矩阵 $\boldsymbol{A}$,存在正交矩阵 $\boldsymbol{T}_1$ 和 $\boldsymbol{T}_2$,使得

$$\boldsymbol{A}=\boldsymbol{T}_1\operatorname{diag}\{\lambda_1,\lambda_2,\cdots,\lambda_n\}\boldsymbol{T}_2,$$

并且 $\lambda_1^2,\lambda_2^2,\cdots,\lambda_n^2$ 是 $\boldsymbol{A}^{\mathrm{T}}\boldsymbol{A}$ 的全部特征值,$\lambda_i>0(i=1,2,\cdots,n)$.

10. 证明:几何空间中任一仿射变换可以分解成一些正交变换与沿着三个互相垂直方向的压缩的乘积.

11. 设 V 是数域 K 上的 n 维线性空间,f 是 V 上的非退化双线性函数,证明:

(1) 任给 V 上的一个双线性函数 g,存在 V 上唯一的一个线性变换 $\mathscr{G}$,使得

$$g(\alpha,\beta)=f(\mathscr{G}(\alpha),\beta),\quad\forall\,\alpha,\beta\in V;$$

(2) 令 σ: $g\longmapsto\mathscr{G}$,则 σ 是 V 上的双线性函数空间 $T_2(V)$ 到 $\mathrm{Hom}(V,V)$ 的一个同构映射.(注:易验证 V 上所有双线性函数组成的集合 $T_2(V)$ 对于函数的加法与数量乘法构成数域 K 上的一个线性空间.)

12. 设 $\mathscr{A}$ 是实(复)内积空间 V 上的一个线性变换.如果存在 V 上的一个线性变换 $\mathscr{A}^*$,满足

$$(\mathscr{A}\alpha,\beta)=(\alpha,\mathscr{A}^*\beta),\quad \forall\,\alpha,\beta\in V,$$

那么称 $\mathscr{A}^*$ 是 $\mathscr{A}$ 的一个**伴随变换**.证明:对于 n 维实(复)内积空间 V 上的任一线性变换 $\mathscr{A}$,都存在唯一的一个伴随变换 $\mathscr{A}^*$.

参考文献

[1] 丘维声.高等代数：上册(M).北京：清华大学出版社，2010.
[2] 丘维声.高等代数：下册(M).北京：清华大学出版社，2010.
[3] 丘维声.高等代数(M).北京：科学出版社，2013.
[4] 丘维声.高等代数学习指导书：上册(M).2版.北京：清华大学出版社，2017.
[5] 丘维声.高等代数学习指导书：下册(M).2版.北京：清华大学出版社，2016.
[6] 丘维声.解析几何(M).3版.北京：北京大学出版社，2015.